Das
Elektrische Kabel.

Eine Darstellung
der Grundlagen für Fabrikation,
Verlegung und Betrieb.

Von

Dr. phil. C. Baur,
Ingenieur.

Zweite, umgearbeitete Auflage.

Mit 91 Textfiguren.

Berlin.
Verlag von Julius Springer.
1910.

ISBN-13:978-3-642-89520-3 e-ISBN-13:978-3-642-91376-1
DOI: 10.1007/978-3-642-91376-1

Softcover reprint of the hardcover 2nd edition 1910

Universitäts-Buchdruckerei von Gustav Schade (Otto Francke)
in Berlin und Fürstenwalde (Spree).

Vorwort zur ersten Auflage.

Das Gebiet des menschlichen Wissens, das sich an das elektrische Kabel knüpft, ist ein so ungeheuer großes, daß kaum ein Mann zu finden ist, der es vollständig beherrscht. Wenn ich es trotzdem unternommen habe, darüber ein Buch zu schreiben, so geschah es nicht im Bewußtsein, daß ich einer dieser Auserwählten sei, sondern aus Liebe zu meinem Beruf, und dann noch mit der Absicht, einen Teil jener Verlegenheiten und Schwierigkeiten wegzuräumen, mit denen der Kabelfabrikant infolge der mangelhaften Kenntnisse der Besteller von Kabeln sehr häufig zu kämpfen hat.

Es war also mein Bestreben, möglichst alles zu besprechen, was gegenwärtig bekannt ist (mit Ausnahme von submarinen Telegraphenkabeln), um alle diejenigen Leser zu befriedigen, die ein Interesse an dem Kabel haben. Meine langjährige Erfahrung mit demselben erstreckt sich hauptsächlich auf die Fabrikation und was damit zusammenhängt. Deshalb kommt diese ausführlicher zur Besprechung als Verlegung und Betrieb. Doch sind auch die Grundlagen für diese beiden gelegt. Der Betriebsingenieur eines Elektrizitätswerkes und die Beamten von Telephon- und Telegraphennetzen finden das für sie Nützliche in verschiedenen Kapiteln nebst den allgemeinen Kenntnissen über das Kabel. Für die Besteller von Kabeln ist eine große Sammlung von Spezifikationen aller gebräuchlichen Typen eingefügt, aus den wichtigsten Kulturländern zusammengesucht, Vorschriften über Materialdicken, Prüfungs- und Garantievorschriften, Proben von Materialien usw., alles Sachen, die bisher noch nie zur öffentlichen Kenntnis gelangt sind. Es war nicht möglich, in besonderen Kapiteln zu sammeln, was die verschiedenen Interessenten zu wissen wünschen. Mit Hilfe des ausführlichen Sachregisters kann sich aber jedermann die Stellen heraussuchen, wo die gewünschten Angaben zu finden sind.

In der Behandlung des Stoffes habe ich mich meistens der größten Knappheit beflissen und durchgehends nur Resultate von Untersuchungen ohne deren Ableitung gegeben. Da das Buch für akademisch gebildete Ingenieure bestimmt ist, die in der Praxis stehen und für Studien keine Zeit haben, glaube ich, daß diese knappe Form Beifall finden wird. Alle gegebenen Formeln und Regeln sind zuverlässig und erprobt.

Über das elektrische Kabel ist bis heute noch sehr wenig geschrieben worden, und es besteht kein Verband von Kabelingenieuren, wo Erfahrungen gegenseitig ausgetauscht werden. Bei der Abfassung war ich also größtenteils auf eigenes Studium und eigene Erfahrungen angewiesen, so daß mein Buch einen ganz individuellen Charakter hat. Ein einzelner Mensch, auf sich selbst angewiesen, geht nicht immer den richtigen Weg. Wenn ich also gelegentlich irre gegangen bin, bitte ich meine Kollegen um Nachsicht und um Richtigstellung der Tatsachen. Ich bin der Verantwortung voll bewußt, aus der Schweigsamkeit der Kabelwelt herausgetreten zu sein und die Grundzüge zu einer Wissenschaft gelegt zu haben, die sich mit anderen Erfahrungen da und dort vielleicht anders gestaltet hätte.

Es war bisher ein ungeschriebenes Gesetz, daß ein Kabelingenieur nichts veröffentlichen darf. Ich glaube, daß die Zeit da ist, mit dieser Überlieferung zu brechen, da die Interessen des Faches es erfordern. Swinburne, der Präsident des Londoner elektrotechnischen Vereins, hat vor einem Jahr in der Eröffnungsrede gesagt, es wäre kein Zweig der gesamten Elektrotechnik so wichtig wie die Kabelfabrikation, und trotzdem stehe keiner auf einer so unwissenschaftlichen Basis wie diese. Da Swinburne kein Kabelmann ist, muß man sein herbes Urteil nicht gerade wörtlich nehmen. Das Geheimnis aber, mit welchem das Kabel und die Kabelfabrik umgeben wird, rechtfertigt solche Aussprüche.

Ich hoffe, daß einer der Erfolge des vorliegenden Werkes darin bestehen wird, daß das elektrische Kabel endlich auch einmal zur Besprechung in elektrotechnischen Vereinen und Zeitschriften gelangt, so daß zweifelhafte Punkte zur Aufklärung kommen, und Fortschritte, die dringend nötig sind, rascher als bisher erfolgen können.

Zum Schlusse darf ich nicht unterlassen, den verschiedenen staatlichen Behörden und privaten Firmen, die mich bei der Abfassung und Ausstattung unterstützt haben, meinen Dank abzustatten, sowie auch Herrn Dr. Breisig und dem Verleger.

Anregungen, Berichtigungen und Ergänzungen für eine eventuelle zweite Auflage nehmen Verleger und Verfasser dankbarst an.

Lausanne, 11. Mai 1903.

C. Baur.

Vorwort zur zweiten Auflage.

Als mich vor nahezu zwei Jahren der Verleger aufforderte, für eine neue Auflage des vorliegenden Werkes die Vorbereitungen in die Hand zu nehmen, fühlte ich eher Besorgnis als Freude. Während für die erste Ausgabe sozusagen gar keine Literatur vorlag, hatte sich dieselbe seit 1903 zu wahren Stößen angehäuft. Sie war nun nochmals durchzuarbeiten, was außerordentlich viel Mühe und Zeit erforderte. Was ich zum voraus vermutete, stellte sich als Tatsache heraus: das Ergebnis dieser Studien war für meine Zwecke in den meisten Fällen so gut wie Null.

So blieb wieder nichts anderes übrig, als selbst aufzubauen unter Verwertung der wenigen Bausteine, die ich vorgefunden hatte. Auf diese Art ist u. a. der Stoff über freie Schwingungen, Resonanz und Überspannung entstanden, der in einigen Abschnitten und in einem eigenen Kapitel eingepaßt worden ist.

In der Erkenntnis, daß die weitere Entwicklung des Hochspannungskabels wesentlich durch die in einem Netz auftretenden Überspannungen bestimmt ist, habe ich der Darstellung der allgemein bekannten, auf diese bezüglichen Tatsachen sowie der Verwertung derselben eine große Wichtigkeit beigemessen und hoffe dadurch etwas zur Erforschung dieser Erscheinungen beizutragen. Auch habe ich einen befreundeten Fachmann veranlaßt, eine mathematische Theorie der Überspannungen auszuarbeiten und bringe dieselbe zum Abdruck.

Auf S. 282 habe ich eine Methode angegeben, um zur Kenntnis der wichtigsten Konstanten eines Kabelnetzes, des Koeffizienten der Selbstinduktion, zu gelangen. Die Idee ist etwas gewagt, doch bin ich durch den Rat kompetenter Freunde veranlaßt worden, dieselbe zu publizieren.

Bei der Bearbeitung des Stoffes stellte ich mir das Ziel, die neue Ausgabe so viel als mir möglich den Bedürfnissen derjenigen Ingenieure anzupassen, die am elektrischen Kabel das meiste Interesse haben. Dies sind die Betriebsleiter von elektrischen Zentralen sowie deren Gehilfen, und ich hoffe, daß ich viel Neues bringe, das für ihren Beruf von Vorteil ist. Sollte dies nicht direkt zutreffen, so gibt das Buch doch auf jeden Fall Anregungen, deren

Ausbau den praktischen Elektrizitätsunternehmungen von großem Nutzen sein wird.

Für diese Praktiker ist unter anderm das Kapitel „Das Kabel im Betrieb", 37 Seiten umfassend, neu eingefügt worden, neben zahlreichen kürzeren Angaben, die im Text an passenden Orten Verwendung gefunden haben.

Das Kapitel „Theorie der Telephonkabel" ist in 34 Seiten vollständig neu redigiert worden. Es enthält nun die komplette Theorie der Leitung mit gleichmäßig verteilter Selbstinduktion, die Theorie der Leitung nach Pupin, Vergleiche der beiden Leitungen und Beschreibung von je einem Kabel nach den beiden Bauarten. Das Kapitel sollte auch diesmal wieder vollständig auf der Höhe der Zeit stehen.

Im allgemeinen war es nötig, von der ersten Ausgabe Veraltetes und Unwichtiges zu streichen, um dem Neuen Platz zu machen und den Band auf mäßigen Umfang zu beschränken. Weit über ein Drittel hat fallen müssen. Besonders das Kapitel über Fabrikation und was damit zusammenhängt ist gekürzt worden, und es waren nur wenige Neuerungen einzutragen. Auch ist darauf geachtet worden, den Stoff nach Art eines Lehrbuches in logischer Folge zu ordnen. Doch ist dies der Natur der Sache nach nicht immer möglich gewesen. Weiter war ich bestrebt, die knappe Form beizubehalten und die Präzision des Ausdruckes zu vermehren.

Es bleibt mir noch die Pflicht übrig, aller derjenigen zu gedenken, die mich bei der Abfassung unterstützt haben, was durchwegs mit großer Aufopferung verbunden war.

Mons. A. de Montmollin in Lausanne hat die mathematische Theorie der Überspannungen ausgearbeitet. Prof. Landry, ebenfalls in Lausanne, ist für Überspannungen und anderes vielfach von mir konsultiert worden. Herr F. Lüschen in Berlin hat bei der Abfassung der Theorie der Telephonkabel ganz wesentlich mitgeholfen. Herr J. Kübler in Baden hat die Beschreibung der Prüfanlage für Hochspannungskabel geliefert. Für die Beisteuerung von wertvollem Material seien die Herren Krarup in Kopenhagen, W. Dieselhorst in London, Dr. Ebeling in Berlin, Nowotny in Wien und Gáti in Budapest erwähnt.

Von Behörden sind zu erwähnen: Die Deutsche Reichspost, der englische Postmeister und die englische Admiralität, durch deren Gefälligkeit die neuesten Spezifikationen von Kabeln aller Art erhalten worden sind. Die Privatfirmen Siemens & Halske in Berlin, Fried. Krupp, Grusonwerk in Magdeburg, Brüder Demuth in Wien und die A.-G. Brown, Boveri in Baden haben eine größere Anzahl von Klischees beigesteuert.

Für alle diese Dienste sei hier öffentlich gedankt und auch dem Herrn Verleger für seine Nachsicht bei der verspäteten Ablieferung des Manuskripts.

Auch diesesmal ersuche ich die Kritik, Rücksicht zu nehmen auf die Schwierigkeiten, unter welchen die neue Bearbeitung entstehen mußte, und das Ganze zu würdigen, wenn Einzelheiten mangelhaft sind.

Zürich II, den 11. Mai 1910.

C. Baur.

Inhaltsverzeichnis.

(Die Ziffern hinter den einzelnen Titeln geben die Seitenzahlen an.)

I. Wissenschaftliche Grundlagen.

II. Die Fabrikation von Kabeln.

VI. Kalkulationen.

VII. Kabelmaschinen.

Tabellen.

I. Wissenschaftliche Grundlagen.

A. Das Dielektrikum unter Gleichstrom.

Leiter und Isolator. Im gewöhnlichen Sprachgebrauche bezeichnet man als Leiter diejenigen Körper, welche die Elektrizität fortleiten, und als Isolatoren diejenigen, welche die Ausbreitung der Elektrizität verhindern. Für den Praktiker sind diese Bezeichnungen zutreffend, und er hat kein Bedürfnis, darüber anders belehrt zu werden. Leitungs- und Isolationswiderstand genügen, um alle ihm gestellten Aufgaben lösen zu können. Erst wenn der Praktiker anfängt, sich mit Kabeln zu beschäftigen, wird ihm klar, daß das Dielektrikum noch eine andere Rolle spielt als die der Passivität, mit der jedermann vertraut ist.

Die Frage, welche Funktion das Dielektrikum im elektrischen Stromkreise zu leisten hat, ist gegenwärtig noch nicht erledigt und wird wohl erst zu einem Abschluß kommen, wenn es gelungen ist, die Vorgänge der elektrischen Übertragung auf mechanische Weise zu erklären.

Die Möglichkeit, daß nach Erledigung der Frage die Begriffe von Leiter und Isolator vertauscht werden müssen, ist vorhanden. Es gibt Theorien der Elektrizität, die annehmen, daß die Übertragung der Energie durch das Dielektrikum und nicht durch den Leiter erfolge, und daß dieser nur dazu da ist, der Übertragung die Richtung zu geben.

Liste der Isoliermittel. In der Kabeltechnik finden ausnahmslos Pflanzenprodukte Verwendung als Isoliermittel, nämlich

1. Pflanzenfaser, wie Jute, Hanf, Flachs, Baumwolle, Seide, Papier.
2. Pflanzensäfte, wie Gummi, Guttapercha, Harze, Öle, Fette und fossile Säfte, deren Mischungen und Surrogate.

Die weitere Elektrotechnik verwendet noch Produkte des Mineralreiches, wie Schiefer, Marmor, Glimmer usw., und künstliche Erzeugnisse von Mineralien, wie Glas, Porzellan.

Jedem dieser Isoliermaterialien ist in der Technik ein bestimmter Platz angewiesen, den es voraussichtlich noch sehr lange beibehalten wird.

Der Isolationswiderstand. Der Isolationswiderstand eines Dielektrikums wird gemessen, indem man es zwischen zwei Elektroden bringt, diese unter eine bestimmte Batteriespannung setzt und den Strom bestimmt, der durch das Dielektrikum fließt. Der Isolationswiderstand ist dann, wie bei Leitern, gleich dem Verhältnis von Spannung durch Stromstärke.

Es zeigt sich bei diesem Versuche, daß der durch das Dielektrikum gehende Strom nicht konstant ist, wie bei Leitern, sondern daß er mit der Zeit stetig abnimmt, bis er schließlich ein Minimum erreicht. Der Isolationswiderstand ist also keine bestimmte Größe wie der elektrische Widerstand eines Leiters. Um dafür eine zu Vergleichen brauchbare Zahl zu bekommen, muß man noch den Zeitpunkt festsetzen, nach Verlauf dessen er gemessen wird.

Bei der Messung des Isolationswiderstandes von Kabeln liest man die Stromstärke gewöhnlich eine Minute nach Stromschluß ab. Für die meisten Dielektrika erreicht der Strom während dieser Zeit einen Wert, der nahezu konstant ist. Es sind aber auch noch andere Rücksichten, die zur allgemeinen Festsetzung der Elektrisierungszeit von einer Minute maßgebend gewesen sind.

Zahlen über Isolationswiderstände von Kabeln beziehen sich also immer auf eine „Elektrisation" (wie man sich kurz ausdrückt) von einer Minute.

Von etwelcher Wichtigkeit ist es auch, mit welcher Spannung der Isolationswiderstand gemessen wird. Gewöhnlich verwendet man zur Messung desselben eine Batterie von 100 Elementen oder von 100 Volt Spannung, und die meisten Meßinstrumente sind für eine solche Spannung eingerichtet. Seltener kommt der Fall vor, daß die Isolationsmessung mit 500 Volt vorgeschrieben wird.

Es liegt bei dieser Vorschrift die Nebenabsicht vor, gleichzeitig mit der Isolationsmessung eine Spannungsprobe zu machen, was für Telegraphenkabel Berechtigung hat. Da man aber in neuester Zeit Gummi- und Guttaperchadrähte, die für solche Kabel verwendet werden, speziell der hohen Spannung einer Wechselstrommaschine oder eines Transformators unterwirft, um über deren mechanische Festigkeit Aufschluß zu bekommen, ist die Vorschrift der Messung des Isolationswiderstandes mit einer Batterie von 500 Volt nicht mehr dringend nötig.

Theoretisch ist es nicht einerlei, bei welcher Spannung der Isolationswiderstand bestimmt wird. Nach den Untersuchungen von Heim, Ashton u. a. wird der Isolationswiderstand um so kleiner, je höher die Spannung ist, bei welcher er gemessen wird, oder mit anderen Worten, das Ohmsche Gesetz ist für das Dielektrikum nicht genau gültig.

Für praktische Messungen, bei denen ohnehin eine Differenz von $\pm$ 10% keinen Wert hat, ist diese Abweichung vom Ohmschen Gesetz bedeutungslos.

Bei Kabeln mit Faserisolation ist der Isolationswiderstand meistens von der Ordnung 1000 Megohm, und ob er nun 100 Megohm mehr oder weniger sei, hat keine Bedeutung. Läßt man das Kabel einige Stunden stehen und mißt dann wieder, so findet man vielleicht 900 Megohm, und schneidet man die Enden frisch an, so kann man auf z. B. 1100 Mg. kommen. Es hat also keinen Zweck, die Genauigkeit der Isolationsmessung zu weit zu treiben.

Ist der Is.-W., wie es bei Telephonkabeln oft vorkommt, von der Ordnung 20 000 Megohm, so wird die Messung so ungenau, daß man Fehler bis 50% begehen kann. Der Galvanometerausschlag wird in diesem Fall so klein, daß man ihn nicht mehr genügend genau messen kann.

Im nachfolgenden sind die Resultate einer verdienstvollen Arbeit von Heim (ETZ. 1890, 469) zusammengestellt.

1. Der Isolationswiderstand nimmt mit wachsender Batteriespannung ab, und zwar zwischen den Grenzen von 50 bis 500 Volt für

ein Guttaperchakabel um 5—10%
„ Jutekabel Nr. 1 „ 2—4%
„ „ „ 2 „ 2—10%

2. Mit anwachsender Zeit nach Batterieschluß wächst der Isolationswiderstand nach folgenden Zahlen:

Batterie-Spannung		Zeit in Minuten					
		1	2	3	5	10	15
Guttaperchakabel	53 Volt	1.0	1.3	1.20	1.27	1.35	1.40
	213 „	1.0	1.4	1.21	1.30	1.38	1.46
	470 „	1.0	1.3	1.19	1.28	1.36	1.42
Jutekabel Nr. 1 .	21 „	1.0	1.25	1.54	1.96	2.83	3.59
	213 „	1.0	1.25	1.49	1.96	2.88	3.69
	470 „	1.0	1.25	1.47	1.92	2.80	3.52
Jutekabel Nr. 2 .	53 „	1.0	1.37	1.66	2.02	2.74	3.24
	213 „	1.0	1.42	1.72	2.16	2.82	3.26

Isolationswiderstand und Feuchtigkeit. Das für Kabel verwendete Dielektrikum stammt immer von Pflanzen her und enthält mehr oder weniger Feuchtigkeit. Infolgedessen ist der Isolationswiderstand zum Teil eine Funktion des Wassergehaltes des Dielektrikums, und da man denselben durch Trocknen beinahe nach Belieben reduzieren kann, so ist es möglich, den Is.-W. innerhalb der weitesten Grenzen zu verändern.

Für Pflanzenfaser treibt man den Trocknungsprozeß so weit, daß man, abgesehen von der Tränkmasse, Isolationswiderstände von 2000 bis 10 000 Megohm per Kilometer Kabel erhält.

Pflanzensäfte, wie Gummi und Guttapercha, enthalten an und für sich schon Feuchtigkeit und nehmen noch welche auf während des Waschprozesses, den sie durchmachen müssen, um als Dielektrikum brauchbar zu werden. Auch diese Materialien muß man künstlich trocknen, damit sie einen brauchbaren Is.-W. annehmen, aber der Prozeß darf erfahrungsgemäß nicht so weit getrieben werden wie bei der Pflanzenfaser. Man muß sich mit Isolationen begnügen, die zwischen 100 und 1000 Megohm liegen. Eine weitere Trocknung würde zur gänzlichen oder doch teilweisen Zerstörung des Materials führen, d. h. das Dielektrikum könnte die mechanischen Anforderungen, die ihm vorgeschrieben sind, nicht mehr erfüllen.

Es ist selbstverständlich, daß nicht nur der Feuchtigkeitsgehalt eines Materials, sondern auch die Natur seiner Substanz die Größe des Is.-W. bestimmen. Dies ist hauptsächlich der Fall bei den künstlich hergestellten Materialien, wie Glas und Porzellan und anderen Stoffen, deren Gehalt an freiem Wasser gleich Null ist.

Alle Pflanzenfaser ist hygroskopisch und nimmt nach dem Trocknen Wasser begierig aus der umgebenden Luft auf. Die Isolation einer getrockneten Faser kann erhalten werden, wenn man sie mit einem Öl oder einem geschmolzenen Harz imprägniert. Herstellung und Erhaltung des Is.-W. sind ein wesentlicher Teil der Kabelfabrikation.

Pflanzensäfte sind weitaus weniger hygroskopisch als Faser. Harze z. B. nehmen gar keine Feuchtigkeit auf. Sie enthalten wohl mehr oder weniger Wasser, aber wenn gereinigt und getrocknet, nehmen sie keine Feuchtigkeit mehr auf, und diese Eigenschaft macht sie für die Tränkung von Faser wertvoll. Guttapercha, wenn in dicken Stücken, nimmt sehr wenig Wasser auf, ebenso Gummi. Wenn in dünne Blätter ausgewalzt, saugen aber beide bedeutende Mengen von Wasser an.

Gummiader, die jahrelang im Wasser liegt, nimmt mit der Zeit davon etwas auf, und die Isolation geht langsam herunter. Sie wird indessen nicht imprägniert, weil das Dielektrikum durch chemische Einflüsse in viel kürzerer Zeit zerstört wird, als hinreichen würde, den Is.-W. durch Eindringen von Wasser so weit zu reduzieren, daß er für den Betrieb zu klein wäre.

Höhe des Isolations-Widerstandes. Mit Hilfe der modernen Trockenapparate kann man einem Dielektrikum aus Pflanzenfaser sozusagen jeden beliebigen Isolationswiderstand geben, ohne dieselbe zu zerstören oder auch nur zu schwächen. Es ist möglich, z. B. für juteisolierte Kabel Is.-W. von 10 000 per km zu erhalten oder für papierisolierte Telephonkabel 100 000 Megohm per km.

Das gegenwärtige Jahrzehnt hat uns das Kabel mit reiner Papierisolation und Öltränkung gebracht. Die Harze als Tränkmittel mußten bei diesem Kabel aufgegeben werden, erstens, weil sie nicht imstande waren, die oft großen Papierdicken gleichmäßig zu durchdringen, und zweitens, weil die mit Harz imprägnierten Papiere zu brüchig sind. Für Verlegungszwecke, besonders bei tiefer Temperatur, ist nur ein Isoliermittel zulässig, dessen Elemente sich gegenseitig verschieben können.

Durch Verwendung von Öl als Tränkmittel wurde dieser Zweck vollkommen erreicht. Nun aber haben alle Öle einen geringen spez. Isolationswiderstand, der durch kein Auskochen erhöht werden kann. Die neueren Kabel haben also wesentlich geringere Is.-W. ergeben als die alten. Da sie aber betreffs Sicherheit gegen Durchschlag ungemein überlegen sind, blieb nichts anderes übrig, als die Garantiezahl herunterzusetzen.

Es gab viele Fabrikanten, die den Erfolg ihres Geschäftes den erreichten hohen Is.-W. zuschrieben, und die Käufer von Kabeln waren seelenvergnügt, wenn man 5000 Mg. garantierte und 10 000 Mg. lieferte. Daher war es nicht zu verwundern, daß der neue Glaubenssatz nicht so ohne weiteres angenommen wurde. Heute aber ist er allgemein anerkannt und in den deutschen und englischen Kabelnormalien festgelegt. In den letzteren findet man sogar Maximalzahlen für den Isolationswiderstand.

Man hat heute den experimentellen Nachweis, daß der Is.-W. mit der Güte eines Starkstromkabels so gut wie gar nichts zu tun hat und daß allein der Widerstand gegen Durchschläge und die Größe der dielektrischen Verluste maßgebend sind. Dabei ist aber stillschweigend vorausgesetzt, daß das Papier ordnungsgemäß getrocknet worden ist und für sich allein Is.-W. von einigen tausend Mg. ergeben würde.

Für Telephonkabel mit Luft- und Papier-Isolation wird gegenwärtig ein minimaler Is.-W. von 1000 Mg. vorgeschrieben. Da bei dieser Isolation die minimale Kapazität nicht erreicht wird, sollte die Garantiezahl auf mindestens 2000 Mg. erhöht werden. Dies ist in der Fabrikation auch ohne Schwierigkeiten zu erreichen.

Historisch begründet ist ein Isolationswiderstand von 2000 bis 3000 Megohm per km und 15° C für guttaperchaisolierte Ader von gangbarer Sorte. Vor zwanzig Jahren waren die betreffenden Zahlen kleiner.

Für Guttapercha war schon lange bekannt, daß ein hoher Isolationswiderstand keine Empfehlung ist. Für atlantische Kabel ist ein Material von 5000—6000 Mg. ausgeschlossen worden.

An Draht mit Gummiisolation werden die folgenden Anforderungen gestellt: gewöhnliche Ware nicht unter 50 Megohm, gute Ware nicht unter 300 und Primaware nicht unter 2000 Megohm per km. Diese Zahlen sind auch historisch begründet und lassen sich nicht abändern, da auch mit den besten Gummisorten und bei tadelloser Fabrikation nicht mehr zu erzielen ist. Für ein Kabel mit Gummiisolation darf obige Isolation nicht verlangt werden. Es müssen für dasselbe noch die Dimensionen berücksichtigt werden, siehe folgender Artikel.

Drähte und Kabel mit Guttapercha- und Gummiisolation sind immer verdächtig, wenn deren Is.-W. nur etwa die Hälfte von dem ist, was er normal sein sollte. Sinkt er auf etwa $1/3$ herunter, so kann man das Vorhandensein eines Fabrikationsfehlers als ganz gewiß annehmen.

Was gewöhnliche Leitungsdrähte mit Isolation aus getränkter Baumwolle anbelangt, so wird gar keine Isolation verlangt, aus dem einfachen Grunde, weil eine Messung derselben nicht durchführbar ist. In Wirklichkeit ist die Isolation einer ungetränkten Faser außerordentlich gering.

In letzter Zeit ist der Isolation von Dynamodraht große Aufmerksamkeit geschenkt worden. Der Is.-W. wird vom Fabrikanten nicht bestimmt, aber der Draht wird in eigens gebauten Öfen erhitzt, so daß jede Spur von Feuchtigkeit und von Spiritus aus der Faser entfernt wird.

Isolationswiderstand und Dimensionen. Der Isolationswiderstand W eines Kabels, d. h. eines zylindrischen Leiters vom Durchmesser d, mit einer Isolationsschicht von der Wandstärke Δ auf den Durchmesser D isoliert, wird berechnet nach der Formel

$$W = w \log \frac{D}{d} = w \log \left(1 + \frac{2\Delta}{d}\right)$$

Die Zahl w ist eine vom Isolationsmaterial abhängige Konstante.

Aus der Formel kann man zunächst ersehen, daß der Is.-W. einer Schicht von der Dicke Δ um so kleiner ist, je größer der Durchmesser des Leiters wird.

Ein Beispiel zeigt, in welchem Maße das der Fall ist. Wir setzen $\Delta = 3$ mm. Dann ist für die

Leiterdurchmesser	$d =$	2	5	10	20	50 mm
der Is.-W. bzw.	$W =$	1	$1/2$	$1/3$	$1/6$	$1/12$,,

Die Formel gibt auch Aufschluß, wieviel innere und äußere Schichten gleicher Dicke zum Isolationswiderstand beitragen. Wir nehmen die Wandstärke $\Delta = 4$ mm an und berechnen die Isolationswiderstände der innersten Schicht von 1 mm Wandstärke, dann der zweiten, dritten und letzten Schicht. Als Durchmesser des Leiters nehmen wir das eine Mal 2, das andere Mal 20 mm an.

Der Is.-W. der Einzelschichten ist ausgerechnet einmal als Bruchteil der inneren Schicht und einmal in Prozenten des totalen Widerstandes.

Leiterdurchmesser = 2 mm.

Isolationswiderstand der	1.	2.	3.	4. Schicht
verglichen mit innerster Schicht	1	0.60	0.40	0.30
in % des totalen Is.-W.	43	25	18	14

Leiterdurchmesser = 20 mm.

Vergl. m. innerer Schicht	1	0.90	0.83	0.78
in % des totalen Is.-W.	41	38	35	32

Diese Beispiele zeigen, daß bei dicken Leitern die einzelnen Schichten beinahe gleichviel zur Bildung des totalen Isolationswiderstandes beitragen. Je dicker der Leiter wird, desto mehr nähern sich die Anteile der einzelnen Schichten.

Bei dünnen Leitern hingegen tragen die äußeren Schichten sehr wenig zur Bildung des totalen Widerstandes bei. Die innerste Schicht hat schon nahezu den halben Anteil.

Aus diesem Grunde erreicht man bei dünnen Drähten keine wesentliche Vermehrung der Isolation, wenn man die Isolationsdicke vermehrt. Dies ist der Grund, warum man bei Gummidrähten von hoher Isolation die erste Schicht als Naturgummi aufträgt, der einen höheren Isolationswiderstand hat als die Gummimischung. Es läßt sich auch leicht einsehen, daß 1 kg Naturgummi, wenn als äußerste Lage auf den Draht gepreßt, die Isolation nicht so kräftig erhöhen würde wie im Falle, wo er als innerste Schicht verwendet wird.

Die Formel für den Isolationswiderstand als Funktion der Dimensionen von Leiter und Isolationsschicht kommt meistens zur Verwendung für Materialien von bestimmter Isolationshöhe, wie Gummi und Guttapercha. Man darf sie aber auch für Papierkabel anwenden. Nehmen wir als Norm für ein Kabel von 300 qmm einen Is.-W. von 200 Mg. an und eine Dicke der Isolierschicht von 2,5 mm, so gilt für imprägnierte Papierkabel die Formel

$$W = 2300 \log (D : d)$$

Nach den deutschen Normalien wird wesentlich weniger verlangt.

Nehmen wir als mittlere Werte des Isolationswiderstandes per km von ordinärer, guter und prima Gummiader von 2 mm Leiterdurchmesser und den Wandstärken von 1,0, 1,0 und 1,5 mm die Zahlen 50, 500 und 2000 an, so kann man für diese Sorten die Is.-W. für beliebige andere Dimensionen nach den folgenden Formeln berechnen.

$$W_{50} = 165 \log (D : d) \text{ Megohm per km}$$
$$W_{500} = 1650 \log (D : d) \quad ,, \quad ,, \quad ,,$$
$$W_{2000} = 5000 \log (D : d) \quad ,, \quad ,, \quad ,,$$

Für Guttapercha hat man ähnliche Formen aufgestellt, z. B.

Nach Munro	$W =$	$920 \log (D : d)$ Megohm per Knoten
	$=$	$1700 \log (D : d)$,, ,, km
Nach Siemens	$W =$	$700 \log (D : d)$,, ,, Knoten
	$=$	$1300 \log (D : d)$,, ,, km

Die Formeln beziehen sich auf eine Temperatur von 75^0 F = 24^0 C und auf Guttapercha, wie sie vor etwa 20 Jahren erhältlich war. Es ist wahrscheinlich, daß die Koeffizienten heute andere sind.

Der spezifische Isolationswiderstand. Als Vergleichswert der Isolation verschiedener Materialien nimmt man den Is.-W. eines ccm an, gemessen zwischen zwei gegenüberliegenden Seitenflächen, wie bei Metallen der Leitungswiderstand auch auf das ccm bezogen ist.

Es sei W der Is.-W. eines Materials von der Länge L und dem gleichförmigen Querschnitt Q und w dessen spezifischer Is.-W., so ist also

$$W = w L : Q$$

Es ist leicht, den spezifischen Widerstand eines Materials zu bestimmen, das als Isolation eines Kabels verwendet wurde.

Eine solche Isolierschicht bildet immer einen Hohlzylinder von den Radien r und R und der Länge L. Der Isolationswiderstand eines Hohlzylinders vom Radius ϱ, von unendlich dünner Wandstärke $d\,\varrho$, und der Länge L berechnet sich nach obiger Formel als

$$dW = \frac{w}{2\pi L} \frac{d\rho}{\rho}$$

Integriert man von r bis R, so wird

$$W = \frac{w}{2\pi L} \log\text{nat} \frac{R}{r} = \frac{0.366\, w}{L} \log \frac{R}{r}$$

woraus sich der spezifische Is.-W. berechnet als

$$w = 2.73\, W L : \log \frac{R}{r}$$

Statt der Radien r und R kann man auch die Durchmesser d und D einsetzen.

Für die Gummiadern (siehe S. 6) von 50 Megohm ($= 50 .\ 10^{15}$ CGS. per km, oder $L = 10^5$ cm, $r = 0.1$, $R = 0.2$ cm), von 500 und 2000 Megohm findet man nach der letzten Formel die folgenden Werte:

$$W_{50} = 4.55 \times 10^{22} \text{ CGS.-Einheiten}$$
$$W_{500} = 4.55 \times 10^{23} \quad ,, \quad ,,$$
$$W_{2000} = 1.36 \times 10^{24} \quad ,, \quad ,,$$

Für die zwei Guttaperchasorten findet man

$$W = 4.64 \times 10^{23} \text{ CGS.-Einheiten (Munro)}$$
$$W = 3.55 \times 10^{23} \quad ,, \quad ,, \quad \text{(Siemens)}.$$

Für das erwähnte Kabel von 300 qmm und 200 Mg. wird

$$W = 6.3 \times 10^{23} \text{ CGS.}$$

Wir führen noch eine Tabelle des spezifiischen Is.-W. für verschiedene Materialien an, die von W. H. Preece aufgestellt worden ist.

Tabelle der spezifischen Isolationswiderstände.

Material	Spez. Is.-W. CGS.-Einheiten	Vergleichswerte	Temperatur °C	Beobachter
Luft	∞	∞	—	—
Glimmer	8.4×10^{22}	0.084	20	Ayrton & Perry
Guttapercha	4.5×10^{23}	0.45	24	L. Clark
,, ...	1×10^{24}	1.0	—	Preece
Gummi	1.09×10^{25}	10.9	24	Jenkin
Schellack.	9×10^{24}	9.0	28	Ayrton & Perry
Ebonit.	2.8×10^{25}	28.0	46	,, ,,
Paraffin	3.4×10^{25}	34.0	46	,, ,,
Flintglas	2×10^{25}	20.0	20	T. Gray
Gewöhnliches Glas . .	9.1×10^{22}	0.91	20	Fusserau . . .
Siemens bester Vulkan-Gummi	—	16.17	15	Siemens
do., gewöhnliche Sorte .	—	2.28	15	,,
Vulk.-Gummi	—	1.5	15	—

Durch Division mit 10^9 werden diese Zahlen auf Ohm und mit 10^{15} auf Megohm per ccm reduziert.

Isolationswiderstand und Temperatur. Die Temperatur hat auf die meisten Isolationsmaterialien bedeutenden Einfluß, weitaus mehr als auf elektrische Leiter. Getrocknete Jute, wenn angewärmt, vermindert ihren Isolationswiderstand sehr rasch. Noch rascher sinkt derselbe bei Ölen und Harzen.

Die nachfolgende Tabelle, die vom Jahre 1905 stammt, gibt einen Anhaltspunkt über die Größe der Variationen. Sie ist gültig für trockenes Papier und eine Tränkmasse aus Öl mit etwa 25% Harzzusatz. Die dritte Kolonne gibt den Koeffizienten für die Kapazität desselben Kabels; 3×6 qmm für 3000 Volt.

Temperatur-Koeffizient von imprägniertem Papier zur Reduktion auf die Temperatur 15° C.

Der bei der Temperatur *t* gemessene Is.-W. wird mit dem neben *t* stehenden Koeffizienten multipliziert, um ihn auf 15° zu reduzieren. Dasselbe gilt für die Kapazität.

Temp. °C	Red.-Koeffizient für Isolation	Red.-Koeffizient für Kapazität	Temp. °C.	Red.-Koeffizient für Isolation	Red.-Koeffizient für Kapazität
6	0.23	0.95	31	6.10	1.26
7	0.27		32	6.66	1.29
8	0.30		33	7.30	1.33
9	0.37		34	8.10	1.37
10	0.46	0.97	35	8.90	1.41
11	0.50		36	9.9	1.46
12	0.60		37	11.0	1.51
13	0.73		38	12.2	1.56
14	0.87		39	13.5	1.63
15	1.00	1.00	40	15.1	1.69
16	1.24		41	16.8	1.78
17	1.45		42	19.2	1.87
18	1.67		43	21.8	1.97
19	1.96		44	25.0	2.08
20	2.24	1.03	45	28.0	2.23
21	2.50		46	32.0	2.37
22	2.75		47	35.4	2.54
23	3.00		48	40.0	2.80
24	3.30		49	45.0	3.10
25	3.60	1.08	50	50.0	3.40
26	3.85	1.11	51	56.0	3.75
27	4.30	1.14	52	62.0	4.15
28	4.65	1.20	53	70.0	4.60
29	5.10	1.21	54	78.0	5.15
30	5.55	1.23	55	88.0	5.70

Temperatur-Koeffizienten für Gummi.
Nach L. Clark u. R. Sabine, Electrical Tables and Formulae.

Temp. °C	Redukt. Koeffiz. 15°	Temp. °C.	Redukt. Koeffiz. 15°	Temp. °C.	Redukt. Koeffiz. 15°
1	1.88	6	1.51	11	1.20
2	1.80	7	1.44	12	1.14
3	1.72	8	1.37	13	1.08
4	1.64	9	1.31	14	1.04
5	1.57	10	1.26	15	1.00

Temp. °C.	Redukt. Koeffiz. 15°	Temp. °C.	Redukt. Koeffiz. 15°	Temp. °C.	Redukt. Koeffiz. 15°
16	0.95	26	0.60	36	0.38
17	0.91	27	0.57	37	0.36
18	0.86	28	0.54	38	0.34
19	0.82	29	0.52	39	0.32
20	0.79	30	0.50	40	0.30
21	0.75	31	0.48	—	—
22	0.72	32	0.45	—	—
23	0.68	33	0.43	—	—
24	0.65	34	0.41	—	—
25	0.63	35	0.40	—	—

Temperatur-Koeffizienten für Guttapercha nach K. Winnertz, ETZ. 1906, 1115, für Umrechnung der Isolation auf 24° C = 75° F.

Grade Celsius	Koeffizient	Grade Celsius	Koeffizient	Grade Celsius	Koeffizient
35.0	0.1415	23.3	1.089	11.7	6.015
34.4	0,1561	22.8	1.187	11.1	6.373
33.9	0.1721	22.2	1.293	10.6	6.722
33.3	0.1898	21.7	1.409	10.0	7.057
32.8	0.2105	21.1	1.535	9.4	7.377
32.2	0.2332	20.6	1.672	8.9	7.670
31.7	0.2574	20.0	1.821	8.3	7.943
31.1	0.2836	19.4	1.984	7.8	8.178
30.6	0.3125	18.9	2.161	7.2	8.383
30.0	0.3442	18.3	2.353	6.7	8.499
29.4	0.3833	17.8	2.562	6.1	8.585
28.9	0.4304	17.2	2.790	5.6	8.637
28.3	0.4801	16.7	3.035	5.0	8.678
27.8	0.5251	16.1	3.302	4.4	8.719
27.2	0.5848	15.6	3.588	3.9	8.757
26.7	0.6458	15.0	3.896	3.3	8.796
26.1	0.7066	14.4	4.223	2.8	8.834
25.6	0.7707	13.9	4.564	2.2	8.880
25.0	0.8406	13.3	4.919	1.7	8.932
24.4	0.9168	12.8	5.282	1.1	8.990
23.9	1.0000	12.2	5.650	0.6	9.053

Temperatur-Koeffizient für trockenes Papier zur Reduktion auf die Temperaturen 15 und 20° C. Der gemessene Is.-W. wird mit dem Koeffizienten wie in obigen Tabellen multipliziert.

Temperatur °C	Koeffizient für	
	15°	20°
0	0.39	0.43
5	0.46	0.61
10	0.62	0.77
15	1.00	0.88
20	2.3	1.00
25	9.9	1.32
30	42.2	1.77

Diese Tabelle stammt aus Uppenborns Kalender.

Der Kondensator. In seiner einfachsten Form besteht der Kondensator aus einem plattenförmigen Isoliermaterial, dessen Seiten je eine Metallbelegung haben. Legt man die Belegungen an die Pole einer Batterie, so fließt für eine bestimmte Zeit eine elektrische Ladung in den Kondensator. Die Strömung nimmt ein Ende, sobald der Kondensator das Potential der Batterie angenommen hat.

Man kann zu irgendeiner Zeit die Verbindung mit der Batterie unterbrechen. Stellt man dann zwischen den beiden Belegungen eine leitende Verbindung her, so entsteht wieder eine Strömung, die eine bestimmte Zeit dauert. Der Kondensator verhält sich während dieser Zeit wie eine elektromotorische Kraft.

Der Sitz derselben ist im Dielektrikum zu suchen und nicht in der Metallbelegung. Diese dient bloß dazu, die Ladung dem Dielektrikum zuzuführen und während der Entladung wieder zu sammeln. Daß dies der Fall sein muß, folgt aus der Tatsache, daß die Ladungsmenge eine andere wird, sobald man die dielektrische Platte des Kondensators durch ein anderes Material von gleichen Dimensionen ersetzt. Die Vorgänge bleiben aber dieselben, wenn man die Belegungen durch ein anderes Metall ersetzt oder dieselben dicker oder dünner wählt.

Das Isoliermaterial spielt also bei der Elektrizitätslehre absolut nicht die passive Rolle, die man ihm gewöhnlich zuschreibt. Das aktive Eingreifen des Dielektrikums in die Vorgänge der elektrischen Übertragung tritt am deutlichsten hervor bei veränderlicher elektromotorischer Kraft und ist am bekanntesten in langen Telegraphen- und Telephonkabeln. Um bei den atlantischen Kabeln den Einfluß des Dielektrikums zu überwinden, müssen für Wiedergabe der telegraphischen Zeichen besondere Kunstgriffe angewendet werden. Bei langen Telephonkabeln verändert das Dielektrikum die Stromwellen derart, daß sie am Ende der Leitung einen anderen Ton reproduzieren als denjenigen, dem sie ihren Ursprung verdanken, mit anderen Worten, der Sprechverkehr wird nicht mehr möglich.

Wie in anderen physikalischen Vorgängen, zeigt auch bei der elektrischen Übertragung jedes Dielektrikum sein eigenes Verhalten. Ein ideales Dielektrikum ladet und entladet sich in unendlich kurzer Zeit vollständig. Ein wirkliches Dielektrikum hingegen braucht für beide Vorgänge mehr oder weniger Zeit. Es gibt solche, die momentan z. B. 90% der ganzen Ladung aufnehmen oder abgeben, dann solche, die eine Sekunde, 10 Sekunden usw. verlangen, und schließlich solche, die für vollständige Ladung eine Zeit von Minuten brauchen.

Ein Dielektrikum, das die Ladung langsam aufnimmt, gibt sie auch immer langsam ab. Bei einem momentanen Kurzschluß der Belegungen fließt ein Teil der Ladung ab. Wiederholt man diesen Kurzschluß von Zeit zu Zeit, so erhält man immer wieder neue Entladungen, bis schließlich der Kondensator ganz erschöpft ist.

Für Telegraphen- und Telephonkabel sind nur Dielektrika brauchbar, die dem idealen möglichst nahestehen. Ein langsam arbeitendes Dielektrikum verändert nicht nur die Form der Stromwelle, sondern auch die Zeiträume, in der sie aufeinander folgen.

Die Größe der Ladung Q, erzeugt durch eine ladende Spannung V, ist gegeben durch die Formel

$$Q = K . C V$$

C ist eine von den Dimensionen des Kondensators und K eine von der Natur des Dielektrikums abhängige Konstante.

Um verschiedene Isoliermaterialien miteinander vergleichen zu können, nimmt man Luft als Normalmaterial an und setzt für sie $K = 1$. Dann wird $C =$ der Ladungsmenge für die Spannungsdifferenz $V = 1$. Man nennt C die Kapazität des Kondensators.

Die vom Isoliermittel abhängige Konstante K wird die spezifische induktive Kapazität oder Dielektrizitätskonstante genannt. Es ist wichtig, den Wert derselben zu kennen, um entscheiden zu können, was für Materialien als Isoliermittel von Kabeln den Vorzug verdienen. Je größer die Dielektrizitätskonstante, desto größer ist die Kapazität KC des Kabels. Hohe Kapazität ist bis jetzt nicht gewünscht worden, im Gegenteil, man sucht die Kapazität von Kabeln in allen Fällen so niedrig als möglich zu halten.

Die Bestimmung der Dielektrizitätskonstante ist meistens eine schwierige Sache, hauptsächlich dann, wenn das Dielektrikum die Ladung langsam aufnimmt und abgibt. So kommt es, daß die von verschiedenen Beobachtern bestimmten Werte nur annähernde Vergleichszahlen sind.

Ist eine genaue Kenntnis der Dielektrizitätskonstanten für ein Isoliermaterial erforderlich, so muß man sie direkt bestimmen.

In der nachfolgenden Tabelle geben wir, alphabetisch geordnet, eine Sammlung beobachteter Werte von *K*.

Substanz	Dielektrizitäts-konstante	Beobachter
Benzin	2.20	Sillow
„ 21° C	2.45	Rosa
Ebonit	2.21—2.76	Schiller
„	3.15	Boltzmann
Eis	78	—
Glas, Kronglas	3.11	Wüllner
„ „ spez. Gew. 2.485	6.96	Hopkinson
„ Flintglas „ „ 2.87	6.61	„
„ „ „ „ 3.2	6.72	„
„ „ „ „ 3.66	7.38	„
„ „ „ „ 4.5	9.90	„
Glimmer	5	Faraday
Gummi, Naturgummi	2.80	—
„ „	2.12	Schiller
„ „	2.34	Siemens
vulkanisiert	2.94	„
Guttapercha	4.2	Faraday
„	2.46	Gordon
Kolophonium	2.55	Boltzmann
Luft von 760 mm	1.0	—
Paraffin	1.96	Wüllner
„	2.32	Boltzmann
„	1.68—1.92	Schiller
„	2.19—2.34	Siemens
Petroleum, ordinär	2.10	Hopkinson
„ Essenz	2.17	Perrot
Schwefel	2.88—3.21	Wüllner
„	3.84	Boltzmann
„	2.58	Gordon
Schellack	2.74	„
„	2.95—3.73	Wüllner
Terpentinöl 17.1°	1.94	Quincke
„ 17.1°	2.16—2.22	Sillow
Wasser bei 14°	83.8	Tereschin
„ „ 25°	75.7	Rosa
Wasserstoff 760 mm	0.9997	Boltzmann
„ 760 „	0.9998	Ayrton

Dr. v. Hoors Versuche. Dr. v. Hoor (ETZ. 1901, 170. 187. 716. 749. 781) hat eine Versuchsreihe durchgeführt über eine Anzahl Fragen, die sich auf die Kapazität von Dielektrika beziehen. Das Nachfolgende gibt eine Übersicht der erzielten Resultate.

In erster Linie konstatiert v. Hoor, daß viele als Dielektrika verwendete Materialien bei Kapazitätsversuchen keine sich konstant verhaltenden Zahlen ergeben. Am meisten geeignet für die Versuche findet er vollständig reine Pflanzenfaser, d. h. Papiere, aus Leinen, Jute und Manilahanf erzeugt. Durch einen besonderen Prozeß werden diese getrocknet, luftleer gemacht und mit chemisch reinen Paraffinen, mit Petroleum oder feinen Harzen getränkt. Die Papiere werden dann noch durch einen längere Zeit andauernden Formierungsprozeß unter der Spannung eines Wechselstromes geführt. So präparierte Kondensatoren zeigen zu allen Zeiten ein gleiches Verhalten und sind verwendbar für die Bestimmung der Konstanten.

Die Versuche bezweckten festzustellen, ob die Dielektrizitätskonstante wirklich eine Konstante ist, oder ob sie sich mit der e. m. Kraft ändert. Es wurde für jedes Dielektrikum eine Versuchsreihe ausgeführt, in welcher die e. m. Kraft von etwa 1 Volt bis 1000 Volt variiert wurde. Jedesmal wurde die Kapazität gemessen und daraus die Dielektrizitätskonstante berechnet.

Das Dielektrikum wurde also am Anfang der Reihe mit geringen elektrischen Kräften beansprucht. Am Ende der Reihe war die Beanspruchung so groß, daß das Dielektrikum beinahe durchgeschlagen wurde. Der Grad der Beanspruchung wird durch Volt-Zentimeter ausgedrückt. Steht z. B. ein Blatt Papier von $^1/_{10}$ mm Dicke unter einer Spannung von 100 Volt, so wäre dessen Beanspruchung $= 100 \times 100 = 10\,000$ Volt-Zentimeter, d. h. eine Papierdicke von 1 cm müßte unter eine Spannung von 10 000 Volt kommen, um dieselbe Beanspruchung zu haben als das Blatt von $^1/_{10}$ mm Dicke mit 100 Volt.

Von den vielen Versuchsreihen Dr. v. Hoors greifen wir eine heraus. Es bezeichnen

V das ladende Potential,
Q die gemessene Ladungsmenge,
C die berechnete Kapazität,
K die berechnete Dielektrizitätskonstante $= C : 1.245$.

Blätterkondensator: Dielektrikum bestehend aus 2 Papieren aus Leinenfaser, jedes 0,045 mm dick und eigens präpariert. Beanspruchung 500 bis 110 000 Volt-Zentimeter.

V[1]	Q[1]	C	K
5	85	17.0	13.6
10	149	14.9	11.9
20	210	10.5	8.4
50	349	7.00	5.6
100	540	5.40	4.3
200	867	4.33	3.46
300	1184	3.95	3.16
500	1764	3.53	2.82
700	2353	3.36	2.68
900	2970	3.30	2.64

Diese Beobachtungsreihe stellt unzweideutig fest, daß man nicht von einer Dielektrizitätskonstanten sprechen darf. Die Größe K, welche diesen Namen führt, nimmt mit wachsender Beanspruchung stetig ab, erst rasch und später langsam.

Es gibt hingegen auch Dielektrika, für welche der Wert von K sich weitaus weniger ändert als für das Papier in obiger Tabelle, wie sich aus folgender Zusammenstellung der Versuchsresultate von Dr. v. Hoor ergibt.

Tabelle der Werte der „Dielektrizitätskonstanten".

Dielektrische Substanz	Beanspruchung in Volt-Zentimeter		Dielektrizitätskonstante	
	Minimum	Maximum	Minimum	Maximum
Paraffiniertes Papier, Temperatur 19.5—20° C	0.528	55 000	3.68	3.65
Dasselbe 20.0—20.5° C	2.52	54 000	3.365	3.236
Jute in konzentrischem Kabel, 17—18° C	0.91	7 500	17.12	2.75
Kronglas 20—21° C	4.46	23 000	12.8	10.7
„ 20—22° C	1.04	27 000	7.22	6.92
Megohmit 19.5° C	0.28	6 000	5.31	5.09
Guttapercha 19.5° C	0.50	41 000	3.26	3.155

Erwähnenswert ist noch, daß der Wert der Dielektrizitätskonstanten plötzlich fällt, wenn die Beanspruchung nahe an den Durchschlagspunkt des Dielektrikums gerückt wird.

---

[1]) Die Kurve von Q und V ist ähnlich den Durchschlagskurven (s. S. 45). Die Gleichung $Q = 28.2\ V^{2/3}$ stellt obige Beobachtungsreihen mit ziemlicher Annäherung dar.

Was nun die Schnelligkeit anbetrifft, mit der Dielektrika sich vollständig laden und entladen, so folgt aus den Versuchen, daß oft recht erhebliche Zeiten nötig sind, bis das Dielektrikum in einen stationären Zustand kommt. Paraffinierte Papiere z. B. brauchen dafür gegen fünf Sekunden. Jute verhält sich ähnlich, nur verläuft die Entladung langsamer. Mit Glas sind die Zeiten viel größer, 60 bis 100 Sekunden.

Kapazität von Kabeln. Es bedeute K die Dielektrizitätskonstante des Isoliermateriales, d und D innerer und äußerer Durchmesser der zylindrischen Isolierschicht (in irgend einem Maße gemessen), L die Länge des Kabels und C die Kapazität in elektrostatischen Einheiten, so kann C nach der Formel

$$C = 0.217\, K\, L : \log \frac{D}{d}$$

berechnet werden.

Für den Kilometer $= 10^5$ cm und in Mikrofarad ausgedrückt (1 MF $= 10^{-15}$ CGS.) lautet die Formel in elektromagnetischen Einheiten

$$C = 0.0243\, K : \log \frac{D}{d}$$

Man kann also, wenn man die Dimensionen des Kabels und K kennt, desen Kapazität per km berechnen oder umgekehrt aus der gemessenen Kapazität C in MF und den Dimensionen des Kabels die Dielektrizitätskonstante K bestimmen. Es ist

$$K = 41.1 \,.\, C \,.\, \log \frac{D}{d}$$

Für submarine Kabel, mit Guttaperchaisolation, gelten für die Kapazität die Formeln

in MF per Knoten in MF per Kil.

$$C = 0.1650 : \log \frac{D}{\mathrm{d}} = 0.089 : \log \frac{D}{d} \quad \text{(Siemens Bros.).}$$

$$C = 0.1802 : \log \frac{D}{d} = 0.097 : \log \frac{D}{d} \quad \text{(Englische Post)}$$

Aus diesen Angaben kann man die Dielektrizitätskonstanten als 3.7 bzw. 4.0 berechnen. Die Formeln gelten für Guttapercha, wie vor etwa 20 Jahren erhältlich, und die Temperatur von 75^0 F $= 24^0$ C.

Auch für Jute und imprägniertes Papier kann man die Dielektrizitätskonstante als 3 bis 4 annehmen, bei einer Temperatur von ca. 15^0 C.

Für einfache und zweifach konzentrische Kabel für 700 Volt,

nach deutschen Normalien, bekommt man unter der Annahme $K = 3.5$ die Kapazitäten der nachfolgenden Tabelle.

Querschnitt in qmm	Kapazität in MF	Querschnitt in qmm	Kapazität in MF Cu/Cu	Cu/Pb
10	0.31	2 × 10	0.26	0.54
16	0.34	2 × 16	0.33	0.58
25	0.40	2 × 25	0.37	0.67
35	0.46	2 × 35	0.42	0.73
50	0.53	2 × 50	0.48	0.82
70	0.62	2 × 70	0.55	0.91
95	0.71	2 × 95	0.64	1.02
120	0.77	2 × 120	0.68	1.08
150	0.80	2 × 150	0.77	1.21
185	0.89	2 × 185	0.80	1.25
240	0.90	2 × 240	0.88	1.33
310	0.99	2 × 310	0.92	1.40
400	1.06	2 × 400	1.03	1.62
500	1.12	—	—	—
625	1.28	—	—	—
800	1.30	—	—	—
1000	1.40	—	—	—

Es gibt Formeln, nach denen man die Kapazitäten von Leitern und Mehrfachkabeln berechnen kann. Oft aber sind die Angaben für deren Verwendung ungenügend, oder der wirkliche Wert ist die Hälfte oder das Doppelte des nach der Formel berechneten. Es ist deshalb nicht empfehlenswert, dieselben hier anzuführen.

Nach Nowotny ist die Kapazität zwischen zwei Drähten einer oberirdischen Leitung vom Durchmesser $= 2r$ und dem Abstand der Mittelpunkte $= d$, in MF per km.

$$C = 0.0243 : \log \frac{d}{r}$$

Für verseilte Zwei- und Dreileiterkabel von rundem Querschnitt der Leiter gibt die Formel

$$C = 0.0243 \,.\, K : \log \left(2 + \frac{2\Delta}{d}\right)$$

in MF per km, angenäherte Werte. Darin bedeuten: d den Durchmesser des Leiters, Δ die Isolationsdicke, Cu/Cu oder Cu/Pb und K die Dielektrizitätskonstante.

Daß sie nicht sehr genau ist, geht aus dem Umstand hervor, daß sie für C dieselben Werte gibt, einerlei ob zwei oder drei Leiter vom gleichen d und Δ im Kabel liegen. Immerhin hat eine Kontrolle an vielen Kabeln ergeben, daß die Konstante K zwischen 3 und 4 liegt, Werte, die man für das gleiche Dielektrikum auch mittels Gleichstromkabel erhält. Die Formel ist also nicht ganz zu verwerfen.

Kapazität der Schichten. Wenn man von der Dielektrizitätskonstanten K und der Kabellänge L absieht, so ist die Kapazität, in relativem Maße gemessen,

$$C = 1 : \log \frac{D}{d}.$$

Wir denken uns die Isolation des Kabels schichtenweise aufgetragen. Mit Hilfe obiger Formel kann man aus innerem und äußerem Durchmesser jeder Schicht deren Kapazität berechnen und in Bruchteilen der gesamten Kapazität des Kabels oder der inneren Schicht ausdrücken.

Die Rechnung ergibt, daß für dünne Leiter die Kapazität gleich dicker Schichten, von innen nach außen gezählt, rasch zunimmt.

Für dicke Leiter ist die Zunahme unbedeutender und um so kleiner, je größer der Durchmesser des Leiters wird.

Denken wir uns zwischen je zwei Schichten eine dünne Metallschicht, so haben wir eine Anzahl Kondensatoren in Reihenschaltung. Nach bekannten Sätzen ist das Reziproke der Gesamtkapazität gleich der Summe der reziproken Werte der Kapazitäten jedes Einzelkondensators, also jeder einzelnen Schicht.

Beispiel: Es sei $d = 2$ und $D = 10$ mm, also die Wandstärke der Isolation = 4 mm. Teilen wir dieselbe in 4 Schichten von 1 mm Dicke ein, so haben wir

Relative Kapazitäten	=	1	1.7	2.5	3.0
Reziproke	,,	0.30	0.18	0.12	0.10

Reziproke Gesamtkapazität = 0,7 = 0.30 + 0.18 + 0.12 + 0.10.

Die Gesamtkapazität ist kleiner als die jeder einzelnen Schicht.

Das elektromagnetische Feld. Wenn wir durch irgend einen geschlossenen Stromkreis einen Gleichstrom zirkulieren lassen, bildet sich um jedes Leiterelement herum ein magnetisches Feld, das man durch die Kraftlinien veranschaulicht. Es wird im Moment des Stromschlusses geschaffen und bleibt dann unveränderlich, vorausgesetzt, der Strom ändert sich nicht, und erlischt im Moment, wo der Strom geöffnet wird. Das Feld bildet eine kleine Reserve für den Strom, und es hat das Bestreben, ihn konstant zu erhalten. Sinkt derselbe, so gibt es ihm etwas ab und steigt er, so entnimmt es ihm etwas.

Dieses Feld bildet sich immer, gleichgültig, ob der Stromkreis in ein Vakuum, in eine Isoliermasse oder in ein (unmagnetisches) Metall eingebettet ist. Es ist einzig und allein abhängig von der Stärke des Stromes und den Abmessungen von Stromschleife und Leiter.

2*

Man hat gewöhnlich mit Kabeln oder Freileitungen zu tun, also ist das Stromfeld immer ein Rechteck, das sehr lang und sehr schmal ist. Man kann deshalb von einem Kraftfeld sprechen, das 1 km lang ist. In der Tat bezeichnet man mit L den Kraftfluß per km, wenn der Strom der Schleife = 1 Amp. ist, und nennt L den Koeffizienten der Selbstinduktion dieser Schleife.

Da der Kraftfluß symmetrisch für beide Leiter ist, kann man auch annehmen, jeder enthalte $\frac{1}{2}L$ Kraftlinien, oder man kann von der Selbstinduktion des einen Leiters allein sprechen.

Der Koeffizient L kann aus den Dimensionen d = Leiterdurchmesser und D = Abstand der Achsen beider Leiter berechnet werden, aber die Formeln, die man in Büchern findet, sind auch hier oft unsicher oder unbrauchbar, weil vergessen wurde, die Voraussetzungen anzugeben, unter denen sie gültig sind.

Die nachfolgenden Formeln beziehen sich auf runde Leiter, und Garantie für Richtigkeit wird nicht gewährleistet. Die Einheiten sind Henry per Kilometer. Die Dimensionen von d und D kann man in mm oder cm wählen.

$$L = \left(0.2 + 0.92 \log \frac{2D}{d}\right) \times 10^{-3}$$

kann für zwei Einleiterkabel im Abstand D benutzt werden sowie für Drei- oder Vierleiterkabel, je für ein Leiterpaar gültig.

$$L = 0.46 \left(\log \frac{d_2}{d_1} + \frac{d_3^2}{d_3^2 - d_2^2} \log \frac{d_3}{d_2}\right) \times 10^{-3}$$

ist gültig für ein zweifaches konzentrisches Kabel, und d_1, d_2, d_3 bedeuten, von innen aus gezählt, die Durchmesser der drei Kupferzylinder.

Die nachfolgende Tabelle gibt eine Übersicht über die Größenordnung von L für verschiedene Querschnitte und einige Kabeltypen. Die ganze Feldstärke findet man, wenn man L mit der Belastung in Amp. des Leiters multipliziert.

Die Berechnung erfolgte nach obigen Formeln.

Art der Schleife	Wert von L für den Querschnitt von			
	20 qmm	50 qmm	100 qmm	200 qmm
Zwei Einleiterkabel in 100 mm Distanz	0.000 810	0.000 715	0.000 650	0.000 575
Paar eines Dreileiterkabels, Isolat.-Dicke = 2 mm .	0.000 600	0.000 556	0.000 534	0.000 518
Idem, Isol.-Dicke = 5 mm	0.000 730	0.000 650	0.000 606	0.000 572
Konz. Kabel, Isol.-Dicke = 2 mm	0.000 228	0.000 196	0.000 175	0.000 160

B. Das Dielektrikum unter Wechselstrom.

Der Isolationswiderstand. Im vorhergehenden Kapitel ist aufgeführt worden, daß der Is.-W. von der Natur des Materials, dessen Feuchtigkeitsgehalt, der Temperatur, den Dimensionen und einigermaßen von der Spannung der Batterie abhängig ist, die bei der Bestimmung angewendet wird.

In den letzten Jahren haben die Telephontechniker herausgefunden, daß der Is.-W., mit Wechselstrom gemessen, wesentlich kleiner ist, als mit Gleichstrom gemessen, und um so geringer, je höher die Periodenzahl der zur Bestimmung verwendeten e. m. Kraft. Als ein Beispiel sei eine Messung angeführt, die mit einer Telephonader von 1 mm gemacht worden ist, und die mit Gleichstrom 10 Megohm per km ergab.

Periodenzahl	200	600	1200	per Sekunde
Isol.-Widerstand	0.12	0.04	0.01	Mg. per km.

Bis jetzt hat diese Beobachtung nur einen gewissen Wert für Telephonkabel. Da für die Starkstromtechnik die Periodenzahlen zwischen 25 und 50 liegen, ist der Unterschied zwischen dem galvanisch bestimmten Wert des Is.-W. und dem effektiven, für Betrieb gültigen, nicht bedeutend. Von großer Wichtigkeit hingegen kann diese Sache für Überspannungen werden (siehe das betreffende Kapitel), die von hoher Periodenzahl sind, und zwar in dem Sinne, daß sie deren Gefährlichkeit vermindern.

Der Ladungsstrom. Beim Studium des Kondensators haben wir die Bekanntschaft mit Vorgängen innerhalb des Dielektrikums gemacht, die während einer elektrischen Übertragung stattfinden.

Wird das Dielektrikum unter den Einfluß eines Wechselstromes gebracht, so werden diese Erscheinungen viel auffallender. Denken wir uns einen Kondensator mit idealem Dielektrikum an die Pole einer Wechselstrommaschine gebracht, deren elektromotorische Kraft eine Sinusfunktion ist. Im Anfange der Periode ist $V = 0$ und wächst dann bis zu einem Maximum, fällt wieder auf Null herunter und macht denselben Prozeß mit negativem Zeichen durch. Da die Ladung des Kondensators immer prop. V ist, wird diese also gleichzeitig mit V anwachsen, ein Maximum, gleich Null und ein Minimum sein. Es wird also während des ersten Vierteis der Periode ein elektrischer Strom von der Maschine nach dem Kondensator und während des zweiten Viertels ein Strom vom Kondensator nach der Maschine fließen. Der Strom hat ebenfalls Sinusform, aber er ist $= 0$ im Momente, wo V ein Maximum ist, d. h. er ist in der Phase um $1/4$ Periode gegen die e. m. Kraft der Maschine verschoben.

Der Kondensator verhält sich also gerade so, als ob er mit einer elektromotorischen Kraft ausgestattet wäre.

Aus der Gleichung des Kondensators $Q = CV$ kann man leicht für den Ladungsstrom A die folgende Formel ableiten

$$A = 2n\pi \,.\, V \,.\, C \,.\, 10^{-6}.$$

A wird in Ampere gegeben, wenn V in Volt und C in Mikrofarad gemessen werden. Der Wert n bezeichnet die Zahl der vollständigen Perioden per Sekunde. V ist als Sinusfunktion vorausgesetzt.

Aus der Formel folgt

$$C = \frac{A \,.\, 10^6}{2n\pi V}$$

Diese Formel dient zur Berechnung der Kapazität eines Kondensators oder Kabels aus dem beobachteten Ladungsstrom A und der Spannung V.

Gerade wie ein Kondensator wird sich ein Kabel verhalten, z. B. ein konzentrisches Kabel, dessen Leiter und Rückleiter an die Pole der Wechselstrommaschine gebracht werden. Die zwei Leiter verhalten sich wie die Belegungen des Kondensators; der Unterschied ist bloß der, daß im Kabel die Kapazität nicht auf einen kleinen Ort konzentriert, sondern gleichförmig über dessen ganze Länge verteilt ist.

Im allgemeinen ist jeder geschlossene oder nicht geschlossene Stromleiter ein Kondensator. Je zwei einander gegenüberliegende Leiterteile können als die Belegungen aufgefaßt werden. In einem Telegraphendraht mit Erde als Rückleitung ist die Luft das Dielektrikum und die Dicke der Isolierschicht ist die Höhe des Drahtes über der Erde.

Entladung eines Kondensators. Wird ein Kondensator von der Kapazität C von einer Batterie mit der Klemmenspannung V geladen, so nimmt derselbe eine statische Ladung $\pm Q$ auf. Ist dieser Vorgang erledigt, so verbinden wir die zwei Klemmen des Kondensators durch einen Leiter vom ohmischen Widerstand R und der Induktivität L. Dadurch werden die zwei Ladungen der Belegungen in Bewegung gesetzt, und es entsteht in dem angelegten Leiter ein Strom.

Der Ausgleich der Ladungen kann durch Rechnung bestimmt werden. Die vollständige Lösung dieses Problems ist sehr weitläufig, und wir greifen von derselben nur einen kleinen Teil heraus, der für spätere Untersuchungen von Wert ist.

Bei allen Vorgängen der Wechselstromtechnik, wo man mit ohmischem Widerstand R, Kapazität C, Induktivität L und einer Periodenzahl n zu tun hat, treten in den Berechnungen immer Vereinfachungen auf, wenn zwischen den Werten R, C, L und n gewisse Größenverhältnisse bestehen. Bei der Entladung, die wir eben betrachten, tritt ein solcher Spezialfall ein, wenn $CR^2 < 4\,L$ wird. Der Strom im Momente t kann dann durch die einfache Formel

$$i = I\,e^{-\frac{R}{2\,L}t} \sin \omega\, t$$

dargestellt werden, in welcher e die Basis der natürlichen Logarithmen bedeutet und

$$\omega = 2\,\pi\, n = \sqrt{\frac{1}{L\,C} - \frac{R^2}{4\,L^2}}$$

Die Entladung vollzieht sich also in der Form eines sinusförmigen Wechselstromes von der Periode n. Der Faktor vor sin $\omega\, t$ ist die Amplitüde des Stromes. Derselbe ist im Anfange der Entladung, also zur Zeit $t = 0$, gleich I und nimmt mit wachsendem t in Form einer geometrischen Progression ab. Je nach den Größenverhältnissen von R und L sinkt die Amplitüde mehr oder weniger rasch.

In den meisten praktischen Fällen ist sie nach 3 bis 5 Perioden so gut wie Null, d. h. der Entladungsvorgang ist in außerordentlich kurzer Zeit zu Ende. Wenn ein Schwingungsvorgang in dieser Weise zur Erledigung gelangt, so spricht man von Dämpfung der Schwingungen und nennt den Exponenten von e, die Größe $R : 2\,L$, den Dämpfungsexponenten. Je größer derselbe ist, desto rascher läuft der Schwingungszustand ab.

Ist $R = 0$, so wird der Entladungsstrom $i = J$ sin $\omega\, t$, d. h. die Entladung ist ein gewöhnlicher Wechselstrom von immer gleicher Amplitüde. In der Praxis kommt dieser Fall nicht vor, da kein Leiter den Widerstand Null hat. Ganz ungedämpfte Schwingungen kommen also nicht vor, hingegen kann die Amplitüde der ersten Schwingung unter Umständen z. B. bloß 5 oder 10 % kleiner sein als die der ungedämpften, theoretischen Schwingung.

Wenn wir den Entladungsvorgang physikalisch auslegen, so müssen wir mit der elektrostatischen Energie $\frac{1}{2}\, V^2C$ des Kondensators beginnen. Sowie der Strom entsteht, bildet sich eine elektromagnetische Energie, die schließlich mit dem Strom ein Maximum erreicht, und deren Wert für den ungedämpften Strom $= \frac{1}{2}\, LJ^2$ ist, wo J den ungedämpften Maximalstrom bedeutet. In diesem Moment ist die el. stat. Energie gleich Null geworden, und für den Fall von ungedämpften Schwingungen ist

$$\frac{1}{2} V^2 C = \frac{1}{2} I^2 L$$

Die Entladung erfolgt in einem Hin- und Herwogen der beiden Energien. Dieselben bestehen gleichzeitig nebeneinander; nur für einen Moment hat man bloß el.-statische und für einen andern Moment bloß el.-magn. Energie. Sind die Schwingungen gedämpft, so setzen sich die beiden Energien in Wärme um, so daß die Temperatur von Leiter und Dielektrikum ansteigt.

Es ist von Interesse, auf die Schwingungszahlen einzugehen, mit denen man bei diesen Vorgängen zu tun hat. Berechnet man n aus der obigen Formel und führt Ohm, Mikrofarad und Henry ein, so wird

$$n = \frac{1}{2\pi}\sqrt{\frac{10^6}{LC} - \frac{R^2}{4L^2}}$$

Wir machen nun noch eine zweite Annahme, nämlich daß $R^2 : 4L^2$ verschwindend klein gegen $10^6 : LC$ sei. Dann wird

$$n = \frac{160}{\sqrt{LC}}$$

Wenn wir für L und C Zahlenwerte in Henry und Mikrofarad einsetzen, erhalten wir direkt die Schwingungszahlen unseres Stromes. Machen wir die folgenden Annahmen.

a) $LC = 10^{-4}$, was einem Kondensator mit Drosselspule von z. B. $R = 10^{-1}$, $C = 10^{-3}$ und $L = 10^{-1}$ entspricht, oder einem kleinen Kabelnetz von $R = 10^{-1}$, $C = 1$ und $L = 10^{-4}$, oder einer Freileitung von $R = 10^{-1}$, $C = 10^{-2}$ und $L = 10^{-2}$.

b) $LC = 1$, entsprechend einem mittleren Kabelnetz von z. B. $R = 10$, $C = 10$ und $L = 10^{-1}$, oder einer Freileitung von $R = 10$, $C = 1$ und $L = 1$.

c) $LC = 10^4$, entsprechend einem großen Kabelnetz von z. B. $R = 10^2$, $C = 10^3$ und $L = 10$, oder einer Freileitung von $R = 10^2$, $C = 10$ und $L = 10^3$.

Für diese drei Annahmen sind die vorausgesetzten Bedingungen erfüllt, nämlich $CR^2 < 4L \cdot 10^6$ und $R^2 : 4L^2$ verschwindend klein gegen $10^6 : LC$; also ist die vereinfachte Formel für n gültig, und wir finden als Schwingungszahlen für kleine, mittlere und große Kabelnetze oder entsprechende Freileitungen die Zahlen

16 000 160 und 1,60.

Dies sind ungefähr die Grenzen der Schwingungszahlen, die in der Starkstromtechnik vorkommen können.

Wir sind hier unmittelbar von einem Kondensator auf Kabelnetze übergesprungen. Der Übergang wird erst klar, wenn man das Kapitel „Überspannungen“ nachliest.

Gehen wir nun wieder auf die ursprüngliche Voraussetzung zurück, den Kondensator und die Entladungsleitung, mit den Konstanten R, L und C. Die Rechnung hat ergeben, daß die Entladung in Form einer sinusförmigen Schwingung stattfindet von der Periode n, einer bestimmten Anfangsamplitüde und einer gewissen Dämpfung. Diese letzteren drei Werte, durch welche die Schwingung genau definiert wird, sind einzig und allein von den Konstanten R, L, C des Stromkreises abhängig, haben aber (ausgenommen die Amplitüde) mit der ursprünglichen Ursache, der Ladung des Kondensators auf die Spannungsdifferenz V, absolut nichts zu tun. Schwingt der Strom eines Leitersystems in der Art, wie wir es hier gesehen haben, so spricht man von freien Schwingungen.

Einen analogen Vorgang haben wir, wenn wir eine gespannte Saite aus ihrer Ruhelage ziehen und wieder loslassen. Sie schwingt dann in Formen, die von ihrem und nicht von unserem Willen abhängig sind. Daher kommt der Name „freie Schwingungen".

Der Kondensator unter Wechselstrombetrieb. Wir legen an die Pole einer Wechselstrommaschine von der e. m. Kraft $e = E \sin \omega t$ eine Spule vom Widerstand R und der Induktivität L sowie einen Kondensator von der Kapazität C, die beiden in Reihenschaltung. Es bezeichne i den Strom, der durch das Leitersystem zirkuliert, φ dessen Phase gegen e und e_C bezw. e_L die Spannungsdifferenzen an den Enden des Kondensators bzw. der Spule, so findet man die folgenden Formeln

$$i = \frac{E}{N} \sin(\omega t - \varphi) \qquad \operatorname{tang} \varphi = \frac{\omega L - \frac{1}{\omega C}}{R}$$

$$e_C = -\frac{1}{\omega C} \frac{E}{N} \cos(\omega t - \varphi) \qquad e_L = \omega L \cdot \frac{E}{N} \cos(\omega t - \varphi)$$

wobei zur Abkürzung gesetzt worden ist

$$N = \sqrt{R^2 + \left(\omega L - \frac{1}{\omega C}\right)^2}$$

Durch das vorausgesetzte Leitersystem zirkuliert also ein gewöhnlicher, stationärer Sinusstrom, der gegen die e. m. Kraft e um einen Winkel φ verschoben ist, und der ihr vor- oder nachläuft, je nachdem φ positiv oder negativ ist. Ebenso sind die zwei Spannungsdifferenzen, für die wir Interesse haben, sinusförmig. Die Periodenzahl n ist dieselbe wie diejenige der an das System angelegten e. m. Kraft; aber sonst sind die vier Größen, welche den elektrischen Zustand bestimmen, nämlich i, φ, e_C und e_L, durch die Konstanten R, C und L des Leitersystems bestimmt.

In diesem Falle spricht man von erzwungenen Schwingungen, und sie sind das Gewöhnliche in der Elektrotechnik, weil man in den meisten Fällen einem vorhandenen Stromkreis die e. m. Kraft irgend einer Maschine aufzwingt, deren Willen er sich fügen muß.

Sind die Werte von E, R, C, L und n bekannt, so kann man für irgendeine Leiteranordnung die elektrischen Zustände nach den gegebenen Formeln berechnen. Besonderes Interesse für uns hat wieder ein Spezialfall, und zwar derjenige, für welchen

$$\omega^2 LC = 1.$$

Die Formeln reduzieren sich dann, da $\varphi = 0$ wird, auf

$$i = \frac{E}{R} \sin \omega t$$

$$e_C = -\frac{1}{\omega C R} \cdot E \cos \omega t \qquad e_L = \frac{\omega L}{R} \cdot E \cos \omega t.$$

Der Strom ist hier in Phase mit der e. m. Kraft, und die beiden Spannungsdifferenzen weichen um $\pm$ ein Viertel Periode von ihr ab. Zugleich hat der Strom i seinen Maximalwert erreicht, und er ist nicht mehr, wie in der allgemeinen Formel, von C und L abhängig. Der Stromkreis verhält sich also in diesem Spezialfall gerade so, als ob er ohne Kapazität und Selbstinduktion wäre.

Wird also über die Konstanten so verfügt, daß $4 \pi^2 n^2 L C = 1$, so heben sich Kapazität und Induktivität in ihren Wirkungen auf oder balancieren sich. Setzen wir in die Bedingungsgleichungen die praktischen Einheiten und lösen nach n auf, so ist

$$n = \frac{160}{\sqrt{L C}}$$

Dieselbe Formel für n haben wir im vorigen Abschnitt für die freien Schwingungen von Kondensator und Spule in Reihenschaltung gefunden.

Wird also über die Periodenzahl der Wechselstrommaschine so verfügt, daß sie übereinstimmt mit der Zahl der freien Schwingungen des Stromkreises, so heben sich C und L in ihren Wirkungen auf. Dieser Vorgang ist unter dem Namen Resonanz bekannt, und er spielt in d r Elektrotechnik eine bedeutende Rolle. Umgekehrt können wir die Konstanten C und L des Stromsystems so abändern, daß die freie Schwingungszahl desselben übereinstimmt mit der Periodenzahl der Maschine. Auch in diesem Falle werden Kapazität und Selbstinduktion sich aufheben.

Resonanz tritt also auf, wenn die freie Schwingungszahl eines Leitersystems übereinstimmt mit der Schwingungszahl der ihm aufgezwungenen e.m.Kraft. Das Kennzeichen der Resonanz ist ein starkes Anwachsen des Stromes sowie der Spannungsdifferenzen an Spule und Kondensator. Vom Strome wissen wir schon, daß er ein Maximum wird. Aus der Bedingungsgleichung für

Resonanz folgt zunächst, daß die beiden Werte der Spannungsdifferenzen e_C und e_L numerisch gleich und nur dem Zeichen nach verschieden sind.

Es genügt also, wenn wir uns mit der Formel

$$e_C = \frac{\omega L}{R} \cdot E \cdot \cos \omega t$$

befassen. Weiter unten werden wir an Hand einiger Beispiele nachweisen, daß der Faktor $\omega L : R$ weit größer als 1 werden kann, d. h. die Spannungen sowohl am Kondensator als an der Spule mit Selbstinduktion können im Falle der Resonanz anwachsen und sogar vielmal größer werden als die Spannung E der Maschine, welche den Stromkreis speist. Erläutern wir diese eigentümliche Erscheinung durch ein Beispiel. Die Wechselstrommaschine habe, wenn mit einer Kombination C und L in Resonanz, eine Klemmenspannung von 1000 Volt. Dann wird ein sehr starker Strom zirkulieren, und an den Klemmen des Kondensators sowie an der Spule mit L wird man eine Spannungsdifferenz von z. B. 10 000 Volt messen können. Diese hohen Spannungen werden aber nur zwischen den Endpunkten der betreffenden Apparate existieren. Da die eine positiv und die andere negativ, wird deren Summe gleich Null sein, d. h. die spannungserzeugende Wechselstrommaschine ist nicht unter dem Einfluß dieser hohen Spannungsdifferenzen. Dieselben können nur den zwei Apparaten gefährlich werden, nicht aber anderen Teilen des Stromkreises.

Diese Erscheinungen sind unter dem Namen von Überspannungen bekannt, und wir werden später auf sehr viel mehr davon vernehmen. Wir setzen

$$k = \omega L : R$$

und nennen k den Überspannungskoeffizienten. Derselbe läßt sich für irgend einen Stromkreis berechnen, sobald dessen Konstanten R, L und n bekannt sind. Es ist von Interesse, dessen Wert für ein kleines, mittleres und größeres Kabelnetz bzw. Freileitungsnetz, wie auf S. 24 besprochen, kennen zu lernen. Für dieselben haben wir die Schwingungszahl n der Resonanz zu 16 000, 160 und 1.60 bestimmt.

Setzen wir für L und R dieselben Werte, wie auf S. 24 angenommen, so berechnet sich für

die freie Schwingungszahl	n	=	16 000	160	1.60
bei Kabelnetzen	k	=	100	10	1.6
bei Freileitungsnetzen	k	=	10 000	100	100

Als Resultat der Rechnung ergibt sich, daß die Überspannungen außerordentlich hohe Werte erreichen können, ganz besonders bei Freileitungsnetzen.

Es ist wohl zu verstehen, daß der Zweck dieser Untersuchung nur ein belehrender ist, ein Anschauungsmittel dessen, was passieren kann. Es ist nicht gesagt, daß bei einem kleinen Kabelnetz die Überspannungen im Falle von Resonanz ca. 100 mal und beim Freileitungsnetz ca. 10 000-mal größer sein müssen als die Betriebsspannung. Alles hängt von den Voraussetzungen ab, und die unsrigen sind mehr oder weniger willkürlich, da besonders das R in Wirklichkeit ganz anders sein kann als nach Voraussetzung. Mit wachsendem Netze werden L und C ungefähr wie die Kilometerzahl ansteigen, während R je nach der Schaltungsart der Kabel zu- oder abnehmen kann.

Der Wert von $L : R$ bzw. von k hängt also ganz von der Art ab, wie die Kabel verbunden werden.

Weiter ist zu bemerken, daß in einem Wechselstromnetz die Selbstinduktion L je nach der Belastung außerordentlich stark variieren kann. Man darf aus obigem keine anderen Schlüsse ziehen, als daß Überspannungen existieren, daß sie mit der Größe des Netzes abnehmen und für Freileitungen bedeutender sind als für Kabel.

Es sei hier noch erwähnt, daß die Bedingung für Resonanz, $\omega^2 C L = 1$, auch noch gültig ist, wenn eine Kapazität C und eine Induktivität L parallel geschaltet sind.

Die Formeln, welche diesen Betrachtungen zugrunde liegen, stammen aus Hospitaliers Formulaire, Ausgabe 1908, S. 544.

Hier müssen wir noch die Resonanzkurve erwähnen. Dieselbe wird erhalten, wenn man von den drei Größen C, L und n die eine variabel macht, experimentell die Größe der Spannung an C oder L ermittelt und die Kurve mit der Variabeln als Abszisse und der Spannung als Ordinate aufträgt.

In unserem Stromschema gebe man z. B. der Kapazität von Null an aufsteigend verschiedene Werte und messe jedesmal die Spannungsdifferenz am Kondensator. Die Kurve wird dann eine zeitlang langsam, in der Nähe der Resonanz rasch ansteigen und bei Resonanz ein Maximum erreichen, um dann ebenso rasch abzufallen.

Die Fig. 1 gibt eine solche Resonanzkurve wieder. Dieselbe wurde auf folgende Weise erhalten. Eine Wechselstrommaschine von konstanter Tourenzahl wurde auf 125 Volt erregt und die Erregung konstant erhalten. Dieselbe war an einen Transformator angeschlossen, der bei Leerlauf 2500 Volt sekundäre Spannung gab. Dann wurde Kapazität in Form eines Kabels an den Transformator angeschlossen. Aus der Figur sind die Werte der jeweilig eingeschalteten Kapazität und der beobachteten sekundären Spannung zu entnehmen. Die Resonanz wird bei 0.20 MF erreicht.

Die Kurve stammt aus dem Jahre 1890 und aus dem Laboratorium von Siemens Bros. in Woolwich. Dazumal wußte man noch nichts von Resonanz und erklärte das Ansteigen der Spannung durch die Phasenverschiebung des Primärstromes, der dadurch die Erregung verstärkte.

Diese Kurve ist nicht rein das, was als Resonanzkurve definiert worden ist, aber wir glauben sie als eine historische Erinnerung aufführen zu dürfen, da sie wohl die erste beobachtete und publizierte Resonanzkurve ist.

Gegenwärtig spielt diese Kurve in der drahtlosen Telegraphie, bei modernen Messmethoden usw. eine ganz wichtige Rolle.

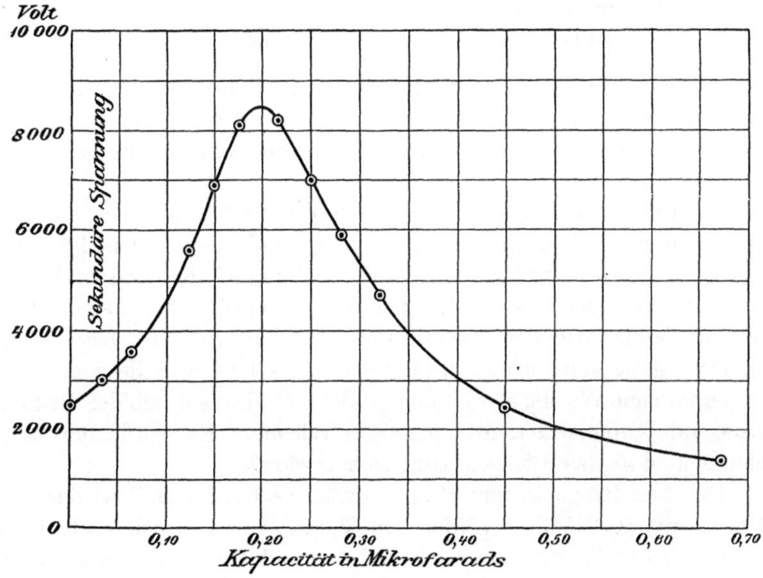

Fig. 1.

Dielektrische Hysteresis. Steht ein Kondensator unter dem Einflusse eines Wechselstromes, so verrichtet dessen Dielektrikum eine elektrische Arbeit. Es wird periodisch in Zustände des Positiven und Negativen übergeführt, und die Beanspruchung geht von einem negativen Maximum über Null zu einem positiven Maximum. Welcher mechanische Vorgang sich im Dielektrikum abspielt, ist uns unbekannt. Auf jeden Fall aber ist dieses der Träger einer Arbeit, ein Rad des elektrischen Getriebes, und es ist also anzunehmen, daß ein Teil der durch das Dielektrikum übertragenen Arbeit in demselben verloren geht und als Wärme erscheint, was ja bei allen Maschinen der Fall ist.

Der Vorgang ist ein ähnlicher wie bei der Magnetisierung von Eisen mit Wechselstrom, und analog der magnetischen kann man von dielektrischer Hysteresis sprechen.

Der Arbeitsverlust im Dielektrikum eines Kondensators ist offenbar abhängig

1. von der Substanz und der Temperatur derselben;
2. von der Geschwindigkeit, mit welcher der Wechsel von + auf — durchgeführt wird, also von der Zahl der Perioden;
3. von der Größe der $\pm$ Beanspruchungsgrenze, also von der e. m. Kraft;
4. von der Größe der Beanspruchung in den einzelnen Momenten während der Dauer der Periode, d. h. von der Form der Welle der e. m. Kraft;
5. von den Dimensionen bzw. der Kapazität.

Die Erwärmung des Dielektrikums unter dem Einfluß von Wechselstrom möchten wir durch ein Experiment illustrieren, das wir im Jahre 1889 ausgeführt haben, zu welcher Zeit von dieser Sache noch wenig bekannt war.

Zwei Guttaperchaadern 7 $\times$ 0.70 mm auf 6 mm und jede ca. 400 m lang, wurden in einen eisernen Trog gelegt und dieser mit 50 kg Wasser gefüllt. Die Kabel wurden erst hintereinander geschaltet und mit Wechsel strom 100 Perioden 8000 Volt gegen Wasser geprüft. Nach einer Stunde war die Temperatur des Wassers um 2.35^0 C und die des Kupferleiters um 11^0 C gestiegen. Eine rohe Berechnung zeigte, daß die vom Wasser aufgenommene Wärme etwa 5 mal größer war als die durch den Ladungsstrom im Kupferwiderstand erzeugte Wärme. Es wurde daraus geschlossen, daß das Dielektrikum sich erwärme.

Die zwei Ringe wurden dann parallel verbunden und wieder gegen Wasser mit 8000 Volt geprüft. Die Kupferwärme wurde dadurch auf $\frac{1}{4}$ des vorigen Wertes reduziert. Wasser und Leiter zeigten nach einer Stunde wieder ähnliche Werte wie im ersten Versuch.

Ein weiteres Experiment machten wir mit einer Guttaperchaplatte von ca. 80 $\times$ 40 $\times$ 1 cm. Wir legten sie zwischen zwei Metallplatten und machten eine Spannungsprobe mit 10 000 Volt. Nach 70 Minuten wurde unterbrochen und eine Temperatur der Guttapercha von ca. 40^0 C konstatiert, bei einer Lufttemperatur von 5^0 C.

Die Erwärmung des Dielektrikums ist seit der Einführung von Hochspannungskabeln allgemein bekannt geworden und ist jedem Kabelprüfer geläufig.

Nach der Erkenntnis, daß die dielektrische Hysteresis eine Tatsache ist, wurde eine große Anzahl Laboratoriumsversuche vorgenommen, um deren Betrag zu bestimmen. Verdienste um diese Sache haben sich Steinmetz, Arno, Threlfall, Eiseler, v. Hoor und viele andere erworben, deren Resultate jetzt aber bedeutungslos sind. Von bleibendem Wert sind die Vergleichszahlen von A. Kleiner (ETZ. 1893, 542).

Setzt man den Wärmeverlust in Ebonit = 1, so bestimmt sich derselbe für einige andere Materialien nach dieser Tabelle.

Ebonit	1.00	Wachs	0.60
Kautschuk	1.41	Glimmer	0.28
Guttapercha	0.76	Kolophonium	0
Glas	0.74	Paraffin	0

Trotzdem die Sache sehr einfach ist, währte es über ein Jahrzehnt, bis brauchbare numerische Werte für die Verluste erhältlich waren.

Es werde an die Klemmen eines Kondensators von der Kapazität C eine sinusförmige Spannungsdifferenz $e = E \sin \omega t$ angelegt. Diese ruft einen Strom hervor $i = J \sin (\omega t + \varphi)$. Die Energie desselben ist $= EJ \cos \varphi$, und da die Verluste im Kupfer so gut wie Null sind, kann diese Energie nur dazu verwendet werden, das Dielektrikum zu erwärmen. Bezeichnen wir also den Wärmeverlust mit W, so ist

$$W = JE \cos \varphi = 2 \pi n C E^2 \cos \varphi.$$

Führen wir die Einheiten Volt, Mikrofarad und Watt ein, so wird

$$W = 2 \pi n \cos \varphi \; CE^2 \times 10^{-6} = k \,.\, n \; CE^2 \times 10^{-6}$$

Der dielektrische Verlust ist also proportional der Periodenzahl, der Kapazität und dem Quadrate der Spannungsdifferenz. Experimentell ist zu messen der $\cos \varphi$. Nun ist für einen idealen Kondensator $\cos \varphi = 90^0$, also muß φ für einen praktischen Kondensator etwas kleiner sein als 90^0, damit W positiv wird.

Den ersten Versuch, $\cos \varphi$ zu bestimmen, hat Mordey (JIEE. 1901, XXX, 363) unternommen. Er gab $\cos \varphi = 0.124$ für ein Kabel mit Gummi-Isolation als Kondensator. Mather, der Kontrollmessungen ausführte, fand die Zahl zu hoch und setzte deren Wert auf 0.028 fest, ebenso 0.027 für imprägnierte Jute und 0.024 für impr. Papier.

Humann (Dissertation 1906) hat die Frage der dielektrischen Verluste durch eine große Versuchsreihe zur endgültigen Erledigung gebracht. Als Versuchsobjekte dienten ihm größere Kabellängen mit getränkter Papier-Isolation und als Apparate eine Hochspannungs-Wechselstrommaschine mit reiner Sinuskurve und ein Wattmeter. Die Spannungen wechselten zwischen 1000 und 7000 Volt und die Kapazitäten nach Möglichkeit. Als Periodenzahlen wurden 39, 52, 72 und 95 gewählt. Für jede Versuchsreihe ergab sich, daß $\cos \varphi$ eine Konstante ist, oder daß das theoretische Gesetz Gültigkeit hat. Als Mittelwert aller Versuchsreihen findet Humann $\cos \varphi = 0.025$ oder $K = 0.14$, so daß der Verlust in Watt für die untersuchten Kabel nach der Formel

$$k = 0.14 \, n \, CE^2 \times 10^{-6}$$

berechnet werden kann.

In ebenso gründlicher Weise hat Monasch (Dissertation 1906) dieselbe Angelegenheit erledigt und dieselben Resultate erhalten. Seine Messungen beruhten auf einer Brückenmethode, und es standen ihm Kabel, deren Isolation ebenfalls aus imprägnierten Papier bestand, von drei Lieferanten zur Verfügung.

Er erhielt für Kabel der

Firma *A*	$k = 0.05$ bis 0.10
Firma *B*	$k = 0.10$
Firma *C*	$k = 0.11$ bis 0.15

Die Kabel der Firmen *A* und *B* stellen sich also betreffs dielektrischer Verluste wesentlich günstiger als diejenigen der Firma *C* und günstiger als die von Humann untersuchten Kabel.

Eigentümlich verhalten sich Kabel mit Gummi-Isolation. Das Ergebnis von Mordey, $k = 0{,}78$, wurde im großen und ganzen durch die Versuche von Apt und Mauritius (ETZ. 1903, 879) bestätigt. Sie weisen also außerordentlich hohe Verluste auf. Kabel hingegen, deren Isolation innen aus Gummi und außen aus Faser besteht, verhalten sich gerade umgekehrt. Monasch gibt für dieselben $k = 0{,}03$ und bei Apt und Mauritius findet man ähnliche Zahlen.

Humann hat noch Versuche bei verschiedenen Temperaturen, 10 bis 50° C, vorgenommen, mit einer Periodenzahl von 72. Er stellte fest, daß k langsam von etwa 0,13 an bis etwa 20° *C* auf rund 0,15 anwächst, dann bis 30° C ziemlich konstant bleibt, um darauf bis 50° C langsam auf etwa 0,06 abzufallen. Die dielektrischen Verluste vermindern sich also mit steigender Temperatur der Kabel.

Durch diese Temperaturversuche ist auch indirekt nachgewiesen worden, daß der Isolationswiderstand von Kabeln nichts mit diesen Verlusten zu tun hat, vorausgesetzt, daß ein Kabel ordnungsgemäß getrocknet worden ist. Während die Temperatur von 10° auf 30° C stieg, hat sich der Verlust nicht wesentlich verändert, während der Isolationswiderstand auf $^1/_{60}$ seines Anfangswertes gesunken ist. Übrigens hat Humann denselben Nachweis noch direkt an zwei Kabeln bei gewöhnlicher Temperatur durch ein weiteres Experiment erbracht. Die zwei Kabel hatten Isolationswiderstände von 1300 und 11 000 Mg. und ergaben im Werte von k nur eine Differenz von 10 %, die auf Verschiedenheit in der Fabrikation zurückgeführt werden kann.

Es bleibt noch zu erwähnen, daß die dielektrischen Verluste sich kaum ändern, wenn die Spannungskurve nicht genau dem Sinusgesetz folgt. Solche Wellen kann man immer in eine Reihe reiner Sinuswellen von den Periodenzahlen $3\,n$, $5\,n, \ldots$ zerlegen, und Oberschwingungen von $11\,n$ sind selten. Das n der Formel für die Verluste wird also höchstens verzehnfacht. Dagegen sind die Amplitüden der Oberschwingungen immer unterhalb 10 % derjenigen der Grundschwingung, somit E^2 für Oberschwingungen unter $^1/_{100}$. Wenn also die Welle nicht sinusförmig, wird k weniger als 10 % verschieden sein.

Die Versuche von Monasch und Humann haben gezeigt, daß nicht jedes Isolationsmaterial denselben Verlustkoeffizienten hat. Je kleiner derselbe, als desto besser muß das Kabel angesehen werden. Die Bestimmung dieses Koeffizienten sollte also neben der Spannungsprobe in die Prüfungsvorschriften aufgenommen werden. Die Güteproben würden dadurch wesentlich an Wert gewinnen.

Dies setzt voraus, daß zur Bestimmung des Verlustkoeffizienten ein technisch brauchbarer Meßapparat hergestellt werde.

Die Formel für W gibt uns die Mittel an die Hand, die dielektrischen Verluste in einem Kabel zu berechnen. Nehmen wir ein Kabel von 3×25 qmm an für 10 000 V Betriebsspannung bei 50 Amp. und 50 Perioden, und setzen wir $k = 0.10$ voraus und die effektive Kapazität $= 0.20$ MF per Leiter, dann wird $W = 100$ Watt, oder 300 Watt für das ganze Kabel. Bei Vollbelastung wäre der Kupferverlust $=$ 1750 Watt per Leiter, also 17.5 mal größer. Bei Vollbelastung und $\cos \varphi = 0.9$ wäre die übertragene Energie $JE \cos \varphi = 450\,000$ Watt, oder der dielektrische Verlust $= {^1/_{15}}$ % der Arbeitsleistung des Kabels.

Durchschläge in Luft. Die Distanzen, welche gegebene Spannungsdifferenzen in Luft überspringen können, sind von vielen Beobachtern bestimmt worden. Deren Resultate zeigen meistens keine große Übereinstimmung.

Wir beschäftigen uns im nachfolgenden mit unseren eigenen Beobachtungen vom Jahre 1892 (JIEE. Nr. 97, S. 178 u. ff.).

Die Experimente wurden mit einer Wechselstrommaschine, einem Transformator, einem Thomsonschen statischen Voltmeter und einem Funkenmikrometer ausgeführt. Nach vorhergehenden Untersuchungen war uns bekannt, daß die elektromotorische Kraft der Wechselstrommaschine bei allen Belastungen genau einer Sinuskurve folgte. Das Mikrometer, das die Elektroden trug, war auf $^1/_{100}$ mm ablesbar. Es wurde eine bestimmte Spannungsdifferenz hergestellt und die Distanz der Elektroden vermindert, bis der Durchschlag erfolgte. Jedes Experiment wurde mindestens dreimal wiederholt und die Elektroden jedesmal neu poliert.

Die nachfolgenden Zahlen beziehen sich auf zwei ebene parallele Elektroden von Scheibenform, die eine von 100, die andere von 37 mm ϕ, beide mit stark abgerundeten Kanten. Die Periodenzahl war 100 per Sekunde, die Lufttemperatur ca. 15° C und die Feuchtigkeit ca. 80 %.

Pot.-Differenz	Schlagweite	Pot.-Differenz	Schlagweite
2000 Volt	0.67 mm	10 000 Volt	4.80 mm
4000 „	1.59 „	12 000 „	6.46 „
6000 „	2.53 „	15 000 „	10.23 „
8000 „	3.60 „	—	—

Die Beobachtungen mußten mit 15 000 Volt abgeschlossen werden, da die Funken nicht mehr auf der kürzesten Distanz übersprangen, sondern vom abgerundeten Rande der kleinen Scheibe aus. Aus diesem Grunde ist auch die letzte Schlagweite nicht mehr genau richtig.

Wird die kleinere Elektrode durch eine Halbkugel von 10 mm ϕ ersetzt, so werden die Schlagweiten für gleiche Pot.-Differenzen durchwegs um ca. 10 % kleiner.

Bei einer anderen Periodenzahl änderten sich die Schlagweiten, wie die folgenden Zahlen zeigen.

Pot.-Differenz	Schlagweite mit	
	80 Wechsel	100 Wechsel
4000 Volt	1.47 mm	1.59 mm
6000 „	2.30 „	2.53 „

Um den Einfluß der Kapazität auf die Schlagweite zu prüfen, wurden eine oder mehrere Kabellängen parallel mit dem Funkenmikrometer geschaltet. Als Elektroden dienten die ebenen Platten, und die Periode war 100 per Sek. und die Kapazität 0.113 MF.

Pot.-Differenz	Schlagweite	
	mit Kapazität	ohne Kapazität
4000 Volt	1.53 mm	1.59 mm
6000 „	2.21 „	2.53 „
10000 „	4.17 „	4.50 „

Die Kapazität 0.113 MF drückt also die Schlagweite unbedeutend herunter, d. h. macht die Sinuswelle der EMK etwas flacher. Mit 10 000 Volt und 0.28 MF sinkt die Schlagweite auf 3.94 mm.

Nach neueren Untersuchungen scheint der Einfluß der Kapazität aber stärker zu sein, besonders wenn deren Wert ganz gering ist. So berichtet Grob (ETZ. 1904, 951) von starken Veränderungen, herrührend von der Kapazität der Elektroden sowie von Resonanzerscheinungen.

In diesen Experimenten war das Funkenmikrometer am Anfange des Kabels eingeschaltet. Sie wurden wiederholt, das Mikrometer in die Mitte und an das Ende des Kabels gelegt. Die Schlagweiten blieben sich gleich, woraus man schließen kann, daß unter den gegebenen Bedingungen die Kurve der EMK im ganzen Stromkreis dieselbe Form hat.

Es ist wohl kein Zweifel, daß der Funke im Momente überspringt, wo die EMK ihr Maximum erreicht. Dieses ist für Sinuswellen = $\sqrt{2}$ mal beobachteter EMK. Multipliziert man also die Pot.-Differenz unserer ersten Tabelle mit 1.42, so kann man daraus eine Tabelle oder Kurve der für Gleichstrom gültigen Schlagweiten ableiten.

Warren de la Rue und Müller haben 1878 eine Reihe von Messungen über Schlagweiten mittels einer Batterie ausgeführt (Mascart u. Joubert, deutsche Ausgabe, II, 187). Die folgende Tabelle gibt deren Resultate und die Vergleichszahlen für Wechselstrom mal $\sqrt{2}$.

Pot.-Differenz	Schlagweite nach	
	Warren de la Rue	Wechselstrom berechnet
2000 Volt	0.43 mm	0.45 mm
4000 „	0.91 „	1.00 „
6000 „	1.47 „	1.65 „
8000 „	2.15 „	2.30 „
10000 „	2.86 „	3.00 „

Die Elektroden für Warren de la Rues Beobachtungen sind dieselben wie für die unsrigen.

Die Zahlen beider Reihen stimmen so genau mit einander überein, als man für so unsichere Beobachtungen erwarten kann. Der Vergleich überzeugte uns nochmals, daß unsere Maschine mit reiner Sinuswelle arbeitete. Auch bringt er uns zu der Überzeugung, daß unsere Zahlen über die Widerstandskraft von Luft gegen elektrische Spannung im großen und ganzen richtig sind. Doch glauben wir, daß, wenn wir heute die Beobachtungen mit denselben Apparaten und unter denselben Verhältnissen wiederholen würden, die Tabelle etwas anders lauten würde.

Die großen Differenzen, die man in den Schlagweiten verschiedener Beobachter findet, liegen, wie wir glauben, teilweise in den oben angedeuteten Unsicherheiten, meistens aber wohl in der Kurve der EMK, deren Maximum nicht genau bekannt war, und vielleicht darin, daß der Abstand der Elektroden, den man mißt, nicht identisch mit der Funkenlänge ist.

Die nachfolgende Tabelle gibt eine Idee der Differenzen einzelner Beobachter:

Beobachter	Pot.-Differenz f. Schlagweite	
	von 1 mm	von 10 mm
Baur	3 300 Volt	15 000 Volt
Lord Kelvin	3 570 ,,	—
Thomas Gray	4 360 ,,	29 800 ,,
Mascart, für Elektrisiermaschine gültig	5 330 ,,	47 500 ,,
Mascart, die Zahlen mit 1.42 dividiert	3 700 ,,	33 000 ,,

Von neueren Bestimmungen der Schlagweite in Luft ist wohl diejenige die bedeutendste, die das amerikanische Institut für Normalien publiziert hat (Electrician LII, 1903, 78). Sie ist gültig für sinusförmigen Wechselstrom und scharfe, einander gegenüberstehende Nadelspitzen. Diese Tabelle gibt die beobachteten Werte.

Schlagweite in Millimeter	Durchschlagsspannung in Volt		Differenz in Prozent
	beobachtet	berechnet	
5.7	5 000	7 600	— 35
11.9	10 000	12 500	— 20
25.4	20 000	20 700	— 3.4
41.3	30 000	28 700	+ 4.5
62.2	40 000	38 000	+ 5.2
118	60 000	58 000	+ 3.6
180	80 000	77 000	+ 4.0
244	100 000	94 000	+ 6.3
301	120 000	107 000	+ 12
354	140 000	120 000	+ 17
380	150 000	126 000	+ 19

Betreffend die Kolonnen „berechnet" und „Differenz in %" siehe S. 45.

Die gegenwärtigen Kenntnisse über den elektrischen Funken sind immer noch sehr mangelhaft. Wir möchten hier noch einige Beobachtungen anführen, die wir während unserer Praxis gemacht haben.

Beim Prüfen von Kabeln mit hoher Spannung, z. B. 10 000 Volt, kommt es oft vor, daß der Funke von Leiter zu Blei oder von Leiter zu Leiter, die Oberfläche der Isolation entlang, auf Distanzen von 100—150 mm überspringt.

Eine Glasplatte von ca. 700 × 700 × 3 mm wurde zwischen zwei Plattenelektroden von ca. 100 mm ϕ gelegt und diese auf eine Spannung von 50 000 Volt gebracht. Die Platte widerstand derselben oft minutenlang, und während dieser Zeit ging ein Regen von blitzähnlichen Funken von Elektrode zu Elektrode der Oberfläche der Glasplatte entlang, also auf einem Wege von ca. 600 mm.

Über ähnliche Erscheinungen berichtet Benischke (ETZ. 1905, 7), und er glaubt, daß die außerordentlich langen Funken auftreten, wenn die Oberschwingungen des Primärkreises in Resonanz treten.

Beim Prüfen von Kabeln kann man oft hören, wenn die Spannung nahe an der Bruchgrenze des Kabels liegt, wie im Innern derselben die Funken knistern. Läßt man dieselben eine Zeitlang spielen, ohne es zu einem Bruch kommen zu lassen, so erwärmt sich das Kabel wesentlich. Dies ist sowohl bei Jute- als bei Papierkabeln zu bemerken.

Durchschläge in festen Körpern. Für Kabelkonstruktionen ist es außerordentlich wichtig, für die einzelnen Materialien, die als Isolationsmittel zur Verwendung gelangen, Vergleichszahlen zu haben, die deren Widerstand gegen elektrische Durchschläge angeben.

Solche Zahlen erhält man, wenn man die Isolationsmittel als ebene Platten von bestimmten Dicken zwischen zwei Elektroden legt, diese unter eine Spannungsdifferenz bringt, die man so lange erhöht, bis der Durchschlag erfolgt. Man wird den Versuch mit verschiedenen Isolationsdicken wiederholen, damit man das Verhalten des Dielektrikums für alle praktisch verwendbaren Dicken kennt.

Als Elektroden sind Platten von beträchtlicher Dicke zu verwenden, deren Ränder abgerundet sind. Je größer die Fläche der Platten, bzw. des Isolationsmaterials ist, desto wertvoller ist der Versuch. Ein Dielektrikum ist in bezug auf Durchschlag nicht in allen seinen Punkten gleichwertig. Meistens hat es ungleiche Dicken, wenn auch mit aller Sorgfalt angefertigt, und die dünnen Stellen werden der Spannung unter sonst gleichen Bedingungen zuerst nachgeben. Dann gibt es im Dielektrikum wieder Stellen, die von Natur aus schon weniger Widerstand bieten als andere. Der Grund dieses Verhaltens ist bis jetzt noch nicht aufgeklärt worden. Weiter kann ein Dielektrikum einen Fabrikationsfehler haben, z. B. einen Riß, eine Blase, oder ein fremder, weniger widerstandsfähiger Partikel kann eingebettet sein, es kann stellenweise mehr Wasser enthalten als anderswo usw. Alle diese Unterschiede kann man sehr schön mit einem imprägnierten Tuch nachweisen. Verschiebt man ein größeres Stück zwischen den Elektroden, die z. B. eine Pot.-Differenz von 1000 Volt haben, so findet man immer einige Stellen, die durchschlagen, während andere 1500 bis 2000 Volt aushalten.

Durchschlagsversuche haben also nur praktischen Wert, wenn man größere Flächen zur Prüfung bringen kann, und es ist selbstverständlich, daß die gefundene Zahl nur maßgebend ist für das untersuchte Stück und nicht für alle Materialien derselben Bezeichnung. Verschiedene Sorten von Gummimischung oder von Guttapercha z. B. haben verschiedene Widerstandskräfte gegen Durchschlagen.

Ebenso wie bei der Luft ist die Kenntnis der maximalen Spannung der Welle der EMK nötig, um richtige Angaben über den Widerstand gegen Durchschlagen geben zu können.

Hat man für irgend ein Dielektrikum bei verschiedenen Dicken die Durchschlagsspannungen bestimmt, so findet man, daß, je größer die Dicke, desto kleiner die per Millimeter erforderliche Durchschlagsspannung wird. Trägt man diese als Ordinaten auf und die Dicken als Abszissen, so erhält man eine Kurve, die gegen die X-Achse abfällt.

Dies gilt allgemein und ist von niemandem bestritten, soweit es sich um Dicken bis 10 oder 20 mm handelt.

Für größere Dicken hingegen haben viele Beobachter festgestellt, daß die Durchschlagsspannung der Dicke proportional ist.

Es bleibt noch zu erwähnen, daß die Durchschlagskurve für jedes Dielektrikum verschieden ist, und daß die von verschiedenen Forschern für dasselbe Dielektrikum aufgestellten Tabellen oder Kurven noch mehr voneinander abweichen als Bestimmungen für atmospärische Luft.

Beobachtungen von Th. Gray (Phys. Rev. 7, S. 199—209, 1898) mit sphärischen Oberflächen von 35 cm Radius.

Material	Durchschlagsspannung in Volt per cm
Glas	285 000
Hart vulkanisierter Gummi	538 000
Weich „ „	476 000
Glimmer	2 000 000
Paraffinierte Papiere:	
Manila Wrapping	430 000
Fuller Braid	295 000
Empire Cloth	310 000
Empire Paper	450 000

Ebenso von Th. Gray (JIEE. XLVI, 1901, 641), gültig für dünne Schichten von Glimmer zwischen Plattenelektroden und Wechselstrom.

Dicke in Millimeter	Durchschlagsspannung in Volt		Differenz in Prozent
	beobachtet	berechnet	
0.1	11 500	12 500	— 9
0.2	19 000	19 800	— 4
0.5	37 000	36 600	+ 1
0.8	52 000	52 000	0
1.0	61 000	58 000	+ 5

Von neueren Beobachtungen sind diejenigen von Weicker (ETZ. 1903, 800) anzuführen, ebenso gültig für Plattenelektroden und Wechselstrom.

Nachstehende Tabelle und Fig. 2 geben die Durchschlagsspannungen für Paraffin.

Plattendicke in Millimeter	Durchschlagsspannung in Volt beobachtet	berechnet	Differenz in Prozent
1	27 000	20 000	+ 35
2	39 000	32 000	+ 22
4	56 000	50 000	+ 12
6	68 000	66 000	+ 3
8	78 000	80 000	— 2
10	87 000	93 000	— 6
12	95 000	105 000	— 9
14	102 000	116 000	— 12

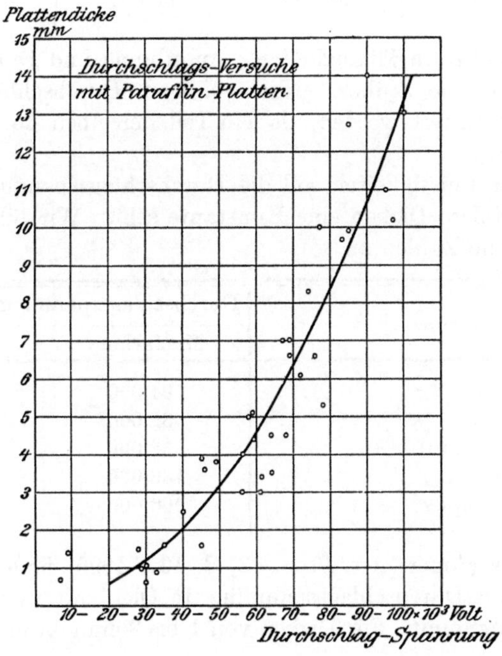

Fig. 2.

Als ein Beispiel, wie Durchschlagskurven erhalten werden, sei hier Weickers Originalkurve reproduziert (Fig. 2). Aus derselben ist deutlich zu ersehen, wie unsicher eine solche Kurve ist, und daß verschiedene Materialien möglichst gleicher Fabrikation und Dicke außerordentlich verschiedene Durchschlagsspannungen verlangen.

Hartporzellan von der Porzellanfabrik in Hermesdorf, ebenfalls nach Weicker, geht nach dieser Tabelle:

Plattendicke in Millimeter	Durchschlagsspannung in Volt		Differenz in Prozent
	beobachtet	berechnet	
1	13 600	18 000	— 24
2	25 200	28 700	— 12
3	35 200	37 600	— 6
4	44 300	45 400	— 2
5	53 000	53 000	0
6	61 000	60 000	+ 2
7	69 000	66 000	+ 4
8	77 000	72 000	+ 7
9	84 000	79 000	+ 6
10	92 000	84 000	+ 7
11	98 000	90 000	+ 10

Durchschläge in Flüssigkeiten. Anordnung und Durchführung der Versuche ist wie früher. Nach einigen Durchschlägen muß die Flüssigkeit erneuert werden, da ein Teil derselben durch den Funken verkohlt wird.

Auch für Flüssigkeiten soll die Durchschlagsspannung per Zentimeter für größere Dicken eine Konstante sein. Wir führen einige darauf bezügliche Zahlen an.

Substanz	Durchschlagsspannung per cm in Volt	
	Macfarlane	Steinmetz
Terpentinöl	94 000	64 000
Olivenöl	82 000	—
Geschmolzenes Paraffin	56 000	81 000
Festes Paraffin	139 000	—
Paraffiniertes Papier	360 000	339 000

Th. Gray (Amer. Ass. Proc. 48, S. 122. 1899) findet, daß die auf 1 cm bezogene Durchschlagsspannung in Ölen mit wachsender Dicke der Schicht abnimmt. Für Dicken von 1 bis 8 cm gibt er dafür folgende Zahlen:

Vaselin-Öl		von	131—91 Kilovolt
Petroleum, spez. Gewicht	0.28	„	91—70 „
„ „ „	0.29	„	101—64 „
West Virginia Rohöl spez. Gewicht	0.29	„	81—62 „

Von neueren Untersuchungen seien die von K r o g h (ETZ. 1904, 140, 289) über Transformatorenöle angeführt. Nähnadeln als Elektroden.

Schlagweite in mm	Durchschlagsspannung in Volt für Öl Nr. 1	Durchschlagsspannung in Volt für Öl Nr. 2	Schlagweite in mm	Durchschlagsspannung in Volt für Öl Nr. 1	Durchschlagsspannung in Volt für Öl Nr. 2
5	35 500	20 500	40	86 000	69 000
10	48 500	28 500	50	95 500	80 500
20	64 000	43 500	60	103 500	91 000
30	76 000	56 500	70	110 000	100 000

Abhängigkeit von der Periode. Außer den auf S. 34 erwähnten Durchschlagsversuchen mit 80 und 100 Perioden per Sek. liegen nur noch solche von M o s c i c k i (ETZ. 1904, 527 u. 549) vor. Dieselben beziehen sich auf Glas in Form von Röhren, und die Periodenzahlen sind 50 und 8500.

Dicke des Glases	Durchschlagsspannung bei 50 Perioden	Durchschlagsspannung bei 8500 Period.	Verhältnis
0.2 mm	6 400 Volt	2 520 Volt	2.56
0.53 „	12 150 „	3 600 „	3.40
0.55 „	12 380 „	4 800 „	2.58
0.67 „	13 600 „	5 520 „	2.47

Mit steigender Periodenzahl sinkt also die Spannung, die nötig ist, um eine gegebene Dicke zu durchschlagen. Bei 8500 ist dieselbe nur noch gleich dem 2,5 ten Teil derjenigen bei 50 Perioden.

Dieses Ergebnis sagt uns z. B., daß wir die Durchschlagskurven für Luft nicht so ohne weiteres auf atmosphärische oder andere Entladungen von hoher Frequenz anwenden dürfen.

Abhängigkeit von der Zeit. Wie später auf S. 48 eingehend gezeigt wird, ist es (wenigstens bei festen Materialien) nicht einerlei, ob man die Spannung nur einige Sekunden oder einige Minuten einwirken läßt, bevor man sie wieder steigert. Bestimmte Vorschriften über diese Zeitdauer lassen sich indes nicht aufstellen, wie wir überhaupt im allgemeinen über das ganze Gebiet der Durchschläge auf unser Gefühl angewiesen sind.

In einer ähnlichen Lage befand sich der Dynamobauer, bevor die Gesetze des magnetischen Stromkreises bekannt waren. Es fehlen uns noch die Grundlagen über den Kraftfluß im Dielektrikum.

Durchschläge in Kabeln. Durchschlagsversuche mit Isolationsmitteln zwischen zwei Elektroden haben für Bau von Kabeln nur eine orientierende Bedeutung. Will man über den Wert eines Materials als Isolationsmittel für hochgespannte Ströme in einem Kabel genau unterrichtet sein, so muß man eine Anzahl Versuchskabel anfertigen und die Widerstandskraft verschiedener Dicken des Materials gegen elektrischen Durchschlag experimentell bestimmen.

Es gilt auch hier wieder, daß ein Durchschlagsversuch um so wertvoller ist, je größer die der Spannung ausgesetzte Fläche des Dielektrikums ist, d. h. je größer die Länge des untersuchten Kabels. Ein Versuch mit einem Kabelstück von einigen Metern Länge hat gar keinen Wert. Schneidet man eine Kabellänge von 100 m in 100 einzelne Stücke und versucht jedes für sich, so ist wahrscheinlich, daß man 50 sehr voneinander verschiedene Durchschlagsspannungen erhält.

Bei einem Kabel treten nicht nur die Verschiedenheiten in der Widerstandskraft des Rohmaterials auf, sondern auch die vielen Stufen von Unvollkommenheiten, welche die Fabrikation mit sich bringt. Gummi z. B. wird auf ein Kabel immer in Form von Bändern aufgetragen, die auf der Maschine in einen Hohlzylinder zusammengepreßt werden. Dieser hat eine Anzahl Nähte. Zwischen einer vollkommenen Naht, die keine Naht mehr ist, und einer offenen Naht liegen eine Reihe Zwischenstufen, die mehr oder weniger große Fehler bedeuten und mehr oder weniger Widerstandskraft gegen die Spannung besitzen.

In einem Kabel mit Jute-Isolation legt sich die Jute beim Umspinnen nie ganz gleichmäßig auf, sie wird nie ganz gleichmäßig getrocknet und getränkt, und die Faser kann in einzelnen Teilen außerordentlich verschiedene Konstitution und örtlichen Trockengrad haben.

Isoliert man ein Kabel mit Papierstreifen, so muß man damit rechnen, daß von den Bändern desselben Wicklers gelegentlich zwei oder sogar drei die Lücken an derselben Stelle haben. Ebenso, daß im Papier oft schlechte Partikel oder sogar Löcher vorkommen.

Weiter ist es auch nicht möglich, die Isolation nach der Fabrikation eines Kabels überall in der gleichen Dicke zu finden.

Alle diese Sachen wirken zusammen, so daß man für die Durchschlagsspannung nur einigermaßen brauchbare Zahlen erhält, wenn man für die Versuche möglichst lange Kabel und solche verschiedener Fabrikationsdaten auswählt.

Wir hatten in den Jahren 1890 und 1891 im Dienste von Messrs. Siemens Bros., London, Gelegenheit, solche Versuche mit allen den großen Hilfsmitteln durchzuführen, die eine Firma ersten Ranges bieten kann.

Zur Verfügung standen uns: zwei Wechselstrommaschinen von 10 bzw. 100 Pferden von 500 bzw. 2500 Volt, sinusförmiger Welle der EMK und 100 Perioden per Sekunde; ein kleiner Transformator von ca. 20 und ein großer von ca. 100 HP. und Spannungen bis 20 000 bzw. 50 000 Volt; die Meßinstrumente von Lord Kelvin: statisches Voltmeter und Voltwage, sowie eine Menge Reste von bestellten Kabeln und eine Anzahl eigens für die Versuche angefertigter Kabel.

Das Resultat dieser Experimente war das folgende: Wenn man eine größere Anzahl Durchschläge mit Kabeln gleicher Konstruktion bzw. gleicher Dicke des Dielektrikums ausgeführt hat, so findet man, daß einzelne Werte abnorm tief und einzelne abnorm hoch liegen.

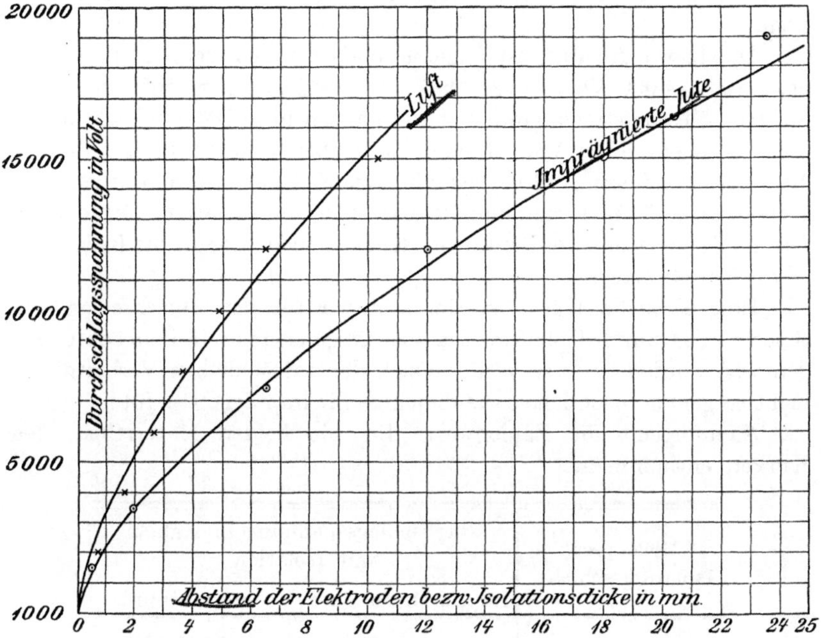

Fig. 3.

Diese berücksichtigt man nicht; die ersten deshalb, weil sie auf Fabrikationsfehlern beruhen, die man vermeiden kann. Der Rest der Beobachtungen gruppiert sich aber gleichmäßig um einen Mittelwert, den man als maßgebende Zahl für die Durchschlagsspannung auffassen kann.

Wenn man diese Experimente für eine Reihe von Dicken des Dielektrikums in ähnlicher Weise wiederholt, so erhält man für jede Dicke einen solchen Mittelwert. Trägt man alle diese Beobachtungen in der bekannten Weise in einem Achsensystem auf, so liegen die Punkte auf einer Kurve, die vom Nullpunkt unter einem Winkel ansteigt und sich langsam aber sukzessive gegen die Abszissenachse abbiegt.

In der Fig. 3 ist die seinerzeit für Kabel mit imprägnierter Jute als Isolationsmittel erhaltene Kurve reproduziert. Die beobachteten Mittelwerte sind durch Kreise angedeutet.

Die Durchschlagskurve für Kabel gibt keinen absolut sicheren Wert für die Spannung; aber man kann annehmen, daß in einem normal fabrizierten Kabel der Durchschlag für jede Dicke mit einer Spannung erfolgt, die eine Kleinigkeit höher oder niedriger liegt, als der Ordinatenwert der Kurve angibt.

Für den Kabelbauer ist eine solche Kurve sehr wertvoll, da an ihrer Hand der Sicherheitskoeffizient des Kabels bestimmt werden kann.

Die Kurve für Jute ist folgendermaßen entstanden. Der Teil von etwa 1000—4000 Volt wurde an Versuchsstücken gemacht, von Hand auf eine Messingstange gewickelt, im ganzen über 100 Beobachtungen. Von ca. 3000—7000 Volt standen 35 Kabelstücke in Längen bis ca. 10 m zur Verfügung. Für den höheren Teil der Kurve wurden zwei Kabel von je 50 m Länge und 12 bzw. 23.5 mm Isolations-Dicke angefertigt. Die letzten zwei Punkte der Kurve haben also nur die Bedeutung eines Einzelwertes.

Eine ähnliche Kurve bestimmten wir für den Durchschlag von Kabeln mit Gummi-Isolation. Da aber im ganzen nur 13 Beobachtungen gemacht worden sind, so wird sie sich den tatsächlichen Verhältnissen nicht so genau anschließen wie diejenige für imprägnierte Jute.

Nachfolgend die Zahlenwerte für die beiden Materialien, den Kurven entnommen.

Dicke der Isolationsschicht	Durchschlagsspannung in Kabeln mit Isolation	
	Imprägnierte Jute	Vulk. Gummi
0.5 mm	1 100 Volt	6 800 Volt
1 „	2 300 „	10 000 „
2 „	3 500 „	16 800 „
3 „	4 500 „	22 000 „
4 „	5 500 „	26 000 „
7 „	8 000 „	34 800 „
10 „	10 200 „	40 000 „
13 „	12 200 „	—
16 „	14 000 „	—
20 „	16 200 „	—
24 „	18 300 „	—

Für die Originalpublikation siehe JIEE. XXI, 1892, 183.

Die Beobachtungen beziehen sich alle auf Einleiterkabel, und der Leiterdurchmesser ist nicht berücksichtigt worden.

In der nachfolgenden Tabelle sind einige neuere, für Papierkabel mit Ölträkung gültige Durchschlagszahlen gegeben.

Kabellänge in Metern	Isolations-dicke in mm	Durchschlagsversuche	
		Erreichte Volt	Volt per 1 mm Dicke
50	6.35	90 000	14 200
50	6.35	110 000	17 300
50	6.35	96 000	15 100
66	6.14	90 000	14 700

Das Gesetz der Durchschläge. Wir haben im Jahre 1901 einige Berechnungen angestellt und im Electrician vom 6. Sept. publiziert, nach denen es wahrscheinlich ist, daß alle Isolationsmaterialien betreffs Widerstand gegen elektrische Durchschläge einem und demselben Gesetz folgen. (Siehe auch ETZ. 1904, 7.)

Es bezeichne d die Dicke eines Dielektrikums, in Millimetern gemessen, V die zu dessen Durchschlag erforderliche Spannung von Wechselstrom, in Volt gemessen, und c eine für das Material charakteristische Konstante, so stellt die Formel

$$V = c\,d^{2/3}$$

für verschiedene Isolationsmaterialien die aus den Beobachtungen erhaltenen Durchschlagskurven mit einer genügenden Genauigkeit dar.

Die Konstante c bedeutet die Spannung, die nötig ist, um eine Isolationsdicke von einem Millimeter zu durchschlagen.

Zur damaligen Zeit lagen nur wenige Beobachtungen von Durchschlägen vor, hauptsächlich für den krummen Teil der Kurve gültig. Die Formel fügte sich denselben ganz ordentlich an, für Körper in allen drei Aggregatzuständen, ebenso späteren Beobachtungen. Der Grad der Übereinstimmung von Beobachtung und Berechnung nach der Formel ist aus den Tabellen S. 36 und 38—40 zu ersehen.

Später wurden dann neue Meßresultate publiziert, die den Nachweis leisteten, daß die Durchschlagskurve schließlich in eine gerade Linie übergeht, die dem Gesetz $V = a + b.d$ gehorcht, das schon von Harris (Phil. Trans. 1834, 225) aufgestellt worden ist. Es sind a und b Konstanten und d die Materialdicke.

Dann liegen noch die Versuche von Moscicki (ETZ. 1904, 527, 549) vor, der mit Röhren operierte, die innen und außen metallisch belegt waren. Derselbe stellte fest, daß der Durchschlag nach dem Gesetz $V = c.d$ erfolgt, wenn die Randentladungen unterdrückt, und nach dem Gesetze $V = c\sqrt{d}$, wenn sie zugelassen werden.

Nach den Versuchen von Moscicki wäre die Annahme berechtigt, daß Kabel mit Vorliebe an den Enden durchschlagen, was hingegen nicht der Fall ist. Die Gültigkeit seiner Formeln ist also auf die Versuchsobjekte beschränkt.

Dagegen ist aus den Versuchen von Krogh zu schließen, daß auch das Medium noch eine Rolle spielt. Derselbe hat gegen 100 Beobachtungsreihen an Ölen vorgenommen unter ganz genau den gleichen Versuchsbedingungen und gibt an, daß nur eine davon, die für Öl Nr. 1, siehe S. 41 die Formel $V = c\sqrt{d}$ und nur eine einzige, die für Öl Nr. 2, die Formel $V = c\sqrt[3]{d^2}$ genau befolgt. Alle übrigen Reihen liegen zwischen diesen Grenzwerten.

Es folgt aus dieser Übersicht der Hauptresultate, daß das Gebiet der Durchschlagsspannungen noch lange nicht genügend erforscht ist, und man muß bedauern, daß seit dem Jahre 1904, als im Kampfe gegen unsere Formel so manches schöne Resultat zur Publikation gelangte, und so viele neue Gesichtspunkte zur Geltung kamen, dieser Teil der Forschung wieder ganz vernachlässigt worden ist.

Es ist indessen von Praktikern rückhaltlos anerkannt worden, daß unsere Formel für überschlägige Berechnungen (innerhalb der Grenzen ihrer Gültigkeit) sowie für die meisten praktischen Zwecke brauchbar ist und einen großen Fortschritt bedeutet.

Die Konstante c, d. h. die Spannung, die nötig ist, um eine Dicke, von 1 mm eines Dielektrikums zu durchschlagen, sollte man die elektrische Bruchfestigkeit benennen, analog der Bezeichnung mechanische Bruchfestigkeit. Die Zahl der physikalischen Konstanten der Materie wird damit um eine vermehrt.

Wenn auch weitere Untersuchungen einer der beiden Formeln von Moscicki zum Durchbruch verhelfen sollten, würde diese Konstante doch bestehen bleiben.

In der folgenden Tabelle geben wir eine Zusammenstellung der elektrischen Bruchfestigkeit der Materialien, soweit als wir sie bestimmen konnten.

Untersuchtes Dielektrikum	Elektrische Bruchfestigkeit Volt per mm
Imprägnierte Jute	2200
Imprägnierter Kaliko	2200
Gewöhnliche Luft	2400—3500
Transformatorenöl	6000—8000
Guter vulkanisierter Gummi	10 000
Zelluloid, in Dicken von 0.25 bis 0.50 mm	11 000—16 000

Untersuchtes Dielektrikum	Elektrische Bruchfestigkeit Volt per mm
Empire Cloth (ein lackiertes Gewebe)	12 000
Ebonit	14 000
Ölimprägniertes Kabelpapier	14 000—17 000
Hartporzellan der Fabrik Hermesdorf	18 000
Alkalifreies Glas	18 000
Paraffin	20 000
Glimmer in Schichten von 0.1 bis 1.0 mm	58 000

Die Elektrodenform, für welche die Konstanten gültig sind, ist bei den vorausgehenden Tabellen angegeben.

Auswahl des Dielektrikums für Kabelzwecke. Die Tabelle über die Bruchfestigkeiten kann sofort dazu verwendet werden, um das Isolationsmaterial zu bestimmen, das man für ein Kabel auswählen soll.

Maßgebend für eine Konstruktion ist immer der Preis, und dieser ist zu einem Teil von dem äußeren Durchmesser des Kabels abhängig, da dieser die Gewichte von Blei und Panzer bestimmt. Als Isolation wird man also mit Vorteil ein Dielektrikum wählen, das eine hohe Bruchfestigkeit hat, da mit einem solchen die dünnsten und leichtesten Kabel erzielt werden.

Dabei sind aber noch eine Reihe von anderen Gesichtspunkten zu berücksichtigen.

1. Ob das Material mit Maschinenkraft auf den Leiter in gleichmäßiger und geschlossener Struktur aufgetragen werden kann.

2. Ob es alle während der Fabrikation und der Verlegung vorkommenden Biegungen aushalten kann, ohne zu brechen, ohne sich durchzudrücken oder sonst seine mechanischen und elektrischen Eigenschaften zu ändern.

3. Ob es bei höheren Temperaturen, wie sie in einem Kabel gelegentlich auftreten, mechanisch noch starr genug bleibt und Isolation sowie Bruchfestigkeit noch in genügendem Maße behält.

4. Ob es mit der Zeit seine Struktur bzw. mechanischen und elektrischen Eigenschaften noch beibehält. Diese Frage überlege man sich reiflich, besonders wenn man mit Ersatzmitteln für Gummi und Guttapercha zu tun hat. Diese zerfallen gewöhnlich in kürzerer oder längerer Zeit zu Staub.

5. Ob die dielektrischen Verluste nicht zu groß sind.

6. Ob der Preis des Materials die Konstruktion erlaubt.

Wir möchten noch beifügen, daß es nicht genügt, die Dicke eines Isolationsmateriales so zu wählen, daß es einen Sicherheitskoeffizienten von 5 oder 10 gegen elektrischen Durchschlag aufweist. Es muß ebenso ein Sicherheitskoeffizient gegen mechanische Beschädigung während und nach der Fabrikation, also eine gewisse Minimaldicke fixiert werden.

Eine Papierdicke von 0.1 mm kann z. B. bis 1000 Volt und 10 solche Dicken bis 10 0000 Volt aushalten; doch wird es niemandem einfallen, Kabel für 100 bzw. 1000 Volt mit einem bzw. 10 Papieren zu isolieren, obgleich in diesen Fällen die Kabel die zehnfache Spannung aushalten können. Wenn das eine Papier bricht oder von den zehn einige derselben, so ändert sich der Sicherheitskoeffizient viel zu viel, als daß man zu solchen Kabeln noch Vertrauen haben könnte.

Für Kabel von 100 Volt, die ganz billig sein sollen, verwendet man als Minimaldicke 1½ mm und nur ganz selten 1,0 mm.

Physikalische Vorgänge bei Durchschlägen. Durchschläge in einem Dielektrikum sind ohne Zweifel auf eine lokale Erhitzung bis zum Entzündungspunkte des Materials zurückzuführen. Unserer Ansicht nach kann diese Erhitzung auf verschiedene Art entstehen, was wir durch einige Experimente illustrieren wollen, die wir ungefähr im Jahre 1892 gemacht haben.

Am allerdeutlichsten konnten wir die Entwickelung der Durchschläge in Preßspan beobachten. Dies ist eine Art Pappdeckel, sehr dicht und homogen, und wahrscheinlich hat es diese Eigenschaften durch starkes Zusammenpressen erhalten.

Wir setzten dieses Material einer starken Wechselstromspannung zwischen parallelen Elektroden aus und bestimmten die Durchschlagsgrenze. Sobald diese bekannt war, konnten wir leicht alle Stufen der Vorbereitung für einen Durchschlag beobachten. Nach einer Minute z. B. nahmen wir eine der Elektroden weg. Eine leicht angewärmte Stelle zeigte uns an, wo der Durchschlag eintreten werde. Durch weitere Anwendung der Spannung für ½, ¾ usw. Minuten konnten wir die Temperatur dieses Punktes nach Belieben erhöhen. Kurz vor dem Eintreten des Durchschlages wurde die obere Elektrode jedesmal etwas gehoben, und wenn wir in diesem Moment rasch genug die Spannung ausschalteten, konnten wir das Entstehen einer Blase im Preßspan beobachten. Waren wir nicht schnell genug, so fanden wir den Durchschlag in der Mitte dieser Blase. Wir glauben, daß in diesem Falle die Erhitzung des Dielektrikums einer größeren lokalen Leitungsfähigkeit zuzuschreiben ist. Der Strom geht hier leichter durch als an anderen Orten, er erwärmt die Stelle, deren Isolationswiderstand wird mit steigender Temperatur rasch abnehmen, der Strom nimmt zu, und das geht weiter bis zum Entzündungspunkt des Dielektrikums.

Ähnlich, aber ohne Blasenbildung, sahen wir die Vorbereitung von Durchschlägen in Glasplatten von 7 mm Dicke. Nach dem Durchschlag war das Glas geschmolzen, nicht gesprengt wie bei Versuchen mit Elektrisiermaschine und Leidener Flaschen. Die Spannung betrug 50 000 Volt und kam von einer 100 pferdigen Maschine mit Transformator.

Einen anderen Versuch, die Vorbereitung von Durchschlägen zu beobachten, machten wir mit einem Bleikabel, dessen Isolation aus getränkter Jute bestand. Es war uns bekannt, daß im Innern des Kabels ein starkes Knistern von elektrischen Funken zu hören ist, sobald man die Spannung auf die Nähe des Durchschlagspunktes erhöht. Zur Beobachtung der Vorgänge hatten wir in dem Bleimantel ein Fenster ausgeschnitten, 100 mm lang und 15 mm breit. Um die Funkenerscheinung in das Fenster zu bringen, setzten wir in dasselbe ein kammähnliches Blech ein, 100 mm lang, so daß die scharf geschnittenen Zähne die Jute nahezu berührten. Das Blech war mit dem Bleimantel in Verbindung, also ein Teil der äußeren Elektrode, und die Spitzen zogen den Hauptteil der Entladung zum Fenster, wo sie beobachtet werden konnte. Beim Einschalten der Spannung waren die Funken sehr hübsch zu sehen, am Anfange z. B. 10 per Minute, später 20, dann 30 usw. Sie kamen immer rascher, bis schließlich der Durchschlag eintrat.

Das Experiment konnte in jedem beliebigen Zeitpunkt unterbrochen werden, und die Beobachtungen ergaben, daß die Jute sich erst langsam und dann immer rascher erhitzte, bis sie schließlich zu brennen anfing.

In diesem Experiment scheint es uns also, daß die Erwärmung des Dielektrikums nicht einer mangelhaften lokalen Isolation zuzuschreiben ist, sondern besonderen Verhältnissen, die das Durchschlagen eines Luftfunkens in dem porösen Material erleichtern. Dieser Funken erwärmt das Dielektrikum.

Die besonderen Verhältnisse scheinen darin ihren Grund zu haben, daß ein Luftfunken der Oberfläche eines Dielektrikums entlang weiter schlägt als in freier Luft von Elektrode zu Elektrode. Hat die Jute z. B. eine Dicke von 10 mm, so erfolgt der Durchschlag bei 10 200 Volt, siehe Durchschlagskurven S. 43, während der Funken in freier Luft erst bei 15 300 Volt überspringt. Das Gleiten des Luftfunkens der Oberfläche der porösen Jutefaser entlang vermindert also dessen Durchschlagsspannung um etwa $1/3$.

Diese Funken sind in jedem Kabel mit Juteisolation zu konstatieren, und mit etwas Vorsicht kann man das ganze Kabel ziemlich stark erwärmen, ohne daß ein Durchschlag erfolgt. Es ist dazu nötig, die Spannung von Zeit zu Zeit zu unterbrechen, damit lokale Erwärmungen nicht zu groß werden. Sie geben ihren Überschuß an Wärme während der Unterbrechung an das Kupfer, das Blei und die weniger erwärmten Jutefasern ab.

Auch in Kabeln mit Gummiisolation haben wir solche Funken

konstatiert. Sie sind aber in diesem Fall bedeutend feiner als in Jute und erzeugen eine Menge Ozon.

Auffallend stark findet man Funken in Kabeln mit Papier-Isolation, die infolge unpassender Tränkmasse ganz ungleichmäßig imprägniert sind. Gleichzeitig treten stellenweise schon bei relativ niedriger Spannungsdifferenz außerordentlich starke Erwärmungen auf, die schließlich zu einem vorzeitigen Durchschlag führen.

Diese Versuche scheinen den Beweis zu liefern, daß Kontinuität des Dielektrikums, ganz abgesehen von der elektrischen Bruchfestigkeit, für dessen Güte von hoher Wichtigkeit ist. Ebenso, daß Gleichmäßigkeit durch die ganze Masse des Dielektrikums hindurch auch ein Haupterfordernis ist.

Durchschläge erfolgen immer, soweit man die Sache noch untersuchen kann, in gerader Linie und auf dem kürzesten Wege zwischen den beiden Elektroden. In unserem Museum von Kabelfehlern befindet sich ein merkwürdiges Stück, das einer Beschreibung wert ist.

Das Kabelstück hat folgende Spezifikation: Kupferdraht 2 mm, Naturgummi auf 6 mm, weißer Gummi auf 12 mm, schwarzer Gummi auf 22 mm. Der Durchschlag bildet einen Kanal von etwa 2 mm lichter Weite. Er beginnt am Draht und geht in einer Spirale weiter. Diese endet an der Oberfläche in einem Punkt, der axial um ca. 5 mm und radial um ca. 90^0 von dem Anfangspunkt entfernt ist. An der äußeren Oberfläche geht der Kanal auf ca. 10 mm nahezu als Tangente des Zylinders aus.

Es ist uns nicht mehr in Erinnerung, ob bei der Fabrikation dieses Kabels die einzelnen Gummilagen longitudinal oder spiralförmig aufgelegt worden sind, und das kurze Muster, das wir aufbewahrt haben, ist so vollkommen gemacht, daß es darüber keinen Aufschluß gibt.

Zum Schlusse dieses Kapitels wollten wir noch anführen, daß wir sehr häufig beobachtet haben, daß ein Durchschlag von einem zweiten begleitet wird. Auch ist uns ein Fall bekannt, wo in einem Kabelnetz gleichzeitig zwei Durchschläge weit voneinander entfernt auftraten. Beim Durchschlagen entsteht offenbar eine Potentialschwankung, welche den nächst schwachen Punkt des Netzes auch mitnimmt.

Durchschläge und Temperatur. Man hat lange Zeit geglaubt, daß Durchschläge in einem warmen Kabel bei einer niedrigeren Spannung erfolgen, als wenn es gewöhnliche Temperatur hat. Gegen diese Ansicht sprachen nur zwei Experimente, die bekannt geworden sind. Im Jahre 1889 erwärmten wir ein Kabel auf 60^0 C und fanden ungefähr dieselbe Durchschlagsspannung wie bei 15^0 C. Herzog und Feldmann melden von einem Kabel, das während mehrerer Monate täglich für einige Stunden auf 40 bis 60^0 C erwärmt wurde und doch keinen Schaden litt.

Diese Angelegenheit kam zur Zeit der Münchener Versuche 1903 zur endgültigen Erledigung. Eine größere Anzahl von Kabeln wurde bei Temperaturen von 30 bis 70° C auf Durchschlag geprüft. Das Ergebnis waren Mittelwerte von ca. 8000 Volt bei 30° C und ca. 10 000 Volt bei 70°, indessen ohne daß eine gesetzliche Abhängigkeit von Temperatur und Spannung nachweisbar war. Immerhin ist festgestellt, daß innerhalb dieser Temperaturen die elektrische Bruchfestigkeit eher zunimmt als sich vermindert.

Lebensdauer erwärmter Materialien. Für Isoliermaterialien, die beim Bau von elektrischen Maschinen und Transformatoren zur Verwendung kommen, haben Siemens Bros. (Eng. Stand. Comm. Nr. 22, London 1905) eine Anzahl Dauerversuche gemacht, die sich auf einen Zeitraum von 12 Monaten erstrecken. Die Materialien wurden alle drei Monate geprüft. Die Resultate waren die folgenden:

1. Dauernde Erwärmung auf 75° C schädigt die meisten Materialien nicht.

2. Dauernde Erwärmung auf 100° C verdirbt die Materialien schon nach einigen Monaten sehr stark, und später werden sie ganz wertlos.

3. Dauernde Erwärmung auf 125° C verdirbt die meisten Materialien schon nach kurzer Zeit.

4. Die elektrischen Eigenschaften der Materialien, wie z. B. Durchschlagsfestigkeit, werden bei diesen Temperaturen nicht wesentlich verändert.

Als „Schlechterwerden" wird definiert: Widerstand gegen Abscheeren und Biegungsfestigkeit werden geringer.

Diesen Versuchen entsprechend darf man also eine Dauertemperatur von 75° C als obere Grenze festsetzen.

Es ist selbstverständlich, daß diese Resultate nicht direkt auf Kabelmaterialien angewendet werden dürfen, da diese immer imprägniert und unter Luftabschluß gehalten sind.

Einige selbstgemachte Versuche mit Kabelpapieren sind wohl auch von Interesse. Dieselben wurden in Rollen, jedesmal von verschiedenen Marken, nebeneinander gelegt und unter ganz gleichen Versuchsbedingungen bei 130—140° C im Vakuum getrocknet. Manilapapiere (wenigstens als solche bestellt und bezahlt) litten im allgemeinen schon nach 40 Stunden merklich, mit wenigen Ausnahmen. Ein ganz billiges Zellulosepapier hingegen hielt 74 Stunden ohne die geringste Veränderung aus.

Drei Muster, erst 48 Stunden lang getrocknet und darauf 43 Stunden bei 130 bis 140° C in Öl getränkt, verhielten sich ganz verschieden. Zwei derselben waren mehr oder weniger, das dritte aber brüchig wie Glas. Das letztere war schwärzlich geworden, also teilweise verkohlt.

Ein Experte definierte dieses Papier als: Papier isolation bisulfite ½ collé parcheminé.

Im allgemeinen wird ein Papier sofort etwas spröde, sobald es in Öl imprägniert wird.

Spannungsverteilung im Dielektrikum. Wir denken uns eine überall gleich dicke Platte eines homogenen Isoliermateriales zwischen zwei Elektroden einer Spannung ausgesetzt. Es ist kein Zweifel, daß das Spannungsgefälle innerhalb der Platte konstant ist. Wäre die Platte 5 mm dick, und stünde sie unter 10 000 Volt, so würden auf jedes mm der Dicke 2000 Volt fallen. Wir können auch sagen, die Beanspruchung der Platte wäre in allen Teilen dieselbe.

Anders aber wird der Fall, wenn wir zwischen die Elektroden zwei verschiedene Isoliermaterialien bringen. Wir denken uns wieder jedes derselben in Form einer Platte aus homogenem Material und gleichmäßiger Dicke und beide gleich dick.

Supponieren wir zwischen den beiden Platten eine unendlich dünne Metallschicht, so haben wir zwei Kondensatoren von den Kapazitäten C_1 und C_2 in Reihenschaltung. Bringt man die Elektroden unter eine Spannung V, so verteilt sich diese als V_1 und V_2 auf die Kondensatoren. Sobald Gleichgewicht eingetreten, sind die Ladungen beider gleich groß, also $E = C_1 V_1 = C_2 V_2$, oder $V_1 : V_2 = C_2 : C_1$. Sind K_1 und K_2 die Dielektrizitätskonstanten der beiden Medien, so ist $C_1 = c K_1$ und $C_2 = c K_2$ also auch

$$V_1 : V_2 = K_2 : K_1.$$

Die beiden Platten stehen also nicht unter gleichen Spannungen, trotzdem sie gleiche Dicke haben, sondern diejenige mit kleinerem K muß die größere Spannung tragen oder wird stärker beansprucht als die andere.

Als Beispiel behandeln wir den Fall einer Gummiplatte, $K_1 = 3$, und einer Glimmerplatte, $K_2 = 5$, jede 1 mm dick. Mit 8000 Volt gesamter Beanspruchung fallen auf den Gummi $V_1 = 5000$ Volt und auf den Glimmer $V_2 = 3000$ Volt. Nun sind die elektrischen Bruchfestigkeiten von Gummi und Glimmer 10 000 und 58 000 Volt.

Erhöhen wir die Gesamtspannung auf 16 000 Volt, so fallen davon auf den Gummi 10 000 Volt, auf den Glimmer nur 6000 Volt. Die Gummiplatte, weil 1 mm stark, wird von dieser Spannung gerade durchgeschlagen. Man schalte schnell genug die Spannung aus, damit der Glimmer nicht anbrennt. Nachher kann man die Spannung wieder einschalten. Die Glimmerplatte wird nicht durchgeschlagen.

Wir betrachten weiter den Fall einer Luftblase in einem Dielektrikum. Es mögen zwei gleiche Gummiplatten von $K = 3$ und je 1 mm Dicke einer Spannung von 12 000 Volt ausgesetzt sein. Die Platten, wenn vollkommen, werden bis 16 000 Volt aushalten, also nicht durchschlagen. Schneiden wir aus der einen Platte ein Stück heraus, oder nehmen wir an, sie enthielt eine Luftblase von 1 mm Dicke, so würden, da für Luft $K = 1$, an dieser Stelle auf die Blase 9000 und auf die unversehrte Gummiplatte 3000 Volt fallen. Da 1 mm Luft nur 3500 Volt aushält, wird die Blase sofort durchschlagen. Nach diesem Durchschlag muß die vollkommene Gummiplatte die ganze Spannung von 12 000 Volt aufnehmen. Da sie aber nur 10 000 Volt aushalten kann, wird sie gleichzeitig mit der Luftblase durchschlagen.

Ähnlich können feste Fremdkörper, in ein Dielektrikum eingebettet, zu vorzeitigem Durchschlagen Anlaß geben.

Diese Vorgänge sind von Tesla zuerst experimentell nachgewiesen worden. Er stellte zwischen zwei durch Luft getrennten Elektroden eine gewisse Potentialdifferenz her, die ungenügend war, um die Distanz zu durchschlagen. Nach Einschalten einer Ebonit- oder Glasplatte zwischen die Elektroden erfolgte ein Durchschlag in der Luft. Diese hat die Dielektrizitätskonstante 1, während Ebonit und Glas viel höhere Konstanten haben. Die Beanspruchung der Luft wird durch das Einschalten des Zwischenmittels über den Durchschlagspunkt hinaus gesteigert.

Solche Resultate sind ganz unerwartet. Es kann einem also passieren, daß man direkt einen Durchschlag hervorruft, wenn man einen Teil eines Mediums, das beinahe bis auf den Durchschlagspunkt beansprucht ist, durch ein widerstandsfähigeres Dielektrikum ersetzt.

Allgemein haben wir für Schichten von verschiedener Kapazität die Formel

$$V_1 : V_2 = C_2 : C_1,$$

d. h. die Spannungsverteilung auf Schichten verschiedener Kapazität erfolgt im umgekehrten Verhältnis der Kapazitäten.

Wir betrachten nun den Fall, wo die Schichten gleiche Kapazitäten, aber verschiedene Isolationswiderstände R_1 und R_2 haben.

Von der einen Elektrode zur andern wird ein Isolationsstrom S fließen, der in beiden Platten dieselbe Größe hat. Dieser Strom ist $S = V_1 : R_1 = V_2 : R_2$, oder

$$V_1 : V_2 = R_1 : R_2.$$

Die Spannungen, unter denen die Schichten stehen, sind also deren Isolationswiderständen proportional. Das höher isolierende Material muß eine höhere Spannung tragen als das weniger isolierende.

Wir untersuchen den Fall, wo zwei Papierblätter von gleichem Isolationswiderstand eine Spannung von 3000 Volt gerade noch aushalten können. Jedes wird also bis 1500 Volt tragen können.

Ersetzen wir eines der Blätter durch ein neues, dessen Isolationswiderstand doppelt so groß ist, so werden von den 3000 Volt auf das neue 2000 und auf das alte 1000 Volt fallen. Es ist anzunehmen, daß beide Blätter dieselbe elektrische Bruchfestigkeit haben. Das neue Blatt wird also die ihm überwiesene Spannung nicht aushalten können, es wird bei Einschaltung des Stromes durchschlagen, und das alte wird ihm sofort Folge leisten, da ihm nach dem Durchbruch des neuen Blattes die ganze Spannung von 3000 Volt aufgebürdet wird, und es dieser nicht widerstehen kann.

Spannungsverteilung in einem Kabel. Der Leiter sei mit einem homogenen Material isoliert und mit Blei umpreßt, und zwischen beiden Metallen sei eine Spann.-Differenz von 1000 Volt. Die Verhältnisse werden am anschaulichsten durch einige Zahlenbeispiele illustriert.

1. Leiterdurchmesser $d = 2$ mm, Isolationsdicke $= 3$ mm oder ⏀ über Isolation $D = 8$ mm. Drei Schichten, jede 1 mm dick (siehe S. 19).

Kapazität der Schichten, von innen aus gezählt	0.3	0.5	0.7
Verteilung der Spannung	500	300	200 V.
Verhältnis	2.5	1.5	1

2. $d = 10$ mm, $D = 18$ mm. In 4 Schichten von 1 mm Dicke abgeteilt.

Kapazitäten	1.00	1.18	1.43	1.50
Spannungen	310	260	220	210 Volt
Verhältnis	1.47	1.24	1.05	1

3. $d = 22$ mm, $D = 28$ mm. Vier Schichten.

Kapazitäten	1.95	2.16	2.42	2.50
Spannungen	285	260	230	225 Volt
Verhältnis	1.26	1.15	1.02	1.00

Die inneren Schichten stehen also immer unter einer größeren Spannung als die äußeren, aber der Unterschied wird kleiner, je größer der Leiterdurchmesser wird. Bei dünnen Leitern steht die innerste Schicht unter weitaus größerer Spannung als die äußere.

So lange die Schichtenzahl klein, ist es leicht, die Dicken zu berechnen, welche gleiche Kapazität geben. Für 3 Schichten z. B. seien die Durchmesser der zwischen d und D liegenden Schichten d_1 und d_2, so findet man für dieselben die Formeln

$$d_1 = \sqrt[3]{d^2 D} \qquad d_2 = \sqrt[3]{d D^2}$$

Für das Kabel unter Beispiel 1 haben die Schichten gleicher Kapazität die Durchmesser $d_1 = 3.17$ und 5.0 mm, oder die Wandstärken, von innen nach außen gezählt, von 0.58, 0.90 und 1.50 mm.

Vergrößerung der Betriebsspannung. Eine ebene Platte sei für eine bestimmte Spannung als betriebssicher anerkannt. Sie breche mit der Spannung $V = c \sqrt[3]{d^2}$.

Es ist die Frage, wie stark muß man die Dicke d_n der Platte wählen, wenn sie eine n fache Betriebsspannung mit der gleichen Sicherheit aushalten soll.

Dies wird der Fall sein, wenn ihre Durchschnittsspannung ebenfalls das n fache wird. Es ist also $n\,V = c\,\sqrt[3]{d_n^2}$. Aus den beiden Gleichungen folgt

$$d_n = \sqrt{n^3} \,.\, d\,.$$

Für eine 2-, 3-, 4- usw. fache Spannung muß man also die Isolationsdicke 2.8, 5.2, 8- usw. mal stärker nehmen.

Auf Kabel angewendet, gibt die Formel keine zuverlässigen Werte, weil durch Vergrößerung der Isolationsdicken die Kapazitätsverhältnisse wesentlich geändert werden und somit auch die Spannungsverteilung.

Ein Beispiel zeigt dies am einfachsten. Ein Kabel mit $d = 10$ und $D = 18$ mm trage 10 000 Volt. Auf 4 gleich dicke Schichten von 1 mm verteilt sich die Spannung (von innen aus gezählt) wie folgt:

Spannung	3100	2600	2200	2100 Volt
Verhältnisse	1.5	1.2	1.05	1.0

Für die doppelte Spannung von 20 000 Volt konstruiert, hätten wir $d = 10$ und $D = 34$ mm (die Isolationsdicke ist rund verdreifacht worden). Auf 4 gleiche Schichten von je 3 mm Dicke kommen dann die

Spannungen	7700	5400	3800	3100 Volt
Verhältnisse	2.5	1.7	1.5	1.0

Die Verteilung der Spannung ist also eine wesentlich andere geworden und zwar so, daß die inneren Schichten viel stärker beansprucht werden als im ursprünglichen Kabel. Statt $2 \times 3100 = 6200$ Volt fallen auf die innerste Schicht volle 1500 Volt mehr.

Der Sicherheitskoeffizient des neuen Kabels wird also wesentlich kleiner sein als derjenige des alten.

Wird der Leiterdurchmesser kleiner als 10 mm, wie im obigen Beispiel, so sind die Verhältnisse noch ungünstiger.

O'Gormans Theorie. Die Isolation eines Kabels wird in den meisten Fällen schichtenweise aufgetragen. Wir haben gesehen, daß die Verteilung der Spannung auf die einzelnen Schichten nicht gleichförmig ist. Dies bildet einen sehr wichtigen Punkt in der Kabelfabrikation, dessen Bedeutung wir an der Hand der Beispiele S. 54 erklären wollen.

Das Kabel in Beispiel 1 wird bei einer bestimmten Spannung V durchschlagen. Die innerste Schicht wird zuerst nachgeben, da sie die

Spannung $\frac{1}{2}$ V tragen muß. Würde es uns gelingen, die Spannung V gleichmäßig zu verteilen, so daß jede Schicht $\frac{1}{3}$ V tragen müßte, so würde die Isolation erst bei der Spannung 2 V durchschlagen. Es wäre also ein wesentlicher Gewinn erzielt worden. Für dickere Leiter, Beispiel 2 und 3, wäre die Verbesserung nicht so groß, aber immerhin nicht zu verachten.

Das Problem, den Widerstand der Isolierschicht eines Kabels zu erhöhen, wurde seinerzeit viel studiert. O'Gorman (JIEE. XXX, 1901, 608 ; ETZ. 1901, 485) löste dasselbe in folgender Art.

Man ersetze die 3 homogenen Schichten, Beispiel 1, durch andere Materialien von gleicher Kapazität, deren Bruchfestigkeiten aber verschieden sind und sich verhalten wie 2.5 : 1.5 : 1.0. Die Spannungsverteilung wird dadurch nicht gestört; aber die drei Schichten werden auf Durchschlag gleichwertig. Die innere Schicht wird erst nachgeben, wenn die Spannung 2.5 V erreicht hat. Durch diesen Kunstgriff würde man also die sichere Betriebsspannung des Kabels auf das $2\frac{1}{2}$ fache treiben dürfen.

Ein zweiter Weg wäre, die drei homogenen Schichten durch andere zu ersetzen, deren Kapazitäten gleich wären. Dies würde Materialien erfordern, deren Dielektrizitätskonstanten ungefähr im Verhältnis von 2.5 : 1.5 : 1.0 stehen, während Bruchfestigkeiten und Isolationswiderstände dieselben wären wie im homogenen Material. In diesem Falle würde jede Schicht unter derselben Spannung stehen, und man könnte die Betriebsspannung für diese Konstruktion $2\frac{1}{2}$ mal größer wählen.

Auf eine dritte Art können wir das Kabel verbessern durch Abstufung des Isolationswiderstandes der einzelnen Schichten, während Kapazität und dielektrische Konstante dieselben Werte behalten. Die Spannung verteilt sich wieder gleichmäßig auf die drei Schichten, wenn deren Isolationswiderstände sich etwa wie 0.4 : 0.7 : 1.0 (das Reziproke der Zahlen 2.5 : 1.5 : 1.0) verhalten.

Es ist anzunehmen, daß beim Trocknen von Faserisolation der Isolationswiderstand der äußeren Schichten immer höher wird als derjenige der inneren. In der Praxis ist also O'Gormans dritter Weg unbewußt realisiert worden.

Das Kabel von Jona. Für die Ausstellung in St. Louis hat E. Jona von Pirelli & Co. ein Kabel nach den Lehren von O'Gorman gebaut, mit Gummi und imprägniertem Papier isoliert. Nach dessen Angaben haben alle Gummisorten eine el. Bruchfestigkeit von 12—15 000 Volt, und die diel. Konstanten sind für

reinen vulkanisierten Gummi ca. $K = 3.0$,

Mischung 58 % Para, 2 % Schwefel, 26 % Talk, 14 % Zinkweiß: $K = 4.0$,

Mischung 64 % Para, 8 % Schwefel, 16 % Talk, 4 % Zinkweiß, 8 Minium: $K = 5$,

Mischung 100 kg Para, 40 kg Schwefel, 26 kg Talk: $K = 6$.

Das Kabel war für 50 000 Volt bestimmt und nach folgender Spezifikation gebaut:

Kupfer 19 × 3,3 mm = 162 qmm auf 16,5 mm; Bleimantel auf 18,0 mm (zur Aufhebung des Effekts der Krümmungsradien der Kupferdrähte auf die Spannungsverteilung); Gummi von $K = 6$ auf 23.0 mm; Gummi von $K = 4.7$ auf 27.6 mm; Gummi von $K = 4.2$ auf 36.6 mm; Papier von $K = 4.0$ auf 47 mm; Bleimantel. Für Papier wird die Bruchfestigkeit von 8000—10 000 Volt vorausgesetzt

Für 50 000 Volt an der Isolation sind die Beanspruchungen von innen nach außen bzw. 4400, 4450, 4150 und 3250 Volt per mm. Nach 4stündiger Prüfung mit 100 000 Volt zeigte das Kabel eine Erwärmung von 20° C. Sonst wird noch angegeben, daß das Kabel 150 000 Volt ausgehalten hat.

Da eine Angabe der Länge fehlt, läßt sich kühn behaupten, daß ein papierisoliertes Kabel von gleicher Isolationsdicke, 14.5 mm, dieselben Proben auch ausgehalten hätte. Überhaupt ist diese Abstufung in Schichten eine wissenschaftliche Spielerei, mit der sich ein Fabrikant nie einlassen wird. Siemens Bros. haben schon vor 1890 Kabel mit reiner Para, Paramischung und Faserisolation gebaut und wieder fallen gelassen.

Jonas Prophezeiung, daß das Hochspannungskabel über 10 000 Volt eine Gummi-Isolation haben werde, hat sich nicht erfüllt. Im Gegenteil ist dieselbe auf der ganzen Linie aufgegeben worden.

Im übrigen hat Jona an Hand dieses Kabels eine Anzahl von Beobachtungen gemacht, die ganz interessant sind und möglicherweise einmal Wert bekommen.

C. Leiter und Kabel.

Kupferwiderstand eines Drahtseiles. Es herrscht vielfach die Ansicht, daß der Strom in einem Drahtseil gerade so fließt wie in einem massiven Leiter, d. h. parallel der Achse oder senkrecht auf den Querschnitt.

Denkt man sich das Kabel senkrecht auf die Achse geschnitten, so hat jeder Draht, mit Ausnahme des zentralen, wegen des Dralles einen größeren Querschnitt, als wenn er senkrecht geschnitten würde. Die Verfechter der oben mitgeteilten Ansicht schließen nun, daß der Widerstand eines Seiles kleiner ist als der Widerstand aller Drähte, in Parallelschaltung gemessen, und kommen schließlich darauf, daß man den Drahtdurchmesser für ein Seil vom Querschnitt Q und n Drähten kleiner nehmen darf als nach der Regel $Q : n$ berechnet.

Es läßt sich leicht nachweisen, daß diese Theorie unrichtig ist.

Wir betrachten in irgendeinem Seil die zweite Lage von 12 Drähten. Der Drall möge = 250 mm sein. Auf diese Länge würde also der Strom 12 mal von Draht zu Draht übergehen oder 48 mal auf 1 m und 48 000 mal auf 1 km Kabellänge.

Da nun die Berührungsfläche zweier Nachbardrähte außerordentlich klein ist (sie ist nur eine Linie und oft gar nicht vorhanden), so wird immer ein Übergangswiderstand vorhanden sein. Wäre derselbe nur $^1/_{10000}$ Ohm per Zentimeter Drahtlänge, also praktisch kaum noch meßbar, so würde die Summe aller Übergangswiderstände auf den Kilometer doch schon etwa 5 Ohm ausmachen, und statt 17 Ohm per qmm und Kilometer wäre der Kupferwiderstand des Seiles 22 Ohm.

Dies ist nun nicht der Fall, also darf man auch die Theorie nicht ernsthaft nehmen.

In Wirklichkeit fließt der Strom parallel der Achse jedes einzelnen Drahtes, also in einer Spirale um die Mittellinie des Drahtseiles herum. Der Kupferwiderstand jedes Einzeldrahtes ist größer als derjenige des zentralen Drahtes, und der Widerstand des Seiles ist gleich allen Einzelwiderständen in Parallelschaltung.

Daß dies so sein muß, läßt sich wie folgt begründen. Alle Drähte sind praktisch einander gleich. Betrachten wir zwei Nachbardrähte einer Lage, so haben sie im Anfang und in irgendeiner Entfernung praktisch dieselbe Spannungsdifferenz. Es ist also kein Grund vorhanden, daß der Strom in irgendeinem Punkte von einem Draht auf den anderen überfließe.

Wir betrachten weiter zwei aufeinanderfolgende Drahtlagen, eine z. B. mit dem Drall 15, die andere 20 mal dem Kaliber. Der Unterschied der Drahtlängen ist dann etwa 1%. Sind die zwei Lagen voneinander isoliert und nur die Enden miteinander verbunden, so werden sich die Ströme, entsprechend den Gesetzen der Stromverzweigungen, in den zwei Lagen umgekehrt wie deren Widerstände verhalten, d. h. im längeren Draht fließt 1% weniger Strom als im kürzeren Draht. Am Ende des Kabels haben beide wieder dieselbe Spannungsdifferenz.

In Wirklichkeit sind die Lagen nicht voneinander isoliert, und bei jeder Kreuzung von zwei Drähten gleichen sich die Spannungsdifferenzen aus, d. h. es fließt ein Strom von der einen Lage in die andere, aber nicht der Hauptstrom, sondern nur ein kleiner Bruchteil desselben.

Kupferwiderstand und Wechselstrom. Lord Kelvin hat zuerst nachgewiesen, daß ein Wechselstrom von hoher Periodenzahl den

Querschnitt eines Leiters nicht mehr gleichförmig ausfüllt, sondern mehr gegen die Oberfläche zu gedrängt wird. Wird die Periodenzahl recht hoch und der Leiter recht dick, so fließt in den mittleren Teilen desselben gar kein Strom mehr.

Diese Erscheinung ist unter dem Namen „Skineffekt" bekannt.

Die Folge davon wird sein, daß der Kupferwiderstand des Leiters gegen Wechselstrom höher sein wird als gegen Gleichstrom.

Es sei

d der Durchmesser des Leiters in cm, gleichviel ob massiv oder Seil,
Wg der Widerstand derselben für Gleichstrom,
Ww der Widerstand derselben für Wechselstrom,
n die Periodenzahl per Sekunde,
c der spezifische Widerstand des Leiters,
k ein Koeffizient $= Ww : Wg$,
so ist $Ww = k\,Wg$.

Der Koeffizient k ist abhängig vom Produkt cnd^2, und er kann für Kupfer, für welches $c = 1.6 . 10^{-6}$, der nachfolgenden Tabelle für verschiedene Werte von nd^2 entnommen werden.

nd^2	k	nd^2	k	nd^2	k
0	1.00	1 400	1.75	4 500	2.93
100	1.00	1 600	1.85	5 000	3.08
200	1.03	1 800	1.94	6 000	3.4
300	1.07	2 000	2.04	7 000	3.6
400	1.12	2 200	2.13	8 000	3.8
500	1.17	2 400	2.21	9000	4.0
600	1.24	2 600	2.28	10 000	4.2
700	1.31	2 800	2.36	15 000	5.1
800	1.37	3 000	2.43	20 000	5.9
1 000	1.50	3 500	2.61	25 000	6.5
1 200	1.63	4 000	2.77	30 000	7.0

Für Drähte aus anderem (aber unmagnetischem) Metalle als Kupfer berechne man den Ausdruck $\frac{1.6 . 10^{-6}\,nd^2}{c}$ und entnehme der Tabelle den Wert von k, welcher dieser Zahl gegenübersteht.

Aus der nachfolgenden Tabelle ist für einige Periodenzahlen die Zunahme des Widerstandes für verschiedene Leiterdurchmesser zu entnehmen.

Leiterdurchmesser in Millimetern	Werte von k für die Periodenzahl				
	$n = 50$	$n = 75$	$n = 100$	$n = 300$	$n = 1000$
$d = 1$	$k = 1.00$	$k = 1.00$	$k = 1.00$	$k = 1.00$	$k = 1.00$
2	1.00	1.00	1.00	1.00	1.00
3	1.00	1.00	1.00	1.00	1.00
10	1.00	1.00	1.00	1.07	1.50
15	1.00	1.02	1.04	1.28	2.13
20	1.03	1.07	1.12	1.63	2.77
25	1.07	1.14	1.26	2.00	3.5
30	1.14	1.29	1.43	2.33	4.0
40	1.37	1.63	1.85	3.02	5.3
50	1.66	2.00	2.25	3.75	6.5

Aus dieser Tabelle kann man folgende Schlüsse ziehen.

a) Für Lichtleitungen. Da die heute adoptierte Periodenzahl meistens in der Gegend von 50 liegt, darf man mit dem Leiterdurchmesser bis etwa 20 mm oder mit dem Querschnitt bis etwa 200 qmm gehen, ohne daß eine wesentliche Steigerung des Kupferwiderstandes eintritt.

b) Für Telephonleitungen. Da die Schwingungszahl der menschlichen Stimme innerhalb der Grenzen von 300 und zirka 1000 liegt, und Leitungsdrähte von 1—3 mm zur Verwendung kommen, ist gar keine Vermehrung des Kupferwiderstandes zu erwarten. Ein Einfluß macht sich erst bei 10 000 Schwingungen bemerkbar. Für Drähte von 1, 2 und 3 mm ϕ ist in diesem Falle $k = 1.00$ bzw. $= 1.12$ und 1.44.

Stirnimann (ETZ. 1907, 581) hat durch direkte Messungen von Wg und Ww an asphaltierten Gleichstromkabeln den Koeffizienten k bestimmt. Er fand, gültig für einen Wechselstrom von 32 Perioden per Sekunde, für den Querschnitt

von	50	100	150	200	250	400 qmm
$k =$	1.0	1.10	1.21	1.74	2.00	2.62.

Diese Zahlen sind weitaus höher als diejenigen der Tabelle und werden auch lange nicht erreicht, wenn man noch die Selbstinduktion der Kabel in Betracht zieht.

Durch eine Anzahl anderer Versuche stellte Stirnimann fest, daß die Widerstandszunahme, abgesehen von der Größe des Querschnittes, hauptsächlich von der Art abhängt, wie der Kupferleiter verseilt ist. Die oben angeführten Kabel sind von normaler Konstruktion, so daß der Querschnitt von 400 qmm aus 37 Drähten besteht. Für ein anderes Kabel von 400 qmm, das mit Gummi isoliert war, und dessen Leiter der Biegsamkeit halber aus einer Anzahl von Litzen bestand, ergab die Messung $k = 2.00$, also wesentlich weniger als für das normal konstruierte Kabel. Weiter ergab sich $k = 1.05$ für ein konzentrisches Kabel von 2×200 qmm, die beiden Leiter bei der Messung hintereinander geschaltet. Da der Außenleiter eine Widerstandsvermehrung durch Skineffekt nicht erleidet, war ein kleinerer Wert als $k = 1.74$ zu erwarten, aber nicht so wenig, als in Wirklichkeit gemessen wurde. Ein sektoralförmig konstruiertes Kabel von 2×200 qmm hingegen ergab wieder $k = 1.85$.

Stirnimann erklärt die großen Werte von k durch die Selbstinduktion der einzelnen Drähte, aus denen der Leiter gebildet ist, und empfiehlt Unterteilung, sobald der Querschnitt groß wird. Für ein Kabel von 400 qmm, aus 7 Litzen von je 14 Drähten und 57 qmm Querschnitt konstruiert, und jede Litze mit einigen Papieren isoliert, wurde in der Tat $k = 1.05$ gemessen.

Durch eine andere Reihe von Versuchen mit den Perioden von 27, 32 und 37 brachte Stirnimann auch den experimentellen Nachweis, daß k von der Periodenzahl abhängig ist.

Schon vor der Erkenntnis dieser Tatsachen waren die Kabelfabrikanten allgemein der Ansicht, daß man für Wechselstrom einen Querschnitt von 150 qmm wegen des Skineffektes nicht überschreiten sollte, aber die Käufer von Kabeln waren bezüglichen Vorstellungen nicht zugänglich. Es ist vorauszusehen, daß die Experimente von Stirnimann überzeugend sind, und daß in Zukunft große Querschnitte unterteilt, und jeder Teil leicht isoliert, zur Bestellung kommen werden.

Für Einleiterkabel ist die Teilung durch eine Anzahl runder Litzen ausführbar oder durch sektorale Teilung in 2, 3 und 4 Litzen, auch 5 oder 6, wenn nötig.

Für schwere Zweileiter wird man bei der Sektoralform, siehe S. 111, bleiben müssen und jeden Leiter aus 2 Teilen von 90^0 oder aus 3 Teilen von 60^0 Kantenwinkel aufbauen.

Für schwere Dreileiterkabel ist auch nur die Sektoralform zulässig, und der Fabrikant wird sich entschließen müssen, den Sektor von 120^0 in 2, vielleicht 3 Teile zu zerlegen.

Im übrigen ist bei der Konstruktion eines Kabels dessen Erwärmung maßgebend, Sachen, von denen der Besteller gewöhnlich nichts weiß. Oft gelingt es, wenn man die Normalien für Erwärmung berücksichtigt, statt des angefragten Kabels von sehr hohem Querschnitt deren zwei oder drei von kleinerem Querschnitt und nahezu demselben Preise zu offerieren, wodurch sich die Frage der Querschnitte von selbst erledigt.

Verluste in Wirbelströmen. Wenn ein Leiter von einem Wechselstrom durchflossen wird, so ist er von einem Kraftfeld umgeben, dessen Stärke sich periodisch ändert, genau wie der Strom. Wir greifen ein kleines Büschel der Kraftlinien von 1 qmm Querschnitt heraus, z. B. in einem Einleiterkabel. Dasselbe umgibt den Leiter in Form eines Kreisringes von 1.2 mm Dicke, und dessen Feldstärke pulsiert von einem positiven Maximum über Null zu einem negativen Maximum usw. Denken wir uns diesen Ring in den Bleimantel eingebettet, so erzeugt er während des Pulsierens Ströme, die in konzenzentrischen, ihn umschließenden Ringen zirkulieren. Die Ausdehnung der Stromringe ist durch die Oberfläche des Bleimantels begrenzt. Die Ströme sind periodisch und dem Hauptstrom um $1/4$ Periode voraus. Dies ist, was man Wirbelströme nennt.

Die Erzeugung dieser Ströme kommt auf Kosten des Wechselstromes. Derselbe muß also geschwächt werden, was praktisch mit einer Vergrößerung des Kupferwiderstandes gleichwertig ist. Die verlorene Energie des Wechselstromes kommt als Wärme im Bleimantel zum Vorschein und allgemein in anderen Metallen, die im Bereiche des Kraftfeldes sind.

Morris (Electrician 2. 9. 1904, 782) hat die Existenz dieser Ströme experimentell nachgewiesen. Er bediente sich eines Stückes Dreileiterkabel, 3 × 40 qmm sektoral mit ursprünglich 9 mm Isol.-Dicke, und stellte es genau vertikal. Am oberen Ende waren die drei Leiter miteinander und am unteren Ende mit einer Drehstrommaschine verbunden. Der Bleimantel war vorher entfernt worden, ebenso etwa 5 mm der äußeren Isolation.

Darauf wurde der Bleimantel mittels Bügel und Manganindraht so aufgehängt, daß er das vertikale Kabelstück genau zentrisch umgab. Läßt man Strom in das Kabel, so erzeugen die Wirbelströme ein Drehmoment. Da die Torsion des Aufhängedrahtes diesem entgegenwirkt, erfolgt eine bestimmte Ablenkung, die mit Spiegel und Skala gemessen werden kann. Nach bekannten Methoden wird aus der Ablenkung das Drehmoment und schließlich der Wattverlust im Bleimantel bestimmt.

Morris fand für den Verlust Proportionalität mit der Länge des Bleirohres, dem Quadrate der Stromstärke, der Periode (innerhalb 37 bis 68 per Sek., den Grenzen des Experimentes) und der 0.7. Potenz der Bleidicke.

Für das untersuchte Kabel berechnete Morris den Verlust per Kilometer Länge zu 10.8 Watt für den normalen Betriebsstrom von 50 Amp. und 60 Perioden, was ca $1/3$% des Verlustes im Kupfer gleichkommt. Für Gleichstromkabel von großem Querschnitt schätzt er ihn auf 10% des Kupferverlustes, wenn mit Wechselstrom betrieben.

Der Verlust spielt also in Kabelnetzen eine außerordentlich kleine Rolle, besonders da er mit dem Strome ansteigt und verschwindet, während die dielektrischen Verluste konstant sind.

Erwähnenswert ist noch ein Versuch, den wir im Jahre 1890 unternahmen, um Erwärmung durch Wirbelströme nachzuweisen. Ein blankes Bleikabel von 200 qmm für 500 Volt wurde mit 300 Amp. Wechselstrom von 67 Perioden untersucht. Eine merkbare Steigerung der Temperatur wurde nicht beobachtet.

Erwärmung von Kabeln im Betrieb. Ein elektrischer Strom erzeugt in einem Leiter immer eine gewisse Wärmemenge.

Wir befassen uns mit dem Falle, daß der Strom konstant ist und eine längere Zeit andauert. Die im Leiter des Kabels entstehende Wärme ist dann konstant, d. h. in jeder Minute ist die Wärmezufuhr dieselbe. Sie wird zunächst zur Erwärmung des Leiters und der ihn umgebenden Isolation dienen. Mit der Zeit schreitet die Erwärmung fort, erreicht Blei und Panzer und schließlich die Oberfläche des Kabels. Wenn dies erreicht ist, gibt das Kabel Wärme an die äußere Umgebung ab.

Wir machen die Annahme, daß die Umgebung während unserer Untersuchung immer dieselbe Temperatur hat und dasselbe Medium bleibt, wie Luft, Wasser und Erde.

Infolge der konstanten Wärmezufuhr im Innern des Kabels steigt anfangs die Temperatur des Leiters nahezu proportional der Zufuhr an. Mit steigender Temperatur vergrößert sich aber die Abfuhr, und es wird mit der Zeit ein Zustand eintreten, wo Zufuhr und Abfuhr dieselben sind. Ist dieser Punkt erreicht, so ändern sich die Temperaturen innerhalb des Kabels nicht mehr. Dasselbe hat einen stationären Zustand erreicht bzw. seine Maximaltemperatur für die im Leiter herrschende Stromstärke.

Diese Temperatur wird um so niedriger liegen, je günstiger die Abfuhrverhältnisse sind, d. h. je mehr Kalorien bei 1^0 Temperaturdifferenz zwischen Kabeloberfläche und Umgebung per Quadratzentimeter Oberfläche in der Sekunde ausströmen. Die Abfuhr hängt hauptsächlich ab vom Wärmeleitungsvermögen der Isolation und des Panzers sowie von dessen Dimensionen.

Es ist sehr wichtig, daß man für ein im Betrieb befindliches Kabel dessen Temperatur bzw. die des Leiters und der Isolation kenne.

Die Erforschung der Gesetze der Erwärmung von elektrischen Leitungen hat gut ein Jahrzehnt gedauert. Im Jahre 1907, nach jahrelangen Vorbereitungen, erschienen dann die Belastungstabellen der Draht- und Kabelkommission des Verbandes deutscher Elektrotechniker und der Kommission I der Vereinigung deutscher Elektrizitätswerke, für Kabel aller Querschnitte, Typen und Spannungen. Diese Tabellen kommen hier zum Abdruck.

Belastungstabelle für Leitungen und Einleiterkabel bis 700 Volt.

Unter Leitungen sind zu verstehen: 1. Blanke Kupferleitungen bis 50 qmm. 2. Irgendwie isolierte Kupferleitungen. 3. Leitungen mit Gummiband. 4. Gummiader-Leitungen. 5. Nicht in Erde verlegte Kabel.

Für die Einleiterkabel ist die Tabelle bei 70 cm Verlegungstiefe gültig, und nur zwei Kabel im gleichen Graben, gesondert verlegte Mittelleiter nicht gezählt. Sonstige Bedingungen siehe Tabelle für Hochspannungskabel.

Die Tabelle gilt für eine Übertemperatur von 250° C.

Querschnitt in qmm	Belastung in Amperes für		Querschnitt in qmm	Belastung in Amperes für		Querschnitt in qmm	Belastung in Amperes für	
	Leitung	Kabel		Leitung	Kabel		Leitung	Kabel
0.75	9	—	25	100	170	240	450	670
1.0	11	24	35	125	210	310	540	785
1.5	14	31	50	160	260	400	640	910
2.5	20	41	70	200	320	500	760	1035
4	25	55	95	240	385	625	880	1190
6	31	70	120	280	450	800	1050	1380
10	43	95	150	325	510	1000	1250	1585
16	75	130	185	380	575	—	—	—

Belastungstabelle für im Erdboden verlegte Hochspannungskabel.

Gültig für eine Übertemperatur von 25° C und eine Verlegungstiefe von 70 cm, und für zwei Kabel im Graben, gesondert verlegte Mittelleiter nicht gezählt. Liegen die Kabel in Kanälen, die nicht mit Erde aufgefüllt sind, oder liegen mehr als zwei Kabel in demselben Graben, oder sind sonst die Abkühlungsverhältnisse ungünstig, so soll die Belastung nur gleich ¾ der Tabelle sein.

Nur bei stark schwankendem Betriebe wie in Förderanlagen, Walzwerken usw. dürfen die Zahlen der Tabelle überschritten werden.

Querschnitt in qmm	Spannung bis 3000 Volt: Belastung in Amperes für					Spannung 3000 bis 10 000 Volt: Belastung in Amp. für		
	konzentrische Kabel		verseilte Kabel			verseilte Kabel		
	2 fach	3 fach	2 Leiter	3 Leiter	4 Leiter	2 Leiter	3 Leiter	4 Leiter
4	—	—	42	37	34	—	—	—
6	—	—	53	47	43	—	—	—
10	70	55	70	65	57	65	60	55
16	90	75	95	85	75	90	80	70
25	120	100	125	110	100	115	105	95

Querschnitt in qmm	Spannung bis 3000 Volt: Belastung in Amperes für konzentrische Kabel 2fach	konzentrische Kabel 3fach	verseilte Kabel 2 Leiter	verseilte Kabel 3 Leiter	verseilte Kabel 4 Leiter	Spannung 3000 bis 10000 Volt: Belastung in Amp. für verseilte Kabel 2 Leiter	3 Leiter	4 Leiter
35	145	120	150	135	120	140	125	115
50	180	150	190	165	150	175	155	140
70	220	185	230	200	185	215	190	170
95	270	220	275	240	220	255	225	205
120	310	255	315	280	250	290	260	240
150	360	290	360	315	290	335	300	275
185	405	330	405	360	330	380	340	310
240	470	385	470	420	385	—	—	—
310	550	455	545	490	445	—	—	—
400	645	530	635	570	—	—	—	—

Da über dieses Gebiet das Spezialbuch von Prof. Teichmüller: „Die Erwärmung elektrischer Leitungen“, Stuttgart 1905, vorliegt, gehen wir nicht weiter darauf ein. Auch für den Literaturnachweis wende man sich an dieses Buch; doch mögen die ersten Namen wie Kennelly, Herzog, Feldmann, Apt, Teichmüller und Humann erwähnt werden.

Belastungstabellen für extra stark isolierte Kabel. Das Siemens-Schuckert-Werk hat eine Reihe von Versuchen für Erwärmung von Kabeln durchgeführt, deren Isolationsdicke weit über diejenige hinausgeht, welche den Kabeln der vorausgehenden Belastungstabellen zugrunde liegt. Lichtenstein berichtet darüber (ETZ. 1909, 389) und gibt für die Einleiterkabel von ca. 5 mm Isolationsstärke und für Dreileiterkabel von ca. 17 mm Isolationsstärke die nachfolgende Tabelle. Beobachtet ist in jeder Reihe nur ein Punkt. Die anderen Werte sind den Belastungskurven nach deutschen Normalien durch proportionales Umrechnen entnommen. Das Verfahren ist nicht geeignet, ganz genaue Werte zu geben; doch genügen sie für die ersten Bedürfnisse der Praxis. Die Tabellen sind gültig für in der Tiefe von 75 cm normal verlegte Kabel und eine Übertemperatur von 25° C.

Querschnitt in qmm	Zulässige Stromstärke für Einleiterkabel, 5 mm Isol. blank	Einleiterkabel, 5 mm Isol. armiert	Armierte Dreileiterkabel, ca. 17 mm Isol.
16	104 Amp.	100 Amp.	—
25	136 „	130 „	82 Amp.
35	168 „	161 „	100 „
50	208 „	200 „	120 „
70	256 „	246 „	150 „
95	308 „	295 „	175 „
120	—	—	205 „

Der Panzer. Eisen in der Umgebung eines stromführenden Leiters wird immer magnetisiert. Bei Wechselstrom wird die Magnetisierungsrichtung periodisch umgekehrt, so daß der Fall eintreten kann, daß durch magnetische Hysteresis beträchtliche Verluste entstehen können.

Es ist allgemein bekannt, daß man ein einfaches Kabel, das Wechselstrom führt, nicht panzern darf, bzw. daß der Panzer eines solchen Kabels sehr heiß wird.

Es gilt als Regel, daß man Mehrleiterkabel panzern darf, solange als für jeden Augenblick die Stromsumme in sämtlichen Leitern gleich Null ist. Dies ist der Fall bei konzentrischen, zweifach, dreifach und vierfach verseilten Kabeln.

Nachstehend einige Experimente über diese Punkte.

1. Kabel von 7×1.75 mm, mit Gummi und Band auf 9 mm isoliert und mit einem Eisenband auf 11 mm umwickelt. Belastung = 50 Ampere Wechselstrom oder etwa 3 A. per qmm. Nach einer Stunde erwärmt sich der Panzer auf 33^0, der Gummi auf 24^0 bei einer Außentemperatur von 16.5^0 C.

2. Zwillingskabel von 7×1.1 mm, jede Ader mit Gummi auf 8 mm isoliert, beide mit Einlagen verseilt, auf 17 mm isoliert und mit 2 Eisenbändern auf 22 mm gepanzert. Mit 20 Ampere Wechselstrom von 100 Perioden oder 3 Ampere per qmm wird keine Erwärmung konstatiert.

D. Meß- und Prüfmethoden.

Die Isolationsmessung. Das Haupterfordernis der Isolationsmessung besteht in guter Isolierung sämtlicher Apparate des Meßzimmers, der Batterie und der Leitungen. Mittels Trockenelementen ist es leicht, diese Bedingungen zu erfüllen. Das Meßzimmer halte man immer trocken.

Es ist zuerst das Galvanometer zu eichen, d. h. dessen Ausschlag für einen bekannten Widerstand zu bestimmen. Dieser Vergleichswiderstand ist gewöhnlich = 100 000 Ohm = 0.10 Megohm. Es sei c dieser Ausschlag, die sog. Konstante des Galvanometers, bei einem Nebenschluß, dessen Multiplikator = n sei. Die Zahl $n\,c$ ist dann ein relatives Maß des Stromes oder des Widerstandes von 0.10 Megohm.

Ist die Isolation eines Kabels von der Länge L (in Metern) zu messen, so schalte man dasselbe an Stelle des Vergleichswiderstandes ein, schließe den Strom und beobachte nach einer Minute den Ausschlag a bei einem Nebenschluß, dessen Multiplikator n_1 sei.

Die Zahl $n_1\,a$ ist dann ein relatives Maß des durch die Isolation des Kabels gehenden Stromes, bzw. des Isolationswiderstandes W.

Da die Ströme sich umgekehrt wie die Widerstände verhalten, berechnet sich

$$W = c\,n : 10\,a\,n_1$$

bezogen auf die Länge L des Kabels. Für die Länge von einem Meter ist der Is.-W. L mal größer, und für 1000 m wieder 1000 mal kleiner als für einen Meter, also ist der Isolationswiderstand per Kilometer in Megohm

$$W = \frac{c\,n}{10\,a\,n_1} \cdot \frac{1000}{L} \quad . \quad . \quad . \quad . \quad . \quad . \quad . \quad (1)$$

Für die meisten Meßzimmereinrichtungen ist $n = 10\,000$, und für alle Kabel, die richtige Isolation haben und nicht sehr lang sind, $n_1 = 1$. Für diesen Fall ist also der Isolationswiderstand per Kilometer in Megohm

$$W = \frac{c}{a} L \quad . \quad . \quad . \quad . \quad . \quad . \quad . \quad . \quad . \quad (2)$$

d. h. gleich den Quotienten der beiden Ausschläge mal der Kabellänge in Metern.

Treffen diese Voraussetzungen nicht zu, so ist die allgemeine Formel (1) zu verwenden.

Von dem gemessenen Ausschlage des Kabels ist immer der Ausschlag der Meßleitung abzuziehen.

Das Prüftelephon. Dieser einfache Apparat besteht aus einer Batterie von 2 bis 6 Trockenelementen kleinster Type, etwas Leitungsdraht und einem Telephon. Die Elemente sind hintereinander geschaltet. Jeder Batteriepol wird mit einem weichen, gut isolierten Leitungsdraht verbunden, und in einen derselben schaltet man ein Telephon.

Bringt man die Enden der beiden Leitungen für einen Moment in Berührung, so hört man im Telephon einen lauten Schlag. Bringt man zwischen die beiden Enden immer größere Widerstände, so wird bei der Berührung der Schlag immer schwächer. Doch hört man ihn immer noch, wenn Tausende von Megohm eingeschaltet sind.

Dieses einfache Instrument ist für die Montage von Kabeln unentbehrlich. Es kann nicht nur dazu benutzt werden, um Kurzschlüsse und schlechte Isolation zu konstatieren, sondern direkt um Isolationswiderstände zu schätzen.

Nach einiger Übung mit dem Instrument bringt man es leicht dazu, aus der Natur des Schlages im Telephon zu erkennen, ob die Isolation gering oder hoch ist.

Will man direkte Isolationsmessungen damit machen, so nehme man ein Kabel von bekanntem Isolationswiderstand her, lege die eine Leitung des Prüfungstelephons an Blei und tupfe mit der anderen am Leiter des Kabels. Wiederholt man dies einige Male, so ist das Kabel geladen, und das Knacken im Telephon hört auf. Nach ¼, ½, ¾ usw. Minuten tupfe man wieder und bestimme, nach welchem dieser Intervalle das Telephon wieder hörbar knackt.

Geht man dann mit dem Apparat an andere Kabel von ähnlicher Konstruktion und wiederholt den Versuch, so kann man deren Isolationswiderstand im großen und ganzen schätzen.

Wir haben während der Montage von Telephonkabeln wiederholt solche Messungen ausgeführt und nachher mit Galvanometer kontrolliert. Es gelang uns zu sagen, ob die Adern 2000, 5000 oder 10 000 Megohm Isolation haben.

Nach wenigen Instruktionen machte unser Chefmonteur dieselben Messungen mit großer Sicherheit.

Sowohl in der Fabrik als auf der Montage haben wir das Prüftelephon immer von unschätzbarem Werte gefunden und es jedem transportabeln Meßapparate vorgezogen. Diese verwendeten wir nur für Lokalisierung von Fehlern.

Es sei noch bemerkt, daß das Tupfen stets am isolierten Leiter zu geschehen hat und nicht am Blei oder Erdleiter.

Der Barretter. Zur Untersuchung von strahlender Wärme ist von mehreren Physikern (Svanberg 1851, Langley 1881, Baur 1882) das Bolometer ausgearbeitet worden. Dasselbe ist weiter nichts als eine Wheatstonesche Brücke, in deren einem Zweig sich ein dünner Draht oder ein dünnes Metallblättchen befindet. Wenn die Brücke ausbalanciert ist, bringt eine kleine Änderung des Widerstandes der Blättchen, wie z. B. durch strahlende Wärme bewirkt, eine beträchtliche Stromänderung im Galvanometerkreise hervor. Wird das Galvanometer mittels einer bekannten Temperaturdifferenz geeicht, so läßt sich das Instrument zur Messung sehr geringer Temperaturunterschiede und dergl. verwenden.

In neuerer Zeit ist das Bolometer von Kennelly und Fessenden für die Messung der in der Telephonie und drahtlosen Telegraphie auftretenden feinen Ströme verwendet und auf Barretter umgetauft worden.

Gáti hat die Anordnung in Brückenform verlassen und verwendet den Barretter, worunter man nun einen sehr feinen Draht zu verstehen hat, in Verbindung mit einem Stromschema nach Fig. 4. Das Zeigergalvanometer G steht in der Mitte von zwei Stromkreisen, jeder aus einem Akkumulatorenelement A von 2 Volt, einer Drosselspule D von ca. 40 Ohm und einem Barretter B von ca. 70 Ohm bestehend. Der Widerstand R von 5—10 Ohm wird auf beide Stromkreise verteilt und dient dazu, die Widerstände rechts und links gleich zu machen, so daß das Galvanometer stromlos wird. Dann zirkuliert durch die beiden Barretter ein Strom von 16—17 Milliampere.

Gibt man nun dem B. links die zusätzlichen Änderungen $\varDelta B_1$, $\varDelta B_2 \ldots$, so erhält man am Galvanometer die Ausschläge d_1, $d_2 \ldots$. Mittels dieser Werte erhält man die Eichkurve des Apparates. Erreicht man das Ende der Skala, 50°, von G, so bringe man den Zeiger durch Änderung von R wieder auf Null und setze die Eichung über einen größeren Bereich fort. Man kann auch den Zeiger immer auf Null lassen und R ändern. Die Eichkurve gibt für jedes beobachtete d die zugehörige Änderung des Barretterwiderstandes.

Gáti will nun den Barretter nicht zur Messung von Temperaturdifferenzen verwenden, sondern zur Bestimmung sehr feiner Ströme, die auch mit den feinsten Galvanometern nicht mehr meßbar sind. Es ist also eine Eichkurve für diese Ströme und die Ablenkungen d aufzunehmen. Dies macht keine Schwierigkeiten.

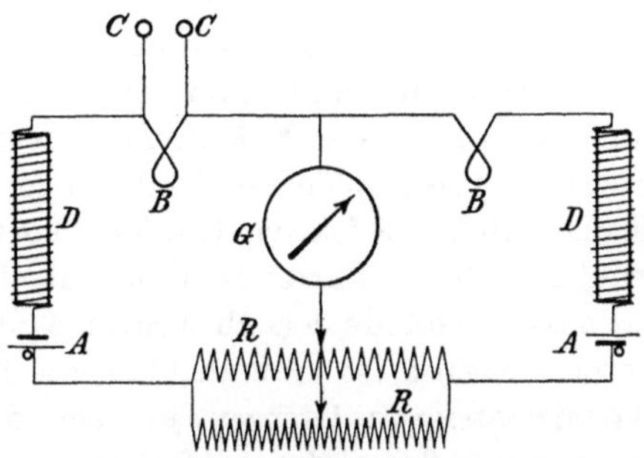

Fig. 4.

Man legt eine Siemenssche Hochfrequenzmaschine an die Klemmen CC des Barretters, in Reihenschaltung mit einem Elektrodynamometer für feine Ströme und hohen Widerständen. Durch Veränderung dieser letzteren erhält man Ströme von 50, 100, 150 .... Mikroamperes, die man mittels des Dynamometers bestimmt, und Ablenkungen d_1, d_2 .. des Zeigers. Aus beiden Elementen konstruiert man die Eichkurve. Statt der durch die Ströme erzeugten Widerstandsänderungen, die ohne Interesse sind, hat man dann den Zusammenhang von Strom im Barretter und Ablenkung des Galvanometerzeigers.

Der Apparat (wenn transportabel) mißt von 50 Mikroampere an, kann aber von unbegrenzter Empfindlichkeit sein, wenn man das Zeigerdurch ein Spiegelgalvanometer ersetzt. So sind z. B. telephonische Gesprächsströme, die von 1000 Kilometern herkommen, mit demselben noch bequem meßbar.

Bei der Eichung, wie beschrieben, ist vorausgesetzt, daß die Hochfrequenzströme nur durch den Barretter B gehen, sonst aber nicht in das Stromschema eindringen. Zu diesem Zwecke dienen die zwei Drosselspulen D. Um zu verhindern, daß der Batteriestrom nicht in den

Stromkreis der Hochfrequenzmaschine gelange, schaltet man einen Kondensator ein. Bei allen wirklichen Messungen kommt meistens die Resonanzfrage ins Spiel, so daß man die Messungen sozusagen beinahe immer mit eingeschalteten Kondensatoren ausführt.

In der einfachsten Form ist der Barretter ein dünner Kohlenfaden, z. B. eine Glühlampe. Für große Empfindlichkeiten verwendet Gáti feine Drähte aus Gold und Platin, von 0.002, 0.001 und sogar 0.0005 mm Durchmesser. Luftbarretter sind in Metallhülsen, Vakuumbarretter in Glasröhren gefaßt. Für technische Anwendung in Multiplex- und Kabeltelegraphie kommt der Draht in Öl zu liegen. Bei dem Grundstrom von ca. 20 Milliampere, der immer durch den Apparat zirkuliert, zeigt er die größte Empfindlichkeit.

Der Barretter, der von Gáti in den Handel gebracht worden ist, eignet sich nicht nur für Laboratorien, sondern ist transportabel und deswegen mit einem Zeigergalvanometer ausgestattet. Neben Strömen von der angegebenen Größenordnnug mißt er noch Kapazitäten für Hochfrequenzströme von 10^{-5} bis 20 Mikrofarad nach der Resonanzmethode, bei drahtloser Telegraphie und anderen Meßmethoden aber alle beliebigen Kapazitäten. Effektive Kupferwiderstände für Hochfrequenzströme sind mittels des Barretters sehr einfach zu messen, und für effektive Isolationswiderstände derselben Ströme gibt es kaum einen anderen Meßapparat. Ebenso ist er brauchbar zur Bestimmung von Selbstinduktionskoeffizienten, in Grenzen je nach der angewandten Methode, bei Resonanz von 0,001 H an aufwärts.

Meßresultate waren von Gáti nicht erhältlich.

Die Kapazitätsmessung. Diese wird ähnlich ausgeführt wie die Isolationsmessung. Das Galvanometer wird mit einer Kapazität C geeicht. Es sei c dessen Ausschlag.

Dann wird der Vergleichskondensator durch das Kabel ersetzt und dessen Ausschlag a bestimmt. Die Kapazitäten verhalten sich direkt wie die Ausschläge, also ist die Kapazität des Kabels, wenn L dessen Länge bedeutet, per Kilometer

$$C_1 = \frac{a}{c} \cdot \frac{1000}{L} \cdot C \quad \ldots \ldots \ldots (1)$$

C wird immer in Mikrofarad gemessen, folglich wird C_1 auch in diesen Einheiten ausgedrückt.

Bei diesen Messungen richte man es immer so ein, daß der Ausschlag des Kabels und der Ausschlag der Vergleichskapazität so nahe wie möglich dieselben sind. Auch der Nebenschluß des Galvanometers sollte derselbe sein.

Man wird also erst den Ausschlag des Kabels messen und dann die Eichung des Galvanometers vornehmen Man schaltet so lange

Kapazität zu oder ab, bis man dem Kabelausschlage möglichst nahe kommt.

Der Grund dieses Vorgehens liegt darin, daß der Aufhängefaden des Spiegels sich den momentanen Stößen des ersten Ausschlages nicht so leicht fügt, wie er es bei den langsam verlaufenden Ausschlägen bei der Isolationsmessung tut. Ein momentaner Stoß von doppelter Stärke bringt nicht die doppelte Ablenkung hervor. Man kann sich leicht davon überzeugen, wenn man zwei Ausschläge mit 0,01 und 0,02 MF ausführt. Dieselben werden nur bei wenigen Galvanometern genau im Verhältnis von 1 : 2 stehen.

Ist es nicht möglich, die Ausschläge bei der Messung des Kabels und bei der Eichung ungefähr auf die gleiche Größenordnung zu bringen, so muß die Eichung mit zwei Kapazitäten ausgeführt und die Abweichung von der Proportionalität bestimmt werden. Daraus kann man dann den Ausschlag des Kabels korrigieren.

Läßt man diese Vorsichtsmaßregeln außer Auge, so kann man bei der Bestimmung der Kapazitäten ganz beträchtliche Fehler machen.

Isolationswiderstand und Kapazität lassen sich auf einmal, d. h. mit derselben Batterieschaltung messen. Vor dem Stromschluß stellt man einen passenden Nebenschluß her, so daß der erste Ausschlag nicht zu groß wird. Dann schließt man, beobachtet diesen, schreibt ihn auf und zieht nach $1/4$ oder $1/2$ Minute den Stöpsel des Nebenschlusses heraus. Nach einer Minute beobachte man den Isolationsausschlag.

Es ist selbstverständlich, daß bei den Kapazitätsmessungen jedesmal die Ausschläge der Zuleitungen bestimmt und abgezogen werden müssen.

Die betriebsmäßige Kapazität. Es ist in der Praxis von großem Wert, die Kapazität eines Kabels unter betriebsmäßigen Bedingungen zu kennen, damit man von vornherein die Stromstärken kennt, für welche der Generator dimensioniert werden muß. Diese Kapazität stimmt nicht überein mit derjenigen, die man durch die gegenwärtig gebräuchlichen Laboratoriumsmessungen ermittelt. Bei diesen wird gewöhnlich vorgeschrieben, daß ein Leiter gegen alle andern und Erde gemessen werden soll.

Man bemühte sich eine Zeitlang, die betriebsmäßigen Kapazitäten durch sog. „Teilkapazitäten" zu berechnen; aber es hat sich herausgestellt, daß dieses Verfahren physikalisch unzulässig ist, weil Tatsachen und Voraussetzungen nicht miteinander übereinstimmen.

Lichtenstein (Beiträge zur Theorie der Kabel, R. Oldenburg in München und Berlin) hat im Jahre 1908 einen Schritt zur Lösung dieser Aufgabe gemacht. In dem Nachfolgenden halten wir uns an diese Schrift, gehen aber in der Behandlung des Stoffes eigene Wege.

Wir setzen als gegeben ein Bleikabel voraus, z. B. ein Dreileiterkabel mit den Leitern 1, 2 und 3 und dem Bleimantel 0. Die Leiter seien voneinander, von Blei und von Erde isoliert, und ebenso der Mantel von Erde. Man gebe den vier Körpern die elektrostatischen Ladungen V_1, V_2, V_3 und V_0. Sie werden die Ladungen Q_1, Q_2, Q_3 und Q_0 bekommen, und jede derselben setzt sich zusammen aus derjenigen des eigenen Potentiales sowie derjenigen, die der Leiter durch Influenz von den drei anderen erhält. Jede Teilladung ist proportional der Potentialdifferenz gegen die Hülle. Also ist

$$\begin{aligned}
Q_1 &= \gamma_{11}(V_1 - V_0) + \gamma_{12}(V_2 - V_0) + \gamma_{13}(V_3 - V_0)\\
Q_2 &= \gamma_{21}(V_1 - V_0) + \gamma_{22}(V_2 - V_0) + \gamma_{23}(V_3 - V_0)\\
Q_3 &= \gamma_{31}(V_1 - V_0) + \gamma_{32}(V_2 - V_0) + \gamma_{33}(V_3 - V_0)
\end{aligned}$$

$$Q_1 + Q_2 + Q_3 = -Q_0.$$

Diese Gleichungen enthalten 9 Konstanten γ, die sich zunächst auf 6 reduzieren, da $\gamma_{12} = \gamma_{21}$, $\gamma_{13} = \gamma_{31}$ und $\gamma_{23} = \gamma_{32}$. Machen wir die Annahme, daß die Leiter 1, 2 und 3 in allen Beziehungen gleich und von symmetrischer Anordnung sind, so reduziert sich die Zahl der Konstanten auf zwei, da dann $\gamma_{11} = \gamma_{22} = \gamma_{33}$ und $\gamma_{12} = \gamma_{13} = \gamma_{23}$ wird.

Nun suchen wir die physikalische Bedeutung der Konstanten der allgemeinen Gleichungen. Wir isolieren den Leiter 1, legen die Leiter 2, 3 und den Bleimantel 0 an Erde und laden das System mit einer Batterie von der e. m. Kraft V_1, deren einer Pol mit Erde und der andere Pol mit dem Leiter 1 verbunden sei. Dann erhält Leiter 1 die Pot.-Differenz V_1, während $V_2 = V_3 = V_0 = 0$. Aus der ersten Gleichung folgt dann

$$Q_1 = \gamma_{11} V_1$$

oder γ_{11} ist die Kapazität des Leiters 1, wenn man denselben isoliert und gegen die zwei anderen Leiter und Blei an Erde mißt.

In analoger Weise sind γ_{22} und γ_{33} zu deuten. Die γ, deren Indizes zwei gleiche Zahlen haben, sind also die in der gebräuchlichen Art gemessenen Kapazitäten. Sind die Leiter gleich und symmetrisch, so sind alle drei γ einander (theoretisch) gleich. Wir bezeichnen deren Wert mit γ_1, wobei der Index bedeutet, daß bei der Messung ein einziger Leiter isoliert werden soll.

Beschäftigen wir uns nun mit den Koeffizienten mit Indizes von ungleichen Zahlen. Wir isolieren z. B. die Leiter 1 und 2 und legen 3 und 0 an die Erde. Darauf legen wir die isolierten Leiter an die Pole einer Batterie und erteilen ihnen die Potentiale $V_1 = + V$ und $V_2 = - V$. Es ist weiter $V_3 = V_0 = 0$.

Dann wird

$$Q_1 = (\gamma_{11} - \gamma_{12})\, V \qquad Q_2 = -(\gamma_{11} - \gamma_{12})\, V = -Q_1$$

woraus folgt, daß $\gamma_{11}-\gamma_{12}$ die gegenseitige Kapazität der Leiter 1 und 2 ist, wenn wie vorausgesetzt gemessen.

In analoger Weise ergibt sich die physikalische Bedeutung von $\gamma_{11}-\gamma_{13}$ und $\gamma_{22}-\gamma_{23}$ usw. Unter Voraussetzung von Gleichheit und Symmetrie der Leiter sind diese drei Kapazitäten (theoretisch) einander gleich, und man kann deren Wert als γ_2 bezeichnen, wo der Index andeuten soll, daß man bei der Kapazitätsmessung zwei Leiter isolieren soll. Praktisch wird man die Messungen mit (1, 2), (1, 3) und (2, 3) ausführen und deren Mittel als γ_2 annehmen.

Wir fanden $\gamma_{11}-\gamma_{12} = \gamma_2$, oder $\gamma_{12} = \gamma_1-\gamma_2$, also ist

$$\gamma_{12} = \gamma_{13} = \gamma_{23} = \gamma_1-\gamma_2.$$

Damit ist die physikalische Bedeutung der Koeffizienten mit ungleichen Zahlen in den Indizes gegeben. Sie sind Differenzen der auf die zwei Arten, wie angegeben, gemessenen Kapazitäten, also auch wieder Kapazitäten.

Nun machen wir einige Anwendungen dieser Formeln und folgen dabei wieder der Schrift von Lichtenstein. Dabei wird klar werden, wie man die betriebsmäßigen oder effektiven Kapazitäten durch eine Laboratoriumsmessung bestimmen kann.

Wir setzen voraus, daß unser Dreileiterkabel drei gleiche und symmetrische Leiter besitze, einerlei ob rund oder sektoral aufgebaut. Wir legen es an die drei Klemmen einer Drehstrommaschine in Sternschaltung, deren Neutralpunkt geerdet sei. Den Bleimantel des Kabels legen wir ebenso an Erde. Die e. m. Kraft zwischen Neutralpunkt und Klemme sei $e = E \sin \omega t$, wo $\omega = 2 \pi n$.

Im Momente t sind dann die vier Potentiale

$$V_1 t = E \sin \omega t \qquad V_2 t = E \sin (\omega t + 120^0)$$
$$V_3 t = E \sin (\omega t + 240^0) \qquad V_0 t = 0$$

Ebenso ist $V_1 t + V_2 t + V_3 t = V_0 t = 0.$

Die drei allgemeinen Gleichungen für Q reduzieren sich zunächst unter Berücksichtigung der vierten auf

$$Q_1 t = (\gamma_{11}-\gamma_{12}) V_1 t \qquad Q_2 t = (\gamma_{11}-\gamma_{12}) V_2 t \qquad Q_3 t = (\gamma_{11}-\gamma_{12}) V_3 t$$

Setzen wir für die V die obigen Werte ein und differenzieren nach t, so erhalten wir die Ladungsströme in den drei Leitern

$$J_1 t = (\gamma_{11}-\gamma_{12}) \cdot 2 \pi n \; E \cos \omega t$$
$$J_2 t = (\gamma_{11}-\gamma_{12}) \cdot 2 \pi n \; E \cos (\omega t + 120^0)$$
$$J_3 t = (\gamma_{11}-\gamma_{12}) \cdot 2 \pi n \; E \cos (\omega t + 240^0).$$

Dies sind die Formeln für den Ladungsstrom eines Kondensators von der Kapazität $\gamma_{11}-\gamma_{12} = \gamma_2$. Die drei Leiter des Kabels, unter den vorausgesetzten Umständen, haben also die gleiche Betriebskapazität.

Dieselbe wird gemessen, indem man irgend zwei Leiter isoliert und den dritten Leiter und Blei an Erde legt. Darauf bestimmt man in der üblichen Weise mittels Batterie und Galvanometer die gegenseitige Kapazität des Paares. Praktisch wird man die drei Gruppenmessungen machen und das Mittel als Betriebskapazität ansehen.

Wir gehen nun zu einem komplizierteren, aber lehrreichen Beispiel über.

Die Veraussetzungen sind dieselben wie oben ,nur dahin erweitert, daß der Leiter 1 noch an Erde gelegt werde. Analog wie früher findet man für die Ladungsströme die Werte

$$\begin{aligned} -J_1 t &= 3\gamma_{12} \,.\, 2\pi n E \cos\omega t \\ J_2 t &= \gamma_{11} \,.\, 2\pi n E\sqrt{3}\cos(\omega t + 150^0) + \gamma_{12} \,.\, E\sqrt{3}\cos(\omega t + 210^0) \\ J_3 t &= \gamma_{11} \,.\, 2\pi n E\sqrt{3}\cos(\omega t + 210^0) + \gamma_{12} \,.\, E\sqrt{3}\cos(\omega t + 150^0) \end{aligned}$$

Zunächst hat nur der erste Leiter eine Kapazität, deren Größe $= 3\gamma_{12} = 3(\gamma_1 - \gamma_2)$ ist, und die durch zwei Messungen ermittelt werden kann.

In den anderen Leitern zirkulieren je zwei Ladungsströme, die den Kapazitäten $\gamma_{11}\sqrt{3}$ und $\gamma_{12}\sqrt{3}$ entsprechen, und die unter sich eine Phasendifferenz von 60^0 haben. Die Werte der Ströme $J_2 t$ und $J_3 t$ sind von der Form

$$J = A\cos\omega t + B\cos(\omega t + 60^0)$$

und ergeben eine Resultante von der Form

$$\begin{aligned} J &= D\cos(\omega t + \alpha) \\ &= \sqrt{3(\gamma_{11}^2 + \gamma_{12}^2 + \gamma_{11}\gamma_{12})} \,.\, 2\pi n E\cos(\omega t + \alpha). \end{aligned}$$

Die Leiter 2 und 3 verhalten sich also so, als hätten sie eine effektive Kapazität vom Werte

$$C = \sqrt{3(\gamma_{11}^2 + \gamma_{12}^2 + \gamma_{11}\gamma_{12})} = \sqrt{3[\gamma_1^2 + (\gamma_1 - \gamma_2)(2\gamma_1 - \gamma_2)]}$$

Sobald man durch 2 bzw. 6 Messungen die Größen von γ_1 und γ_2 bestimmt hat, läßt sich die betriebsmäßige Kapazität auch für die Leiter 2 und 3 berechnen.

In analoger Weise erledigt man andere Fälle. In der Schrift von Lichtenstein sind deren noch mehr zu finden, ebenso Formeln zur Berechnung der Kapazität von Kabeln mit rundem Leiter aus den Dimensionen von Kupfer und Bleimantel.

Als Resultat dieser Betrachtungen ergibt sich, daß man die betriebsmäßige Kapazität von Kabeln mittels zweier Laboratoriumsmessungen und einer Rechnung finden kann. Die eine Messung wird, wie bisher üblich, ein Leiter gegen die andern und Blei an Erde ausgeführt. Bei der anderen Messung sind zwei Leiter zu isolieren und die übliche Messung an denselben auszuführen, während dritter Leiter und Blei an Erde gelegt werden.

Messung der Leitungsfähigkeit von Kupfer. Die Bestimmung derselben erfolgt durch drei Messungen von Länge, Widerstand und Gewicht eines Drahtes und eine Berechnung. Die Wägung hat den Zweck, den Durchmesser bzw. den Querschnitt des Drahtes genauer zu bestimmen, als mit einem Mikrometer möglich ist.

Es bedeuten für einen zylindrischen, überall gleichdicken Kupferdraht von der Temperatur 15° C

l die Länge in Metern,
Q den Querschnitt in qmm,
G das Gewicht in Gramm,
w den gemessenen Kupferwiderstand,
c den Widerstand von 1 m 1 qmm,
$L = 1 : c$ die Leitungsfähigkeit,
$L\%$ die Leitungsfähigkeit in Prozenten von Normalkupfer,
Ln die Leitungsfähigkeit von Normalkupfer,
$\varDelta = 8.91$ das spezifische Gewicht von Kupfer.

Man bestimmt den Querschnitt nach der Formel

$$Q = \frac{G}{\varDelta\, l} \qquad (1)$$

und die Leitungsfähigkeit nach

$$L = \frac{\varDelta\, l^2}{G w} \qquad (2)$$

die Leitungsfähigkeit in Prozenten von Normalkupfer nach

$$L\,\% = \frac{100\, \varDelta\, l^2}{L n\, w\, G} \qquad (3)$$

Für deutsches Normalkupfer ist $Ln = 60$. Für Matthiessens Normalkupfer bei 15° C ist $c = 0.016\,96$, also $Ln = 59$. Also ist

$$L\,\% = \frac{14.8\, l^2}{w G} \text{ nach deutschem Normalkupfer,}$$

$$L\,\% = \frac{15.1\, l^2}{w G} \text{ nach Matthiessens Normalkupfer.}$$

Ist der Drahtwiderstand w bei t^0 statt bei 15° gemessen worden, so wird er reduziert nach der Formel

$$w_{15} = w_t\,[1 + 0.00428\,(15 - t)] \qquad (4)$$

Der Temperaturkoeffizient, 0.00428 für 1° C ist den Angaben der britischen Kupferkommission entnommen.

Messung der effektiven Werte der elektrischen Konstanten [1]). Als ein Resultat der neuesten Forschungen hat sich herausgestellt, daß die sog. elektrischen Konstanten nur bei Messungen mit Gleichstrom wirkliche Konstanten sind, und daß deren Zahlwerte mehr oder weniger veränderlich sind, wenn bei deren Bestimmung Wechselstrom verwendet wird. Besonders die Periodenzahl ist maßgebend für die Größe der Konstanten. Dieses Ergebnis ist für sehr lange elektr. Linien, wie sie in der Telephonie und der Telegraphie verwendet werden, von außerordentlicher Wichtigkeit und hat das Bedürfnis angeregt, Meßmethoden auszuarbeiten, um die Konstanten möglichst den Betriebsbedingungen entsprechend zu bestimmen.

Franke (ETZ. 1891, 448) hat zuerst eine Meßmethode angegeben, die auf eine einzelne isolierte Leitung angewendet werden konnte. Später wurde dieselbe von Breisig (ETZ. 1899, 192) umgearbeitet, so daß sie für Doppelleitungen brauchbar wurde.

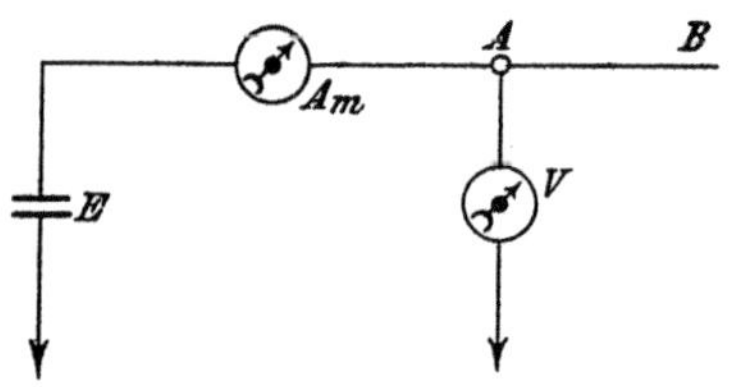

Fig. 5.

Das Prinzip der Messung ist bei Verwendung von Gleichstrom sehr einfach und leicht verständlich.

In Fig. 5 bedeute AB eine von der Erde isolierte Leitung. An deren Anfang A werde einerseits über ein Amperemeter Am eine Batterie E gelegt, deren zweiter Pol an Erde liegt. Andererseits werde der Leitungsanfang A über ein Voltmeter geerdet. Die Widerstände der beiden Instrumente seien derart, daß sie die Stromverhältnisse in der Leitung AB nicht beeinflussen.

Legt man nun das ferne Ende B an Erde, so gibt die Batterie einen Strom ab. An den beiden Instrumenten lese man J Ampere und V Volt ab.

Dann hat man die Formel

$$\text{Kupferwiderstand der Leitung } W = V : J,$$

wobei stillschweigend vorausgesetzt ist, daß der Erdwiderstand gleich Null sei.

Wenn das Ende der Leitung B isoliert bleibt, und dieselbe lang ist, so lese man an den Instrumenten J' und V' ab, und man hat

$$\text{Isolat.-Widerstand der Leitung} = V' : J'.$$

Das Prinzip der neuen Meßmethode besteht also darin, daß man von dem einen Ende der Leitung aus zwei Widerstände $\mathfrak{U}_1$ und $\mathfrak{U}_2$ bestimmt und zwar ist

---

[1]) Dieser Artikel ist nach Mitteilungen des Herrn Prof. Franz Breisig, Telegrapheningenieur im Reichspostamt, bearbeitet worden.

$\mathfrak{U}_1$ = Widerstand bei isoliertem Ende der Leitung,

$\mathfrak{U}_2$ = „ „ geerdetem Ende.

Die Bestimmung der Widerstände selber geschieht durch eine Strom- und eine Spannungsmessung. Bei einer Doppelleitung ersetzt sich die Erde durch die zweite Leitung und der Erdschluß durch den Kurzschluß.

Sobald wir aber mit einem Wechselstrom messen, ändern sich die Umstände ganz wesentlich. Die Leitung hat Selbstinduktion, und an die Stelle von W tritt die Impedanz, d. h. der Äquivalenzwert von Kupferwiderstand und Selbstinduktion. Auch der Isol.-Widerstand bekommt eine andere Bedeutung. Er setzt sich zusammen aus der Ableitung (dem Reziproken des Isol.-Widerstandes) und der Kapazitat.

Wir setzen nun voraus, daß wir durch irgendeine Meßmethode die Größen $\mathfrak{U}_1$ und $\mathfrak{U}_2$ bestimmt haben, und stellen uns die Aufgabe, aus diesen zwei Werten sämtliche Konstanten der Leitung, also den Kupferwiderstand $= R$, die Induktivität $= L$, die Ableitung $= A$ und die Kapazität $= C$ (alle auf den Kilometer Leitungslänge bezogen) zu bestimmen, gültig für die Periodenzahl n oder die Frequenz $\omega = 2\pi n$. Der Zusammenhang zwischen diesen sieben Größen ist recht kompliziert und im Kapitel des Telephonkabels ausführlich behandelt. Auszugsweise werden hier die nötigen Daten zusammengestellt.

Auf S. 121, vor der Formel (23) sind die Größen $\mathfrak{U}_1$ und $\mathfrak{U}_2$ eingeführt worden, von derselben Bedeutung, wie eingangs erwähnt. Bilden wir das Produkt derselben, so ist $\mathfrak{U}_1 \mathfrak{U}_2 = \mathfrak{B} : \mathfrak{C} = \mathfrak{Z}^2$ oder $\mathfrak{U}_1 \mathfrak{U}_2 = \mathfrak{Z}^2$, oder nach Formel (9) S. 118

$$\sqrt{\mathfrak{U}_1 \mathfrak{U}_2} = \sqrt{\frac{R + i\omega L}{A + i\omega C}} \quad . \quad . \quad . \quad . \quad . \quad . \quad . \quad (1)$$

Dann brauchen wir noch den Quotienten $\mathfrak{U}_2 : \mathfrak{U}_1$. Derselbe tritt auf in der Formel (30) auf S. 125 und ersetzt man in derselben noch die Größe γ durch deren Wert nach Formel (8) auf S. 118, so findet man

$$\log \text{nat} \frac{1 + \sqrt{\mathfrak{U}_2 : \mathfrak{U}_1}}{1 - \sqrt{\mathfrak{U}_2 : \mathfrak{U}_1}} = 2l\sqrt{(R + i\omega L)(A + i\omega C)} \quad . \quad . \quad (2)$$

Der in dieser letzten Formel neu eintretende Wert l bedeutet die Länge der Leitung.

Aus diesen beiden Formeln lassen sich zunächst die beiden komplexen Größen $R + i\omega L$ und $A + i\omega C$ berechnen und daraus schließlich die Einzelwerte von R, L, A und C. Da diese Berechnung etwas ungewöhnliche Form annimmt, wird weiter unten ein Zahlenbeispiel ausgearbeitet, siehe S. 80.

Zunächst versuchen wir nun den Meßapparat zu beschreiben, der für diese Bestimmungen verwendet wird, sowie dessen Verwendung.

Derselbe hat die Form einer Wechselstrommaschine mit umlaufenden Feldmagneten und zwei feststehenden Ankern I und II. Durch Veränderungen der Tourenzahl kann man über Frequenzen $\omega = 2\pi n$ bis etwa 9000 verfügen. Der Anker I spielt die Rolle der Batterie in dem Stromschema der Fig. 5, während der Anker II als Voltmeter Verwendung findet.

In der Normalstellung der beiden Anker, die man sich jeden als eine Einzelspule vorstellen kann, gehen die Mitten der Feldmagnete gleichzeitig durch die beiden Spulenmitten, so daß die induzierten e. m. Kräfte keine Phasendifferenz aufweisen. Es sind nun spezielle Vorrichtungen angebracht, mittels deren man zwischen I und II eine Phasendifferenz, von 0 bis 90° gehend, hervorbringen kann und weiter, daß die e. m. Kraft der Spule II auf einen beliebigen Bruchteil derjenigen von I heruntergebracht werden kann. Der Zweck dieser Einrichtung wird später klar.

Die Spule I ist senkrecht auf der Achse verschiebbar. Ihre e. m. Kraft bleibt immer dieselbe welche Stellung man ihr auch gebe. Rückt man sie aber aus ihrer Normalstellung, so entsteht eine Phasendifferenz mit der e. m. Kraft von II. Die Schraube mit welcher man diese Verstellung bewirkt, ist mit einer Teilung versehen, aus welcher man diese Differenz in Winkelgraden ablesen kann.

Die Spule II hingegen läßt sich parallel der Achse verschieben, so daß sie in schwächere Felder kommt, und die Stärke der e. m. Kraft geändert wird. Auf der Schraube, welche diese Bewegung bewirkt, kann man das Verhältnis von Spannung II : I direkt ablesen.

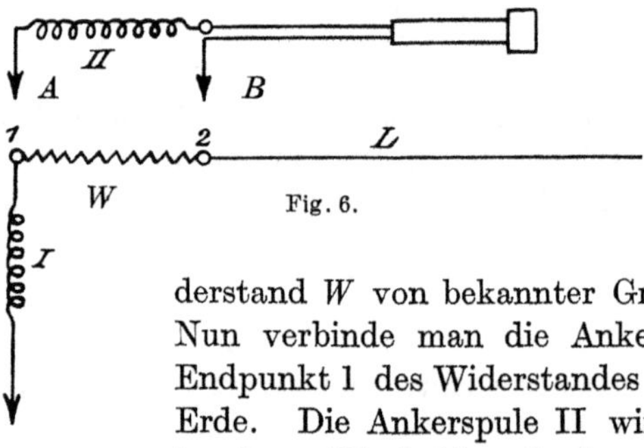

Fig. 6.

Nach diesen Vorbereitungen können wir zur Messung übergehen. Es sei L in Fig. 6 eine lange einfache Leitung. An deren Anfangspunkt lege man einen induktionslosen Widerstand W von bekannter Größe, z. B. 10 oder 100 Ohm. Nun verbinde man die Ankerspule I einerseits mit dem Endpunkt 1 des Widerstandes W und andererseits mit der Erde. Die Ankerspule II wird mit einem Telephon verbunden. Die beiden Spulen seien in Normalstellung, also ohne Phasendifferenz. Ist nun die Leitung L ohne Induktion, so erhalten wir, wenn das andere Ende von L geerdet wird, einen gewissen Strom J, der mit I gleiche Phase hat.

Nun legen wir die Enden A und B von II an die Punkte 1 und 2, und schwächen das Feld von II durch Drehen der Schraube. Da beide Spulen gleiche Phase haben, kommen wir schließlich zu einem Punkt, wo das Telephon aufhört zu tönen oder wenigstens ein scharfes Minimum zeigt. Dann ist die e. m. Kraft von II gleich der Spannungsdifferenz JW der Punkte 1 und 2. Da man diese ablesen kann, und W bekannt ist, läßt sich der Strom J berechnen.

Legt man den Kreis II an 2 und Erde, so findet man in gleicher Weise die Spannung V. Damit sind die eingangs erwähnten Größen J und V bestimmt und man findet $\mathfrak{U}$.

Lassen wir aber die Voraussetzung fallen, daß L induktionslos sei, so ändern sich die Verhältnisse. Der Strom J ist nicht mehr in Phase mit der e. m. Kraft I, und beim Anlegen von Kreis II an 1, 2 und nachheriges Schwächen des Feldes wird das Telephon nicht mehr zur Ruhe gebracht, weil zwischen der Spannungsdifferenz 1, 2 und Kreis II eine Phasendifferenz besteht.

Nun haben wir aber gesehen, daß wir die Spule I verschieben und dadurch eine Phasendifferenz zustande bringen können. Diese Einrichtung hilft uns über die Schwierigkeit weg. Wir bringen erst den Strom in Phasengleichheit mit der Spule II und reduzieren dann die Feldstärke, bis wir das Telephon zur Ruhe gebracht haben. Bei der Messung ist man auf Probieren angewiesen; aber da man immer weiß, in welcher Gegend man ungefähr zu suchen hat, dauert es nicht zu lange, bis man den Ruhepunkt gefunden hat.

Sei nun E die e. m. Kraft der Spule I, und werde bei der Einstellung auf Spannung an 1, 2 die Phasenverschiebung φ_1, und an Spule II die e. m. Kraft $a_1 E$ abgelesen, so ist $JW = a_1 E \cdot e^{+\varphi_1 i}$.

Entsprechend werde bei der zweiten Messung, Punkt 2 und Erde, φ_2 und a_2 abgelesen, so ist $V = a_2 E e^{+\varphi_2 i}$. Die gesuchte Größe $\mathfrak{U} = V : J$ wird also

$$\mathfrak{U} = W \frac{a_2}{a_1} e^{(\varphi_2 - \varphi_1) i}.$$

Je nachdem man das ferne Ende der Leitung bei der Messung isoliert oder erdet, stellt die gemessene Größe $\mathfrak{U}$ die vorher als $\mathfrak{U}_1$ oder als $\mathfrak{U}_2$ bezeichnete Impedanz vor.

Bei Doppelleitungen ist in der Regel die Erde ausgeschlossen, indessen liegt es im normalen Betriebe derselben, daß die Ströme in der Hin- und Rückleitung symmetrisch verlaufen. Die Spannungsdifferenzen gegen den Anfang von symmetrisch gelegenen Punkten sind entgegengesetzt gleich. Voraussetzung dafür ist, daß alle zusätzlichen Apparate ebenfalls symmetrisch sind. Eine nach Schema Fig. 7 mit dem Anker I

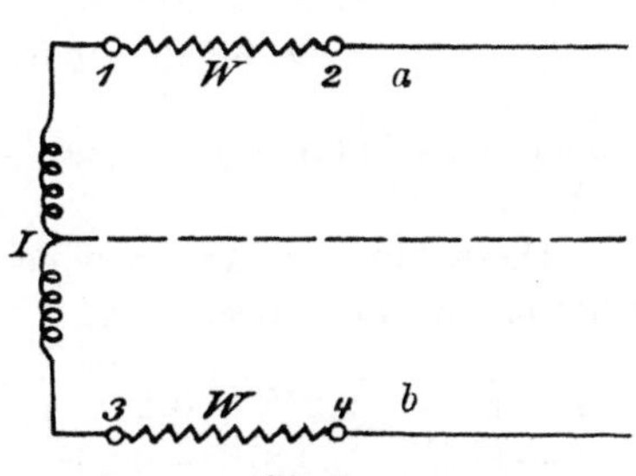

Fig. 7.

verbundene Doppelleitung wird eine solche Spannungsverteilung hervorrufen, daß man in der Mitte von I eine Erdleitung anlegen kann, ohne daß der Stromverlauf geändert wird. Diese Schaltung stellt sich also dar als die symmetrische Ergänzung des Schemas der Fig. 6.

Mißt man, wie früher beschrieben, die Spannung 1, 2 durch a_1 und φ_1 und diejenige von 2, 4 durch a_2 und φ_2, so ist, da die Spannung 2 gegen Erde = ½ mal Spannung 2, 4, die Größe

$$\mathfrak{U} = {}^1/_2\, W \frac{a_2}{a_1} e^{(\varphi_2 - \varphi_1) i}.$$

Je nachdem man am fernen Ende die Doppelleitung isoliert oder kurz schließt, erhält man die Werte von $\mathfrak{U}_1$ oder $\mathfrak{U}_2$.

Man gibt heute nur noch die Konstanten für die Doppelleitung an und nicht mehr für die einfache.

Als Beispiel sei die Berechnung einer Messung an einem 32,05 km langen Telephonkabel des Kabelwerkes Rheydt ausgeführt. Es ist bei $n = 762$ Perioden gemessen worden

$$\mathfrak{U}_1 = 92.8 \,.\, e^{-45.1^0 i}.$$
$$\mathfrak{U}_2 = 156.5 \,.\, e^{-24.1^0 i}.$$

Man berechne zunächst als Vorbereitung für Formel (2) die Größe

$$r = \sqrt{\mathfrak{U}_2 : \mathfrak{U}_1} = 1.299 \,.\, e^{+10.5^0 i}.$$

Nun gilt für komplexe Größen die Gleichung

$$e^{ix} = \cos x + i \sin x;$$

also wird

$$r = 1.299 (\cos 10.5^0 + i \sin 10.5^0) = 1.278 + 0.238\, i$$

Weiter gilt für komplexe Größen die Formel

$$a + b\, i = \rho (\cos x + i \sin x) = \rho\, e^{ix}$$

wobei der Modulus $\rho = \sqrt{a^2 + b^2}$ und x gegeben ist durch $\operatorname{tang} x = b : a$.

Diese Formeln kommen bei der Vereinfachung des nachfolgenden Quotienten zur Anwendung.

$$\frac{1 + r}{1 - r} = \frac{2.278 + 0.238 \,.\, i}{-0.278 - 0.238\, i} = \frac{2.289}{0.366} \frac{e^{+6.0^0 i}}{e^{-139.4^0 i}} = 6.27\, e^{+145.2^0 i}.$$

Also ergibt unsere Formel (2) zur Berechnung der Konstanten R, L, A und C

$$\sqrt{(R + i\,w\,L)\,(A + i\,w\,C)} = \frac{1}{2\,l} \cdot \log\text{nat}\,\frac{1 + \text{r}}{1 - \text{r}}$$

$$= \frac{1}{2\,l} \cdot \log\text{nat}\,6.27\,e^{+145.2^0 i}$$

$$= \frac{1}{64.1}\left(\log\text{nat}\,6.27 + i\,\frac{145.2^0}{180^0}\,\pi\right) = \frac{1}{64.1}\,(1.835 + 2.535\,.\,i)$$

und schließlich

$$\sqrt{(R + i\,w\,L)\,(A + i\,w\,C)} = 0.0488\,e^{+54.1^0 . i}.$$

Für Formel (1) ist die Berechnung einfacher. Es wird $\mathfrak{U}_1\,\mathfrak{U}_2 = 120.6\,.\,e^{-34{,}6^0 i}$, also

$$\sqrt{\frac{R + i\,w\,L}{A + i\,w\,C}} = 120.6\,e^{-34.6^0 i}.$$

Durch Multiplikation bzw. Division findet man

$$R + i\,w\,L = 5.88\,e^{+19.5^0 i}$$
$$A + i\,w\,C = 0.0004046\,.\,e^{+88.7^0 i}$$

oder die Potenzen durch cos und sin ausgedrückt

$$R + i\,w\,L = 5.55 + 1.96\,i$$
$$A + i\,w\,C = 9.2\,.\,10^{-6} + 4.05\,.\,10^{-4}\,.\,i$$

und schließlich, wenn man die reellen und die imaginären Teile einander gleichsetzt und für L und C mit $w = 2\,\pi\,.\,762 = 4800$ dividiert, erhält man

$R = 5.55$ Ohm $\quad L = 0.000\,408$ Henry,
$A = 9.2\,.\,10^{-6}$ Mho. $\quad C = 0.085\,.\,10^{-6}\,\text{F} = 0.085$ MF

und dies sind die kilometrischen Konstanten der Leitung, gültig für die Periode von 762 per Sek.

Um eine möglichst vollständige Kenntnis der elektrischen Eigenschaften des zu messenden Kabels zu erhalten, wird man die Messungen auf mehrere Periodenzahlen ausdehnen, welche für die Verwendung des Kabels in Frage kommen. Durch deren Berechnung erhält man die „wirksamen" Werte der elektrischen Konstanten für die betreffende Periodenzahl.

Diese wirksamen Werte brauchen nicht für alle Periodenzahlen dieselben zu sein. So wird z. B. bei Leitungen, in welchen Wirbelströme oder Induktionen auf benachbarte Leitungen wirksam sind, ein Wachsen des Widerstandes und ein Fallen der Selbstinduktion mit zunehmender Periodenzahl wahrgenommen. Man kann demnach aus dem Verlaufe der Werte bei verschiedenen Periodenzahlen wichtige Schlüsse auf die Eigenschaften der Leitungen ziehen.

Als Beispiele seien zwei Messungen an Fernsprechkabeln und eine an oberirdischen Leitungen gegeben.

An einem Fernsprechkabel für Einzelleitungen mit 1 mm starken Kupferleitern von Felten und Guilleaume wurden für 1 km folgende Werte der elektrischen Eigenschaften bestimmt:

Periodenzahl	Widerstand Ohm	Selbstinduktion Henry	Kapazität Mikrofarad	Ableitung 1/Megohm
224	25.4	0.001 76	0.213	8
319	25.5	0.001 37	0.221	9
450	25.3	0.001 28	0.212	19
593	26.4	0.001 21	0.214	24
774	26.5	0.001 17	0.212	48
931	26.9	0.001 15	0.212	57
1095	27.0	0.001 09	0.214	79
1236	27.2	0.001 09	0.215	72

Bei einem Doppelleitungskabel des Kabelwerks Rheydt wurden folgende Werte für 1 km bestimmt:

Periodenzahl	Widerstand Ohm	Selbstinduktion Henry	Kapazität Mikrofarad
363	5.47	0.000 406	0.0865
535	5.54	0.000 396	0.0847
762	5.56	0.000 411	0.0847
909	5.61	0.000 419	0.0842

Bei einer 222 km langen oberirdischen Doppelleitung aus 3 mm starken Bronzedrähten erhielt man für 1 km:

Periodenzahl	Widerstand	Selbstinduktion	Kapazität
315	2.53	0.001 01	0.0116
500	2.54	0.001 03	0.0115
704	2.57	0.001 02	0.0113
900	2.62	0.001 02	0.0116

Daß die Methode nicht nur an langen Kabeln oder Leitungen, sondern auch an Versuchsstücken angewendet werden kann, zeigen Messungen, welche an etwa 500 m langen Proben von Guttaperchakabeln für das Deutsch-Amerikanische Seekabel gemacht wurden. Es wurden damit die Werte des Widerstandes und der Selbstinduktion bei drei Periodenzahlen von etwa 50, 95 und 170 bestimmt.

Ein solches Kabel, dessen Seele zur Erhöhung der Selbstinduktion mit einer Spirale aus Bandeisen bewickelt war, und welches mit konstantem Strome gemessen einen Widerstand von 0.562 Ohm zeigte, hatte folgende Impedanzen:

Periodenzahl	Impedanz
51	$0.814e^{+42^\circ i}$
99	$1.301e^{+58.6^\circ i}$
170	$1.850e^{+61.5^\circ i}$

Der reelle Teil dieser Werte läßt sich angenähert durch die Formel

$$W = 0.564\ (1 + 0.000\,34\, n + 0.000\,017\,7\, n^2)$$

ausdrücken, während der Faktor von i, die Reaktanz, durch

$$R = 0.011\,63\ (n - 0.001\,07\, n^2)$$

dargestellt wird.

Diese Beispiele geben auch eine Erklärung zu dem vorhin Gesagten über die Veränderlichkeit der elektrischen Eigenschaften, sobald Induktionen nach außen in Frage kommen. Während die Doppelleitungen annähernd konstante Werte zeigen, sind Widerstand und Selbstinduktion der Einzelleitungen in mehr oder weniger großem Maße mit der Periodenzahl veränderlich.

Spannungsprüfungen. Nach den Normalien des VDE. gelten für die Prüfung von Kabeln die folgenden Regeln.

1. Niederspannungskabel von 700 Volt werden in der Fabrik mit 1200 Volt Wechselstrom geprüft. Die Kabel dürfen bei halbstündiger Prüfung nicht durchschlagen. Die Prüfspannung ist dieselbe für *Cu/Cu* sowie *Cu/Pb*.

2. Kabel für Hochspannung werden in der Fabrik mit der doppelten, nach Verlegung mit der 1.25fachen Betriebsspannung geprüft. Den Bedingungen ist genügt, wenn die Kabel in der Fabrik nach einhalbstündiger und im fertig verlegten Netz nach einstündiger Prüfung mit den vorgeschriebenen Spannungen in Wechselstrom- bzw. bei den Dreifachkabeln in Drehstromschaltung nicht durchschlagen.

Nach englischen Vorschriften S. 159 werden für Kabel von 600 Volt Juteisolation mit 1500 und Papierisolation mit 2500 Volt während 30 Minuten geprüft. Hochspannungskabel für 2200 Volt werden mit nahezu fünffacher und solche für 11 000 Volt mit nahezu dreifacher Spannung während 30 Minuten geprüft. Im fertig verlegten Netz ist die Prüfspannung nahezu das Doppelte, auch während einer halben Stunde.

In den Prüfvorschriften ist noch allgemein die Frage offen gelassen, in welchem Fabrikationsstadium sie vorgenommen werden soll. Der Fabrikant sieht einen Vorteil, daß die Übernahme erfolgt, wenn die Kabel unter Blei fertiggestellt sind. Der Abnehmer hingegen wird mehr Befriedigung haben, wenn man ihm die fertig armierten Kabel zur Prüfung übergibt.

Es wird nun allgemein anerkannt, daß die Größe der Apparate für den Prüfversuch von Bedeutung ist, und die Vorschriften, wenn gemacht, sprechen von 5 oder 10 Kilowatt. Da gegenwärtig jede ordentliche Kabelfabrik Versuche bis gegen 100000 Volt unternimmt, sollte wohl ein Apparat von 10 Kilowatt als Minimalgröße verlangt werden dürfen.

Es handelt sich nämlich beim Prüfen nicht bloß darum, eine bestimmte Spannungsdifferenz herzustellen und an das Kabel zu legen, sondern auch hauptsächlich darum, daß dieselbe im Momente, wenn der Durchschlag ausgeführt werden soll, nicht sinkt. Dieser kann unter Umständen schon 10 HP. erfordern. Mit Elektrisiermaschine und Funkeninduktor erreicht man wohl 100 000 Volt, aber diese Apparate können einen Durchschlag nur ausführen, wenn deren Energie in Kondensatoren aufgespeichert und dann in außerordentlich kurzer Zeit an den Punkt des Durchschlages geworfen wird. Dieser Vorgang ist aber ganz verschieden von dem, was man beim Prüfen von Kabeln haben will.

Über die Zeitdauer der Prüfung kann man verschiedener Ansicht sein. Wenn Kabel mit Papierisolation Fabrikationsfehler aufweisen, oder wenn während der Fabrikation das Papier gebrochen ist, erfolgt der Durchschlag wenige Minuten nachdem man die Prüfspannung erreicht hat. Grobe Fehler zeigen sich in der Regel schon vorher. Nach 10 Minuten Prüfzeit erfolgen Durchschläge nur außerordentlich selten. Stellt man also die Zeit auf 30 Minuten fest wie in den deutschen und englischen Normalien, so sollten alle berechtigten Wünsche erfüllt sein.

Kabel mit Gummiisolation sollte man länger als 30 Minuten prüfen, besonders wenn inzwischen der Isolationswiderstand gesunken ist. Fehler in solchen Kabeln sind gelegentlich von außerordentlich großer Widerstandsfähigkeit, und es können 5, ja 10 Stunden verstreichen, bis sie nachgeben. Indessen haben sie die gute Eigenschaft, daß sie sich durch eine Isolationsmessung, mit $\pm$ Pol ausgeführt, sofort nachweisen lassen, was bei anderen Kabeln nicht der Fall ist. Vorschriften über die Höhe der Prüfungsspannung sind nicht publiziert worden.

Setzt man einen Versuch in Gang, so empfiehlt es sich, die Spannung stufenweise zu steigern, um betreffs Überraschungen gesichert zu sein, die von Resonanz herrühren. Die Resonanzkurve, S. 29, sollte für die Apparate bekannt sein. Hat ein Kabel die halbstündige Prüfspannung ausgehalten, so darf man, wenigstens wenn Papierisolation vorliegt, erfahrungsgemäß die doppelte Betriebsspannung mehrere Male ohne Gefahr auf einmal zu- oder abschalten.

Ist ein Kabel auf diese Weise und den Vorschriften gemäß geprüft, so darf man ebenso erfahrungsgemäß annehmen, daß es jahrelang den

Betriebsbedingungen genügt und den normal auftretenden Überspannungen widersteht. Andere Professionen haben freilich bessere Mittel, die Güte ihrer Bauwerke zu prüfen.

Betreffend die Versuchsanordnung seien hier noch einige Worte erlaubt. Die gewöhnlichen Vorschriften lauten, daß die Kabel vor der Prüfung während 24 Stunden unter Wasser stehen sollen. Nun ist aber allgemein bekannt, daß während dieser Zeit nur gröbere Fehler durch Eindringen von Wasser ersichtlich werden. Aus diesem Grunde bringt Glower die Kabel unter einen Druck von ca. 7 kg per qcm.

Dieses Verfahren scheint umständlich zu sein und einen großen Apparat zu erfordern. Eine einfachere Methode scheint uns die elektrische Endosmose zu geben, siehe S. 270. Sie erfordert bloß eine Gleichstrommaschine von 100 bis 200 Volt, deren — Pol man an das Kupfer und deren + Pol man an das Blei legt. Wenn die Versuche von Fernie richtig sind, so sollten in einer halben Stunde auch die kleinsten porösen Stellen so viel Wasser durchlassen, daß eine Isolationsmessung den Fehler anzeigen muß.

Da man mittels dieser Methode beliebig viele Kabel auf einmal prüfen kann, halten wir sie für sehr empfehlenswert.

E. Fehlerbestimmungen.

Brückenmethoden. Lokalisierungen von Fehlern in einem Kabel werden meistens nach der Wheatstoneschen Stromverbindung, Fig. 8, ausgeführt.

A, B, x und y seien die Seiten des Parallelogramms, wobei A und B bekannte Widerstände bedeuten, die man nach Belieben verändern kann, und x, y die Kupferwiderstände des Kabels, von der Fehlerstelle F nach beiden Enden hin gemessen. Die eine Diagonale enthält das Galvanometer G, die andere eine Batterie E, einen Erdwiderstand und den Widerstand des Fehlers F. Als Erde kann man das Wasser des Bassins oder das Blei ansehen. Bei mehrfachen Kabeln nimmt man als Erde einen der Leiter an, wenn ein Fehler zwischen zwei derselben vorhanden ist.

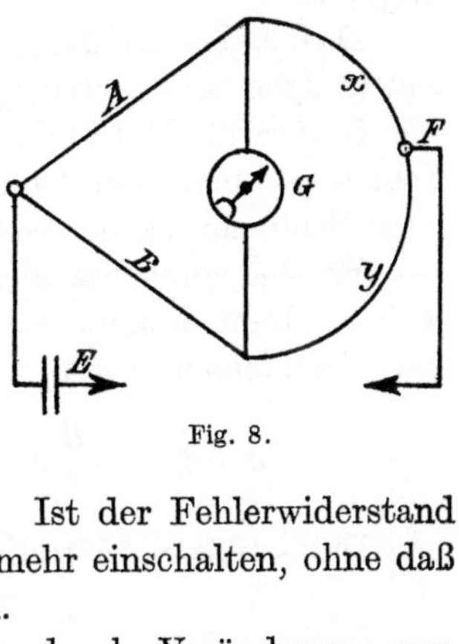

Fig. 8.

Als Batterie genügen einige Elemente. Ist der Fehlerwiderstand groß, so darf man hingegen 100 Volt und mehr einschalten, ohne daß die Widerstände A und B überhitzt werden.

Stellt man nach bekannten Methoden durch Veränderung von

A und B das Gleichgewicht her, so daß das Galvanometer A stromlos wird, so hat man die Gleichungen.

$$y = \frac{B}{A} x \quad \text{und} \quad x + y = w \quad . \quad . \quad . \quad . \quad . \quad (1)$$

wo w der Kupferwiderstand des ganzen Kabels ist.

Mittels dieser Gleichungen kann man x und y berechnen, also die Lage des Fehlers bestimmen. Diese wird in Ohm angegeben. Rechnet man sie noch in Längenmaß um, so ist die Fehlerdistanz von beiden Enden aus bestimmt.

Es ist sehr darauf zu achten, daß man sich nicht irrt, ob man das innere oder äußere Kabelende an A legt.

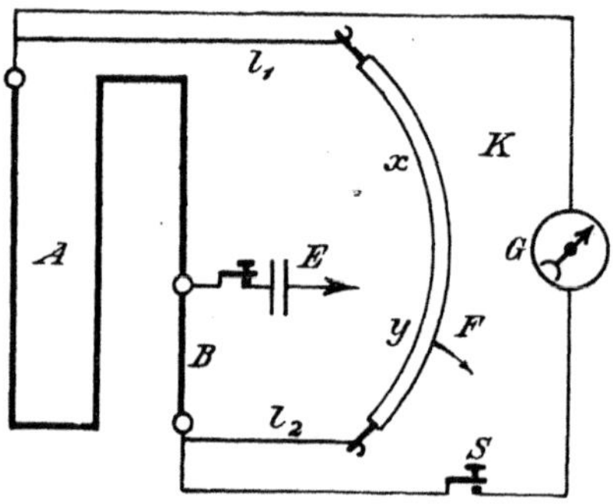

Fig. 9.

In der Praxis verwendet man zu Fehlerbestimmungen die sog. Wheatstonesche Brücke, wenn man keinen speziell für diese Zwecke eingerichteten Apparat besitzt. Das Schema der Verbindung ist in Fig. 9 gegeben.

Die Brücke ist durch A B dargestellt, und es ist A der Teil der Stöpsel, die Widerstände von $^1/_{10}$ bis 10 000 Ohm (oder ähnlich) enthalten. B ist die Hälfte der Stöpselreihe, mittels welcher man die Verhältniszahlen herstellt (gewöhnlich enthält diese die Widerstände 1, 10, 100 und 1000 Ohm). In den meisten Fällen muß man $B = 1000$ Ohm stöpseln.

Das Kabel ist durch K dargestellt, mit dem Fehler bei F. Die Zuleitungen sind l_1 und l_2, und diese Buchstaben bedeuten gleichzeitig die Kupferwiderstände der Leitungen. G ist das Galvanometer, mit dem Schlüssel S in seinem Kreise. In den Batteriekreis E wird man ebenso einen Schlüssel geben, wenn dieser nicht schon in der Brücke enthalten ist.

Es sind zunächst die 3 Kupferwiderstände zu messen, l_1, l_2 und $x + y$. Dann kommt die Herstellung des Gleichgewichtes, für welche die Gleichungen lauten

$$y + l_2 = \frac{B}{A}(x + l_1) \quad \text{und} \quad l_1 + l_2 + x + y = w.$$

Die Auflösung derselben ergibt

$$x = \frac{A}{A + B} w - l_1 \qquad y = \frac{B}{A + B} w - l_2 \quad . \quad . \quad . \quad (2)$$

Nach Bestimmung der Unbekannten x und y ist noch die Umrechnung auf Längenmaß erforderlich. Sind d_1 und d_2 die den Widerständen entsprechenden Längen und L die Kabellänge, so ist

$$d_1 = \frac{x}{x+y} L \qquad d_2 = \frac{y}{x+y} L.$$

Es ist eine Kleinigkeit, mittels dieser Methode die Fehlerdistanz auf $^1/_{10}$ Prozent genau zu bestimmen, wenn der Fehlerwiderstand nicht größer als etwa 50 000 Ohm und der Leiterwiderstand w noch genau meßbar ist. Ist ersterer zu groß, so reduziere man ihn durch Ausbrennen mit hoher Spannung.

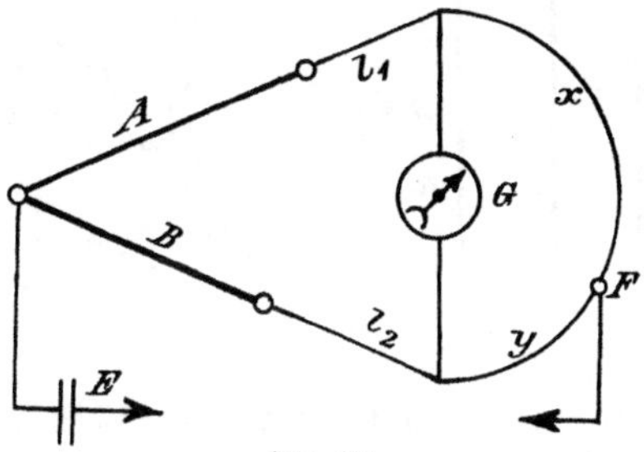

Fig. 10.

Die Methode bietet keine große Genauigkeit mehr, wenn der Widerstand w der Kabelseele sehr klein, also nicht mehr genau meßbar ist.

Da diese Methode, sowohl was Beobachtung als Berechnung anbetrifft, ziemlich umständlich ist, haben wir eine einfachere ausgearbeitet und uns derselben seit 1893 bedient. Das Schema dieser neuen Methode ist in Fig. 10 dargestellt. Sie weicht darin von Fig. 9 ab, daß das Galvanometer an die Kabelenden angeschlossen ist, so daß die Hilfsleitungen l_1 und l_2 in den Zweigen A und B liegen. Die Gleichgewichtsbedingung lautet

$$y = \frac{B + l_2}{A + l_1} x.$$

Die Leitungen l_1 und l_2 haben selten mehr als einige Ohm Widerstand, während A und B Hunderte oder Tausende von Ohm repräsentieren. Die Formel

$$y = \frac{B}{A} x$$

ist also praktisch genau genug.

Wir können x und y auch direkt als Längen auffassen, so daß $x + y = L =$ der Kabellänge.

Die Lösung der Gleichungen lautet dann

$$\left.\begin{aligned} x &= \frac{A}{A+B} \times \text{Kabellänge} \\ y &= \frac{B}{A+B} \times \text{Kabellänge} \end{aligned}\right| \quad \ldots\ldots\ldots \quad (3)$$

Nach dieser Methode kommt man also mit einer einzigen Beobachtung aus. Auch genügt sie dann noch, wenn der Kupferwiderstand der Kabelseele außerordentlich klein ist.

Die Verbindung mit der Wheatstoneschen Brücke ist nach dem Schema Fig. 11 zu machen. Aus demselben ist zu ersehen, daß die Methode vier Leitungen vom Kabel nach dem Meßzimmer verlangt, zwei für die Brücke und zwei für das Galvanometer.

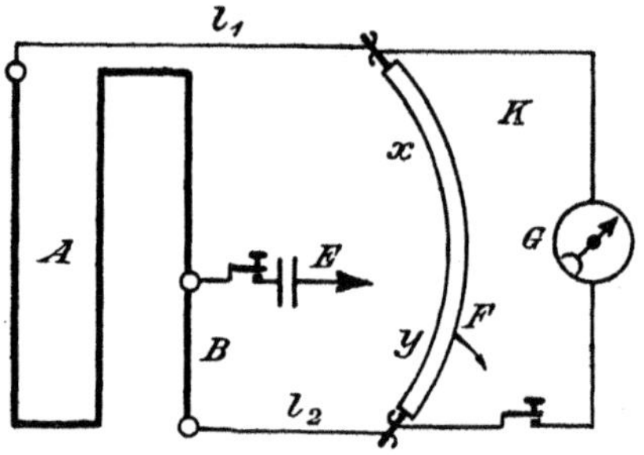

Fig. 11.

Kontrollmessungen. Es empfiehlt sich immer, nach einer Lokalisierung noch eine Kontrollmessung zu machen, da ein Irrtum irgendwelcher Art Anlaß zu großen Unannehmlichkeiten geben kann. Diese Kontrolle erreicht man durch eine zweite Messung, einfach durch Vertauschen der Kabelenden am Meßapparat.

Es seien A_1, B_1 und A_2, B_2 die bei den zwei Einstellungen abgelesenen Widerstände, so ist

$$y = \frac{B_1}{A_1} x = m_1 x \quad \text{und} \quad x = \frac{B_2}{A_2} y = m_2 y$$

woraus folgt $y = m_1 m_2 y$ oder

$$m_1 m_2 = 1.$$

Ist die Messung richtig durchgeführt, so muß also das Produkt der beiden Verhältnisse $B : A$ gleich 1 sein. Da A immer gleich 10, 100 usw. gewählt wird, erfordert die Kontrolle keine spezielle Rechnung.

In der Praxis wird dieses Produkt selten genau gleich der Einheit. Die Abweichung, die 1% oder $^1/_{10}$% usw. sein kann, gibt den Genauigkeitsgrad der Messung an. Ist die Abweichung größer, so sind die Messungen zu wiederholen. Es ist gut, vorher nochmals die Verbindungen an Kabel und Apparat zu kontrollieren.

Hat man m_1 gefunden, so kann man aus der Formel m_2 resp. B_2 berechnen, was den Vorteil hat, daß man bei der zweiten Messung nicht lange herum zu probieren hat.

Empfindlichkeit der Meßbrücke. Die Genauigkeit einer Lokalisierung hängt in erster Linie von der Empfindlichkeit des verwendeten Galvanometers ab. Gegenwärtig verfügt man über Zeigergalvanometer, die alle Wünsche befriedigen.

In zweiter Linie ist die Empfindlichkeit des Apparates von der Stromstärke abhängig, die durch das Brückenviereck geht, also von der

Spannung der Batterie, dem Fehlerwiderstand F und dem Widerstand W des Viereckes. Ist F sehr groß, z. B. über 50 000 Ohm, so ist es einerlei, welchen Stöpsel man für A wählt, da der Widerstand W immer kleiner als F bleibt. Ist aber F klein, z. B. 100 Ohm, so muß man den Widerstand W, also A auch klein wählen, um einen möglichst großen Strom zu bekommen.

Wenn wir nur das Viereck A, x, y, B, Fig. 8 in Betracht ziehen, so hängt an dessen Ecken immer eine bestimmte Spannungsdifferenz. Der Galvanometerstrom (d. h. die Empfindlichkeit) wird um so größer sein, je größer der Spannungsabfall in den Ecken $A\ x$ oder $B\ y$ ist, oder je mehr die Werte von A und B den Kabelwiderständen x und y gleichkommen.

Mit Hilfe der gegenwärtigen Apparate für Fehlerbestimmung wird eine Lokalisierung sehr ungenau, sobald der Kabelquerschnitt eine bestimmte Größe erreicht. Unter Berücksichtigung des Obigen läßt sich aber eine Meßbrücke bauen, die diesem Übelstand abhilft.

Induktionsmethoden. Vor etwa 20 Jahren wurde vielfach Reklame gemacht, Fehler durch Induktionsmethoden zu finden; aber von praktischem Erfolge hat man nie etwas vernommen.

Hat man ein verlegtes fehlerhaftes Kabel, so isoliere man es am einen Ende. Das andere Ende lege man an eine Wechselstrommaschine, deren zweiter Pol an Erde liegt. Dann erhält man einen Strom, der das Kabel an der Fehlerstelle verläßt und durch Erde oder Blei zurückfließt. Sobald sich Strom und Rückstrom nicht vollständig aufheben, wird es durch empfindliche Apparate möglich sein, zu konstatieren, wo die Induktion aufhört, bzw. wo der Fehler liegt. Nach alten Beschreibungen bestand dieser Apparat aus einem großen, dreieckigen Holzrahmen, auf den sehr viel dünner Draht gewickelt war, und den man in der Richtung des Kabels weiter trug. Ein Telephon dient als Meßinstrument für die Induktion.

Neuerdings spricht Groves (Electr. LII, 1904, 1022) wieder von dieser Methode. Seine Spule enthält eine Meile Draht Nr. 18 sowie einen Eisenkern. Der Apparat ist auf einem Wagen mit Gummirädern montiert, der Eisenkern möglichst nahe am Boden. Strom für Belebung des Kabels wird dem Netz entnommen unter Vorschaltung von Widerständen oder ähnlich.

Barnard (gl. Ortes) hat 15 Jahre Erfahrung mit dieser Methode und sagt, sie wäre nur brauchbar für Längen von ca. 1½ km, und auch nicht immer. Bei armierten Kabeln wäre sie sehr unsicher, und ganz unbrauchbar, wenn die Kabel in Eisenröhren liegen.

Praktische Winke. Fehlerbestimmungen in der Fabrik sind leicht auszuführen, auch für sehr große Querschnitte, wenn man sich der Methode der 4 Meßleitungen bedient. In allen Fällen, ob der Querschnitt klein oder groß, verlöte man an der Schnittfläche des Kupferseiles sämtliche Drähte sowie die Zuleitungen. Dann sorge man für gute Kontakte am Apparat. Wird nach Lokalisierung und Umrollen auf die bestimmte Stelle der Fehler nicht gefunden, so wird mit 100 Volt unter Zwischenschaltung einiger Glühlampen in Parallelschaltung angewärmt, wenn nötig ohne diese Lampen oder mit 500 bis 1000 Volt. Nach 15 Minuten soll die Erwärmung fühlbar sein. Dieses Anwärmen kann man unter gleichen Umständen auch bei verlegten Kabeln anwenden, wenn der Fehler aufgegraben ist, aber nicht gefunden wird.

Lokalisierungen auf der Straße sind immer aufregend, besonders in Gegenwart einer Volksmenge, und wenn Direktoren zur Eile drängen. In diesem Falle muß man kühles Blut haben und methodisch arbeiten, sonst macht man böse Fehler.

Man beginne mit der Messung des Isolationswiderstandes des beschädigten Kabels. Dessen Größe entscheidet, ob eine Lokalisierung überhaupt Erfolg hat. Dann messe man den Is.-W. des Kabels, das zur Schleifenbildung dienen soll. Wenn in Ordnung, lasse man die Schleife herstellen, Leiter an Leiter gelötet, ohne Übergangswiderstand. Hat man keinen zuverlässigen Monteur zur Hand, so überzeuge man sich persönlich, daß die Verbindung gut und das Ende isoliert ist.

Jetzt wird der Kupferwiderstand der Schleife gemessen und an Hand der Längen- und Querschnitte kontrolliert. Ergeben Messung und Rechnung große Unterschiede, so ist in irgendeiner Spleißmuffe eine schlechte Verbindung, oder der Leiter ist an der Fehlerstelle mehr oder weniger verbrannt. In beiden Fällen ist eine genaue Bestimmung nicht möglich.

Entschließt man sich zur Lokalisierung, so führe man Messung und Kontrolle aus sowie die Berechnung.

Bevor man Anordnungen zum Aufgraben gibt, sehe man nach, ob in der Nähe des gefundenen Punktes nicht eine Muffe liege. Ist dies der Fall, so kann man mit ziemlicher Sicherheit annehmen, daß der Fehler in dieser liegt, besonders wenn die Strecke viele Spleißmuffen aufweist. Erst wenn die Muffe aufgemacht ist und den Fehler nicht enthält, suche man ihn an der bezeichneten Stelle.

Abzweigungen an der Schleife stören die Lokalisierung nicht, sobald deren äußere Enden isoliert sind. Weist die Berechnung den Fehler auf einen Abzweigkasten, so liegt er entweder in demselben oder dann im abgezweigten Kabel.

Man kann Lokalisierungen auch ohne irgendeinen speziellen Apparat bis auf 1 % genau machen. Ein Stück dünner Eisendraht, ca. 1 Meter lang, einige Elemente und ein Telephon sind Sachen, die überall aufzutreiben sind, wo man mit Kabeln zu tun hat, und diese genügen für den Zweck. Der Eisendraht wird an den Enden der Kabelschleife festgemacht und möglichst straff gespannt. Der eine Pol der Batterie kommt an Erde und mit dem andern schleift man langsam den Eisendraht entlang, bis das Telephon, das auch zwischen die Kabelenden eingeschaltet ist, zur Ruhe kommt. Besser ist die Einstellung, wenn ein Beobachter den Batteriedraht verschiebt, während der andere das Telephon nur an einem Ende einklemmt und mit dem zweiten Draht am anderen Ende tupft. Den Gleichgewichtspunkt notiere man und messe die Längen A und B mit dem Zentimeter ab.

Fig. 12.

Es sei noch auf die Bücher von Dr. Frölich und von Raphael verwiesen, die das Lokalisieren von Kabelfehlern zu einer Spezialforschung gemacht haben.

Der Apparat. Zum Lokalisieren von Fehlern empfehlen wir vor allem den Apparat von Nalder Bros. in London, der seit 1905 auf unsere Veranlassung für Verwendung von vier Meßleitungen nach Fig. 10 gebaut wird und infolgedessen das einzige praktisch brauchbare Instrument ist. Alle anderen leiden daran, daß die Zuleitungen in Betracht gezogen werden müssen, was bei größeren Querschnitten die Messung illusorisch macht.

Der Apparat hat die Form eines Holzkästchens von $39 \times 25 \times 23$ cm, wiegt 8,5 kg und ist, wenn geschlossen, an einem Riemen tragbar. Offen zeigt ihn Fig. 12. Die Batterie ist separat.

Dem Vergleichswiderstand A kann man die Werte 1, 10, 100 und 1000 geben, während der variable Widerstand B durch die Kurbelwiderstände 1—10, 10—100 und 100—1000 in je 10 Stufen nach Belieben zwischen den Grenzen 1 und 1110 eingestellt werden kann. Ein Zeigergalvanometer nach D'Arsonval mißt die Ströme. Für die Leistungen des Apparates siehe Beispiele von Lokalisierungen auf S. 93.

Nebenbei bemerkt, dient der Apparat auch für Messungen von Isolations- und Kupferwiderstand und ist sogar in gewissem Grade für Kapazitätsbestimmungen brauchbar. Mit 100 Volt ist die Empfindlichkeit des Galvanometers über 3000 Megohm per Grad. Da Zehntelgrade noch abschätzbar, kann man also Isolationswiderstände von 30000—35000 Mg. noch messen. Für Kupferwiderstände sind die Grenzen 1 : 1110 und 1000 × 1110, also geht der Bereich weit über das hinaus, was man in der Elektrotechnik braucht.

Dieser Apparat hat uns bei der Montage der Kabel im Simplontunnel ausgezeichnete Dienste geleistet. Er versagte auch nicht an den Stellen, wo die Temperatur 35° C betrug, und die Luft mit Feuchtigkeit übersättigt war, so daß die kleinste Temperaturdifferenz genügte, um ihn mit einer Wasserschicht zu beschlagen.

Beispiele. Einige praktische Beispiele werden die obigen Theorien klarer machen.

1. Submarines Kabel (armierte Guttapercha-Ader) von 939 m Länge. Nach Formel (1).

Aderwiderstand = 11.83, Zuleitungen 1.058 und 1.012; also $x + y$ = 13.90 Ohm.

$A = 100$, $B = 998$, Fehlerdistanz vom äußeren Ende =
$$1.262 - 1.012 = 0.25 \text{ Ohm}.$$
$A = 1000$, $B = 100$, Fehlerdistanz vom inneren Ende =
$$12.638 - 1.058 = 11.58 \text{ Ohm}.$$
Summe beider Distanzen = 11.83 = Aderwiderstand. Der Fehler liegt 20 m vom äußeren Ende.

2. Ein Dreileiterkabel vom Querschnitt 80/50/80 und 275 m Länge zeigt zeitweilig Kurzschluß zwischen den Außenleitern. Ein Leiter ist zentral, die beiden anderen konzentrisch angeordnet im gleichen Abstand vom Zentralleiter. Nach Formel (3).

Die Bestimmung des Fehlers wurde mit transportablem Meßapparat durchgeführt.

$B = 1000$ und $A = 45$ ergeben eine Fehlerdistanz von 263 m vom äußeren Ende des Kabels.

$B = 100$ und $A = 2400$ eine solche von 11 m vom inneren Ende.

Die Differenz beider Bestimmungen beträgt 1 m. Das Kabel wird aufgemacht, und bei 11 m Distanz wird ein feiner Kupferdraht gefunden, der mit der Jute versponnen war.

3. 3 × 50 qmm für 6000 V, 455 m. Mit Apparat Nalder nach Formel (3). Ein Leiter hat Fehlerwiderstand von 0.2 Megohm. Lokalisierung mit 200 Volt.

Äußeres Kabelende: $A = 100$. Deutliche Ablesungen für B können bei 100 und 150 gemacht werden, also im Mittel $B = 125$, $m_1 = 1.25$.

Inneres Ende: $A = 100$, $B = 80$ als Mittel von 60 und 100. $m_2 = 0.8$; also $m_1 m_2 = 1.25 \times 0.8 = 1.00$. Die Lokalisierung ist richtig.

Fehlerdistanz vom äußeren Ende $= \frac{100}{225} 455 = 205$ m. Man findet einen Riß im Blei.

4. 550 qmm Gleichstrom, 295 m. Is.-W. = 3000 Ohm. Batterie 100 Ohm, ohne daß der Apparat sich erhitzt; aber die Lokalisation ist unsicher. Apparat Nalder.

Äußeres Ende: $A = 1000$, $B = 85$ als Mittel von 60 und 110. $m_1 = 0.085$.

Inneres Ende: $A = 10$, $B =$ ca. 120, $m_1 = 12$ und $m_1 m_2 = 1.02$. Distanz des Fehlers vom äußeren Ende = 270 m. Der Fehler wird dort gefunden, aber erst nach Anwärmen mit 1000 Volt, unter Einschalten von vier Lampen in parallel. Ein Stahlsplitter, im Bleimantel eingebettet, ist die Ursache des Fehlers.

5. Telephonkabel von 3 × 0.9 qmm. 1204 m lang. Is.-W. ca. 1 Megohm. Batterie 100 Volt. Apparat Nalder.

Äußeres Ende: $A = 1000$, $B = 145$, $m_1 = 0.145$.

Inneres Ende: $A = 100$, $B = 690$, $m_2 = 6.90$, $m_1 m_2 = 1.0005$.

Die Messung ist sehr genau und ohne Lupe gemacht trotz des hohen Is.-W. Fehlerdistanzen = 1051.5 vom äußeren Ende und 152.4 vom inneren Ende. Summe = 1209.4 m. An der berechneten Stelle wird ein kleines Loch gefunden.

6. Telephonkabel, Draht von 0.8 mm mit 2 Lagen Para und Seide isoliert, unter Blei, 1000 m lang. Ein Draht hat 1—2 Mg., die anderen 1000 Mg. Mit 100 Volt lokalisiert. Apparat Nalder.

Äußeres Ende: $A = 1000$, $B = 490$, $m_1 = 0.490$.

Inneres Ende: $A = 100$, $B = 205$, $m_2 = 2.05$. $m_1 m_2 = 1.0045$. Fehlerdistanzen 671 + 328 = 999 m.

Die Lokalisierung ist ebenso leicht als unter Beispiel 5.

Der Fehler wird an der berechneten Stelle gefunden. Es fehlt dort eines der beiden Parabänder, und das andere ist nicht ganz geschlossen gewickelt.

7. 2 × 100 qmm für 3000 Volt, 402 m. Instrumente sind nicht zur Hand. Man rollt Lage um Lage um und wärmt mit 500 V für je 15 Minuten an. Ohne Erfolg. Es wird wieder rückwärts, auch erfolglos, umgerollt und angewärmt.

Dann wird ein Stahldraht von 0.3 mm und 200 cm Länge an die Enden des Kabels verlötet und mit 100 V und Bussole lokalisiert. $A = 67$ gibt — 1^0, $A = 69$ gibt + 1^0 Ausschlag, also $A = 68$ und $B = 132$ cm, oder es wird $x = 265.3$ und $y = 136.7$. Der Fehler wird, durch nochmaliges Anwärmen, bei 270 m gefunden.

8. An einem verlegten Kabel von 310 qmm und 453 m Länge ist ein Kurzschluß des Prüfdrahtes zu beheben. Dessen Kupferwiderstand ist unbekannt, und es wird vorausgesetzt, daß ein erheblicher Übergangswiderstand vorhanden ist.

Es steht eine zweite verlegte Länge desselben Kabels mit gutem Prüfdraht zur Verfügung, von 454 m Länge. Man verlötet ihn einerseits an die Stirnseite des Leiters, und andererseits mißt man den Widerstand von 6.747 Ohm für Prüfdraht plus Kabel. Dies gibt per Meter $c = 0.014\,86$ Ohm.

Darauf ging man zum fehlerhaften Kabel und bestimmte in ähnlicher Weise die Widerstände w_1 und w_2 von den beiden Enden aus. Es seien l_1 und l_2 die Distanzen des Kontaktes in Metern von den Enden aus gemessen, f der Fehlerwiderstand und L die Kabellänge. Dann wird sein $w_1 = c\,l_1 + f \quad w_2 = c\,l_2 + f$ und $l_1 + l_2 = L$.

Daraus findet man

$$l_1 = {}^1/_2 L + \frac{w_1 - w_2}{2\,c} \qquad l_2 = {}^1/_2 L - \frac{w_1 - w_2}{2\,c}.$$

Die Messungen haben ergeben $w_1 = 4.580$ und $w_2 = 2.378$ Ohm, woraus unter Zuzug von $c = 0.014\,86$ sich ergibt

$$l_1 = 300.5 \text{ m}, \; l_2 = 152.5 \text{ m}, \; \text{oder } l_1 + l_2 = 453 \text{ m},$$

was genau gleich der Kabellänge ist. Der Fehler wurde 12 cm von der Schnittstelle entfernt gefunden. Die Kabel gehören dem städtischen Elektrizitätswerk in Frankfurt a. M.

Der Übergangswiderstand wird zu 0.20 Ohm berechnet. Zur Lokalisierung wurde der Apparat von Nalder verwendet.

F. Theorie der Seile.

Formeln. Wir setzen voraus, daß die Seile aus Drähten oder Adern von gleichem Durchmesser zusammengedreht sind.

Die für ein Seil in Betracht kommenden Größen sind bestimmt durch die Drahtzahl in der ersten Lage. Es gibt 4 verschiedene Formen von Seilen, nämlich

1. Form I, mit einem einzigen zentralen Draht,
2. Form III, mit drei zentralen Drähten,
3. Form IV, mit vier zentralen Drähten,
4. Form V, mit fünf zentralen Drähten.

Es bezeichne für die nachfolgenden Untersuchungen

d den Durchmesser des Drahtes oder der Ader,
D den äußeren ⌀ des Seiles (bzw. des umschriebenen Kreises),
n die Lagenzahl (zentrale Drähte als erste Lage gezählt),
z die Drahtzahl des Seiles von n Lagen,
z' die Drahtzahl der n ten Lage,
Q den nutzbaren Querschnitt des Seiles, d. h. die Summe aller Drahtquerschnitte, dividiert durch den Querschnitt des dem Seile umschriebenen Kreises.

Es ist zunächst der Beweis zu leisten für die bekannte Tatsache, daß die Zahl der Drähte in den aufeinderfolgenden Lagen eines Seiles immer um 6 zunimmt, ausgenommen Form III, zweite Lage.

Wir betrachten die n te Lage irgendeines Seiles von der Drahtzahl z'. Der Kreis, auf welchem die Mittelpunkte dieser Drähte liegen, hat den Durchmesser $D—d$ und den Umfang π $(D—d)$. Für die nächste $(n + 1)$ te Lage ist der Durchmesser $D + d$ und der Umfang $\pi\,(D + d)$. Die Zunahme des Umfanges ist also $2\,\pi\,d = 6.28\,d$, was scheinbar ungefähr 6 Drahtdurchmessern entspricht.

Im nachfolgenden Abschnitt über „anormale Seile“ wird nachgewiesen, daß $6.28\,d$ für Form I mathematisch genau der für 6 Drähte erforderliche Umfang ist, einerlei, wieviele Lagen das Seil hat, und daß für die anderen Formeln dasselbe der Fall ist, sobald die Lagenzahl nicht zu klein ist. Für die ersten Lagen dieser Formen wird der Raum nicht vollständig ausgefüllt, aber die Differenz beträgt nur wenige Prozente.

Im nebenstehenden sind die Übersichtstabellen für die verschiedenen Seilformen zu finden. Die Durchmesser berechnen sich nach bekannten Sätzen aus dem 6- (bzw. 3- 4- und 5-) Eck, das die Mittelpunkte der Drähte der zweiten (bzw. ersten) Lage bildet.

Für die verschiedenen Seilformen lassen sich für die einzelnen Größen leicht einige Formeln aufstellen, die zu rechnerischer Behandlung sehr bequem sind.

Form I. (Ein einziger zentraler Draht.)

Seildurchmesser	D	$= (2\,n — 1)\,d$
Drahtzahl der $n$ten Lage	z'	$= 6\,(n — 1)$
Drahtzahl im Seil	z	$= 3\,n\,(n — 1) + 1$
Nutzbarer Querschnitt	Q	$= \dfrac{3\,n\,(n — 1) + 1}{(2\,n — 1)^2}$

Form III. (Drei zentrale Drähte.)

Seildurchmesser . . . . $D = (2n + 0.15) . d$
Drahtzahl der n ten Lage . . . . $z' = 6n - 3$
Drahtzahl im Seil . . . . $z = 3n^2$
Nutzbarer Querschnitt . . . . $Q = \frac{3}{4} \cdot \frac{n^2}{(4n + 0.08)^2}$

Form IV. (Vier zentrale Drähte.)

Seildurchmesser . . . . $D = (2n + 0.40) . d$
Drahtzahl der n ten Lage . . . . $z' = 6n - 2$
Drahtzahl im Seil . . . . $z = n(3n + 1)$
Nutzbarer Querschnitt . . . . $Q = \frac{n(3n + 1)}{4(n + 0.20)^2}$

Form V. (Fünf zentrale Drähte.)

Seildurchmesser . . . . $D = (2n + 0.70) . d$
Drahtzahl der n ten Lage . . . . $z' = 6(n - 1) + 5$
Drahtzahl im Seil . . . . $z = n(3n + 2)$
Nutzbarer Querschnitt . . . . $Q = \frac{n(3n + 2)}{(2n + 0.70)^2}$

Das graphische Bild von n und z ist für alle Formen eine Parabel.

Setzt man in den obigen Gleichungen $Q = z d^2 \frac{\pi}{4}$ oder $d = 1.13 \sqrt{\frac{Q}{z}}$

und eliminiert d, so erhält man den Seildurchmesser D als Funktion des Querschnittes Q nach den Gleichungen

$$D = \frac{2n - 1}{\sqrt{3n(n - 1) + 1}} \times 1.13 \sqrt{Q} \quad . . . \quad \text{(Form I)}$$

$$D = \frac{2n + 0.15}{n\sqrt{3}} \times 1.13 \sqrt{Q} \quad . . . . \quad \text{(Form III)}$$

$$D = \frac{2n + 0.40}{\sqrt{n(3n + 1)}} \times 1.13 \sqrt{Q} \quad . . . . \quad \text{(Form IV)}$$

$$D = \frac{2n + 0.70}{\sqrt{n(3n + 2)}} \times 1.13 \sqrt{Q} \quad . . . . \quad \text{(Form V)}$$

Setzt man sukzessive $n = 1, 2, 3$ usw., so findet man, daß die Werte der Brüche schon für $n = 2$ nur wenige Prozente voneinander abweichen. Für $n = 3$ werden die Werte der vier Brüche 1.15, 1.18,

Form I. (Ein einziger zentraler Draht.)

Lagenzahl n =	1	2	3	4	5	6	7	8	9	10
Drahtzahl der n ten Lage . z' =	1	6	12	18	24	30	36	42	48	54
Gesamte Drahtzahl . . . . z =	1	7	19	37	61	91	127	169	217	271
Seildurchmesser . . . . . . D =	d	$3 \cdot d$	$5 \cdot d$	$7 \cdot d$	$9 \cdot d$	$11 \cdot d$	$13 \cdot d$	$15 \cdot d$	$17 \cdot d$	$19 \cdot d$

Form III. (Drei zentrale Drähte.)

Lagenzahl n =	1	2	3	4	5	6	7	8	9	10
Drahtzahl der n ten Lage . z' =	3	9	15	21	27	33	39	45	51	57
Gesamte Drahtzahl . . . . z =	3	12	27	48	75	108	147	192	243	300
Seildurchmesser . . . . . . D =	$2.15 \cdot d$	$4.15 \cdot d$	$6.15 \cdot d$	$8.15 \cdot d$	$10.15 \cdot d$	$12.15 \cdot d$	$14.15 \cdot d$	$16.15 \cdot d$	$18.15 \cdot d$	$20.15 \cdot d$

Form IV. (Vier zentrale Drähte.)

Lagenzahl n =	1	2	3	4	5	6	7	8	9	10
Drahtzahl der n ten Lage . z' =	4	10	16	22	28	34	40	46	52	58
Gesamte Drahtzahl . . . . z =	4	14	30	52	80	114	154	200	252	310
Seildurchmesser . . . . . . D =	$2.4 \cdot d$	$4.4 \cdot d$	$6.4 \cdot d$	$8.4 \cdot d$	$10.4 \cdot d$	$12.4 \cdot d$	$14.4 \cdot d$	$16.4 \cdot d$	$18.4 \cdot d$	$20.4 \cdot d$

Form V. (Fünf zentrale Drähte.)

Lagenzahl n =	1	2	3	4	5	6	7	8	9	10
Drahtzahl der n ten Lage . z' =	5	11	17	23	29	35	41	47	53	59
Gesamte Drahtzahl . . . . z =	5	16	33	56	85	120	161	208	261	320
Seildurchmesser . . . . . . D =	$2.7 \cdot d$	$4.7 \cdot d$	$6.7 \cdot d$	$8.7 \cdot d$	$10.7 \cdot d$	$12.7 \cdot d$	$14.7 \cdot d$	$16.7 \cdot d$	$18.7 \cdot d$	$20.7 \cdot d$

1.14 und 1.16. Nehmen wir den Mittelwert 1.16, so wird allgemein $D = 1.16 \times 1.13 \sqrt{Q}$ oder

$$D = 1.31 \sqrt{Q}$$

d. h. für alle runden Seile, gleichgültig wie sie aufgebaut sind, ist der Durchmesser für einen gegebenen Querschnitt derselbe und unabhängig von der Drahtzahl oder dem Drahtdurchmesser, solange das Seil mindestens aus drei Lagen aufgebaut ist.

Der nutzbare Querschnitt ist für jede Form durch die Lagenzahl n bestimmt. Mit wachsendem n nähert er sich dem Grenzwerte $\frac{3}{4} = 75\ \%$. Für Form I ist dieser Wert das Minimum, für die anderen Formen aber das Maximum. Dieses ergibt sich aus den Formeln für Q, wenn man n gleich 1, 2, 3 usw. setzt. Die nachfolgende Tabelle gibt die Werte von Q für die ersten 6 Lagen der Seile aller Formen.

Lagenzahl	Nutzbarer Querschnitt in Prozenten			
	Form I 1 zentr. Draht	Form III 3 zentr. Drähte	Form IV 4 zentr. Drähte	Form V 5 zentr. Drähte
$n = 1$	100	64	69	69
$n = 2$	78	69	72	73
$n = 3$	76	71	73	74
$n = 4$	75	72	74	74
$n = 5$	75	73	74	74
$n = 6$	75	73	74	74

Form I ist die günstigste, Form III die ungünstigste.

Noch wesentlich ungünstiger wird der nutzbare Querschnitt für kombinierte Seile, d. h. Seile, deren Adern ebenfalls Seile bilden.

Es bezeichne

D den Durchmesser der Ader,
D_1 ,, ,, des kombinierten Seiles,
N dessen Lagenzahl,
Z die Zahl der Adern.

Da die Ader sich beim Verseilen ganz genau so verhält wie ein massiver Draht vom Durchmesser D, so kann man für das kombinierte Seil wie oben einen Satz Formeln aufstellen, indem man setzt

D	statt	d	N	statt	n
D_1	,,	D	Q_1	,,	Q.
Z	,,	z	—		—

Um den nutzbaren Querschnitt Q' zu bestimmen, betrachte man die Ader als einen massiven Draht vom $\phi = D$. Unter dieser Voraussetzung ist der nutzbare Querschnitt Q' durch die obigen Formeln gegeben, bzw. die Tabelle, wenn man N statt n setzt.

Da die Ader aber selbst ein Seil vom Querschnitt Q entsprechend den n Drähten ist, so wird für das kombinierte Seil $Q' = Q_1 . Q$ sein. Man muß also in der Tabelle sowohl für n als für N die der Seilform entsprechende Zahl für Q entnehmen und diese miteinander multiplizieren, um für das kombinierte Seil den nutzbaren Querschnitt zu bekommen.

Ist z. B. das Seil nach der Form I aus $N = 3$ Lagen gebildet, so ist $Q_1 = 0.76$. Ist die Ader nach der Form IV gebildet und enthält $n = 4$ Lagen, so ist $Q = 0.74$. Also ist $Q' = 0.76 \times 0.74 = 0.56$, d. h. der nutzbare Querschnitt ist bloß 56 % des Seilquerschnittes.

In der nachfolgenden Tabelle sind die Grenzen zusammengestellt, innerhalb welcher der nutzbare Querschnitt sich bewegt, wenn sowohl Seil als Ader nach den vier Formen aufgebaut wird.

Seilform	Grenze des nutzbaren Querschnitts	Aderform			
		I	III	IV	V
I	Maximum	61 %	59 %	59 %	59 %
	Minimum	56	48	52	52
III	Maximum	59	56	56	56
	Minimum	48	41	54	54
IV	Maximum	59	56	56	56
	Minimum	52	44	48	48
V	Maximum	59	56	56	56
	Minimum	52	44	48	48

Die günstigste Raumausnützung beträgt also 61 %, die geringste 41 %.

Für schwach gedrehte Adern, die sich flachdrücken lassen, wird die Raumausnützung für das kombinierte Seil wesentlich günstiger als nach dieser Tabelle.

Anormale Seile. Nach den vier Seilformen lassen sich die Drahtzahlen 3, 4, 5, 7, 12, 14, 16, 19, 27, 30, 33, 37 usw. zu geschlossenen Seilen zusammendrehen. Kupferseile werden immer nach einer dieser Zahlen aufgebaut.

Beim Verseilen von isolierten Adern für Telegraphenzwecke usw. trifft es sich hingegen öfters, daß die Aderzahl in keine der vier Formen hineinpaßt. Um dessenungeachtet ein rundes und regelmäßig geformtes Seil zu bekommen, hilft man sich mit Einlagen (blinden Adern) oder auch durch Vergrößern des Durchmessers der zentralen Drahtlage.

Ist ein Seil mit einer anormalen Aderzahl zu konstruieren, so muß man sich für blinde Adern oder Plattieren der Mittellage entscheiden. Für das eine oder das andere können verschiedene Faktoren maßgebend sein: 1. der Kostenpunkt, 2. die Anfertigungszeit, 3. ob die nötige Maschine vorhanden ist, 4. ob ein regelmäßiger Querschnitt verlangt wird usw.

In den meisten Fällen, besonders wenn das Seil noch einen Bleimantel und eventuell einen Panzer bekommt, wird man dasselbe so aufbauen, daß es einen minimalen Durchmesser erhält.

Telephonkabel machen beim Aufbau keine Schwierigkeiten. Man kann immer in einer Lage ein oder zwei Paare weglassen oder hinzufügen, ohne daß das Seil unrund oder der Querschnitt unregelmäßig wird.

Bei den mehradrigen Kabeln mit dicken Adern trifft dies aber nicht zu und die Aufgabe ist nun, zu untersuchen, wie solche anormalen Seile zu berechnen sind, und welche Form in betreff des Minimaldurchmessers zur Verwendung zu kommen hat.

Wir betrachten zunächst die Seilform I (zentrale Lage eine einzige Ader). Es ist der Durchmesser zu berechnen, auf welchen man die zentrale Ader plattieren muß, damit man irgendeine anormale Aderzahl in 2, 3, 4 usw. Lagen unterbringen kann, so daß alle Drähte sich berühren, und keine Lücken vorhanden sind.

Wir setzen ein Seil von n Lagen voraus. Auf irgendeiner Lage n bilden die Mittelpunkte der Drähte einerseits einen Kreis, andererseits die Ecken eines diesem Kreise eingeschriebenen regelmäßigen Vieleckes.

Der Durchmesser, über die n te Lage gemessen, ist nach unseren Formeln $D = (2n - 1)\,d$, also der Durchmesser des Kreises der Mittelpunkte $D' = D - d = 2\,(n - 1)\,d$. Der Umfang des Kreises ist

$$U = 2\,\pi\,d\,(n - 1) = 6.28\,d\,(n - 1).$$

Mit dieser Zahl vergleichen wir den Umfang U' des eingeschriebenen Vieleckes, d. h. die Summe der Durchmesser sämtlicher Drähte dieser Lage. Da dieselbe z' Drähte enthält, so ist $U' = z'\,d$ oder nach den Formeln

$$U' = 6\,d\,(n - 1).$$

Wie zu erwarten war, ist U' kleiner als U. Es ist rund

$$U = 1.05 . U'.$$

Dieses Gesetz ist unabhängig von der Lagenzahl n, also gilt allgemein: Der Umfang des Kreises der Mittelpunkte einer Drahtlage ist immer um 5% größer als die Summe der Drahtdurchmesser dieser Lage. Berechnet man also für irgendeine Drahtlage die Summe der Drahtdurchmesser, schlägt 5 % dazu und dividiert durch π, so erhält man den Durchmesser des Kreises der Mittelpunkte dieser Lage. Addiert man noch d, so erhält man den Durchmesser des umschriebenen Kreises, d. h. den Seildurchmesser. Subtrahiert man d, so erhält man den ϕ des eingeschriebenen Kreises, d. h. der darunter liegenden Lage.

Fügt man der normalen Drahtzahl der Lage noch einen oder zwei Drähte hinzu und führt die Rechnung in gleicher Weise aus, so findet man den Durchmesser, auf welchen man die darunter liegende Lage plattieren muß, damit die vermehrte Drahtzahl genügend Platz hat und doch eng geschlossen ist.

Für die anderen Seilformen findet man die Formeln

$$\text{Form III} \qquad U = 1.05 \frac{n - 0.42}{n - 0.50} \cdot U'$$

$$\text{Form IV} \qquad U = 1.05 \frac{n - 0.30}{n - 0.33} \cdot U'$$

$$\text{Form V} \qquad U = 1.05 \frac{n - 0.15}{n - 0.17} \cdot U'.$$

Das Verhältnis ist also nicht mehr so einfach wie bei der ersten Form. Es ist abhängig von der Lagenzahl, strebt aber rasch dem Grenzwert von etwa 5 % zu. Die nachfolgende Tabelle gibt das Verhältnis von U und U' oder den Zuschlag in Prozenten, den man zu U' machen muß, um U zu finden.

Nummer der Lage	Zuschläge für U' in Prozenten für		
	Form III	Form IV	Form V
$n = 2$	11	7	6
$n = 3$	8	6	6
$n = 4$	7	6	5
$n = 5$	7	5	5
$n = 6$	6	5	5
$n = 7$	6	5	5

Bei diesen Berechnungen ist in Betracht zu ziehen, daß die Adern immer etwas plastisch sind, daß man eine Plattierung der Zentralader nicht immer in den berechneten Dimensionen herstellen kann, und daß man durch Veränderung des Dralles die Adern immer der Unterlage mehr oder weniger anpassen kann. Es ist deswegen nicht nötig, daß man die Berechnungen mit großer Genauigkeit durchführe.

Wir können nun auf die einzelnen Fälle der Praxis übergehen.

Die anormalen Aderzahlen 6, 8, 9, 10 und 11 lassen sich auf Form I mit plattierter Zentralader aufbauen. Ein 6 adriges Seil erhält eine blinde Mittelader.

Es sei z' die Aderzahl der zweiten Lage und d der Aderdurchmesser. Dann ist der Umfang des Kreises der Mittelpunkte

$= 1.05 \,.\, z' d$ oder dessen $\phi = \frac{1.05}{\pi} z' d = \frac{1}{3} z' d.$ Also

$$\text{Seildurchmesser } D_a = \left(\frac{1}{3} z' + 1\right) d$$

$$\text{Durchmesser der Zentralader } D_i = \left(\frac{1}{3} z' - 1\right) d.$$

Setzt man für z' die Zahlen 8, 9 usw., so erhält man die nachfolgende Tabelle:

Aderzahl		Durchmesser über	
des Seiles	der Außenlage	die Zentralader	das Seil
7	6	1.0 d	3.0 d
8	7	1.3 d	3.3 d
9	8	1.7 d	3.7 d
10	9	2.0 d	4.0 d
11	10	2.3 d	4.3 d
12	11	2.7 d	4.7 d

Diese Tabelle gibt den Durchmesser, auf welchen man die Zentralader plattieren muß, und den Durchmesser des fertigen Seiles.

Wir erinnern uns, daß für 12 Adern nach Form III der Seildurchmesser $= 4.15\, d$ ist. Theoretisch ist also Form I mit plattierter Zentralader nur günstig bis 10 Adern mit dem $\phi = 4.0\, d$. In der Praxis sind aber auch 11 Adern nach diesem System nicht dicker als nach Form III mit einer fehlenden Ader. Hingegen gehen 12 Adern nicht mehr.

Nach Form III, mit oder ohne schwache Plattierung der Zentrallage, wird man 13 Adern verseilen.

Für Seile von 15—18 Adern legt man Form IV zugrunde und plattiert die Zentrallage.

Die Formeln für D_i und D_a sind praktisch dieselben wie für die Seilform I. Die Durchführung der Berechnung ergibt folgende Tabelle.

Aderzahl		Durchmesser über	
des Seiles	der Außenlage	die Zentralader	das Seil
15	11	2.7 d	4.7 d
16	12	3.0 d	5.0 d
17	13	3.3 d	5.3 d
18	14	3.7 d	5.7 d

Der ϕ des 19 adrigen Seiles nach Form I ist $= 5\, d$. Dieser Durchmesser wird schon beim 16 adrigen Seil erreicht. Beim 17 adrigen ist er 6, beim 18 adrigen 14 % größer. Letzteres wird man also nach Form I mit fehlender oder blinder Ader aufbauen.

Führt man die Untersuchung weiter, so findet man, daß die regelmäßig aufgebauten Seile aufhören, und nur noch wenige Zahlen verwendbar sind, z. B.

Aderzahl	Aufbau	Durchmesser über	
		die Zentralader	das Seil
21	1 + 7 + 13	1.3 d	5.3 d
23	1 + 8 + 14	1.7 d	5.7 d
25	1 + 9 + 15	2.0 d	6.0 d
27	1 + 10 + 16	2.3 d	6.3 d

Für die anderen Zahlen muß man sich mit einer blinden Ader behelfen. Man kann z. B. auch noch aufbauen wie folgt:

22 Adern = 1 + 7 + 14
24 „ = 1 + 8 + 15
26 „ = 1 + 9 + 16

indem man in die zweite Lage eine schwache Einlage mitverseilt.

Der Drall. Beim Verseilen legen sich die Drähte immer in Form einer Schraubenlinie von gleichmäßiger Steigung auf die Unterlage. Die Höhe des Schraubenganges wird „Drall" genannt.

Als Folge des Dralles erscheint für jeden Draht eine Zunahme in seiner Länge (verglichen mit der Seillänge) und in seinem wirklichen Durchmesser. Diese Zunahmen können leicht rechnerisch festgestellt werden.

Alle auf den Drall bezüglichen Aufgaben werden mit Hilfe eines rechtwinkligen Dreieckes gelöst. Man betrachte den Zylinder vom Durchmesser D, den die Achsen der Drähte einer Lage bilden. Rollt man denselben ab, so erhält man ein rechtwinkliges Dreieck vom Drall $= L$ als Basis und πD als Höhe. Setzt man noch den Drall $L = m D$, also gleich einem Vielfachen des Durchmessers D (oder ohne großen Fehler gleich dem Durchmesser des Seiles oder schließlich des Kalibers), so erhält man für die Drahtlänge L' die Formel

$$L' = L \sqrt{1 + \pi^2 : m^2}.$$

Die Wurzel gibt den Koeffizienten an, um wievielmal der spiralförmige Draht länger ist als der zentrale. Dieser Koeffizient hängt einzig von der Größe m ab, die angibt, wieviele Kaliber die Drallänge beträgt.

Es liegen nun keine technischen Bedenken vor, bei der Bildung eines Seiles von mehreren Lagen jede mit demselben Drall von z. B. 15 Kaliberdurchmesser aufzulegen. Derselbe wird dann von Lage zu Lage länger. In einem so gebildeten Seile sind alle Drähte gleich lang, gleichgültig in welcher Lage sie liegen.

Setzen wir in obiger Formel den Drall gleich 5, 10, 15, 17.5, 20 Kaliberdurchmesser, so wird die Drahtlänge L' gleich 1.18, 1.048, 1.022, 1.017,

1.012 mal der Seillänge L, oder die Länge der spiralförmigen Drähte ist 18.0, 4.8, 2.2, 1.7, 1.2 % größer als die Seillänge.

Ohne einen wesentlichen Fehler zu machen, können wir also für ein Seil mit zentralem Draht und noch mehr für andere Seile annehmen, daß sämtliche Drähte länger sind als das Seil, und zwar zu den Prozentsätzen, wie oben angegeben, je nach den Drallängen.

Da nun alle Drähte eines Seiles zusammen einen Querschnitt Q ausmachen, ist zu folgern, daß infolge der Verseilung sowohl das Gewicht des Materials als der elektrische Widerstand desselben anwachsen muß, und zwar zu den Prozentsätzen, wie oben angegeben.

Über die Drallänge entscheiden die Ökonomie, die man beachten muß, und technische Rücksichten. Die erstere verlangt einen möglichst langen Drall, wird aber durch die letzteren eingeschränkt.

Bekommt z. B. ein Kupferseil später eine Plattierung aus Jute, Papier oder Gummi, so darf man mit dem Drall nicht über 20 Kaliber gehen, ohne zu riskieren, daß die Isolation bei mäßigen Biegungen gesprengt wird. Eine gute Normalzahl wird 17.5 Kaliber sein. In der Fabrikation hat man nicht immer die nötigen Wechselräder, um diese Zahl genau herzustellen, und man wird sich mit einer passenden Annäherung helfen.

Für isolierte Seile vom Querschnitt Q darf man also annehmen, daß Gewicht und elektrischer Widerstand ca. 1.7 % oder rund 2 % größer sind, als wenn der Leiter ein massiver Draht vom Querschnitte Q wäre.

Hat man Seile anzufertigen, die blank bleiben, so wird verlangt, daß dieselben ein sauberes Aussehen haben, wenn sie von der Trommel abgewickelt und verlegt, eventuell etwas gebogen werden. Die Drähte dürfen nicht aus dem Seil herausfallen. Dies wird nur erreicht, wenn der Drall kurz ist. Als Minimum desselben darf man etwa 10 Kaliber ansetzen und als Maximum 12.5 Kaliber.

Für blanke Seile vom Querschnitt Q darf man also annehmen, daß Gewicht und elektrischer Widerstand rund 4—5 % größer sind, als wenn der Leiter ein massiver Draht vom Querschnitt Q wäre.

Hat man mit kombinierten Seilen zu tun, deren Elemente wieder Seile sind, so ist deren Gewicht und elektrischer Widerstand gut 1 % höher als die der Komponenten. Ebenso kann man bei isolierten Mehrleitern annehmen, daß die Zunahme ca. 3 % beträgt.

In ähnlicher Weise berechnet man die Zunahme des Drahtdurchmessers in der Richtung der Tangente des Schnittes. Derselbe sei $= d$ beim Schnitt senkrecht auf die Drahtachse und $= d'$ beim Schnitt senkrecht auf die Kabelachse. Durch eine einfache Rechnung ergibt sich

$$d' = d \sqrt{1 + \pi^2 \cdot m^2}$$

Da diese Formel dieselbe ist wie für die Drahtlänge, so folgt, daß der Schnittdurchmesser des Drahtes im selben Verhältnis wie die wirkliche Drahtlänge zu- bzw. abnimmt, wenn man den Drall verändert.

Diese Formel sagt uns auch, daß man beim Auflegen einer Lage von normaler Drahtzahl den Drall nicht beliebig kurz machen kann.

Die Formeln und Tabellen für Drahtseile sind alle unter der Voraussetzung abgeleitet worden, daß der wirkliche Drahtdurchmesser und der Durchmesser, den man erhält, wenn man das Seil rechtwinklig auf seine Mittelachse schneidet, miteinander identisch sind. Nach unseren obigen Zahlen ist dies theoretisch nicht der Fall, wohl aber praktisch, wenn der Drall ca. 15 Kaliber oder mehr beträgt.

Für normale Seile nach der Form I dürfte der kürzeste Drall etwa 10 Kaliber sein. Wird er kürzer genommen, so haben die Drähte nicht mehr genügend Platz. Die Lage muß ihren Durchmesser etwas vergrößern, also sich von der unteren Lage abheben. Das Seil wird instabil, ein Draht kann hinaus- oder hineinfallen.

Ähnlich verhält es sich bei den anderen Seilformen, wenn die Lagenzahl nicht zu klein ist. Da hingegen bei diesen, wie wir früher gesehen haben, die ersten paar Lagen nicht genau schließen, kann man für dieselben mit dem Drall unter 10 Kaliber gehen.

Die Dralltabelle erweist sich auch noch nützlich beim Verseilen von Kabeln mit anormaler Aderzahl, wenn man in einer Lage zu wenig Adern hat, und diese doch schließen sollen. Fehlen in der Lage z. B. 5 und 18 % der Adern, so wird man den Drall gleich 10 bzw. 5 Kaliber lang machen. Im allgemeinen hilft für diesen Fall also nur eine recht erkleckliche Verkürzung des Dralles.

Bestimmung des Drahtdurchmessers. Ist für irgendein Seil der Querschnitt Q gegeben, so dividiert man denselben durch die Zahl der Drähte, die man dem Seil geben will. Daraus erhält man den Querschnitt des Einzeldrahtes. An Hand einer Tabelle für Kreisfunktionen findet man dann den entsprechenden Durchmesser. Es hat keinen Zweck, diesen genauer als $^1/_{100}$ mm anzugeben, da die Drahtziehereien bloß mit einer Genauigkeit von $\pm\ ^2/_{100}$ mm arbeiten.

Statt mit Hilfe von Kreisfunktionen den Drahtdurchmesser d und daraus den Seildurchmesser D zu suchen, kann man die beiden direkt als Funktionen des Querschnittes Q ausdrücken, indem man setzt $d = c_1 \sqrt{Q}$ und $D = c_2 \sqrt{Q}$.

Die Konstanten c_1 und c_2 bekommen z. B. für die Form I die folgenden Werte; für ein Seil mit

7 Drähten	$c_1 = 0.4262$	$c_2 = 1.278$
19 „	$= 0.2587$	$= 1.293$
37 „	$= 0.1854$	$= 1.297$
61 „	$= 0.1444$	$= 1.299.$

Die Werte von c_2 bestätigen das schon bekannte Resultat, daß der Seildurchmesser praktisch unabhängig von der Drahtzahl ist.

Für die anderen Seilformen kann man sich die Konstanten c_1 und c_2 in ähnlicher Weise berechnen. Für diese Methode der Berechnung ist eine Tabelle der $\sqrt{Q}$ erforderlich. Bei der Ausrechnung der Drahtdicken von sektoralen Seilen kommt diese Methode ausschließlich zur Anwendung.

Die für einen bestimmten Querschnitt erforderliche Drahtzahl ist eine Erfahrungssache. Bestimmte Regeln darüber gibt es nicht, und man kann die Drahtzahl in den meisten Fällen innerhalb weiter Grenzen verändern, ohne die Biegsamkeit des Kabels wesentlich zu beeinflussen. Für kleine Seile, wenn keine speziellen Vorschriften für die Biegsamkeit gemacht werden, wird die Drahtzahl wesentlich durch den Preis des Drahtes bestimmt. Man wird einen Drahtdurchmesser vermeiden, wenn dafür ein Überpreis bezahlt werden muß. Bei recht großen Querschnitten muß man sich bei der Bestimmung der Drahtzahl nach der Spulenzahl der Maschine richten, die man zur Verfügung hat.

Nebenstehend geben wir eine Tabelle für die Querschnitte von 10—1000 qmm, aus der die Konstruktion von Seilen nach den vier Grundformen zu entnehmen ist. Die Tabelle enthält auch die Seildurchmesser und die Gewichte per 100 m für die Koeffizienten $c = 0.91$, 0.92 und 0.93. Dieses Gewicht $G = c \times Q$. Die drei Zahlen entsprechen einer Drahtverlängerung durch den Drall von ungefähr 2, 3 und 4 %. Da praktischer und theoretisch vorgeschriebener Drahtdurchmesser sozusagen nie miteinander übereinstimmen, braucht man es mit dem Gewicht nicht zu genau zu nehmen.

Es gilt bisher als Regel, alle Seile nach der Form I mit einem einzigen zentralen Draht zu konstruieren, für alle Fälle, wo der Kupferdraht nachträglich zur Bestellung kommt. Steht aber ein Drahtlager zur Verfügung, so kann man oft mit Vorteil die andern Formen verwenden. In vielen Fällen ist für den betreffenden Querschnitt ein für dieselben passender ϕ auf Lager.

Anormale runde Seile. Bei dringenden Bestellungen tritt öfters der Fall auf, daß kein passender Draht auf Lager ist. Es gibt mancherlei Mittel, sich aus einer solchen Verlegenheit herauszuhelfen.

Wir haben früher gesehen, daß man den Durchmesser des Zentraldrahtes vergrößern kann, so daß man in die zweite Lage 7 oder 8 Drähte legen kann und in die dritte 13 oder 14 Drähte usw.

Für ein Seil von 7 Drähten vom Durchmesser d muß der Zentraldraht den Durchmesser von 1.33 d bekommen. Der Querschnitt wird dann $Q = (1.33\,d)^2 \frac{\pi}{4} + 7 . d^2 \frac{\pi}{4}$, woraus man findet

$$d = 0.380 \sqrt{Q}$$

Tabelle für Drahtseile.

Querschnitt in qmm	Aufbau nach der Seilform				Seildurchmess. für Form (in mm)				Gewicht p. 100 m in kg für $c =$		
	I	III	IV	V	I	III	IV	V	0.91	0.92	0.93
10	7×1.34	3×2.06	4×1.78	5×1.60	4.0	4.4	4.3	4.3	9.1	9.2	9.3
15	1.65	2.52	2.18	1.96	5.0	5.4	5.3	5.3	13.6	13.8	14.0
16	1.70	2.60	2.26	2.02	5.1	5.6	5.4	5.4	14.6	14.7	14.9
20	1.90	2.91	2.52	2.26	5.7	6.3	6.0	6.0	18.2	18.4	18.6
25	2.13	12×1.63	14×1.50	16×1.41	6.4	6.8	6.6	6.6	22.7	23.0	23.2
30	2.34	1.78	1.65	1.55	7.0	7.4	7.3	7.3	27.3	27.6	28.0
35	2.52	1.93	1.78	1.67	7.6	8.0	7.9	7.8	31.8	32.2	32.5
40	2.70	2.06	1.90	1.78	8.1	8.5	8.4	8.4	36.3	36.8	37.2
45	2.86	2.19	2.02	1.89	8.6	9.1	8.9	8.9	40.9	41.5	42.0
50	19×1.83	2.30	2.13	2.00	9.2	9.5	9.4	9.4	45.4	46.0	46.5
60	2.00	2.52	2.33	2.19	10.0	10.4	10.3	10.3	54.5	55.2	55.8
70	2.16	2.72	2.52	2.36	10.8	11.3	11.1	11.1	63.5	64.4	65.1
80	2.32	2.91	2.70	2.52	11.6	12.1	11.9	11.9	72.5	73.6	74.4
90	2.46	3.09	2.86	2.67	12.3	12.8	12.6	12.6	81.8	82.8	83.7
95	2.52	3.18	2.94	2.75	12.6	13.2	13.0	12.9	86.5	87.5	88.3
100	2.60	27×2.17	30×2.06	33×1.97	13.0	13.3	13.2	13.2	91.0	92.0	93.0
110	2.72	2.28	2.16	2.06	13.6	14.0	13.9	13.8	100	101	103
120	2.83	2.38	2.26	2.15	14.2	14.6	14.5	14.4	109	110	112
130	2.95	2.47	2.35	2.24	14.8	15.2	15.1	15.0	119	120	121
140	3.06	2.57	2.44	2.32	15.3	15.8	15.7	15.5	128	129	130
150	3.17	2.66	2.52	2.40	15.9	16.4	16.1	16.1	136	138	140
160	37×2.35	2.75	2.60	2.49	16.5	16.9	16.7	16.6	145	147	150
170	2.42	2.83	2.68	2.56	17.0	17.4	17.2	17.2	154	156	158
180	2.49	2.91	2.76	2.63	17.5	17.9	17.7	17.6	164	166	168
185	2.52	2.96	2.80	2.67	17.7	18.2	18.0	17.9	168	170	172
190	2.56	3.00	2.84	2.71	18.0	18.4	18.2	18.2	172	175	177
200	2.62	48×2.30	52×2.21	56×2.13	18.4	18.7	18.6	18.5	182	184	186
220	2.75	2.41	2.32	2.23	19.3	19.6	19.6	19.4	200	202	205
240	2.87	2.52	2.42	2.33	20.1	20.5	20.3	20.3	217	220	224
260	3.00	2.63	2.52	2.43	21.0	21.4	21.3	21.2	236	239	242
280	3.10	2.72	2.62	2.52	21.7	22.1	22.1	22.0	255	257	260
300	3.21	2.82	2.71	2.61	22.5	23.0	22.8	22.7	273	276	280
310	3.27	2.87	2.75	2.65	22.8	23.4	23.2	23.1	282	285	288
350	3.48	3.05	2.93	2.82	24.5	24.9	24.7	24.5	318	321	325
400	3.71	3.26	3.09	3.02	26.0	26.5	26.2	26.2	364	368	372
450	61×3.07	3.45	3.32	3.20	27.7	28.1	28.0	27.8	410	414	419
500	3.23	75×2.91	80×2.82	85×2.74	29.1	29.5	29.4	29.2	455	460	465
600	3.54	3.19	3.09	3.00	31.9	32.3	32.1	32.1	546	552	558
625	3.61	3.26	3.15	3.06	32.6	33.0	32.8	32.7	570	575	581
700	3.82	3.45	3.34	3.24	34.5	35.0	34.7	34.5	637	644	651
800	4.09	3.68	3.57	3.46	36.8	37.3	37.1	37.0	728	736	744
900	4.34	3.91	3.78	3.67	39.1	39.6	39.3	39.3	819	828	837
1000	4.57	4.12	4.00	3.87	41.2	41.7	41.5	41.1	910	920	930

Legt man eine weitere Lage von 13 Drähten auf, so erhält man für ein 21 drähtiges Seil

$$d = 0.242\sqrt{Q}.$$

Für eine weitere Lage, also ein 40 drähtiges Seil, wird

$$d = 0.176\sqrt{Q}.$$

In ähnlicher Weise kann man sich die Formeln für Seile mit 8 Drähten in der zweiten Lage usw. aufstellen und Tabellen berechnen.

In der nachfolgenden erweiterten Drahttabelle geben wir eine Zusammenstellung der Drahtdurchmesser für Seile von 8 und 21 Drähten, zusammen mit anderen Zahlen.

Erweiterte Drahttabelle.

Querschnitt in qmm	Aufbau nach der Seilform Nr.				Seile mit 8 und 21 Drähten	
	I	III	IV	V	Zentral-Draht	Außen-Drähte
5	19×0.58	12×0.73	14×0.67	16×0.63	1.10	7×0.85
6	0.63	0.80	0.74	0.69	1.25	0.93
7	0.69	0.86	0.80	0.75	1.35	1.00
8	0.73	0.92	0.85	0.80	1.40	1.10
9	0.78	0.98	0.90	0.85	1.50	1.15
10	0.82	1.03	0.95	0.89	1.60	1.20
12	0.91	1.13	1.04	0.98	1.80	1.30
15	1.00	1.26	1.16	1.10	2.00	1.47
16	1.03	1.30	1.20	1.13	2.00	1.53
20	1.16	1.46	1.35	1.26	2.30	1.70
25	1.30	27×1.09	30×1.03	33×0.98	2.52	1.90
30	1.42	1.19	1.13	1.08	2.80	2.08
35	1.53	1.29	1.22	1.16	3.00	2.26
40	1.64	1.37	1.30	1.24	3.20	2.40
45	1.74	1.46	1.38	1.31	3.40	2.56
50	37×1.31	1.54	1.45	1.39	2.40	20×1.70
60	1.43	1.68	1.60	1.52	2.50	1.87
70	1.55	1.82	1.72	1.65	2.70	2.02
80	1.66	1.94	1.84	1.76	2.80	2.17
90	1.76	2,06	1.95	1.86	3.00	2.30
95	1.80	2.12	2.00	1.92	3.20	2.35
100	1.85	2.17	2.06	1.97	3.20	2.42
110	1.94	2.28	2.16	2,06	3.40	2.53
120	2.04	2.38	2.26	2.16	3.50	2.65
130	2.12	2.47	2.35	2.24	3.60	2.76
140	2.20	2.57	2.44	2.33	3.80	2.86
150	2.27	2.66	2.52	2.41	3.90	2.96

Bei diesen und ähnlichen Berechnungen von Drahtdicken betrachte man die gefundenen Werte immer nur als Anhaltspunkte. Man vermeidet bei Bestellungen so gut wie möglich, Hundertstel mm vorzuschreiben und begnügt sich mit Zehnteln, ev. halben Zehnteln. Hat man die beiden Drahtdurchmesser berechnet, so paßt man den einen oder den anderen einer runden Zahl an und ändert den zweiten Durchmesser entsprechend ab, so daß der richtige Querschnitt erhalten bleibt.

Ein anderes Mittel, ein Seil von gegebenem Querschnitt, bei fehlendem Normaldraht zu konstruieren, liegt in einer Kombination von 2 oder 3 Drahtstärken die man auf Lager hat.

Es sei z. B. 100 qmm mit Prüfdraht aus den Durchmessern von 2,16 und 2,24 mm aufzubauen. Ein Blick auf die Tabelle für normale Seile zeigt uns, daß wir bei 27, also mit Prüfdraht bei 26 Drähten anfassen müssen.

Es entspricht 2.16 mm einer Fläche von 3.66 qmm
„ „ 2.24 „ „ „ „ 3.94 „

Seien x und y die für 2.16 und 2.24 nötigen Drahtzahlen, so haben wir die zwei Bedingungsgleichungen

$$x + y = 26$$
$$3.66\,x + 3.94\,y = 100$$

woraus $x = 8$ und $y = 18$ berechnet wird. Die entsprechenden Flächen sind 29.2 und 71.0 qmm, deren Summe gleich 100.2 qmm ist.

Sei 100 qmm ohne Prüfdraht herzustellen, so findet man in ähnlicher Weise 22 Drähte von 2.16 und 5 Drähte von 2.24 mm mit einem totalen Querschnitt von 100.1 qmm.

Konzentrische Kabel. Bei der Berechnung der Drahtstärken von Außenleitern ist man auf Ausprobieren angewiesen. Es läßt sich aber eine Formel ableiten, aus welcher man den Drahtdurchmesser berechnen kann.

Es bedeute D den Durchmesser, auf welchen die Drähte von der Dicke d so aufzulegen sind, daß sie eng schließen und einen gegebenen Querschnitt Q haben. Die Zahl der Drähte sei $= z$.

Erlaubt man für Eindrehung und Zwischenräume 10 %, so ist $(D + d)\,\pi = 1.1\,z\,d$. Weiter ist $z\,d^2 \frac{\pi}{4} = Q$, woraus folgt

$$d = -\frac{D}{2} + \sqrt{\frac{D^2}{4} + 0.445\,Q}\,.$$

Die Formel ist nicht sehr einfach, führt aber rascher zum Ziel als das Probieren. Man könnte auch z berechnen, erhält aber einen noch komplizierteren Ausdruck. Durch Änderung der Drahtzahl um ± 1 kann man den Durchmesser d, wie berechnet, ev. abrunden.

Seile von sektoralem Querschnitt. Das Problem der Konstruktion dieser Querschnitte kann hier nur schematisch behandelt werden, da jede Fabrik ihre besonderen Maschinen und ihre besonderen Rücksichten hat und dasselbe infolgedessen in verschiedener Weise zur Lösung brachte.

Die einfachste Konstruktion und die am meisten ökonomische würde unzweifelhaft erreicht, wenn man einen massiven Zentralkern von 10 oder 15 qmm und der gewünschten Form zur Verfügung hätte, um welchen herum der Rest der Drähte spiralförmig aufgelegt würde. Diese Form trifft man jedoch selten. Meistens wird die Kernform durch Drähte von verschiedenen Durchmessern gebildet, die parallel nebeneinander gelegt werden. Um dieselben herum werden die restlichen Drähte in ein oder zwei Lagen spiralförmig aufgelegt. So kann es vorkommen, daß für ein Seil Drähte von 3 und 4 verschiedenen Durchmessern Verwendung finden.

Diese Art der Seilbildung hat nur Erfolg, wenn die Maschine ein großes Abzugsrad hat. Es gibt Seile bis ca. 150 qmm, von denen nahezu der halbe Querschnitt aus parallelen, nicht verseilten Drähten besteht, und die trotzdem keine Schwierigkeiten machen.

Muß man hingegen auf einer Maschine verseilen, deren Abzugsscheibe klein ist, z. B. einen Durchmesser von bloß 1000 mm hat, stellen sich schon beim Aufwickeln und noch mehr beim Abwickeln des blanken Seiles Schwierigkeiten ein. Das Seil wirft sich, d. h. es bekommt stellenweise eine Verdrehung, und die innern, unverseilten Drähte brechen durch die verseilten Drähte nach außen. Diese innern Drähte sind zu lang, wenn das Seil gerade gestreckt wird, und stoßen sich gelegentlich heraus.

Befindet man sich also im Falle, daß man eine Maschine mit kleiner Abzugsscheibe zur Verfügung hat, so muß man, wenn es irgendwie möglich ist, den Kern auch verseilen, und zwar 7fach. Läßt man dann rechts und links noch einige Drähte von passendem Durchmesser parallel mitlaufen, wenn man die erste Lage verseilt, so hat man seinen Zweck erreicht. Freilich hat diese Form den Nachteil, daß der Seilquerschnitt nicht so gut mit Kupfer ausgefüllt ist wie bei den zwei anderen Konstruktionen.

Die im nachfolgenden angegebenen Konstruktionen der Seile von sektoraler Form für Zwei-, Drei- und Vierleiterkabel beziehen sich auf kleinere Querschnitte und eine Spannung bis 700 Volt. Praktisch kann man sie freilich auch für höhere Spannungen bzw. Isolationsdicken verwenden. Überhaupt konstruiere man die Querschnitte immer so, daß der kreisförmige Teil möglichst flach ist. Man kann sie dann für eine Anzahl verschiedener Isolationsdicken verwenden und erspart sich die Anfertigung einer Menge von Kalibern.

Wird der Querschnitt so groß, daß das Seil mit der in den Figuren eingezeichneten Drahtzahlen zu steif wird, so lege man noch eine zweite Lage verseilter Drähte auf. Jede weitere Lage enthält 6 Drähte mehr, auch dann, wenn der größte Teil des Umfanges eine gerade Linie ist. Dafür ist der mathematische Beweis wohl schwer zu leisten; aber in der Praxis ist es so.

Bei der Konstruktion der Querschnitte achte man darauf, daß möglichst wenig Drähte von verschiedenem Durchmesser zur Verwendung kommen. Braucht man unbedingt verschiedene Dicken, so setze man im Interesse einer einfachen Rechnung, die Durchmesser gleich 0.5, 0.6, 0.7 usw. mal demjenigen des Hauptdrahtes.

Weiter benutze man die abnormalen Drähte zur Regulierung. Hat man den Hauptdurchmesser berechnet, so runde man denselben, wenn möglich, auf Zehntel oder halbe Zehntel ab und ändere die Durchmesser der anderen Drähte entsprechend ab, so daß man den richtigen Querschnitt erhält.

Zweileiter. Der Querschnitt, nach Fig. 13 konstruiert, enthält 7 Drähte vom Durchmesser d_1 und 2 Drähte vom Durchmesser $d_2 = 0{,}7\, d_1$, die parallel mitlaufen, sowie eine Lage von 15 verseilten Drähten vom Durchmesser d_1. Total 22 Drähte d_1 und 2 Drähte $d_2 = 0{,}7\, d_1$. In bezug auf den Querschnitt sind die letzteren äquivalent mit einem einzigen Drahte d_1. Also ist $23 \,.\, d_1^2 \dfrac{\pi}{4} = Q$, oder

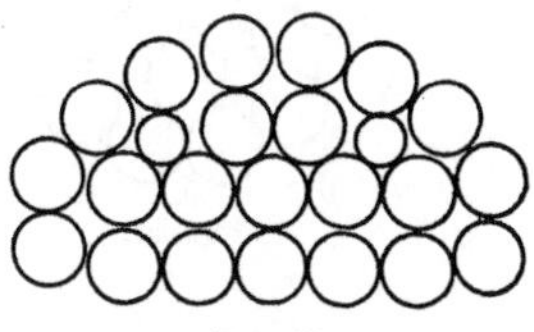

Fig. 13.

$$d_1 = 0.235 \sqrt{Q}.$$

Für große Querschnitte legt man noch eine zweite Lage von 21 Drähten d_1 auf, was ein Total von 43 Drähten d_1 und 2 Drähten d_2 ausmacht. Für diesen Fall wird

$$d_1 = 0.170 \sqrt{Q}.$$

Dreileiter. Das Seil wird nach den Fig. 14, 15, und 16 konstruiert. Fig. 14 stellt den Querschnitt dar für ein Kabel bis etwa 50 qmm. Er enthält 11 verseilte Drähte d_1 und an unverseilten Drähten einen von d_1, vier von $d_2 = 0{,}75\, d_1$ und 2 von $d_3 = 0{,}5\, d_1$. Aus diesen Angaben berechnet sich d_1 nach der Formel

$$d_1 = 0.293 \sqrt{Q}$$

und die übrigen Drähte d_2 und d_3 aus dem Werte von d_1.

Die Fig. 15 stellt den Querschnitt vor für Seile über 50 qmm. Der Kern wird gebildet von 7 verseilten Drähten d_1 und 6 unverseilten Drähten $d_2 = 0{,}7\, d_1$ sowie 2 Drähten d_1. Um den Kern herum liegen 17 verseilte Drähte d_1.

Den Drahtdurchmesser d_1 berechnet man nach der Formel

$$d_1 = 0.210 \sqrt{Q}.$$

Eine weitere Lage würde 23 Drähte d_1 haben, und man erhielte ein Total von 49 Drähten d_1 und 6 Drähten $d_2 = 0{,}7\, d_1$. Der Drahtdurchmesser wird berechnet nach

$$d_1 = 1.550 \sqrt{Q}.$$

Für die eben besprochenen Seile stehen die geraden Seiten unter einem Winkel von 120°. Ist ein Dreileiterkabel von den Querschnitten Q, Q und $\frac{1}{2}\,Q$ zu konstruieren, so gebe man Q die Drahtzahl der Fig. 16. Der Seitenwinkel beträgt 144°, und es sind vorhanden 15 Drähte d_1 und 9 Drähte $d_2 = 0{,}5\, d_1$.

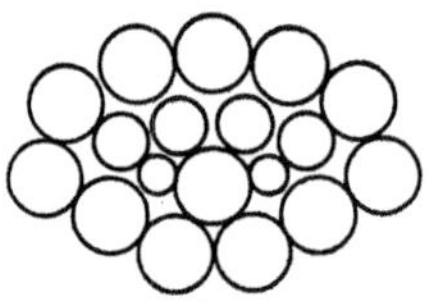

Fig. 14.

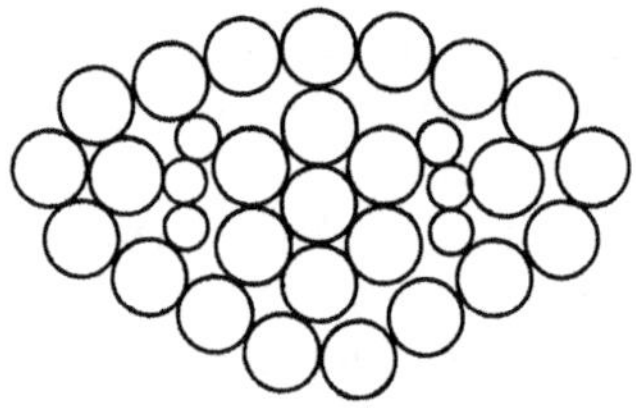

Fig. 15.

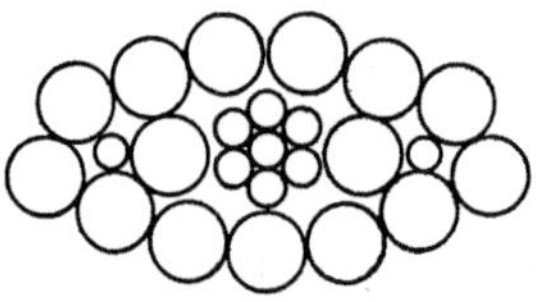

Fig. 16.

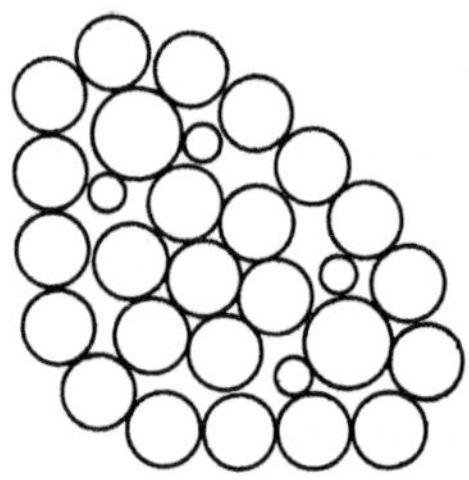

Fig. 17.

Den Durchmesser berechnet man nach

$$d_1 = 0.268 \sqrt{Q}.$$

Zwei solche Seile, nebeneinander gelegt, haben einen Winkel von 288°. Das dritte Seile vom Querschnitt $\frac{1}{2}\,Q$ wird am besten in der gewöhnlichen runden Form hergestellt.

Seile für die Querschnitte Q, Q und $1.4\,Q$ kann man in ähnlicher Form aufbauen, zwei mit dem Winkel von 105° und eines mit dem Winkel von 150°. Da aber solche Kabel äußerst selten verlangt werden, empfiehlt es sich, dieselben wie Seile nach der Form Q, Q, Q zu konstruieren mit einem Winkel von 120°. Isoliert man die kleineren Leiter etwas weniger als normal und den größten etwas mehr, so erreicht man seinen Zweck leichter.

Vierleiter. Die Querschnitte werden nach Fig. 17 aufgebaut mit 90° als Seitenwinkel. Der Kern enthält 7 Drähte d_1, die verseilt sind, und 2 unverseilte Drähte $d_2 = 1.2\, d_1$ sowie 4 unverseilte Drähte $d_3 =$

0,5 d_1. Um denselben herum liegt eine Lage von 16 verseilten Drähten d_1. Man findet den Durchmesser des Hauptdrahtes nach der Formel

$$d_1 = 0.218\sqrt{Q}$$

und daraus die zwei anderen Durchmesser.

Für eine weitere Lage von 22 Drähten erhält man total 48.6 Drähte d_1, und es wird

$$d_1 = 0.162\sqrt{Q}$$

Unterteilte runde Seile. In der letzten Zeit hat man angefangen, die Tatsache zu würdigen, daß Seile von hohem Querschnitt, wenn von Wechselstrom durchflossen, einen weitaus höheren Kupferwiderstand haben, als aus IR berechnet. Siehe S. 58.

Infolgedessen ist man zu einer Unterteilung des Querschnittes geschritten. Man kann ihn in drei oder vier gleiche Teile zerlegen und dieselben nach sektoralen Formen aufbauen. Jeder Teil wird dann einzeln mit zwei oder drei Papieren isoliert und hierauf die einzelnen Teile zu einem Seil zusammengedreht, das rund wird und im Durchmesser nicht mehr als 1 bis 2 mm größer ist als ein normales Seil von gleichem Querschnitt. Der Strom fließt dann durch drei oder vier parallele Leiter, deren Skineffekt und Selbstinduktion weitaus kleiner ist als für den ungeteilten Leiter.

Isolierte Seile. Der größte Teil der in der Kabelindustrie erzeugten Seile wird isoliert. Es sei Δ die Dicke der Isolationsschicht und d der Durchmesser der runden Seile über Kupfer. Dann haben wir für die Durchmesser D über das isolierte Seil die Formeln

$D = 2.00\,\Delta + 1.00\,d$	Einleiterkabel
$D = 3.00\,\Delta + 2.00\,d$	Runde Zweileiterkabel
$D = 3.15\,\Delta + 2.15\,d$	Runde Dreileiterkabel
$D = 3.40\,\Delta + 2.40\,d$	Runde Vierleiterkabel.

Die Formeln setzen für Mehrleiterkabeln voraus, daß die Isolationsdicke Δ zwischen Cu/Cu und Cu/Pb dieselbe sei, entsprechend den Vorschriften, die sich in der letzten Periode entwickelt haben.

Für sektorale Kabeln lauten die Formeln unter den gleichen Bedingungen wie folgt:

$D = 3.0\,\Delta + 1.80\sqrt{Q}$	Zweileiterkabel	mit	24	Drähten
$D = 3.0\,\Delta + 2.00\sqrt{Q}$	„	„	45	„
$D = 3.2\,\Delta + 2.30\sqrt{Q}$	Dreileiterkabel	mit	18	Drähten
$D = 3.2\,\Delta + 2.23\sqrt{Q}$	„	„	32	„
$D = 3.2\,\Delta + 2.33\sqrt{Q}$	„	„	55	„
$D = 3.5\,\Delta + 2.70\sqrt{Q}$	Vierleiterkabel	mit	29	Drähten
$D = 3.5\,\Delta + 2.65\sqrt{Q}$	„	„	54	„

Dies sind mathematisch abgeleitete Formeln. Man erhält sie aus den Fig. 14 bis 17, indem man die radiale Länge der Kupferleiter als Vielfaches von d_1 ausdrückt und dann den Wert von d_1 als Funktion von Q einsetzt.

In der Praxis tut man gut, wenn man die so berechneten Zahlen für kleine Querschnitte um 1—2 mm und für größere um 2—3 mm vermehrt. Auf der Maschine legen sich die Leiter nie mathematisch genau auf.

G. Theorie der Telephonkabel.

Einleitung. Als den Beginn der Telephonie können wir das Jahr 1880 ansetzen. Während des folgenden Jahrzehntes entstanden in den Städten und Städtchen der ganzen zivilisierten Welt die oberirdischen Telephonnetze. Auf das Jahr 1890 können wir das Erscheinen der ersten Telephonkabel mit kleiner Kapazität ansetzen und auf das folgende Jahrzehnt die Ersetzung der oberirdischen Leitungen großer Städte durch ein unterirdisches Kabelnetz. Die Bedürfnisse nach einem interurbanen Telephonverkehr datieren auch ungefähr aus dem Jahre 1890. Dringend wurde das Verlangen nach einem interurbanen Kabel etwa vom Jahre 1898 an.

Die Lösung des Problems des telephonischen Sprechverkehrs auf große Distanzen, die sich seit dem Jahre 1900 vollzogen hat, ist unbestreitbar die schwierigste Aufgabe der modernen Elektrotechnik gewesen, hat aber die innere Einsicht über die Vorgänge in einem Wechselstromkreise ungemein gefördert.

Schon 1855 hat Sir Will. Thomson (später Lord Kelvin) die in einem langen Kabel auftretenden elektrischen Vorgänge behandelt und für die intermittierenden, in der Telegraphie benutzten Ströme die Gesetze festgestellt, auf deren Grundlage der Telegraphenverkehr über den Atlantischen Ozean möglich geworden ist. Im Jahre 1857 hat Kirchhoff die Grundlage der Theorie von Wechselströmen in Verbindung mit elektrostatischer Kapazität wesentlich erweitert. Seitdem ist das große Problem von verschiedenen Forschern in die Hand genommen worden. Als besonders verdiente Namen seien S. P. Thompson und Ol. Heaviside erwähnt.

Die praktische Telephonie kam bald zur Erkenntnis, daß der Übertragung der Sprache relativ geringe Grenzen gesteckt seien. Oberirdische Linien waren nur für Strecken von ca. 300 km brauchbar. Für Kabel stellte sich ein Grenzwert von etwa 50 km heraus.

Da das Bedürfnis vorhanden war, auf weitaus größere Distanzen zu sprechen, trat an den Praktiker die Frage heran, speziell ein besseres Kabel herzustellen. Durch Vergleichung mit der oberirdischen Linie erkannte man, daß eine Verminderung der Kapazität der Kabelader von günstigem Einfluß wäre. Andererseits fing die Theorie an, sich Bahn zu brechen, und es wurde bekannt, daß die Vergrößerung der Selbstinduktion des Leiters die Reichweite erhöhte.

So finden wir von 1900 bis 1902 eine Reihe von Ingenieuren, die in der einen oder der anderen Richtung Versuche machen. Die Erfolge ließen aber sehr zu wünschen übrig, trotzdem große Mittel aufgewendet wurden. Erwähnenswert ist der Versuch von J. West (ETZ. 1902, 430), dem es gelang, die Kapazität bedeutend zu verringern.

Um Erzielung einer höheren Selbstinduktion bemühten sich hauptsächlich Breisig (ETZ. 1899, 842; 1901, 1046; 1902, 223), Krarup (ETZ. 1902, 344) sowie die Firmen Felten & Guilleaume und das Kabelwerk Rheydt.

Ein epochemachender Erfolg von Pupin drängte für längere Zeit das Interesse an den besprochenen Versuchen in den Hintergrund. Über eine gewaltige mathematische Kraft und Einsicht in das physikalische Wesen von Formeln verfügend, unternahm Pupin die Lösung des gestellten Problems auf theoretischem Wege. Er ging aus von der Idee S. P. Thompsons, in die Ader streckenweise größere Beträge von Selbstinduktion, in Form von Spulen gewickelt, einzuschalten.

Pupins Publikation (Trans. Inst. El. Eng. 1899, 111 und 1900, 245) ist bei uns erst durch Dolezalek und Ebeling (ETZ. 1902, 1059) von der Firma Siemens & Halske allgemein bekannt geworden. Diese Firma erwarb sich das Verdienst, die technische Seite der Pupinschen Anordnung auszuarbeiten und sie zu einem raschen Erfolge zu bringen.

In der Aufstellung der Gleichungen hat Pupin die sog. Ableitung nicht berücksichtigt, obgleich die Endresultate dadurch kaum wesentlich komplizierter werden. Zu der Zeit hatte man über den Einfluß des Dielektrikums eben noch keine richtige Vorstellung. Pupins Hauptverdienst hingegen liegt darin, daß er ein Maß angegeben hat, siehe S. 132, unter welchen Umständen und wie weit eine punktweise mit Selbstinduktion belastete Linie mit einer homogenen von der nämlichen S.-I. gleichwertig ist. Das Ergebnis seiner Rechnungen bestimmt, daß die punktweise einzuschaltenden größeren Beträge von S.-I. in gleichen Distanzen liegen müssen, und daß für diese die Wellenlänge maßgebend ist.

Die Praxis hat dann ergeben, daß die Theorie einige Abänderungen erfordert. Für die Spulendistanz verwendet man gegenwärtig empirische Formeln, denen man verschiedene Einkleidungen gegeben hat, so z. B. daß die fortschreitende Welle in einer Sekunde eine gewisse Mindestzahl von Spulen durchlaufen müsse. In Deutschland hat man bisher die Pupinleitungen im allgemeinen so gebaut, daß $10\,000 \sqrt{CL} . S = 1$, und in Amerika so, daß $7000 \sqrt{CL} . S = 1$. Es bedeuten C und L

Kapazität und S.-I. der Linie per km und S den Abstand der Spulen in km. Dies gibt für deutsche Linien rund 6 und für amerikanische rund 4 Spulen auf die Wellenlänge (siehe Breisig, ETZ. 1909, 463).

Zurzeit hat das Pupinsystem seine größten Erfolge auf der interurbanen oberirdischen Landlinie erzielt sowie auch in unterirdischen Kabeln. Für unterseeische Kabel ist die Entwicklung noch etwas rückständig.

Wie erwähnt, waren schon frühzeitig Versuche gemacht worden, die S.-I. der telephonischen Adern zu erhöhen, und zwar durch Umwickeln derselben mit weichem Eisen. Auf solche Art angebracht, wird die S.-I. gleichmäßig auf der ganzen Leiterlänge vermehrt, verschieden von der Anordnung nach Pupin.

Einen bedeutenden Erfolg erreichte aber erst der dänische Telegraphen-Ingenieur Krarup, der sehr feinen Eisendraht verwendete, möglichst eng gewickelt und wenn nötig in mehreren Lagen. Die Veranlassung zu dieser Erfindung lag offenbar in dem Bestreben, für die dänische Regierung ein verbessertes submarines Telephonkabel zu schaffen, zur Verlegung zwischen den vielen Inseln der Nord- und Ostsee geeignet. Da Guttapercha als Isolationsmittel verwendet werden sollte, lag es auf der Hand, die Versuche in der von Krarup angegebenen Form auszuführen.

Dieselben sind befriedigend ausgefallen, und seit 1902 sind eine Reihe von Kabeln nach diesem System durch die Firma Felten und Guilleaume ausgeführt worden, sowohl in Guttaperchaisolation als auch in Form gewöhnlicher Kabel mit Papier und Bleimantel. Für die heutigen Bedürfnisse an submarinen Telephonleitungen genügen diese Kabel, da keine großen Längen gefordert werden. Das von Siemens & Halske im Bodensee verlegte Kabel nach Pupin ist der erste Versuch für ein Tiefseekabel. Siemens Bros. in Woolwich werden im nächsten Maimonat ein ähnliches Kabel mit Guttaperchaisolation durch den Kanal legen.

Was das atlantische Telephonkabel anbetrifft, ist es mit den jetzigen Hilfsmitteln eine aussichtslose Sache.

Seit 1900 hat auch die Theorie der Fortpflanzung von Wechselstrom in langen Leitungen mit Kapazität und Selbstinduktion erhebliche Fortschritte gemacht, und es ist neben Pupin besonders Breisig gewesen, der sie Jahr für Jahr stufenweise entwickelt hat. Im großen und ganzen darf man jetzt annehmen, daß das interurbane Telephonkabel zu einem vorläufigen Abschluß gekommen und in den großen Zügen erledigt ist. Alle Details sind in rascher Ausarbeitung begriffen. Nach deren endgültiger Erledigung werden voraussichtlich neue Mittel gefunden, die dem Streben der Techniker ein weiteres Feld der Tätigkeit eröffnen.

Es gilt ja als erstes Gesetz der Entwicklung, daß ein Fortschritt immer einen anderen hervorruft.

Die Differentialgleichung der homogenen Leitung. Wir betrachten eine homogene Doppelleitung von der Länge $= l$ km. Der Kupferwiderstand für die Hin- und Rückleitung, die Ableitung (Reziprokes des Isolationswiderstandes zwischen den beiden Leitungen), die Selbstinduktion der Doppelleitung und die gegenseitige Kapazität der beiden Leitungen werden durch die Buchstaben R, A, L und C bezeichnet und sind als kilometrische Werte aufzufassen.

Am Anfange der Leitung schalten wir eine e. m. Kraft (vorläufig ohne nähere Definition) ein, die einen Wechselstrom erzeugt. Derselbe wird sowohl zeitlich wie örtlich verschiedene Werte haben.

Wir greifen irgendeinen Punkt der Leitung in der Entfernung x vom Anfange heraus. In demselben herrsche zur Zeit t die Stromstärke J und die Spannungsdifferenz V. Gehen wir um das Längenelement dx weiter, so finden wir einen Spannungsabfall $= -\frac{dV}{dx}dx$. Dieser ist gleich dem Spannungsabfall im Kupferwiderstand $RJdx$ plus der auf das Element fallenden e. m. Kraft der Selbstinduktion $L\frac{dJ}{dt}dx$; also ist

$$-\frac{dV}{dx} = RJ + L\frac{dJ}{dt} \quad \ldots \ldots \ldots \quad (1)$$

In ähnlicher Weise erhält man eine Gleichung für den Stromverlust $-\frac{dJ}{dx}dx$. Derselbe ist die Summe der Ströme für Ableitung $AVdx$ und Kapazität $C \cdot \frac{dV}{dt}dx$, also ist

$$-\frac{dJ}{dx} = AV + C\frac{dV}{dt} \quad \ldots \ldots \ldots \quad (2)$$

Nun machen wir die Voraussetzung, daß die e. m. Kraft einen (zeitlich) sinusförmigen Verlauf habe. Dies hat zur Folge, daß V und J in allen Punkten der Leitung (vorläufig zeitlich) ebenfalls sinusförmig sind. Man darf also annehmen, daß

$$V = \mathfrak{V} \cdot e^{i\omega t} \qquad \text{und} \qquad J = \mathfrak{J} \cdot e^{i\omega t}$$

wo $\omega = 2\pi n$ die Periodenzahl in 2π Sekunden bezeichnet.

Diese Art der Behandlung stammt von Breisig (ETZ. 1900. 87).

Differenziert man nach x und setzt die Werte in die Gleichungen (1) und (2) ein, so wird

$$-\frac{d\mathfrak{V}}{dx} = (R + i\omega L)\,\mathfrak{J} \quad \ldots \ldots \ldots \quad (3)$$

$$-\frac{d\mathfrak{J}}{dx} = (A + i\omega C)\,\mathfrak{V} \quad \ldots \ldots \ldots \quad (4)$$

Um aus diesen Gleichungen $\mathfrak{V}$ und $\mathfrak{J}$ zu erhalten, müssen wir dieselben so umformen, daß wir Gleichungen bekommen, die nur $\mathfrak{V}$ und dessen Ableitungen enthalten, und analog mit $\mathfrak{J}$.

Wir differenzieren zu dem Zweck (3) nochmals nach x und setzen den Wert für $d\,\mathfrak{J} : d\,x$ aus (4) ein. Dann erhält man

$$\frac{d^2\,\mathfrak{V}}{d\,x^2} = (R + i\,\omega\,L)\,(A + i\,\omega\,C)\,\mathfrak{V}$$

und analog

$$\frac{d^2\,\mathfrak{J}}{d\,x^2} = (R + i\,\omega\,L)\,(A + i\,\omega\,C)\,\mathfrak{J}.$$

Die Gleichungen sind symmetrisch in bezug auf $\mathfrak{V}$ und $\mathfrak{J}$. Setzen wir zur Abkürzung

$$(R + i\,\omega\,L)\,(A + i\,\omega\,C) = \gamma^2$$

so erhalten dieselben die Form

$$\frac{d^2\,\mathfrak{V}}{d\,x^2} = \gamma^2 \cdot \mathfrak{V} \quad \ldots\ldots\ldots\ldots \quad (5)$$

$$\frac{d^2\,\mathfrak{J}}{d\,x^2} = \gamma^2 \cdot \mathfrak{J} \quad \ldots\ldots\ldots\ldots \quad (6)$$

Die Gleichung (5) wird befriedigt sowohl durch $\mathfrak{V} = e^{+\gamma x}$ als auch durch $\mathfrak{V} = e^{-\gamma x}$, also wird die allgemeine Lösung von der Form sein

$$\mathfrak{V} = a_1\,e^{+\gamma x} + a_2\,e^{-\gamma x} \quad \ldots\ldots\ldots \quad (7)$$

wobei a_1 und a_2 Konstanten bedeuten, deren Größe sich aus den Grenzbedingungen ergibt.

Aus der Gleichung (3) ergibt sich

$$\mathfrak{J} = -\frac{d\,\mathfrak{V}}{d\,x} : (R + i\,\omega\,L)$$

und, wenn man (7) nach x differenziert und den Wert von $-\,d\mathfrak{V} : dx$ einsetzt,

$$\mathfrak{J} = \frac{\gamma}{R + i\,\omega\,L}\,(-\,a_1\,e^{+\gamma x} + a_2\,e^{-\gamma x})$$

Aus dem Werte für γ^2 erhält man

$$\gamma = \sqrt{(R + i\,\omega\,L)\,(A + i\,\omega\,C)} \quad \ldots\ldots \quad (8)$$

und daraus

$$\frac{R + i\,\omega\,L}{\gamma} = \sqrt{\frac{R + i\,\omega\,L}{A + i\,\omega\,C}} = \mathfrak{Z} \quad \ldots\ldots \quad (9)$$

und

$$\mathfrak{J} = \frac{1}{\mathfrak{Z}}\,(-\,a_1\,e^{+\gamma x} + a_2\,e^{-\gamma x}) \quad \ldots\ldots \quad (10)$$

Der Ausdruck in der Klammer gibt für jeden Punkt des Kabels eine Spannung, die durch $\mathfrak{Z}$ dividiert, den Strom an dieser Stelle bestimmt. Die Größe $\mathfrak{Z}$ wird die Charakteristik der Leitung genannt. Sie ist abhängig von R, A, C, L und ω und hat die Dimension einer Impedanz.

Nun nehmen wir an, daß für den Anfang der Leitung, also für den Punkt, für welchen $x = 0$, Spannungsdifferenz und Stromstärke die (meßbaren) Werte $\mathfrak{V}_a$ bzw. $\mathfrak{J}_a$ annehmen.

Dann reduzieren sich die Gleichungen (7) und (10) auf

$$\mathfrak{V}_a = a_1 + a_2$$
$$\mathfrak{J}_a \cdot \mathfrak{Z} = -a_1 + a_2$$

woraus sich für die Konstanten a_1 und a_2 die Werte ergeben

$$a_1 = {}^1/_2 (\mathfrak{V}_a - \mathfrak{Z}\,\mathfrak{J}_a)$$
$$a_2 = {}^1/_2 (\mathfrak{V}_a + \mathfrak{Z}\,\mathfrak{J}_a)$$

In (7) und (10) eingesetzt, erhalten wir die allgemeine Lösung der Differentialgleichungen (5) und (6) bzw. (1) und (2)

$$\mathfrak{V} = \frac{e^{+\gamma x} + e^{-\gamma x}}{2}\,\mathfrak{V}_a - \mathfrak{Z}\,\frac{e^{+\gamma x} - e^{-\gamma x}}{2}\,\mathfrak{J}_a \quad . \; . \; . \quad (11)$$

$$\mathfrak{J} = \frac{e^{+\gamma x} + e^{-\gamma x}}{2}\,\mathfrak{J}_a + \frac{1}{\mathfrak{Z}}\,\frac{e^{+\gamma x} - e^{-\gamma x}}{2}\,\mathfrak{V}_a \quad . \; . \quad (12)$$

Diese Formeln geben uns für irgendeinen Punkt der Leitung in der Entfernung x vom Anfange die Spannungsdifferenz $\mathfrak{V}$ und die Stromstärke $\mathfrak{J}$.

Die Abhängigkeit von $\mathfrak{V}$ und von $\mathfrak{J}$ von dem Orte x ist sofort ersichtlich, während die Abhängigkeit von der Zeit t verborgen ist. Dieselbe steckt in den Anfangswerten $\mathfrak{V}_a$ und $\mathfrak{J}_a$.

Wollen wir die Werte der Spannung und des Stromes am Ende der Leitung kennen oder $\mathfrak{V}_e$ und $\mathfrak{J}_e$, so müssen wir $x = l$ setzen. Um übersichtliche Formeln zu erhalten, schreiben wir zur Abkürzung

$$\left.\begin{array}{ll} \mathfrak{A} = \dfrac{e^{+\gamma l} + e^{-\gamma l}}{2} & \mathfrak{B} = \mathfrak{Z}\,\dfrac{e^{+\gamma l} - e^{-\gamma l}}{2} \\ & \mathfrak{C} = \dfrac{1}{\mathfrak{Z}}\,\dfrac{e^{+\gamma l} - e^{-\gamma l}}{2} \end{array}\right\} \quad . \; . \quad (13)$$

Es läßt sich durch eine Verifikation leicht nachweisen, daß

$$\left.\begin{array}{l} \mathfrak{A}^2 - \mathfrak{B}\,\mathfrak{C} = 1 \\ \text{und} \\ \dfrac{\mathfrak{B}}{\mathfrak{C}} = \mathfrak{Z}^2 \end{array}\right\} \quad . \; . \; . \; . \; . \; . \; . \; . \quad (14)$$

Nach Einführung dieser Formeln wird

$$\mathfrak{V}_e = \mathfrak{A}\,\mathfrak{V}_a - \mathfrak{B}\,\mathfrak{J}_a \quad . \; . \; . \; . \; . \; . \; . \; . \; . \quad (15)$$
$$\mathfrak{J}_e = \mathfrak{A}\,\mathfrak{J}_a - \mathfrak{C}\,\mathfrak{V}_a \quad . \; . \; . \; . \; . \; . \; . \; . \; . \quad (16)$$

Die elektrischen Werte am Ende der Leitung sind hier als Funktion der Anfangswerte und der Konstanten $\mathfrak{A}$, $\mathfrak{B}$ und $\mathfrak{C}$ gegeben.

Multipliziert man (15) mit $\mathfrak{A}$, (16) mit $\mathfrak{B}$ und addiert unter Berücksichtigung von (14), so erhält man Gleichung (17) und analog (18)

$$\mathfrak{V}_a = \mathfrak{A}\,\mathfrak{V}_e + \mathfrak{B}\,\mathfrak{J}_e \quad \ldots\ldots \quad (17)$$

$$\mathfrak{J}_a = \mathfrak{A}\,\mathfrak{J}_e + \mathfrak{C}\,\mathfrak{V}_e \quad \ldots\ldots \quad (18)$$

Diese Gleichungen geben die Werte am Anfange der Leitung als Funktion der Konstanten $\mathfrak{A}$, $\mathfrak{B}$ und $\mathfrak{C}$ sowie der Werte $\mathfrak{V}_e$ und $\mathfrak{J}_e$ am Ende der Leitung.

Wir wollen nun zunächst den theoretischen Fall einer am Ende kurz geschlossenen Leitung (ohne Empfangsapparat) betrachten. Für diesen wird $V_e = 0$ und die Gleichung (18) reduziert sich auf

$$\mathfrak{J}_a = \mathfrak{A}\,\mathfrak{J}_e \qquad \text{oder} \qquad \mathfrak{J}_e = \frac{1}{\mathfrak{A}}\,\mathfrak{J}_a$$

Für längere Leitungen ist γl immer größer als 2, und $e^{-\gamma l}$ kann gegen $e^{+\gamma l}$ vernachlässigt werden. Schon für $\gamma l = 2$ ist das Verhältnis beider Werte 1,3 : 74 und noch kleiner für höhere Exponenten. Siehe Tabelle S. 300.

Man darf also für den Fall von langen Linien, der uns allein interessiert,

$$\mathfrak{A} = \frac{1}{2}\,e^{+\gamma l}$$

setzen, was zur Folge hat, daß

$$\mathfrak{J}_e = 2\,\mathfrak{J}_a \cdot e^{-\gamma l} \quad \ldots\ldots \quad (19)$$

Diese Gleichung gibt den Endstrom, ausgedrückt durch den Anfangsstrom und $\mathfrak{A}$ oder die negative Potenz. Die ausschlaggebende Größe für $\mathfrak{J}_e$ ist, abgesehen vom Anfangsimpuls, der Wert von $\mathfrak{A}$.

Man nennt $\mathfrak{A}$ den Dämpfungsfaktor der Leitung. Aus Gleichung (9) ist ersichtlich, daß γ eine komplexe Größe ist. Setzt man $\gamma = \beta + i\,\alpha$, so ergibt sich in anderer Schreibweise

$$\mathfrak{J}_e = 2\,\mathfrak{J}_a \cdot e^{-\beta l} \cdot \sin(\omega t - \alpha l)$$

Interessiert man sich nur für die Größe des Endstromes, nicht aber für die Phasenverschiebung, so schreibe man

$$\mathfrak{J}_e = 2\,\mathfrak{J}_a \cdot e^{-\beta l} \quad \ldots\ldots \quad (20)$$

und dies ist die endgültige Formel, wie sie auch von Pupin angegeben worden ist.

Man nennt βl den Dämpfungsexponenten und β die spezifische Dämpfung der Leitung.

Zur vollständigen Erledigung des Problems müssen noch die Werte von α und β festgesetzt werden. Bringt man in (9) $\gamma = \beta + i\,\alpha$ und setzt reelle und imaginäre Größen einander gleich, so findet man

$$2\,\alpha^2 = \sqrt{(\omega^2 L^2 + R^2)(\omega^2 C^2 + A^2)} + (\omega^2 C L - A R) \quad . \quad (21)$$
$$2\,\beta^2 = \sqrt{(\omega^2 L^2 + R^2)(\omega^2 C^2 + A^2)} - (\omega^2 C L - A R) \quad . \quad (22)$$

Später werden diese Werte von α und β etwas eingehender studiert. Sie stimmen mit den Pupinschen Angaben überein, wenn man die Ableitung $A = 0$ setzt.

Nun wenden wir uns zu dem praktischen Fall, wo an beiden Enden der Leitung Endapparate eingeschaltet sind, (Breisig, ETZ. 1908, 1217).

Zunächst müssen wir die physikalische Bedeutung der Konstanten $\mathfrak{B}$ und $\mathfrak{C}$, Gleichungen (13), aufsuchen. Dieselben ergeben sich aus der sog. Kurzschluß- und der Leerlaufimpedanz der Leitung (ohne Endapparate).

Wir schließen die Leitung am Ende kurz, wobei $\mathfrak{V}_e = 0$ wird. Aus (15) folgt dann

$$\frac{\mathfrak{B}}{\mathfrak{A}} = \frac{\mathfrak{V}_a}{\mathfrak{J}_a}$$

was wir $= \mathfrak{U}_2$ setzen.
Lassen wir die Leitung am Ende offen, so ist $\mathfrak{J}_e = 0$ und wir bekommen aus (16)

$$\frac{\mathfrak{A}}{\mathfrak{C}} = \frac{\mathfrak{V}_a}{\mathfrak{J}_a}$$

was wir $= \mathfrak{U}_1$ setzen.

Es ist also

$$\left.\begin{aligned}\mathfrak{B} &= \mathfrak{A}\,\mathfrak{U}_2\\ \mathfrak{C} &= \frac{\mathfrak{A}}{\mathfrak{U}_1}\end{aligned}\right\} \quad \ldots\ldots\ldots \quad (23)$$

Die Größen $\mathfrak{U}_1$ und $\mathfrak{U}_2$ können experimentell bestimmt werden, indem man für offenes sowie für kurzgeschlossenes Ende der Leitung (mit gegebener sinusförmiger e. m. Kraft am Anfang der Leitung) sowohl Anfangsspannung $\mathfrak{V}_a$ als auch Anfangsstrom $\mathfrak{J}_a$ mißt und den Quotienten bildet. Dieser ist gleichbedeutend mit der Impedanz der Leitung unter den beiden vorausgesetzten Versuchsbedingungen.

Die Gleichung (23) gibt uns die Mittel, die Konstanten $\mathfrak{B}$ und $\mathfrak{C}$ wegzuschaffen und sie durch $\mathfrak{A}$ und die meßbaren Größen $\mathfrak{U}_1$ und $\mathfrak{U}_2$ zu ersetzen.

Bringen wir dieselben in die Gleichungen (17) und (18), so bekommen wir

$$\left.\begin{aligned}\mathfrak{V}_a &= \mathfrak{A}\,(\mathfrak{V}_e + \mathfrak{U}_2\,\mathfrak{J}_e)\\ \mathfrak{J}_a &= \mathfrak{A}\left(\mathfrak{J}_e + \frac{\mathfrak{V}_e}{\mathfrak{U}_1}\right)\end{aligned}\right\} \quad \ldots\ldots \quad (24)$$

Nun legen wir an die Leitung die Endapparate, die in der Regel beiderseits die gleichen sind. Deren Impedanz sei $= \mathfrak{W}$, so gilt für das Ende

$$\mathfrak{V}_e = \mathfrak{W} \cdot \mathfrak{J}_e \,.$$

Wenn E die e. m. Kraft des Senders ist, so muß sein

$$E = \mathfrak{V}_a + \mathfrak{W} \cdot \mathfrak{J}_a$$

Unter Berücksichtigung der Formeln (24) wird

$$E = \mathfrak{A}\, \mathfrak{J}_e \frac{\mathfrak{W}^2 + 2\, \mathfrak{W}\, \mathfrak{U}_1 + \mathfrak{U}_1\, \mathfrak{U}_2}{\mathfrak{U}_1} .$$

Diese Formeln vereinfachen sich wieder, wenn man eine lange Linie voraussetzt, für welche $\gamma\, l$ in den Gleichungen (13) mindestens $= 2.0$ ist. Unter dieser Voraussetzung wird

$$\mathfrak{A} = {}^1/_2\, e^{\gamma l} \qquad \mathfrak{U}_1 = \mathfrak{U}_2 = \mathfrak{Z}$$

und

$$E = {}^1/_2\, e^{\gamma l} \frac{(\mathfrak{W} + \mathfrak{Z})^2}{\mathfrak{Z}} \cdot \mathfrak{J}e$$

oder

$$\mathfrak{J}e = 2 \,.\, e^{-\gamma l} \frac{\mathfrak{Z}}{(\mathfrak{W} + \mathfrak{Z})^2} \cdot E \quad . \; . \; . \; . \; . \; . \quad (25)$$

Man sieht also, daß die Größe des Endstromes bei gegebener e. m. Kraft außer von der Dämpfung auch von der Größe $\mathfrak{Z}$ und der Impedanz der Endapparate abhängt. Will man einen Vergleich über die Güte zweier Linien anstellen, so genügt eine Angabe über die Dämpfung der beiden Leitungen nur, wenn für beide die Größe $\mathfrak{Z}$ die gleiche ist. Andernfalls muß man den Wert von $\mathfrak{Z}$ angeben. Im Übrigen sieht man aus der Gleichung, (25), daß es außerordentlich wichtig ist, die Endapparate zweckmäßig zu wählen, und daß es im allgemeinen wünschbar ist, ihre Impedanz möglichst klein zu bemessen.

Die Dämpfung. Nach Formel (20) ist die Amplitüde einer elektrischen Schwingung in der Entfernung l, abgesehen vom Anfangsimpuls $\mathfrak{J}_a$, einzig und allein abhängig von der Größe β, die ihrerseits nach Gleichung (22) durch die elektrischen Konstanten R, L, C und ω bestimmt ist und für jede Leitung berechnet werden kann. Die Größe β ist als spezifische Dämpfung und $\beta\, l$ als Dämpfungsexponent bezeichnet worden. Die beiden sind maßgebend für die Güte einer telephonischen Leitung und müssen deswegen einer eingehenden Betrachtung unterzogen werden.

Pupin hat in seinen Gleichungen die Ableitung A der Leitung vernachlässigt, wodurch die Formel für β etwas einfacher wird. Setzen wir in (22) die Ableitung $A = 0$, so wird

$$\beta = \sqrt{\frac{1}{2}\, \omega\, C\, (\sqrt{\omega^2 L^2 + R^2} - \omega\, L)}$$

oder nach Einführung der praktischen Einheiten Ohm, Mikrofarad und Henry

$$\beta = 10^{-3}\sqrt{\frac{1}{2}\,\omega\,C\,(\sqrt{\omega^2 L^2 + R^2} - \omega\,L)} \quad . \; . \; . \quad (26)$$

Bei einer telephonischen Übertragung ist es wesentlich, daß die Dämpfung β klein und wenn möglich ganz unabhängig von der Periodenzahl n (bzw. ω) sei. Die Gleichung (26) gibt die Mittel an die Hand, die Bedingungen zu suchen, die man in der Leitung zu verwirklichen hat, damit dieser günstige Fall eintrete.

Machen wir uns zunächst klar, daß ein kleiner Wert von β die Lebensbedingung der Leitung ist.

Für irgendeine Leitung höre das deutliche Sprechen bei einer Länge l_1 auf, wenn β_1 die spezifische Dämpfung ist. Gelingt es uns nun, eine andere Leitung zu bauen, für welche β nur gleich einem Zehntel von β_1 ist, so wird auf derselben das deutliche Sprechen erst aufhören, wenn die Länge $= 10\,l_1$ ist, da βl dann wieder den früheren Wert hat und nach (20) der Endstrom $\mathfrak{J}_e$ wieder derselbe ist. Daraus geht die Bedeutung von β hervor, und zugleich sieht man, daß das Reziproke von β die Reichweite der Leitung bestimmt oder die Distanz, auf welche eine telephonische Leitung noch brauchbar ist.

Wenden wir uns nun zum Studium von β nach Formel (26), also unter der vereinfachten Voraussetzung, daß die Ableitung gleich Null sei. Über die Kapazität C kann man bei Telephonkabeln nicht verfügen. Sie ändert sich nicht wesentlich bei verschiedenen Bauarten des Kabels oder verschiedenen Durchmessern des Leitungsdrahtes. Dagegen kann man über R und durch künstliche Zuschaltung von Selbstinduktion über L in ziemlich weiten Grenzen nach Belieben disponieren. Die Größe $\omega = 2\,\pi\,n$ ist durch die Schwingungszahl der menschlichen Sprache bestimmt. Nehmen wir als untere und obere Grenze derselben die Zahlen 100 und 1000, so liegt für unsere Untersuchungen ω rund zwischen 600 und 6000.

Die Größe β ist wesentlich bestimmt durch die Werte von $\omega\,L$, verglichen mit R, und es gibt zwei Grenzfälle, die man mit Vorteil betrachtet.

a) Es sei $\omega\,L$ klein gegen R, was bei gewöhnlichen Telephonkabeln der Fall ist. Man findet dann

$$\beta = 10^{-3}\sqrt{{}^1/_2\,\omega\,C\,R} \quad . \; . \; . \; . \; . \; . \; . \quad (27)$$

Für gewöhnliche Telephonader von 1 mm ϕ ist ungefähr $R =$ 46 Ohm, $L = 0.0006$ Henry und $C = 0.037$ MF, und wir finden für

$$n = 100 \text{ oder } \omega = 600 \qquad \beta = 0.022$$
$$n = 1000 \text{ oder } \omega = 6000 \qquad \beta = 0.071$$

Die Dämpfung ist unabhängig von L und wächst ziemlich rasch an mit zunehmendem n. Die hohen Töne werden viel stärker gedämpft als die tiefen, also gehen die Obertöne der Vokale bald verloren, was zu deren Entstellung führt.

b) Es sei ωL groß gegen R, was bei oberirdischen Linien und bei Kabeln mit künstlicher Belastung der Fall ist. Hier wird

$$\beta = {}^1/_2 R \,.\, 10^{-3} \sqrt{\frac{C}{L}} \quad \ldots \ldots \quad (28)$$

Dies ist die einfache, von Pupin angegebene Formel zur Berechnung der spezifischen Dämpfung einer mit Selbstinduktion stark belasteten Linie. Entsprechend derselben wäre die Periodenzahl ohne Einfluß auf β. Breisig (ETZ. 1909, 462) hat hingegen nachgewiesen, daß dies schon theoretisch bei Pupinleitungen nicht der Fall sein kann, sondern daß β immer in mehr oder weniger hohem Grad von der Schwingungszahl n abhängt. Ebenso sprechen experimentelle Bestimmungen von β gegen die Formeln (27) und (28).

Berücksichtigt man die Ableitung, so ergibt sich für belastete Linien, in denen ωL groß gegen R und ωC groß gegen A ist, gleichfalls eine einfache Rechnung. Entwickelt man in (22) die Wurzel, und läßt man Glieder von kleinem Wert weg, so kann man genügend genau schreiben

$$\beta = {}^1/_2 R \sqrt{\frac{C}{L}} + {}^1/_2 A \sqrt{\frac{L}{C}} \quad \ldots \ldots \quad (29)$$

Wenn man A gleich Null setzt, ergibt sich wieder die Formel (28) von Pupin.

Demnach setzt sich die Dämpfung aus zwei Teilen zusammen, der erste wesentlich vom Kupferwiderstand R und der zweite von der Ableitung A (abgesehen von C und L) bestimmt. Die Dämpfung ist also allgemein größer, als von Pupin angegeben. Lüschen berechnet z. B. für das Bodenseekabel nach (29) $\beta = 0.0072 + 0.0035 = 0.0107$, also 50% mehr als nach Pupin.

Es sei noch die Bemerkung erlaubt, daß theoretisch auch die Formel (29) von der Schwingungszahl unabhängig ist. In Wirklichkeit sind aber die Glieder mit ω bei der Ableitung der Formel vernachlässigt worden, und dann sind praktisch die Konstanten R, A, C und L alle von ω abhängig, also schließlich auch β.

Von Interesse sind wohl noch einige Zahlenwerte von β.

3 mm Freileitung in Bronze	$\beta = 0.0045$
4 „ „ „ „ „	$= 0.0025$
Moderne Kabel	ca. $= 0.0050$.

Die Formel (29) ist zuerst von Breisig (ETZ. 1908, 588) und von Lassen (ETZ. 1908, 1030) veröffentlicht worden.

Messung der spez. Dämpfung. Auf S. 121 sind die Größen $\mathfrak{U}_1$ und $\mathfrak{U}_2$, die Impedanzen der Leitung bei offenem und geschlossenem Ende, eingeführt worden. Diese beiden Werte können experimentell bestimmt werden.

Nach den Gleichungen (13) und (23) wird

$$\sqrt{\frac{\mathfrak{U}_2}{\mathfrak{U}_1}} = \sqrt{\frac{\mathfrak{B}\,\mathfrak{C}}{\mathfrak{A}}} = \pm \frac{e^{+\gamma l} - e^{-\gamma l}}{e^{+\gamma l} + e^{-\gamma l}}$$

Das negative Vorzeichen auf der rechten Seite hat keinen Sinn, da die linke Seite positiv sein muß. Setzen wir zur Vereinfachung

$$e^{+\gamma l} = u \qquad \text{und} \qquad \sqrt{\frac{\mathfrak{U}_2}{\mathfrak{U}_1}} = r$$

so ist

$$r = \frac{u - \frac{1}{u}}{u + \frac{1}{u}} = \frac{u^2 - 1}{u^2 + 1} \qquad \text{oder} \quad u^2 = \frac{1 + r}{1 - r} = e^{2\gamma l}$$

und daraus

$$2\gamma l = \log\text{nat} \frac{1 + r}{1 - r}$$

und schließlich

$$\gamma = \frac{1}{2l} \log\text{nat} \frac{1 + \sqrt{\mathfrak{U}_2 : \mathfrak{U}_1}}{1 - \sqrt{\mathfrak{U}_2 : \mathfrak{U}_1}} \quad \ldots\ldots \quad (30)$$

Wie schon auf S. 120 gesagt wurde, ist β der reelle Teil von γ, und kann aus dieser Formel (30) berechnet werden. Auf S. 80 ist eine ähnliche Rechnung zu finden.

Die Wellenlänge. Die Gleichung (12) gibt den Wert des Stromes $\mathfrak{J}$ für irgendeinen Punkt der Leitung in der Entfernung x vom Anfange. Der Deutlichkeit halber bezeichne man denselben mit $\mathfrak{J}_x$. Analog wie Gleichung (19) für den Endstrom $\mathfrak{J}_e$ berechnet worden ist, mit l als Abszisse, kann man für $\mathfrak{J}_x$ die Formel aufstellen

$$\mathfrak{J}_x = 2\,\mathfrak{J}_a \,.\, e^{-\gamma x} \quad \ldots\ldots\ldots \quad (31)$$

Setzen wir wieder $\gamma = \beta + i\,\alpha$, so wird

$$e^{-\gamma x} = e^{-\beta x} \,.\, e^{-i\alpha x}$$

oder

$$\mathfrak{J}_x = 2\,\mathfrak{J}_a \,.\, e^{-\beta x} \,.\, e^{-i\alpha x} \quad \ldots\ldots\ldots \quad (32)$$

Für einen Punkt der Leitung, dessen Abszisse $= x + \frac{2\pi}{\alpha}$ wird der Strom

$$\mathfrak{J}_{x+\frac{2\pi}{a}} = 2\,\mathfrak{J}_a \,.\, e^{-\beta\left(x+\frac{2\pi}{a}\right)} e^{-i(a x + 2\pi)},$$

und da

$$e^{-i(a x + 2\pi)} = e^{-i a x},$$

wird schließlich

$$\mathfrak{J}_{x+\frac{2\pi}{a}} = 2\,\mathfrak{J}_a \,.\, e^{-\beta\left(x+\frac{2\pi}{a}\right)} . \, e^{-i a x} \quad . \quad . \quad . \quad . \quad (33)$$

In anderer Form geschrieben, ist $e^{-a x} = \sin(\omega t - \alpha x)$ und gibt die Phase des Stromes in der Entfernung x. Eine Vergleichung von (32) und (33) zeigt, daß in den Distanzen x und $x + 2\pi\alpha$ die Phasen dieselben sind, also daß zwischen diesen beiden Punkten eine ganze Wellenlänge liegt. Dieselbe ist also

$$\lambda = \frac{2\pi}{\alpha} \quad . \quad . \quad . \quad . \quad . \quad . \quad . \quad . \quad . \quad (34)$$

Weiter ist aus den Gleichungen abzulesen, daß im Punkte $x + \frac{2\pi}{\alpha}$ der Strom kleiner ist als im Punkte x, weil der zweite Faktor $e^{-\beta x}$ in (32) größer ist als der entsprechende in (33).

Die mit fortschreitendem x zunehmende Dämpfung ist überhaupt schon aus der allgemeinen Gleichung (12) ersichtlich.

Die Größe der Wellenlänge λ wird in Kilometern gegeben, ebenso wie die Kabellänge.

Entwickelt man die Formel (21) ähnlich wie (22) zur Erzielung von (29), so erhält man

$$a = \sqrt{\left[\frac{R}{2}\sqrt{\frac{C}{L}} - \frac{A}{2}\sqrt{\frac{L}{C}}\right]^2 + \omega^2 L C} \quad . \quad . \quad . \quad . \quad (35)$$

Vergleichen wir mit 29, so ergibt sich, daß das erste Glied der Klammer gleich ist der Dämpfung durch den Kupferwiderstand, das zweite gleich der Dämpfung durch die Ableitung. Es kann der Fall eintreten, daß diese beiden Glieder gleich groß sind, also der Klammerausdruck $= 0$. Auch sonst ist er immer klein gegen $\omega^2 L C$, so daß man genügend genau ansetzen darf

$$a = \omega\sqrt{C L}$$

woraus, wenn man noch die praktischen Einheiten und die Schwingungszahl n einführt

$$\lambda = \frac{10^3}{n\sqrt{C L}}, \quad . \quad . \quad . \quad . \quad . \quad . \quad . \quad . \quad . \quad (36)$$

Denselben Wert findet man auch aus den Formeln von Pupin.

Für das Bodenseekabel nach Pupinscher Bauart ist $C = 0.039$ MF, $L = 0.21$ H, woraus sich für die Schwingungszahlen 100 und 1000 die Wellenlängen von 110 bzw. 11 km ergeben.

Für das Kabel e, siehe Tabelle auf S. 138, nach Bauart Krarup, ist für $n = 955$: $C = 0.0375$ MF und $L = 0.0092$ H, also $\lambda = 56$ km.

Für eine Freileitung von 2 mm Bronzedraht ist $C = 0.0055$ MF, $L = 0.002$ H, woraus $\lambda_{100} = 3000$ und $\lambda_{1000} = 300$ Kilometer.

Die Charakteristik. Auf S. 118 ist der Wert $\mathfrak{Z}$ eingeführt worden durch die Formel (9)

$$\mathfrak{Z} = \sqrt{\frac{R + i\omega L}{A + i\omega C}}$$

Je nach der Art der telephonischen Linie kann man für $\mathfrak{Z}$ einfachere Näherungswerte angeben.

Für Linien mit ganz wenig Selbstinduktion, die für unsere Untersuchungen nicht in Betracht kommen, sind die imaginären Glieder unter dem Wurzelzeichen klein gegen die reellen, und es reduziert sich die Formel auf $\mathfrak{Z} = \sqrt{R:A}$.

Für Linien mit großer Induktivität hingegen kann man die reellen gegen die imaginären Glieder vernachlässigen, so daß

$$\mathfrak{Z} = \sqrt{L:C} \quad \text{. . . . . (37)}$$

wird, oder nach Einsetzung der praktischen Einheiten.

$$\mathfrak{Z} = 10^{12}\sqrt{L:C}.$$

Diese Zahl hat die Dimensionen eines Widerstandes bzw. einer Impedanz. Da nur durch L und C bestimmt, ist sie unabhängig von der Länge der Leitung. Nach Gleichung (12) bestimmt sie neben den Anfangsbedingungen $\mathfrak{J}_a$, $\mathfrak{B}_a$ und der Dämpfungsgröße γ den Wert des Stromes in der Entfernung x vom Anfange der Leitung.

Die Zahl $\mathfrak{Z}$ kommt auch in vielen späteren Formeln wieder zur Verwendung und leistet wichtige Dienste bei der Untersuchung der Reflexion von elektrischen Wellen in kombinierten Leitungen, siehe S. 134.

Man hat der Zahl $\mathfrak{Z}$ den Namen Charakteristik gegeben, und es ist für viele Zwecke wichtig, deren Betrag für irgend eine Leitung zu kennen. In dieser Tabelle ist für eine Reihe verschiedener

Art der Leitung	Leiter ϕ mm	Wert von $\mathfrak{Z}$
Freileitung, Bronze	2.0	650
„ „	3.0	630
„ „	4.0	580
„ „	5.0	550
Papierkabel, Kupfer, ...	2.0	220
„ „	1.0	450
„ „	0.8	580
„ Krarup, 2 × 0 . 20 Fe . . .	1.2—1.5	550—570
„ „ 1 × 0 . 20 Fe . . .	1.2—1.5	460
„ Pupin	—	1000—2000

Leitungen dieser Betrag angegeben, ohne den Phasenwinkel, der bei gewöhnlichen und pupinisierten Freileitungen höchstens etwa $+ 3^0$ und bei gewöhnlichen Papierkabeln etwa $- 40^0$ beträgt.

Minimalwert der Selbstinduktion. Der Betrag für die spezifische Dämpfung ist durch Gleichung (29) auf S. 124 gegeben. Es ist klar, daß Kabelfabrikanten das Bestreben haben, die Dämpfung so klein wie möglich zu halten. Breisig (ETZ. 1901, 1021) hat nachgewiesen, daß es für homogene Leitungen ein Minimum von β gibt, d. h. wenn R, A und C gegeben sind, gibt es ein gewisses L, das β zu einem Minimum macht.

Man findet diesen Wert von L, indem man in (29) den ersten Differentialquotienten von β nach L bildet und ihn gleich Null setzt. Daraus ergibt sich

$$L = \frac{C\,R}{A} \qquad \text{und } \beta_{\min} = \sqrt{R\,A} \quad . \quad . \quad . \quad . \quad (38)$$

Für Leitungen nach der Bauart Pupin muß die Selbstinduktion, die ein Minimum von Dämpfung hervorbringen soll, etwas anders bemessen werden, wie Lüschen (Blätter f. Post u. Telegr. 1908, 138; ETZ. 1908, 1105) angegeben hat. In dem Maße, wie man Selbstinduktion zuschaltet, nimmt auch der Kupferwiderstand derselben zu. Wir dürfen also den Widerstand der Spulen $W = a\,L$ setzen und den kilometrischen Widerstand gleich $R + a\,L$.

So lange als die Pupinleitung sich also in den Grenzen hält, wo sie mit einer homogenen Linie gleichwertig ist, darf man (29) in der Form schreiben

$$\beta = \frac{R}{2}\sqrt{\frac{C}{L}} + \frac{a\,L}{2}\sqrt{\frac{C}{L}} + \frac{A}{2}\sqrt{\frac{L}{C}} \quad . \quad . \quad . \quad (39)$$

Sucht man wie oben den Minimalwert von β, so ist

$$\beta_{\min} = \sqrt{R\,(A + a\,C)} = \sqrt{R\left(A + W\frac{C}{L}\right)} \quad . \quad . \quad . \quad (40)$$

wobei

$$L = \frac{C\,R}{A + a\,C} \quad . \quad . \quad . \quad . \quad . \quad . \quad . \quad . \quad . \quad (41)$$

$W = a\,L$ ist der Spulenwiderstand, auf den Kilometer bezogen.

Die Größe $L : W$ geht unter dem Namen der Zeitkonstanten einer Induktionspule. Für ein kleines β empfiehlt es sich also nach (39), eine große Zeitkonstante zu verwenden. Bei den heutigen Spulen schwankt dieselbe zwischen 0.008 und 0.025. Je höher die Zeitkonstante, desto teurer ist die Selbstinduktion.

In der Praxis wird man sich im allgemeinen mit einem etwas geringeren Werte von L, bzw. einem etwas größeren von β begnügen, als durch die Formeln bestimmt. Aus einer graphischen Darstellung der Verhältnisse, siehe Lüschen (ETZ. 1908, 1106) ergibt sich nämlich, daß einer Vergrößerung von β um nur wenige Prozente eine Verminderung von L von 20 bis 40 % entsprechen kann, was für den Kostenpunkt sehr wichtig ist.

Theorie der Pupinleitung. Dieselbe lehnt sich im allgemeinen an die von Breisig (ETZ. 1909, 462) gegebene Form an.

Für die homogene Leitung wird der Stromverlauf gegeben durch die Gleichungen auf S. 119, und zwar entweder durch das Paar (15), (16) oder das Paar (17) und (18). Die Konstanten $\mathfrak{A}$, $\mathfrak{B}$ und $\mathfrak{C}$ sind durch die Gleichung (13) bestimmt. In anderer Form kann man auch schreiben

$$\mathfrak{A} = \cos i\gamma l \qquad \mathfrak{B} = -\mathfrak{Z}\, i \sin i\gamma l$$
$$\mathfrak{C} = -\frac{1}{\mathfrak{Z}}\, i \sin i\gamma l.$$

In die Gleichungen eingesetzt, lauten diese dann

$$\mathfrak{V}_e = \mathfrak{V}_a \cos i\gamma l + \mathfrak{J}_a \cdot \mathfrak{Z}\, i \sin i\gamma l \quad . \quad . \quad . \quad . \quad . \quad (1)$$

$$\mathfrak{J}_e = \mathfrak{J}_a \cos i\gamma l + \mathfrak{V}_a \frac{1}{\mathfrak{Z}}\, i \sin i\gamma l \quad . \quad . \quad . \quad . \quad . \quad (2)$$

$$\mathfrak{V}_a = \mathfrak{V}_e \cos i\gamma l - \mathfrak{J}_e\, \mathfrak{Z} \cdot i \sin i\gamma l \quad . \quad . \quad . \quad . \quad . \quad (3)$$

$$\mathfrak{J}_a = \mathfrak{J}_e \cos i\gamma l - \mathfrak{V}_e \frac{1}{\mathfrak{Z}}\, i \sin i\gamma l \quad . \quad . \quad . \quad . \quad . \quad (4)$$

Die Pupinleitung besteht nun aus homogenen Leiterstücken, die mit Spulen abwechseln. Der Stromverlauf in einer solchen Leitung muß einerseits von der Form der obigen Gleichungen sein, also eine lineare Funktion von $\mathfrak{J}_a$ und $\mathfrak{V}_a$, andererseits muß sie den besonderen Bedingungen der Leitung genügen. Pupin gibt für den Strom $\mathfrak{J}_m$ in der m ten Spule vom Anfange der Leitung an

$$\mathfrak{J}_m = \mathfrak{G}_1 \cos m\, i\, \vartheta\, s + \mathfrak{G}_2 \sin m\, i\, \vartheta\, s \quad . \quad . \quad . \quad . \quad (5)$$

in welcher Gleichung $\mathfrak{G}_1$ und $\mathfrak{G}_2$ von den Grenzbedingungen abhängige, aber von m unabhängige Größen sind. Es bedeutet s die Entfernung zweier Spulen oder $m\,s$ die Entfernung der m ten Spule vom Anfang. Es muß daher ϑ eine unserm γ entsprechend Größe sein, also Phase und Dämpfung des Stromes enthalten.

Dieselbe wird wie folgt bestimmt. Man zeichne in Fig. 18 ein Stück der Leitung, das zwischen drei Spulen liegt, und notiere die Ströme $\mathfrak{J}$ und Spannungsdifferenzen $\mathfrak{V}$ an den Übergangsstellen. Es bezeichne $\mathfrak{W}$ die Impedanz der m ten Spule, so ist der Spannungsabfall von Anfang und Ende dieser Spule

$$\mathfrak{W} \cdot \mathfrak{J}_m = \mathfrak{V}_m - \mathfrak{V}'_{m+1}.$$

Es ist erlaubt, auf die unbelasteten Stücke der Leitung die Formeln (18) und (16) anzuwenden, was die Gleichungen ergibt

$$\mathfrak{V}_m = \frac{1}{\mathfrak{C}} (\mathfrak{J}_{m-1} - \mathfrak{A}\,\mathfrak{J}_m)$$

$$-\mathfrak{V}'_{m+1} = \frac{1}{\mathfrak{C}} (\mathfrak{J}_{m+1} - \mathfrak{A}\,\mathfrak{J}_m)$$

In die Gleichung (6) eingeführt, wird

$$\mathfrak{J}_{m-1} - (2\,\mathfrak{A} + \mathfrak{C}\,\mathfrak{W})\,\mathfrak{J}_m + \mathfrak{J}_{m+1} = 0 \quad . \quad . \quad . \quad . \quad (7)$$

Ersetzt man in (7) die drei $\mathfrak{J}$ durch Gleichungen analog (5), so erhält man

$$\mathfrak{G}_1 \left\{\cos(m-1)\,i\,\vartheta\,s - (2\,\mathfrak{A} + \mathfrak{W}\,\mathfrak{C}) \cos m\,i\,\vartheta\,s + \cos(m+1)\,i\,\vartheta\,s\right\} +$$
$$\mathfrak{G}_2 \left\{\sin(m-1)\,i\,\vartheta\,s - (2\,\mathfrak{A} + \mathfrak{W}\,\mathfrak{C}) \sin m\,i\,\vartheta\,s + \sin(m+1)\,i\,\vartheta\,s\right\} = 0$$

oder nach Vereinfachung

$$(2\cos i\,\vartheta\,s - 2\,\mathfrak{A} - \mathfrak{C}\,\mathfrak{W})\,(\mathfrak{G}_1 \cos m\,i\,\vartheta\,s + \mathfrak{G}_2 \sin m\,i\,\vartheta\,s) = 0.$$

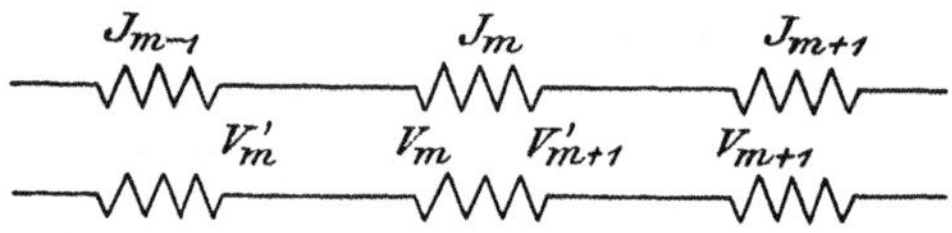

Fig. 18.

Die zweite Klammergröße ist nichts anderes als $\mathfrak{J}_m$ nach (5), und da dasselbe nicht gleich Null sein kann, muß der erste Faktor diese Bedingung erfüllen. Daraus folgt aber

$$\cos i\,\vartheta\,s = \mathfrak{A} + {}^1/_2\,\mathfrak{C}\,\mathfrak{W} \quad . \quad . \quad . \quad . \quad . \quad . \quad . \quad (8)$$

Es läßt sich also für jede Kombination von Leitung und Spulen aus den Konstanten $\mathfrak{A}$, $\mathfrak{C}$ und $\mathfrak{W}$ die Größe ϑ, welche die Dämpfung bestimmt, nach (8) berechnen.

Nun ist es wahrscheinlich, daß bei sehr großer Entfernung der Spulen, wenn sich z. B. zwischen zwei solchen ganze Stromwellen ausbilden können, durch Reflexion derselben die Dämpfung eher vergrößert als vermindert wird. Es kommt nun darauf an, ein Kriterium zu finden, bei welcher Verteilung der Spulen eine Pupinleitung mit einer homogenen Leitung gleichwertig sei, und welches der Grad der Übereinstimmung beider sei. Die zum Vergleich herbeigezogene homogene Leitung hat selbstverständlich dieselben elektrischen Konstanten wie die Pupinleitung.

Die erstere ist, analog der Gleichung (8) auf S. 118 durch eine Konstante γ_1 definiert, für die zu setzen ist

$$\gamma_1 = \sqrt{(A + i\,\omega\,C)\left(R + i\,\omega\,L + \frac{\mathfrak{W}}{s}\right)}.$$

Das letzte Glied hat die Form eines kilometrischen Widerstandes und kommt von den Spulen her.

Pupin stellt nun folgende Überlegung an. Die Gleichung (8) kann geschrieben werden

$$\cos i \vartheta s = \cos i \gamma s - \frac{\mathfrak{W}}{2 \mathfrak{Z}} i \sin i \gamma s$$

oder

$$-4 \sin^2 \frac{i \vartheta s}{2} = -4 \sin^2 \frac{i \gamma s}{2} - \frac{\mathfrak{W}}{2 \mathfrak{Z}} i \sin i \gamma s.$$

Nun werde zunächst angenommen, daß die Spulen so eng verteilt werden, daß ohne merklichen Fehler der Winkel $i \gamma s$ an Stelle dessen Sinus gesetzt werden dürfe. Dann kann man schreiben

$$-4 \sin^2 \frac{i \vartheta s}{2} = \gamma^2 s^2 + \gamma s \frac{\mathfrak{W}}{\mathfrak{Z}}$$

oder, wenn $\mathfrak{Z}$ nach Formel (9) der S. 118 durch γ ausgedrückt wird

$$-4 \sin^2 \frac{i \vartheta s}{2} = \gamma^2 s^2 + \gamma^2 s \frac{\mathfrak{W}}{R + i \omega L}$$

oder schließlich

$$= (A + i \omega C)\left(R + i \omega L + \frac{\mathfrak{W}}{s}\right) s^2$$

$$= \gamma_1^2 s^2.$$

Man soll sich hier erinnern, daß γ die Konstante für den unbelasteten Teil der Leitung bedeutet, während γ_1 die Konstante der homogenen und gleichwertigen Vergleichsleitung ist. Ebenso, daß das ϑ der Pupinleitung mit γ_1 verglichen werden soll.

Wenn nun in der letzten Gleichung der Sinus und der Winkel von $\gamma_1 s$ einander nahezu gleich sind, so ist

$$\sin^2 \frac{i \vartheta s}{2} = \sin^2 \frac{i \gamma_1 s}{2}$$

und es ist die belastete Leitung gleichwertig mit der homogenen Leitung von gleichen kilometrischen Konstanten.

Der Grad der Übereinstimmung ist also gegeben durch das Verhältnis von $\frac{1}{2} i \gamma_1 s$ mit $\sin \frac{1}{2} i \gamma_1 s$.

Die Größe γ_1 zerfällt (siehe S. 120), in einer reellen und einen imaginären Teil, $\gamma_1 = i \alpha_1 + \beta_1$, wobei

$$\alpha_1^2 = \frac{\omega C_1}{2} \left(\sqrt{\omega^2 L_1^2 + R_1^2} + \omega L_1\right)$$

$$\beta_1^2 = \frac{\omega C_1}{2} \left(\sqrt{\omega^2 L_1^2 + R_1^2} - \omega L_1\right).$$

Bei Leitungen mit hoher Induktivität, wie die Pupinleitungen es sind, ist α erheblich größer als β. Demnach hält Pupin es für zulässig, an Stelle der komplexen Größe γ_1 die reelle Größe α_1 für das Kennzeichen zu verwenden. Wenn $\omega^2 L_1^2$ groß gegen R_1^2 ist, kann man mit genügender Annäherung

$$\alpha_1 = \omega \sqrt{C_1 L_1}$$

setzen. Den Wert $\alpha_1 s$ nennt man den Winkelabstand zweier um die Länge s entfernter Punkte der Leitung.

Die Pupinleitung stimmt also mit der gleichwertigen homogenen Leitung in demselben Maße überein wie der Betrag des halben Winkelabstandes zweier Spulen, $\frac{1}{2} \omega \sqrt{C_1 L_1} \times s$ mit dem Sinus derselben Größe.

Auf S. 115 ist erwähnt worden, daß man in Deutschland die Pupinleitungen so baut, daß $10\,000 \sqrt{C_1 L_1} = 1$, und daß in Amerika 10 000 durch 7000 ersetzt wird. Für die beiden Fälle ist also der Winkelabstand $\alpha_1 s = \omega : 10\,000$ bzw. $= \omega : 7000$ und $s = \omega : 10\,000\, \alpha_1$ bzw. $\omega : 7000\, \alpha_1$. Bei gleichem α_1 ist also die Spulenentfernung im ersten Fall geringer als im zweiten, oder die zwei Leitungen stellen sich im Preis verschieden.

Untersuchen wir nun, inwieweit in den beiden Fällen für eine Frequenz von $\omega = 6000$ die Forderung erfüllt ist, daß $\frac{1}{2} \omega \sqrt{C_1 L_1} \cdot s = \sin \frac{1}{2} \omega \sqrt{C_1 L_1} \cdot s$. Die Winkel berechnen sich zu $0.300 = 17.2^0$ und $0.428 = 24.6^0$ und deren Sinus zu 0.295 bzw. 0.417. Die Verhältnisse von Bogen zu Sinus sind 1.017 bzw. 1.029. Die Abweichung von der Gleichheit beträgt also 1.7 bzw. 2.9 %. Nach Pupin stimmen die Konstanten der Wellenlänge, oder α_1, und der Dämpfung, oder β_1, in demselben Maße für die zwei Leitungen und unter der Voraussetzung, daß $\omega = 6000$.

Für geringere ω ist die Übereinstimmung besser, für größere schlechter.

Breisig hat nachgewiesen, daß die Abhängigkeit der Dämpfung von der Frequenz ω bei Pupinleitungen ganz erheblich größer ist als bei einer gleichwertigen homogenen Leitung, und daß es nicht gestattet ist, aus einer guten Übereinstimmung bei bestimmtem ω Schlüsse auf das Verhalten bei weit größerem ω zu ziehen. Für das Verhältnis der Dämpfungskonstanten β und β_1 für Pupin- bzw. homogene Leitung gibt Breisig die Formel

$$\frac{\beta}{\beta_1} = \frac{1}{\sqrt{1 - \left(\frac{\omega}{2\,\omega_0}\right)^2}}$$

in welcher ω_0 die Eigenfrequenz eines Stückes der Pupinleitung bedeutet, bestehend aus dem Spulenpaar und rechts und links davon je einer Hälfte der Schleifenleitung. Bei der geringen Länge dieser Stücke kann man sich deren Kapazität $C_1\, s$ an die beiden Endpunkte gelegt denken. Der Kreis für Eigenschwingungen hat dann die Kapazität $\frac{1}{4}\, C_1\, s$ und die Selbstinduktion $L_1\, s$, und die Frequenz seiner Schwingungen ergibt sich, siehe S. 26, aus der Beziehung

$$\frac{1}{4}\, \omega^2\, C_1\, L_1\, s^2 = 1.$$

Aus der vorletzten Formel ist ersichtlich, daß das Verhältnis der beiden β um so näher an die Einheit rückt, je größer ω_0 gegen ω wird, was Breisig in der folgenden Form ausdrückt: „Eine Leitung mit Induktionsspulen folgt dem Antriebe eines Wechselstromes um so leichter, und es treten um so weniger Verluste durch innere Reflexionen auf, je tiefer die Frequenz des an die Leitung gelegten Stromes unter der Eigenfrequenz der kleinsten selbständigen Teile der Leitung liegt.“

Bei den in Deutschland üblichen Kabeln beträgt die Eigenfrequenz $\omega_0 = 20\,000$, in Amerika 14 000. Die nachfolgende Tabelle gibt für diese beiden Werte das Verhältnis von $\beta : \beta_1$, also den Grad der Übereinstimmung für eine Anzahl hoher Frequenzen der telephonischen Ströme.

$\omega =$	$\omega = 14\,000$	$\omega = 20\,000$
4 000	$\beta : \beta_1 = 1.04$	$\beta : \beta_1 = 1.023$
6 000	1.11	1.050
8 000	1.22	1.092
10 000	1.43	1.156
12 000	1.95	1.250

Innerhalb dieser Grenzen von ω schwanken also die Abweichungen für die beiden Bauarten um 91 bzw. 23 %.

Für die Grundtöne ist $\omega = 6000$ ungefähr die Grenze. Die Frage, welche Schwankungen für das Verhältnis $\beta : \beta_1$ zulässig sind, ist noch nicht entschieden. Sie läßt sich nur durch umfangreiche praktische Versuche lösen.

Zusammengesetzte Leitungen. Nach Breisigs Untersuchungen (ETZ. 1908, 1216) bearbeitet.

Der Stromverlauf in Leitungen, die aus mehreren Stücken von verschiedener Bauart zusammengesetzt sind, läßt sich in bestimmten Fällen ohne Schwierigkeit mit Hilfe der allgemeinen Formeln berechnen. Indessen sind die Erzeugnisse nur einfach und zur Erörterung geeignet, wenn man mit Linien zu tun hat, die zu ihrer Mitte symmetrisch sind.

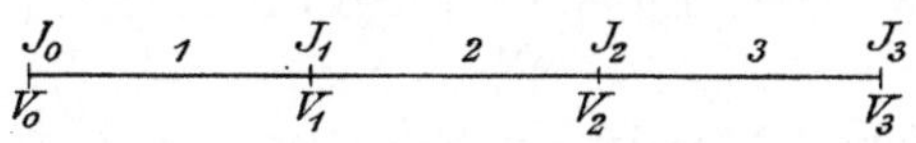

Fig. 19.

Betrachten wir einen solchen Fall, nämlich eine Linie 2, Fig. 19, an die rechts und links die in sich gleichen, aber von 2 verschiedenen Stücke 1 und 3 angeschlossen sind.

Es bedeuten $\mathfrak{A}_1$, $\mathfrak{B}_1$, $\mathfrak{C}_1$, $\mathfrak{Z}_1$ und l_1 die Konstanten der Stücke 1 und 3; $\mathfrak{A}_2$, $\mathfrak{B}_2$, $\mathfrak{C}_2$, $\mathfrak{Z}_2$ und l_2 diejenigen des Stückes 2. $\mathfrak{V}_0$, $\mathfrak{V}_1$, $\mathfrak{V}_2$ und $\mathfrak{V}$ sind die Spannungsdifferenzen an den Übergangsstellen, $\mathfrak{J}_0$, $\mathfrak{J}_1$, $\mathfrak{J}_2$ und $\mathfrak{J}$ die Stromstärken an denselben Punkten.

Wendet man die Formeln (15) und (16) auf S. 119 auf die drei Stücke an und setzt die Werte jedes Gleichungspaares in das nachfolgende ein, so wird zunächst

$$\begin{aligned}\mathfrak{V}_1 &= \mathfrak{A}_1 \mathfrak{V}_0 - \mathfrak{B}_1 \mathfrak{J}_0\\ \mathfrak{J}_1 &= \mathfrak{A}_1 \mathfrak{J}_0 - \mathfrak{C}_1 \mathfrak{V}_0\end{aligned}$$

dann

$$\begin{aligned}\mathfrak{V}_2 &= \mathfrak{A}_2 \mathfrak{V}_1 - \mathfrak{B}_2 \mathfrak{J}_1 = (\mathfrak{A}_1 \mathfrak{A}_2 + \mathfrak{B}_2 \mathfrak{C}_1)\, \mathfrak{V}_0 - (\mathfrak{A}_2 \mathfrak{B}_1 + \mathfrak{A}_1 \mathfrak{B}_2)\, \mathfrak{J}_0\\ \mathfrak{J}_2 &= \mathfrak{A}_2 \mathfrak{J}_1 - \mathfrak{C}_2 \mathfrak{V}_1 = (\mathfrak{A}_1 \mathfrak{A}_2 + \mathfrak{B}_1 \mathfrak{C}_2)\, \mathfrak{J}_0 - (\mathfrak{A}_2 \mathfrak{C}_1 + \mathfrak{A}_1 \mathfrak{C}_2)\, \mathfrak{V}_0\end{aligned}$$

und schließlich

$$\begin{aligned}\mathfrak{V} &= \mathfrak{A}_1 \mathfrak{V}_2 - \mathfrak{B}_1 \mathfrak{J}_2 = (\mathfrak{A}_1^2 \mathfrak{A}_2 + \mathfrak{A}_1 \mathfrak{B}_2 \mathfrak{C}_1 + \mathfrak{A}_1 \mathfrak{B}_1 \mathfrak{C}_2 + \mathfrak{A}_2 \mathfrak{B}_1 \mathfrak{C}_1)\, \mathfrak{V}_0\\ &\qquad - (2\,\mathfrak{A}_1 \mathfrak{A}_2 \mathfrak{B}_1 + \mathfrak{A}_1^2 \mathfrak{B}_2 + \mathfrak{B}_1^2 \mathfrak{C}_2)\, \mathfrak{J}_0.\\ \mathfrak{J} &= \mathfrak{A}_1 \mathfrak{J}_2 - \mathfrak{C}_1 \mathfrak{V}_2 = (\mathfrak{A}_1^2 \mathfrak{A}_2 + \mathfrak{A}_1 \mathfrak{B}_2 \mathfrak{C}_1 + \mathfrak{A}_1 \mathfrak{B}_1 \mathfrak{C}_1 + \mathfrak{A}_2 \mathfrak{B}_2 \mathfrak{C}_1)\, \mathfrak{J}_0\\ &\qquad - (2\,\mathfrak{A}_1 \mathfrak{A}_2 \mathfrak{B}_1 + \mathfrak{A}_1^2 \mathfrak{C}_2 + \mathfrak{B}_2 \mathfrak{C}_1^2)\, \mathfrak{V}_0.\end{aligned}$$

Dies sind wieder Gleichungen von der Form

$$\begin{aligned}\mathfrak{V} &= \mathfrak{A}\, \mathfrak{V}_0 - \mathfrak{B}\, \mathfrak{J}_0\\ \mathfrak{J} &= \mathfrak{A}\, \mathfrak{J}_0 - \mathfrak{C}\, \mathfrak{V}_0\end{aligned}$$

oder

$$\begin{aligned}\mathfrak{V}_0 &= \mathfrak{A}\, \mathfrak{V} - \mathfrak{B}\, \mathfrak{J}\\ \mathfrak{J}_0 &= \mathfrak{A}\, \mathfrak{J} - \mathfrak{C}\, \mathfrak{V}\end{aligned}$$

wie die Paare (15), (16) und (17), (18) auf S. 119 u. 120, welche für die homogene Leitung gültig sind. Auch hier ist die Beziehung (14)

$$\mathfrak{A}^2 - \mathfrak{B}\, \mathfrak{C} = 1$$

gültig.

Berechnet man $\mathfrak{A}$ aus $\mathfrak{A}_1$, $\mathfrak{A}_2$, $\mathfrak{B}_1$, $\mathfrak{B}_2$, $\mathfrak{C}_1$ und $\mathfrak{C}_2$ unter Berücksichtigung der Gleichungen (13) auf S. 119, so wird

$$\mathfrak{A} = \frac{e^{\gamma_1 l_1} + e^{-\gamma_1 l_1}}{2} \cdot \frac{e^{\gamma_2 l_2} + e^{-\gamma_2 l_2}}{2} + {}^1/_2 \left(\frac{\mathfrak{Z}_1}{\mathfrak{Z}_2} + \frac{\mathfrak{Z}_2}{\mathfrak{Z}_1}\right) \frac{e^{\gamma_1 l_1} - e^{-\gamma_1 l_1}}{2} \cdot \frac{e^{\gamma_2 l_2} - e^{-\gamma_2 l_2}}{2}.$$

$\mathfrak{A}$ ist der Dämpfungsfaktor der kombinierten Leitung, und er ist wesentlich abhängig von dem Verhältnis der beiden Charakteristiken $\mathfrak{Z}_1$ und $\mathfrak{Z}_2$ der beiden Bestandteile der Leitung. Dies ist darauf zurückzuführen, daß an den Übergangsstellen die Ströme nicht in voller Stärke durchgelassen, sondern zum Teil reflektiert werden. Die Reflexionen sind um so größer, je weiter die Werte der $\mathfrak{Z}_1$ und $\mathfrak{Z}_2$ voneinander verschieden sind. Wenn $\mathfrak{Z}_1 = \mathfrak{Z}_2$, geht die Formel über in

$$\mathfrak{A} = {}^1/_2 \left(e^{\gamma_1 l_1 + \gamma_2 l_2} + e^{-\gamma_1 l_1 - \gamma_2 l_2}\right)$$

d. h. die Dämpfungsexponenten der 3 Linien addieren sich einfach.

Dies gilt allgemein für Leitungen mit gleicher Charakteristik, nicht nur für solche, die gegen die Mitte symmetrisch sind.

Um ein Bild von der Größe der Reflexion zu geben, sei ein Beispiel angeführt.

Es sollen zwei lange Leitungen von den Charakteristiken $\mathfrak{Z}_1$ und $\mathfrak{Z}_2$ mit einander verbunden werden. Unter diesen Umständen ist immer die negative Potenz von e gegen die positive verschwindend klein, siehe Tabelle auf S. 300, so daß man mit genügender Genauigkeit setzen kann

$$\mathfrak{A} = {}^1/_4\, e^{\gamma_1 l_1 + \gamma_2 l_2}\left[1 + {}^1/_2\left(\frac{\mathfrak{Z}_1}{\mathfrak{Z}_2} + \frac{\mathfrak{Z}_2}{\mathfrak{Z}_1}\right)\right].$$

Bringt man die Klammergröße auch in die Form einer Potenz von e, d. h. setzt man

$$\rho = \log\text{nat}\, {}^1/_2\left(1 + {}^1/_2\, \frac{\mathfrak{Z}_1}{\mathfrak{Z}_2} + {}^1/_2\, \frac{\mathfrak{Z}_2}{\mathfrak{Z}_1}\right),$$

so wird

$$\mathfrak{A} = {}^1/_2\, e^{\gamma_1 l_1 + \gamma_2 l_2 + \rho}$$

Bringt man ϱ, analog wie die γ, in die Form $\varrho = i\,\alpha_\rho + \beta_\rho$, so wird der Dämpfungsexponent der zusammengesetzten Leitung

$$\beta\, l + \beta_1 l_1 + \beta_2 l_2 + \beta_\rho.$$

Er ist also um einen festen Betrag β_ρ vermehrt worden, der von dem Verhältnisse der Charakteristiken abhängig ist. Man sieht daraus, welche Bedeutung die Charakteristik einer Linie hat, und wie man mit ihrer Hilfe die Reflexionen von Stromwellen bestimmen kann.

Schließen wir z. B. eine oberirdische Bronzeleitung von 1 mm starkem Draht mit der Charakteristik 568 und eine Pupinleitung mit der Charakteristik 2000 zusammen, so hat β_ρ den Wert 0.338. Die Reflexion wirkt etwa wie die Zuschaltung einer oberirdischen Leitung von 4 mm Bronzedraht von 135 Kilometer Länge, und sie ist erheblich, aber wesentlich geringer als diejenige an den Endapparaten.

Das Krarup-Kabel in der Praxis. Bei diesem Kabel ist der Leitungsdraht aus Kupfer mit einer oder mehreren Lagen von feinem Eisendraht in enger Spirale umwickelt, wodurch ein gewisser zusätzlicher Betrag von Selbstinduktion in stetiger Verteilung in die Leitung hineingebracht wird. Diese Bauart ist im Jahre 1901 von dem dänischen Telegrapheningenieur C. E. Krarup vorgeschlagen und von der

Firma Felten & Guilleaume aufgenommen und zu der jetzigen Vollkommenheit geführt worden. Sie eignet sich zur Verlegung in Wasser. Sämtliche Kabel dieses Systems sind von dieser Firma ausgeführt worden, zum größten Teil im Auftrage der dänischen Regierung. Die erste Verlegung fand im Nov. 1902 statt zwischen Elsenör und Helsingborg. Bis 1909 sind 33 Kabelstücke nach dieser Bauart verlegt worden mit 1 bis 8 Adern, größtenteils in G. P. Isolierung, in Längen bis 30 km, in Tiefen von ca. 20 Meter, zwischen den zu Dänemark gehörenden Inseln der Nord- und Ostsee. Ebenso liegen 22 Kilometer im Simplontunnel. Total sind bis Anfang 1909 ca. 350 Kilometer Kabel dieses Systemes angefertigt und verlegt worden.

Der Leiter hat je nach Umständen verschiedenen Querschnitt und verschiedene Form bekommen, einfacher Runddraht, ebensolcher mit Kupferbändern umwickelt, drei verseilte Runddrähte usw. Infolge der Wirbelströme, welche der telephonische Strom in der Eisenwickelung, in Bleimantel und Armatur erzeugt, ist der Kupferwiderstand für Wechselstrom wesentlich größer als für Gleichstrom, siehe die Tabellen auf S. 139.

Für die Eisendrahtwickelung ist bis jetzt ausgeglühter Draht der besten Sorte in den Dicken von 0.2, 0.3 und 0.5 mm, in 1, 2 und 3 Lagen verwendet worden. Gegenwärtig hält man 3 Lagen von 0.20 mm als das richtige. Der Draht wird so eng als möglich gewickelt.

Larsen (ETZ. 1908, 1030) gibt an, wie man den Koeffizienten L der Selbstinduktion einer solchen Leitung theoretisch berechnen kann. Es bezeichnen r_1, r_2 und r_3 die Radien über Kupfer, Eisenwicklung und Isolation, r den Radius des Eisendrahtes, R_1, R_2 ... die Mittelradien der Windungen und schließlic h a den Zwischenraum der Eisendrähte, alles in mm gemessen, so ist in Henry per Kilometer Einfachleitung

$$L = 10^{-4}\left[\left(\frac{1}{R_1} + \frac{1}{R_2} + \cdots\right)\left(\frac{\mu}{1+\alpha} + f\right) \cdot \frac{2 r^2 \pi}{2 r + a} + 4.60 \log \frac{2 r_3 - r_2}{r^2}\right]$$

wobei μ die Permeabilität des Eisens bedeutet und die Hilfsgrößen α und f gegeben sind durch die Formeln

$$\alpha = \mu \frac{r\sqrt{a r}}{25{,}1\, R^2 \operatorname{arc\,tg} \frac{r}{\sqrt{a r}}} \qquad \text{und } f = 0{,}28 + 0{,}64 \cdot \frac{a}{r}$$

R in der Formel für x ist der Mittelwert aller R_1, R_2, ...

Die Größe von μ liegt in diesen Formeln zwischen 120 und 130, und Larsen zeigt an vier Beispielen von fabrizierten Kabeln, daß diese Werte die Formeln befriedigen. Nach Baur (Wied. Ann. XI. 399. 1880) ist für ausgeglühtes weiches Eisen (Ring von 10 mm Dicke)

$$\mu = 183 + 1382\,\mathrm{H}$$

gültig für H von 0.016 bis 0.40 *C G S*. Für magnetisierende Kräfte in der Gegend von H = 0.001 sollte also μ etwa 185 sein und für Eisen von der heutigen Qualität wahrscheinlich etwa gleich 200. Daß Messungen an fabrizierten Kabeln weitaus weniger geben, rührt davon her, daß ausgeglühter Eisendraht bei der kleinsten Biegung seine magnetischen Eigenschaften außerordentlich verschlechtert. Möglicherweise werden sie durch Glühen nach dem Wickeln verbessert. Die Permeabilität von ca. 120 ist nicht viel besser als die von Lord Rayleigh (Phil. Mag. März 1887) für hartes Eisen angegebene,

$$\mu = 81 + 64\,\mathrm{H}$$

ebenfalls gültig für ganz kleine H.

Es ist schon angeführt worden, daß die Wicklung mit Eisendraht den Widerstand des Kupferleiters (für Wechselstrom) wesentlich erhöht. Larsen gibt zur Berechnung der Zunahme in Ohm per Kilometer die Formel

$$\Delta W = 9.74 \,.\, 10^{-10} \,.\, k\,n^2 \,.\, \frac{h\,r^2}{\rho\,R} \left(\frac{\mu}{1+a}\right)^2$$

worin R und r dieselbe Bedeutung haben wie oben, n = der Periodenzahl, h = der Höhe der Eisenwicklung, ϱ = ca. 0.125 Ohm per ccm der spez. Widerstand des Eisendrahtes und $k = 2\,r : (2\,r + a)$.

Die Formel gibt nur die Widerstandszunahme für den Eisendraht der Aderwickelung. Dazu kommen noch andere Zunahmen, herrührend von Hysteresis, ev. Verlust durch Wirbelströme im Bleimantel und in der Armatur.

Die Isolierung der Krarupader geschieht in der gewöhnlichen Weise entweder mit Papier und Lufträumen oder mit Guttapercha in den Wandstärken von 2.5 bis 3.0 mm.

Ist ein Bleimantel nötig, so wird derselbe, wie bei F. & G. üblich, doppelt gemacht, das legierte Blei innen und das Weichblei außen. Um bei Mantelfehlern nicht gleich das ganze Kabel zu verderben, wird auf alle 150 Meter das Rohrinnere mit einem Pfropfen abgedichtet.

Die Armatur ist wie gewöhnlich zwischen zwei Lagen von asphaltierter Jute eingebettet und je nach der Verlegung in der See oder am Ufer einfach oder doppelt. Zur Verwendung gelangt Draht von rundem oder trapezförmigem Querschnitt oder auch Profildraht.

Die nachfolgenden drei Tabellen enthalten eine Sammlung von Daten über eine Anzahl typischer Kabel nach der Bauart Krarup. Bemerkenswert sind die schon mehrfach erwähnten Änderungen der elektrischen Konstanten mit der Periodenzahl, ebenso die Minimalzahl $\beta = 0.054$ des Kabels *e* für die spez. Dämpfung.

Tabelle typischer Telephonkabel, System Krarup. Nach Mitteilungen von C. E. Krarup. 3. April 1909.

Linie	Verlegungsjahr	Isolation	Zahl der Leiter	Konstruktion des Leiters	Kupfer Querschnitt qmm	Eisendraht Lagenzahl und Dicke in mm	Preis in M pro km ohne Verlegung	R in Ohm pro km Doppelader	Periode $= 2\pi . 955 = 6000$			Reichweite in km bei Verwendung des Kabels	
									C in MF pro km Dopp.-Ader	L in Henry pro km Dopp.-Ader	$\beta = \frac{R}{2}\sqrt{\frac{C}{L}} + \frac{A}{2}\sqrt{\frac{L}{C}}$	mit entsprechenden Luftlinien $\beta_2 = 3$	allein $\beta_2 = 4.7$ [3])
1	2	3	4	5	6	7	8	9	10	11	12	13	14
a [1])	1903	Imprägn. Papier	4	7 Runddrähte	10	1 × 0.3	5449	3.41	0.072	0.005	(0.011)	273	(427)
b [2])	1906	Guttapercha	4 × 2	Runddraht mit 3 Flachdrähten	8	3 × 0.2	10 664	4.22	0.127	0.00934	0.0119	252	396
c [1])	1907	Unimpr. Papier	4	dto.	7.23	3 × 0.2	4740	4.77	0.0470	0.0095	0.0072	417	651
d [2])	1908	dto.	12 × 2 + 4 × 4	Runddraht	2	1 × 0.37 [4])	4500	17	(0.05)	(0.009)	(0.017)	(176)	(276)
e [2])	1909 projektiert	dto.	2 × 4 + 2 unbesponnen	Runddraht mit 3 Flachdrähten	8 3 für die	3 × 0,2 0 für die unbesponnenen Drähte	8680	ca. 4.00	ca 0.0375	ca 0.0092	0.0054	555	870

(Die Namen der Linien sind die folgenden: a) Syltholm-Fehmarn, b) Korsör-Nyborg, c) Syltholm-Fehmarn, d) Dänische Erdkabel für Fernverkehr, e) Refsnaes-Samsö-Hou.)

Die Ableitung A kann (ausgerechnet nach Breisigs Zahlen, ETZ. 1908, S. 588) für b als 22×10^{-6} und für c oder andere Kabel mit nicht imprägniertem Papier als 4×10^{-6} angenommen werden.

[1]) Die Zahlenangaben 9 bis 12 nach Breisig.

[2]) Die Zahlenangaben 9 bis 12 nach Larsen, in ( ) bloß geschätzt.

[3]) Nach Hill.

[4]) 1 × 0.37 mm gibt nach Larsen minimalen Energieverlust und minimales β.

Larsens Messung von Kabel b im August 1907.
Die Zahlen auf das km einfache Ader bezogen.

	Messung mit Wechselstrom				Messung mit Gleichstrom		
$2\pi n$	n	R Ohm	L Henry	C Mikrofarad	$R\,20^0$	$R\,15^0$	C
4800	765	2.33	0.00 464	0.256	2.15	2.11	0.274
5700	907	2.38	.00 465	.255			
6850	1084	2.49	.00 466	.255			
7700	1225	2.54	.00 466	.254			

Breisigs Messung von Kabel c im Oktober 1907.
Die Zahlen sind auf das km Doppelader bezogen.

	Messung mit Wechselstrom								Gleichstrom	
			L in Henry		C in Mikrofarad		β_2			
$2\pi n$	n	R Ohm	Rotes Paar	Blaues Paar	Rotes Paar	Blaues Paar	Rotes Paar	Blaues Paar	R	C
5000	796	5.358	0.00963	0.00977	0.0419	0.0409	0.00673	0.00671	4.752	0.0470
6000	955	6.031	0.00944	0.00960	0.0419	0.0411	0.00715	0.00720		
7000	1114	6.952	0.00947	0.00939	0.0407	0.0419	0.00766	0.00782		

Das Simplonkabel. Als Beispiel der Spezifikation eines Kabels nach der Bauart Krarup sei das im Februar 1906 durch den 20 km langen Simplontunnel gelegte Telephonkabel ausgewählt. Der Tunnel hatte zur Zeit der Verlegung in seiner südlicheren Hälfte Temperaturen bis 35^0 C., die seitdem infolge fortwährender Ventilation beträchtlich gesunken sind.

Das Kabel hat eine Länge von rund 22 km und ist von Felten & Guilleaume angefertigt worden. Es soll einen guten Sprechverkehr zwischen Lausanne und Mailand ermöglichen, mit einem beiderseitigen Anschluß von ca. 150 km Bronzeleitung von 5 mm ⌀, und zudem wünscht man an die beiden Enden, d. h. über Lausanne und Mailand hinaus, noch ca. 200 km Bronzeleitung von 3 mm ⌀ anzuhängen.

Der Leiter hat 2.35 qmm und besteht aus 3 verseilten Kupferdrähten von 1.0 mm ⌀. Er ist mit einer Lage Eisendraht von 0.3 mm ⌀ umwickelt und dann mit dickem Papier auf ca. 8.0 mm isoliert. Zwei solche Adern, mit einer Zwischenlage aus Papier, sind zu einem Paare zusammengedreht und 7 solche Paare mit 6 Papiertrensen verseilt. Zwei Baumwollbänder halten das Seil zusammen. Der Durchmesser = 27 mm. Darüber kommt ein Mantel aus Blei mit 3% Zinn, eine Schicht Bitumen und ein Weichbleimantel. Totale Dicke der beiden Mäntel = 2.75 mm, Durchmesser über dieselben = 32.5. Asphaltierte

Jute, Profildraht von 5 mm Stärke und wieder asphaltierte Jute. Äußerer ⌀ ca. 51 mm. Verlegungslängen ca. 1000 Meter.

Meßresultate nach der Methode von Breisig am verlegten Kabel, nach di Pirro (Journ. Tel., Jan. u. Febr. 1907).

Der Kupferwiderstand nimmt mit wachsendem n ganz bedeutend zu. Er ist für das zentrale Paar für

n	=	0	722	1005	1266
R	=	14.20	15.01	16.03	19.80 p. km-Paar
relativ R	=	1.00	1.11	1.16	1.39

Die Kapazitäten der 6 Außenpaare mit $n = 707$ bis 1001 ergeben 0.0405 MF mit $\pm$ 1 % Abweichung. Mit Gleichstrom gemessen, ca. 0.047 MF $\pm$ 1 %. Ist unabhängig von n. Für das zentrale Paar ist die Kapazität bei 1266 Perioden 10 % kleiner als bei 722 und 1005.

Der Koeffizient der S.-Induktion der Außenpaare ist für $n = 707$ bis 1266 gleich 0.00865 $\pm$ 1 %, des Mittelpaares 0.00815 für $n = 707$ und 1005, aber bei $n = 1266$ etwa 16 % höher.

Der Isolationswiderstand beträgt ca. 4000 Megohm per km und 15° C. für Ader gegen alle anderen und Erde, im Paar ca. 10 000 Mg. Ist galvanometrisch bestimmt worden, da infolge der hohen Temperatur von ca. 30° C die Methode Breisig versagte. (Siehe S. 176.)

Die spezifische Dämpfung β wird = 0.0177 gemessen.

Mit einem Dämpfungsexponenten $\beta l = 1.64$ sind die Gespräche vorzüglich, mit 2.25 gut und mit 3.26 noch möglich.

Versuche auf gegenseitige Induktion. Wenn an einem Ende ein Telephon in ein Paar eingeschaltet wird und auf ein anderes Paar ein Mikrophon (die anderen Enden der Paare kurz geschlossen), und man spricht laut auf letzteres, so sind die Namen von Zahlen eben schwach vernehmbar. Ebenso verhält es sich mit den Zeichen eines Hughes-Apparates. Beide Versuche störten ein Gespräch nicht. Dieselben Resultate ergaben sich auch, wenn noch oberirdische Linien zugeschaltet wurden.

Wurden 5 Paare hintereinander geschaltet, entsprechend einer Kabellänge von 115 km, so befriedigten die Hörversuche. Die Stimme war stark und die Klangfarbe erhalten.

Die Pupinsche Leitung. Wie schon früher auseinandergesetzt, liegt das Wesen der Verbesserung einer telephonischen Leitung nach Pupin in der Erhöhung der Selbstinduktion durch punktweise Einschaltung derselben in Form von Spulen. Diese werden nach gesetzmäßigen Distanzen verteilt, siehe S. 115, und zwar immer eine Spule in die Hin- und eine in die Rückleitung. Die ersten Freileitungen, von Siemens und Halske gebaut, waren durchweg mit Einfachspulen versehen, d. h. die beiden Leitungen erhielten Spulen, die voneinander vollständig unabhängig waren. Es zeigte sich dann aber bei einigen Leitungen, daß dieses System mit der Zeit seine Symmetrie verlor und dadurch äußeren Störungen von Straßenbahnen usw. zugänglich wurde. So wird bei neueren Leitungen fast allgemein die Doppelspule benutzt. Diese ist so konstruiert, daß die Drahtspulen für beide Leitungen auf denselben Eisenkern gewickelt sind. Erwirbt dieser dann mit der Zeit remanenten Magnetismus, so macht sich dessen Einfluß sowohl auf die Hin- als auf die Rückleitung gleichmäßig geltend, und die Symmetrie bleibt erhalten.

Die beiden Spulen sind sowohl was Kupferwiderstand und Selbstinduktion anbetrifft einander gleich. Die Werte dieser beiden Konstanten richten sich nach dem Zweck, der erzielt werden soll. In eine 580 km lange Freileitung von 2.5 mm Bronzedraht z. B. wurden Spulen von 8.7 Ohm und ca. 0.11 Henry eingebaut, in Abständen von ca. 5 km. In einem Telephonkabel von 1 mm Drahtstärke und 32,5 km Länge wurden in Distanzen von ca. 1300 Meter Spulen von je 4.1 Ohm und 0.062 Henry eingeschaltet.

Die Pupinsche Bauart hat den großen Vorteil, daß sie überall verwendet werden kann, für Freileitungen wie für Kabel aller Art. Nur für unterseeische Kabel ist dieselbe im Rückstand, doch wird man bald von einem pupinisierten Guttaperchakabel hören, das Siemens Bros. über den Kanal legen werden.

Auch schon verlegte Leitungen irgendwelcher Art lassen sich durch Einschalten von Spulen pupinisieren und dadurch auf eine höhere Leistungsfähigkeit bringen.

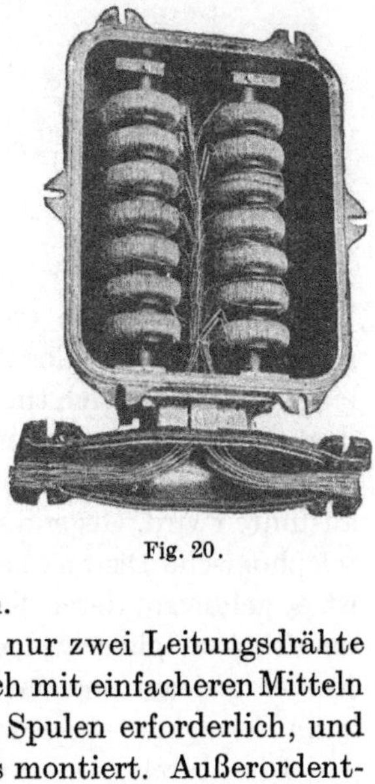

Fig. 20.

Für den Fall eines Kabels von vielen Leitungen werden die Spulen in einem Kasten nach Fig. 20, eventuell in zwei solchen Kasten untergebracht. Die Eisenkerne der Spulen sind ringförmig, und jeder ist mit zwei Kupferdrähten umwickelt, von denen einer für die Hin- und einer für die Rückleitung bestimmt ist. Sind alle Spulen eingebaut, so wird der Kasten abgeschlossen und wie bei einer gewöhnlichen Spleißung mit Masse vergossen.

Für Freileitungen, bei denen in der Regel nur zwei Leitungsdrähte vorhanden sind, wird die Pupinisierung theoretisch mit einfacheren Mitteln erreicht. Es werden für jeden Punkt nur zwei Spulen erforderlich, und diese sind immer auf einem Mast des Gestänges montiert. Außerordentliche Schwierigkeiten haben sich aber für diese Spulen in der Praxis eingestellt, und zwar betreffend Isolierung und Blitzschutz. Fig. 21

zeigt einen Siemensschen Apparat allerneuesten Systems, der dazu dient, die Spulen unterzubringen und zu isolieren. Man bemerkt zuerst vier starke Porzellan-Isolatoren. Diese nehmen die vier Drahtenden der zwei Spulen auf, die zur Verbindung mit den Leitungsdrähten gelangen. Dann sieht man noch die eisernen Stützen, die aus dem Isolator hervorragen und zum Befestigen des Apparates auf die Träger des Gestänges dienen. Eine Kappe aus Metall schützt das Ganze gegen Regen und Schnee. Für weitere Details und für Blitzschutzvorrichtungen sei auf eine Beschreibung von Ebeling, ETZ. 1909, 550, verwiesen.

Fig. 21.

Ein technischer Erfolg beruht meistenteils auf einer Ersparnis, und diese ist durch das Pupinsche System in reichem Maße erzielt worden. Eine tadellos funktionierende oberirdische Leitung von irgendeiner Länge läßt sich theoretisch immer bauen. Wenn man den Leitungsdraht dick genug nimmt, kann man auch sehr große Distanzen überwinden, aber die Kosten werden so hoch, daß niemand eine solche Linie ausführen wird. Gegenwärtig kann man 1000 km als die gewünschte größte telephonische Distanz bezeichnen. Durch die Pupinisierung der Leitung ist es gelungen, deren Kosten so weit herunter zu bringen, daß sie wirtschaftlich möglich wird, d. h. daß der Betrieb so viel einbringt, daß dessen Kosten gedeckt und das Anlagekapital verzinst und amortisiert werden kann.

Die durch Ausstattung mit Pupinspulen erzielten Ersparnisse sind außerordentlich hoch. Für Freileitungen stellen sich die Kosten für Gestänge usw. sowie Montage für gewöhnliche und pupinisierte Linien ungefähr gleich hoch, während man mit der letzteren einen viel dünneren Draht verwenden kann als mit der ersteren. Im allgemeinen kann man sagen, daß bei einer Pupinfreileitung entsprechend dem Durchmesser des Leiters bis zu 60 % gegenüber der gleichwertigen spulenlosen Leitung gespart werden kann.

Bis jetzt hat das System von Pupin in Europa, und noch mehr in England und Amerika, ungeheure Erfolge gehabt, und es ist anzunehmen, daß es noch weiter befruchtend wirken wird.

Die Pupinleitung in der Praxis. Eine Reihe von praktischen Erfahrungen mit pupinisierten Freileitungen sind von Nowotny in Wien mitgeteilt worden. (ETZ. 1905, 451; 1907, 1175; Z. f. El. 1906, 291; Z. f. Schw. T. 1907, 144.)

Die Linie Wien—Innsbruck, im Jahre 1905 eröffnet, besteht aus einer Doppelleitung von 3 mm Bronzedraht, die am gleichen Gestänge wie die interurbanen Telegraphendrähte aufgehängt ist. Auf jeder achten Stange sind die zwei Drähte gekreuzt, um sie der Induktion der Telegraphenströme zu entziehen. Die Linie ist 750 km lang und enthält in Wien 10.3 und in verschiedenen Tunnels ca. 6 km Kabel mit Draht von 0.8 mm Durchmesser.

In den Kabeln sind alle 1250 m Doppelspulen von je 2.5 Ohm und 0.20 Henry eingeschaltet. Auf der Freileitung hingegen wurden ursprünglich alle 4 km je zwei einfache Spulen von 1.20 Ohm und 0.08 Henry eingebaut.

Schon beim Bau der Leitung wurde eine Reihe von Experimenten ausgeführt mit der Absicht, die Theorie auf ihre Richtigkeit zu prüfen. Die Spulendistanz von 4 km ist nach Pupin berechnet.

In erster Linie handelte es sich um eine Nachprüfung des Spulengesetzes, und es ergab sich das wohl überraschende Resultat, daß die Sprechfähigkeit der Schleife dieselbe blieb, wenn die Spulen in Pupinscher Distanz eingebaut waren oder wenn jede zweite Spule weggelassen wurde.

Inzwischen war aber die Theorie unter Berücksichtigung der Ableitung zur Geltung gekommen. Es ergab sich, daß unter Zuzug der beobachteten Werte der Ableitung (die zwischen 2 und 5 mal 10^{-6} liegen) Theorie und Praxis miteinander übereinstimmen.

Der Wert der Dämpfungskonstante β ist mit einer Ableitung von der gegebenen Größenordnung ungefähr derselbe, ob alle oder nur die halbe Zahl der Spulen in der Schleife eingebaut sind. In der Folge wurde dann wieder die Hälfte der Spulen entfernt.

Durch einen weiteren Versuch wurde festgestellt, daß es nicht nötig ist, die Spulendistanzen genau einzuhalten. Lücken in der Leitung, bis zu 30 km ohne Spulen, hatten keinen wesentlichen Einfluß.

Diese Leitung wurde später bis Riva auf 850 km verlängert, mit Spulen in 8 km Distanz, mit demselben vorzüglichen Resultat.

Mittels einiger anderer österreichischen Freileitungen wurde der Nachweis geleistet, daß die einfache Spule ihre Nachteile hat. Durch lokale Ableitung eines Starkstromes kann in einer Anzahl von Spulen des einen Drahtes ein beträchtlicher remanenter Magnetismus zurückbleiben. Die Folge ist dann Unsymmetrie der Schleife, wodurch sie leicht Störungen durch elektrische Bahnen und anderen Starkstrom unterworfen wird. Eine Untersuchung der Spulen zeigte, daß die Selbstinduktion von 0.08 H. beim Einbau auf Werte von 0.05 und selbst auf 0.03 H. gesunken war.

Auch in bezug auf Reflexion wurden Versuche angestellt durch Zusammenschalten verschieden gebauter Linien, und es wurde bestätigt, daß die Übertragung um so günstiger wird, je mehr die Charakteristiken der beiden Linien sich einander nähern. Auch stellte es sich als ein Vorteil heraus, wenn man gegen die Enden einer Linie hin die Selbstinduktion stufenweise geringer macht als normal.

Auf diesen langen österreichischen Linien, von denen ein großer Teil im Alpengebiet liegt und atmosphärischen Einflüssen mehr als gewöhnlich unterworfen ist, zeigte es sich auch, daß die Spulen oft Gelegenheit zu Isolationsfehlern gaben und eine verbesserte Konstruktion verlangen.

Betreffend den Wert des zulässigen Dämpfungsexponenten βl macht Nowotny die folgenden Angaben:

Die Linie	Wien—Prag,	4 mm	Bronze,	$\beta l = 2.1$,	spricht sehr gut.
„ „	Wien—Prag,	3 „	„	$\beta l = 2.8$,	spricht recht gut.
„ „	Wien—Triest,	4 „	„	$\beta l = 3.0$,	spricht sehr gut.

Betreffend Kontrolle der Pupinschen Theorie mittelst der starken Ströme einer Hochfrequenzmaschine ist Nowotny der Ansicht, daß die Resultate andere sein werden als mit wirklichen telephonischen Strömen, aus dem Grunde, weil L ganz beträchtlich größer ausfällt.

Das Bodenseekabel. Dieses Kabel wurde im Jahre 1906 von der Firma Siemens und Halske nach der Bauart Pupin konstruiert und verlegt. Die maximale Tiefe des Sees beträgt 250 m, so daß ein Wasserdruck von max. 25 Atm. auf dem Kabel lastet.

Dasselbe hat eine Länge von 12 km und enthält 7 Doppeladern unter Blei. Das Seekabel ist mit einer Armatur von 32 × 3,75 mm verzinkten Rundeisendrähten mit den üblichen Jutelagen versehen. Die Uferstücke haben dieselbe Armatur und darüber noch eine zweite von 30 × 5,4 mm Runddrähten, während die unterirdisch verlegten Anschlußstücke bloß mit blankem Blei geschützt sind.

Die Ader besteht aus einem unterteilten Kupferleiter von 1.77 qmm Querschnitt, entsprechend einem massiven Draht von 1.5 mm Durchmesser mit Papierisolierung in Siemensscher Art. Der Kilometer Schleife hat ca. 20 Ohm Widerstand. In jedes Drahtpaar sind Pupinsche Spulen zugeschaltet, paarweise auf den gleichen Eisenring gewickelt. Auf den Kilometer Schleife reduziert, beträgt der Widerstand 13.5 Ohm und die Selbstinduktion 0.21 Henry. Aus Messungen ergab sich die spez. Dämpfung $\beta = 0.0072$. Dieselben wurden mit 900 Perioden ausgeführt. Im fertigen Kabel ist die Kapazität = 0,039 MF bei einem Durchmesser der Seele von 25 mm. Diese ist in der gewohnten Weise zusammengedreht. Um zu verhindern, daß der Wasserdruck das Bleirohr zerdrückt, ist die Seele mit einem Stahldraht von 2.0 mm spiralförmig umwickelt.

Unter Bleimantel wurde das Kabel in Längen von 500 m angefertigt und dieselben später gespleißt. Auf der ersten Spleißstelle wurden die Pupinspulen für 4, auf der zweiten für 3 Paare eingeschaltet usw. Die spulenfreien Drähte werden durch die Ringe durchgezogen. Die Spleißung wird beiderseits konisch ausgebildet und ausgefüllt, so daß nach dem Auflegen des Bleimantels das Kabelinnere alle 500 m wasserdicht abgeschlossen ist, um im Falle eines fehlerhaften Mantels nicht das ganze Kabel heben zu müssen. Die Spleißung erwies sich als eine außerordentlich schwierige Operation, über welche die Firma nichts publizieren will. An der verdickten Stelle wird die Armatur durch zusätzliche Drähte geschlossen.

Zum Vergleich mit Kabeln nach der Bauart Krarup gibt Ebeling (ETZ. 1907, 661) die nachfolgende Tabelle.

Lfd. Nr.	Kabel	Konstruktion	Kapazität Mikrofarad	Selbstinduktion Henry	Wirksamer Widerstand Ohm	Dämpfungsfaktor β	Cu qmm	Durchmesser Cu mm	Reichweite km
1.	Refsnaes-Soelvig	Guttapercha 3 Fe-Drähte à 0.2 mm Durchmesser	0.12	0.0087	4.55	0.0084	8.6	3.3	300
2.	Fehmarn-Laaland	Bleikabel Fe-Draht 0.3 mm	0.082	0.0050	5.34	0.0105	10.0	3.6	238
3.	Cuxhaven-Helgoland	Bleikabel Fe-Drath 0.3 mm	0.044	0.0043	3.80	0.0065	12.6	4.0	385
4.	Bodensee	Pupin-Kabel	0.039	0.21	33.5	0.0072	1.77	1.5	347

Für die Vergleichskabel ist zu berücksichtigen, daß sie höchstens 2 Paare enthalten und in flachem Wasser von 40 m maximaler Tiefe liegen; ebenso, daß sie die zur Zeit besten Leistungen aufwiesen. Das Pupinkabel mit einem Kupferquerschnitt von 1.77 qmm erreicht betreffs Dämpfung nahezu das Krarupkabel Nr. 3 mit 12.6 qmm. Leider enthält die Tabelle keine Angaben über die Herstellungskosten.

Die Tabelle ist von weiterem Nutzen, da sie für sämtliche Kabel die elektrischen Konstanten angibt.

Im Anschlusse möge noch erwähnt werden, daß Lüschen (ETZ. 1908, 1106) nachgewiesen hat, daß das Bodenseekabel zuviel Selbstinduktion hat. Weiter gibt er an, daß die von R abhängig Dämpfung $= 0.0072$, die von A abhängige $= 0.0035$, also das totale $\beta = 0.0107$ ist. Die günstigste Selbstinduktion wäre 0.14 Henry statt der 0.21, die das Kabel enthält.

Reichweite bei verschiedenen Bauarten. Zur Zeit kommen für telephonische Übertragung die folgenden Kabeltypen in Betracht.

1. Guttaperchakabel ohne Blei, ohne zusätzliche Selbstinduktion oder mit solcher nach Krarup oder Pupin.

2. Papier isolierte Kabel mit Blei, zusätzlich Selbstinduktion nach den beiden Bauarten.

Es fragt sich, wie dieselben sich betreffend Reichweite verhalten.

Gegenwärtig wissen wir noch nicht mit Bestimmtheit, welche obere Grenze für βl genommen werden soll. Pupin erlaubt 1.5, Breisig 2.5, Nowtony hält 4.0 noch als zulässig, Krarup 4.7 und Gavey glaubt bis 5.0 gehen zu dürfen. Nehmen wir $\beta l = 2{,}5$ als Vergleichswert, dann gibt die folgende Tabelle über die Frage Aufschluß. Übrigens vergleiche man auch die Reichweiten der Tabelle S. 138, besonders des Kabels *e*.

Nr.	Kabel	Isolation	Belastung	β	Kosten in Mark per Ader	Reichweite in km
1.	Englisch-Belgisch	G. P. 10 mm	ohne	0.0285	1570	88
2.	Div. Dänische	„	Syst. Krarup	0.0119	1180	210
3.	Suppon. bestes	„	„ Pupin	0.0075	—	330
4.	Fehmarn-Laaland	Papier	„ Krarup	0.0072	1300	350
5.	Suppon. bestes	„	„ Pupin	0.0038	—	650

Die Nummern 1, 2 und 4 entstammen einer Tabelle von Krarup und die β sind gemessen. Die Nummern 3 und 5 sind von Lüschen (ETZ. 1908, 1107) gegeben worden, mit minimalem β, nach dessen Formeln berechnet. Sämtliche Kabel gehören zum besten, was z. Z. gebaut werden kann. Bei den Kabeln 1, 2 und 4 ist auch der Verkaufspreis per Ader, ohne Verlegung, angegeben. Er ist gültig für 4adrige Kabel mit dem üblichen Panzer. Dabei ist zu bemerken, daß man aus dem Verkaufspreis nicht so ohne weiteres auf den Herstellungspreis schließen darf, der maßgebend sein wird, wenn diese Bauarten einmal Gemeingut geworden sind.

Die Tabelle zeigt, daß Kabel in Guttapercha-Isolation ohne künstliche Belastung, nicht konkurrenzfähig sind. Ebenso, daß das Pupinkabel demjenigen nach System Krarup theoretisch überlegen ist, besonders für große Längen. In der Praxis sprechen die Kosten das letzte Wort.

Nach neuesten Mitteilungen ist es der Firma Siemens & Halke gelungen, Telephonkabel mit einer Ableitung von der Größenordnung von nur 0.5×10^{-6} zu bauen, wodurch die Reichweite noch um einiges größer wird.

II. Die Fabrikation von Kabeln.

A. Starkstromkabel.

Das Verseilen.

Normale Seile. Die Herstellung eines Seiles aus Kupfer- usw. Drähten ist die erste Operation der Kabelfabrikation, und deren Zweck ist vielfältig.

In erster Linie sind für das Verseilen Rücksichten auf die Biegung des Leiters maßgebend. Je mehr man den Leiter unterteilt, desto biegsamer wird er. Die Praxis stellt verschiedene Anforderungen in dieser Hinsicht, und Erfahrung sowohl als Tradition haben für die einzelnen Querschnitte Normen für die mindeste Drahtzahl aufgestellt.

Die Verseilung hat nebenbei auch noch den Zweck, den Leiter rund zu machen, ihm also für die weiteren Operationen, durch die er geführt wird, den kleinsten Durchmesser zu geben und die Drähte fest zusammenzuhalten. Ein Kabel mit parallel gelegten Drähten wäre schwierig zu konstruieren und wenig biegsam. Beim Biegen könnte es bei einem solchen Kabel vorkommen, daß die Isolation gesprengt wird.

Bei wichtigen Kabeln von kleinem Querschnitt, z. B. bei solchen für Telegraphenzwecke, hat das Verseilen des Leiters, bzw. dessen Unterabteilung, noch einen anderen Zweck. Dünne Drähte brechen gelegentlich, sei es während der Fabrikation oder später. Da es nicht wahrscheinlich ist, daß bei einem mehrfachen Leiter alle Drähte gleichzeitig durchbrechen, sichert man sich durch eine Unterteilung die Kontinuität desselben.

Für Leiter, die für die Stromübertragung irgendwie fest verlegt werden, verwendet man bis ca. 10 qmm einen massiven Leiter, also einen Kupferdraht von $3\frac{1}{2}$ mm ϕ. Für größere Querschnitte nimmt man Seile, deren Drahtzahl mit wachsendem Querschnitt größer wird.

Über die Drahtzahl eines Seiles usw. ist in dem Kapitel „Theorie der Drahtseile“ Seite 94 schon alles Nötige gesagt worden.

Der Vorgang der Verseilung für die Form I ist der folgende.

Man wickelt auf eine Spule einen Draht von, sagen wir 100 m Länge und bringt diese hinter die Seilmaschine auf ein Ablaufgestell.

Darauf zieht man das Drahtende durch die hohle Achse der Maschine bis zum Kaliber und befestigt es am Zugseil, das durch den vorderen Teil der Maschine hindurchgeht und mindestens 3 mal um die Abzugsscheibe geschlungen ist. Es werden 6 weitere Spulen von demselben Draht gewickelt, aber jede 102 bis 103 m lang. Diese werden auf dem Stern der Maschine in die Gabeln eingesetzt, so daß sie frei drehbar sind. Jede Spule hat eine Friktionsbremse, die um so stärker angezogen wird, je dicker der Draht ist. Die 6 Spulen werden auf dem Stern symmetrisch angeordnet, so daß derselbe gleichmäßig belastet wird.

Hierauf zieht man die 6 Drahtenden gegen das Kaliber der Maschine und schließlich durch dieses hindurch und befestigt sie am Zugseil. Hinter dem Kaliber sitzt eine Verteilungsscheibe mit Löchern. Die 6 Drähte gehen symmetrisch angeordnet durch diese Scheibe.

Das Kaliber bekommt einen ϕ gleich 3 mal der Drahtdicke.

Setzt man nun die Seilmaschine in Betrieb, so nimmt das Zugseil die 7 Drähte nach vorwärts, und gleichzeitig legen sich die 6 äußern um den innern Draht in Form von Schraubenlinien herum. Die Ganghöhe der Schraubenlinien entspricht dem Vorschub des Mitteldrahtes während eines vollen Umganges des Sternes. Diese Ganghöhe wird gewöhnlich „Drall" genannt.

Läßt man die Maschine weiter laufen, so wird mehr Seil gebildet, und dieses ist fertig, wenn das Ende des Mitteldrahtes durch das Kaliber geht. Das Seil hat dann eine Länge von 100 m.

Das von der Zugscheibe ablaufende Seil wird zu einer Trommel geführt, die durch die Maschine gedreht wird, und dort aufgewickelt.

Sind weitere Drähte aufzulegen, so betrachtet man das fertige 7 fache Seil als Mittelader, bringt 12 Spulen auf die Maschine und wiederholt die eben geschilderte Operation.

Für jede weitere Lage ist der Vorgang wieder derselbe.

Es gibt auch Maschinen, mittels welcher man zwei bis drei Lagen gleichzeitig auflegen kann. Es sind dies die Tandemmaschinen. Statt bloß eines Sternes hat die Maschine deren zwei oder drei, von 6, 12 und 18 Spulen, die hintereinander stehen, und deren Mittelachsen zusammenfallen. Der Abzug ist für alle Sterne gemeinsam.

Man richtet die Maschine zunächst für das 7 fache Seil her, auf dem Stern, der am weitesten rückwärts steht und setzt, sie in Betrieb. Sobald der Anfang des Seiles beim Kaliber des zweiten Sternes erscheint, stellt man ab, verbindet die 12 Drähte desselben mit dem Anfange des 7 fachen Seiles, richtet das Kaliber und setzt die Maschine in Bewegung. Es erscheint nun ein Seil mit zwei Lagen.

Bei dessen Ankunft am dritten Stern wiederholt man den letzten Vorgang usw.

Im allgemeinen gibt man den verschiedenen Lagen eines Seiles entgegengesetzte Drehung. Die ungeraden Lagen haben z. B. eine Drehung nach rechts, die geraden nach links. Man sichert sich durch diese Konstruktion ein festes Seil, da jede Lage die darunter liegende zusammenhält. Für Seile aus harten Drähten hat diese abwechselnde Drehung noch einen anderen Vorteil. Solche Drähte haben immer das Bestreben, sich wieder aufzudrehen. Wird das Seil frei ohne Zug hingelegt, so streben diese Kräfte danach, entlastet zu werden, wobei sie das Seil krumm biegen. Bei abwechselnder Drehung der Lagen heben sich diese Kräfte teilweise auf.

Für ein Seil ist von großer Wichtigkeit, wie groß die Dralllänge ist. Diese kann kurz oder lang sein. Ein kurzgedrehtes Seil hält außerordentlich fest zusammen, dafür ist aber das Kupfergewicht sowie der elektrische Widerstand um einige Prozent größer als für Seile mit langem Drall.

Ein langgedrehtes Seil ist nicht sehr biegsam und kann die Isolation aufsprengen. Auch hat es die Tendenz, auseinander zu fallen, wenn blank verwendet.

Kommt ein Seil blank zur Verwendung, so wird man es stark drehen. Erhält es eine Plattierung, so darf man den Drall stärker machen, weil letztere es verhindert, sich aufzudrehen und auseinander zu fallen..

Für die Länge des Dralles sind uns zwei Regeln bekannt.

1. Sie ist für mittlere Drehung = 20mal (für starke 15- und für schwache 25 mal) dem Durchmesser über die untere Lage plus einer Drahtstärke.

Einfacher lautet die Regel: Der Drall ist = 20mal usw. dem Kaliberdurchmesser.

2. Die Länge des Dralles ist für mittlere Drehung = 4mal (für stärkere Drehung 3- und für schwache 5mal) der Zahl der Drähte, die man auflegt, multipliziert mit dem Drahtdurchmesser.

Die erste Regel ist entschieden einfacher. Sie ergibt eine Zunahme der Drahtlänge von etwa 1 %, die zweite aber von 5 %.

Wenn man die komplizierte zweite Regel genauer untersucht, so findet man, daß sie sich auch auf eine Kaliberregel zurückführen läßt. Der Drall ist aber um das 1.7fache kürzer als nach Regel 1, z. B. 12 statt 20 Kaliber.

Im großen und ganzen braucht man es mit dem Drall nicht so genau zu nehmen, wie die Regeln es vorschreiben. Man stellt sich für jede Seilmaschine eine Tabelle auf, auf welcher der Vorschub des Seiles per Umgang des Sternes für die verschiedenen Kombinationen der Wechselräder aufgeschrieben ist. Dieser Tabelle entnimmt man den Drall, welcher dem nach der Regel 1 berechneten am nächsten kommt, und setzt die entsprechenden Wechselräder auf die Maschine.

Hat man mit der Verseilung von runden Drähten oder Adern zu tun, so verlangen die Spulen eine Rückdrehung. Beim Arbeiten einer Seilmaschine kann man beobachten, daß die Spulenflanschen immer in vertikaler Lage bleiben. Verfolgt man den Vorgang genauer, so sieht man, daß die Spule sich dem Sterne entgegengesetzt dreht, und daß sie gleichzeitig mit diesem einen vollen Umgang vollendet. Diese Rückdrehung wird durch den Exzenter der Maschine hervorgebracht. Der Zweck der Rückdrehung liegt darin, zu verhindern, daß der ablaufende Draht bei jedem Umgang des Sternes eine Torsion von 360° erhält. Diese würde ihn härter und seinen elektrischen Widerstand größer machen.

Die bei der Verseilung auftretenden Torsionen kann man sich auf folgende Art anschaulich machen.

Man betrachte einen einzigen Draht, z. B. einen Flachdraht, den man mittels einer Seilmaschine auf einen runden Holzstab aufwickelt. Die Spule sei fest mit der Maschine verbunden, also ohne Rückdrehung, und man stelle sie so, daß die Spulenachse in der Tangentialebene des Kreises der Spulen liege. Wenn sich der Stern dreht, bleibt die Außenseite des Drahtes immer außen, und die Innenseite legt sich in natürlicher Weise auf den hölzernen Stab, sich ihm genau anschmiegend. Nach einem Umgang des Sternes bildet der Draht einen vollen Schraubengang. Man schneide sich diesen heraus, entferne den Holzkern und ziehe die Drahtspirale aus. Es wird sich dann zeigen, daß der Draht eine Torsion von 360° enthält. Dieselbe ist im Drahtstück zwischen Spule und Kaliber gebildet, aber dadurch unsichtbar geworden, daß der Draht auf den Zylinder aufgewickelt wurde. Sie kommt erst zu Gesicht, wenn man die Spirale abschneidet und ausstreckt.

Derselbe Fall tritt ein, wenn man sektorförmige Adern, z. B. Lichtkabel von halbkreis-, drittelkreis- usw. förmigem Querschnitt, zu einem runden Seil zusammendreht. Man muß also auch in diesen Fällen ohne Rückdrehung arbeiten.

Betrachten wir nun den Fall, daß wir einen Flachdraht mit Rückdrehung auf den Holzstab auflegen. Während einer Umdrehung bleibt die obere Seite des Drahtes immer oben. Der Anfang der Spirale legt sich glatt auf den Stab. Nach $1/4$ Umdrehung steht er aber mit der einen, und nach $3/4$ Umdrehung mit der anderen Kante senkrecht auf dem Stab. Nach $^2/_4$ und $^4/_4$ Umdrehung liegt er glatt an. Der Draht hat scheinbar eine Verdrehung. Daß dies aber nicht der Fall ist, findet man durch Abschneiden, Herausziehen des Kernes und Strecken der Spirale.

Ist der Draht rund, so geschieht genau dasselbe. Da er aber keine Kanten hat, ist die scheinbare Torsion nicht auffällig.

Wickelt man auf die Spule zwei Drähte und läßt sie parallel ablaufen, so verhalten sich die beiden wie ein einziger Flachdraht. Statt des Aufstellens auf die Kanten tritt in diesem Falle auf der Spirale eine Kreuzung der zwei Drähte ein. Entfernt man den Kern und zieht die Spirale aus, so verschwindet die Kreuzung, und man hat wieder zwei parallele Drähte in den Fingern.

Dreht man isolierte Seile ohne Rückdrehung zusammen, so kann es vorkommen (je nach der Drehungsrichtung der letzten Drahtlage), daß das Seil wieder aufgedreht wird, so daß es sich in Schlingen wirft und die Isolation aufsprengt.

Seile mit sektoralem Querschnitt. Über die Seilbildung und anderes ist S. 110 schon das meiste gesagt worden. Das Verseilen der isolierten Ader bietet Schwierigkeiten, wenn man nicht mit der nötigen Vorsicht beginnt. Hauptsache ist, daß der Anfang des Seiles, während er vom Kaliber bis auf das Abzugsrad fortwandert, sich weder auf- noch eindreht. Ist der Anfang gut gemacht, so läuft der Rest ab, ohne daß Torsionen in dem Seilstück zwischen Kaliber und Spule auftreten. Führungen für dieses Stück sind nicht nötig. Hat man lange Adern, so gebe man ihnen eine oder zwei Drehungen, entgegengesetzt derjenigen die sie beim Ablaufen bekommen können, bevor man sie beim Kaliber zum Kabel zusammenbindet.

Die Spulen der Maschine sind ohne Rückdrehung.

Kombinierte Drahtseile. Es kommt oft vor, sei es wegen Rücksichten auf die Biegsamkeit als wegen außerordentlich großen Querschnittes, daß die Drahtzahl eines Seiles über das hinausgeht, was man mit den vorhandenen Seilmaschinen bei lagenweisem Aufbau herstellen kann. Es gibt nur wenige große Fabriken, die z. B. 60 Drähte auf einmal auflegen, also 331 drähtige Seile schlagen können.

In solchen Fällen muß man das Seil aus einzelnen kleinen Seilen kombinieren, z. B. erst ein 7-, 19- usw. drähtiges Seil anfertigen, und dann dieselben geradeso, wie wenn sie einzelne Drähte wären, 7-, 19- usw. fach zusammenlegen.

Die Bestimmung von Draht- und Seildurchmesser usw. ist einfach genug.

Stahlseile usw. Die Anfertigung derselben ist dieselbe wie für Kupferseile.

Gewöhnlich ist für Stahlseile eine gewisse Bruchfestigkeit vorgeschrieben. Nun kennt man die Bruchfestigkeit des Stahldrahtes, den man verwenden will. Aus dieser berechnet man den Querschnitt des Seiles und aus der bekannten Drahtzahl den Drahtdurchmesser.

Die Sicherheitskoeffizienten werden je nach dem Zweck des Seiles als 5 bis 10 angenommen.

Verseilen von Adern. Dies ist eine Operation, die sich häufig einstellt. Mehrleiterkabel für Licht und Kraft, Telegraphen- und Telephonzwecke bestehen gewöhnlich aus einer Anzahl isolierter Adern. Über das Verseilen an und für sich ist nichts wesentlich Neues hinzuzufügen.

Für Guttapercha- und Gummiadern wird man den Kalibern besondere Sorgfalt widmen und überhaupt die Maschine in allen Teilen revidieren, damit die Adern nicht beschädigt werden.

Den Drall wird man so groß nehmen, als sich mit der Biegsamkeit des Kabels verträgt. Dünnen Adern gibt man ca. 4 und starken Adern, z. B. bei Dreileiterkabeln, 1 bis 2 Umdrehungen per 1 m Länge.

Beim Verseilen von Adern kommt man in den Fall, Einlagen zu verwenden. Es sind dies weiche, schwach gedrehte Stränge aus Jutegarn, die den Zweck haben, von den Adern offen gelassene Räume auszufüllen. Dieselben kommen wie eine Ader auf eine Maschinenspule und werden gleichzeitig mitverseilt. Die Bemessung der Dicke der Einlagen ist eine Erfahrungssache. Man nehme sie immer stärker an, als man für nötig glaubt.

Einlagen sollen das Kabel rund machen oder für eine fehlende Ader den Raum ausfüllen. Sind z. B. 5 Adern zu verseilen, so gibt man eine Einlage in die Mitte, so dick, daß die 5 Adern, darum herum verseilt, vollständig geschlossen sind. Hat man aus 6 Adern ein Seil zu bilden, so lege man entweder eine Einlage oder eine Ader in die Mitte. Im zweiten Fall hat man eine Außenader durch eine Einlage, auch blinde Ader genannt, zu ersetzen. Sind 8 Adern zu verseilen, so wird man die Mittelader etwas stärker plattieren, so daß für 7 Außenadern Platz ist.

Auf S. 99 ist die Konstruktion solcher unregelmäßigen Seile theoretisch behandelt.

Sind Adern von 5 mm ⌀ und mehr zu einem genau runden Seil zusammenzudrehen, so müssen in der äußeren Lage, zwischen je 2 Adern kleinere Einlagen mit verseilt werden. Diese müssen die dreieckförmigen Zwischenräume der Adern ausfüllen. Mit Einlage, Plattierung der Mittelader oder mit blinder Ader kann man für jede anormale Aderzahl ein rundes Kabel bekommen. Dessen Durchmesser hängt von der Art ab, wie man die Lücken ausfüllt. In den meisten Fällen wird verlangt, daß der Seildurchmesser ein Minimum sei.

Kommt ein Kabel mit Einlagen nach der Verseilung zum Zwecke einer Isolationsprobe in Wasser, wie z. B. Guttapercha- oder Gummikabel, so müssen die Einlagen vor dem Verseilen feucht gemacht werden. Trockene Einlagen ziehen sich beim Naßwerden ganz beträchtlich zusammen, arbeiten sich infolgedessen in das Kabel hinein, indem sie eine oder mehrere Adern verschieben, wenn nicht ganz aus dem Seil hinauswerfen.

Das Plattieren.

Das Umwickeln des Kupferleiters mit Isoliermaterial wird Plattieren genannt. Wahrscheinlich kommt dieser Ausdruck aus der Galvanoplastik.

Jute als Isoliermaterial kommt jetzt nur selten zur Verwendung.

Das Plattieren mit Jute ist eine äußerst einfache Operation. Die auf Spulen gewickelte Jute wird auf den Spinnteller der Plattiermaschine gebracht, die Enden der Fäden zum Kaliber und dann durch dieses hindurchgezogen und am Leiter befestigt. Setzt man die Maschine in Gang, so legen sich die Fäden spiralförmig auf den Leiter. Die Dichte der Fäden kann mittels der Fadenzahl, der Tourenzahl des Spinntellers und der Abzugsgeschwindigkeit des Kabels reguliert werden.

Die Jute ist auf Kreuzspulen zu bekommen, und moderne Fabriken haben sich dem entsprechend eingerichtet. Durch den Gebrauch dieser Spulen werden die Maschinenspulen der Plattiermaschine überflüssig.

Beim Umspinnen eines Kabels mit Jute ist darauf zu achten, daß genügend Fäden aufgelegt werden, und diese straff gespannt sind. Die Plattierung muß immer hart sein, so hart, daß man die Fäden nicht verschieben kann. Zu wenig Fäden geben eine lose Plattierung, die sich beim Durchgang durch die Bleipresse öffnen und zu Hemmungen Anlaß geben kann. Wenn zu viel Fäden aufgelegt werden, legen sich einige derselben über die anderen und werden vom Kaliber abgewürgt, oder sie verhindern den Vorschub des Seiles durch das Kaliber. Dieses muß immer ziemlich knapp genommen werden. Mit knappem Kaliber und richtiger Fadenzahl wird die Oberfläche der Plattierung glatt und sozusagen glänzend.

Für Papierisolation werden Bänder von 0.10 bis 0.15 mm Dicke verwendet, die von Rollen ablaufen. Es empfiehlt sich, die Bandlänge möglichst groß zu machen, möglichst viele Spulen gleichzeitig laufen zu lassen und möglichst viel Kreuzungen zu bekommen. Die Bänder dürfen, auch für dicke Kabel nicht zu breit sein, weil sie sonst beim Biegen brechen, wenn das Kabel getrocknet und getränkt ist. Jedes Band soll sich ohne Überlapp, oder größere Lücke wickeln. Die Dichte der Wickelung ist Erfahrungsssache. Das Papier darf nicht zu hart gewickelt sein.

Die Dicke der Isolation hängt hauptsächlich von der Spannung ab, für welche das Kabel bestimmt ist, und in kleinerem Maße von dem Querschnitt desselben. Mit Papierisolation könnte man für Kabel bis 700 Volt die Isolationsdicken für kleine, mittlere und große Querschnitte als 1.5, 2.0 und 2.5 mm festsetzen.

Allgemein gültige Vorschriften für Kabel von 700 Volt hat der Verband deutscher Elektrotechniker aufgestellt; siehe Tabellen. Die

Normalien für die Konstruktion von Einleiterkabeln bis 700 Volt.

Kupferseele: Effektiver Kupferquerschnitt qmm	Kupferseele: Zahl der Drähte, Kabel ohne Prüfdraht, Minimalzahl	Kupferseele: Zahl der Drähte, Kabel mit Prüfdraht, Minimalzahl	Prüfdraht: Querschnitt der Kupferseele qmm	Isolierhülle: Konstruktion	Isolierhülle: Minimaldicke	Bleimantel: einfacher, Gesamtdicke	Bleimantel: doppelter, Gesamtdicke	Bespinnung des Bleimantels: Konstruktion	Bespinnung des Bleimantels: Dicke mm	Armierung: Blechstärke mm	Armierung: Drahtstärke mm	Dicke der Bewicklung des armierten Kabels mm	Äußerer Durchmesser des fertigen Kabels: ohne Prüfdraht	Äußerer Durchmesser des fertigen Kabels: mit Prüfdraht
1	2		3	4		5		6		7		8	9	
1.0	1	—	—	Imprägnierte Papier- oder Faserisolation	1.75	1.2	—	Säurefreie imprägnierte Jute	1.5	—	Verzinkter	1.5	17	—
1.5	1	—	—		1.75	1.2	—		1.5	—	Eisendraht	1.5	17	—
2.5	1	—	—		1.75	1.2	—		1.5	—	von	1.5	18	—
4.0	1	—	—		1.75	1.4	—		1.5	—	1.8 mm	1.5	19	—
6.0	1	—	—		1.75	1.4	—		1.5	—	Durch-	1.5	19	—
10.0	1	—	—		1.75	1.4	—		1.5	—	messer	1.5	20	—
16.0	7	3	1		2.00	1.5	2×0.9		2.0	2×0.5	—	2.0	23	24
25	7	6			2.00	1.5	2×0.9		2.0	2×0.5	—	2.0	24	25
35	7	6			2.00	1.6	2×0.9		2.0	2×0.8	—	2.0	25	26
50	19	6			2.00	1.6	2×1.0		2.0	2×0.8	—	2,0	29	30
70	19	13			2.00	1.7	2×1.0		2.0	2×0.8	—	2.0	31	32
95	19	13			2.00	1.7	2×1.0		2.0	2×0.8	—	2.0	32	33
120	19	13			2.00	1.8	2×1.1		2.0	2×1.0	—	2.0	35	36
150	19	18			2.25	1.9	2×1.1		2.0	2×1.0	—	2.0	37	38
185	37	26			2.25	2.0	2×1.1		2.5	2×1.0	—	2.0	40	41
240	37	29			2.50	2.1	2×1.2		2.5	2×1.0	—	2.0	43	44
310	37	36			2.50	2.2	2×1.2		2.5	2×1.0	—	2.0	46	47
400	37	36			2.50	2.3	2×1.2		2.5	2×1.0	—	2.0	49	50
500	37	36			2.75	2.4	2×1.3		3.0	2×1.0	—	2.0	54	55
625	37	36			2.75	2.6	2×1.3		3.0	2×1.0	—	2.0	58	59
800	37	36			3.00	2.8	2×1.4		3.0	2×1.0	—	2.0	63	64
1000	37	36			3.00	3.0	2×1.5		3.0	2×1.0	—	2.0	67	68

Isolationsdicken sind für Einleiterkabel rund um 0.5 mm höher als die oben angegebenen Zahlen.

Deutsche Normalien. Für die Konstruktion von Einleiterkabeln bis 700 Volt sind in der Tabelle auf S. 155 alle nötigen Daten zusammengestellt. Die Spalten 1—5 gelten für blanke Bleikabel, 1—6 für asphaltierte und 1—9 für armierte und asphaltierte Bleikabel.

Die Prüfspannung beträgt für alle drei Arten 1200 Volt Wechselstrom. Die Kabel dürfen bei einer halbstündigen Prüfung in der Fabrik nicht durchschlagen.

Die Tabelle gibt außer der Isolationsdicke noch alle anderen konstruktiven Details, so daß das Einleiterkabel vollständig bestimmt ist.

Dasselbe gilt für die anderen Kabel niedriger Spannung wie Zweifach- und Dreifach-, konzentrische sowie Mehrfachkabel irgendwelcher Art. Für Leiter und Isolation gelten die Normalien der nachfolgenden Tabelle.

Normalien für konzentrische, bikonzentrische und verseilte Mehrleiter-Bleikabel mit und ohne Prüfdraht.

Die Drähte der Außenleiter bei konzentrischen und bikonzentrischen Kabeln sind derart zu wählen, daß dieselben einen möglichst geschlossenen Leiter bilden. Schwächer als 0.8 mm Durchmesser dürfen die Drähte jedoch nicht sein. Prüfung mit 1200 Volt für eine halbe Stunde.

Kupferquerschnitt der Einzelleiter qmm	Mindestzahl der Drähte: des Innenleiters bei konzentrischen Kabeln, Kabel ohne Prüfdrähte	Mindestzahl der Drähte: des Innenleiters bei konzentrischen Kabeln, Kabel mit Prüfdrähten	Mindestzahl der Drähte: in jedem kreisförmigen Leiter b. den verseilten Kabeln	Prüfdrähte: Querschnitt der Kupferseele qmm	Isolierhülle für Kabel bis 700 V: Konstruktion	Isolierhülle für Kabel bis 700 V: Mindeststärke zwischen den Leitern und zwischen Leiter u. Blei
1	—	—	1		Imprägnierte Papier- oder Faserisolation	2.3
1.5	—	—	1			2.3
2.5	—	—	1			2.3
4	—	—	1			2.3
6	—	—	1			2.3
10	1	—	1			2.3
16	1	3	7	1		2.3
25	7	6	7			2.3
35	7	6	7			2.3
50	19	6	19			2.3
70	19	13	19			2.3
95	19	13	19			2.3
120	19	13	19			2.3
150	19	18	37			2.3
185	37	26	37			2.5
240	37	29	37			2.5
310	37	36	61			2.8
400	37	36	—			2.8

Die minimale Isolationsdicke beträgt also für diese Kabel 2.3 mm. Für Bleimantel und Panzer gibt es eine Spezialtabelle, die auch für die Hochspannungskabel Gültigkeit hat. Für Dicke des Bleimantels und für Konstruktion des Panzers ist der Durchmesser über der Isolation maßgebend.

Allgemeine Normalien für Bleimantel und Panzer.

Durchmesser der Kabelseele unter dem Bleimantel mm	Bleimantel einfach mm	Bleimantel doppelt mm	Bespinnung des Bleimantels mm	Blechstärke der Armierung mm	Durchmesser der Kabelseele unter dem Bleimantel mm	Bleimantel einfach mm	Bleimantel doppelt mm	Bespinnung des Bleimantels mm	Blechstärke der Armierung mm
10	1.5	2×0.9	2.0	2×0.8	38	2.6	2×1.3	3	2×1.0
12	1.6	2×0.9	2.0	2×0.8	41	2.7	2×1.4	3	2×1.0
14	1.7	2×1.0	2.0	2×0.8	44	2.8	2×1.4	3	2×1.0
16	1.7	2×1.1	2.0	2×0.8	47	3.0	2×1.5	3	2×1.0
18	1.8	2×1.1	2.0	2×0.8	50	3.2	2×1.6	3	2×1.0
20	1.9	2×1.1	2.5	2×1.0	54	3.2	2×1.6	3	2×1.0
23	2.0	2×1.2	2.5	2×1.0	58	3.4	2×1.7	3	2×1.0
26	2.1	2×1.2	2.5	2×1.0	62	3.4	2×1.7	3	2×1.0
29	2.2	2×1.2	2.5	2×1.0	66	3.6	2×1.8	3	2×1.0
32	2.3	2×1.3	2.5	2×1.0	70	3.6	2×1.8	3	2×1.0
35	2.4	2×1.3	2.5	2×1.0	—	—	—	—	—

Für Hochspannungskabel sind betreffend Isolationsdicke keine Vorschriften gemacht worden.

Erwähnenswert ist, daß nach deutschen Normalien die konzentrischen Kabel nur bei Spannungen von 3000 Volt geduldet, und daß Stimmen laut geworden sind, die verlangten, daß man es ganz zum Verschwinden bringe. Anlaß zu diesen Vorgängen waren Übelstände betreffend Überspannungen, denen solche Kabel infolge ihrer großen Kapazität mehr als andere Typen ausgesetzt sind.

Es ist fraglich, ob die besprochene Einschränkung allgemein gerechtfertigt ist. Wenn ein Kabelnetz in seiner Entwicklung in die Zone der gefährlichen Resonanz eintritt, siehe S. 280, können die konzentrischen Kabel sehr gute Dienste leisten, um möglichst rasch wieder aus ihr herauszukommen.

Es ist erwähnenswert, daß betreffend Isolationswiderstand keine Vorschriften aufgestellt worden sind. Dies hat zur Folge gehabt, daß bei Bestellungen teilweise ganz unzweckmäßige Anforderungen gestellt worden sind, so daß die Draht- und Kabelkommission sich veranlaßt gesehen hat, einige Erläuterungen über diesen Punkt zu geben (ETZ. 1908, 658). Sie schreibt wie folgt: Selbstverständlich ist diese Bestimmung nun aber nicht so aufzufassen, daß die Kabel überhaupt keinen Isolationswiderstand aufzuweisen brauchen, es wird vielmehr als naturgemäß angesehen werden können, daß ein gewisser Isolationswiderstand an und für sich vorhanden ist. In solchen Fällen, wo es wünschenswert erscheint, derartige Minimalwerte festzulegen, muß berücksichtigt werden, daß unter sonst gleichen Verhältnissen der Isolationswiderstand eines Kabels erheblich mit dem Querschnitte variiert. Diese Tatsache läßt sich aus geometrischen Beziehungen ohne weiteres herleiten. In der beigefügten Kurventafel (Fig. 22) ist der Verlauf des Isolationswiderstandes als Funktion des Querschnittes für einen bestimmten Kabeltyp dargestellt, und man sieht ohne weiteres, daß einem Isolationswiderstand von etwa 800 Megohm bei einem Kabel von 10 qmm für gleiches Isoliermaterial und gleiche Isolations-

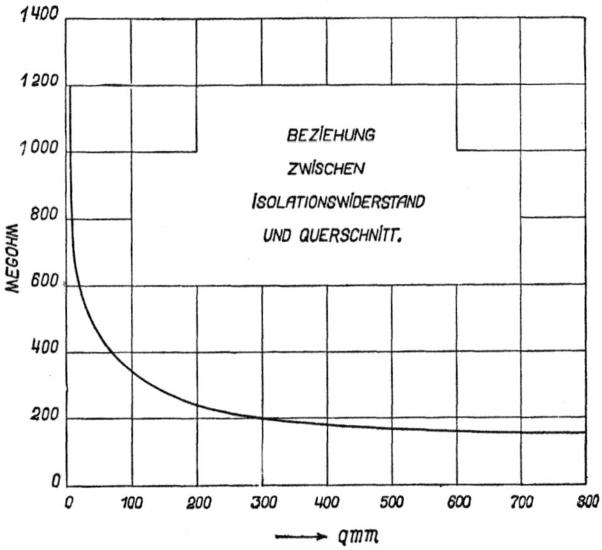

Fig. 22.

dicke, bei einem Kabel von 500 qmm ein Isolationswiderstand von nur 180 Megohm entspricht. Stellt man also Bedingungen auf, so muß auf diese natürliche Variation sinngemäß Rücksicht genommen und nicht für sämtliche Querschnitte der gleiche Isolationswert verlangt werden.

Die Kabel müssen hinsichtlich der Konstruktion den von dem Verbande Deutscher Elektrotechniker und der Vereinigung der Elektrizitätswerke angenommenen und dem Vertrage beigehefteten Normalien für einfache Gleichstromkabel mit und ohne Prüfdraht für 700 Volt entsprechen. Ferner soll das zur Konstruktion der Seele verwendete Kupfer den Kupfernormalien des Verbandes Deutscher Elektrotechniker genügen.

Von der vertraglichen Festsetzung der Isolationswiderstände wird zweckmäßig abgesehen. Anderenfalls sollen folgende Isolationswiderstände als Höchstwerte gelten:

bei Abnahme in der Fabrik:

300 Megohm pro km für Querschnitte bis 50 qmm
200 ,, ,, ,, ,, ,, über 50 bis 185 ,,
100 ,, ,, ,, ,, ,, ,, 185 bis 1000 ,,

nach der Verlegung:

15 Megohm pro km für alle Querschnitte.

Diese Werte verstehen sich für eine Temperatur von 15⁰ C und eine Elektrisierung von 1 Min. Bei Messung nach Verlegung müssen die Hausanschlußkabel frei endigen.

Englische Normalien. Im Jahre 1903 hat der Verband der englischen Kabelfabrikanten Normalien aufgestellt, die im nachfolgenden abgedruckt sind.

Tabelle für Kabel bis 660 Volt Spannung.

	Prüfung in der Fabrik für	Prüfung verlegt und gespleißt
Papierisolation	2500 Volt für 30 Min.	1000 Volt für 30 Min.
Juteisolation	1500 ,, ,, 30 ,,	1000 ,, ,, 30 ,,

Die Isolationsdicke für Zweileiterkabel ist dieselbe wie für Dreileiter.

Querschnitt	Einfache Kabel		Konzentrische Kabel			Dreifach konzentrische Kabel				Dreileiter-Kabel	
	Isolat.-Dicke	Bleidicke	Dicke innere Isolation	Dicke äußere Isolation	Bleidicke	Isolationsdicke innen	Isolationsdicke Mitte	Isolationsdicke außen	Bleidicke	Isol.-Dicke Leiter/Leiter u. Leiter/Blei	Bleidicke
qmm	mm	mm	mm	mm	mm	mm	mm	mm	mm	mm	mm
16	2.0	1.5	2.0	2.0	1.8	2.0	2,0	2.0	2.0	2.3	2.0
32	2.0	1.5	2.0	2.0	2.0	2.0	2.0	2.0	2.3	2.3	2.3
45	2.0	1.8	2.0	2.0	2.0	2.0	2.0	2.0	2.5	2.3	2.5
65	2.3	1.8	2.3	2.3	2.3	2.3	2.3	2.3	2.5	2.5	2.5
80	2.3	1.8	2.3	2.3	2.3	2.3	2.3	2.3	2.8	2.5	2.8
97	2.3	2.0	2.3	2.3	2.5	2.3	2.3	2.3	2.8	2.5	2.8
130	2.3	2.0	2.3	2.3	2.5	2.3	2.3	2.3	3.0	2.5	3.0
160	2.5	2.3	2.5	2.5	2.8	2.5	2.5	2.5	3.3	2.8	3.3
193	2.5	2.3	2.5	2.5	2.8	2.5	2.5	2.5	3.3	2.8	3.3
225	2.5	2.3	2.5	2.5	3.0	2.5	2.5	2.5	3.5	2.8	3.5
257	2.5	2.5	2.5	2.5	3.0	2.5	2.5	2.5	3.5	2.8	3.5
321	2.5	2.5	2.5	2.5	3.3	2.5	2.5	2.5	3.8	2.8	3.8
386	2.8	2.8	2.8	2.8	3.3	—	—	—	—	—	—
450	2.8	2.8	2.8	2.8	3.5	—	—	—	—	—	—
484	2.8	2.8	2.8	2.8	3.5	—	—	—	—	—	—
515	3.0	3.0	3.0	3.0	3.8	—	—	—	—	—	—
580	3.0	3.0	3.0	3.0	3.8	—	—	—	—	—	—
645	3.3	3.0	3.3	3.3	3.8	—	—	—	—	—	—

Tabelle für hochgespannte zweifach konzentrische Kabel.

Querschnitt	2200 Volt			3300 Volt			6600 Volt			11000 Volt		
	Isolationsdicke innen	Äußere Isol.-Dicke, Außenleiter Erde	Bleidicke	Isolationsdicke innen	Äußere Isol.-dicke, Außenleiter Erde	Bleidicke	Isolationsdicke innen	Äußere Isol.-dicke, Außenleiter Erde	Bleidicke	Isolationsdicke innen	Äußere Isol.-dicke, Außenleiter Erde	Bleidicke
qmm	mm	mm	mm	mm	mm	mm	mm	mm	mm	mm	mm	mm
2× 16	3.0	2.0	2.0	3.8	2.3	2.3	5.8	2.5	2.5	8.9	3.0	3.0
2× 32	3.0	2.0	2.3	3.8	2.3	2.5	5.8	2.5	2.8	8.9	3.0	3.3
2× 45	3.0	2.0	2.3	3.8	2.3	2.5	5.8	2.5	3.0	8.9	3.0	3.6
2× 65	3.3	2.3	2.5	4.0	2.5	2.5	6.1	2.8	3.0	9.2	3.0	3.6
2× 80	3.3	2.3	2.5	4.0	2.5	2.8	6.1	2.8	3.3	9.2	3.0	3.6
2× 97	3.3	2.3	2.8	4.0	2.8	2.8	6.1	3.0	3.3	9.2	3.0	3.8
2×130	3.3	2.3	2.8	4.0	2.8	3.0	6.1	3.0	3.3	9.2	3.0	3.8
2×160	3.6	2.5	3.0	4.3	2.8	3.4	6.3	3.0	3.6	9.4	3.0	4.1

Tabelle für hochgespannte Dreileiterkabel (verseilt).

Querschnitt	2200 Volt			3300 Volt			6600 Volt			11000 Volt		
	Isolat.-Dicke Leiter/Leiter u. Leiter/Blei	Isolat.-Dicke Leiter/Blei Sternschaltung Neutralp. Erde	Bleidicke	Isolat.-Dicke Leiter/Leiter u. Leiter/Blei	Isolat.-Dicke Leiter/Blei Sternschaltung Neutralp. Erde	Bleidicke	Isolat.-Dicke Leiter/Leiter u. Leiter/Blei	Isolat.-Dicke Leiter/Blei Sternschaltung Neutralp. Erde	Bleidicke	Isolat.-Dicke Leiter/Leiter u. Leiter/Blei	Isolat.-Dicke Leiter/Blei Sternschaltung Neutralp. Erde	Bleidicke
qmm	mm	mm	mm	mm	mm	mm	mm	mm	mm	mm	mm	mm
16	3.3	2.5	2.0	3.8	3.0	2.3	5.8	4.3	2.5	8.9	5.8	3.0
32	3.3	2.5	2.3	3.8	3.0	2.5	5.8	4.3	2.8	8.9	5.8	3.3
45	3.3	2.5	2.5	3.8	3.0	2.5	5.8	4.3	3.0	8.9	5.8	3.3
65	3.6	2.8	2.8	4.0	3.3	2.8	6.1	4.6	3.0	9.2	6.1	3.6
80	3.6	2.8	2.8	4.0	3.3	3.0	6.1	4.6	3.3	9.2	6.1	3.6
97	3.6	2.8	3.0	4.0	3.3	3.0	6.1	4.6	3.3	9.2	6.1	3.8
130	3.6	2.8	3.3	4.0	3.3	3.3	6.1	4.6	3.6	9.2	6.1	4.1
160	3.8	3.0	3.3	4.3	3.6	3.6	6.4	4.8	3.8	9.4	6.4	4.3

Spannungsprüfung für hochgespannte Kabel.

Betriebsspannung	In der Fabrik	Verlegt und gespleißt
2200 Volt	10000 Volt für 30 Min.	4000 Volt für 30 Min.
3300 „	12000 „ „ 30 „	6000 „ „ 30 „
6600 „	20000 „ „ 30 „	12000 „ „ 30 „
11000 „	30000 „ „ 30 „	20000 „ „ 30 „

Isolation und Bleimantel. Die Dicke der Isolation und des Bleies, einerlei ob für Leitungskabel oder für Prüfdrähte, für Kabel unter 16 qmm sind dieselben wie für Kabel von 16 qmm.

Alle nicht angeführten Querschnitte müssen nach dem in der Tabelle angegebenen nächst größeren Querschnitt dimensioniert werden. Zweileiter haben dieselben Dicken wie entsprechende Dreileiter.

Die Toleranz für die Dicken der Isolation und des Bleimantels an verschiedenen Punkten beträgt 10 % der Werte der Tabelle; aber der Mittelwert soll die vorgeschriebene Zahl erreichen.

Vorschriften für den Panzer. Für denselben gilt das folgende.

1. Für Kabel unter ½″ = 12.5 mm Durchmesser über Blei, verzinkter Eisendraht von 0.072″ = 1.82 mm ⌀.
2. Für Kabel von ½—1″ oder 12—25 mm ⌀ über Blei, 2 Lagen asphaltiertes Stahlband, jedes 0.03″ = 0.75 mm dick.
3. Für Kabel von 1.01—2″ oder 26—50 mm ⌀ über Blei, 2 Lagen asphaltiertes Stahlband 0.04″ = 1.0 mm dick.
4. Für Kabel über 2″ = 50 mm ⌀ über Blei, 2 Lagen asphaltiertes Stahlband 0.06″ = 1.5 mm dick.

Die normalen Jutedicken betragen:

1. Für Kabel unter ½″ = 12 mm ⌀ über Blei ... 0.06″ = 1.5 mm
2. für Kabel mit mehr als 12 mm ⌀ über Blei ... 0.1 ″ = 2.5 mm.

Das Trocknen der Isolation.

Der Zweck des Trocknens ist, die der rohen Isolation innewohnende Feuchtigkeit zu entfernen, und es ist einer der wichtigsten Prozesse der Kabelfabrikation, dem alle Sorgfalt zu widmen ist, wenn man sich vor doppelter Arbeit schützen will.

Jute Papier, Baumwolle usw. enthalten immer ziemlich viel Feuchtigkeit und Öle, die sie teils von Natur aus mitbringen, teils während der Fabrikation zu Garn oder Band und während des Ablagerns aufnehmen. Je mehr Wasser und Öle man entfernen kann, desto höher wird die Isolation. Neben dem zufällig aufgenommenen Wasser enthält die Pflanzenfaser noch solches, das einen Teil ihrer Konstitution ausmacht. Auch von diesem muß etwas durch Trocknen entfernt werden. Dadurch verliert die Faser etwas von ihrer Natur und wird brüchig. Wird der Trockenprozeß über einen gewissen Punkt ausgedehnt, so ändert die Faser ihre Natur ganz und zerfällt in Staub.

Zum Zwecke des Trocknens rollt man das Kabel auf einen flachen Teller aus Eisen. Ist das Kabel sehr lang, also dessen Volumen sehr groß, so empfiehlt es sich, nach jeder dritten oder vierten Lage durch eingelegte Latten oder Eisenstäbe Lücken zu schaffen, durch welche die Dämpfe entweichen und die Wärme eintreten kann.

Die Methoden des Trocknens sind verschieden; aber für alle wird eine Erwärmung des Trockengutes angewendet.

Die älteste Methode war wohl die der Trockenkammer, die heute ganz aufgegeben ist. Die mit Kabel beschickten Teller wurden in geschlossene Räume gebracht, dort auf mit Dampf geheizte Wärmekörper gestellt und der freien Trocknung überlassen. Nach dieser Methode stellten sich die Trockenzeiten auf 10 bis 15 Tage (zu 10 Stunden gerechnet), und Isolationswiderstände von 1000 Megohm per km waren schon seltene Ereignisse.

Andere Fabrikanten haben die Feuchtigkeit durch Auskochen entfernt, und wir glauben, daß auch diese Methode jetzt ganz aufgegeben ist. Sie ist entschieden die beste, billigste und rascheste, wenn ganz kurze Kabellängen zum Trocknen kommen, und die einzig anwendbare zum Weitertrocknen, wenn imprägnierte Kabel nicht genügende Isolation haben. Soweit unsere Erfahrung reicht, kann die Isolation solcher Kabel durch Trocknen im Vakuum nicht verbessert werden.

Das Auskochen von Kabeln hat weiter den Vorteil, daß durch die stets in Strömung befindliche Tränkmasse die Wärme rascher in Gegenden dringt, die von der Wärmequelle weit abliegen, also ein rascheres und gleichmäßigeres Durchwärmen des Kabels bewirkt wird als bei anderen Prozessen.

Daß die Feuchtigkeit aus dem Inneren des Kabelringes sich genügend rasch entfernt, ist zu bezweifeln. Auch ist nicht anzunehmen, daß der Trockenprozeß bei Kabeln mit sehr dicker Isolationsschicht so rasch vor sich geht wie bei anderen Methoden.

Ein entschiedener Nachteil des Auskochens liegt darin, daß die Tränkmasse beständig warm und der Kessel offen bleiben muß. Infolgedessen entweichen die leichteren Bestandteile der Masse und müssen von Zeit zu Zeit ersetzt werden. Auch erzeugen die von der Masse aufsteigenden Dämpfe in den Fabriksräumen eine ungesunde Luft, wenn sie nicht mittels Ventilatoren entfernt werden.

Wir haben selber nie nach dieser Methode gearbeitet und auch nie Gelegenheit gehabt, Näheres über sie zu hören. Doch sind uns öfters Musterstücke von ausgekochten Kabeln in die Hände gekommen. An diesen haben wir immer die Beobachtung gemacht, daß die Faser stark brüchig und oft nahezu in Staub zerfallen ist. Es ist uns erzählt worden, die Faser eines ausgekochten Kabels, die frisch von der Fabrik weg ziemlich gut war, wäre nach einem Jahr zu Staub geworden. Ebenso, daß ausgekochte Kabel, die aus irgendwelchem Grunde nachträglich aus den Kanälen herausgenommen und neu verlegt wurden, den Anforderungen des Betriebes nicht mehr Genüge leisten konnten.

Es liegt auf der Hand, anzunehmen, daß, so wie eine gesunde Faser für Gewebe usw. eine größere Dauerhaftigkeit hat als eine halb zerstörte, dies auch der Fall sei, wenn die Faser als Isolationsmittel verwendet wird. Doch liegen unseres Wissens heute noch keine bestimmten Beweise vor, welche diese Annahme bestätigen.

Der nächste Fortschritt war das Trocknen im Vakuum. Da Wasser im luftleeren Raume bei gleicher Temperatur rascher verdampft als unter Atmosphärendruck, war anzunehmen, daß auf diesem Prinzip gebaute Trockenapparate schneller arbeiten als die vorher beschriebenen.

In der Tat ist durch solche Apparate die Trockenzeit einer Ladung von mittlerer Größe, d. h. 100 bis 150 kg Isolation, auf 30 bis 40 Stunden reduziert, und Isolationswiderstände von 1000 Megohm sind als Minimum erreicht worden.

Vakuumkessel sind meistens rund und von etwa 2 m Durchmesser. Die Wärmezufuhr geschieht durch Dampf von 4 bis 6 Atmosphären Druck. Ältere Kessel sind doppelwandig, neuere mit Schlangen am Boden und an den Seitenwänden ausgestattet. Unerläßlich ist, daß jede Schlange aus einem einzigen Rohr besteht und keine Muffe oder Schweißung hat. Die Schlangen sollten mit 10 Atm. Dampf- und 20 Atm. Wasserdruck ausprobiert werden. Fehler in denselben entdeckt man, wenn der Kessel mit Öl angefüllt wird.

Doppelwandige Kessel sind oft nicht genügend dampfdicht und immer mehr oder weniger gefährlich.

Der Vakuumkessel ist mit einem abnehmbaren Deckel verschließbar. Das erreichbare Vakuum liegt zwischen 680 und 720 mm. Als Kesseldichtung eignet sich am besten Hartblei. Undichte Stellen werden mit einer brennenden Kerze gesucht.

Von Wichtigkeit ist, daß die Schlange einen geringen Fall hat, damit das kondensierte Wasser wegläuft. Das Ende der Schlange führt zu einem Kondenstopf. Die Rohrleitung hat ebenfalls etwas Fall. Die Kondenstöpfe sollten nicht im gleichen Raum mit Trockenkesseln und Bleipresse untergebracht werden, da sie immer dampfen und eine mit Dampf gesättigte Atmosphäre ein getrocknetes Kabel (besonders Papierkabel) wieder schädigen kann.

Die Kondenstöpfe sollten leicht zugänglich sein, da deren Kontrolle während des Trockenprozesses unerläßlich ist. Auch sollten sie erlauben, die Menge des Kondenswassers messen zu können, um Bestimmungen über den Wärmeverbrauch zu machen.

Im Trockenraum stehen meistens mehrere Vakuumkessel, mindestens vier Stück, und alle sind mit einer Luftpumpe verbunden und von derselben Dampfleitung gespeist. Diese hat Fall gegen die Kessel zu und am Ende einen Kondenstopf. Einer der Kessel dient als Gefäß für die Tränkmasse und ist mit sämtlichen anderen durch ein Rohr von 50 bis 70 mm Öffnung verbunden. Der Abschluß der einzelnen Kessel voneinander geschieht durch schwere Messinghähne.

Ist die Trocknung beendigt, so öffnet man den Hahn des betreffenden Kessels gegen das Massegefäß, und das Vakuum zieht die heiße Masse in den Kessel auf das getrocknete Kabel, das so im Vakuum imprägniert wird. Auch die Rohrleitung für die Masse muß Fall haben und am tiefsten Punkt zu öffnen sein für eventuelle Reinigung. Sie liegt im selben Kanal wie die Dampfrohre, damit sie immer warm bleibt.

Sämtliche Rohrverbindungen werden mit Flanschen und nicht mit Schraubenmuffen gemacht. Bei Reparaturen machen die letzteren oft unglaubliche Schwierigkeiten.

Die Erfahrung hat gelehrt, daß ein bloßes Anwärmen des Trockengutes im Vakuum nicht genügt, um eine hohe Isolation zu erzielen, auch dann nicht, wenn das Manometer immer 650 und mehr Millimeter zeigt. Es ist wesentlich, daß die Wasserdämpfe, deren Druck nur wenige mm ausmacht, fortwährend entfernt werden.

Die ältere Methode, dies zu erreichen, lag in der Einschaltung eines Absorptionsmittels, das in einem flachen Gefäß in den Vakuumkessel hineingebracht wurde. Ungelöschter Kalk, Gips usw. kann für diesen Zweck verwendet werden. Das Absorptionsmittel muß beinahe jeden Tag erneuert, also der Kessel geöffnet und dann wieder geschlossen werden. Dies bedeutet eine beträchtliche tägliche Arbeit und führt zu raschem Ruin der Dichtungen, der Muttern und Bolzen und oft zum Bruch der Ränder von Deckel und Kessel.

Diese Art der Entfernung der Wasserdämpfe ist also auf jeden Fall teuer und umständlich.

Die runden Vakuumkessel haben den Nachteil, daß die Kessel von der oberen Seite nicht erwärmt werden. Die Schlangen geben die Wärme als Strahlung ab, so daß sich die oberen Schichten unter dem Deckel und die am Kern befindlichen erst erwärmen, wenn das Kabel von der Seite und von unten aus ganz durchgewärmt ist. Wenn man bei Beginn der Trocknung den ersten halben Tag die Kessel nicht auspumpt, erwärmen sich Deckel, Kern und Kabel bedeutend rascher. Eine sehr rasche Trocknung haben wir dadurch erzielt, daß wir am ersten Tag alle 3 Stunden auspumpten und dann wieder Luft in die Kessel strömen ließen.

Die letzte Vervollkommnung haben die Trockenapparate durch die Ingenieure Huber und Paßburg erhalten. Der Hauptpunkt der Verbesserung liegt in der Anordnung eines rationell gebauten Kondensators zur Entfernung der Wasserdämpfe. Dann ist auch die Form des Trockengefäßes abgeändert, so daß der Kabelring auf seinen zwei Breitseiten erwärmt wird.

Diese Apparate haben die Trockenzeit auf 10—20 Stunden reduziert, und zudem bleibt die Faser so frisch wie vor dem Trocknen.

Uns sind nur die Huberschen Trockenapparate bekannt, und wir haben mit denselben die besten Resultate erreicht, wenn die Luftpumpe fortwährend in Betrieb war. Wenn einen halben Tag vorgewärmt und dann die Pumpe in Betrieb gesetzt wird, sieht man im Kondensator einen förmlichen Regen niederfallen. Eine Kontrolle ist bei diesem Apparat für das Kühlwasser nötig, und man tut gut, das Ablaufrohr so einzurichten, daß man das rinnende Wasser sehen und dessen Temperatur bestimmen kann. Man lasse auch nicht außer acht, zu kontrollieren, ob die Trockenapparate unter Dampf stehen, und die Kondenstöpfe funktionieren.

Mit dem großen Trockenschrank von Huber erreicht man ein Vakuum, das nur wenig unter dem Barometerstande liegt.

Bei einer Unterbrechung des Trockenprozesses schließe man den Vakuumkessel ab, damit das im Kondensator befindliche Wasser nicht nach rückwärts überdestilliert.

Für Bestimmung der Trockenzeit merke man sich das Gewicht des Trockengutes, ob dicke oder dünne Isolation, und die Dicke des Kabelringes auf dem Teller. Eine Ladung von 200 kg Jute erfordert mehr Zeit als eine von 100 kg, und ein dicker Ring mehr als ein dünner.

Das Tränken der Kabel.

Die Tränkung hat den Zweck, die getrocknete Faser für die Wiederaufnahme von Wasser so viel als möglich unfähig zu machen.

Als Tränkmasse kann man verschiedene Substanzen verwenden, ohne daß die Qualität des Kabels verbessert oder verschlechtert wird, solange die Masse die für den Zweck nötigen Eigenschaften hat. Man wird sich also zu einer Masse entschließen, die wenig kostet, deren Beschaffung immer leicht und in gleicher Qualität möglich ist, und die beim Betrieb keine Schwierigkeiten macht.

In der Tat hat beinahe jede Kabelfabrik ihre eigene Tränkmasse. Alle aber bestehen gegenwärtig aus Ölen und eventuellen Beimischungen von Harzen. Als Komponenten einer Masse kommen in Betracht: Kolophonium, Paraffin, Ceresin, Vaselin, Leinöl, Harzöl, Rüböl, Vaselinöl, Mineralöle usw.

Die Anforderungen an eine gute Tränkmasse für Kabel mit Papierisolation sind außerordentlich einfach. Alles, was man wünscht, ist, daß sie möglichst trocken sei, daß sie auch die dickeste Papierschicht vollkommen durchdringe, und daß sie bei Temperaturen gegen 0^0 C nicht fest werde. Dann soll der Gehalt an freier Mineralsäure so gering sein, daß sie weder das Papier noch Kupfer und Blei angreift. Ein geringer

Säuregehalt macht das Kupfer blank, was bei der Montage von Vorteil ist.

Im nachfolgenden geben wir die Säurezahlen einiger Substanzen, die wir vor ca. 15 Jahren als Zusatz für Tränkmassen verwendeten. Von den damit imprägnierten Kabeln haben wir nicht gehört, daß sie gelitten haben.

Harzöl, von Hamburg bezogen	1.0
„ „ „ „	37.0
„ „ London „	29.0
Kolophonium	160.0

Die Tränkung eines Kabels wird am besten erreicht, wenn man dasselbe warm in die Masse hineinbringt. Hat man Vakuumkessel zur Verfügung, so macht sich die Tränkung besonders leicht, wenn man die heiße Masse durch Luftdruck in den Trockenkessel treibt.

Es ist sehr empfehlenswert, ein getränktes Kabel noch ca. 5 Std. in der heißen Tränkmasse zu lassen, d. h. auszukochen. Man erreicht dadurch nicht nur eine gute Imprägnierung, sondern auch Aufschluß, ob das Kabel trocken ist oder nicht.

Es kann einmal vorkommen, daß die Trockenapparate nicht funktionieren und dies nicht bemerkt wird, besonders bei Apparaten, für welche die Kontrolle umständlich ist, und dann bringt man eben ein feuchtes Kabel in die Tränkmasse. Ein solches wird fortwährend Blasen zeigen, wenn die Tränkmasse heiß genug ist. Oft sind die Wasserblasen schwer von den Luftblasen zu unterscheiden.

Folgendes Beispiel liefert eine Illustration. Ein mehraderiges Telegraphenkabel mit 280 kg Jute wurde drei Tage getrocknet und am dritten Abend imprägniert. Am folgenden Vormittag zeigten starke Blasen, daß etwas nicht in Ordnung war. Eine Untersuchung förderte ein Glas voll Wasser aus der Dichtungsrinne heraus, und im Laufe des Tages wurde ½ Liter Wasser gesammelt. Das Kabel wurde dann vier Tage ausgekocht und ergab Isolationswiderstände von 30 000 Megohm.

Kabel, die infolge fehlerhaften Bleimantels naß geworden sind, koche man so lange aus, bis keine Blasen mehr aufsteigen. Dieser Prozeß kann bis 20 Stunden dauern.

Kabel mit zu geringer Isolation behandle man in ähnlicher Weise, nachdem man das Blei abgeschält hat. Meistens genügen 10—20 Stunden zum Auskochen.

Man soll gut tränken, aber nicht so, daß Öl heraustropft, wenn man das Kabel aufhängt. Wenn viel überschüssiges Öl, läuft es am tiefsten Punkte des verlegten Kabels zusammen, und wenn auf dieser Stelle ein Kurzschluß passiert, wird der Bleimantel auf größere Längen ausgeweitet oder gar gesprengt. Auch hat man beobachtet, daß bei aufgehängten Kabeln der Öldruck den Bleimantel zum Platzen brachte.

Ein einfaches Mittel, um zu konstatieren, ob ein Tropfen, den man am Rande eines Tränkkessels findet, Wasser oder Öl ist, besteht in folgendem. Man lege ihn auf ein Stück Papier, das man auf der Bleipresse ausgetrocknet hat, und messe den Isolationswiderstand. Ist dieser groß, so hat man es mit Wasser zu tun.

Das Umpressen mit Blei.

Allgemeines. Die Bleipresse ist die wichtigste Maschine der ganzen Kabelfabrikation.

Auf einen ordentlichen Erfolg der Presse kann man nur rechnen, wenn man dieselbe von Grund aus kennt, immer in bester Ordnung hält und die Bedienungsmannschaft mit aller Strenge erzogen hat.

Vor Beginn einer wichtigen Pressung empfiehlt es sich, alles zu kontrollieren, was zu einer Betriebsstörung oder zu einem Fehler im Kabel führen könnte.

Betriebsstörungen können herkommen von unrichtigen Temperaturen des Rezipienten und des geschmolzenen Bleies sowie von mangelhafter Funktionierung des Abrolltellers und der Wickelvorrichtung. Das geschmolzene Blei sollte eine Temperatur von ca. 400^0 C haben. Gemessen wird dieselbe durch ein gutes und kräftiges Pyrometer.

Betriebsstörungen können auch von der Presse herkommen, wenn man dieselbe nicht in guter Ordnung hält.

Ebenso treten Betriebsstörungen auf, wenn das Kabel durch irgendwelche Ursache in der Presse stecken bleibt, wie z. B. infolge loser Plattierung, zu engem Dorn oder durch einen Fremdkörper, den das einlaufende Kabel mit sich geführt hat, und der Hemmungen veranlaßt, sobald er im Trichter des Dornes nicht mehr weiter kann.

Fehler in der Isolation oder im Bleirohr können durch eine Reihe von Ursachen entstehen.

Will man ein tadelloses Kabel liefern, so nehme man das Blei rücksichtslos wieder herunter, sobald irgendein nennenswerter Fehler im Rohr auftritt. Kleinere Fehler schneide man heraus und verlöte den Schaden. Von den Luftblasen sind diejenigen die schlimmsten, die sich an der Innenseite des Rohres befinden.

Es ist unbedingt nötig, daß man an die Presse einen zuverlässigen Mann stellt, der das heraustretende Rohr fortwährend untersucht und anhalten läßt, wenn Fehler kommen.

Wandstärke des Bleirohres. Dafür ist bis jetzt noch keine allgemeine Vorschrift gültig. Einige Fabriken berechnen sie als eine Funktion des Durchmessers D (in mm gemessen) über die Isolation nach der Formel:

$$\varDelta = 0.9 + \frac{5}{100} D \text{ Millimeter.}$$

Vergleiche auch die Vorschriften des V.D.E., S. 156 und des Verbandes der englischen Kabelfabrikanten S. 159.

Bis 50 mm Durchmesser über die Isolation entspricht die Bleistärke nach deutschen Normalien der Formel

$$\Delta = 1.10 + {}^{4}/_{100}\, D.$$

Über 50 mm ist sie eine Kleinigkeit schwächer.

Doppelter Bleimantel. Besteller von Kabeln haben lange Zeit geglaubt und glauben es teilweise jetzt noch, daß ein doppelter Bleimantel für ein Kabel bester Qualität ein unbedingtes Erfordernis sei. Diese Ansicht hat wohl ihren Grund darin, daß einige angesehene Kabelfirmen doppelten Mantel offerieren, und Besteller nicht gerne auf Konstruktionen anerkannter Fabrikanten verzichten und auf etwas Neues übergehen.

Überlegt man sich die Sache aber genauer, so kann man mit wenigen Argumenten den Schluß ziehen, daß ein einfacher Mantel einem doppelten in allen Fällen vorzuziehen ist.

Ein Kabel mit doppeltem Mantel ist mit zwei Bleirohren umpreßt, jedes ungefähr halb so dick in der Wandstärke, als wenn der Mantel einfach wäre. Der zylindrische Raum zwischen den beiden Mänteln wird, so gut es eben geht, mit weichem Harz ausgefüllt, um eventuelles Fortwandern von Feuchtigkeit zu verhindern.

Stellen wir uns nun zwei Kabel vor, eins mit einem einfachen Mantel von 2 mm Wandstärke und eins mit zwei Mänteln von je 1 mm Dicke. Fehler, herrührend von Unreinigkeiten und Luftblasen oder mechanischen Beschädigungen, sind immer möglich. Dieselben sind um so wichtiger, je tiefer sie gehen. Eine Luftblase von 1 mm Tiefe hat in dem einfachen Mantel von 2 mm Dicke nicht viel zu sagen. Sie bildet bloß eine schwache Stelle, die nur Bedeutung erhalten kann, wenn das Blei später weggefressen wird. In dem Rohr von 1 mm Dicke spielt eine solche Blase aber eine ganz andere Rolle. Sie bildet in demselben ein komplettes Loch. Der zirkulare Raum zwischen den zwei Mänteln wird nur zufällig ganz mit Masse ausgefüllt, wovon man sich durch Zerlegen eines doppelwandigen Rohres überzeugen kann. Durch späteres Biegen auf den Maschinen und beim Verlegen wird dieser Zwischenraum eher vergrößert als verkleinert, so daß man mit Sicherheit annehmen kann, daß er wirklich existiert, trotz der Versicherung der Fabrikanten, daß er ganz mit Masse ausgefüllt ist.

Nach den Gesetzen der Kapillarität wird dieser Raum durch ein Loch im äußeren Mantel Wasser ansaugen, und zwar um so gieriger, je enger er ist. Hat nun der innere Mantel auch noch ein Loch, so wird das Wasser im Laufe der Zeit dasselbe erreichen, in die Isolation eindringen und zu einem Kurzschluß führen.

Sind nicht direkte Löcher vorhanden, so werden sie sich doch bei event. Zerfressen des Bleies rascher bilden als bei einem Kabel mit einfachem Mantel.

Es sind bei Telephonkabeln Fälle vorgekommen, daß auf diese Art Wasser bis 100 Meter weit in Spleißmuffen eingedrungen ist und dort Erdschluß zwischen Adern und Bleimantel verursachte. Ein anderer Fall, der uns bekannt, ist noch interessanter. In einem sehr nassen Tunnel wurde ein Telegraphenkabel verlegt, das erst vier Monate später in Betrieb kam. Infolge eines Montagefehlers war der äußere Bleimantel wenige Zentimeter von einer Spleißmuffe entfernt gerissen. Die Folge war, daß die Muffe sich mit Wasser füllte, und daß bei der Reparatur ca. 20 Meter Kabel herausgeschnitten werden mußten.

Auch mit Rücksicht auf die Biegsamkeit eines Kabels bietet der doppelte Bleimantel keinen Vorteil. Dünne Kabel mit einfachem Mantel sind weitaus biegsamer, als verlangt wird, und für stärkere Querschnitte bestimmt der Kupferleiter, eventuell der Panzer die Biegsamkeit. Bei modernen Kabeln mit Papierisolation bricht dieses lange bevor das Blei nachgibt.

Dann ist der doppelte Mantel wegen der dünnen Wandstärken während der Fabrikation einer Reihe von Gefahren ausgesetzt.

Alle diese Betrachtungen zusammengefaßt, kommt man zum Schluß, daß ein Kabel mit doppeltem Bleimantel minderwertig ist.

Die Kabelpresse von Huber. Eine eingehende Beschreibung des Umpressens mit Blei müssen wir an Hand der Kabelpresse des Ingenieurs Huber geben, da wir nie Gelegenheit hatten, mit einer andern zu arbeiten.

Dorn und Matrize. Die Dimensionen des Bleirohres werden durch die Größen der Bohrungen von Dorn und Matrize sowie deren Stellung gegeneinander bestimmt.

Der innere ⌀ des zu formenden Rohres ist immer gleich dem ⌀ über die Isolation des Kabels, also bekannt. Ebenso ist die Wandstärke des Rohres gegeben.

Es ist nun notwendig, den Dorn und die Matrize zu bestimmen, die ein vorgeschriebenes Rohr erzeugen. Den Dorn muß man immer so groß nehmen, daß das plattierte Kabel unter allen Umständen leicht hindurchgezogen werden kann, auch wenn es stellenweise ungleichdick ist, und sich der Trichter des Dornes nach und nach mit abgeriebenem Isolationsmaterial füllt. Aus letzterem Grunde nehme man für sehr lange Kabel einen Dorn mit größerer Öffnung als für ein kurzes Kabel von gleicher Dicke.

In der Regel wähle man für dünne Kabel einen Dorn, der 1 mm mehr Öffnung hat, als das Kabel dick ist. Für mittlere Kabel schlage man ca. 2 und für starke Kabel 3 bis 4 mm zum Kabeldurchmesser zu.

Den Matrizendurchmesser erhält man, wenn man zum ϕ über das Bleirohr, den man schon berechnet hat, ca. 10 % zuschlägt. Diese Regel ist gültig bis ca. 40 mm Rohrdurchmesser.

Über diese Zahl hinaus berechne man die Matrize in gleicher Weise, reduziere aber die gefundene Zahl um ca. ½ mm bis gegen 50 und um etwa 1 mm bis gegen 60 mm Rohrdurchmesser.

Die so bestimmten Dorne und Matrizen werden nun in ihre resp. Halter eingeschraubt und außerhalb der Presse so gelagert, wie sie innerhalb der Presse stehen, wenn sie für die richtige Wandstärke des Rohres eingestellt sind. Dann bestimmt man den Abstand der Spitze des Dornes von der Stirnfläche des Matrizenhalters, schraubt erst diesen in die Presse hinein, bis er festsitzt, und dann den Dornhalter. Letzterer wird so weit hineingeschraubt, bis die früher abgemessene Distanz wieder hergestellt ist. Dann preßt man ein Stück Rohr und mißt es auf die Wandstärke. Wenn nicht zentrisch, hilft man mit den Zentrierbolzen der Matrize nach, und wenn nicht von richtiger Wandstärke, schraubt man den Dorn nach vorwärts oder rückwärts.

Das Rohr mache man für Starkstromkabel eher zu eng als zu weit. Das Kabel darf nicht im Rohr herumwackeln. Für Telephonkabel mache man es eher zu weit als zu eng.

Füllen und Pressen. Zum Füllen der Bleirezipienten stelle man die Preßzylinder möglichst weit zurück, damit man einen Überschuß von Blei bekommt, der beim Anfahren durch Füll- und Luftloch entweicht und eventuell am Ende der Rezipienten sitzende Luft mit sich nimmt.

Beim Füllen der Rezipienten mit heißem Blei lasse man genügend überfließen, um event. Luftblasen wegzuschwemmen. Sobald das überfließende Blei anfängt fest zu werden, wird die Pumpe in Bewegung gesetzt, erst langsam und nach und nach rascher. Der Zweck ist, das sich abkühlende Blei als massiven Zylinder beizubehalten, der den Rezipienten vollständig ausfüllt, also den Eintritt von Luft verhindert. Nach etwa zwei Minuten ist das Blei fest geworden, und man kann die Pumpe mit vollem Druck arbeiten lassen. Die Preßzylinder haben unterdessen den am Ende des Rezipienten sitzenden Überschuß an Blei durch die zwei Löcher herausgepreßt, und das übrigbleibende Blei wird vorwärts geschoben. Es kann nur durch den ringförmigen Raum zwischen Dorn und Matrize austreten und bildet so das Rohr. Dieses schiebt das Kabel mit sich nach vorwärts und es ist nicht nötig, dasselbe zu ziehen.

Sobald man am Ende des Kolbenhubes angekommen, ist der Prozeß zu Ende. Man kann dann mit den Pistons zurückfahren, wieder füllen und die Operation solange wiederholen, als nötig ist, um die vorhandene Kabellänge zu pressen.

Jede neue Füllung schmilzt die Oberfläche des von der vorhergehenden (in der Mitte des Rezipienten) gebliebenen Restes an und verbindet sich mit ihm zu einem massiven Block, so daß das Rohr immer kontinuierlich ist und nicht geschweißt. Die neue Füllung kommt zum Vorschein, wenn die Preßkolben einen Weg von ca. 25 cm zurückgelegt haben.

Jedesmal, wenn die Pressung unterbrochen wird, bildet sich auf dem Rohr ein Ring, der sog. Bambusring. Dieser läßt sich nicht vermeiden und kommt wahrscheinlich davon her, daß beim Aufheben des Druckes Matrize und Dorn sich etwas nach innen verschieben. Der Bambusring hat weiter keine Bedeutung. Wenn die Presse in Ordnung ist, so ist diese Stelle gleichwertig mit jeder anderen des Rohres.

Ist das Blei viel zu heiß gewesen, oder hat man die Pumpe zu früh in Bewegung gesetzt, so kann es vorkommen, daß bei Beginn der neuen Füllung flüssiges Blei herausspritzt.

Der erlaubte Druck des Preßwassers ist ca. 150 Atm. bei älteren und ca. 200 Atm. bei neueren Huber-Pressen. Die Temperaturen des Rezipienten sollen 100—150 bzw. 140—170° C sein. Bei Zusatz von 3 % Zinn steigt der Druck um ca. 30 %.

Die Rezipienten müssen immer sauber und verschlossen gehalten werden, damit nicht zufällige Fremdkörper hineinkommen. Als oberstes Gesetz gilt: Alles, was in die Rezipienten hineinkommt, muß wieder hinaus und wird im Rohr eingebettet.

Die Strömung des Bleies. Die einzelnen Punkte des Bleizylinders im Rezipienten bewegen sich beim Vorrücken der Preßzylinder im großen und ganzen in horizontalen Linien. Beim Eintritt in den Mittelraum des Rezipienten biegt sich ihre Bahn nach vorwärts, in den um den Dorn sich befindenden konischen Raum, und schließlich führt sie durch den ringförmigen Schlitz zwischen Dorn und Matrize nach außen.

Der in der Huber-Presse befindliche Bleiklotz ist immer massiv, während er in einigen anderen Pressen durch im Konus befindliche Rippen zerschnitten wird. Man sagt, daß so geschnittenes Blei nie mehr ein massiver Klotz wird, und daß Rohre, von solchen Pressen produziert, nicht homogen sind, sondern aus so vielen Stücken bestehen, als Rippen vorhanden sind. Solche Rohre sollen Nähte haben, die beim Durchgange durch die Matrize zusammengepreßt werden. Durch öfteres Biegen oder durch inneren Druck soll ein solches Rohr in seine Bestandteile zerlegbar sein. Wir haben nie Gelegenheit gehabt, diese Ansicht auf ihre Richtigkeit zu prüfen.

Wir wollen nun den Vorgang der Strömung weiter untersuchen. Als Vorder- bzw. Hinterseite der Kabelpresse bezeichnen wir die Hälfte, die dem Kabelaustritt bzw. -eintritt zugewendet ist.

Rechte und linke Rohrhälfte wird von rechtem und linkem Bleizylinder gebildet. Die obere Mittellinie des Rohres wird von den Teilchen gebildet, die in der oberen Mittellinie der beiden Zylinder gelegen haben. Darum kommt Schmutz immer auf der oberen Mittellinie des Rohres zum Vorschein. Analog wird die untere Mittellinie des Rohres von den zwei unteren Mittellinien der Zylinder gebildet. Da Unreinigkeiten im Blei sich nie am Boden befinden, ist diese Linie und deren Nachbarschaft immer sauber.

Die Oberfläche der hinteren Hälfte der Bleizylinder strömt im großen und ganzen auf die Innenseite des Rohres, die rechte auf die rechte, die linke auf die linke Rohrhälfte.

Ebenso bildet die Oberfläche der vorderen Hälfte der Bleizylinder die äußere Oberfläche des Rohres.

Man kann diese Strömungen studieren, indem man die Stirnflächen der Bleizylinder mit Minium anstreicht, und untersucht, an welchen Stellen des Rohres sie zum Vorschein kommen.

Befindet sich im Bleiklotz eine harte Stelle von größerer Ausdehnung (z. B. von schlecht gemischtem Zinn herrührend) und in Schichten eingebettet, die verschiedene Geschwindigkeit haben, so kann der Bleiklotz in seinem Innern zerschnitten werden, und das Rohr wird eine Naht haben, die nur unvollkommen schließt und sich z. B. während der Verlegung des Kabels öffnen kann. Dieser Vorgang ist von uns mehrfach beobachtet worden und hat uns überzeugt, daß die oben besprochene Theorie des durch die Presskonstruktion zerschnittenen Bleistromes richtig ist.

Das Blei. Es ist durchaus nicht einerlei, was für Blei man beim Pressen verwendet. Es gibt Sorten, die man nicht verwenden darf, auch wenn sie im allgemeinen gute und weiche Rohre geben. Wir haben einmal mit gutem spanischem Blei gepreßt. Nach der Wasserprobe war das Kabel feucht. Trotz eingehender Prüfung des Rohres war kein Fehler nachweisbar.

Mehrere etwas später gepreßte Kabel zeigten die gleiche Erscheinung. Das Rohr wurde nun an der Fehlerstelle sorgfältig mit der Lupe untersucht, und schließlich wurden dem bloßen Auge unsichtbare schwarze Punkte entdeckt, meistens auf der Innenseite des Rohres und einige wenige auf der Außenseite. Das Blei war ganz zweifellos stark porös.

Wenn man eine gute Bleisorte gefunden hat, so bleibe man auf alle Fälle bei derselben.

Beim Pressen mit legiertem Blei gebrauche man jede Vorsicht. Blei und Zinn mischen sich sehr schlecht miteinander. Wenn irgendwie möglich, presse man Blei, dem das Zinn schon in den gekauften Blöcken zugesetzt ist.

Hat man die Mischung selber zu machen, so kann man sie nicht genug umrühren. Wir führen aus unserer Erfahrung folgende Beispiele an.

Ein Stück Bleirohr mit 3 % Zinnzusatz, mitten aus einem abgeschälten Kabel herausgeschnitten, wurde dem Laboratorium zur Untersuchung überwiesen. Die Analyse lautete: Das Muster enthält nur Spuren von Zinn.

Bei selbst gemischter Legierung haben wir öfters Längsrisse im Rohr gefunden. Eine Kabellänge, normal im Wasser geprüft, zeigte diese Risse erst sechs Monate nach der Verlegung.

Ein andermal beobachteten wir, auch bei selbst gemischter Legierung, das Auftreten von kleinen Körnern im Bleirohr, in Aussehen und Härte ähnlich dem Metall, das zum Gießen von Lagerschalen verwendet wird. Zeitweise hatte das austretende Rohr Längsrisse, offenbar von größeren Stücken dieser Legierung herrührend, die beim Durchgang durch die Mundstücke hängen blieben.

Eine weitere böse Erfahrung haben wir mit einem vorzüglichen deutschen, zweimal raffinierten Blei gemacht, dem wir Bancazinn beimischten. Es waren alle Vorsichtsmaßregeln getroffen, um eine gute Mischung zu erzielen. Trotzdem schlugen die Pressungen fehl. Das erste gepreßte Kabel, 1700 m lang, 21 mm über den Bleimantel und 2.0 mm Wandstärke, hatte einen Querriß, und das zweite, 1000 m lang, 30 mm über den Bleimantel und 2.4 mm Wandstärke, hatte zwei Querrisse an verschiedenen Stellen. Die Risse gingen vollständig durch und hatten Längen von 5 bis 15 mm.

Mit demselben Blei beobachteten wir zeitweise auch kleine oder größere weiße Flecken auf dem Bleirohr. Eine Untersuchung zeigte, daß dieselben von Zinnteilchen herrührten, die, noch flüssig, aus der Matrize heraustraten und dann gleich fest wurden. Ähnliche Stellen, aber von größeren Dimensionen, fanden wir auch bei den Querrissen.

Luftblasen im Bleirohr treten meistens auf, wenn der eine oder beide Rezipienten nicht genügend gefüllt werden, oder wenn die Preßpistons beim Füllen nicht genügend weit zurückgestellt sind. Sobald beim Anfahren der Pistons aus Füll- und Luftloch nicht lange Bleischwänze austreten, darf man vermuten, daß die Füllung (oder die nachfolgende) Luftblasen im Rohr ergeben wird. Luft, die gegen die Mitte der Presse eingebettet ist, wird in der gleichen Füllung ausgepreßt, solche, die sich am äußeren Ende des Bleizylinders und in dessen Nähe befindet, tritt erst mit der nachfolgenden Pressung heraus.

Luftblasen, die von nicht vollständiger Füllung herkommen, befinden sich immer auf der oberen Mittellinie des Bleirohres oder in deren Nähe. Luft die am Fülloch hängen bleibt, erscheint etwas seitlich von der Mittellinie.

Eine andere Quelle von Luftblasen hat bei den ersten Huberpressen viel Mühe gemacht, bis deren Ursache entdeckt war.

Es kommt gelegentlich vor, besonders wenn das Blei zu heiß ist, daß dasselbe sich mit dem Piston legiert. Beim Zurückfahren verläßt das Piston unter normalen Verhältnissen das Blei ohne weiteres, und die äußere Stirnfläche des Bleiklotzes ist glatt und eben. Sobald aber das Blei mit dem Stahl des Pistons eine Legierung eingeht, reißt derselbe beim Zurückweichen aus dem Klotz ein Stück Blei heraus, oft bis zu einer Länge von 1 cm, und in feine Krystalle oder Nadeln auslaufend. Man kann diese Gebilde sehen, wenn man die Preßkolben ganz aus dem Rezipienten herauszieht. Wir haben sie oft beobachtet in der Ausdehnung von 1 bis 10 qcm. Sie sitzen meistens unter dem Fülloch, wo das Blei die höchste Temperatur hat.

Auf der Stirnfläche des in dem Rezipienten sich befindenden Bleiklotzes wird man gleichzeitig das Negativ des Krystallgebildes am Piston finden, d. h. eine Höhlung, die in feine Klüfte ausläuft. Bei der nachfolgenden Füllung kann das flüssige Blei infolge seiner Oberflächenspannung diese Klüfte und Risse nicht ganz ausfüllen; es wird also Luft im neuen Bleizylinder eingebettet, die als Blasen im Rohr erscheint, sobald der Anfang der neuen Füllung heraustritt.

Wenn man diesen Vorgang beobachtet, fahre man mit dem Piston ganz heraus, entferne den abgerissenen Bleiklumpen mit Messer und Feile und schmirgle den Kopf des Pistons so lange, bis er ganz sauber ist. Nachher wird er gut eingefettet. Überhaupt sollte man dieses Einfetten nach jeder dritten Füllung vornehmen, aber damit vorsichtig sein, um nicht Fetttropfen in den Rezipienten einzuführen.

Wenn alle diese Vorsichtsmaßregeln durchgeführt werden, liefert die Hubersche Presse Rohre ohne Blasen.

Schmutz im Bleirohr kommt einzig und allein von einer unsauberen Bedienung, die erlaubt, daß Unreinigkeiten in die Rezipienten gelangen. Bleiasche und dergleichen schwimmen immer oben auf dem Blei und gelangen nie durch das fließende Blei in die Rezipienten.

Unreinigkeiten kommen meistens von den Enden der Bleibüchse, und sie werden beim Füllen hineingeschoben. Auch durch einen schmutzigen Fülltrichter werden sie zugeführt.

Einige Pressen haben Neigung zur Miniumbildung in den Ablaufstutzen des Bleies und an den Ventilsitzen. Dasselbe wird dann, wenn sich größere Stücke gebildet haben, gelegentlich beim Füllen weggewaschen und kommt im Rohr zum Vorschein.

Die Miniumbildung wird befördert durch einen Ablaufstutzen, der mit dem flüssigen Blei eine große Adhäsion hat, und durch eine zu hohe Temperatur des Stutzens. Wenn man längere Zeit Minium beobachtet, so gehe man zu einem Stutzen aus anderem Metall über.

Bronze legiert sich leicht mit flüssigem Blei. Wir erinnern uns eines Stutzens, der nach halbjährigem Dienst sehr stark angefressen war. Auch einzelne Stahlsorten legieren sich gerne mit Blei oder zeigen dafür eine große Adhäsion.

Falten im Bleimantel treten immer auf, wenn das Blei nicht gleichmäßig aus den Mundstücken der Presse heraustritt, also wenn einer oder wenn beide Preßkolben stoßweise arbeiten. Die Falten befinden sich meistens auf der rechten oder linken Rohrseite, oft unten, also an den Stellen, wo der Abfluß des Bleies den geringsten Widerstand findet.

Das stoßweise Arbeiten eines Kolbens braucht weder sichtbar noch fühlbar zu sein, da ein plötzlicher Stoß von 0.1 mm schon 1 Gramm mehr Blei herausbefördert als bei normalem Arbeiten. Die Preßkolben gehen oft stoßweise vor, wenn die Presse nicht in Ordnung ist. Stösse können eintreten, wenn die Kolben nicht genau zentrisch in die Bleibüchsen eingepaßt sind und sie auf ihrem Hube irgend welche Hemmungen finden. Weiter können sie veranlaßt werden durch Reibungen in den hydraulischen Zylindern, in den Regulierstangen und im Regulierventil. Dieses letztere ist besonders wichtig für die Faltenbildung.

Falten werden durch alles begünstigt, was den Abfluß des Bleies erleichtert. Beim Pressen von kleinen Rohren haben wir sie nie beobachtet, auch wenn die Presse im allerschlechtesten Zustand war. Beim Pressen von großen Rohren mit großer Abflußöffnung hingegen treten sie häufig auf.

Die Temperatur des Bleies in rechter und linker Büchse, wenn nicht zu sehr verschieden, hat nach unserer Erfahrung keinen Einfluß auf die Faltenbildung, ebensowenig als Form und Stellung der Mundstücke.

Das Grusonwerk hat in der letzten Zeit einen ovalen Grundring in die Presse eingesetzt, der den Bleistrom mehr nach oben und unten dirigiert, also eine bessere Verteilung im Druck und eine gleichförmigere Geschwindigkeit im Zufluß zu den Mundstücken hervorbringt. Dieser Grundring trägt viel dazu bei, die Faltenbildung zu vermindern, da er die zu große Beweglichkeit des Bleies nach rechts und links stark reduziert.

Es ist sehr empfehlenswert, die Presse genau einzustellen und alle beweglichen Teile auf Reibung und Hemmung zu untersuchen, bevor man anfängt ein Rohr von grossem Durchmesser zu pressen. Auch vergesse man nicht, den ovalen Grundring einzusetzen.

Löcher am Bambusring rühren davon her, daß der eine Piston beim Anfahren arbeitet und der andere nicht. Das Kabel wird dann vorwärts geschoben, ehe der fehlerhafte Piston Blei herausdrückt. Der Fehler kann vermieden werden, wenn man äußerst behutsam anfährt.

Alle diese Sachen sind an Hand der allerersten Huberpresse (vom Grusonwerk fabriziert) konstatiert worden. Seitdem ist diese Maschine in allen Teilen sehr verbessert worden, so daß Fehler kaum mehr vorkommen. Es scheint aber trotzdem zweckmäßig, diese alten Beobachtungen von den Jahren 1893—1899 zu erwähnen.

Das Prüfen der Kabel.

Jedes Bleikabel, auch wenn es dem Anschein nach tadellos gepreßt worden ist, muß auf 24 Stunden in Wasser gestellt werden, um das Bleirohr auf seine Dichtigkeit zu prüfen.

Die Wasserprobe ist unerläßlich, ebenso ihre Dauer von 24 Stunden. Einen absoluten Aufschluß über die Gesundheit des Rohres gibt sie indessen nicht. Es ist uns ein Fall bekannt, daß ein Rohr sich erst nach drei Tagen als undicht erwies. Es enthielt Poren, die mit bloßem Auge nicht sichtbar waren.

Es kann auch vorkommen, daß man selbst auf große Löcher im Blei durch die Wasserprobe nicht aufmerksam gemacht wird. Dieser Fall kann eintreten, wenn die Tränkmasse die Poren der Isolation hermetisch abschließt (alte Jutekabel).

Einen solchen Vorgang haben wir einmal zufällig gefunden. Ein starkes Kabel für 3000 Volt Wechselstrom ergab nach der Wasserprobe eine niedrige Isolation. Der Fehler wurde 15 m vom äußeren Ende entfernt gefunden. Nachdem 17 m abgeschnitten waren, stieg der Isolations-Widerstand auf 2800 Megohm.

Da die Presse zur Zeit nicht in Ordnung war, vermuteten wir noch andere Fehler und ließen das Kabel umrollen. Eine Isolationsmessung, nach dieser Operation gemacht, ergab 75 Megohm. Das Blei wurde hierauf abgeschält, und wir fanden noch drei andere Löcher.

Aus dieser Erfahrung könnte man den Schluß ziehen, daß es erforderlich wäre, jedes Kabel nach der Wasserprobe umzurollen. Eine solche Folgerung würde aber zu weit führen, erstens weil Löcher im Blei an und für sich schon seltene Ausnahmefälle sind, und zweitens, weil selten ein Bleikabel blank zur Verwendung gelangt. Gewöhnlich kommt es noch einmal auf eine Maschine, wo es umgerollt und gebogen wird, also ev. unentdeckte Fehler aller Wahrscheinlichkeit nach zum Vorschein kommen.

Es ist also unerläßlich, daß man jedes Kabel nach Beendigung aller Operationen nochmals auf Isolation prüfe ev. noch einmal einer Wasserprobe aussetze.

Es ist empfehlenswert, jedes Kabel sofort nach der Umpressung mit Blei, also heiß, ins Wasser zu stellen. Das Blei leidet dadurch nicht, aber es ist wahrscheinlich, daß durch die gewaltsame Abkühlung von Blei und Isolation schwache Stellen ganz zerrissen werden, und daß sich luftleere Räume bilden, in welche das Wasser eindringen muß, während es in einem kalten Kabel durch Oberflächenspannung zurückgehalten werden kann.

Glower prüft seine Bleikabel in einem Kessel unter ca. 7 kg Wasserdruck per Quadratzentimeter, ein Verfahren, das nachahmenswert ist.

Es sei hier noch auf die Anregung auf S. 85 verwiesen, die elektrische Osmose für die Wasserprobe dienstbar zu machen.

Über die Isolationsprobe ist alles Wesentliche schon auf S. 66 gesagt worden.

Man sehe darauf, daß die Leiter, deren Isolationswiderstand gemessen werden soll, so weit gereinigt werden, daß die Klemme wirklich Kontakt macht, und kontrolliere die Leitungen, damit man sicher ist, man mißt das Kabel und nicht bloß die Leitung oder etwas anderes. Den ersten Ausschlag beobachte man bei jeder Messung. Er gibt eine Kontrolle über richtige Verbindung.

Als Galvanometer wähle man eines für Fabrikzwecke mit durchsichtiger Skala und kein Instrument für wissenschaftlichen Gebrauch. Auch mache man es nicht zu empfindlich.

Ist die Konstante zu klein, so werden die Isolationswiderstände, besonders bei kurzen Kabellängen, ungenau. Ist sie zu groß, so hat man gegen die Deformation des Fadens oder die Änderung des erdmagnetischen Feldes zu kämpfen, bzw. die Nullage des Schattenbildes fortwährend zu regulieren. Man wähle die Konstante immer so groß als möglich, gehe aber nicht so weit, daß die Ruhelage nicht mehr stundenlang konstant bleibt.

Den Ausschlag beobachte man während einer Minute. Er muß stetig kleiner werden. Kommen Schwankungen vor, so ist die Isolation nicht in Ordnung. Legt man in diesem Fall den anderen Batteriepol an das Kabel, so findet man einen Ausschlag von anderem Wert.

Da der Isolationswiderstand eine Größe ist, bei der es oft auf 100 Megohm mehr oder weniger nicht ankommt, ist es nicht nötig, ihn mit aller Feinheit zu bestimmen.

Die Isolationsmessung beginne man immer mit der Messung der Konstanten des Galvanometers. Als Batterie wird meistens 100 Volt verlangt. Am besten eignen sich für das Meßzimmer Trockenelemente.

Über die Spannungsprobe ist auf S. 83 schon alles Wesentliche gesagt worden.

Man prüfe alle Kabel ohne Ausnahme auf Spannung, auch Gleichstromkabel für 100 Volt. Es kann in der Isolation immer ein Fehler stecken, der durch eine Isolationsmessung nicht angezeigt wird.

Die Probe sollte immer mindestens eine Viertelstunde dauern, und wenn man Zeit hat, dehne man sie so lange aus als möglich. Es gibt gelegentlich Fehler, die sehr lange Zeit nehmen, bis sie sich so weit entwickeln, daß ein Durchschlag erfolgt. Auch mache man es sich zur Regel, nach jeder Spannungsprobe die Isolation nochmals zu messen. Ist sie nicht mehr die frühere, so setze man die Probe so lange fort, bis ein Durchschlag erfolgt.

Es ist empfehlenswert, besonders bei hohen Spannungen, dieselbe nicht auf einmal an das Kabel zu werfen, noch auf einmal abzuschalten. Diese Operation sollte immer in Stufen ausgeführt werden. Auch sollte man den Transformator und die Stromquelle ganz genau kennen und vor plötzlichen Schwankungen der Spannung geschützt sein.

Sind Mehrleiterkabel zu prüfen, so muß separat jeder gegen alle anderen und schließlich alle gegen Blei geprüft werden.

Die Biegeprobe. Gelegentlich wird verlangt, daß man ein Musterstück eines Kabels auf einen kleinen Kern aufwickelt, abrollt und wieder aufwickelt, so daß auf die Innenseite zu liegen kommt, was beim ersten Versuch außen war. Das Kabel soll nach dieser Biegung dann immer noch das Zwei- oder Dreifache der Betriebsspannung aushalten.

Wenn solche Proben vorgeschrieben sind, verlange man als Durchmesser des Kernes mindestens das Fünffache des Kabeldurchmessers über Blei.

Art der Fehler. Die am häufigsten auftretenden Fabrikationsfehler haben ihren Sitz im Bleimantel und rühren her von Rissen, Löchern und mechanischen Beschädigungen.

Gelegentlich beobachtet man Längsspalten, herrührend von fremden Teilchen, die ihren Weg in die Bleibüchsen fanden und beim Durchgange durch die Mundstücke stecken blieben. Oft kommen diese Körper von der Bleibüchse selber her.

Löcher im Blei stammen meistenteils von eingebetteten Fremdkörpern wie Schmutz und Minium. Siehe S. 174.

Weiter erscheinen Löcher im Blei beim Auftreten von sehr starken Luftblasen, die bei ihrem Austritt knallen. Luftblasen, die nach der Innenseite des Rohres gehen, sind die gefährlichsten, da man sie oft schwer beobachten kann, trotzdem ihre Wandstärke nach außen nur einige Zehntel Millimeter ausmacht.

Die größten Löcher im Bleimantel kommen vor beim Anfahren der Presse, siehe S. 175.

Wir erinnern uns auch einiger Fälle, daß der Bleimantel Löcher bekommen hat durch vorstehende Nägel der Wickeltrommel oder durch Unvorsichtigkeit der Arbeiter.

Von schlechtem Blei herrührende Fehler erinnern wir uns zweier Fälle. Mit einem spanischen Blei erhielten wir in zwei Kabeln von bloßem Auge unsichtbare Löcher. Ein anderes Blei von unbekannter Herkunft trat schon mit leichten Querrissen aus der Presse heraus und brach ganz beim Aufwickeln des Kabels auf der Trommel.

Einmal haben wir auf der Montage beim Abpanzern eines Endes das Blei rund herum gebrochen gefunden. Die Ursache konnte nicht festgestellt werden. Das Kabel stand zwei Monate lang im Freien, und trotzdem war seine Isolation so gut wie nach der Messung in der Fabrik.

Ein andermal fanden wir einen Fehler im Blei, der von der Panzermaschine herrührte. Der Rand des inneren Eisenbandes hatte sich durch irgendwelche Ursache rechtwinkelig umgebogen und beim Aufwickeln das Blei und einen Teil der darunter liegenden Jute vollständig durchgeschnitten. Das Kabel war im Herbst verlegt und den ganzen Winter über mit 2000 Volt Wechselstrom betrieben worden. Der Fehler machte sich erst im nächsten Frühjahr geltend.

Auf der Panzermaschine kann es auch vorkommen, daß das Kabel irgendwie hängen bleibt, so daß der Bleimantel, der Leiter oder das ganze Kabel zerrissen wird. Sind die Eisenbänder zu stark gespannt, kann das Kabel so stark gewürgt werden, daß die Isolationsdicke für die Spannung nicht mehr genügt.

Eine ganze Reihe von Fehlern hat ihren Sitz in der Isolation. Gewöhnlich kann man sie darauf zurückführen, daß Metallspäne, Nägel usw. in die Tränkkessel gekommen und mit dem Kabel durch die Presse gewandert sind. Der Fall, daß ein feiner Kupferdraht mit der Jute versponnen auf das Kabel kam, ist uns einmal passiert. Die Lokalisierung des Fehlers und dessen schließliche Entdeckung war eine sehr mühsame Arbeit und gelang nur dadurch, daß wir entschlossen waren, die Natur des Fehlers unbedingt festzustellen.

Ähnliche Fehler konstatierten wir als herrührend von flossenähnlichen Spänen und Fasern, die an dem Kupfer (meistens Drähte von 4—6 mm ϕ) hingen und so fest damit verwachsen waren, daß sie die Umspinnung mit Jute und der Durchgang durch das Kaliber nicht wegzudrücken vermochten.

Bei dünnen mit Jute isolierten Drähten kommt es häufig vor, daß der Draht ein Knie hat, das durch die Isolation durchsticht und mit dem Blei Kurzschluß macht.

Fehler einer anderen Art kommen vor, wenn die Presse zu heiß und das neue Blei noch flüssig zu den Mundstücken gelangt. Dasselbe dringt dann gewöhnlich in die Isolation des Kabels hinein und spritzt nach vorne aus der Presse heraus.

Bleibt das in die Presse hineinlaufende Kabel aus irgendwelcher Ursache stecken, so sammelt sich das aus den Mundstücken herausfließende Blei in der Bohrung des Matrizenhalters zu einem Klumpen an, dessen Entfernung oft ein starkes Stück Arbeit erfordert.

Natürlich ist in diesen zwei letzten Fällen das Bleirohr und meist auch das Kabel fehlerhaft geworden.

Zu der Liste der Fehler gehören schließlich noch die faltigen Rohre und gelegentlich beobachtete Isolationsfehler, deren Ursache man nicht feststellen kann.

Lokalisierung von Fehlern. Fehler in der Isolation von Bleikabeln rühren von drei Ursachen her, nämlich:

1. Es kann ein Fremdkörper in die Isolation eingedrungen sein.
2. Durch einen Fehler im Bleimantel ist Wasser eingedrungen.
3. Während der Spannungsprobe ist die Isolation zerstört worden.

Der Isolationswiderstand aller dieser Fehler ist gewöhnlich gering, sagen wir 0.01 bis 1 Megohm, und die Lokalisierung derselben wird in der Fabrik in den meisten Fällen durch eine Messung mit Galvanometer und Meßbrücke und späteres Anwärmen des Fehlers ausgeführt. Je nach der Größe des Isolationswiderstandes setzt man den Fehler unter eine Spannungsdifferenz von einigen Hundert oder einigen Tausend Volt. Hochspannungskabel brennt man gewöhnlich mit 2000 bis 5000 Volt aus. Sobald der Isolationswiderstand gering geworden ist, setzt man sie unter die Spannung von 100—500 Volt einer Dynamomaschine. Den Strom, der in das Kabel eintritt, sollte man immer messen, damit man die Isolation nicht zu stark verbrennt.

Nach einiger Zeit greift man die Bleifläche ab und sucht nach einer warmen Stelle. Man rollt das Kabel um, bis man dieselbe findet. Bleibt man ohne Erfolg, so war die Anwärmung nicht genügend, und man wiederholt den Prozeß.

Man vergleiche auch die Fehlerbestimmungen auf S. 85.

Das Beheben von Fehlern. Wie man einen gefundenen Fehler aus einem Kabel entfernen soll, entscheiden immer die Umstände. Ist die Länge des Kabels nicht vorgeschrieben, so wird der Fehler ohne weiteres herausgeschnitten und das Kabel in zwei Längen geliefert.

Beide müssen dann vorsichtig geprüft werden, besonders, wenn es sich um Hochspannungskabel handelt, und der Fehler von einem Durchschlag herrührt, für den keine plausible Ursache gefunden werden kann. Es ist sowohl beim Ausprüfen als bei Betrieb von Kabeln mit hoher Spannung häufig, daß ein Durchschlag von einem oder mehreren anderen, an verschiedenen Stellen liegend, begleitet ist.

Kabel, die durch fehlerhaften Bleimantel Wasser bekommen haben und noch nicht gepanzert sind, werden gewöhnlich abgeschält, das heißt, das Blei wird wieder heruntergeschnitten, was auf einer Seilmaschine mit zwei Messern, am Kaliber befestigt, keine großen Umstände macht. Das abgeschälte Kabel wird dann wieder getrocknet, wenn für Telephon-, und ausgekocht, wenn für Starkstromzwecke bestimmt.

Hat ein Hochspannungskabel nach der Entfernung des Fehlers nicht absolut tadellosen Isolationswiderstand, so entscheide man sich ohne weiteres, auch das Isolationsmaterial abzuschälen.

Die Vermeidung von Fehlern während der Fabrikation und deren rücksichtslose Entfernung, wenn sie auftreten, sind für den technischen Erfolg eines Kabelwerkes unbedingt erforderlich.

Das Panzern von Kabeln.

Es ist unerläßlich, ein Kabel gegen chemische Einflüsse und mechanische Beschädigungen zu schützen, ganz einerlei, komme es unter oder über die Erde. Es sind Fälle bekannt geworden, daß Ratten das blanke Blei eines Kabels durchnagt haben.

Der einfachste Schutz, den man einem Bleikabel gibt, ist die asphaltierte Jute, oft auch Compound genannt.

Das Kabel wird auf der Panzermaschine langsam vorwärts gezogen und erst der Bleimantel mit einer Schicht weichen Asphaltes überzogen. Dann wird spiralig eine, ev. zwei Lagen Papier aufgetragen und schließlich eine Schicht Jute, gewöhnlich von der Nr. $1/2$. Sowohl der mit Papier als der mit Jute bewickelte Teil des Kabels gehen durch Tränkkessel und werden asphaltiert. Schließlich kommt noch eine Schicht harter Asphalt mit hohem Schmelzpunkt, um Zusammenkleben auf den Trommeln zu verhindern. Zum gleichen Zweck geht das Kabel zuletzt noch durch einen Kessel, in welchem es mit einer Mischung von Wasser und Kreide bespritzt wird.

Die Jute schon vor dem Auflegen zu imprägnieren, ist eine sehr gute Sache, wird aber nur von wenigen Firmen praktiziert.

In vielen Fällen wird über diese Lage asphaltierter Jute noch ein Panzer aus Bandeisen und über diesen wieder eine Lage asphaltierter Jute gewickelt. Dieser Panzer verleiht dem Kabel einen gewissen Schutz beim Lagern, Transportieren und Verlegen sowie gegen den Unverstand von Neugierigen. Gegen gewaltsame mechanische Stöße oder Schläge bietet der Panzer aber keinen ausreichenden Schutz. Ebenso schützt er nicht gegen Zugkraft; also darf man ein Kabel, das aufgehängt oder von einem Schiff aus verlegt wird, nicht mit Eisenband panzern.

Das Eisenband wird in Dicken von 0.5, 0.8, 1.0, 1.2 und 1.5 mm zum Panzern verwendet. Es ist ziemlich einerlei, ob man kalt oder warm gewalztes Band verwende.

Das Bandeisen ist jetzt in Ringen erhältlich, die man gleich auf die Panzermaschine aufsetzen kann.

Sind zwei Längen des Bandes miteinander zu verbinden, so besorgt man das in den meisten Fabriken mit zwei Nieten. Kupfernieten sind den eisernen vorzuziehen, weil man mit ihnen eine bessere

Arbeit erzielt, und Brechen nahezu ausgeschlossen ist. Der Stoß der zwei Bänder darf nicht rechtwinklig geschnitten sein. Eine auf das Band gezeichnete gerade Linie, senkrecht auf die Kanten gezogen, erscheint beim aufgelegten Band als ein Kreisbogen. Man kann eine andere Linie auf dem Band ziehen, die auch nach dem Auflegen noch eine Gerade bildet. Verbindungsstellen, nach dem Winkel dieser Linie geschnitten, werden während des Auflegens auf das Kabel nicht deformiert, die Nieten leiden nicht, und die Ecken der Bänder biegen sich nicht um. Mit rechtwinklig geschnittenen Bändern biegen sich die Ecken oft kräftig um und verletzen das Blei.

Das Band wird spiralförmig um das Kabel gelegt, und zwischen den einzelnen Umgängen sind Lücken von 5—8 mm Breite. Diese müssen zugedeckt werden mit einem zweiten Band, das über das erste zu liegen kommt. Dessen Lücken müssen auf die Mittellinie des unteren Bandes zu liegen kommen.

Auf der Maschine lasse man das untere Band dem oberen um mindestens einen Gang vorlaufen. Man ist dann sicher, daß die zwei nie miteinander in Kollision kommen, oder daß das obere Band zum untern wird.

Die Regulierung der Spannung der ablaufenden Bänder und die Stellung der Spulen ist wesentlich für einen tadellosen Panzer. Wir haben bei mehreren Anlässen probiert, dem Band zwischen Spule und Kabel eine Führung zu geben, entfernten diese aber immer wieder, da sie auf die eine oder andere Art zu Beschädigungen des Bandes oder des Kabels Anlaß geben konnte.

Die Abzugsgeschwindigkeit der Panzermaschine sollte sich von 5 zu 5 mm per Tour des Bandlaufes verändern lassen, und dieser sollte keine zu große Tourenzahl haben. Gleich hinter dem Bandlauf muß ein Tränkapparat stehen, damit die Bänder gut asphaltiert werden.

Was die Breite des Bandes anbetrifft, so gilt als Regel, daß man das obere Band immer um ca. 5 mm breiter hält als das untere. Das Band muß immer so breit sein, daß beim Auflegen auf das Kabel zwischen den einzelnen Umgängen noch genügende Zwischenräume entstehen. Fallen diese weg, oder sind sie zu klein, so läßt sich das Kabel nur sehr schwer biegen. Kann man die Zwischenräume herstellen, so ist es im allgemeinen einerlei, ob man mit einem breiten oder einem schmalen Band panzert. Je breiter das Band ist, um so größer ist die Kabellänge, die man in einer Stunde panzern kann.

Die Bandbreiten nehme man ungefähr nach folgender Tabelle:

Kabeldurchmesser	unter 15 mm,	Bandbreiten	20	und	25 mm
,,	von 15 bis 25 ,,	,,	25	,,	30 ,,
,,	,, 25 ,, 35 ,,	,,	35	,,	40 ,,
,,	über 35 ,,	,,	45	,,	50 ,,

Das Panzern mit Band ist meistens eine schwierige Operation, mit der man nur einen ganz zuverlässigen und geschickten Arbeiter betrauen sollte. Der gewöhnlichste Unfall ist das Zerreißen des Kabels, veranlaßt durch Steckenbleiben desselben in den Kalibern, in nicht aufgewärmten Tränkapparaten oder dadurch, daß die Ablauftrommel sich nicht dreht.

Der gewöhnliche Drahtpanzer macht so gut wie gar keine Schwierigkeiten, da die Operation dieselbe ist wie das Verseilen von Draht. Deckt der Panzer vollkommen, so nennt man ihn geschlossen, und offen, wenn er nur teilweise deckt.

Gewöhnlich wird für Drahtpanzer verzinkter Eisendraht verwendet. Die Verbindung zweier Drahtlängen geschieht vorzugsweise durch Schweißen im Feuer und nachheriges Hämmern. Als Bindemittel verwendet man Kupfer oder Messing. Die Zinkschicht entferne man durch Abfeilen, bevor der Draht in das Feuer kommt. Es gibt Eisensorten, die sich nicht zuverlässig zusammenschweißen lassen. Drähte von 1—5 mm ϕ lassen sich leicht mit Silber auf dem elektrischen Apparat löten.

Nach dem Schweißen oder Löten wird die Bindestelle in einem Zinkbade wieder verzinkt.

Je größer der Durchmesser des Eisendrahtes wird, desto schwieriger werden die Operationen des Schweißens und besonders des Verseilens. Doch lassen sich mit einer kräftigen Drahtseilmaschine Drähte von 8 und selbst von 10 mm ϕ noch bemeistern.

Um die für einen Drahtpanzer nötige Anzahl Drähte zu bestimmen, berechne man den Umfang des Kreises, der durch die Mittelpunkte der Drähte gebildet wird, dividiere denselben durch den Drahtdurchmesser und ziehe von der gefundenen Zahl ca. 10 % ab.

Drahtpanzer wird in allen Fällen verwendet, wo das Kabel bei der Verlegung unter Zug kommt, oder wenn es aufgehängt wird. Ebenso bei ganz dünnen Kabeln, die man nicht mit Band panzern kann.

Flachdrahtpanzer wird für dieselben Zwecke verwendet wie gewöhnlicher Drahtpanzer. Er deckt und schützt immer etwas mehr als letzterer, erfordert weniger Material und gibt dem Kabel einen kleineren Durchmesser.

Der Flachdraht hat traditionell die Dimensionen $6 \times 5.4 \times 1.70$ mm. Bei einem Drall von 5—6 $\times$ Kabeldurchmesser ist die Drahtzahl $= \frac{1}{2} \times \phi$ für kleine Kabel, dasselbe minus 1, 2 oder 3 für stärkere Kabel.

Flachdrähte werden ebenfalls mit der Seilmaschine aufgelegt, wobei der Exzenter entfernt und die Spulen fixiert werden müssen. Die Verteilungsscheibe muß so viel Löcher haben, als Drähte vorhanden sind, und sie darf vom Kaliber nicht zu weit entfernt sein, damit sich die Drähte nicht verlaufen und einer über den anderen zu liegen kommt.

Die Schlitze in der Verteilungsscheibe müssen so angefertigt werden, daß der Flachdraht verkantet wird. Dann wird er dem Kaliber wie ein Band zugeführt und legt sich regelmäßig auf das Kabel.

Bei Drahtpanzer im allgemeinen schaue man darauf, daß der Draht immer gerade und so gewickelt ist, daß sich die einzelnen Ringe der Spule nicht ineinander verhängen. Ebenso daß alle Drähte straff und gleichmäßig gespannt sind. Dadurch verhütet man Reißen und Überspingen der Drähte.

Fassondrahtpanzer kommt nur bei submarinen und Tunnelkabeln zur Verwendung, wenn ein außerordentlich starker Schutz, 5—10 mm dick, verlangt wird. Die Form des Querschnittes solcher Drähte kann mannigfaltig gewählt werden, und sie ist immer so, daß, wenn die Drähte auf das Kabel aufgelegt sind, ein Draht einzeln nicht mehr entfernt werden kann. Alle zusammen bilden einen geschlossenen Panzerkörper von bedeutender Dicke, und trotzdem ist das Kabel noch sehr biegsam.

Vorbereitungen für Transporte.

Grenze der Querschnitte. Der Minimalquerschnitt eines Kabels ist durch Fabrikationsrücksichten bedingt. Drähte unter 1 qmm sind schwer ordentlich zu isolieren, besonders für hohe Spannungen. Deswegen geben die D. Normalien als Minimalquerschnitt 1 qmm für Einleiter von 700 Volt und 4 bzw. 10 qmm für Hochspannungskabel.

Die obere Grenze ist durch die Bedürfnisse der Praxis bestimmt. Auch sie ist aus den D. Normalien ersichtlich.

Die Fabrikationslänge. Für dieselbe sind maßgebend: für Fabrikation die Größe der Tränkkessel und die Gewichte, die noch transportierbar sind; für die Verlegung die erlaubte Trommelgröße und die Länge die man ohne große Arbeiterzahl verlegen kann.

Meistens kommen aber andere Punkte zur Geltung. Sind die Kabel für ein bestimmtes Netz anzufertigen, so werden sie in den Längen des Planes, oder Teilen derselben geliefert, 200—400 m lang, je nach dem Querschnitt. Lagerkabel werden gewöhnlich in Längen von 250, 500 und 1000 m fabriziert. Auch kleine Kabel wie 10 mm liefert man nicht gerne länger als 1000 m, um Unfälle in der Fabrikation zu verhüten.

Oft ist die Vorschrift gegeben, in Längen von 2, 3 usw. Tonnen zu liefern.

Große Fabriken liefern Bleikabel von 20—30 km, wickeln dann aber nicht mehr auf Trommeln.

Die Verpackung. Wenn Kabel für Transport oder Lagerung hergerichtet werden, müssen in erster Linie die Enden derselben gegen Eindringen von Feuchtigkeit geschützt werden. Man verwendet dazu Bleikappen die man mit dem Bleirohr des Kabels sorgfältig verlötet. Diese Kappen müssen aus einem Stück gemacht werden, damit sie bei ev. Quetschungen sich nicht öffnen. Eine gute Kappe erhält man, wenn man ein Bleirohr über einem Dorn mit rundem Ende hämmert, bis es beinahe eine geschlossene Kuppel bekommt. Den Anschluß der Kuppel erreicht man mit einigen Tropfen Lot.

Zum Transport kommen Kabel meistens auf Holztrommeln. Der Kerndurchmesser derselben sollte etwa 20 mal dem Durchmesser des Kabels sein. Man kommt für gewöhnlich aus mit drei Trommelgrößen von den Durchmessern 500, 800 und 1000 mm für den Kern. Der Flanschendurchmesser ist gewöhnlich doppelt so groß, und die Kernlänge ist gleich dessen Durchmesser. Die Trommeln sollten so stark gebaut sein, daß sie 3000—4000 kg tragen können und 3—4 Reisen aushalten.

Eiserne Achsenbüchsen tragen sehr viel zur Erhaltung der Trommeln bei, ebenso Reifen.

Der Kern einer Trommel sollte so stark sein, daß er sich beim Tragen der Last nicht durchbiegt. Beim Abrollen von schweren und langen Kabeln beobachtet man oft, daß das innere Ende sich langsam herausarbeitet. Dies kommt nur bei schwachen Trommeln vor, deren Kern sich durchbiegt bzw. unter der Last kleiner wird. Das Kabel hängt dann frei auf den oberen Brettern des Kernes wie ein Schmierring auf seiner Welle. Wenn die Welle rotiert, bleibt der Ring infolge seines größeren Durchmessers bei jedem Umgang etwas zurück. Ganz ähnlich ist der Fall mit dem Kabel, und das Ende muß sich bei jeder Umdrehung der Trommel um einige Zentimeter herausarbeiten. Ist es im Austrittsloch festgeklemmt, so macht sich der Vorschub im Innern der Trommel geltend, und zwar so, daß der letzte Kabelring aufsteigt und sich durch die inneren Lagen durchwürgt.

Das Kabel darf die Trommel nicht vollständig füllen, damit es beim Rollen nicht durch Steine usw. gedrückt wird. Als bester Schutz des Kabels während des Transportes und der Lagerung gilt eine Verschalung mit Brettern. Eine Umwickelung mit Strohseilen gibt weniger Sicherheit, genügt aber für gepanzerte Kabel.

Jede Trommel bekommt eine Signierung, die das Kabel genau kennzeichnet. Diese muß möglichst in der Mitte der Flansche angebracht werden. Ist sie nahe am Rande, so wird sie bald durch den Straßenschmutz unleserlich gemacht.

Kürzere Kabellängen kommen oft in Form von Ringen zur Versendung, in Strohseilen verpackt. Handlich sind solche nur in großen Städten, wo Krane zum Verladen zur Verfügung stehen. Zum Wickeln von solchen Ringen braucht man eine zerlegbare Trommel.

B. Telephonkabel.

Da für Fernsprechzwecke die Kapazität der Leitung eine außerordentlich große Rolle spielt, sind mehrfache Kabel mit den bekannten Isolationen aus imprägnierter Faser, aus Gummi und Guttapercha, deren Kapazitäten zwischen 0.15 und 0.25 MF. per km liegen, für die Übertragung telephonischer Ströme nicht geeignet. Man hat schon früh nach Kabelkonstruktionen gesucht, die kleine Kapazitäten geben. Das Kabel von Fortin Hermann war die erste Lösung.

Die jetzt gebräuchlichen Kabel mit loser Papierisolierung sind ca. 1893 von Amerika zu uns gekommen und haben der Kabelfabrikation Anlaß zu einem ungeheuren Aufschwung gegeben.

Die Fabrikation von Telephonkabeln bietet soweit nichts Neues, so daß wir dieselbe nur kurz zu besprechen brauchen. Auch ist das meiste, was die Konstruktion betrifft, in den Spezifikationen S. 195 gesagt.

Der Leiter. Der Durchmesser des Leiters ist verschieden je nach dem Zwecke des Kabels. Für Abonnentenkabel hat man in den ersten Zeiten durchwegs Draht von 1.0 mm verwendet. Später ist man dann heruntergegangen auf 0.8 mm und in einzelnen Fällen auf 0.7 mm. Für interurbane Kabel wird der Durchmesser beträchtlich dicker. Die englische Postverwaltung verlangt z. B. folgende Durchmesser für ihre Kabel: 0.9, 1.27, 2.00, 2.45 und 2.85 mm.

Sehr oft trifft man auch die Vorschrift, daß im Kabel keine Lötstelle der Drähte enthalten sein darf. Soweit unsere Erfahrung geht, ist diese Vorschrift nicht ganz gerechtfertigt. Eine Lötstelle, wenn gut gemacht, bricht nur ausnahmsweise, dagegen haben wir beobachtet, daß die verzinnten Drähte während der Fabrikation oft ohne plausibeln Grund reißen. Auch in unverzinnten Drähten treten Brüche auf, doch weitaus weniger als in den verzinnten.

Da die Kapazität eines Leiters von dessen Durchmesser und demjenigen seiner Isolationshülle abhängt, siehe S. 17, so wird die Kapazität von Kabeln mit verschiedener Drahtstärke verschieden sein, je nach dem ϕ des Leiters bei gleicher Isolationsdicke. Will man also die Kapazität mit wachsendem Draht ϕ ungefähr in den gleichen Grenzen halten, so muß man den Durchmesser über die Isolation ungefähr proportional dem Draht ϕ vermehren.

Die Isolation. Für die Isolation werden Papierbänder verwendet, je nach dem Zwecke in Dicken von 0.06 bis 0.25 mm und in Breiten von ca. 8 mm bis 20 mm.

Das Papier wird entweder spiralig oder longitudinal, in ein oder zwei Lagen aufgetragen. Longitudinal aufgelegtes Papier verlangt einen spiralförmig gewickelten Faden, um die Papierröhre zusammen zu halten.

Die Größe der Papierröhre ist eine Sache der Erfahrung. Sie kann innerhalb gewisser Grenzen abgeändert werden, ohne daß die Kapazität leidet. Es ist einerlei, ob die Röhre rund oder flach ist.

Ebenso ist es einerlei, ob zur Bildung des Rohres ein oder zwei Papiere verwendet werden. Es sind Kabel mit einem longitudinalen Papier von 0.06 mm Dicke fabriziert und eingezogen worden, und die Zahl der beobachteten Berührungen von Drähten war nicht größer als bei Kabeln mit zwei Papieren von 0,10 mm Dicke.

Theoretisch sollte die Papiermenge, die in einem Kabel von bestimmtem Durchmesser vorhanden ist, auf die Kapazität einen wesentlichen Einfluß ausüben, da die spez. Kapazität von Papier bedeutend größer ist als diejenige von Luft. In der Praxis scheint dies aber nicht der Fall zu sein, wenigstens nicht innerhalb der Grenzen der Papiergewichte, die man einem sog. Luftkabel geben kann.

Das Paar. Für jeden Stromkreis sind immer zwei Drähte bestimmt und paarweise zusammengedreht, damit sie bei Spleißungen usw. nicht mit andern verwechselt werden. Auch ist einer der zwei Drähte verzinnt, um im Paar unterscheiden zu können.

Durch das Verseilen der Adern wird auch noch erreicht, daß die Induktion des Paares auf die Nachbarpaare ein Minimum wird. Die letztere ist die Ursache des Mitsprechens.

Es ist leicht einzusehen, daß die gegenseitige Induktion nur auf ein Minimum reduziert wird, wenn die einzelnen Paare, die nebeneinander liegen, eine verschiedene Drallänge haben und eventuell den Drall in entgegengesetzter Richtung. Zwei Paare mit gleichem Drall nebeneinander gelegt verhalten sich so, daß der verzinnte Draht des einen Paares dem verzinnten Draht des anderen parallel ist. Dasselbe ist der Fall mit den zwei unverzinnten Drähten. Diese Anordnung ist der gegenseitigen Induktion günstig, und daß bei den vielen bis jetzt verlegten Telephonkabeln das Mitsprechen nicht lästig geworden ist, liegt bloß an der kurzen Länge der Sprechlinien. In interurbanen Linien von größerer Länge ist das Mitsprechen beobachtet worden und mußte durch Kreuzungen in den Spleißungen reduziert werden.

Die französische Postverwaltung schreibt folgenden Versuch vor, um das Mitsprechen in Kabeln zu prüfen. Von zwei nebeneinander liegenden Paaren wird das eine in den Kreis einer Batterie mit gutem Mikrophon eingeschaltet, das andere Paar durch ein Telephon zu einem geschlossenen Kreis verbunden. Spricht man in das Mikrophon, so darf man im Telephon das Gespräch nicht hören, solange die Kabellänge unter einem Kilometer liegt.

Die Drallänge hängt ab von dem ϕ des Drahtes. Theoretisch soll sie möglichst kurz sein. Für Draht von 0.8 bis 0.9 mm verlangt die englische Postverwaltung die kleinsten Längen, 100 bis 150 mm, die fränzösische die größten, nämlich 250 mm. Für Drähte von 2.85 mm schreibt die englische Postverwaltung Drallängen von 250 bis 325 mm vor.

Das Verseilen eines Paares wird gewöhnlich gleichzeitig mit dem Bedecken mit Papier gemacht. Die Maschine des Grusonwerkes, von O. Weiß konstruiert, legt unten die Papiere auf, und oben werden je zwei Drähte miteinander verseilt, und es ist eine Kleinigkeit, mit dieser Maschine Paare von ungleichem Drall zu erhalten.

Es kommt vor, daß der Kunde ein drittes Papier, um das Paar herum gewickelt, verlangt. Für urbane Kabel ist dasselbe eher schädlich als nützlich.

Früher wurde gelegentlich verlangt, daß vier Drähte miteinander verseilt sind. Es ist offenbar, daß bei einem so konstruierten Kabel die Induktion der zwei Paare aufeinander groß werden kann, besonders wenn die Drähte nicht symmetrisch angeordnet liegen, und wenn bei den Spleißungen Fehler gemacht werden, was vorkommen kann.

Das Verseilen. Die einzelnen Paare werden lagenweise zu einem Seil zusammengedreht, wie bei blankem Kupferdraht beschrieben. Man wird den Drall der einzelnen Lagen so lang machen, als für das Biegen des Seiles zuträglich ist. Man gebe den inneren Lagen immer einen kurzen Drall und den äußeren einen langen. Die einzelnen Drähte werden dann ziemlich gleich lang, und die Differenzen in Kupferwiderstand und Kapazität von inneren und äußeren Lagen sind nicht sehr bedeutend.

Jede Lage bekommt zwei nebeneinander liegende Paare, die mit farbigem Papier isoliert sind, z. B. rot und blau, von denen aus man ein beliebiges Paar abzählen kann. Dies sind die sog. Zähladern.

Seile, die lagenweise nach rechts und links gedreht sind, haben weniger Induktion als solche, in denen alle Lagen gleiche Drehung haben.

Man gibt oft über jede Lage ein Papier, ein Baumwollband oder einige Fäden Baumwolle. Nötig ist dies aber nur, wenn der Drall außerordentlich lang ist. Auf jeden Fall aber muß das fertige Kabel gut mit Band eingewickelt werden.

Der Seildurchmesser. Dieser ist teilweise bestimmt durch den Durchmesser der isolierten Paare bzw. des Kupferdrahts und teilweise durch die Kaliber, die man beim Auflegen der Lagen verwendet. Man kann den Durchmesser in ziemlich weiten Grenzen halten, ohne daß die Kapazität sich beträchtlich ändert. Dies zeigt folgender Versuch mit einem Kabel von 52 Paaren und Draht von 0,8 mm ϕ.

Es wurden 3 Kabel aus denselben Adern angefertigt mit den Durchmessern 31, 27 und 25 mm und jedesmal die Kapazitäten gemessen. Die folgende Tabelle zeigt die Differenzen:

Durchmesser	31 mm	Kapazität	0.049	bis	0.052
„	27 „	„	0.047	„	0.054
„	25 „	„	0.052	„	0.072

Nach diesen Zahlen würde also eine Variation des Gesamtdurch messers um 10—15 %, d. h. von 27 auf 31 mm, keine wesentliche Änderung der Kapazität mit sich führen.

Der einfachste Weg, eine Angabe über den Durchmesser eines Telephonkabels zu machen, besteht darin, die Fläche zu berechnen, welche auf ein Drahtpaar kommt.

Dividiert man den Gesamtquerschnitt eines Seiles durch die Zahl der darin enthaltenen Paare, so kommt man auf einen Wert, welcher von der Drahtzahl nahezu unabhängig ist. Für Draht von 0.8 mm Durchmesser ist diese Fläche rund 10 qmm per Paar.

Genauer wird die Fläche nach folgender Tabelle angegeben

Zahl der Paare	10—20	21—60	61—150	151—200
Fläche per Paar ca.	13	12	10	9.5 qmm.

Für Kabel mit 1.8 mm Drahtdurchmesser und bis 30 Paare haben wir diese Fläche als etwa 30 qmm bestimmt.

Felten und Guilleaume haben für den Gotthardtunnel ein Telephonkabel, 7 Paare 1.8 mm, geliefert, das von Bächtold (E.T.Z. 1901, 529) beschrieben worden ist. Für dieses ist die Fläche per Paar ca. 40 qmm, wobei zu bemerken ist, daß das Kabel extra stark konstruiert worden ist.

Das Trocknen. Telephonkabel sind sehr leicht zu trocknen, da überall Lufträume vorhanden sind, durch welche die Wasserdämpfe entweichen können. Der Trocknungsprozeß kann mit Hilfe guter Apparate in 10—20 Stunden durchgeführt werden. Isolationen von 10 000 Megohm per Kilometer sind leicht zu erreichen. In den meisten Fällen nimmt die Isolation mit der Länge des Kabels zu. Der Ausschlag des Galvanometers kommt zum größten Teil von minderer Isolation der Enden her.

Ein verlegtes Kabel von 10×300 m mit 9 Spleißungen und zwei Endmuffen ergab einen mittlern Isolationswiderstand von 150 000 Mg. per Kilometer, während die Einzellängen in der Fabrik nur 20 000 Mg. aufwiesen.

Das Trocknen der Kabel kann auch nach dem Umpressen mit

Blei vorgenommen werden, indem man getrocknete und erwärmte Luft in dieselben hineintreibt.

Umpressen mit Blei. Der Vorgang ist ganz derselbe wie für Beleuchtungskabel, und es ist nichts Wesentliches beizufügen. Bettungskabel werden mit reinem Blei umpreßt, Einziehkabel mit einem Zusatz von 3 % Zinn.

Wenn Kabel mit sehr großem Durchmesser zu umpressen sind, vergesse man nicht, die Bleipresse vorher vollständig in Ordnung zu bringen und den Grundring mit der ovalen Öffnung einzusetzen.

Gleich nach dem Umpressen stecke man die Kabelenden in ein Gefäß mit Paraffin und imprägniere die Enden der Adern auf etwa einen Meter. Hierauf verlöte man die beiden Enden des Bleirohres und bringe das Kabel sofort unter Wasser.

Das Prüfen und das Beheben von Fehlern. Nach jeder Operation auf der Seilmaschine müssen die sämtlichen Adern auf Kontinuität und auf Berührung geprüft werden. Es genügt nicht, bloß die neu aufgelegten Adern zu prüfen, da Fehler auch in den untern Lagen auftreten können.

Eine Berührung zu lokalisieren ist sehr einfach. Der Übergangswiderstand der 2 Drähte ist meistens so gut wie Null, so daß eine Widerstandsmessung, vom inneren oder äußeren Ende aus gemacht, zum Ziele führt. Erforderlich ist bloß, daß man die Kabellänge genau kennt.

Umständlicher ist die Lokalisierung eines Drahtbruches. Im getrockneten Kabel genügt dazu die Bestimmung der Kapazität beider Teile des gerissenen Drahtes. Die zwei gesuchten Längen verhalten sich direkt wie die zwei Ausschläge.

Bei ungetrocknetem Kabel kann man die Lokalisierung auf gleiche Weise beginnen; aber da der Isolationsstrom überwiegt, kann man bloß ungefähr die Gegend bestimmen, wo der Bruch liegt. Die genaue Fehlerstelle wird dann mit einer Nadel festgestellt. Man bedient sich dazu einer Batterie mit Klingel, legt den einen Pol an das eine Ende des gerissenen Drahtes und den anderen Pol an eine Nadel. Mit dieser geht man das Kabel entlang und sticht in das Aderpaar hinein, das den Bruch enthält. Ist man hinter der Bruchstelle, so läutet die Glocke, ist man vor ihr, so läutet sie nicht. Durch Halbieren der angestochenen Längen kommt man nach und nach auf die Bruchstelle, die man dann zur Vornahme der Reparatur öffnen muß.

Die eigentliche Prüfung eines Telephonkabels wird gemacht, wenn es mit Blei umpreßt 24 Stunden im Wasser gelegen hat. Das Bleirohr wird an jedem Ende, je nach der Aderzahl, um 250—500 mm zurückgeschnitten und die Paare lagenweise zurückgebogen, so daß jede Lage einen Konus bildet; zwischen den einzelnen Konussen bleibt ein Raum von 50—100 mm, damit man leicht zu jeder einzelnen Lage gelangen kann. Diese Anordnung der Adern nennt man die „Rose“ oder „Blume“. Hierauf wird von jedem Drahtende das Papier auf ca. 30 mm entfernt und der Draht vom Paraffin gereinigt.

Nun bildet man am einen Kabelende mit Hilfe eines Kupferdrahtes von ca. 0.3 mm ϕ die „Spirale“. Diese beginnt am Blei und endet in der zentralen Lage. Jedes der Aderenden ist mit diesem Draht in Verbindung gebracht worden, indem man ihn ein- oder zweimal um das blanke Aderende wickelt. Vom Blei geht die Spirale an die erste Ader der äußeren Lage und dann sukzessive zur nächsten und von der letzten zur ersten der zweiten Lage usw.

Durch die Spirale wird also jede Ader des Kabels an Blei bzw. Erde gelegt, und alle werden miteinander kurzgeschlossen.

Die erste Prüfung wird auf Kontinuität des Kupfers gemacht. Man legt den einen Pol eines Läutewerkes an das Blei und tupft mit dem andern jede Ader des Kabels an dem Ende, das keine Spirale hat. Bei jeder Berührung wird die Glocke läuten, wenn der Draht nicht gerissen ist.

Die zweite Prüfung ist die auf Isolation und Kapazität und wird teilweise mit dem Galvanometer ausgeführt, und zwar von dem Ende aus, das mit der Spirale versehen ist. Am anderen Ende sind die Spitzen der Adern sorgfältig auseinander gebogen, so daß keine Berührungen eintreten können. Die eine Meßleitung wird an Blei gelegt, die andere an irgendein Aderende, das man von der Spirale losgelöst und isoliert hat. Darauf kann man nach bekannter Weise die Isolation messen, indem man die Ablenkung des Spiegels nach einer Minute Elektrisierung der Ader bestimmt. Wiederholt man den Versuch, aber unter Messung des ersten Ausschlages, so erhält man die Kapazität der Ader.

Die Arbeit wird auf die Hälfte reduziert, wenn man beim Stromschluß gleich den ersten Ausschlag mißt und nach einer Minute den Isolationsausschlag. Nimmt man den Strom ab, so kann man durch Beobachtung des Entladungsstromes den Kapazitätsausschlag nochmals kontrollieren.

Obgleich diese einfache Methode auf der Hand liegt, ist deren Anwendung doch vielen Telephonbeamten noch unbekannt.

Für die Ausführung der Messungen schlage man S. 66 und 70 nach.

Ist der erste Draht gemessen, so wird er wieder mit der Spirale verbunden, d. h. mit allen anderen Adern zusammen an Erde gelegt. Man löst dann einen zweiten Draht von der Spirale los, macht die Galvanometermessungen, schaltet ihn wieder zurück und mißt in dieser Weise Ader nach Ader.

Die Zahl der Drähte in einem Telephonkabel ist meistens ziemlich bedeutend, so daß eine komplette Messung mit dem Galvanometer in einer Fabrik kaum durchführbar ist. Auch wäre sie eine ziemlich unnütze Arbeit, da sowohl die Isolationswiderstände als auch die Kapazitäten der Drähte in den einzelnen Lagen ungefähr dieselben sind.

Aus diesen Gründen begnügt man sich, in jeder Lage bloß einige Stichproben zu machen, in der innersten Lage z. B. zwei und in jeder folgenden Lage zwei mehr. Die Adern, die man messen will, soll man immer gleichmäßig verteilen, so daß die elektrischen Konstanten auf der ganzen Peripherie der betreffenden Lage bekannt werden.

Die Isolationsmessung wird nun mit dem Prüftelephon zu Ende geführt. Man überzeugt sich wieder, daß auf der einen Seite alle Adern an der Spirale liegen und am anderen Ende alle vorneinander isoliert sind. Darauf legt man den einen Pol des Meßapparates permanent an das Blei, das Telephon an das Ohr, und den anderen Pol hält man in der rechten Hand. Ein Gehilfe nimmt dann, von der zentralen Lage aus beginnend, sukzessive einen Draht nach dem anderen von der Spirale ab, so daß dessen blankes Ende isoliert ist. Ein Tupfen mit dem freien Pol des Apparates genügt, um zu wissen, ob die betreffende Ader in Ordnung ist. Das Messen schreitet in dem Tempo fort, wie die Adern von der Spirale losgemacht werden können, und es ist eine Kleinigkeit, in der Minute 20—40 Messungen zu machen.

Es ist nicht nötig, die gemessenen Adern wieder zu verbinden und an Erde zu legen, da ja jede gegen alle anderen und Blei schon gemessen ist. Der Gehilfe hat nichts anderes zu tun als die Spirale, von der Mitte aus beginnend, sukzessive von den Adern loszumachen, in der Reihenfolge, wie sie verbunden sind, und von Zeit zu Zeit die gemessenen Adern etwas zurückzubiegen, um Raum für seine Hände zu gewinnen.

Eine Ader mit guter Isolation gibt beim Tupfen im Telephon einen harten und kurzen Schlag, eine mit schlechter Isolation einen weichen Schlag von größerer Zeitdauer, der sich bei mehrmaligem Tupfen wiederholt. Berührung zweier Adern gibt wieder einen kräftigen Schlag. Der Charakter dieser drei Schläge ist so bestimmt, daß ein einmaliges Tupfen genügt, um genau orientiert zu sein, mit welchem der drei Fälle man es zu tun hat.

Ein Kabel, auf diese Art gemessen und gut befunden, ist vollständig in Ordnung.

Für Telephonkabel ist es üblich, auch den Kupferwiderstand zu messen. Es würde auch hier zu weit führen, sämtliche Adern zu messen. Man begnügt sich, in jeder Lage einzelne Drähte zu messen, z. B. fünf verzinnte und fünf unverzinnte Drähte, die fünf immer hintereinander verbunden.

Ist das Kabel fehlerhaft, d. h. hat es Drahtrisse oder Berührungen, so kann man drei Sachen machen: 1. das Kabel zerschneiden, so daß der Fehler herausfällt, 2. das Blei herunternehmen und reparieren und 3. den Fehler darin lassen und sich vom Besteller ev. Abzüge machen lassen.

Ist das Bleirohr undicht, so wird man dasselbe herunterschneiden, das Kabel trocknen und neu umpressen.

Wenn das gemessene Kabel zur Auflegung von asphaltierter Jute oder zum Panzern nochmals auf die Maschine kommt, so ist nach jeder Operation wieder mit Klingel und Prüftelephon die Messung auf Kontinuität und Berührung zu wiederholen.

Wenn die letzte Messung vollendet ist, bekommen die Kabelenden Kappen aus Blei, die einen Stoß oder eine Quetschung aushalten, ohne daß sie Risse zeigen. Die Kappen werden mit dem Blei des Mantels wasserdicht verlötet.

Lokalisierung von Fehlern bei nassen Adern. Wird ein mit Blei umpreßtes Telephonkabel feucht, so kann man nach der Wheatstoneschen Schleifenmethode den Fehler suchen, wenn man nicht vorzieht, das Blei abzuschneiden.

Zur Lokalisierung verwende man einen der nicht verzinnten Drähte.

Einfluß der Nachbaradern auf die Kapazität. Der Einfluß von geerdeten Nachbaradern auf die Größe der Kapazität einer Ader ist den nachfolgenden Beobachtungen zu entnehmen. Der erste Ausschlag (prop. der Kapazität) ist mit a bezeichnet.

1. Kabel mit 10 Paaren von 0.8 mm. Zentrale Ader Cu blau gegen Blei gemessen, alle anderen Adern isoliert und dann nach und nach Nachbaradern an Erde gelegt

Cu blau	/ alle anderen isoliert	$a = 264$
,,	/ Sb blau an Erde.	$a = 295$
,,	/ noch rotes Paar Erde	$a = 312$
,,	/ noch zweites Nachbarpaar Erde.	$a = 324$
,,	/ ganze zentrale Lage Erde. . . .	$a = 324$
,,	/ alle anderen Adern Erde	$a = 330$

Dasselbe mit Cu blau der Außenlage wiederholt

Cu blau	/ alle anderen isoliert	$a = 305$
,,	/ Sb blau Erde	$a = 332$
,,	/ noch ein Nachbarpaar Erde. . .	$a = 334$
,,	/ beide Nachbarpaare Erde . . .	$a = 336$
,,	/ ganze Außenlage Erde	$a = 337$
,,	/ alle Adern Erde	$a = 343$

2. Kapazität eines Paares. Es wurde gemessen für ein Paar die Kapazität der Einzeladern Cu und Sb und die Kapazität der beiden hintereinander. Alle anderen Adern liegen an Erde.

Ader Cu gegen alle anderen . . . . . C = 0.050 MF
„ Sb „ „ „ . . . . . C = 0.048 „
Beide hintereinander gegen alle anderen C = 0.077 „

Meßresultate. Die Kabel mit 0.8 mm Draht sind isoliert mit einer Lage Papier 0.15 mm dick und 12 mm breit, diejenigen mit 1.8 mm Draht mit einer Lage Papier von 0.25 × 16 mm und über das verseilte Paar nochmals eine Lage Papier.

Die erste Zeile gibt Details über das gemessene Kabel; die zweite die mittleren Kupferwiderstände jeder Lage; die dritte die Isolationswiderstände und die letzte die maximalen und minimalen Kapazitäten einer jeden Lage. Alle Messungen sind bezogen auf 1 km bei 15° C.

a) 40 × 2 × 0.8 mm 126 m ⌀ = 27.5 mm
34.5 34.5 33.9 34.2 Ohm
15 000—25 000 Megohm
0.042—0.045; 0.043—0.041; 0.037—0.040;
0.045—0.045 MF

b) 80 × 2 × 0.8 mm 414 m ⌀ = 35.5 mm
34.8 35.0 35.0 34.6 34.5 Ohm
80 000—100 000 Megohm
0.044—0.053; 0.049—0.055; 0.054—0.055;
0.052—0.055; 0.042—0.047 MF

c) 200 × 2 × 0.8 mm 300 m ⌀ = 53.0 mm
34.9 34.9 34.9 34.5 34.5 34.2 33.6 Ohm
36 000—72 000 Megohm
0.050—0.054; 0.050—0.054; 0.051—0.054;
0.049—0.053; 0.049—0.051; 0.050—0.052;
0.050—0.052; 0.047—0.048 MF

d) 7 × 2 × 1.8 mm 602 m ⌀ = 16.5 mm
6.5 6.4 Ohm
25 000—32 000 Megohm
0.077—0.083; 0.064—0.065 MF

e) 28 × 2 × 1.8 mm 602 m ⌀ = 33.0 mm
6.37 6.37 6.44 Ohm
60 000—120 000 Megohm
0.077—0.082; 0.068—0.070; 0.064—0.066 MF.

Armierung. Je nach der Verlegungsart eines Telephonkabels erhält es entweder gar keine Panzer, oder einen solchen aus Bandeisen, Flachdraht oder Runddraht.

In Einzelkanälen verlegte Kabel werden gewöhnlich ohne irgendwelchen Schutz über das Blei verwendet.

Kabel, die in weite Rohre eingezogen werden und dort in größerer

Anzahl aufeinander liegen, erhalten meistens einen Flachdrahtpanzer ohne äußere Compoundschicht.

Kabel, die unter Brücken, an Häusern, Mauern usw. entlang aufgehängt werden, bekommen einen Runddrahtpanzer mit äußerer Compoundschicht.

Bettungskabel erhalten entweder eine Lage asphaltierter Jute oder einen kompletten Panzer aus Bandeisen.

Kabel zum Aufhängen. In der Telephonie kommt der Fall häufig vor, daß Kabel temporär oder permanent über Dächer, Straßen, Flüsse usw. weggeführt und aufgehängt werden müssen.

Für diese Zwecke verwendet man je nach den Umständen normale oder spezielle Kabel. Normale Kabel können gewöhnliche oder reduzierte Bleistärke haben, legiertes oder unlegiertes Blei und leichten oder schweren Panzer. Die Spezifikation des Kabels hängt ganz von den Umständen ab.

Wenn die Kabel zu schwer werden, muß man das Blei weglassen und durch einen Schlauch aus Gummi oder Okonit ersetzen. Die Spezifikation für ein solches Kabel lautet ungefähr so:

Die verseilten Adern werden mit einem oder mehreren Baumwollbändern von guter Qualität fest umwickelt, mit Gummi oder Okonit umpreßt, mit zwei gummierten Bändern umwickelt, mit einer wasserdichten und wetterbeständigen Lackschicht versehen, mit Leinenzwirn dicht umflochten, mit Asphalt getränkt, mit Flachdraht oder Runddraht in offener Spirale armiert, wieder mit bestem Leinenzwirn umflochten und mit wetterbeständigem Compound oder einer Mischung von Asbest und Zinkweiß getränkt.

Spezifikationen.

Als Ergänzung der einzelnen Paragraphen über Telephonkabel fügen wir noch einige Spezifikationen an, aus denen weitere Details entnommen werden können.

1. Deutsche Reichspost.

Bedingungen zur Lieferung von Fernsprechkabeln,

datiert den 13. Januar 1908.

Die Veröffentlichung erfolgt nach den Pflichtenheften des Reichspostamtes und enthält in aller Kürze nur die technischen Angaben.

§ 1. Spezifikationen.

A. Hauptkabel. Die Drahtdurchmesser sind 0.8, 1.5 und 2 mm. Die Leiter sind mit Papier hohl umsponnen und paarweise verseilt.

Je ein Draht des Paares ist verzinnt. Eine Verseilung der Paare mit gleich starken Leitern zu Gruppen ist nicht erlaubt.

Die Paare werden lagenweise, rechts und links gedreht, verseilt, und jede Lage hat mindestens ein markiertes Paar. Über das fertige Seil wird ein Band gewickelt.

Enthält das Kabel Paare von verschiedenem Durchmesser, so werden die stärkern möglichst in den Kern gelegt, die schwächern außen und in den von den stärkern Paaren nicht ausgefüllten Raum.

Der Bleimantel hat einen Zusatz von 3 % Zinn, und seine Dicke hängt vom Seildurchmesser und der Art der Armatur ab und ist den nachfolgenden Tabellen zu entnehmen. Es bedeuten : *BB* Kabel mit blankem Bleimantel, *OB* Kabel mit offener Bewehrung und *GB* Kabel mit geschlossener Bewehrung.

Das Papier muß langfaserig sein und gleichmäßig in Struktur und Dicke. Die Reißlänge muß mindestens 4000 m betragen und die Dehnung 2 %. Die Prüfungen werden in der Längs- und in der Querrichtung gemacht mit je fünf Streifen, deren Abweichungen 20 % betragen dürfen. Aus den zehn Proben sind die Mittelwerte gültig.

Die asphaltierte Jute darf keine organischen Säuren enthalten, soll überall fest anschließen und bei mäßigen Biegungen noch vollständig decken. Bei 0° C soll sie nicht spröde sein noch abblättern und bei + 25° nicht so weich sein, daß sie abfällt, oder die Tränkmasse wegfließt.

Die Bewehrung besteht aus verzinkten Flacheisendrähten von trapezförmigem Querschnitt oder aus runden Stahldrähten. Bei Erdkabeln ist sie noch mit einer Compoundschicht umgeben, nicht aber bei Röhrenkabeln. Der Drall soll immer rechtsgängig sein.

Für Röhrenkabel kommen nur Flachdrähte in Betracht, 1.4 mm dick bis 7 Doppelpaare und 1.7 mm für alle andern Kabel. Die Drähte sind gewölbt und nicht scharfkantig. Lötstellen müssen keine Unregelmäßigkeiten in der Kabeldicke oder im Gefüge der Drähte verursachen.

Die Verzinkung soll so vollständig sein, daß bis zum Tage der Verwendung keine Spur von Rost auftritt.

Die maximalen Durchmesser über Blei sind die folgenden:

250 Paare	. . . 70 mm	400 Paare	. . . 89 mm
300 „	. . . 76 „	450 „	. . . 94 „
350 „	. . . 80 „	500 „	. . . 98 „

Auf je 50 Aderpaare ist ein Reservepaar gestattet.

Für alle Abmessungen (aber nicht auf die Kabellänge) ist eine Toleranz von ± 5 % gestattet.

Bleistärke für urbane Kabel.

Zahl der Paare mit 0.8 mm Cu ϕ	Wandstärke des Bleimantels in mm für			Zahl der Paare mit 0.8 mm Cu ϕ	Wandstärke des Bleimantels in mm für			Zahl der Paare mit 0.8 mm Cu ϕ	Wandstärke des Bleimantels in mm für		
	BB	*OB*	*GB*		*BB*	*OB*	*GB*		*BB*	*OB*	*GB*
1	1.3	—	1.2	28	2.0	1.8	1.7	175	2.8	2.5	2.2
2	1.3	—	1.2	50	2.2	2.0	1.8	200	3.0	3.0	2.5
4	1.4	1.3	1.3	56	2.2	2.0	1.8	224	3.0	3.0	3.0
5	1.5	1.4	1.4	75	2.4	2.1	1.9	250	3.0	3.0	3.0
7	1.5	1.4	1.4	100	2.5	2.2	2.0	300	3.5	3.5	3.5
10	1.7	1.6	1.5	112	2.5	2.2	2.0	350	3.5	3.5	3.5
14	1.7	1.6	1.5	125	2.6	2.3	2.1	400	3.8	3.8	3.8
20	2.0	1.8	1.7	150	2.8	2.5	2.2	450	3.9	3.9	3.9
25	2.0	1.8	1.7	168	2.8	2.5	2.2	500	4.0	4.0	4.0

Bleistärke für interurbane Kabel.

Zahl der Aderpaare mit Cu ϕ			Bleimantel-stärke mm		Zahl der Aderpaare mit Cu ϕ			Bleimantel-stärke in mm	
0.8 mm	1.5 mm	2.0 mm	*BB*	*GB*	0.8 mm	1.5 mm	2.0 mm	*BB*	*GB*
—	4	—	1.8	1.5	—	40	10	2.8	2.5
—	5	—	2.0	1.7	—	70	10	3.0	2.5
—	7	—	2.0	1.7	—	50	20	3.0	2.5
—	10	—	2.1	1.8	20	4	—	2.1	1.8
—	14	—	2.3	2.0	20	7	—	2.2	1.8
—	20	—	2.5	2.2	50	7	—	2.4	2.0
—	25	—	2.5	2.2	50	10	—	2.4	2.0
—	28	—	2.5	2.2	100	14	—	2.8	2.3
—	50	—	3.0	2.5	100	20	—	3.0	2.5
—	56	—	3.0	2.5	150	20	—	3.0	2.5
—	—	4	1.8	1.5	20	—	4	2.1	1.8
—	—	5	2.0	1.7	20	—	7	2.2	1.8
—	—	7	2.0	1.7	50	—	7	2.4	2.0
—	—	10	2.1	1.8	50	—	10	2.4	2.0
—	—	14	2.3	2.0	100	—	14	2.8	2.3
—	—	20	2.5	2.2	100	—	20	3.0	2.5
—	—	25	2.5	2.2	150	—	20	3.0	2.5
—	—	28	2.5	2.3	50	10	4	2.6	2.2
—	—	50	3.0	2.5	100	10	4	2.8	2.3
—	—	56	3.0	2.5	100	30	7	3.0	2.5
—	10	4	2.3	2.0	50	40	10	3.0	2.5
—	30	7	2.8	2.4	—	—	—	—	—

B. Papier-Abschlußkabel. Leiterdurchmesser 0.8 mm. Der Draht wird mit 2 Papieren von 5 und 6 mm Breite fest umsponnen, ohne Luftraum. Die Papiere werden in entgegengesetzter Richtung gewickelt und haben je 1 mm Überlappung.

Paarbildung und Verseilung ist dieselbe wie für die Hauptkabel. Verwendet werden 50 und 56 Aderpaare mit einem Bleimantel von 1.5 mm Wandstärke und 3 % Zinn. Diese Kabel kommen nur mit blankem Bleimantel zur Verwendung.

C. Faserstoff-Einführungskabel. Der Draht von 0.8 mm Dicke wird mit 1 Lage Papier und 2 Lagen Baumwolle umwickelt. Im Paare ist ein verzinnter und ein unverzinnter Draht. Zur Verwendung kommen Kabel von ein, zwei und vier Paaren. Markierte Zählpaare. Über das fertige Seil kommt eine Lage Jute. Das Seil wird getrocknet und getränkt. Die Isolation einer getränkten Ader darf nicht brechen, wenn man sie in enger Spirale um einen Kern von 5 mm ⌀ wickelt. Die Wandstärke des Bleimantels beträgt 1.0 mm, und für ein einpaariges Kabel ist der Maximal ⌀ über Blei gleich 8 mm.

§ 2. Elektrische Eigenschaften.

Wenn die Kabel mit Blei umpreßt sind, kommen sie für mindestens 12 Stunden in Wasser, und es werden die in der nachfolgenden Tabelle angegebenen Maximal- und Minimalwerte verlangt, gültig für 15^0 C und 1000 m Länge.

Kabel und Durchmesser des Leiters über Kupfer	Maximal. Kupferwiderstand in Ohm per		Minimaler Isolationswiderstand in Megohm per		Maximale Kapazität in MF per	
	Ader	Paar	Ader	Paar	Ader	Paar
Hauptkabel Cu ⌀ = 0.8	37	74	500	500	0.055	0.037
= 1.5	10	20	500	500	0.060	0.040
= 2.0	5.6	11.2	500	500	0.065	0.043
Abschlußkabel Cu ⌀ = 0.8	37	74	500	500	0.080	0.055
Faserstoffkabel Cu ⌀ = 0.8	37	74	500	500	0.300	0.200

Bei den elektrischen Werten sind Abweichungen von ± 5 % gestattet. Außerdem darf die Kapazität die garantierte Maximalzahl (für höchstens 10 % aller Paare) um 7.5 % übersteigen, aber für jedes solche Paar wird der Verkaufspreis um 2 % heruntergesetzt.

Kapazitäts- und Isolationsmessungen werden mit einer Spannung von höchstens 150 Volt ausgeführt und immer mit einem Draht (oder Paar) gegen alle andern, sowie Bleimantel und ev. Armaturdrähte an Erde gelegt.

Es ist eine gute Sprechverständigung bis auf 10 km Kabellänge zu garantieren, auch noch für den Fall, daß die einen Adern der Doppelleitungen an Erde gelegt werden. Es dürfen dann zwischen den andern Adern keine erheblichen, die Sprechverständigung störenden Induktionen auftreten. Im Doppelleitungsbetriebe müssen die Aderpaare frei von Mitsprechen sein.

2. Englische Telephonkabel.

Die nachfolgenden Beschreibungen und Spezifikationen sind nach Mitteilungen vom 13. Nov. 1909 des englischen Generalpostmeisters und einer im Mai desselben Jahres erschienenen Broschüre Nr. 515 von Mess. Siemens Bros. & Co. in Woolwich verfaßt worden. Das Mehrfach-Zwillingskabel von Dieselhorst-Martin ist eine Neuheit, die noch wenig bekannt ist und allgemeines Interesse erregen wird. Dasselbe ist seit einiger Zeit von der englischen Postverwaltung als Normaltype adoptiert und schon vielfach verwendet worden.

Das Dieselhorst-Martin-Kabel. Gewöhnliche Telephonkabel haben den Nachteil, daß, wenn aus irgendwelchem Grunde der Kupferwiderstand einer Schleife (durch Parallelschalten zweier Adern) kleiner als normal gemacht wird, störende elektrostatische und elektromagnetische Beeinflussungen auftreten. Ebenso ist die Ausnutzung eines Kabels erschöpft, wenn jedes Paar zur Bildung eines Stromkreises verwendet worden ist.

Dieselhorst und Martin in London haben in den letzten Jahren eine neue Bauart von Kabeln eingeführt und durchgearbeitet, die weitaus größere Vorteile bietet als die gewöhnliche Konstruktion. In der Fig. 23 ist die schematische Darstellung eines solchen Kabels von 8 Paaren vorgeführt. Dabei bedeuten die Zahlen 1, 2, 3, 4 und 5, 6, 7, 8 die einzelnen Paare, deren Enden man sich als in Zentralen befindlich denken muß.

Zunächst dient jedes Paar als eine einzelne Schleife; aber die Telephone sind nicht direkt mit den Enden der Leitung verbunden. Wie aus der Figur ersichtlich, wird an jedes Ende ein Transformator angeschlossen. In jede Leitung kommt die eine Hälfte der primären Wicklung, während das Telephon in der sekundären Wicklung liegt, also von der Schleife vollständig isoliert ist. Auf diese Art eingerichtet, sind mit dem 8 paarigen Kabel die 8 separaten Sprechkreise 1, 2, 3, 4, 5, 6, 7, 8 erhältlich.

Die Figur zeigt weiter, wie aus den Paaren 1 und 2, ebenfalls mit Zwischenschaltung von Transformatoren, ein weiterer Stromkreis mit 9 als Telephon geschaffen wird. Sieht man vom Widerstand der Wickelungen ab, so ist der Kupferwiderstand der Schleife 9 nur die Hälfte derjenigen der normalen Schleifen 1—8.

In der gleichen Weise werden die Schleifen 10, 11 und 12 gebildet, ebenfalls mit auf die Hälfte reduziertem Kupferwiderstand. In der Entwicklung fortschreitend, kommen dann die Schleifen 13 und 14 mit $^1/_4$ und endlich Schleife 15 mit $^1/_8$ Kupferwiderstand.

Die Verbindung der Paare nach der Anordnung Dieselhorst-Martin gibt also nahezu doppelt so viele Sprechkreise wie dasselbe Kabel bei gewöhnlicher Ausnutzung. Freilich sind die Kreise überlagert, aber doch jeder vom andern absolut unabhängig, so daß alle 15 Kreise gleichzeitig sprechen können, ohne sich zu stören. Dann liegt

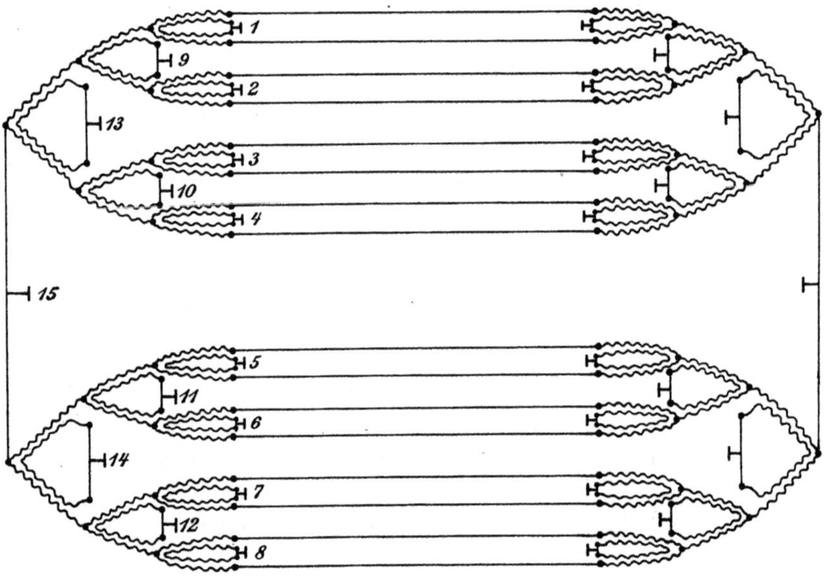

Fig. 23.

noch der Vorteil vor, daß einige der Linien außerordentlich geringen Kupferwiderstand haben, was sie zur Einschaltung in lange interurbane Linien sehr wertvoll macht.

Das Wesen dieser Bauart besteht im Zusammendrehen der Drähte in aufeinanderfolgenden Operationen: a) Zwei isolierte Drähte werden zu einem Paar vereinigt. b) Zwei Paare werden zu einer Gruppe von 4 Drähten zusammengedreht. c) Zwei solche 4-Draht-Gruppen werden einer zu 8 drähtigen vereinigt usw. Die Fig. 23 stellt ein 16 drähtiges Kabel vor, bestehend aus zwei Bündeln von je 8 Drähten. Jedes Bündel enthält zwei separate kleinere Bündel von 4 Drähten, und von diesen sind wieder je 2 und 2 zusammengehörig.

Es ist wichtig, zu erwähnen, daß die Schleifen irgendeiner Gruppe unter sich oder mit denen einer andern Gruppe keine induktive Störung zeigen, da sie unabhängig zusammengedreht und von verschiedenem Drall sind. Messungen an Kabeln dieser Bauart haben ergeben, daß die Zunahme der elektrostatischen Kapazität bei gruppenartiger Parallelschaltung klein ist gegen die erzielte Verminderung des Kupferwiderstandes.

Kabel nach diesem System werden nicht lagenweise verseilt wie gewöhnliche Telephonkabel. Es werden erst 2, 4, 8 usw. Paare zu einem Kernseil zusammengedreht, die eine Gruppe für sich bilden, und solche Gruppen werden dann als 1 + 6, 3 + 9, 4 + 10 usw. verseilt. In die entstehenden Lücken kann man dann noch einzelne Paare als Einlagen mitlaufen lassen, z. B.: a) Zentral ein Kern von 4 Paaren, um denselben herum 6 gleiche Kerne und in die Lücken 6 Einlagen von je 2 Paaren. Total 40 Paare. b) In der Mitte vier Kerne von je 8 Paaren und in den fünf Lücken je 1 Paar. Total 37 Paare.

Infolge der schmiegsamen Natur der Papierisolation sind solche Kabel ebenso rund, kompakt und biegsam wie gewöhnliche Papierkabel.

Das Nachfolgende ist ein Auszug aus der Spezifikation dieser Kabel, die auch unter dem Namen Mehrfach-Zwillingskabel bekannt sind.

Der Leiter besteht aus rundem, ausgeglühtem Kupferdraht und hat für verschiedene Kabel die folgenden Normalzahlen:

Min.-Durchmesser .	0.62	0.70	0.89	1.26	1.67	1.98	2.44	2.82 mm
Max.- „ .	0.65	0.72	0.92	1.28	1.69	2.03	2.50	2.87 „
Max. kupf. Widerst.	54.7	43.7	27.9	13.7	7.80	5.47	3.64	2.74 O. K.

Er ist frei von Lötstellen; aber wenn auf der Maschine ein Drahtriß erfolgt für ⌀ von 0.62—1.26 mm, so darf er unter Aufsicht des Inspektors repariert werden. Wenn in einem Kabel aus Draht von denselben Durchmessern Paare unbrauchbar sind, so wird die betreffende Länge übernommen, aber eine Preisreduktion eintreten von 2½ % für jedes unbrauchbare Paar, so lange deren nicht mehr als zwei sind und das Kabel nicht weniger als 150 und nicht mehr als 600 Drähte enthält. Liegt die Drahtzahl über 600, so wird der abgemachte Preis um 1 % per Paar vermindert, vorausgesetzt, daß nicht mehr als sechs unbrauchbare Paare vorhanden sind.

Das Papier ist gleichförmig in allen Beziehungen, langfaserig und nicht unter 0.075 mm dick. Ein Streifen von 10 mm Breite muß ein Gewicht von mindestens 2.81 kg per 0.1 mm Dicke tragen können. Es kann longitudinal, spiralig oder gemischt aufgelegt werden.

Der Kern, aus zusammengedrehten Paaren bestehend, kann je nach Bedürfnis 2, 4, 8 oder 16 Drähte enthalten und wird durch aufeinanderfolgende Verseilungen wie folgt aufgebaut:

1. 2drähtige Kerne. Zwei Drähte, mit gleichfarbigem Papier isoliert, aber der eine mit rotem und der andere mit weißem Faden,

beide gleichförmig verseilt und mit einem weißen Faden umwickelt, in Richtung der Drehung des Paares entgegengesetzt und von halbem Drall desselben. Tabelle 1 gibt eine Zusammenstellung der Dralle und der Farben der Paare. (Diese werden also für jeden Draht ⌀ in vier Farben, und jede Farbe mit verschiedenem Drall angefertigt.)

2. 4drähtige Kerne. Zwei Kerne wie unter 1 werden zusammengedreht und mit farbigem Deckband umwickelt, dessen Farbe in Tab. 1 gegeben ist, ebenso der Drall.

3. 8drähtige Kerne. Zwei Kerne wie unter 2 gleichförmig zusammengedreht und mit farbigem Deckband umwickelt. Farbe und Drall nach Tab. 1.

4. 16drähtige Kerne. Zwei Kerne wie unter 3 gleichförmig zusammengedreht und mit farbigem Deckband umwickelt. Farbe und Drall nach Tab. 1.

Tabelle 1.

Draht-Durchmesser in mm	Ungefähre Dralllänge in cm und Farbe des spiraligen Deckbandes															
	2-Draht-Kerne				4-Draht-Kerne				8-Draht-Kerne				16-Draht-Kerne			
	rot	blau	weiß	grün	rot	blau	weiß	grün	rot	blau	weiß	grün	rot	blau	weiß	grün
0.64 u. 0.71	5	7	10	12	15	20	25	30	25	35	45	55	45	55	65	75
0.91 „ 1.27	10	12	15	17	20	25	30	35	30	40	50	60	50	60	70	80
1.68	15	20	25	30	35	40	45	50	40	50	60	70	55	65	75	85
2.01 u. 2.47	20	25	30	35	40	45	50	55	45	55	65	75	60	70	80	90
2.85	30	35	40	45	50	55	60	65	55	65	75	85	70	80	90	100

Das nachfolgende Farbenschema gibt die Methode an, nach der die Paare usw. zusammengestellt werden, wenn die vier allgemeinen Varietäten für die 4 Sorten Kerne aufgebaut werden sollen. Es ist ersichtlich, daß in der Regel rot mit weiß gruppiert wird und das Deckband einmal rot und einmal blau ist. Ebenso wird blau mit grün zusammengedreht und einmal mit weiß, einmal mit grün umwickelt.

Wenn vorgeschrieben, werden einzelne Drähte oder Kerne, wie oben beschrieben, als Einlagen verwendet. Werden drei Kerne mit Einlagen versehen, so kommt die größte in die Mitte.

Bei der Verseilung der Kerne sind folgende Regeln zu beachten:

a) In Kabeln mit 1 Kern als Zentrum ist derselbe weiß. Die erste sowie die andern Lagen werden gruppenweise aus rot, blau und grün zusammengesetzt.

b) In Kabeln mit 3 Kernen als Zentrum sind diese rot, blau und grün. Ebenso die nachfolgenden Lagen; aber grün darf ganz oder teilweise durch weiß ersetzt werden.

Farbenschema: r = rot, w = weiß, b = blau, g = grün.
Kleine Buchstaben für die Farben der Paare (beide gleich), große für die Deckbänder.

Paare	4-Draht-Kerne	8-Draht-Kerne	16-Draht-Kerne
r	(r, w) R	[(r, w) R, (b, g) W] R	[[(r, w) R, (b, g) W] R, [(r, w) B, (b, g) G] W] R
w	(b, g) W	[(r, w) B, (b, g) G] W	[[(r, w) R, (b, g) W] B, [(r, w) B, (b, g) G] G] W
b	(r, w) B	[(r, w) R, (b, g) W] B	[[(r, w) R, (b, g) W] R, [(r, w) B, (b, g) G] W] B
g	(b, g) G	[(r, w) B, (b, g) G] G	[[(r, w) R, (b, g) W] B, [(r, w) B, (b, g) G] G] G

c) In Kabeln mit 4 Kernen als Zentrum sind die Farben rot, weiß, blau und grün. Die weitern Lagen enthalten Gruppen von rot, weiß, blau und grün soweit als nötig. Einlagen werden so ausgewählt, daß gleiche Farben nicht nebeneinander zu liegen kommen.

Die erste Lage irgendeines Kabels wird immer nach rechts gedreht, und die nachfolgenden wechseln jedesmal die Richtung.

Das fertige Seil wird immer mit mindestens einem spiralförmigen Papier umwickelt, einerlei ob direkt ein Bleimantel darüber kommt oder noch eine Lage Telegraphendrähte. Zwischen diesen letztern und Blei befindet sich keine Isolierung.

Das fertiggestellte Kabel wird gründlich getrocknet, bei einer Temperatur, die 150° C nicht übersteigt.

Der Bleimantel wird mit einer Temperatur nicht höher als 315° C aufgelegt und muß einen innern Druck von 5.3 kg per 1 qcm aushalten.

Der Isolationswiderstand soll nicht unter 8000 Mg. per Kilometer betragen, mit einer Batterie von 300 Volt gemessen.

Geschirmte Leiter (Screened Conductors).

Seit einigen Jahren verwendet die englische Postverwaltung für Telegraphenzwecke einen isolierten Leiter nach folgender Beschreibung:

Der Kupferdraht hat je nach Bedürfnis verschiedenen Durchmesser. Er ist isoliert mit einem longitudinalen Papier, mit etwas Luftraum und mindestens zwei gewickelten Papieren die nicht ganz schließen, so daß spiralförmige Hohlräume entstehen. Zum Abschluß der Isolation wird ein weiteres Papier aufgelegt, das ganz schließt, ohne Überlapp zu haben. Über dieses wird ein Kupferband von 0.076 mm Stärke gewickelt, dessen Ränder ca. 30 % übereinander greifen. Die Breite des Bandes ist je nach der Dicke der isolierten Drähte zugeschnitten, und sie ändert sich innerhalb der Grenzen von 7.6 und 15.2 mm.

Drähte dieser Art kommen immer zur Verwendung mit den sog. Mehrfach-Zwillingskabeln für interurbane Leitungen. Über das fertige Kabel wird eine, oft auch zwei Lagen dieses Drahtes gewickelt, gerade so viele als Platz haben. Alle Kupferbänder sind in inniger Berührung unter sich und mit dem darüber befindlichen Bleimantel, da zwischen beiden sich keine Isolierschicht befindet.

Diese Adern sind für Telegraphenzwecke bestimmt, und da die Anforderungen an den Leiter durch verschiedene Bedingungen bestimmt sind, ist vorauszusehen, daß die Dimensionen dieser Drähte mit Schirmwirkung sehr verschieden sein können; doch darf man im allgemeinen sagen, daß der Durchmesser der fertigen Ader zwischen 4.1 und 6.4 mm liegt und die Kapazität zwischen 0.093 und 0.062 MF per Kilometer.

Einige Beispiele von Mehrfach-Zwillingskabeln, kombiniert mit eingelegten Telegraphendrähten, mögen hier angeführt werden.

a) 56 Leiter von 2.0 mm, in 7 Gruppen von je 8 Drähten, mit 12 Einlagen von 2.46 mm sind verseilt und bilden ein Kabel von ca. 48 mm Durchmesser. Darüber kommt eine Lage von 29 geschirmten Drähten von 1.68 mm ϕ, was den Seildurchmesser auf ca. 60 mm bringt. Die Bleidicke = 3.8 mm, also der äußere ϕ ca. 68 mm.

Die Kapazität per Kilometer in MF ist 0.037 bzw. 0.044 für die Drähte von 2.00 und 2.46 mm, Draht gegen Draht gemessen; für die Telegraphendrähte ist sie 0.075 MF, jeder Draht gegen Erde gemessen.

b) 56 Leiter Mehrfach-Zwilling wie unter a) auf etwa 39 mm; 1 Lage von 26 Telegraphendrähten 1.68 mm auf etwa 50 mm; 1 Lage von 22 Telegraphendrähten 2.85 mm auf etwa 66 und Blei auf etwa 74 mm. Kapazitäten, wie unter a) gemessen, für die Durchmesser 2.00, 1.68 und 2.85: 0.044, 0.081 und 0.081 MF.

c) 8 Leiter oder ein 4 faches Paar von 2.46 mm mit einer Juteeinlage auf etwa 22 mm; 56 Leiter wie unter a) von 2.00 mm; mit 7 Einlagen von Telegraphendraht von 1.27 mm auf etwa 55 mm; 1 Lage von 22 Telegraphendrähten 2.85 mm auf etwa 74 mm; 1 Lage von 44 Telegraphendrähten von 1.68 mm auf etwa 85 mm; Bleimantel von 4 mm auf etwa 93 mm. Kapazitäten, wie unter a) gemessen, für die Durchmesser 2.46, 2.00, 1.27, 2.85 und 1.68 mm: 0.035, 0.037, 0.058 0.078 und 0.075 MF.

Gewöhnliche Papierkabel. Für den Leiter und das Papier des Paares gelten dieselben Vorschriften wie für das Dieselhorst-Martin-Kabel.

Die zwei Leiter eines Paares sind mit Papier derselben Farbe eingehüllt; aber der eine ist mit einem weißen und der andere mit einem roten Faden umwickelt. Es werden Paare in 4 verschiedenen Farben gebildet, jede mit einem bestimmten Drall nach Tab. I.

Tabelle I.

Leiter in		Drall in mm u. Farbe des Papieres			
Lbs.	mm	a Rot	b Blau	c Weiß	d Grün
10.	0.64	100	125	150	175
12.5	0.71	100	125	150	175
20	0.91	125	150	175	200
40	1.27	125	150	175	200
70	1.68	150	175	200	225
100	2.00	175	200	225	250
150	2.46	225	250	275	300
200	2.85	250	275	300	325

Die isolierten Paare werden zu einem festen und gleichmäßig gedrehten Seil verarbeitet, und die Reihenfolge in der Auflegung ist die folgende:

1. In Kabeln, die ein einziges Paar im Zentrum haben, hat dieses den Drall a der Tabelle. Die Reihenfolge der Dralle in der ersten und den nachfolgenden Lagen regelt sich nach Tab. II A.

2. In Kabeln, die zwei Paare im Zentrum haben, sind die Dralle b und d anzuwenden. Rest nach Tab. II A.

Tabelle II A.

Zahl der Paare in der Lage	Reihenfolge der Dralle	Zahl der Paare in der Lage	Reihenfolge der Dralle
6 und Mehrfache von 3	*b c d, b c d.*	41	*a b c d, a b c d, b c d, b c d* usw.
		44	*a b c d, a b c d, b c d, b c d* usw.
		46	*a b c d, b c d, b c d* usw.
7	*a b c d, b c d.*	47	*a b c d, a b c d, b c d, b c d* usw.
8	*a b c d, a b c d.*	49	*a b c d, b c d, b c d* usw.
10	*a b c d, b c d, b c d.*	50	*a b c d, a b c d, b c d, b c d* usw.
11	*a b c d, a b c d, b c d.*	52	*a b c d, b c d, b c d* usw.
13	*a b c d, b c d, b c d, b c d.*	55	*a b c d, b c d, b c d* usw.
14	*a b c d, a b c d, b c d, b c d.*	56	*a b c d, a b c d, b c d* usw.
16	*a b c d, b c d, b c d* usw.	58	*a b c d, b c d, b c d* usw.
17	*a b c d, a b c d, b c d, b c d, b c d.*	59	*a b c d, a b c d, b c d* usw.
19	*a b c d, b c d, b c d* usw.	61	*a b c d, b c d, b c d* usw.
20	*a b c d, a b c d, b c d, b c d* usw.	62	*a b c d, a b c d, b c d* usw.
22	*a b c d, b c d, b c d* usw.	64	*a b c d, b c d, b c d* usw.
23	*a b c d, a b c d, b c d, b c d* usw.	67	*a b c d, b c d, b c d* usw.
25	*a b c d, b c d, b c d* usw.	68	*a b c d, a b c d, b c d, b c d* usw.
26	*a b c d, a b c d, b c d, b c d* usw.	70	*a b c d, b c d, b c d* usw.
28	*a b c d, b c d, b c d* usw.	71	*a b c d, a b c d, b c d, b c d* usw.
29	*a b c d, a b c d, b c d, b c d* usw.	73	*a b c d, b c d, b c d* usw.
31	*a b c d, b c d, b c d* usw.	76	*a b c d. b c d, b c d* usw.
32	*a b c d, a b c d, b c d, b c d* usw.	77	*a b c d, a b c d, b c d. b c d* usw.
34	*a b c d, b c d, b c d* usw.	82	*a b c d, b c d, b c d* usw.
35	*a b c d, a b c d, b c d, b c d* usw.	85	*a b c d, b c d, b c d* usw.
38	*a b c d, a b c d, b c d, b c d* usw.	92	*a b c d, a b c d, b c d, b c d* usw.
40	*a b c d, b c d, b c d* usw.	100	*a b c d, b c d, b c d* usw.

3. In Kabeln, die drei Paare im Zentrum haben, sind die Dralle b, c und d. usw. anzuwenden.

4. In Kabeln, die vier Paare im Zentrum haben, kommen alle vier Dralle a, b, c und d zur Verwendung usw.

Der Aufbau des Zentrums und der verschiedenen Lagen der einzelnen Kabeltypen richtet sich nach der Tab. II. Um die zentrale sowie um jede andere Lage herum wird ein Papierband gewickelt. Wenn das Zentrum mehr als ein Paar enthält, so wird es linksgängig verseilt, die nachfolgenden Lagen abwechselnd nach rechts und links. Über das fertige Seil kommt mindestens ein Spiralpapier, auch dann, wenn noch Telegraphendrähte aufgelegt werden.

Tabelle II.

Zahl der Leiter im Kabel	Zahl der Paare in den einzelnen Lagen															
	0	1	2	3	4	5	6	7	8	9	10	11	12	13	14	15
4	2															
6	3															
8	4															
14	1	6														
16	1	7														
20	2	8														
24	3	9														
30	4	11														
38	1	6	12													
40	1	6	13													
50	3	8	14													
52	3	9	14													
54	3	9	15													
60	4	10	16													
74	1	6	12	18												
96	3	9	15	21												
100	3	9	16	22												
104	4	10	16	22												
122	1	6	12	18	24											
150	3	9	15	21	27											
154	3	9	15	22	28											
182	1	6	12	18	24	30										
200	2	7	13	19	26	33										
204	2	8	14	20	26	32										
216	3	9	15	21	27	33										
250	1	6	12	18	24	29	35									
254	1	6	12	18	24	30	36									
294	3	9	15	21	27	33	39									
300	3	9	15	21	27	34	41									
306	4	10	16	22	28	34	39									
338	1	6	12	18	24	30	36	42								
358	1	6	12	18	25	32	39	46								
400	4	10	16	22	28	34	40	46								
408	4	10	16	22	28	34	41	49								
434	1	6	12	18	24	30	36	42	48							
486	3	9	15	21	27	33	39	45	51							
500	3	9	15	21	27	34	40	47	54							
510	4	10	16	22	28	34	40	47	54							
542	1	6	12	18	24	30	36	42	48	54						
600	3	9	15	21	27	33	39	45	51	57						
612	3	9	15	21	28	34	40	46	52	58						
700	1	7	14	20	26	32	38	44	50	56	62					
800	1	6	12	18	24	30	36	42	48	54	61	68				
806	1	6	12	18	24	30	36	42	48	55	62	69				
900	4	10	16	22	28	34	40	46	52	59	66	73				
1000	2	8	14	20	26	32	38	44	50	56	63	70	77			
1100	1	6	12	18	24	30	36	42	48	54	60	66	73	80		
1200	3	9	16	22	28	34	40	46	52	58	64	70	76	82		
1250	4	11	17	23	30	36	42	48	54	60	66	72	78	84		
1600	4	10	16	22	28	34	40	46	52	58	64	71	78	85	92	100

Das fertige Seil wird behandelt wie die mehrfachen Zwillingskabel.

Für die Dicke Δ des Bleimantels ist eine Reihe von Tabellen gültig, die wir in abgekürzter Form geben, bezogen auf den Durchmesser ϕ des Seiles

ϕ = 0—8.5—10.6—13.2—16.2—22.7—25.6—32.8—40.5—48.5—54—63—81 mm
Δ = 1.15 1.40 1.65 1.90 2.15 2.40 2.65 2.95 3.05 3.3 3.55 3.8 „

Diese Dicken sind die vorgeschriebenen Minimalzahlen. Die Maximalzahlen sind um 0.25 mm größer bis zur Dicke von 2.95, um 0.38 mm für die Dicke 3.05 und um 0.50 mm für noch größere Bleidicken.

Die Kapazität ist verschieden nach der Drahtdicke und der Anzahl der im Kabel enthaltenen Drähte. Tab. III gibt eine Übersicht, wie sie sein soll.

Tabelle III.

Leiter in Lbs. per Meile	Leiter in mm	Drahtzahl im Kabel	Kapazität MF per kil	Leiter in Lbs. per Meile	Leiter in mm	Drahtzahl im Kabel	Kapazität MF per kil
10	0.64	bis 1000	0.062	20	0.91	von 500—800	0.059
10	0.64	über 1000	0.072	20	0.91	über 800	0.062
12.5	0.71	bis 312	0.047	25	1.00	Irgendw. Zahl	0.052
12.5	0.71	v. 312—500	0.050	40	1.27	„ „ „	0.050
12.5	0.71	v. 500—800	0.059	70	1.68	„ „ „	0.056
12.5	0.71	über 800	0.062	100	2.00	„ „ „	0.062
20	0.91	bis 312	0.047	150	2.46	„ „ „	0.062
20	0.91	von 312—500	0.050	200	2.85	„ „ „	0.062

Die Kapazitäten sind gemessen: ein Draht gegen alle andern und Blei an Erde. Wenn zwischen den zwei Drähten eines Paares gemessen, alle andern und der Meßapparat gut isoliert, muß die mittlere Kapazität ungefähr 70 % derjenigen der Tabelle sein.

Isolationswiderstand nicht unter 8000 Mg. per Kilometer nach einer Minute, bei einer Temperatur von nicht weniger als 10° C mit einer Batterie von 300 Volt.

Alle Materialien, die für ein Kabel verwendet werden, müssen dem Inspektor zur Prüfung vorgelegt werden. Er hat das Recht, die Fabrikation in allen Stufen zu überwachen und irgendein Material zu beanstanden das ihm nicht geeignet oder von mangelhafter Qualität erscheint. Keine Kabellänge darf expediert werden, die nicht übernommen worden ist, und nicht den offiziellen Stempel hat.

Die Kabel sind auf starke Holztrommeln gewickelt zu liefern, die nicht breiter sind als 1250 mm. Die Kabelrolle wird in ein dickes

Tuch eingeschlagen, zum Schutz gegen Schmutz. Die Trommel bekommt eine Verschalung aus starken Brettern, und trägt die üblichen Daten wie Nummer, Länge, Zahl der Paare sowie das Bruttogewicht. Der Transport geht auf die Gefahr des Lieferanten.

Das Normalkabel. Die englische Postverwaltung hat ein Normalkabel gewöhnlicher Type, Leiterdurchmesser = 0.91 mm, $R = 53.4$ Ohm, $C = 0.034$ MF und $L = 0.00062$ H, mit dem geringen Isolationswiderstand von 320 Mg., alles bezogen auf 1 km Schleifenlänge. Durch weitgehende Versuche verschiedener Ämter ist festgestellt worden, daß die Reichweite dieses Kabels für den telephonischen Verkehr als 70 km angenommen werden darf. Mittels dieses Normalkabels ist die Reichweite aller andern Kabeltypen bestimmt worden, einmal durch Vergleichung der Dämpfung nach den Formeln von Pupin und von Campbell, nach einer empirischen Formel und durch viele direkte Messungen mittels eines eigens für diese Zwecke konstruierten Apparates. Die nachfolgende Tabelle gibt eine Zusammenstellung der Konstanten für Leiter von verschiedener Stärke, sowie der Reichweite, wie sie nach den drei Methoden bestimmt worden ist.

Kabel-Type		Konstanten per km Schleife			Reichweite in km nach		
Lbs. per Meile	mm	R in Ohm	C in MF	L in Henry	theoretischen Formeln	empirischen Formeln	experim. Bestimmung
10	0.64	109.0	0.044	0.00062	42	40	42
20	0.91	53.4	0.034	0.00062	70	70	70
40	1.27	26.2	0.035	0.00062	102	106	102
70	1.68	15.6	0.039	0.00062	127	116	—
100	2.00	10.5	0.036	0.00062	170	147	—
150	2.46	7.3	0.040	0.00062	205	181	205
200	2.85	5.43	0.044	0.00062	245	242	—

3. Vorschriften einer Privatgesellschaft für Lieferung von 500aderigen Telephonkabeln.

1. Der Draht darf im ⌀ nicht unter 0.7 mm sein und besteht aus bestem Elektrolytkupfer von nicht weniger als 98 % Leitungs fähigkeit. Der Widerstand darf 47 Ohm per Kilometer und 15° C nicht übersteigen.

2. Das Papier muß von allerbester Qualität sein und der französischen Probe (siehe S. 321) genügen. Über die Art der Bewickelung werden keine Vorschriften gemacht.

3. Zwei isolierte Drähte, davon einer verzinnt und einer unverzinnt, werden zu einem Paar verseilt. Der Drall soll nicht mehr als 150 mm betragen.

4. Das Verseilen geschieht lagenweise und mit abwechselnder Drehung. Jede Lage enthält zwei nebeneinander liegende farbige Paare zur Bestimmung der anderen. Über die letzte Lage kommt eine Umspinnung mit Baumwolle. Der äußere ⌀ soll nicht mehr als 51 mm betragen.

5. Der Bleimantel ist einfach und besteht aus 97 Teilen Blei und 3 Teilen Zinn, die gleichmäßig gemischt sind. Der Mantel darf nirgends weniger als 3 mm Wandstärke haben und muß vollständig frei sein von Löchern, Rissen, Falten und anderen Fehlern, und es ist Grundbedingung, daß das Rohr keine mit Zinn- oder Bleilötung ausgebesserte Stellen hat. Der äußere ⌀ soll 57 mm nicht übersteigen.

6. Das fertige Kabel erlaubt der Luft freien Durchgang. Eine Länge von 250 m, wenn an einem Ende Luft unter einem Drucke von $1\frac{1}{2}$—$2\frac{1}{2}$ Atm. eingeblasen wird, muß nach 5 Minuten am anderen Ende den Austritt von Luft zulassen.

7. Jede Länge wird mit einem inneren Luftdruck von 2 Atm. geprüft, wobei ein Ende luftdicht verlötet wird. Der Druck wird zwei Stunden lang beobachtet und darf während dieser Zeit nicht sinken.

8. Die durchschnittliche Kapazität soll 0.050 MF per Kilometer nicht übersteigen. Sie wird mit einer Spannung von 10 Volt gemessen, wobei alle anderen Drähte und Blei an Erde liegen. Das Maximum der erlaubten Kapazität ist 0.053 MF.

9. Die Isolation wird mit derselben Anordnung wie die Kapazität gemessen, nur hat die Batterie 100 Volt und die Dauer der Elektrisierung beträgt eine Minute. Der mindeste erlaubte Isolationswiderstand beträgt 1000 Megohm.

10. Die Kabelenden werden vor Versand sorgfältig isoliert; aber Kontrollmessungen müssen auch auf den Trommeln leicht ausführbar sein.

11. Die Kabellängen sind lieferbar auf starken Trommeln, nicht unter 900 mm Kern ⌀ und nicht über 1800 mm Flanschen ⌀. Die Abrollstange hat 70 mm ⌀, und sie läuft in eisernen Büchsen von 75 mm Bohrung.

12. Die Gesellschaft erhält für jede Länge ein Zertifikat über Isolations- und Kapazitätsmessung und die Druckprobe. Dasselbe ist unterzeichnet von zwei Beamten der Fabrik.

13. Vier Wochen nach Übergabe der Bestellung müssen jeden Tag mindestens zwei Längen von 100—150 m geliefert werden.

14. Die Gesellschaft verpflichtet sich, innerhalb 3 Wochen nach Beendigung der Verlegung eigene Messungen zu machen. Der Lieferant hat das Recht, zu denselben einen beobachtenden Vertreter zu stellen.

15. Spleißungen werden von der Gesellschaft selber ausgeführt.

16. Ergibt die Messung, daß mehr als 5 % der Paare betriebsunfähig sind, so muß der Lieferant auf seine Kosten so viele Längen auswechseln, bis der Prozentsatz verlorener Paare unter 5 ist. Liegen die Fehler in den Spleißungen, so übernimmt die Gesellschaft den Schaden.

17. Der Lieferant haftet für eine Zeit von 3 Jahren für alle Schäden, die durch fehlerhaften Bleimantel verursacht sind, das heißt durch Nichterfüllung der in § 5 aufgeführten Vorschriften. Ebenso haftet er für ev. Schäden innerhalb des Rohres, die von chemischen Einflüssen herrühren.

18. Der Kontrakt ist nicht übertragbar.

19. Der Kontrakt ist nicht erfüllt, wenn die Lieferung nicht nach § 13 erfolgt, oder mehr als 33 % der gelieferten Längen auf Grund der Prüfungsresultate verworfen werden. Die Gesellschaft hingegen sichert dem Lieferanten im Falle von Betriebsstörungen die weitgehendste Nachsicht zu.

20. Ist der Lieferant nicht imstande, den Vertrag einzuhalten, so bezieht die Gesellschaft den Rückstand von dritter Seite. Der Lieferant ist für alle Preisdifferenzen, Frachten und Spesen haftbar.

21. Der Übernehmer bietet für vertragsmäßige Ausführung der Lieferung eine Kaution von 15 % des Gesamtwertes der Bestellung.

22. Zahlungsbedingungen . . . . .

23. Streitigkeiten zwischen Lieferant und Besteller, die sich aus diesem Kontrakt ergeben, werden durch Schiedsgericht erledigt, entsprechend den Artikeln des . . . . Gesetzes über Schiedsgerichte vom . . . . . (Datum).

C. Gummikabel und Drähte.

Der Leiter. Während des Fabrikationsprozesses der Isolation sowie nachher ist der Kupferleiter der Zerstörung von Schwefeldämpfen ausgesetzt. Durch Verzinnen des Leiters schützt man ihn gegen diese chemische Einwirkung, da Zinn sich weniger leicht mit Schwefel verbindet. Der Schutz ist nur vollständig, wenn die Verzinnung nicht zu dünn ist und die ganze Oberfläche des Leiters bedeckt.

Eine Zeitlang hat man noch andere Schutzmittel neben dem Verzinnen verwendet, z. B. Umwickeln des Leiters mit Papier; Umspinnung mit Baumwolle, in die Zinkoxyd eingerieben wurde, ist lange im Gebrauch gewesen. Das Zinkoxyd wird mit einer Gummilösung oder oxydiertem Leinöl wie eine Anstreichfarbe zusammengerieben und dann auf die Umspinnung aufgetragen.

Diese Schutzmethoden sind gegenwärtig ziemlich verschwunden, wohl deswegen, weil man erkannt hat, daß eine gute Verzinnung das beste ist.

Wir erinnern uns, einmal ein Muster eines Gummikabels gesehen zu haben, dessen Leiter mit einer Schicht Stanniol umwickelt war. Die Kupferdrähte waren nicht verzinnt und hatten die natürliche Farbe des Kupfers.

Ist der Draht nicht genügend verzinnt, so erscheint er nach der Vulkanisation schwarz und wird mit der Zeit vollständig durchgefressen. Ist die Verzinnung noch ersichtlich, aber schwarz, so enthält das Zinn einen größeren Zusatz von Blei.

Eine Probe auf Verzinnen, die Glower-Probe genannt, wird in England angewendet und besteht in folgendem:

Muster des verzinnten Kupferdrahtes werden von den Enden und aus der Mitte eines Ringes abgeschnitten und zu einer Schleife umgebogen, so daß man beide Enden des Musters zwischen den Fingern halten kann. Der Durchmesser des gebogenen Teiles sollte nicht mehr als 25—30 mal dem Drahtdurchmesser sein. Die Muster werden erst mit Alkohol oder Äther entfettet und dann gewaschen.

Hierauf wird der Draht wechselweise während einer Minute in Salzsäure und während einer halben Minute in eine Lösung von Natriumsulfid eingetaucht und der Prozeß wiederholt, bis der Draht schwarz wird. Nach jeder Operation wird er in reinem Wasser gewaschen.

Die Lösungen sind wie folgt zusammengesetzt:

Salzsäure, HCl, vom spez. Gewicht = 1,088, oder 44 % Säure vom spez. Gew. = 1,20 und 46 % Wasser; Natriumsulfid, $Na_2\,S\,O_3$, Lösung vom sp. G. = 1,142, oder ca. 25 Gramm per 100 g Wasser.

Für gut verzinnte Drähte ist die kleinste Zahl der Operationen (Eintauchen in die zwei Bäder) in der nachfolgenden Tabelle gegeben.

Draht-Durchmesser	Zahl der Operationen bei 15° C	
	Einfach verzinnt	Doppelt verzinnt
Von 0.2 bis 1.2 mm	6	8
über 0.1 bis 2.0 mm	5	7
über 2.0 mm	4	5 ½

Um die Haftbarkeit des Zinnüberzuges zu prüfen, wickle man den Draht auf einen Kern vom Durchmesser = 4 mal dem Drahtdurchmesser und tauche ihn für eine Minute in die Sulfidlösung ein. Wenn der Überzug gut ist, wird er keine schwarzen Flecken zeigen. Jeder Riß bis auf das Kupfer wird schwarz.

Die Isolation. Der Gummi wird auf den Leiter gewöhnlich in zwei Schichten von je 0.3 bis 0.5 mm Dicke aufgelegt. Oft umwickelt man die Gummischicht noch mit einem gummierten Baumwollband, teils aus Fabrikationsrücksichten, teils zum Schutze. In den meisten Fällen versieht man Drähte noch mit einer Umflechtung aus Baumwoll- oder Leinenzwirn. Gummikabel werden mit Blei umpreßt, seitdem man in England mit Gummi allein sehr schlechte Erfahrungen gemacht hat. Indessen hat aber Gummi aufgehört, als Isolationsmittel für Hochspannungskabel eine Rolle zu spielen.

Die zwei Gummilagen haben meistens verschiedene Färbung, die innere weißlich, die äußere schwärzlich. Dies sind Erinnerungen an die Kindheit der Verwendung von Gummi für Isolationszwecke. Man setzte der inneren Schicht gar keinen oder nur wenig Schwefel zu, mit der Absicht, dadurch die von der äußeren Gummischicht gegen den Kupferleiter vordringenden Schwefeldämpfe abzuhalten und zur Vulkanisierung der inneren Schicht zu verwenden. Davon kommen die Namen Separator und Mantel für innere bzw. äußere Gummischicht. Gegenwärtig gibt man beiden Schichten denselben Schwefelgehalt und färbt die eine Lage, damit der Kunde die traditionell aussehende Ware bekommt.

Das als Isolierung von Kabeln zur Verwendung kommende Material ist eine Mischung, in welcher der Gummi nur 30 bis 50 % ausmacht. Den Rest bilden feingemahlene Mineralien, Metalloxyde, Gummisubstitute usw. und etwa 3 % Schwefel.

Diese Materialien werden auf besonderen Maschinen zu einer homogenen Masse vermischt und schließlich in Platten ausgewalzt von 30 bis 50 m Länge, ca. 0.8 m Breite und 0.5 mm Dicke. Je nach der Gummisorte, die in der Mischung enthalten ist, und deren Prozentsatz hat dieselbe einen andern Preis, andere elektrische und mechanische Eigenschaften und eine andere Haltbarkeit.

Für Isolierungszwecke zerschneidet man die Gummiplatte in Streifen von bestimmter Breite und wickelt sie spiralförmig in einer, zwei oder mehr Lagen um den Kupferleiter herum, jede Lage mit etwas Überlapp, so daß vollständige Abdichtung erreicht wird. Da der Wickelprozeß ziemlich langsam vor sich geht, und der Gummi teilweise in doppelter, vierfacher usw. Lage erscheint, ist diese Arbeitsmethode weder sehr leistungsfähig noch ökonomisch.

Die longitudinale Gummipresse. Weitaus bessere Dienste leistet diese Maschine. Der Draht wird horizontal in die Maschine eingespannt und zwischen zwei Gummibändern in die Walzenmesser hineingelassen. Diese drücken die Bänder fest auf den Leiter und schneiden den Überschuß der Bänder weg, so daß ein vollständig runder, mit einer Lage Gummi isolierter Draht aus der Walze heraustritt. Dieser läuft dann durch eine zweite ev. dritte Walze, die weiter vorn auf der Maschine stehen, und wird mit weiteren Gummischichten umpreßt.

Eine solche Maschine liefert per Tag, wenn gut bedient, bis 3000 m isolierten Draht.

Noch leistungsfähiger und ökonomischer arbeitet die Maschine, wenn man sie zur gleichzeitigen Bedeckung mehrerer Drähte einrichtet. Es gibt Maschinen für 3, 6 usw. bis 24 Drähte.

Je mehr Drähte laufen, desto komplizierter wird die Bedienung und desto unsicherer das Produkt, aber mit einer sechsdrähtigen Maschine kann man immer auf 10 000 bis 12 000 m fertigen Draht per Tag rechnen.

Diese Maschine gibt vorzügliche Resultate, sobald verschiedene Bedingungen erfüllt sind. Vor allem braucht man für sie ein Personal, das die Maschine durch und durch kennt und überhaupt in Gummiarbeiten bewandert ist. Ebenso ist eine gute Gummiplafte erfordlich. Wenn die Nähte auf dem Draht nicht schließen, so untersuche man zunächst die Oberfläche der Gummiplatte. Ist diese nicht mehr klebrig, so kann man die Platte auch auf den besten Walzen nicht mehr verarbeiten. Die Platte verliert ihre Klebrigkeit durch zu langes Lagern, oder wenn sie zu stark talkumiert wird. Nähte schließen auch nicht, wenn die Walzenmesser nicht mehr scharf sind oder nicht zentrisch zueinander stehen. Periodisch auftretende Fehler der Naht suche man in den Messerschneiden oder in ungleichmäßigem Gang der Walzen.

Sehr wichtig ist der Abzug der Walzenmaschine. Nimmt dieser mehr Draht weg, als die Walze vermöge ihrer Tourenzahl liefern kann, so wird der Gummiüberzug gestreckt, bricht und springt zurück, entweder schon auf der Maschine oder beim Vulkanisieren. Sind die Bänder gezwungen, unter sehr starkem Zug gegen die Walzenmesser zu laufen, so treten ähnliche Erscheinungen ein.

Der Isolationswiderstand von Gummidrähten, die mit der horizontalen Maschine angefertigt werden, schwankt zwischen 50 und 500 Megohm, wenn der Gummi eine Dicke von 1 mm hat, und die Isolationsschicht keine Fehler hat. Billige Qualitäten haben gewöhnlich geringe Isolationswiderstände.

Will man den Isolationswiderstand vergrößern, so muß man die Wandstärke der Isolation vermehren, also z. B. drei Lagen Gummi auflegen. Zu dieser dritten Lage verwendet man in den meisten Fällen Naturgummi, d. h. reinen Gummi ohne irgendwelche Beimischung. Dieser Gummi hat die Eigenschaft, hohe Isolation zu besitzen und zu behalten, wenn er nicht mit Wasser in Berührung kommt, das er sehr stark absorbiert. Gemischter Gummi hat die umgekehrten Eigenschaften.

Die Naturgummischicht gehört also direkt auf den Leiter und nicht auf die Außenseite der Isolierung. Die Wandstärke derselben wird meistens auf $\frac{1}{4}$ mm bemessen. Sobald man Naturgummi verwendet, nimmt man für die zwei äußeren Lagen eine Mischung von bester Qualität und bekommt dann Isolationswiderstände von 1000 bis 2000 Megohm per km.

Isolationswiderstände von 5000 bis 10 000 Megohm verlangen Materialien erster Klasse in bedeutender Dicke und werden nur von wenigen Fabriken hergestellt.

Die Naturgummischicht wird mittels der Gummipresse aufgelegt, geradeso wie die gemischte Platte. Ist das Band kräftig genug, so kann man es auch mit einem Bandwickler auflegen.

Verfügt eine Fabrik für Gummidraht nicht über ein eigenes Walzwerk, so hat sie sehr viele Schwierigkeiten zu überwinden. Meistens fehlt es an einem geeigneten Raum für die Gummiarbeit, an geschultem Personal sowie an Reinlichkeit und Zuverlässigkeit. Dazu kommen dann noch die Schwierigkeiten mit der gekauften Platte, an der meistens verschiedenes auszusetzen ist. Oft ist sie durch den Transport beschädigt oder voll Schmutz geworden; oft bildet die Rolle einen Klumpen, von dem man das Band nicht abrollen kann, und ein andermal hat die Platte keinen Klebstoff mehr, so daß die Nähte am Draht nicht schließen. Mit diesen Schwierigkeiten wird man sozusagen nie fertig. Wenn man die eine beseitigt hat, so taucht eine andere auf.

Um bei Platten, die zur Versendung auf große Distanzen kommen, das Zusammenkleben der einzelnen Lagen zu verhindern, empfehlen wir einen leichten Überzug mit einer Schellacklösung, auf eine Seite der Platte aufgetragen. Man muß denselben aber ordentlich trocknen lassen, bevor man die Platte aufrollt. Wird sie noch naß gerollt, so bekommen beide Seiten einen Schellacküberzug, und die Folge ist, daß die Nähte nicht mehr schließen. So präparierte Platten muß man aber gegen Erwärmung schützen.

Im allgemeinen läßt sich sagen, daß bei der Gummiarbeit die allerpeinlichste Reinlichkeit erforderlich ist. Unreinigkeiten irgendwelcher Art, kommen sie vom Fußboden oder von der Decke in den Gummi hinein, führen immer zu schlechter Isolation oder zu direkten Fehlern. Für alle Operationen, die man mit Band und Abfällen vornimmt, benütze man Gefäße aus verzinktem Eisenblech und halte diese immer sauber.

Ebenso wie vor Unreinigkeiten bewahre man die Gummiplatte vor Feuchtigkeit. Beim Vulkanisieren sprengt diese die Nähte oder macht den Gummi porös. Für die Aufbewahrung der Platte muß ein trockener Keller zur Verfügung stehen, dessen Temperatur im Laufe des Jahres nicht zu großen Schwankungen unterworfen ist.

Die Schlauchmaschine. Das Bestreben, nahtlose Gummischläuche zu machen, hat etwa im Jahre 1880 zur Erfindung dieser Maschine geführt, und deren Verwendung zum Isolieren von Drähten war selbstverständlich.

Soviel wir wissen, kann eine Schlauchmaschine nur minderwertige Mischungen, d. h. solche mit wenig Gummigehalt verarbeiten, wenigstens was Drähte und Kabel anbetrifft. Die Masse muß plastisch sein, und diese Eigenschaft haben nur Mischungen mit wenig Gummi. Da indessen die Nachfrage nach minderwertiger Ware eine ganz bedeutende ist, hat die Schlauchmaschine für Drähte und Kabel ihre volle Berechtigung. Sie hat sich indessen noch nicht so eingebürgert, wie sie es verdient. Wohl ist sie von den meisten Kabelfabriken eingeführt und ausprobiert werden, aber viele haben sie nach mühevollen Versuchen wieder aufgegeben.

Die Ursachen dieses Mißerfolges liegen wohl in erster Linie in der technischen Unvollkommenheit der Maschinen, die bis vor kurzem zur Verfügung gestanden haben, und in zweiter Linie in der Unkenntnis der richtigen Arbeitsbedingungen.

Die Hauptfaktoren bei der Erzeugung von Schläuchen und Gummidrähten mittels der Schlauchmaschine aus plastischen Massen sind: Temperatur, Kraft und Geschwindigkeit. Diese drei Größen muß man je nach Bedürfnis herstellen und dann erhalten können. Jede Änderung derselben muß leicht und unabhängig von den anderen zu erzielen sein.

Plastische Mischungen sind gegen Temperaturänderungen ziemlich empfindlich, und die Vorrichtung zur Regulierung derselben in Speisezylinder und Kopf der Maschine sollen gut durchkonstruiert sein. Es gibt hingegen nur wenige Maschinen, bei denen dies der Fall ist. Die meisten sind aus diesen und anderen Gründen ganz unbrauchbar.

Beim Ausprobieren einer Schlauchmaschine suche man sich erst die richtigen Temperaturen heraus, und zwar für jede Mischung, die man mit ihr verarbeiten will. Nachdem suche man für die verschiedenen Drahtdicken die am besten passenden Geschwindigkeiten. Im allgemeinen ist eine große Geschwindigkeit empfehlenswert, nur hüte man sich, zu weit zu gehen. Die Spindel kann einen sehr starken Druck ausüben, aber wenn man diesen unterschätzt, wird die Maschine verdorben.

Große Aufmerksamkeit sollte man auch der Speisung des Zylinders widmen. Es ist nicht einerlei, in welchen Intervallen und in welchen Mengen man den Gummi zuführt. Am besten ist kontinuierliche Zufuhr, ungefähr in gleicher Menge, wie die Mischung aus der Maschine abfließt.

Man hat uns erzählt, daß es Virtuosen gibt, die imstande sind, auf der Schlauchmaschine mit den gleichen Mundstücken Gummischichten von verschiedenen Dicken mit vollkommener Gleichheit aufzutragen, einfach durch Veränderung der Geschwindigkeit der Maschine und der Zufuhr der Mischung.

Erwähnenswert ist noch, daß der Draht, der durch die Schlauchmaschine geht, vollständig gerade sein muß, und daß dessen Zufuhr der Maschine allein überlassen werden muß. Die austretende Mischung muß ihn vorwärts schieben.

Die Vulkanisierung. Die Gummimischung erhält erst durch die Vulkanisierung die Eigenschaften, die sie für viele Zweige der Technik so wertvoll gemacht haben, nämlich: Elastizität, eine gewisse Härte, Widerstand gegen Temperatur, einen bestimmten Isolationswiderstand und die Haltbarkeit dieser Eigenschaften.

Die Vulkanisation von Mischungen kann in verschiedener Weise durchgeführt werden, da der Prozeß immer eintritt, wenn die Masse über den Schmelzpunkt des Schwefels erhitzt wird. Doch ist es unerläßlich, die Mischung während der Vulkanisation in irgendwelcher Weise unter Druck zu halten, sei es mechanischer oder Dampfdruck. Ohne Druck erhitzt, wird die Mischung schwammig.

Bestimmte Daten über die Vulkanisation von Gummiader und Kabel können wir hier nicht aufstellen. Wie in anderen Zweigen der Gummiindustrie kann nur jahrelange Erfahrung mit den Rohmaterialien, den Beimischungen, den Fabrikationsmethoden und den Maschinen dem Techniker die Möglichkeit geben, die Eigenschaften des vulkanisierten Produktes im großen und ganzen vorauszusagen und die richtigen Abänderungen zu treffen, wenn das Produkt anders ausfällt als erwartet. Auch wenn man die Materialien und Arbeitsmethoden so genau als nur möglich beschreibt und zwei Personen streng alle Anweisungen bei der Anschaffung der Materialien und während der Fabrikation befolgen, bringen sie doch nicht die gleichen Produkte zustande. Die Gummifabrikation kann eben nur durch jahrelange Erfahrung gelernt werden.

Gummiader wird durchgehend unter Dampfdruck vulkanisiert. Der Schmelzpunkt des Schwefels liegt bei 115 ^{0}, und diese Temperatur muß beim Vulkanisieren überschritten werden. Jede Gummimischung verlangt ihre bestimmte Temperatur bzw. Dampfdruck.

Für die Größe des Dampfdrucks und überhaupt den ganzen Vulkanisierungsprozeß ist nichts Bestimmtes zu sagen, da derselbe in jeder Fabrik anders ausgeführt wird. Eine 30 proz. Paramischung z. B. wird von der einen Fabrik mit $2\frac{1}{3}$ Atm. = 125^0 C vulkanisiert und von einer anderen mit $2\frac{3}{4}$ Atm. = 131^0. Eine Mischung mit einem Gummigehalt von 30 % Negrohead und Borneo wird in verschiedenen Fabriken mit $2\frac{3}{4}$ bis 3 und sogar $3\frac{1}{2}$ Atm. vulkanisiert oder bei den Temperaturen von 131, 134 und 139^0 C.

Die Vulkanisierungszeit ist im wesentlichsten bestimmt durch die Gewichte von Gummi und Kupfer, die sich in den Kesseln befinden. Beide müssen angewärmt werden. Eine doppelt so große Masse braucht ungefähr doppelt so viel Zeit als eine einfache, um sich auf dieselbe Temperatur zu erwärmen. Kabel mit viel Kupfer verlangen eine längere Vulkanisierzeit als dünne Drähte, dünne Gummischichten vulkanisieren sich in kürzerer Zeit als dicke. Mischungen mit hohem Gummigehalt vulkanisieren langsamer als solche mit kleinem Gehalt.

Man vulkanisiert z. B.:

30 %	Mischung, Draht und dünne Kabel	$1\frac{1}{4}$—$1\frac{3}{4}$ Std.
40 %	,, ,, ,, ,, ,,	$1\frac{3}{4}$—$2\frac{1}{2}$,,
60 %	,, ,, ,, ,, ,,	2 —$2\frac{3}{4}$,,

Für dieselbe Vulkanisierung haben wir andere Angaben bekommen, nämlich Zeiten von $2\frac{1}{2}$, 3 bis $3\frac{1}{2}$ Stunden.

Was die Frage anbetrifft, ob man beim Beginn der Vulkanisierung sofort den vollen Druck geben oder langsam ansteigen soll, so gehen die Meinungen auseinander. Es wird auf beide Arten vulkanisiert.

Aus diesen unbestimmten Angaben möchte man unwillkürlich den Schluß ziehen, es wäre ziemlich einerlei, wie man seine Drähte und Kabel vulkanisiert. Dieser Schluß ist aber etwas voreilig. Richtiger ist die Folgerung, daß die verschiedenen Fabriken nicht Zeit gehabt haben, die Frage der Vulkanisation gründlich zu studieren. Es ist gar nicht einerlei, wie man vulkanisiert. Dieser Prozeß sowie die ihm vorausgehenden Arbeitsmethoden sind wesentlich bestimmend nicht nur für mechanische und elektrische Eigenschaften, sondern hauptsächlich für die Haltbarkeit des Produktes. Es gibt alte Firmen, die ihre Fabrikationsmethoden im Laufe der Jahre periodenweise abgeändert und für jede einige Versuchsringe beiseite gelegt haben, die von Jahr zu Jahr auf mechanische und elektrische Eigenschaften geprüft werden. Diese Firmen wissen ganz genau, mit welchem Druck und wie lange ein bestimmter Draht vulkanisiert werden muß, damit seine Lebensdauer möglichst groß wird.

Erwähnenswert ist noch, daß bei der Vulkanisation trockener Dampf verwendet werden muß, oder daß man bei nassem Dampf dafür sorgt, daß kein Wasser auf den Gummi fällt. Der Ablaufhahn des Vulkanisierkessels bleibe immer etwas offen zur Entfernung des Kondenswassers. Um eine gleichmäßige Vulkanisation zu erzielen, wickle man Draht und Kabel nur in wenigen Lagen auf die Vulkanisiertrommel und sorge dafür, daß der Dampf überall Zutritt zum Gummi hat. Vulkanisiert man Kabel, so werden deren Enden mit Gummi versiegelt.

Hat man einen doppelwandigen Kessel, so achte man darauf, daß man nicht so lange vorwärmt, bis der Gummi warm wird. Bloßes Anwärmen ohne Druck macht den Gummi porös.

Anforderungen an vulkanisierten Gummi. In erster Linie handelt es sich darum, daß der Gummi richtig vulkanisiert sei. Im allgemeinen ist er weich, wenn untervulkanisiert, und hart, wenn übervulkanisiert. Hingegen gibt es auch Gummisorten, die unter allen Umständen weich bleiben. Richtig vulkanisierter Gummi hat bestimmte Härte und bestimmte Elastizität, und nur Erfahrung kann lehren, ob eine gewisse Vulkanisation das richtige Material liefert.

Was die Elastizität anbetrifft, so müssen die Anforderungen verschieden sein je nach dem Preis, den man für die Mischung bzw. die Ader bezahlt. Von geringen Sorten erwartet man wenigstens, daß, wenn ein Span von der Ader heruntergeschnitten wird, dieser sich etwas strecken läßt und dann wieder etwas zurückgeht. Reißt er gleich, so ist der Gummi für Isolationszwecke nichts wert.

Für die Elastizitätsprobe von guter Ware verweisen wir auf die Spezifikation der englischen Admiralität, siehe S. 221.

Weiter wird vom vulkanisierten Gummi noch verlangt, daß die einzelnen Schichten fest miteinander verschmolzen sind. Ist vorgeschrieben, daß der Gummi auch am Leiter kleben soll, so wird dieser vor dem Überziehen mit einer Gummilösung präpariert, die man trocknen läßt.

Gummi darf auch nicht porös und die Oberfläche muß rund und glatt sein. Ebenso muß der Leiter zentrisch eingebettet liegen.

Fehler und deren Behebung. Die meisten Fehler der Gummiader kommen von nicht ganz geschlossenen Drähten und der Rest von Unreinigkeiten. Vor der Vulkanisation wird die Ader immer durchgesehen und repariert.

Die Fehler in vulkanisierter Ader brennt man mit hoher Spannung aus. Zu diesem Zwecke hängt man den Drahtring so viel als möglich ausgebreitet auf einer Stange in Wasser auf und stellt zwischen Leiter und Wasser eine Spannungsdifferenz her. Man fange mit 500 Volt an und steigere diese, wenn nötig, bis auf 3000 Volt. Es gibt nur selten hartnäckige Fehler, die man mit dieser Spannung nicht ausbrennen kann. Den Ort des Fehlers bestimmt ein Flämmchen im Wasser.

Um einen Fehler in vulkanisierter Ader zu reparieren, schneide man rechts und links von demselben auf ca. 3 cm den Gummi ganz vom Drahte weg, doch so, daß dessen zwei Enden konisch gegen den Leiter verlaufen. Dann wickle man ein Band von weißer Mischung um den Leiter herum und schließe es an die konischen Enden an, oder man lege ein Band parallel herum und schneide den Überschuß mit einer Schere weg. Das Band wird dann mit den Fingern geknetet, so daß es fest auf dem Leiter und auf dem vulkanisierten Gummi haftet und nirgends zu dick ist. Dasselbe wiederhole man mit einem schwarzen Band. Wenn gut ausgeführt, ist die Reparatur kaum zu erkennen.

Die ausgebesserte Stelle wird dann entweder mit engmaschigem und starkem Kaliko oder mit Vulkanisierband spiralförmig recht fest eingeschnürt und hierauf noch mit einem zweiten Band in entgegengesetzter Richtung. Der schon vulkanisierte Teil wird auch mit diesen Bändern auf eine Länge von ca. 10 cm umwickelt.

Das Vulkanisieren der reparierten Stelle geschieht in einem länglichen Gefäß, in welches die Ader oder das Kabel ohne wesentliche Krümmung eingelegt werden kann. Als Vulkanisierbad kann man irgendeine Masse verwenden, die den Gummi nicht angreift, z. B. Ozokerit, Bienenwachs, Ceresin usw. Dieser Masse setzt man gewöhnlich etwas Schwefel zu. Man verwende z. B.: Ozokerit 2 kg, Bienenwachs 1 kg, Schwefel $^1/_8$ kg.

Das Gefäß wird gewöhnlich mit offener Flamme angewärmt. Die Temperatur des Bades soll 130 bis 140° C betragen.

Als Vulkanisierungszeit wähle man $\frac{1}{2}$ Stunde für dünne Drähte und steigere die Zeit, je nach der Dicke, um 15 Minuten. Recht starke Kabel darf man $1\frac{1}{2}$ Stunden lang vulkanisieren.

Erhöhung des Isolationswiderstandes. Ist kein eigentlicher Fehler im Gummi vorhanden, sondern der Isolationswiderstand im ganzen zu gering, so kann man denselben oft durch einen Kunstgriff ganz wesentlich erhöhen. Die Ader wird auf eine eiserne Trommel gewickelt, diese in ein Ceresinbad von 90 bis 100° C versenkt und dann auf eine zweite Trommel außerhalb des Bades umgewickelt. Billige Gummisorten müssen sofort nach dem Versenken abgespult werden, mit Mittelsorten kann man 5 Minuten und mit guten Sorten 10 bis 15 Minuten warten, bis man mit dem Umspulen beginnt.

Deutsche Normalien. Nach den Vorschriften des Verbandes deutscher Elektrotechniker sind Gummidrähte und Kabel für Spannungen bis 1000 Volt nach der folgenden Tabelle zu isolieren.

Querschnitt qmm	Minim.-Drahtzahl für Seil	Wandstärke mm		Querschnitt qmm	Minim.-Drahtzahl für Leiter	Wandstärke mm	
		Minimum	Maximum			Minimum	Maximum
1.0	7	0.8	1.1	95	19	1.8	2.6
1.5	7	0.8	1.1	120	37	1.8	2.6
2.5	7	1.0	1.4	150	37	2.0	2.8
4.0	7	1.0	1.4	185	37	2.2	3.0
6.0	7	1.0	1.4	240	61	2.4	3.2
10.0	7	1.2	1.7	310	61	2.6	3.4
16.0	7	1.2	1.7	400	61	2.8	3.6
25	7	1.4	2.0	500	91	3.2	4.0
35	19	1.4	2.0	625	91	3.2	4.0
50	19	1.6	2.3	800	127	3.5	4.5
70	19	1.6	2.3	1000	127	3.5	4.5

Für Belastung nach deutschen Normalien siehe S. 64.

Das Kupfer ist feuerverzinnt. Über den Gummi kommt ein gummiertes Band und über dieses eine imprägnierte Umflechtung.

Die Isolationsprüfung muß nach 24 stündigem Wasserbad erfolgen, dessen Temperatur nicht höher ist als 24 ° C. Die Prüfspannung erfolgt nach dieser Tabelle. Prüfzeit ½ Stunde.

Betriebsspannung 1000, 2000, 3000, 4000, 5000, 6000, 7000, 8000, 10 000, 12 000 Volt.

Prüfspannung 2000, 4000, 6000, 8000, 9000, 10 000, 12 000, 13 000, 15 000, 18 000 Volt.

Isolationswiderstände sind nicht vorgeschrieben.

Die Zusammensetzung der Gummimischung für Normalleitungen ist wie folgt festgesetzt:

33,3 % Kautschuk, welcher nicht mehr als 4 % Harz enthalten soll,
66,7 % Zusatzstoffe, einschließlich Schwefel. Von organischen Füllstoffen ist nur der Zusatz von Ceresin (Paraffinkohlenwasserstoffen) bis zu einer Höchstmenge von 3 % gestattet. Das spezifische Gewicht des Adergummis soll mindestens 1,5 betragen.

Messung des Isolationswiderstandes. Darüber ist nichts Besonderes zu sagen. Empfehlenswert ist aber, daß man die Messung mit einer starken Batterie, z. B. 500 Volt, vornehme, und daß man sowohl mit positivem als negativem Pol messe. Sind die beiden Ausschläge mehr als 5 % voneinander verschieden, so kann man sicher sein, daß die Ader nicht in Ordnung ist.

Spezifikationen.

Gummiader wird zum großen Teil für Hausinstallationen verwendet, und meistens werden dafür außer für den Isolationswiderstand oder die Wandstärke keine besonderen Vorschriften gemacht.

Weitaus schärfer sind die Militär- und Marinebehörden, die Gummiader in sehr großem Maße bestellen. Wir geben im nachfolgenden einige Spezifikationen solcher Behörden, darunter eine, deren Publikation wir dem Entgegenkommen der englischen Admiralität zu verdanken haben. Auf diese machen wir speziell aufmerksam.

1. Spezifikation der englischen Admiralität 1908—1909.

Nach Mitteilungen des Sekretärs der Admiralität vom 14. Mai 1909.

1. Der Leiter. Der Leiter ist entweder massiv oder verseilt. Jeder Draht besteht aus Kupfer von hohem Leitungsvermögen und wird so genau als möglich nach Vorschrift gezogen. In keinem Falle soll der Leiter von dem Normalgewicht um mehr als ± 2 % abweichen. Der Drall muß gleichförmig und das Kupfer in Großbritannien gezogen sein.

2. Kupfer. Gut geglüht. Leitungsvermögen nicht weniger als 98 % desjenigen von geglühtem technischen Kupfer, dessen Widerstand 0,66788 Mikrohm per Kubikzoll bei 60° F beträgt. Elongation mindestens 15 % bei Prüflängen von 6 Zoll.

3. Verzinnung. Gleichförmige zweifache Verzinnung, frei von Blei und anderen Metallen. Zinn so dick, daß bei der Übernahme kein Kupfersulfid sichtbar.

4. Lötstellen. Es sind per Draht nicht mehr als zwei Lötstellen für 1000 Yards eines fertigen Seiles erlaubt, und je zwei müssen mindestens 12 Zoll Entfernung haben. Sie sollten vermieden werden. Wenn nicht anders möglich, harte Lötung oder elektrische Schweißung. Nach Verseilung darf keine Lötung mehr gemacht werden.

5. Verseilen. Rechte und linke Drehung. Drall so groß, daß der elektrische Widerstand nicht mehr als 2 % vergrößert wird.

7. Dielektrikum. Eine Lage Naturgummi, Separator und Mantel. Der erste wird aus bestem brasilianischem Paragummi angefertigt, ohne Lösungsmittel, gewalzt oder geschnitten. Soll dick genug sein, um Schwefel vom Kupfer wegzuhalten. Separator und Mantel aus demselben Paragummi, mit Zusatz von Schwefel und Mineralien; ausgeschlossen sind Baryumsalze oder andere Materialien von hygroskopischer Natur. Die Mischung enthält 60 % Para für Kabel von 2000 Megohm und mehr per 1000 Yards und nicht weniger als 40 % Para für andere Kabel. Substitute und Altgummi ausgeschlossen. Kein Überschuß an Schwefel gestattet, 2 % für Separator und 3 % für Mantel. Der Naturgummi wird longitudinal oder spiralig aufgelegt mit genügend Überlappung, die zwei anderen Lagen longitudinal. Der Leiter soll zentrisch liegen.

Das Vulkanisierband ist aus feinem Baumwolltuche geschnitten, innen und außen mit Gummilösung imprägniert und wird spiralig aufgelegt. Farbig nach Vorschrift. Nach Vulkanisierung müssen die vier Lagen aneinander kleben, Kupfer und Naturgummi müssen rein und frisch ausschauen.

8. Umflechtung. Wird in Hanf, Baumwolle, Jute, Stahl- und Phosphorbronzedraht ausgeführt. Nicht so eng gewickelt, daß beim Biegen der Gummi beschädigt wird. Vor dem Auflegen zu trocknen.

10. Kompound. Frei von Säuren. Ozokerit 50 %. Fertiges Kabel soll glatt und glänzend sein, gleichmäßig biegsam, ohne Tendenz, sich beim Abrollen in Ringe zu werfen.

11.—13. Bleimantel. Da wo vorgeschrieben. Englisches Blei.

14. Stahldraht-Panzer. Der Draht ist verzinkt. Muß die Proben unter 29 aushalten. Die Zinkschicht darf sich weder abschälen noch brechen, wenn der Draht um einen Kern von elfmal seinem Durchmesser gewickelt wird. Die Zinkschicht wird nach 30 geprüft. Der

galvanisierte Draht darf nicht federn, und Lötstellen dürfen nicht brüchig sein.

15. Phosphorbronze. Die Mischung enthält reines Kupfer mit mindestens 5 % Zusatz von reinem Zinn. Proben nach 32.

16. Streckprobe für Gummi. Vom Leiter abgetrennte Stücke werden während 24 Stunden bei ca. 60° F gestreckt, und zwar solche von über 2000 Mg. auf 4 mal, die anderen auf 3 mal ihrer Länge. Nach Beendigung der Probe müssen die Muster innerhalb 6 Stunden bis auf 25 % ihrer früheren Länge zurückgehen.

17. Wärmeprobe für Gummi. Vom Leiter abgetrennte Stücke müssen während 4 Stunden eine nasse Wärme von 320° F = 160° C und eine trockene Wärme von 270° F = 132° C während 2 Stunden aushalten, ohne Qualität und Ansehen zu ändern. Drei Tage später werden sie wieder einer Streckprobe ausgesetzt wie unter 16. Sie werden aber bloß auf das $2\frac{1}{2}$ fache gestreckt. Sonst sind die Bedingungen dieselben.

18. Leitungsfähigkeit. Der gemessene Widerstand wird mit $\alpha = 0{,}00238$ per 1° F auf 60° F reduziert.

19. Spannungsprobe. Wechselstrom von 50 bis 100 Perioden, Wechselstrommaschine von mindestens 5 Kilowatt, eine halbe Stunde, 1000 Volt zwischen Leiter und Erde oder 2000 Volt zwischen Leiter und Blei.

20.—22. Isolationswiderstand. Negativer Pol, Batterie von 500 Volt, eine Minute. 24 Stunden Wasserbad. Nach der Spannungsprobe vorzunehmen, aber vor der Umflechtung.

23.—24. Lagerung. Wenn übernommen, wird die Ader auf Lager gelegt, während 3 Monaten für Minenkabel und 1 Monat für andere Kabel. Dann wieder Isolationswiderstand bestimmt, der nicht unter dem früheren Wert sein darf.

25. Endgültige Probe. Nach Fertigstellung und Aufwickeln auf die Expeditionstrommel kommt noch eine trockene Probe. Isolations- und Spannungsprüfung für Mehrleiter und Kabel unter Blei, während 5 Minuten. Der Isolationswiderstand darf auf 80 % sinken. Der Inspektor kann nach Belieben Wasserproben machen.

26. Trocknung nach den Proben. Jeder Ring, bevor er wieder auf die Maschinen kommt oder abgelagert wird, muß ordentlich getrocknet werden. Ebenso müssen die Ringe in trockenen Räumen gelagert werden.

27. Art der Prüfung. Jeder Draht wird für sich geprüft. Bei Spannungsprüfungen hingegen kann man so viel Adern anhängen, als die Maschine erlaubt.

28. Enden. Die Enden werden vor dem Prüfen zurückgeschnitten. Dann während der weiteren Fabrikation und Lagerung gut abgeschlossen.

Nach Fertigstellung des Kabels werden sie endgültig versiegelt. Bleikabel mittels einer Kappe, die auf den Mantel verlötet wird.

29. Prüfung der Stahlarmatur. Bruchfestigkeit und Verlängerung nach 31.

Wenn man den Draht um seinen eigenen Durchmesser auf- und wieder abwickelt, darf er nicht beschädigt werden; aber die Zinkschicht kann sich abblättern.

30. Probe der Verzinkung. Die Dicke der Verzinkung wird durch Eintauchen in eine gesättigte Lösung von Kupfersulfat untersucht. Temperatur 60° F. Nach einer Minute wird der Draht herausgezogen und sauber abgewischt. Die Probe wird so oft eingetaucht, als in 31 angegeben ist, und es darf sich keine Spur von Kupferniederschlag auf dem Drahte zeigen.

31. Vorschriften für galvanisierten Stahldraht.

Für Type Nr.	Drahtdurchmesser vor der Verzinkung		Minimale Bruchfestigkeit		Minimale Elongation	Zahl der Eintauchungen
	Zoll	mm	t/Quadr.-Zoll	kg/qmm	%	in $Cu\,SO_4$
660.662	0.092	2.34	27	42.5	12	4
1100	0.064	1.65	27	42.5	12	4
841	0.036	0.92	50	78.8	3	4
1207	0.032	0.81	30	47.2	3	4

2. Spezifikation eines Marinekabels.

Der verzinnte Leiter besteht aus sieben Drähten von 0,8 mm Durchmesser. Der elektrische Widerstand desselben per Kilometer bei 15° C darf 17.5 Ohm per 1 qmm nicht übersteigen. Die Reißfestigkeit darf nicht unter 27 kg per qmm und die Dehnung nicht unter 18 % sein.

Die Isolation besteht aus reinem Paragummi von 0.2 mm Wandstärke, einer Lage weißer Mischung von 0.7 mm und einer Lage schwarzer Mischung ebenfalls von 0.7 mm Wandstärke. Der totale Durchmesser soll ca. 5.6 mm über den Gummi sein. Darüber kommt ein vulkanisiertes Band, Durchmesser ca. 6.2 mm und eine Umflechtung von bestem Leinenzwirn, schwarz getränkt, auf ca. 7 mm Durchmesser.

Der Isolationswiderstand darf nach dreitägigem Liegen der Ader in Wasser von 15° C nicht unter 600 Megohm per Kilometer betragen.

Der Gummi wird folgender Prüfung unterworfen. Die Ader wird, nachdem Umflechtung und Band entfernt worden sind, um einen Dorn von 45 mm ϕ = 8 mal Aderdurchmesser 10 mal auf- und abgewickelt, jedesmal so, daß die äußere Seite zur inneren wird. Der Gummi darf keine Risse bekommen.

Ebenso darf er weder brüchig noch weich und klebrig werden, wenn er drei Stunden lang in einem Luftbad von 110° C erwärmt wird.

3. Spezifikation eines Feldtelegraphenkabels.

Die Ader besteht aus fünf verzinnten Kupferdrähten von 0.3 mm Durchmesser und 14 ungeglühten verzinkten Stahldrähten von 0.3 mm Durchmesser. Die 19 Drähte werden verseilt auf einen Durchmesser von 1.5 mm. Der elektrische Widerstand dieses Leiters darf 37.5 Ohm per km bei 15° C nicht übersteigen, und die Bruchfestigkeit darf nicht unter 165 kg liegen.

Die Isolation besteht aus zwei Lagen vulkanisiertem Gummi, ohne Isolierband. Durchmesser 3.5 mm. Die Oberfläche soll glatt und nicht rauh sein. Der Gummi soll fest auf der Ader kleben und nur durch Kratzen entfernbar sein. Der Isolationswiderstand soll nach 3 Tagen im Wasser nicht unter 2000 Megohm per km und 15° C betragen. Die Materialprobe wird wie unter 2 gemacht.

Die Umflechtung darf erst nach dem Vulkanisieren aufgelegt werden und muß aus Leinenzwirn bestehen. Zu deren Tränkung wird bester Ozokerit mit einem Zusatz von 10 bis 15 % Holzkohlenteer verwendet. Der Gesamtdurchmesser beträgt ca. 5 mm.

Das Gewicht per Kilometer soll 35 kg nicht übersteigen, aber die Umflechtung muß gut getränkt sein.

4. Spezifikation eines Feldtelephonkabels.

Der Leiter besteht aus einem zentralen, gut verzinnten Kupferdraht von 0.4 mm ⌀, um den 7 ungeglühte, gut verzinnte Stahldrähte von 0.3 mm ⌀ auf ca. 1,0 mm verseilt sind.

Der elektrische Widerstand des Leiters beträgt weniger als 93 Ohm per km und 15° C, und dessen Bruchfestigkeit nicht weniger als 100 kg.

Die Isolation besteht aus einer einzigen Lage Gummi von 0,5 mm Wandstärke und wird unbedingt mit Walzen aufgepreßt. Der Isolationswiderstand soll nicht weniger als 1 Megohm sein. Materialproben usw. wie unter 2.

Die Umflechtung aus nicht gezwirntem Leinengarn kann vor der Vulkanisierung aufgelegt werden. Sie bringt den Durchmesser auf ca. 3 mm.

Das Gewicht des Kabels per km soll 14.5 kg nicht übersteigen, wenn die Umflechtung gut mit Ozokerit und Teer getränkt ist.

5. Spezifikation einer Sapeurader.

Leiter 7 × 0.5 mm verzinnt, auf 1.5 mm. Elektrischer Widerstand kleiner als 13 Ohm per km und 15° C. Reiner Para auf 2.5 mm,

2 Lagen Mischung auf 5.5 mm und Vulkanisierband auf 6.2 mm. Isolationswiderstand nicht unter 10000 Megohm bei 15° per km nach 3 Tagen Wasser.

Umflechtung aus Leinengarn auf 6,5 mm, getränkt wie oben. Gewicht ca. 53 kg per km.

Bruchfestigkeit der fertigen Ader nicht unter 600 kg.

6. Spezifikation eines Minenkabels.

Der Leiter besteht aus 3 Kupferdrähten von 0.9 mm, zusammen auf 1.9 mm verseilt. Der Widerstand ist nicht größer als 9.3 Ohm bei 15° C. Die Drähte dürfen absolut keine Lötstellen haben.

Als Isolation kommt erst eine Schicht Guttapercha auf 2.5 mm, dann eine Schicht Naturgummi auf 3.5 mm und schließlich eine Schicht gemischter Gummi auf 5,5 mm. Die Isolation wird nicht vulkanisiert. Weiter kommen auf die Ader zwei gummierte, longitudinale Bänder und schließlich ein spiralförmig aufgelegtes Band.

Der Isolationswiderstand darf nicht unter 400 Megohm per km und 15° C sein.

Der Panzer enthält 12 Drähte von ausgeglühtem und verzinktem Eisen von 2 mm $\varnothing$.

Die Bruchfestigkeit des Kabels muß über 1600 kg liegen. Beim Reißen darf die Verlängerung nicht weniger als 10 und nicht mehr als 25 % ausmachen.

D. Mehrfache Kabel.

Mehrfache Kabel kommen für Telegraphen-, Telephon- und Signalzwecke zur Verwendung. Die Typen derselben sind mannigfaltig. Als Isolation wird verlangt Gummi, Guttapercha, Faser oder Papier.

Die Adern werden einzeln, paarweise oder in Gruppen verseilt, jede Gruppe für sich mit Band oder Baumwolle eingebunden und einzelne Adern oder alle mit Farben markiert.

Das Seil wird mit Band umwickelt, mit Blei umpreßt und schließlich gepanzert.

Telegraphenkabel haben traditionell einen Leiter von etwa 7 × 0.7 mm.

Kabel für Telephonzwecke, jede Ader mit einer Stanniolumhüllung, eine größere Anzahl miteinander verseilt unter Einlage von einigen blanken Drähten, kommen nach und nach außer Gebrauch.

Zur Illustration der Mehrfachkabel geben wir wieder eine Sammlung von Spezifikationen. Einige derselben verdanken wir der Deutschen Reichspost.

1. Telegraphenkabel der Deutschen Reichspost mit Guttapercha-Isolation.

Pflichtenheft vom 7. Januar 1908.

Diese Kabel kommen zur Verwendung als Erd- und Röhren-Kabel sowie als Flußkabel. Für nähere Spezifikation von Armatur und Compound siehe S. 196. Die Zähladern haben einen Wulst. Über die verseilten Adern kommt ein Polster mit in Tannin getränkter Jute.

a) Erdkabel. Die Kupferlitze besteht aus 7 Drähten von 0,66 mm. Sie ist mit 2 Lagen Guttapercha auf 5.2 mm isoliert. Beide Lagen sind unter sich und mit dem Leiter durch je eine Lage Chatterton verbunden. Es kommen Kabel von 1, 3, 4 und 7 Adern zur Verwendung. Erdkabel haben eine geschlossene Armatur aus verzinkten Rundeisendrähten von 2.6, 3.1, 3.1 und 3.8 mm ⌀. Über die Armatur kommt eine Compoundschicht. Röhrenkabel haben Flacheisenarmatur von 4 × 1.4, 4 × 1.4, 4.7 × 1.7 und 4.7 × 1.7 mm ohne Compound.

Elektrische Konstanten bei 15° per km., Maxima und Minima: Kupferwiderstand 7.0 Ohm, Isolationswiderstand 500 Mg., Kapazität 0,24 MF. Vor der Messung müssen die Kabel 3 Tage in Wasser gelegt werden.

b) Flußkabel. Leiter 7 × 0.73 mm. Mit drei Lagen reiner Guttapercha und Zwischenschichten von Chatterton auf 7.0 mm isoliert. Kabel mit 1, 3, 4 und 7 Adern. Verzinkte Runddrähte von 5.4, 7.0, 7.0 und 8.6 mm ⌀ mit Compound.

Elektrische Konstanten nach 3 Tagen Wasser: 6.5 Ohm, 650 Mg und 0.25 MF.

2. Telegraphen-Faserstoffkabel der Deutschen Reichspost.

Nach Spezifikation vom 13. Januar 1908.

Leiter 1,5 mm Cu, mit Papier oder Faserstoff auf 3,5 mm isoliert. Die einzelnen Leiter in konzentrischen Lagen verseilt. Mindestens eine Zählader per Lage. Über das Seil 2 Papier- und ein Baumwollband. Getrocknet aber nicht getränkt. Bleimantel mit 3 % Zinn, nach Tabelle.

Erdkabel mit Bandpanzer 1.0 und 1.3 mm und asphaltierte Jute. Röhrenkabel verzinkter Flachdraht 1.40 und 1.70 ohne Compoundschicht. Dimensionen für beide nach Tabelle und Details wie beim Panzer für Telephonkabel. Drall rechtsgängig.

Prüfung nach mindestens 12 Stunden Wasserbad: 10 Ohm, 500 Megohm und 0,24 MF per km und 15° C. Abweichungen ± 5 % sind erlaubt.

Zahl der Adern	Bleidicke mm		Panzer		Zahl der Adern	Bleidicke mm		Panzer	
	B B	G B	Band	Flach-draht		B B	G B	Band	Flach-draht
4	1.6	1.5	1.0	1.4	28	2.0	2,0	1.0	1.7
5	1.7	1.6	1.0	1.4	50	2.5	2.4	1.0	1.7
7	1.7	1.6	1.0	1.7	56	2.5	2.4	1.0	1.7
10	1.8	1.7	1.0	1.7	75	2.5	2.4	1.0	1.7
14	1.8	1.7	1.0	1.7	100	3.0	2.8	1.3	1.7
20	1.9	1.8	1.0	1.7	112	3.0	2.8	1.3	1.7
25	2.0	2.0	1.0	1.7	—	—	—	—	—

3. Wetterbeständige Kabel der Deutschen Reichspost zum Anschluß der Fernsprechkabel und von Gummiadern mit mehrdrähtigem Kupferleiter.

Nach Pflichtenheft vom 6. Mai 1908.

a) Fernsprech-Abschlußkabel. Draht von 0,8 mm verzinnt. Kabel mit 4, 5, 7, 10, 14, 20, 25, 28, 50 und 56 Paaren. Gummi in drei Lagen bis auf 2,5 mm bzw. 2,0 mm mit Para von 0,25 mm als erste Lage. Gehalt der Mischung 45 % rein Para. Zusatz von Ceresin, Paraffin, Ozokerit, Faktis und Altgummi nicht gestattet. Nach dem Vulkanisieren müssen die Lagen verschieden gefärbt sein und sich nicht voneinander abblättern.

Statt der Gummimischung darf auch Okonit in einer Lage verwendet werden.

Der Harzgehalt von Gummi oder Okonit, durch Kochen in einer 5 proz. alkoholischen Natronlauge erhalten, darf nicht mehr als 4 % des untersuchten Materials betragen.

Die bei der Veraschung nach Webers Methode erhaltenen Rückstände an anorganischen Beimischungen dürfen nicht mehr als 52 % des untersuchten Materials überteigen.

Der Gummi muß gut vulkanisiert sein, den Draht fest umschließen, aber nicht kleben.

Über den Gummi kommt ein gummiertes Band mit Überlapp, gut aufvulkanisiert. Fertige Ader in Ceresin imprägniert.

Aus den Adern werden Paare gebildet von ca. 100 mm Drall. Die zwei Adern des Paares haben verschiedene Färbung. Werden dann in konzentrischen Lagen, kreuzweise, verseilt; mindestens eine Zählader per Lage. Hanfeinlagen. Über Seil ein getränktes Isolierband mit Überlapp.

Bleimantel ohne Zinnzusatz für 4—28 Paare 1.20 mm und 1.50 mm für 50 und 56 Paare. Eventuell eine Umklöppelung aus starkem Baumwollgarn. Die Adern von 2 mm Durchmesser über Gummi bekommen stets diese Schutzhülle. Sie wird gut getränkt.

b) Gummiadern mit mehrdrähtigem Leiter. Kupfer 7 × 1.35 mm = 10 qmm, doppelt feuerverzinnt. Eine Lage 0,30 mm reinem Para, 3 Lagen Gummi, total 1.50 mm Wandstärke. Gummiertes Band und Beklöppelung aus starkem Baumwollgarn, wetterbeständig getränkt. Materialien wie unter a) spezifiziert.

Die elektrischen Konstanten sollen bei 15 ° C die Maximal- bzw. Minimalwerte haben

Ader von 2 mm ⏀	37 Ohm	200 Mg	0.28 MF	per Ader
	74 „	200 „	0.20 „	per Paar
Ader von 2,50 mm ⏀ . . .	37 „	250 „	0.20 „	per Ader
	74 „	250 „	0.15 „	per Paar
Ader von 10 qmm	1.75 „	150 „	0.40 „	per Ader

4. Wetterbeständige Kabel der Deutschen Reichspost. Zum Abschluß der Telegraphen-Faserstoffkabel, nach Pflichtenheft vom 6. Mai 1908.

Die Kabel enthalten 4, 5, 7, 10, 14, 20, 25, 28, 50, 56, 75, 100 oder 112 Adern.

Der Leiter besteht aus einem Kupferdraht von 1.50 mm ⏀ und ist erst mit reinem Para auf 2.1 und darauf mit 2 Lagen Mischung von 45 % Paragehalt auf 3.4 mm isoliert oder auch mit einer einzigen Lage Okonit, ebenso auf 3.4 mm. Darüber kommt ein gummiertes Band auf 4.0 mm ⏀.

Für Materialvorschriften usw. siehe unter 3a).

Die einzelnen Adern werden lagenweise verseilt, mit Zähladern, und mit imprägniertem Band eingewickelt. Darüber kommt ein Mantel aus Weichblei von den Wandstärken: 1.2 mm für 4 bis 7 Adern; 1.25 mm für 10 bis 14 Adern; 1.50 mm für 20 bis 28 Adern; 1.75 mm für 50 und 56 Adern und 2 mm für 75 bis 112 Adern.

Die elektrischen Konstanten, mit 100 Volt gemessen bei 15° C und per km sollen folgende Maximal- bzw. Minimalwerte haben: 10 Ohm, 200 Mg. und 0,34 MF.

5. Telegraphenkabel mit 27 Adern.

Kupferleiter 7 × 0.7 mm, mit 6 Lagen Papier 0.10 mm dick und zwei Lagen Jute auf 5.0 mm isoliert. 27 solche Adern verseilt und mit einer Lage Jute plattiert auf 32 mm. Getrocknet, getränkt und mit Blei auf 37 mm umpreßt. Mit zwei Eisenbändern gepanzert.

Isolationswiderstand jeder Ader gegen alle anderen 2000 Megohm. Kapazität nicht über 0.15 MF per km.

6. Eisenbahnkabel mit 40 Adern.

Kupfer 1.2 mm, jeder zweite Draht verzinnt. Isolation fünf Lagen Papier, 0.10 mm und eine Lage Baumwolle auf 2.0 mm. Je ein verzinnter und ein nicht verzinnter Draht zu einem Paar verdreht, die 20 Paare verseilt und mit 2 Bändern umwickelt auf einen Durchmesser von 22 mm. Getrocknet, getränkt und mit Bleimantel auf 36 mm umpreßt.

Isolation 2000 Megohm. Kapazität nicht über 0.15 MF.

7. Telegraphenkabel für einen Meereshafen.

Kupfer 7 × 0.65 mm verzinnt, mit Gummi und einer Umflechtung auf ca. 5 mm isoliert. Sieben solche Adern verseilt und mit Band auf ca. 15.5 mm umwickelt. Mit Blei auf 18.5 mm umpreßt. Eine Lage asphaltierte Jute auf 21 mm. Ein Panzer aus 22 verzinkten Eisendrähten von 2 mm ⌀ auf 26 mm und darüber zwei Eisenbänder, 1 mm stark auf 30 mm und eine Schicht asphaltierte Jute auf 34 mm.

Isolationswiderstand 600 Megohm.

8. Flußkabel für Telegraphenzwecke.

Kupfer 7 × 0.66 mm, mit 2 Lagen Guttapercha auf 5,5 mm isoliert. Isolationswiderstand nicht unter 600 Megohm per km. Fünf solche Adern mit Einlagen aus Hanf verseilt und mit vier Lagen Hanf plattiert. Einlagen und Plattierung sind gut gegerbt.

Das Kabel wird mit 12 Drähten aus verzinktem Eisen, 8 mm dick, auf 41 mm Durchmesser gepanzert und mit einer Schicht asphaltierter Jute umwickelt.

Fig. 24.

III. Das Verlegen und Verbinden von Kabeln.

A. Das Verlegen.

Zustellung auf die Baustelle. Einen wichtigen Teil der vielseitigen und mühsamen Arbeit eines Kabelingenieurs bildet die Zufuhr und Fertigstellung der Kabel für das Verlegen. Ein gut organisiertes System derselben kürzt die Montagezeit wesentlich ab und erspart viele Laufereien. Wenn irgendwie möglich, besorge man die Transporte durch eigene Arbeiter. Fuhrleute lassen einen immer im Stich.

Als Kabelwagen empfiehlt sich einzig ein solcher, der nach dem Prinzip der Fig. 24 gebaut ist, und dessen Konstruktion von der Breslauer A.-G. für Eisenbahn-Wagenbau herrührt. Siehe ETZ. 1907, 277, ebenso Glasers Ann. f. Gew. u. Bauw. Nr. 709, Jahrg. 1907. Die Operation des Verladens ist äußerst einfach und wird ohne spezielles Hebezeug ausgeführt. Das Gestell des Wagens ist gabelförmig. Man rollt ihn näher, so daß die Trommel in die Gabel hineinkommt und eine Stange gleichzeitig durch die Trommelmitte und die beiden vertikalen Stützen hindurchgeschoben werden kann. Mittels der zwei horizontalen Hebel kann man dann die Last ruckweise heben, indem man erst das rechte und dann das linke Hebelende hinunterdrückt und jedesmal die Stellstifte um ein Loch höher setzt.

Eine Trommel wird oft zur Verlegung fertig gemacht ohne Drehscheibe, nämlich mit einer Stange und zwei Hebeböcken. In vielen Fällen ist dies die am meisten praktische Methode.

Ein Kabel läßt sich auch ohne Hebeböcke verlegen. Man stellt die Trommelflanschen auf zwei Ziegelsteine und baut rechts und links, bis zur Höhe der Stange, aus Ziegeln je eine Mauer. Die Stange selber kommt auf Holz zu liegen. Zerschlägt man dann die Ziegel unter den Flanschen, so ist die Trommel frei drehbar, und mit etwas Vorsicht kann man sie ohne Unfall abrollen.

Der Graben. Die normale Tiefe eines Kabelgrabens ist 70 cm, d. h. das Kabel soll 70 cm unter dem Niveau zu liegen kommen. Wird es auf eine Sandschicht von 10 cm gebettet, so wird der Graben entsprechend tiefer gemacht. Die minimale Grabenbreite ist ca. 35 cm, d. h. etwa die Kniebreite der Erdarbeiter, und in einen solchen Graben können zwei bis drei Kabel nebeneinander gelegt werden. Für eine größere Anzahl Kabel muß der Graben entsprechend breiter gemacht werden.

Wenn im Graben Hindernisse auftreten, so mache man es sich zur Regel, das Kabel unter denselben zu verlegen, also den Graben so tief zu machen, daß man die zum Schutze des Kabels notwendigen Ziegel usw. noch unter dem Hindernis anbringen kann.

Trifft man auf Gas- oder Wasserrohre und auf gut gemauerte Abwässerkanäle oder Zementrohre, so wird man das Kabel nur ausnahmsweise über dem Hindernis verlegen, nämlich wenn der Kabelkanal mehr als 2 m tief gemacht werden müßte.

In alten Provinzstädten bestehen die Abwässerkanäle sehr oft aus aufgeschichtetem Bruchstein ohne Mörtel, und infolgedessen ist das benachbarte Erdreich von Stoffen durchsättigt, die das Blei angreifen. Hier wird man nur ausnahmsweise unter dem Kanal durchgehen und dann Vorsorge treffen, daß das Kabel geschützt wird, d. h. man wird es in eine geschlossene Schicht Bitumen usw. einbetten, die jeden Zutritt von Wasser oder Gasen ausschließt.

Je nach den Umständen legt man bei solchen Kanälen das Kabel über den Deckel, in den Deckel hinein oder durch die Seitenwände des Kanales hindurch. In allen drei Fällen sollte es in ein Eisenrohr kommen nnd vergossen werden. Sind keine Rohre zn bekommen, so kann man of. kurze Stücke von U- oder anderen Formeisen auftreiben, welche denselben Dienst tun wie Gas- oder Wasserrohre. Ist gar nichts im Städtchen aufzutreiben, so baue man einen Kanal aus Ziegeln oder Zement. Ziegel und Maurer hat man immer in der Nähe.

Bei Unterführungen von Straßenbahnen usw. nimmt man das Kabel immer mindestens 1 m tief und zieht es in Röhren ein.

Im allgemeinen erinnere man sich, daß man nicht die Aufgabe hat, das Kabel möglichst rasch und irgendwie unter den Boden zu verlegen, damit es niemand mehr sieht. Das Verlegen von Kabeln, sobald Schwierigkeiten im Graben gefunden werden, ist eine ebenso große Gewissensarbeit als die Fabrikation, und man muß jeder Kleinigkeit Beachtung schenken, damit das Kabel gegen alle möglichen chemischen Einflüsse, gegen Erdbewegungen und nachträglich immer vorkommende Bauarbeiten geschützt ist. Ein im verlegten Kabel eintretender Fehler führt zu bedeutenden Reparaturkosten und kann den ganzen Stadtfrieden stören.

Das Verlegen. Bevor dieses beginnt, erfolgt eine Inspektion des Grabens. Alles muß in Ordnung sein: der Graben muß die richtige Tiefe haben, mit Sand ohne Steine gefüllt sein oder das vorgeschriebene Bettungsmaterial enthalten. Besondere Aufmerksamkeit schenke man den Hindernissen.

Die Verlegung selber nimmt die mannigfaltigsten Formen an, je nach den Umständen, den Hilfsmitteln, die man hat, der Arbeiterzahl, der Kabellänge und den Terrainverhältnissen.

In günstigen Fällen, wenn keine Hindernisse im Graben sind, und keine Bäume, Laternen usw. im Wege stehen, kann man vom Kabelwagen direkt in den Graben einlegen. Mit sechs bis zehn Mann legt man so in einer halben Stunde bis auf 1 km Kabel.

Beim Durchziehen verteile man die Arbeiter je nach der Schwere des Kabels in Abständen von 5 bis 10 m. In Kurven und bei Hindernissen werden die Leute in kleineren Abständen aufgestellt.

Beim Verlegen eines Kabels muß der leitende Ingenieur seine Augen überall haben, besonders, wenn er keine geübten Arbeiter und keine Monteure zur Verfügung hat. Ein Kabel hält ziemlich viel aus, aber mit ungeübtem Personal kann es dessenungeachtet beschädigt werden. Die Arbeiter nehmen das Kabel gerne auf die Schultern oder bekommen beim Ziehen an einzelnen Stellen zu viel Kabel, so daß es zu stark gebogen wird. Auch kann es beim Einziehen oder um Ecken herum geschürft werden.

Ist die Legung oder das Einziehen beendet, so fängt das Ausrichten des Kabels an. Man beginnt damit an dem Ende, das zuerst zum Anschluß kommt, legt das Kabel in die Mitte des Kanales oder in die Bettung, richtet es gerade, gibt überschüssige Länge nach vorn, entfernt hereingefallene Steine und Erde, gibt dem Kabel in Biegungen und Niveaudifferenzen die nötigen Krümmungen, entlastet es von irgendwelchem Zug und widmet ihm ganz besonders bei Hindernissen große Aufmerksamkeit.

Ist diese Arbeit gemacht, so wird die Bettung vollendet, und dann kann man den Graben zufüllen. Wo Maurer- oder andere Schutzarbeiten gemacht werden, darf man erst zudecken lassen, wenn man sich persönlich überzeugt hat, daß die Arbeit zweckmäßig ausgeführt und vollendet ist.

Kommen mehrere Kabel in denselben Graben, so wird jedes einzeln ausgerichtet. Zum Zwecke der Orientierung bei event. Ausgraben der Kabel bringt man in Strecken von 3 zu 3 m sogenannte Polzeichen an. Dies sind Streifen aus Zink oder Blei, 1 bis 2 mm dick, mit Angabe des Querschnittes und anderer Kennzeichen. Sie werden um das verlegte Kabel in Form eines Ringes aufgelegt.

Ist die Legung vollendet, so werden sofort die Spleißgruben aufgemacht und die Verbindung mit der Anschlußlänge ohne Verzögerung ausgeführt.

Bettungsarbeiten. Ein verlegtes Kabel ist mannigfachen Gefahren ausgesetzt, gegen die man es zuschützen sucht. Den ersten Schutz bildet der Panzer aus Stahl- oder Eisenband, und man hat lange geglaubt, daß derselbe genüge, um das Kabel gegen einen Pickelhieb zu schützen. Doch macht sich mehr und mehr die Ansicht geltend, daß der Panzer ein teurer und doch sehr unvollkommener Schutz für ein Kabel ist. Bei nachträglichen Arbeiten wird es in der Regel beschädigt, einerlei, ob gepanzert oder nicht, und dies trotz aller Anweisungen, die man dem Aufsichtspersonal gibt.

Die Bettungen für verlegte Kabel sind sehr mannigfaltig.

Eine der ältesten ist das Eindecken mit Ziegelsteinen. Das Kabel wird auf eine Sandschicht gelegt und um dasselbe aus Ziegelsteinen, rechts und links aufgestellt, ein Kanal gebildet. Dieser wird mit Sand gefüllt und schließlich oben mit weiteren Ziegeln abgeschlossen Der dadurch erreichte Schutz ist kein besonderer, könnte aber verbessert werden, wenn als Deckel ein sehr widerstandsfähiger Ziegel, z. B. aus Zement, verwendet würde. Für spätere Arbeiten hingegen, wie z. B. bei Herstellung von Anschlüssen ist diese Bettungsmethode sehr günstig. Auch ist ein Ziegel ein Material, das immer handlich und anpassungsfähig ist.

Ähnlich der Ziegeleindeckung ist die Rinnenbettung. Die Rinnen sind von U-förmigem Querschnitt und werden nach Einlegung des Kabels mit einem Deckel abgeschlossen. Die Länge der Rinnen wechselt von einem halben bis 3 und 5 m. Als Material wird dazu verwendet: Gußeisen, Holz, gebrannter Ton, Steingut, Zement usw. Oft werden die Rinnen mit Asphalt ausgefüllt, um die Kabel gegen chemische Einflüsse zu schützen.

Das Rinnensystem bietet, wenn die Elemente nicht zu lang sind, für nachträgliche Kabelarbeiten dieselben Vorteile wie die Ziegelbettung.

In der letzten Zeit ist die Rinnenbettung sehr stark in Anwendung gekommen, und die Kabel werden meistens ungepanzert hineingelegt.

Bei Unterführung von Brücken, in Tunnels usw. kommt das Rinnensystem sehr häufig in Anwendung als Holzkanal oder doppeltes Zoreseisen.

Eine Bettung in Röhren aus Eisen, Zement usw. gibt dem Kabel einen außerordentlich guten Schutz, hat aber ihre großen Nachteile. Sowohl das Ein- als das Ausziehen der Kabel ist eine umständliche Sache, und Kabelanschlüsse können nur durch Zertrümmern des Rohres gemacht werden. Diese Bettung empfiehlt sich also bloß für Speise- und andere Kabel, an denen keine nachträglichen Arbeiten vorgenommen werden. Die Bettung in Eisen hat auch noch andere Nachteile. Es sind Fälle zur allgemeinen Kenntnis gelangt, daß Bettungsrohr sowie Eisenpanzer in verhältnismäßig kurzer Zeit zerstört worden sind. Eisen ist wenig widerstandsfähig gegen chemische Einflüsse des Bodens.

Weiter ist die Möglichkeit da, daß das Blei des Kabels mit dem Eisen der Bettung unter Zutritt von Flüssigkeit ein galvanisches Element bildet und so die Vorbedingungen für elektrolytische Wirkungen gebildet werden.

Die Bettung in Eisen wird empfohlen in Städten mit elektrischen Straßenbahnen. Sie schützt die Kabel vor vagabundierenden Erdströmen.

Ebenso wird die Bettung in Eisenröhren bei Unterführungen von Straßen- und Eisenbahnen viel verwendet.

Wir verweisen hier noch auf eine verdienstvolle Arbeit von J. Schmidt über Bettungsarten von Kabeln, die in der ETZ. 1903, 55, 75, 117, 131, 160, 185 erschienen ist, ebenso 1905, 317 ff.

In neuerer Zeit ist Profileisen viel verwendet worden.

Bettungspraxis im Ausland. In England werden Rinnen in allen möglichen Ausführungsarten, auch in Holz verwendet. In Frankreich verlegt man wichtige Speisekabel in Tiefen von 1.00 bis 1.20 m ohne irgendwelchen Schutz; bloß ein Geflecht aus verzinktem Eisendraht in 80 cm Tiefe macht auf die Kabel aufmerksam.

Das Hultmannsche Einziehsystem. Eine Kabelverlegung ist für das Publikum einer großen Stadt immer eine unangenehme Sache und jeder Einwohner ist froh, wenn sie ein Ende genommen hat. Kommen Reparaturen des verlegten Netzes nach und von Jahr zu Jahr weitere neue Legungen, so verlieren Behörden und Publikum die Geduld und verlangen energisch, daß das Aufreißen der Straßen und die damit verbundenen Übelstände aller Art ein definitives Ende nehmen.

Hultmann hat ein Verlegungssystem ausgearbeitet, das diesen Beschwerden Rechnung trägt. Dessen Prinzip ist das folgende. Es werden unter der Erde Kabelkanäle eingebaut, groß genug, um die nötige Kabelzahl und die für eine lange Reihe von Jahren voraussichtlich notwendigen supplementären Kabel unterzubringen.

Im Detail sieht die Hultmannsche Konstruktion für jedes Kabel einen eigenen Kanal vor. Das Röhrensystem wird hergestellt durch eine Reihe aneinander gebauter Zementblöcke, jeder mit der gleichen Anzahl von Bohrungen wie sein Vorgänger, und gleich gelegen. Die Blöcke selber werden starr miteinander verbunden, so daß sie sich auch bei starken Erdsenkungen nicht voneinander trennen können, und das Röhrensystem ein für allemal erhalten bleibt.

Die Kabel selber werden in die Röhren eingezogen. Es ist also notwendig, in bestimmten Distanzen den Zementstrang zu unterbrechen und eine unterirdische Kammer einzubauen, in welcher man einen Teil der zum Einziehen nötigen Apparate unterbringen kann, und in welcher auch die Spleißungen der einzelnen Längen gemacht werden. Die Kammern werden nach oben durch einen Schachtdeckel abgeschlossen.

Sobald das Röhrensystem eingebaut und die Straße zugeschüttet ist, beginnt das Einziehen der Kabel.

Das Hultmannsche System wird meistens für Telephonkabel verwendet, aber es ist von ebenso großem Wert für Beleuchtungskabel, von denen keine Abzweigungen gemacht werden, und die in großer Anzahl eine Straße entlang geführt werden müssen.

Das Hultmannsche System ist in dem Buche „Die K. K. Telephon-Zentralen in Wien", 1899, eingehend beschrieben worden. Durch gütige Erlaubnis des K. K. Handelsministeriums in Wien, datiert 14. Dez. 1901, sind wir in den Stand gesetzt, die das System betreffenden Beschreibungen sowie die zugehörigen Illustrationen nachdrucken zu dürfen.

Das Folgende bildet diesen Nachdruck.

a) Zementblockkanäle. Die Kanäle werden aus einzelnen Zementblöcken mit der entsprechenden Anzahl von zylindrischen Öffnungen zusammengesetzt. Die bei der Regulierung des Kabelnetzes zur Anwendung gelangten Blocktypen, mit den gehörigen Unterlagsplatten in den Fig. 25 bis 32 dargestellt, sind folgende:

					Gewicht pro laufenden Meter
Type	I	mit	59	Öffnungen	875 kg
„	II	„	31	„	535 „
„	III	„	26	„	465 „
„	IV	„	22	„	430 „
„	V	„	18	„	368 „
„	VI	„	14	„	308 „
„	VII	„	11	„	268 „
„	VIII	„	8	„	225 „

Die Öffnungen in der untersten Reihe sind aus konstruktiven Gründen 80 mm, alle übrigen Öffnungen 76 mm im Lichten weit; die Stegstärke zwischen den Öffnungen beträgt 20 mm. Die Blöcke werden normal 1 m lang erzeugt und in den sogenannten „Paßlängen" an Ort und Stelle mit einer Säge nach Bedarf zugeschnitten. Jeder Block besitzt drei Längsrillen zur Aufnahme der die Blöcke untereinander verbindenden Eisenstangen und ist an den Stoßenden mit einer Abschrägung und einer halben Nut versehen (Fig. 33).

Die Blöcke werden in eisernen Formen aus einem Gemische von drei Teilen gepochtem Quarzsand und einem Teile Portlandzement erzeugt. Die Modellkerne für die Öffnungen sind in den Formwänden drehbar und einzeln ausziehbar befestigt. Das Einstampfen der Betonmasse erfolgt in liegenden Formen, und werden die Kerne schichtweise eingelegt, um eine größere Dichte des Materials zu erzielen. Da bei dieser Methode die Blöcke schon nach kurzer Zeit nahezu wasserdicht sind,

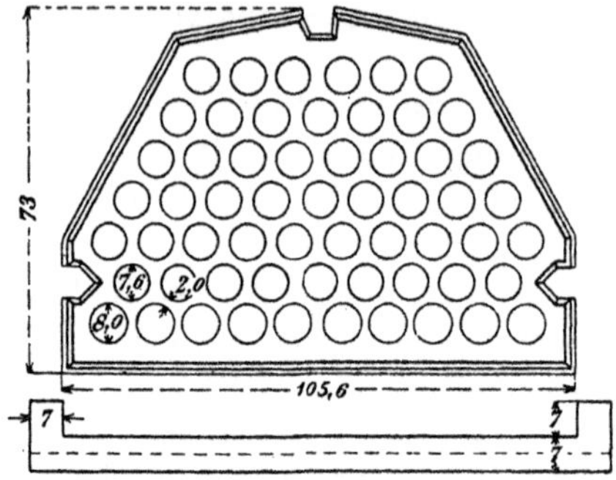

Fig. 25.

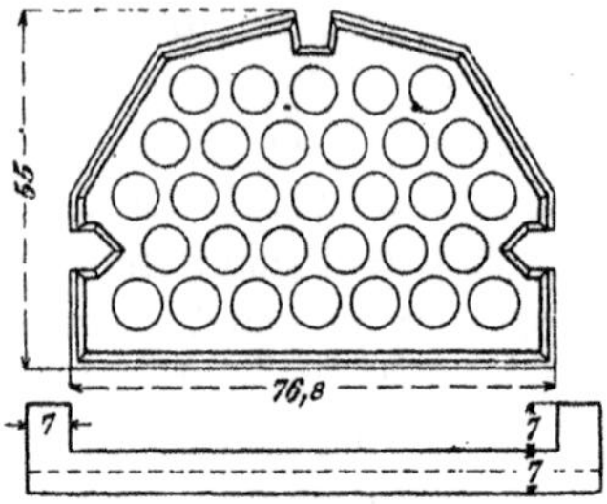

Fig. 26.

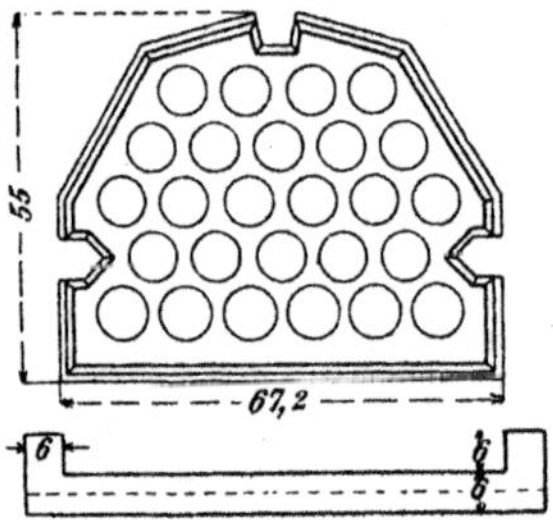

Fig. 27.

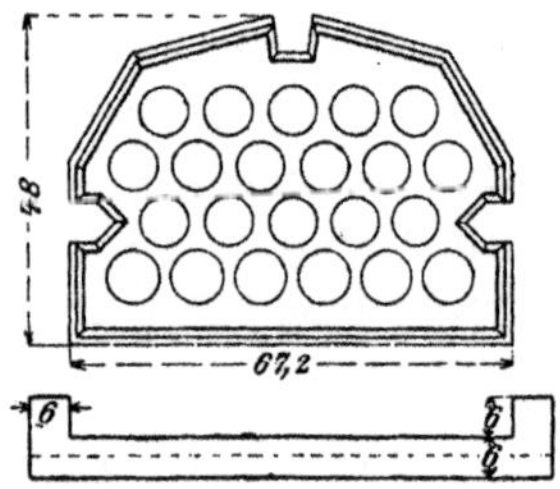

Fig. 28.

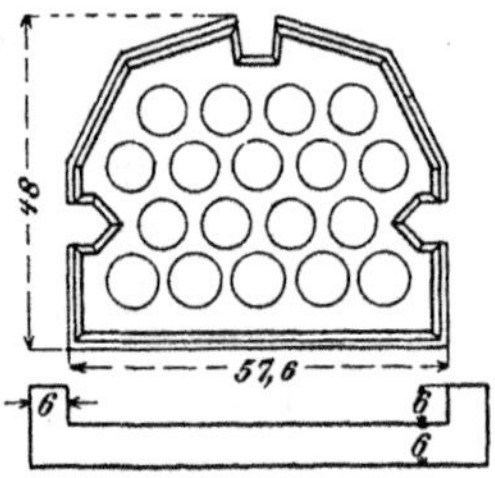

Fig. 29.

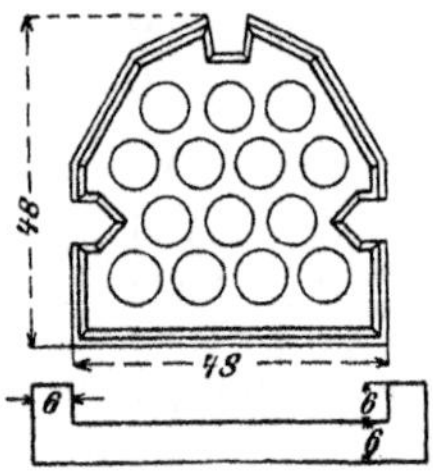

Fig. 30.

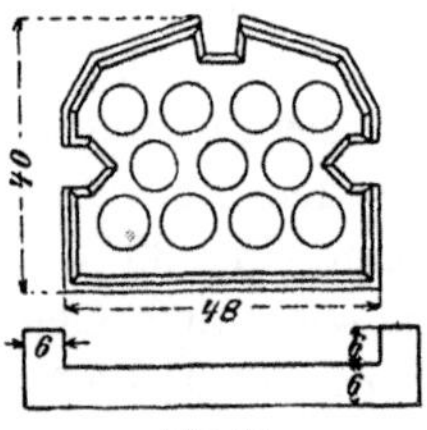

Fig. 31.

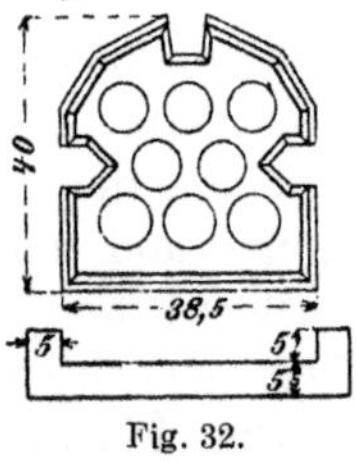

Fig. 32.

unterbleibt in der Regel die anderwärts übliche Asphaltierung der Außenflächen, sofern nicht der betreffende Blockstrang in Grundwasser zu liegen kommt. Nur in letzterem Falle werden die einzelnen Stücke schon vor dem Verlegen mit einem Anstriche dünnflüssigen Asphaltes versehen.

Um beim Transport der schweren Blöcke mittels Hebestangen das Ausbrechen der Kanten zu vermeiden, wird an jedem Blockende ein dasselbe umschließendes Drahtgeflecht einbetoniert. Vorteilhaft ist es, die Blöcke vor deren Einbau mindestens zwei bis drei Wochen erhärten und austrocknen zu lassen und überdies die Kanten der einzelnen Öffnungen beiderseits abzuschrägen.

Die Blöcke ruhen mit ihren Enden auf Unterlagsplatten aus Beton von der in den Fig. 25 bis 32 dargestellten Form, welche nicht nur die Trennung der Blöcke in vertikaler Richtung, sondern auch gleichzeitig die seitliche Verschiebung derselben hintanzuhalten bestimmt sind. Die größeren Platten bis zur Type IV enthalten behufs Erhöhung der Tragfähigkeit im Innern Eisendrähte.

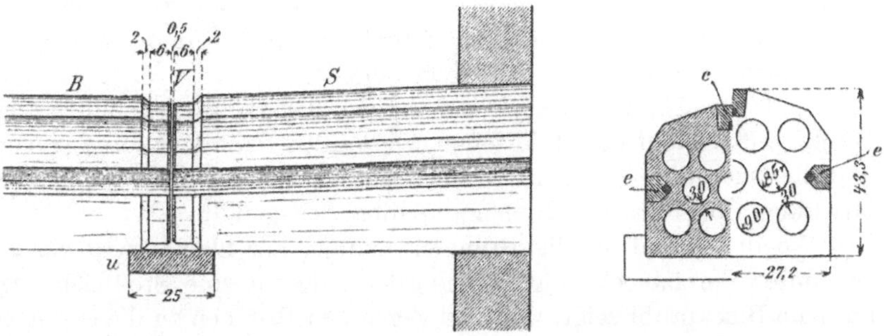

Fig. 33.

Auf die Sohle der Kunette werden zuerst die einzelnen Unterlagsplatten von 1 m Mitte zu Mitte entfernt gelegt und nach der Wage eingerichtet. In Strecken, wo aus Verkehrsrücksichten die Kunette nicht in der ganzen Länge zwischen zwei Brunnen ausgehoben werden kann, ist die Höhenlage der Platten durch Nivellements so zu fixieren, daß der Kanal beim Zusammenschließen der Teilstrecken ein einheitliches Gefälle erhält.

Nachdem über jene Platte, welche unter dem zuletzt versetzten Blocke liegt, das für die Verbindung der Blockenden bestimmte, geteerte Seil gelegt ist, wird der zu versetzende Block auf die mit Zementmörtel ausgestrichenen Unterlagsplatten niedergelassen, bis auf ca. 1 cm Intervall an den Nachbarblock angerückt und so lange gerichtet, bis sämtliche Längsöffnungen in den Achsen genau übereinstimmen. Um sich hiervon zu überzeugen, werden in die Öffnungen Stahlkaliber (siehe Figur 34) von 72 mm Durchmesser und 50 cm Länge so weit eingeschoben, daß die Fuge in die Mitte des Kalibers zu liegen kommt. Der Block muß so lange eingerichtet werden, bis dieses Kaliber sich in sämtlichen Röhren ohne merkbare Reibung hin- und herbewegen läßt. In die an dem Zusammenstoße der Blöcke gebildete Vertiefung wird das früher auf die Platte gelegte geteerte Hanfseil eingedrückt und so die Stoßfuge gedichtet.

Fig. 34.

Behufs Verbindung der Blöcke untereinander werden drei Eisenstangen in die hierzu bestimmten Längsrillen derselben eingelegt, und zwar wird für die Kanäle mit 8 bis 26 Öffnungen 26-mm-, für jene mit 31 bis 59 Öffnungen 30-mm-Quadrateisen verwendet.

Die Eisenstangen, in beliebigen Längen von 5 m aufwärts, werden an den Stößen auf 2 cm voneinander entfernt gehalten, wobei die Stöße selbst so einzuteilen sind, daß stets nur einer und auch dieser womöglich in die Mitte eines Blockes zu liegen komme.

Sind die Eisen eingelegt, so werden die Längsvertiefungen der Blöcke mit Zementmörtel (Mischungsverhältnis 1 : 2) voll ausgestrichen und die Quervertiefungen zwischen den Blöcken rund herum mit einer Mischung von Teer, Goudron und Asphalt ausgefüllt.

Wo der Kanal an die Brunnenwandung anschließt, wird ein sogenannter Spreizblock (Fig. 33) eingelegt, dessen eine Stoßfläche das normale Blockprofil zeigt, während gegen den Brunnen zu die einzelnen Röhren sich um 10 mm konisch erweitern, und überdies die Achsen der Röhren sich so weit voneinander entfernen, daß am zweiten Ende des Spreizblockes die Stegstärke 30 mm beträgt. Diese Form und Lage der Röhren bewirkt die strahlenförmige Ausbreitung der Kabel und unterstützt die zwanglose Verteilung derselben im Brunnen.

Was die Tiefe der Kunette anbelangt, so sind in Wien die Blöcke zumeist mit ihrer Unterkante 2 bis 2.5 m, nur in vereinzelten Fällen bis zu 4 m Tiefe unter dem Straßenniveau verlegt. Krümmungen zwischen Brunnen werden möglichst vermieden, doch können im Bedarfsfalle solche mit 40 bis 30 m Radius ausgeführt werden, ohne daß das Einziehen der Kabel wesentlich erschwert wird. In horizontalen Straßen wird dem Kanale ein schwaches Gefälle entweder von der Mitte gegen die Brunnen zu oder in der ganzen Strecke gegeben.

An den Straßenecken, an allen Bruchpunkten der Trasse und in geraden Strecken in Entfernungen bis zu 150 m werden Brunnen aus Betonmauerwerk eingebaut, welche je nach ihrem Zwecke Zieh-, Spleiß- oder Abzweigbrunnen genannt werden.

Die Grundfläche der Brunnen ist sehr verschieden, je nach der Zahl und Richtung der einzuziehenden und zu spleißenden Kabel.

Dieselbe variiert von 130 × 170 bis 225 × 245 cm im Lichten. Die Tiefe des Brunnens richtet sich nach der Höhenlage der einmündenden Kanäle, und zwar wird der Anlauf des Brunnengewölbes ca. 30 cm über der Oberkante des Kanales und die Sohle mindestens 1.70 m unter dem Anlaufe angeordnet, welche Dimensionierung eine bequeme Manipulation mit den zum Einziehen der Kabel erforderlichen Vorrichtungen gestattet.

Die Brunnen werden aus 20 bis 25 cm starkem Beton hergestellt. Der Beton für die Sohle und die Wände besteht aus einer Mischung von 1 Teil Portlandzement, 3 Teilen Sand und 5 Teilen Rundschotter, während für die Schächte und Gewölbe das Mischungsverhältnis 1 : 2 : 4 gewählt wird. Die Innenflächen der Brunnen und Schächte werden

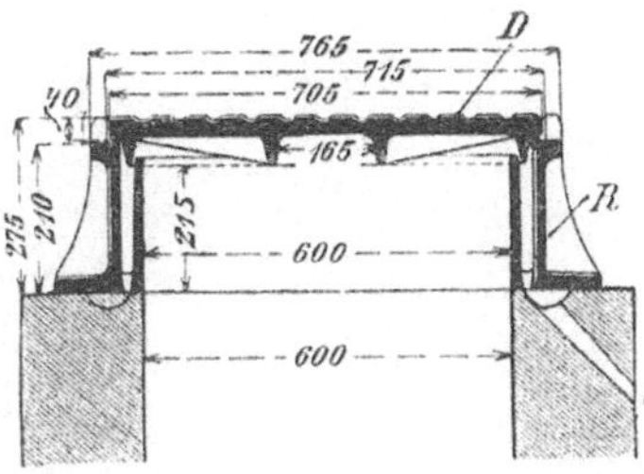

Fig. 35 a.

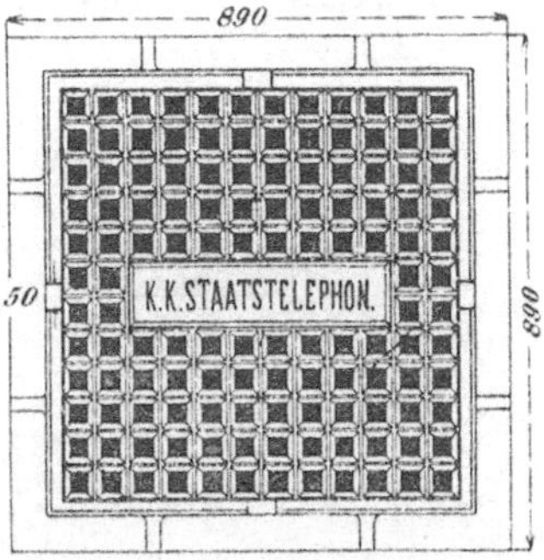

Fig. 35 b.

mit einer Mischung von 1 Teil Portlandzement und 2 Teilen feinem Sand in einer Stärke von 15 mm verputzt. Der Sohle des Brunnens wird gegen die Mitte zu ein schwaches Gefälle gegeben, und befindet sich am tiefsten Punkte ein mit einem Gitter überdeckter Schlammsack.

Den Abschluß des Brunnens bildet ein 22 cm starkes Tonnengewölbe aus Beton, dessen Pfeilhöhe ein Zehntel der Spannweite beträgt, und in welches der 60 cm im Lichten weite und an der Straßenoberfläche mit einem gußeisernen Deckel geschlossene Einsteigschacht mündet.

Der in Fig. 35 dargestellte 388 kg schwere Schachtdeckel besteht aus zwei durch Querrippen miteinander in Verbindung stehenden Rahmen, zwischen welchen das beim Deckel eindringende Wasser nach abwärts gelangt, sich in der unter dem Deckel im Beton hergestellten Rinne sammelt und durch eine Öffnung im Schachtmauerwerke, event. auch durch Gasrohre bis zur Schotterschicht abgeleitet wird.

Beispiele von ausgeführten Brunnenkonstruktionen zeigen die Fig. 36 und 37, und zwar ist in Fig. 36 ein Spleißbrunnen gezeichnet, in welchem 11 Kabelspleißungen untergebracht sind, während

Fig. 37 die Type der unmittelbar an der Flucht des Gebäudes Berggasse gelegenen Abzweigbrunnen im Schnitt und Grundriß darstellt.

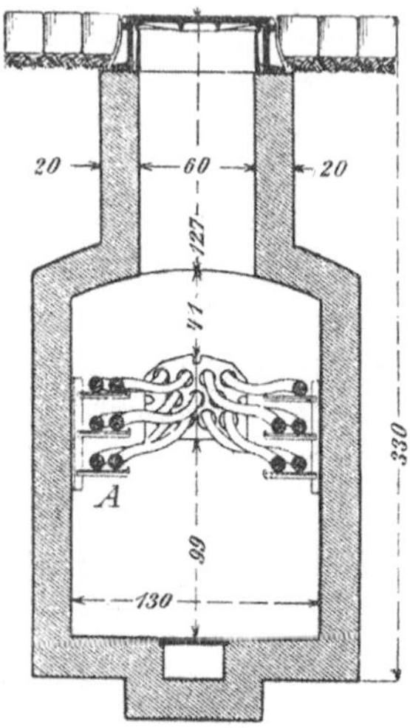

Fig. 36 a.

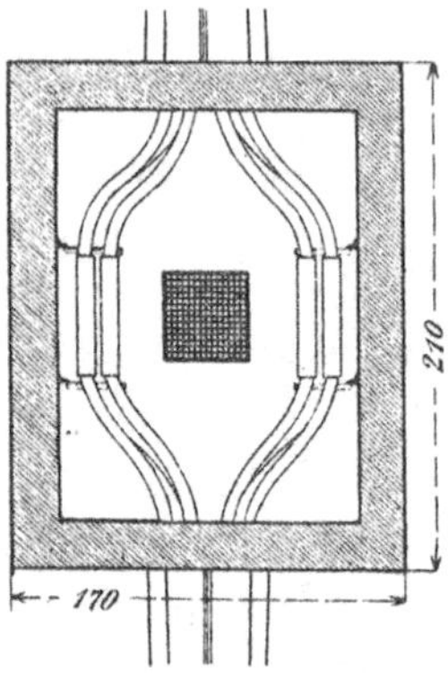

Fig. 36 b.

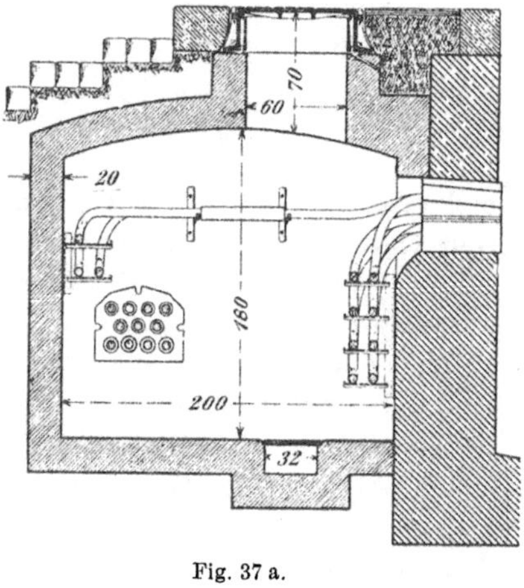

Fig. 37 a.

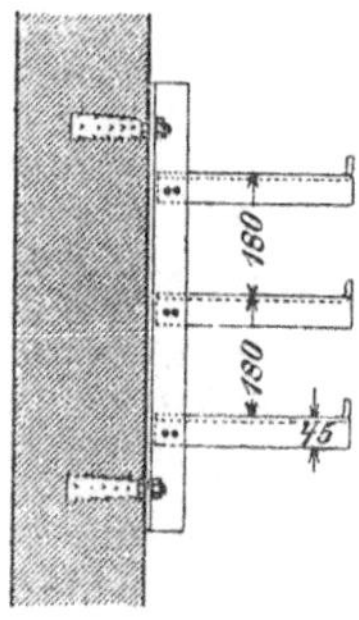

Fig. 37 b.

b) Die Kabel. In die Zementblockkanäle werden unarmierte Bleipapierkabel mit 480, 240, 120 oder 60 Adern eingezogen.

Jede Ader besteht aus einem 0.8 mm starken Kupferdrahte, welcher durch Papierlagen isoliert ist. Die Adern werden zu je zwei als Doppeladern miteinander gedrillt, diese zu Seilen vereinigt, mit einem Baumwollbande umwickelt und von einem 3 mm starken Mantel aus einer Legierung von 97 % Blei und 3 % Zinn umschlossen.

Das 480 adrige Kabel muß einem Zuge von 1200 kg standhalten, ohne zu reißen oder deformiert zu werden. Tatsächlich wird das Kabel, normale Brunnenentfernungen vorausgesetzt, beim Einziehen mit höchstens 1000 kg beansprucht.

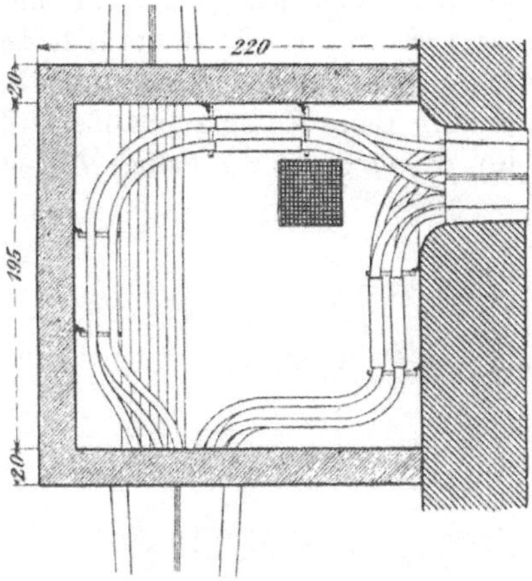

Fig. 37 c.

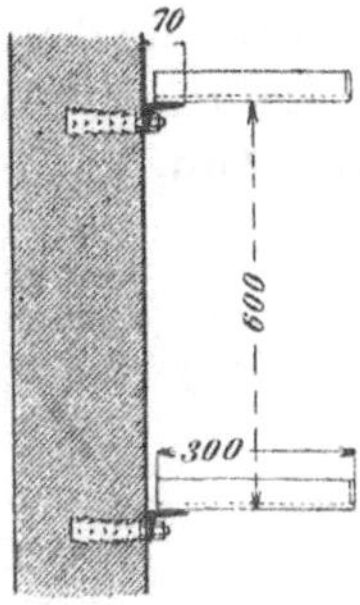

Fig. 37 d.

In Wirklichkeit sind die folgenden Zugkräfte gemessen worden: 200 aderiges Kabel, ca. 150 m in einen Kanal von 75 mm eingezogen, 300 bis 500 kg; 480 adriges Kabel, 180 m in selben Kanal, 700 bis 2000 kg. (Nach Beobachtung d. V.)

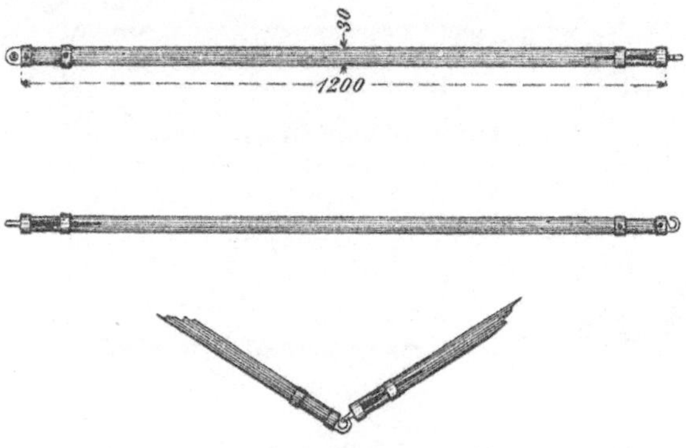

Fig. 38.

Bevor ein solches Kabel in die hierzu bestimmte Röhre des Kanales eingezogen werden kann, muß durch diese das Zugseil eingeführt werden. Hierzu dienen 1.2 m lange Einziehstangen, welche an einem Ende eine Öse, an dem anderen einen runden Haken tragen (siehe Fig. 38, 39, 40). Diese Stangen werden der Reihe nach aneinandergehängt und vom

Brunnen aus in die Röhre eingeschoben. Dadurch bewegt sich die ganze aus den Stangen gebildete Kette in der Röhre vorwärts, bis schließlich das erste Glied derselben im zweiten Brunnen zum Vorschein kommt. Um in längeren Strecken diese Manipulation abzukürzen, kann auch von beiden Brunnen aus eingeschoben werden, wobei jedoch in dem einen Brunnen mit einer Klinkenstange, wie sie in Fig. 39 dargestellt ist, und in der anderen Hälfte mit einer in eine konische Spitze auslaufenden Stange (Fig. 40) begonnen werden muß. Beim Zusammenstoße trifft die Spitze *d* in die Klinke *K* (Fig. 40), wo sie durch die Federn *f f* festgehalten wird.

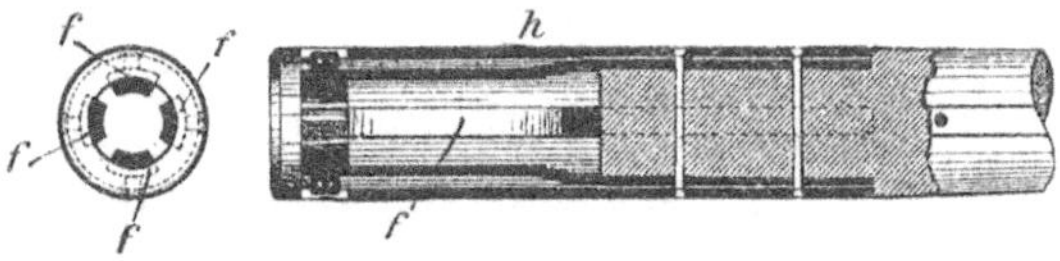

Fig. 39.

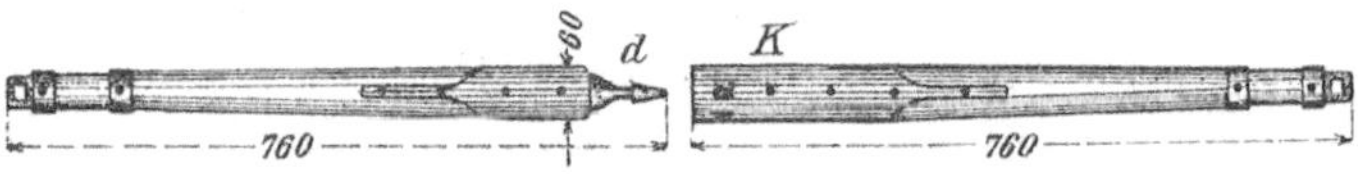

Fig. 40.

Ist nun in der einen oder anderen Art die Stangenkette zwischen zwei benachbarten Brunnen geschlossen, so wird an die letzte Stange ein dünnes Zugseil befestigt und durch die Röhre gezogen, wobei

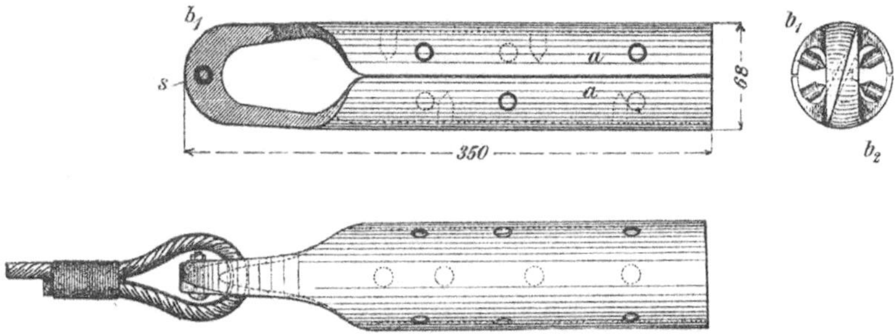

Fig. 41.

die Stangenkette nach Maßgabe ihres Vorschreitens aus dem Kanale wieder in ihre einzelnen Bestandteile zerlegt wird. Mit Hilfe dieses Zugseiles wird zunächst eine Stahlkugel von 72 mm Durchmesser durchgezogen, um zu konstatieren, daß die Röhre an keiner Stelle verengt ist. Hierauf werden fünf mit Vaselin getränkte Bürsten, welche den Kanal reinigen und dessen Wände fetten, und schließlich das 12 mm starke Stahlseil eingezogen.

Während dieser Vorbereitungen ist an das noch auf der Trommel nächst dem Brunnen befindliche Kabel der Kabelschuh (Fig. 41) mit sechs versenkten Schrauben zu befestigen. Derselbe besteht aus zwei eisernen, um ein Scharnier *s* drehbaren, mit eisernen Spitzen versehenen Muffen, deren Krümmung genau jener des Kabels entspricht.

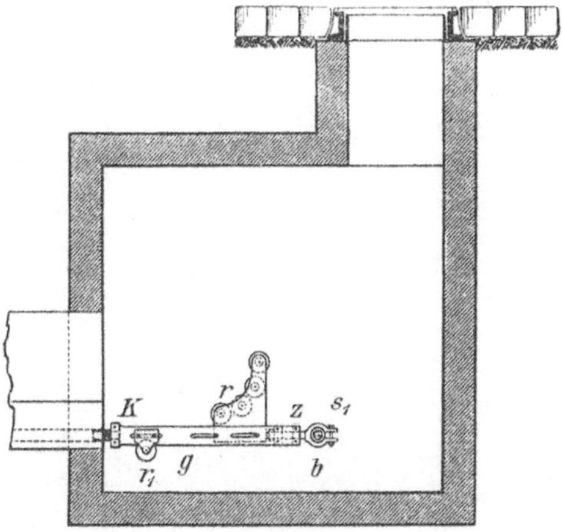

Fig. 42 a.

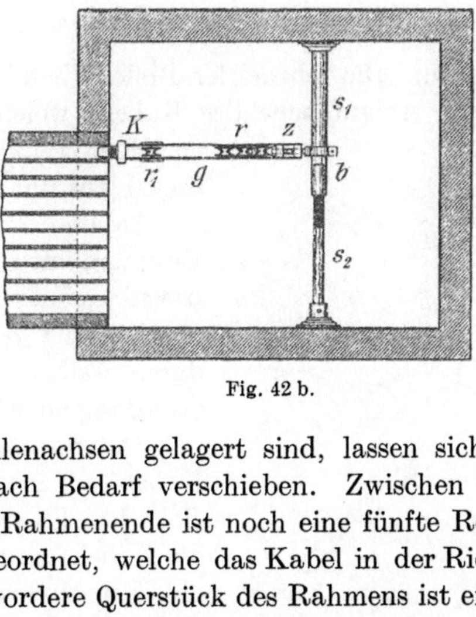

Fig. 42 b.

An den Kabelschuh wird das Stahlseil entweder so, wie in der Figur gezeichnet, oder durch Zwischenschaltung eines Vorlegbügels angehängt. In jenen Brunnen, von wo aus das Kabel einzuziehen ist, wird eine Einziehvorrichtung (siehe Fig. 42), der Lage der betreffenden Kanalröhre entsprechend, mit einer Schraubenwinde verankert, um dem von der Trommel durch den Schacht ablaufenden Kabel die richtige Führung zu geben.

In einem eisernen Rahmen (Fig. 43) *gg* werden vier kleine Rollen *r*, deren Nuten genau dem Kabeldurchmesser angepaßt sind, so gelagert, daß die Nuten ein Kreissegment von 300 mm Radius tangieren. Die Platten *p*, in welchen die Rollenachsen gelagert sind, lassen sich nach Lüftung der Schrauben *s* nach Bedarf verschieben. Zwischen diesen Rollen und dem vorderen Rahmenende ist noch eine fünfte Rolle r_1, gleichfalls verschiebbar angeordnet, welche das Kabel in der Richtung der Röhre ablenkt. In das vordere Querstück des Rahmens ist eine konische Hülse *K* mit sorgfältig abgerundeten Kanten eingeschraubt, welche in die Kanalröhre eingeführt wird. Rückwärts ist das Gestell um den Bolzen *z* drehbar, mit einem Ringe *b* verbunden, welcher sich auf der Schraubenspindel s_1 s_2 seitlich verschieben und festklemmen läßt.

Die vorbeschriebene Konstruktion gestattet es, in jede beliebige Öffnung eines Kanales das Kabel in einem Bogen von 30 cm Radius einzuführen, ohne dasselbe gewaltsam biegen oder deformieren zu

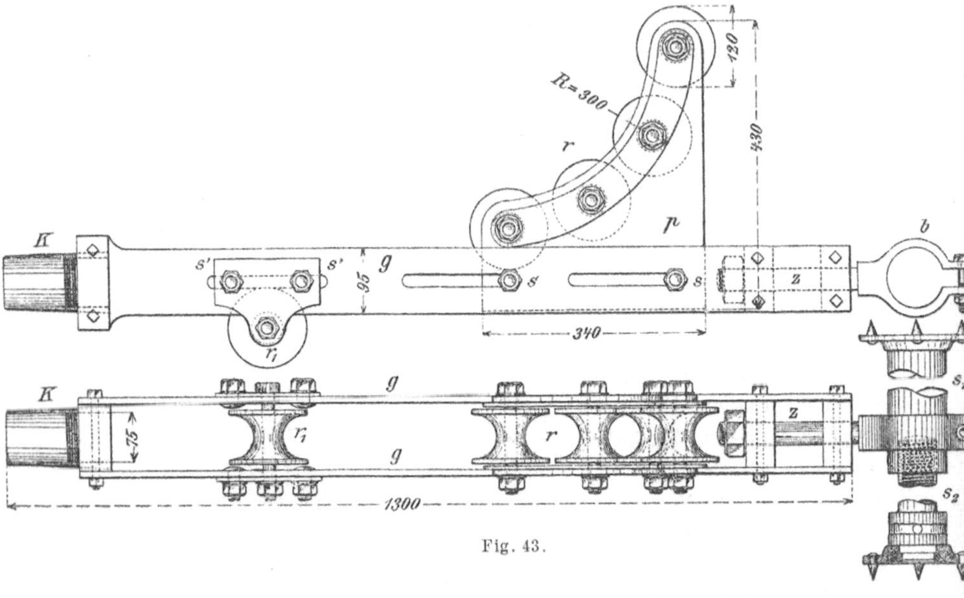

Fig. 43.

müssen. Die Ebene der Rollen r und r_1 stellt sich hierbei von selbst in die Ablaufebene des Kabels, welche natürlich beim Ablaufen der einzelnen Windungen von der Trommel Drehungen ausführt.

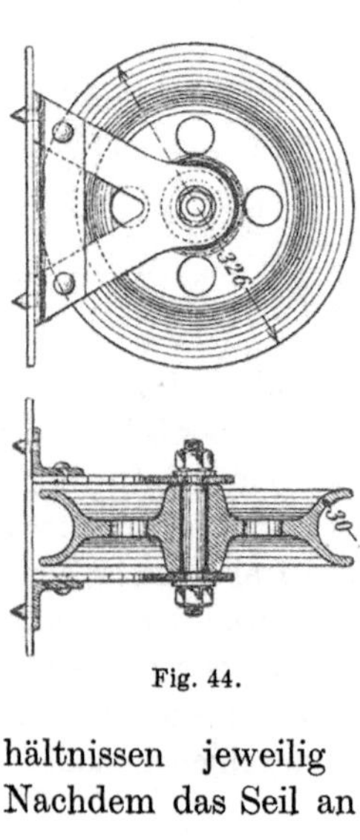

Fig. 44.

In den Zwischenbrunnen und im letzten Brunnen, den das einzuziehende Kabel noch passiert, sind gewöhnliche Ablenkrollen (Fig. 44) nach Bedarf vertikal oder horizontal befestigt, durch welche das Zugseil und das Kabel die erforderliche Führung erhalten.

Der normale Vorgang beim Einziehen eines Kabels ist in Fig. 45 schematisch dargestellt. Bei der Einsteigöffnung des Brunnens I ist die Kabeltrommel aufgestellt und im Brunnen die Einziehvorrichtung E befestigt. In der Nähe der Schachtöffnung des Brunnens II befindet sich die Kabelwinde, während im Brunnen und im Schacht die nach den lokalen Verhältnissen jeweilig erforderlichen Führungsrollen angebracht sind. Nachdem das Seil an den Kabelschuh angehängt ist, wird das Kabelende vorsichtig zwischen den Führungsrollen der Einziehvorrichtung und durch die konische Hülse in die Röhre eingeschoben und sodann mit der Seilwinde durch den Kanal gezogen. Während der Bewegung wird das Kabel ausgiebig mit Vaselin eingefettet.

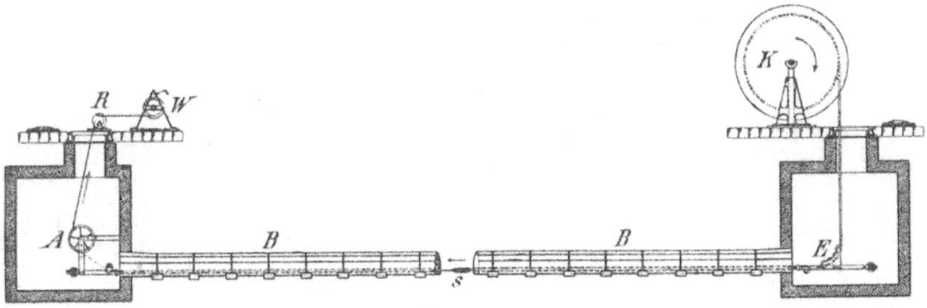

Fig. 45.

Die Nuten sämtlicher Rollen müssen, wie erwähnt, dem Durchmesser des Kabels genau entsprechen, da sonst das Kabel unter dem starken Drucke flachgedrückt werden könnte. Da nun der Kabelschuh stärker als das Kabel und überdies für die durch die Rollen gegebene Krümmung zu lang ist, würden einerseits beim Passieren desselben die Ablenkrollen gesprengt, und andererseits das Kabel in einem solchen Falle scharf abgebogen und so leicht beschädigt werden. Beide Übelstände können durch Verwendung eines entsprechend geformten Einlagstückes aus Holz (Fig. 46) vermieden werden.

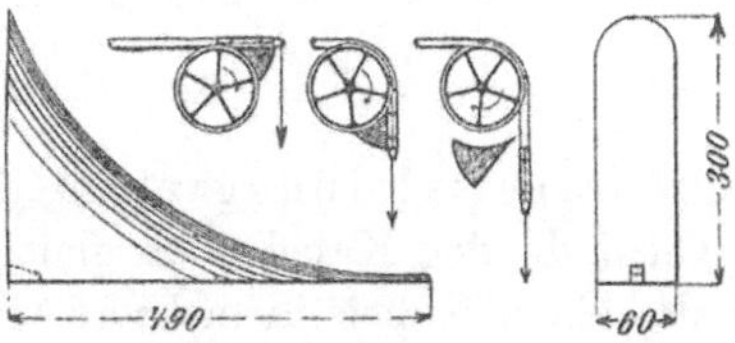

Fig. 46.

Handelt es sich darum, über sehr scharfe Ecken, eventuell sogar in rechte Winkel ein Kabel zu ziehen, so wendet man die in ihrer Konstruktion aus Fig. 47 ersichtliche Ablenkvorrichtung an. Ein Rollengestell *b* ist an einem Seile *s* befestigt, welches mit Hilfe einer den Bohrratschen ähnlichen Einrichtung auf einer Trommel aufgewunden werden kann. Dadurch ist es ermöglicht, den Führungsrollen jene Lage zu geben, welche den beiden Zugrichtungen und der Zugebene des Kabels am besten entspricht.

Zum Schlusse ist noch ein Requisit zu beschreiben, welches dazu dient, dem Kabelende ohne Gefahr einer Beschädigung die für die Lagerung im Brunnen und die Herstellung der Spleißungen erforderlichen Biegungen zu geben.

Diese Biegvorrichtung (Fig. 48) besteht aus einer kreissegmentförmigen Eisenplatte *a*, welche eine dem Durchmesser des Kabels entsprechende Nut trägt. In die Nut wird das Kabel eingelegt, mit dem verschiebbaren Stücke *b* auf der einen oder der anderen Seite des Kreissegments festgeklemmt und sodann das Kabel der Nut entsprechend gebogen.

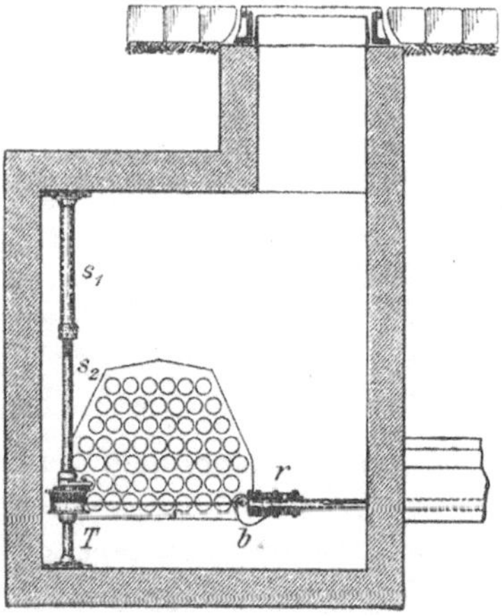

Fig. 47 a.

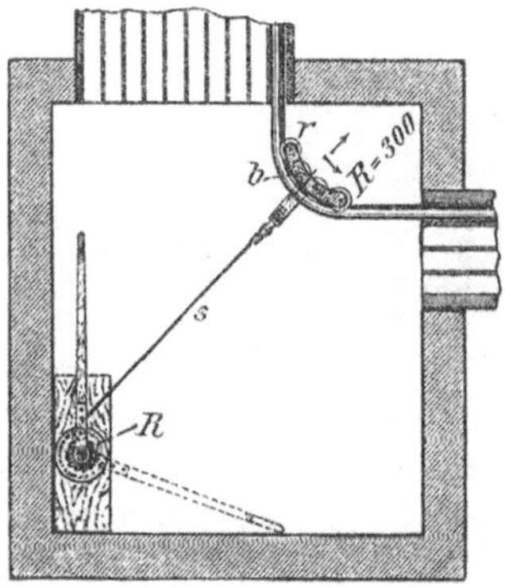

Fig. 47 b.

Die Kabel sind durch Mittel- oder Gabelspleißungen miteinander verbunden, je nachdem die zu verbindenden Kabelenden gleiche Adernzahl besitzen oder eine Teilung des einen Kabels in mehrere von geringerer Adernzahl stattfinden soll, wie z. B. bei Vereinigung zweier 240 adrigen Kabel zu einem solchen von 480 Adern usw.

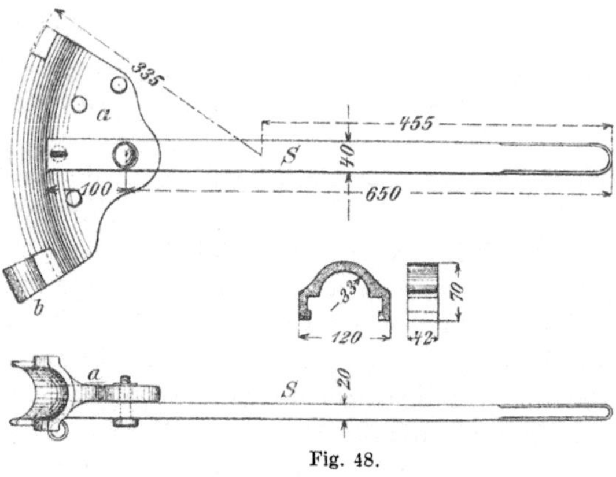

Fig. 48.

Die Verbindung der zusammengehörigen Adern erfolgt durch 2 cm lange Kupferröhrchen, in welche die vorher blankgemachten Drähte eingeschoben und mit einer eigenen Zange festgeklemmt werden. Über die einzelnen Verbindungsstellen werden Papierhülsen aufgeschoben die so verbundenen und voneinander isolierten Adern sodann sorgfältig zusammengedreht, mit einem Baumwollbande umwickelt und bei der Mittelspleißung von den schon vorher über die Kabelenden geschobenen

Teilen der Muffe eingeschlossen. Letztere werden schließlich miteinander und mit dem Bleimantel verlötet, worauf die Muffe von einer seitlich angebrachten Öffnung aus ausgegossen wird. Die Gabelspleißung dagegen wird zwischen die beiden Hälften der Bleimuffe eingelegt und die Nut verlötet. Je zwei bis drei solcher Muffenspleißungen werden in der in den Fig. 36 und 37 ersichtlichen Weise auf die im Brunnen befestigten Eisenträger aufgelegt.

Die Bettungskabel werden ungefähr 1.0 m tief unter dem Straßenniveau in reinem Sande gebettet und mit Ziegeln abgedeckt.

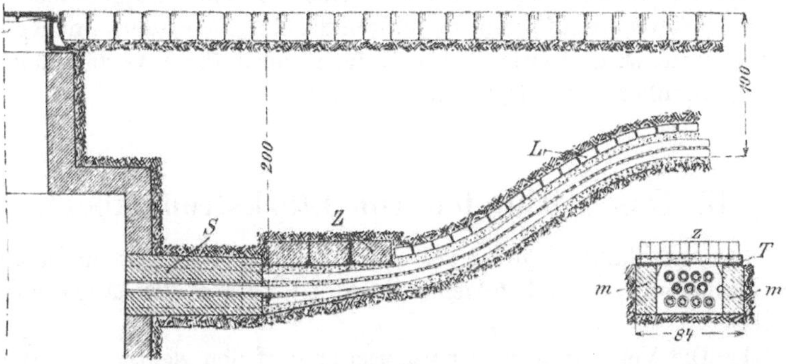

Fig. 49.

In die Seitenwand des Endbrunnens, in welchem die Verbindung zwischen den Einzieh- und den Bettungskabeln erfolgt, ist ein Spreizblock gelagert, durch dessen Öffnungen die armierten Kabel in die Kunette austreten und dort allmählich zur normalen Bettungstiefe aufsteigen (Fig. 49). Um die Kabel bei ihrem Austritte aus den Zementröhren, an welcher Stelle sie hohl liegen, vor dem Abdrücken zu bewahren, werden beiderseits des Kabelstranges kurze Flügelmauern hergestellt, und durch zwischen Eisenträgern eingelegte Ziegelscharen abgedeckt.

Die Bettungskabel enthalten 240, 120 oder 60 Adern. Die Konstruktion der Adern und der Seele ist jener bei den Einziehkabeln gleich. Letztere ist hier in einen 2.5 mm starken Mantel aus reinem Blei eingeschlossen, welcher mit einem geteerten Bande umwickelt ist. Die Armatur besteht aus zwei spiralförmig umwickelten Eisenbändern, von 1 mm Stärke und ist außen von geteerter Jute umhüllt.

Auch bei den Bettungskabeln kommen Mittel- und Gabelspleißungen vor, welche im allgemeinen in der oben beschriebenen Weise ausgeführt sind und zum Schutze gegen äußere Angriffe in Gußeisenkästen eingeschlossen werden.

Gelegentlich der Übersiedlung der Zentralen war, wie eingangs erwähnt, nicht nur bei den Guttaperchakabeln des alten Netzes, sondern auch bei den im Jahre 1896 verlegten Papierkabeln eine besondere Art von Verbindungen herzustellen, um an die im Betriebe stehenden Kabeladern Abzweigungen anzuschließen.

Bei den Guttaperchakabeln wurde die Abzweigstelle mit größter Sorgfalt durch Gummibänder isoliert und die Abzweigspleißung selbst so vollkommen als möglich gegen das Eindringen von Wasser geschützt. In die Papierkabel wurden tunlichst während der Legung Abzweigkästen mit Drahtklemmen eingebaut, um nachträglich die Zweigkabel anschließen zu können.

Waren Abzweigungen an im Betriebe stehende Papierkabel ohne Abzweigkästen auszuführen, so mußten die einzelnen Adern mit Kupfermuffen abgezweigt werden. Im übrigen wurde diese Verbindung wie eine gewöhnliche Gabelspleißung behandelt.

B. Das Verbinden von Starkstromkabeln.

Die Spleißung. Sind zwei oder mehr Kabellängen miteinander zu verbinden, so sind folgende zwei Grundsätze im Auge zu behalten:

1. Die Verbindung der Kupferleiter darf den elektrischen Widerstand derselben nicht vergrößern, und sie muß mechanisch genügend fest sein, daß sie einem event. Zuge des Kabels Widerstand leisten kann. Solche Zugkräfte können auftreten bei Senkungen oder Hebungen des benachbarten Erdreichs, bei Hochwasser und anderen Kalamitäten.

2. Die Verbindungsstelle muß so gut isoliert werden, daß auch bei Unfällen keine Feuchtigkeit an dieselbe gelangen kann. Eine Verbindungsstelle, vom Standpunkte der Isolation aus betrachtet, ist nie gleichwertig mit der Strecke des Kabels, sondern bildet immer eine schwache Stelle in demselben.

Die Verbindung der Leiter wird immer durch Klemmstücke bewerkstelligt. Diese sind entweder zweiteilig oder röhrenförmig. Das Verbinden wird von den einzelnen Kabelwerken entweder durch bloßes Klemmen mittels Schrauben oder durch Verlöten der Ader mit den Klemmstücken bewerkstelligt.

Das Richtige ist, die Adern erst durch Schrauben festzuklemmen und dann zu verlöten. Die Lötwerkzeuge sind in den letzten Jahren derartig vervollkommnet worden, daß sie auch ein wenig geübter Monteur handhaben kann, ohne damit Unheil zu stiften. Auch sind die schwedischen Lötlampen sicher vor Explosion. Die Röhren von Lötzinn mit Kolophoniumfüllung und andere moderne Materialien haben die Operation auch wesentlich vereinfacht.

Für Verbindung von Drahtseilen mit rundem Querschnitt eignen sich verzinnte Messingzylinder, deren Bohrung eine Kleinigkeit größer ist als der Durchmesser der Seile. Auf der halben Länge haben diese Zylinder ein trichterförmiges Loch zum Füllen mit flüssigem Zinn. Auf jeder Hälfte befinden sich mindestens zwei radial in die Wand eingesetzte kurze Schrauben, außen mit einem Schlitz für den Schraubenzieher und innen mit einer Spitze in der Form eines stumpfen Kegels.

Die zwei Kabel, die zur Verbindung kommen, werden abgeschnitten, und zwar so lang, daß beim Einschieben der Leiter in das Klemmstück beide sich in der Mitte desselben treffen. Dann zieht man alle Spitzschrauben an, bis sie sich fest in die Leiter eingebohrt haben, wärmt hierauf die Mitte des Klemmstückes mit der Lötlampe an und läßt so lange Zinn in das trichterförmige Loch hineinfließen, bis das Klemmstück ganz gefüllt ist.

Sind verseilte Mehrleiter zu spleißen, so verbindet man in gleicher Weise zwei zusammengehörige Leiter und sorgt durch Distanzstücke aus Porzellan usw., daß die Klemmen sich nicht berühren.

Klemmstücke soll man genügend stark dimensionieren und besonders mit der Wandstärke nicht unter 5 mm gehen.

Außenleiter von konzentrischen Kabeln. Die Verbindung geschieht meistens durch Einklemmen zwischen zwei Ringen oder Scheiben. Wir haben uns lange bemüht, eine bessere Verbindung zu machen, und im Jahre 1897 eine endgültige Lösung gefunden.

Die Methode ist eine sehr einfache. Man biegt die Drähte des Außenleiters vom Kabel ab und dreht aus denselben ein kurzes Seilstück von $1 + 6 + 12$ usw. Drähten. Wird eine Lage nicht voll, so legt man so viel kurze Drahtstücke ein, bis sie voll ist. Diese Stücke entnimmt man dem abgeschnittenen Kabelende.

Ist das Seil fertig, so biegt man es ab, bis es mit der Kabelseele parallel ist. Das zweite Kabelende präpariert man auf gleiche Weise und die Verbindung ist auf die eines runden Leiters zurückgeführt.

Werden die Drähte für diese Ausführung zu steif, so kann man sie statt zu einem zu zwei kleineren Seilen zusammenflechten und zur Verbindung ein Messingstück mit zwei Bohrungen verwenden.

Ganz steife Drähte von 3 bis 5 mm ϕ, haben wir einzeln parallel dem Kabel abgebogen, so rund wie möglich gemacht, ev. Ersatzstücke eingeschaltet und dann in einem Kabelschuh verschraubt und verlötet.

Biegt man dünne Drähte in ähnlicher Weise ab und bindet sie mit zwei Eisendrähten zu einem runden Bündel zusammen, so erspart man sich die Mühe des Verseilens.

Diese Methode ist außerordentlich praktisch, da sie ein rasches und sicheres Arbeiten erlaubt und Gewicht und Dimensionen der Verbindungsstücke auf ein Minimum reduziert.

Die Abzweigung. Ist von einem Kabel eine Abzweigung zu machen, so verfährt man wie bei einer Spleißung, nur mit dem Unterschiede, daß man statt eines geraden Verbindungsstückes ein solches von T-Form verwendet. Die drei Bohrungen müssen den Leiterdurchmessern entsprechen. Man wird es bei einer Abzweigung immer vermeiden, den Leiter des durchgehenden Kabels zu zerschneiden.

Seit 1905 verwenden wir ein Abzweigstück in der Form eines J nach Fig. 50, das sich sowohl für Ein- als für Mehrleiter sehr gut bewährt hat und eine, zwei oder drei Abzweigungen erlaubt. Diese können am Einsatzstück unter der Schraube sowohl als am Ansatz verlötet werden. Auch kann man den Ansatz parallel der Schraube nehmen statt senkrecht dazu. Das Stück wird in verschiedenen Modellgrößen angefertigt und eignet sich ganz besonders für verseilte Drei- und Vierleiterkabel und sonst, wo wenig Platz vorhanden ist.

Hat man konzentrische Kabel abzuzweigen, so dreht man die Außenleiter zu einem Seil zusammen und spleißt wie bei einfachen Kabeln.

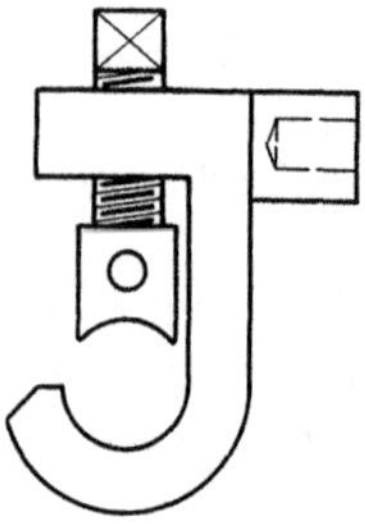

Fig. 50.

Die Kabelmuffe. Ist eine Kabelverbindung fertig, so wird sie zum Abschluß gegen Feuchtigkeit in einen eisernen Kasten eingeschlossen, die sog. Muffe. Diese ist immer zweiteilig. Die Kabel werden durch Öffnungen in die Muffen eingeführt und dann festgeschraubt, so daß die Kabelenden und Verbindungsstücke in eine bestimmte Lage kommen, aus der sie sich nicht mehr entfernen können. Das Festschrauben des Kabels geschieht durch Schellen, die sich außerhalb des Eintrittsrohres befinden. Diese Schellen haben auch noch den Zweck, die Verbindung der Leiter gegen Zugkräfte zu schützen.

Sind die Kabel festgeschraubt und die Verbindungsstücke in ihrer endgültigen Lage, voneinander und von den Wänden der Muffen genügend weit entfernt, so wird eine Isolationsprobe gemacht. Diese ist am einfachsten mit dem Prüftelephon vorzunehmen.

Ist der Isolationswiderstand sämtlicher Kabel in Ordnung, so schließt man die Muffe ab und füllt sie mit einer heißen Masse aus.

Man kann nicht immer die Eintrittsöffnung für die Kabel dem Durchmesser derselben genau anpassen, sollte aber doch in der Differenz beider nicht zu weit gehen. Der Zwischenraum wird mit getränktem Band fest umwickelt, schon bevor man das Kabel im Unterteil der Muffe festschraubt, so daß diese Öffnung vollständig abgeschlossen ist. Die Fuge zwischen den zwei Teilen der Muffe wird mit Gummi, Asbest usw. belegt, so daß beim Zuschrauben des Deckels eine vollständige Abdichtung erreicht wird.

Die Muffe wird mit einer Masse, auf etwa 150° C angewärmt, vergossen, und zwar so, daß alle Luft und ev. Dämpfe entweichen können. Die Masse kühlt sich je nach der Jahreszeit in 2 bis 3 Stunden auf 30 bis 40° C ab und zieht sich dabei zusammen. Nach Verlauf dieser Zeit kann man die Muffe mit heißer Masse nachfüllen und endgültig zuschrauben.

Nachdem die Muffe eine gute Unterlage bekommen hat und ebenso wie die Kabelenden mit Ziegeln usw. zugedeckt worden ist, kann man das Zuschütten derselben anordnen.

Die Füllmasse. Die Masse, mit welcher eine Muffe gefüllt wird, muß verschiedene besondere Eigenschaften haben. Da sie gegen den Zutritt von Feuchtigkeit schützen soll, verlangt man von ihr, daß sie keine Risse oder Löcher habe und sich sozusagen mit dem Metall der Muffe und des Kabels verbinde. Eine Masse, die letzteres nicht tut, schafft enge Kanäle, in welche das Wasser, dem Blei entlang, begierig eingesaugt wird und bis zur Isolation hineindringt.

Die Masse soll also einen kompakten Körper bilden, und dieser Körper soll so fest sein, daß er auch bei ev. Bewegungen der Muffe oder des Kabels nicht bricht.

Ein weiterer wichtiger Punkt ist, daß sich die Masse beim Abkühlen nicht allzustark zusammenzieht, also daß sie bei Temperaturänderungen geringe Volumänderungen aufweist. Es empfiehlt sich, dieselbe erst Temperaturen von ca. — 10° und + 35° C auszusetzen und ihr Verhalten zu beobachten, bevor man sie adoptiert.

Man wird also die Füllmasse so zusammensetzen, daß sie einen mittleren Grad von Härte, große Zähigkeit und Klebrigkeit besitzt. Als Komponenten sind zu verwenden: Gereinigte Asphalte, Kolophonium, Bitumen, Ozokerit, Vaselin, Harzöl, Holzkohlenteer usw.

Für Endverschlüsse von Kabeln braucht man oft Spezialmassen, je nach den Temperaturen, denen dieselben ausgesetzt sind.

Armaturen. Darunter versteht man sämtliche Hilfsteile, die zur Verbindung von Kabeln untereinander, zum Schutze der Enden und zur Abnahme des Stromes dienen.

Die Prinzipien dieser Armaturen sind im vorhergehenden schon ziemlich eingehend besprochen worden. Die Konstruktionen selber werden von den einzelnen Fabriken ganz verschieden ausgeführt.

Eine eingehende Beschreibung von Armaturen, wie von verschiedenen Elektrizitätswerken gebraucht, würde für sich schon einen Band ausfüllen. Da der Zweck dieses Buches darin liegt, nur die Grundlinien festzulegen, werden nur einige der wesentlichen Typen beschrieben. Die Klischees der Figuren sind von den Siemens-Schuckert-Werken gütigst geliehen worden.

Die Spleißmuffe. Dieselbe dient zur Aufnahme der Verbindungsstelle zweier in gleicher Richtung laufender Kabel. Sie muß entsprechend der Dicke dieser Kabel dimensioniert werden und der Anzahl von Adern, welche die Kabel enthalten. Spleißmuffen für Hochspannungskabel müssen geräumiger sein als solche für niedrige Spannung. Zu kurz gehaltene Muffen sind unbequem bei der Montage; bricht die Isolation eines der Leiter beim Abbiegen, so kann später ein Durchschlag entstehen. Als Verbindungsstücke verwendet man meistens Röhren mit Spitzschrauben und einem Loch zum Verlöten. Die Figur 51 zeigt die Spleißung eines Dreileiterkabels, jedes Ende mit Kabelschuh versehen und je zwei mittels Bolzen verbunden.

Fig. 51 a.

Fig. 51 b.

Spleißmuffen sind immer zweiteilig, und der Oberteil enthält in der Mitte einen Aufsatz, dem man verschiedene Form gibt, kastenförmig, flaschenförmig usw., mit einem Deckel oder einem großen Glaspfropfen als Abschluß. Ist die Montage beendet, so wird die Füllmasse eingegossen, und es ist Zweck des Aufsatzes, für das Zusammenziehen der Masse beim Abkühlen zu kompensieren. Ohne diesen Überschuß von Masse in der Nähe der Verbindungsstücke könnte es vorkommen, daß dieselben aus der erhärteten Masse herausschauen, was bei Eintritt von Wasser in die Muffe zu einem Kurzschluß führen würde.

Früher befand sich an den Enden der Muffen noch je eine kleinere Kammer, die mit einer weichen Masse ausgegossen wurde, während man die Hauptkammer mit einer harten Masse füllte. Doch sollte dieses Prinzip gegenwärtig allgemein aufgegeben sein, weil unnötig und den Montageapparat vermehrend.

Man wird die Spleißmuffen so dimensionieren, daß man sämtliche Querschnitte und Typen von Kabeln in vier bis fünf Modellen verschiedener Größe unterbringen kann.

Die Abzweigmuffe. Diese wird aus der Spleißmuffe erhalten, indem man vom Mittelpunkt aus die Muffenhälfte rechtwinklig zur Achse nochmals abträgt, so daß ein T-förmiger Kasten entsteht.

Als Prinzip behalte man im Auge, das durchgehende Kabel niemals durchzuschneiden. Ein bequemes Abzweigstück ist in Fig. 50 S. 252 veranschaulicht worden. Für konzentrische Kabel drehe man den Außenleiter zu einem Seil zusammen und verlöte die drei Enden in einem gewöhnlichen T-Stücke.

Das oben erwähnte J-Stück ist besonders günstig für mehrfache Leiter. Es erlaubt ein bequemes Einhaken oben, rechts, links und unten und eine einfache Verbindung mit dem Abzweig, einerlei wie die Farben der Leiter gerade liegen mögen. Hält man die Klemmverbindung als nicht sicher, so kann man den Haken noch mit der durchgehenden Ader verlöten. Ist ein Seil auch sehr stark eingedreht, so findet man doch immer noch Platz, um diese Stücke einzuhaken und den Abzweig fertig zu bringen.

Die Kreuzmuffe. Sie entsteht aus der Abzweigmuffe, wenn man den Abzweig auch auf die andere Seite aufträgt. Die Verbindung der vier Kabel ist im allgemeinen schwierig auszuführen, wird aber durch Anwendung der J-Stücke nach Fig. 50 etwas erleichtert.

Der Kopfkasten. Das Ende eines Kabels, das unter dem Boden liegt und ohne Anschluß ist, wird durch einen Kopfkasten gesichert. Das Kabel wird so angeschnitten und vorbereitet, daß die Betriebsspannung nicht vom Leiter zum Blei oder zwischen den Leitern überschlagen kann. Dann legt man es in irgendein verschließbares Gefäß und gießt dasselbe mit Masse aus. Eine Spleißmuffe, in der Mitte senkrecht auf die Achse durchgeschnitten und mit einem Boden versehen, gibt den einfachsten Kopfkasten.

Endverschlüsse. Kabelenden, die oberirdisch liegen und zum Anschluß an Verbrauchsapparate gelangen, müssen gegen Eintritt von Feuchtigkeit und Überschlagen der Spannung auf Blei oder Erde geschützt werden. Der Abschluß der Enden kann in der mannigfaltigsten Form ausgeführt werden, je nach Spannung, Anzahl der Leiter, ob unter Dach oder im Freien usw.

Hat man Gleichstromkabel für niedrige Spannung, so genügt es, das präparierte Kabelende einige Minuten in eine geschmolzene Harzmasse einzutauchen, bis dieselbe von der Isolation gut aufgesaugt ist. Wickelt man darauf noch einige gummierte Bänder herum, welche die Isolation gut abschließen, so hat man einen Abschluß, der jahrelang genügt.

Will man die Sache besser machen, so stecke man über das Kabelende eine Ebonithülse und gieße dieselbe aus. Für Mehrleiterkabel von niedriger Spannung und kleinem Querschnitt kommen solche Hülsen sehr oft zur Verwendung. Auch für höhere Spannungen darf man solche Abschlüsse verwenden, wenn es sich nur um eine temporäre Verbindung handelt.

Fig. 52.

Einen anderen Endverschluß zeigt Fig. 52. Derselbe hat die Form einer Flasche, ist aus Gußeisen und trägt zwei Ösen zum Festschrauben an die Wand sowie einen Deckel aus Ebonit oder Porzellan, mit Löchern zum Durchbruche der Leiter. Er ist verwendbar für Ein- und Mehrleiterkabel bis etwa 3000 Volt.

Die Fig. 53 stellt einen Endverschluß dar, wie er für niedrige oder hohe Spannung ausgeführt werden kann, wenn das Ende nicht unter Dach ist. Sind die Verbindungen gemacht, so wird ein topfförmiger Deckel aufgesetzt und festgeschraubt und der Hohlraum mit Masse ausgegossen. Die Anschlußkabel, weil meistens beweglich, müssen Gummi-Isolation haben.

Für Spannungen von 3000 bis 10 000 Volt führe man Endverschlüsse nach Fig. 54 aus, jeder Leiter durch einen langen und kräftigen Rillenisolator geschützt. Wenn genügend lang, oder die Isolatoren in etwas anderer Form ausgeführt, genügt ein solcher Endverschluß auch für Spannungen bis 20 000 Volt. Es ist selbstverständlich, daß zum Apparat, wie im Bilde dargestellt, noch ein Deckel gehört und daß der Hohlraum nach Beendigung der Montage mit Masse ausgegossen wird.

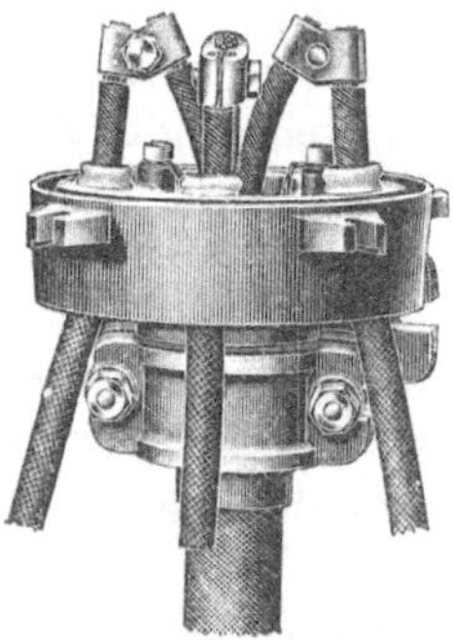
Fig. 53.

Diese Endverschlüsse dürfen auch im Freien verwendet werden, wenn man sie durch ein Dach gegen Regen und Schnee schützt.

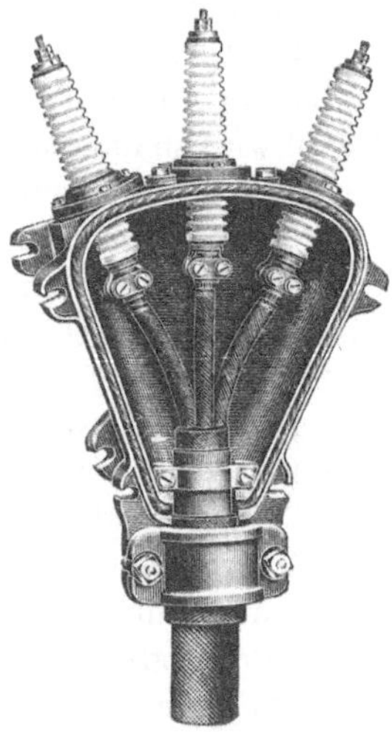
Fig. 54.

Verteilungskasten. Jedes größere Kabelnetz enthält mehr oder weniger Punkte, in welchen eine Anzahl von Kabellinien zusammentreffen, sei es, um mit dem Speisekabel verbunden zu werden, oder zum Zwecke, einzelne Linien zu- und abschalten zu können. Die Enden dieser Kabel werden in Kasten untergebracht, die man Verteilkasten nennt, und die meistens unterirdisch verlegt sind. Dieselben können die mannigfaltigsten Formen und Größen annehmen, je nach der Anzahl der Kabel und der Leiterzahl, die sie enthalten, und hauptsächlich nach der Betriebsspannung.

Gemeinsam für alle Typen ist, daß jedes einzelne Kabel für sich ausgeschaltet werden kann, und daß als Schaltapparat immer eine Schmelzsicherung dient. Bei Betriebsstörungen soll dieselbe durchbrennen und das Kabel automatisch ausschalten. Dann soll der Kasten erlauben, daß man ihn leicht öffnen und von Hand irgendwelche Sicherungen wegnehmen kann. Für hohe Spannungen müssen also die Sicherungen mit isolierenden Handgriffen versehen sein oder so gebaut, daß man sie mit einer isolierenden Zange fassen und wegziehen kann.

Der Kasten enthält einen ganzen Apparat, um die verschiedenen in ihn einlaufenden Kabel parallel zu schalten. Je nach der Type, ob Ein- oder Mehrleiterkabel, sind die zu diesem Zweck erforderlichen Verbindungsleitungen mehr oder weniger kompliziert, und je nach der Betriebsspannung richtet sich die Isolierung derselben. Die Kabel treten durch seitliche Öffnungen ein, meistens so, daß deren Enden in Stutzen verteilt und wie in einem Spleißkasten vergossen sind. Die Kupferleiter durchbrechen isoliert die Kastenwand und werden mit Klemmstücken verbunden, die fest und isoliert im Innern des Kastens stehen. An dieselben Stücke werden auch die Sicherungen angelegt, die andererseits auf dem schon beschriebenen Verbindungsapparat endigen. Dieser ist für Kasten von niedriger Spannung nicht mit Masse ausgegossen. Wenn für hohe Spannung, gießt man den Kasten so weit als möglich mit Öl oder Masse aus.

Die als Isolierung zur Verwendung kommenden Stücke sind meistens aus Porzellan, in Form von abgestumpften Doppelkegeln, mit Rillen und zwei Bohrungen zum Einkitten der Metallteile.

Fig. 55 zeigt einen Kasten für 6 Dreileiter-Kabel und Fig. 56 einen solchen für 4 Vierleiterkabel mit 2 Reserven. Beide Kasten sind für niedrige Spannung bestimmt.

Eine Neuerung in solchen Kasten hat seit einigen Jahren die Maschinenfabrik Oerlikon eingeführt, zum erstenmal für das Beleuchtungskabel für 4000 Volt des Simplontunnels, das im Jahre 1906 in Betrieb kam, und später für Kabel bis 10 000 Volt Spannung. Es betrifft dies Kasten, die von außen schaltbar sind. Der ganze Schalt- und Verbindungsmechanismus ist unter Öl, und im Falle eines Dreileiter-Kabels werden die 3 Pole gleichzeitig geschaltet. Solche Kasten sind von großem Vorteil, aber so hoch im Preise, daß eine allgemeine Verwendung so gut wie ausgeschlossen ist.

Im allgemeinen muß man die Verteilungskasten in einem Netz als ein notwendiges Übel betrachten. Wenn sie nicht fortwährend unter

Kontrolle gehalten werden, geben sie gerne Anlaß zu Störungen. In manchen Fällen sind sie schwierig zu öffnen, besonders im Winter bei Eis und Schnee. Wenn es irgendwie angeht, so bringe man sie über der Erde an.

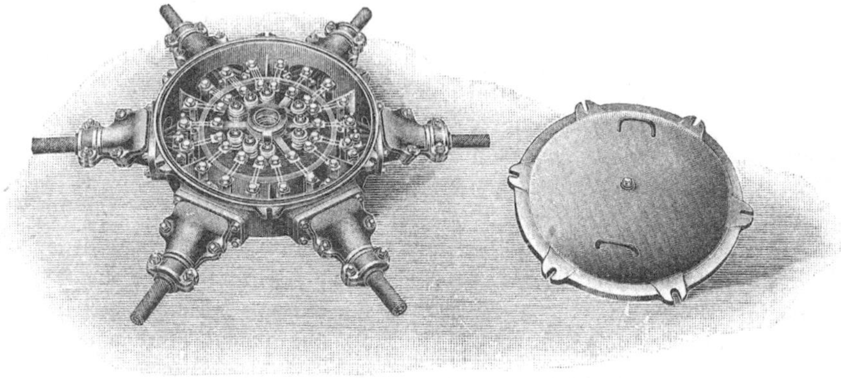

Fig. 55.

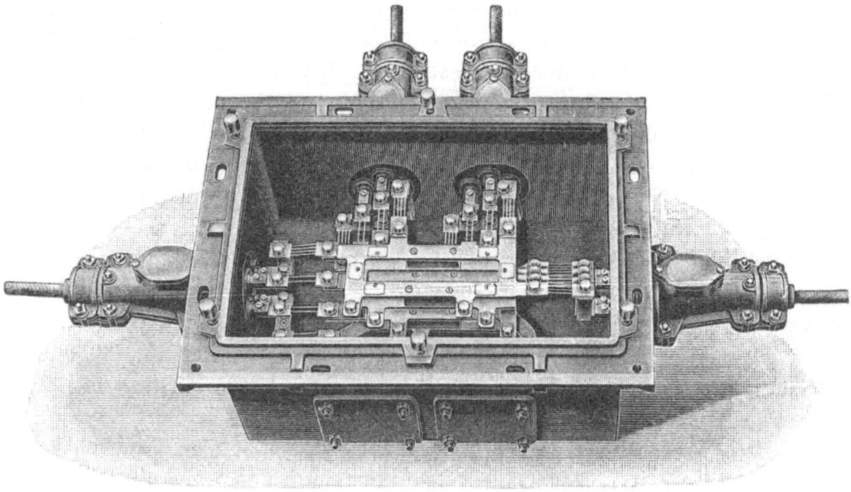

Fig. 56.

Dichtungen. Zwischen Deckel und Kasten einer Armatur ist ein Dichtungsmittel einzufügen, um das Ausfließen der heißen Füllmasse zu verhindern. Dazu läßt sich mancherlei Material verwenden wie Karton, Asbestblätter, Asbest- und Juteschnüre, Bleistreifen, Juteschnur mit Bleimantel, Gummi in Streifen- und Schnurform usw.

Poröses Material muß gut ausgekocht und getränkt werden, damit es den verlangten Dienst leistet. Karton, wenn nicht ganz gut durchtränkt, fault gerne im Laufe einiger Jahre. Für Schaltkasten kommen meistens Gummiringe zur Verwendung.

Konstruktive Details. Für Verbindungen in Armaturen, Größe der Kontaktflächen und Schrauben, Länge der Sicherungen, Querschnitt der Barren usw. halte man sich an die allgemeinen Vorschriften.

Für Verbindungen von konzentrischen Kabeln, wenn der Außenleiter zu einem oder zwei Seilen zusammengedreht wird, bediene man sich zur Herstellung der Bohrungen von Verbindungsstücken der nachfolgenden Tabelle:

Querschnitt qmm	Innenleiter mm	Außenleiter mm	Seilzahl
2 × 10	3.6	4.3	1
2 × 20	5.7	6.4	1
2 × 30	7.0	8.0	1
2 × 50	9.3	9.8	1
2 × 70	10.8	8.0	2
2 × 100	13.0	11.0	2
2 × 300	22.5	18.0	2

C. Das Verbinden von Telephonkabeln.

Die Spleißung. Sind zwei Kabellängen miteinander zu verbinden, so schneidet man zuerst an den beiden Enden das Blei zurück, und zwar um so weiter, je mehr Adern in dem Kabel enthalten sind. Dann wird an beiden Enden die Rose gebildet und die Kabel mit dem Prüftelephon auf Isolation gemessen. Ist die Außenlage in Ordnung, so kann mit der Spleißung begonnen werden.

Die Verbindung der Kupferdrähte wird auf drei Arten ausgeführt:

1. durch bloßes Verdrehen der zwei Drähte um sich selber;
2. dasselbe und nachheriges Verlöten;
3. durch Verklemmen der zwei Drähte mit einer Kupferhülse.

Die Hülsenspleißung wird in folgender Weise ausgeführt. Man legt die zu verbindenden Drähte nebeneinander und schneidet von beiden so viel ab, daß sie 15 mm Überlapp haben. Dann schneidet man auf jeder Ader das Papier um 20 mm zurück, schmirgelt die Drähte ab, steckt sie von rechts und links in die Hülse hinein, zwickt diese mit einer eigens geformten Zange und schiebt über die Hülse ein Papierröhrchen, das man schon vor der Verbindung auf eine der Adern gesteckt hat. Damit ist die Spleißung hergestellt und isoliert.

Die Hülsen sind aus Kupfer, 15 mm lang, oval, von 1 mm Wandstärke und im Innern so groß, daß man zwei Drähte ohne besondere Mühe nebeneinander hineinstecken kann. Um sicheren Kontakt zu bekommen, werden die Hülsen in einer Säure gebeizt, elektrolytisch mit einem Metallüberzug versehen und dann gut ausgewaschen. Als beste Plattierung hat sich Silber erwiesen.

Die Spleißzange hat eine Hebelübersetzung und zwei Klemmstücke, etwa 10 mm breit und 15 mm lang, jedes mit 4 bis 5 Zähnen versehen. Ein einziger kräftiger Druck genügt, um in Hülse und Draht quer zur Längsrichtung Kerben einzudrücken, die eine vollkommene mechanische und elektrische Verbindung sichern. Hunderte von Versuchen auf der Zerreißmaschine haben das bewiesen.

Das Papierröhrchen zur Isolierung der Spleißung ist ca. 30 mm lang und im inneren Durchmesser so knapp, daß es sich eben noch auf die mit Papier isolierte Ader stecken läßt. Wenn über die Spleißhülse geschoben, soll es dort bleiben und während der weiteren Arbeit nicht wegrutschen.

Die für die Spleißung angegebenen Dimensionen beziehen sich auf Draht von ungefähr 1 mm ϕ. Für dickere Drähte wird man die Dimensionen vergrößern.

Bei Durchführung der Spleißung beginne man immer mit den farbigen Paaren und verbinde dann der Reihenfolge nach Paare mit den gleichen Nummern. Auch ist nicht zu vergessen, daß ein verzinnter Draht mit einem verzinnten usw. gespleißt werden muß.

Die Spleißung beginnt in der Zentrallage. Zwei zusammengehörige Drähte werden nebeneinander gelegt, angespannt, überflüssige Länge abgeschnitten und dann gespleißt und isoliert. Da die Verbindungsstelle etwas dicker ist als die isolierte Ader, verteile man die einzelnen Spleißungen gleichmäßig auf die zur Verfügung stehende Länge. Ist eine Lage fertig gespleißt, so werden die Papierröhrchen nochmals kontrolliert und dann die Lage mit Band fest abgebunden.

In dieser Art ausgeführt, wird der Durchmesser der ganzen Spleißstelle nur um einige Millimeter stärker als der äußere Durchmesser über den Bleimantel.

Aus der Art und Weise, wie die Verbindung der einzelnen Drähte in einer Spleißung ausgeführt werden muß, ergibt sich, daß sämtliche Kabelstücke Lage für Lage gleiche Drehung haben müssen. Eine rechts gedrehte mit einer links gedrehten Lage zu verbinden, wäre schon ausführbar, für den Spleißer aber umständlich und zu Verwirrungen führend.

Sind alle Adern ordnungsgemäß gespleißt, und hat eine nachfolgende Messung, von dem einen oder anderen Ende aus durchgeführt, ergeben, daß sich weder Drahtrisse noch Berührungen in der fertigen Länge vorfinden, und daß die Paare in der richtigen Reihenfolge verbunden worden sind, so wird die Spleißung gegen Eintritt von Feuchtigkeit abgeschlossen.

Zu diesem Zwecke wird ein Bleirohr über die offene Spleißstelle gezogen und mit den beiden Bleimänteln verlötet. Das Rohr hat einen inneren ⌀ von 5 bis 10 mm mehr als der äußere Durchmesser der Bleimäntel, und es ist 50 bis 100 mm länger als die sogenannte Spleißlänge, d. h. die Distanz von Bleimantel zu Bleimantel der beiden Kabel. Die Wandstärke des Rohres ist 4 bis 5 mm. Vor Beginn der Spleißung wird es über eines der Kabelenden geschoben, nach deren Beendigung zurückgezogen, so daß es symmetrisch zur Spleißmitte liegt.

Das Verlöten von Rohr und Bleimantel ist eine Arbeit, die man nur einem zuverlässigen und geübten Monteur überlassen kann. Um die Arbeit zu erleichtern, werden die Rohre von der Fabrik aus schon verzinnt geliefert. Die zwei Bleimäntel an den Stellen, die zum Verlöten bestimmt sind, werden dann mit der Lötlampe angewärmt und verzinnt. Der Spielraum zwischen Mantel und Rohr wird mit Band aus Baumwolle oder Blei so weit ausgefüllt, daß das Rohr eine feste Unterlage bekommt. Dann wärmt man mit der Lampe Mantel und Rohr an, wobei zu beachten ist, daß man weder das eine noch das andere zum Schmelzen bringt. Wenn warm genug, wird die Lötstelle mit Kolophonium gereinigt und das Lot mit Kolben oder Lampe aufgetragen. Hier kommt der Wert des Monteurs zum Vorschein.

Als Lot verwende man eine Mischung von Blei und Zinn, die einen Schmelzpunkt von ungefähr 200^0 C hat.

Der in England übliche „wiped joint" wird auf folgende Art ausgeführt. Die zwei Röhrenstücke, die zur Verbindung kommen, werden durch Hämmern dicht aufeinander gebracht. Was Lötstelle werden soll, wird mit dem Schaber gereinigt, die Nachbarschaft aber mit einer Mischung von Firnis und Kienruß eingerieben, damit sie das Lot nicht annimmt.

Als Werkzeug ist erforderlich ein gußeiserner Schmelztopf, ein gußeiserner Löffel, ein eiserner Polierkolben, ein Stück dickes und weiches Tuch, das mit Talg eingefettet ist, und ein gut legiertes Lot, bestehend aus 1 Teil Zinn und $1\frac{1}{2}$ Teil Blei. Dieses wird bei etwa 170^0 C. breiartig, so daß es sich leicht formen läßt.

Wenn man das Lot bis etwas über seinen Schmelzpunkt angewärmt hat, hält man mit der linken Hand den Lappen unter die Lötstelle, gießt mit dem Löffel Lot auf die Oberseite der Lötstelle und reibt die Unterseite mit dem auf den Lappen gefallen. In dieser Weise wärmt man die Lötstelle an. Im Schmelztopf muß man etwa zehnmal soviel Legierung haben, als zur Verbindung nötig ist.

Hat man genügend angewärmt, so gießt man einen Löffel Lot auf den Lappen und trägt dasselbe durch Reiben und Drücken auf die

Rohre auf. Der Abfall fließt in den Schmelztopf zurück. Die Temperatur muß so sein, daß das Lot den breiigen Zustand hat, ein Mittelding zwischen festem und flüssigem Aggregatzustand. Nach einigem Drücken bleibt das Lot an den Rohren hängen, und dann trägt man nach und nach immer einen Löffel voll auf, bis die Schicht genügend dick und überall gleichmäßig ist. Wenn genügend schnell gemacht, bleibt die ganze Lotmasse plastisch, und man kann ihr die bekannte ausgebauchte Form geben.

Sollte ein Nachpolieren nötig sein, so erhitzt man den eisernen Kolben bis auf dunkelrot und bestreicht die aufgetragene Lötmasse abwechselnd mit dem Kolben und mit dem Tuchlappen.

Im Jahre 1895 arbeiteten wir eine neue Methode zur Verbindung von Bleirohren aus und vereinfachten die Lötung so weit, daß sie jeder intelligente Fabrikarbeiter ausführen konnte. Rohr und Mantel werden, wie oben beschrieben, verzinnt und in zentrische Lage gebracht. Dann wird um die Lötstelle ein zweiteiliges Kaliber aufgeschraubt, das zwei Öffnungen hat, die genau mit den äußeren Durchmessern der zwei Bleirohre übereinstimmen. Auf der Oberseite hat das Kaliber (oder die Gießform) einen Spalt zum Einfüllen von flüssigem Zinn. Inwendig ist ein freier hohlzylindrischer Raum, der so lange gefüllt wird, bis er nichts mehr aufnimmt. Es versteht sich von selber, daß man die Gießform und die Bleirohre erst anwärmt und letztere mit Kolophonium reinigt, bevor man das Zinn hineingießt.

Nach ein bis zwei Minuten ist die Masse erstarrt, und man kann die Form entfernen. Wenn alle Bedingungen erkannt und richtig durchgeführt werden, ist eine solche Lötung absolut sicher.

Als bestes Lot ergab sich für diese Operation ganz reines Zinn oder solches mit kleinem Bleizusatz. Wichtig ist die Temperatur, bei welcher man vergießt. Zu heißes Zinn löst das Blei des Mantels auf und dringt zwischen die Adern. Man kontrolliert die Temperatur des Lotes mit einem Stück Stangenzinn, das man eintaucht. Aus der Geschwindigkeit des Abschmelzens und der Form der Spitze nach dem Herausziehen kann man sich genau orientieren, ob das Zinn zu kalt oder zu heiß ist.

Solche Lötungen sind in großer Zahl ausgeführt worden, und es ist kein Fall bekannt geworden, daß eine undicht war.

Für die Spleißlänge, d. h. den Abstand von Blei zu Blei der zwei verbundenen Kabel, geben wir zwei Beispiele für Kabel von 50 und von 120 Paaren. Im Jahre 1898 führten wir Spleißungen solcher Kabel aus und fixierten als Spleißlängen 220 bzw. 250 mm. Die inneren Durchmesser der Rohre waren 7 bzw. 8 mm mehr als der äußere Durchmesser der Bleimäntel und deren Länge 280 bzw. 300 mm.

Für Bettungskabel empfiehlt es sich, die oben beschriebene Spleißung in einen gußeisernen Kasten zu legen, wie für Lichtkabel üblich, und diesen mit einer Harzmasse auszugießen. Der Kasten ersetzt den fehlenden Panzer, und die Ausgußmasse schützt gegen eine eventuelle schlechte Verlötung. Man kann die Spleißung auch direkt in einen Kasten legen, ohne vorher das Bleirohr aufzulöten, und dann vergießen. Wenn die Spleißung gut mit gummiertem Band und Papier umwickelt wird, sickert die Füllmasse nicht in die Adern hinein, und das Kabel bleibt offen für den Durchgang von Luft.

Wenn Spleißungen in Kabelbrunnen gemacht werden, so kann man die oben beschriebene Art des Abschlusses mit einem Bleirohr nicht verwenden. Der zur Verfügung stehende Raum ist nicht lang genug, um vor der Spleißung ein Rohr auf ein Kabelende aufzuschieben. Auch werden die Kabelenden meistens gebogen, so daß nur ein kurzes Stück übrig bleibt, das gerade ist. In diesem Falle hilft man sich mit zwei Rohren. Nach Beendigung der Spleißung werden diese miteinander

Fig. 57.

und dann mit den Bleimänteln verlötet. Fig. 57 zeigt Rohr und Spleißung wie im Wiener Kabelnetz ausgeführt. Die Rohre haben die Form von Flaschen. Für 480aderige Kabel mit 58 mm über Blei waren die Dimensionen jeder Flasche wie folgt: Länge 220, Halslänge 45, Flaschendurchmesser 70, Halsdurchmesser 62 und Wandstärke 4 mm.

Oft kommt es vor, daß ein Kabelstrang sich in zwei andere verzweigt. Die Spleißung wird in der gewöhnlichen Weise ausgeführt, aber es muß angegeben werden, welche Paare des Hauptstranges in jeden der Zweige zu gehen haben. Der Abschluß geschieht mit einer aus zwei Hälften bestehenden Bleimuffe.

Die longitudinale Nut der Muffen ist leicht zu verlöten. Die Eintrittsstellen der Kabel werden, wie früher beschrieben, verlötet. Man nennt diese Form eine Gabelspleißung.

Die Abzweigung. Bei Telephonkabeln kommen unter Umständen auch Abzweigungen vor. In Wien z. B. wurde die Aufgabe gestellt, eine Abzweigmuffe zu konstruieren. Es existierten dort zwei alte Zentralen, und zwei neue in deren Nähe waren im Bau begriffen. Eine Anzahl Kabel wurden zwischen den neuen Zentralen verlegt, mit Abzweigungen nach den alten. Nach Vollendung der neuen Anlage sollte die Umschaltung ohne Betriebsstörung erfolgen durch bloßes Wegschneiden der Abzweigung.

Eine Abzweigung läßt sich am einfachsten als Hülsenspleißung mit drei Drähten ausführen.

Die Endverbindung. Ein guter Abschluß der Enden von Telephonkabeln gegen Eintritt von Feuchtigkeit ist weitaus wichtiger als bei allen anderen Kabeln. Dies wird durch einen Endverschluß erzielt, der in den meisten Fällen lang und schmal ist.

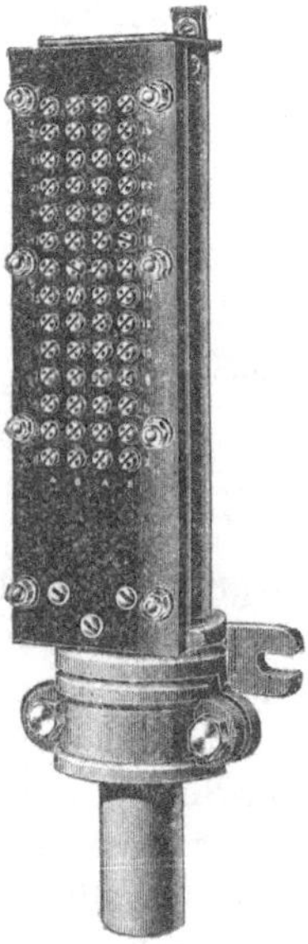

Fig. 58.

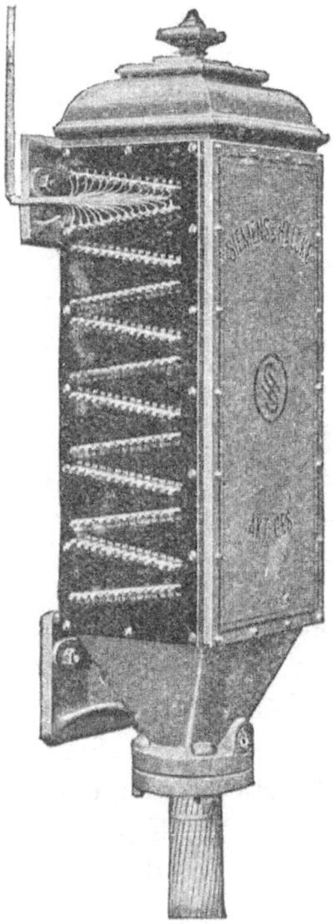

Fig. 59.

Fig. 60.

Derselbe wird immer auf einer vertikalen Wand montiert, so daß das Kabel von unten eintritt. Hinterwand, Vorderwand sowie der untere und obere Teil sind aus Metall, während die Seitenwände durch Ebonittafeln gebildet werden. Der untere Teil enthält die Schelle zum Festhalten und die Röhre zum Eintritt des Kabels. An der Hinterwand befinden sich die zum Aufhängen nötigen Ösen. Die Vorderwand ist für Montagezwecke abnehmbar. Der Oberteil hat ein Loch zum Eingießen der Masse. Die Seitenwände enthalten alle die Klemmen für die Verbindung der Adern mit dem Anschlußkabel. Während der Montage kann man die Seitenwände wie eine Tür nach hinten öffnen, um Platz für die Hände zu bekommen.

Die Klemmen sind auf den Ebonittafeln paarweise angeordnet, je zur Aufnahme eines Aderpaares, und jedes Paar trägt eine Nummer, entweder auf dem Ebonit eingraviert oder auf einem beweglichen Täfelchen.

Die Konstruktion einer praktischen Klemme ist eine sehr wichtige Sache. Sie muß sowohl innerhalb als außerhalb des Kastens eine Schraube enthalten zur Verbindung mit der Ader und dem Anschlußdraht. Die Schrauben müssen zugänglich und leicht lösbar sein. Wenn man die äußere Verbindung, was oft vorkommt, löst, darf die innere sich nicht von selber lösen. Weiter wird von der Klemme noch verlangt, daß sie kleine Dimensionen hat, sich beim Anziehen der Klemmschrauben nicht verdreht und schließlich, daß beim Vergießen des Endverschlusses die Masse nicht zwischen Ebonit und Klemme hindurch wegfließe.

Bei der Montage steckt man das präparierte Kabelende von unten in den Endverschluß und biegt die Paare lagenweise zurück. Die Verbindung beginnt mit den Drähten der zentralen Lage, die an den obersten Klemmen angeschlossen werden. Dann kommt die erste Lage an die Reihe usw. Die einzelnen Paare einer Lage werden so viel als möglich gleichmäßig auf das rechte und linke Klemmenbrett verteilt.

Nach Fertigstellung der Verbindungen wird das Kabel auf Kontinuität, Berührung und Reihenfolge der Paare gemessen. Wenn in Ordnung, wird der Endverschluß mit Masse ausgegossen.

Die Fig. 58, 59 und 60 veranschaulichen drei Ausführungen von Endverschlüssen nach Siemens-Schuckert.

Reparatur verlegter Kabel. Zeigt sich in einem verlegten Kabel ein Fehler, der durch Eindringen von Wasser entstanden ist, so findet man in den meisten Fällen, ausgenommen, man wartet zu lange, in dem Kabel noch eine trockene Ader, die man zur Lokalisierung des Fehlers nach der Schleifenmethode verwenden kann. Ist diese nicht vorhanden, so muß man sich mit der Ader eines anderen Kabels und eventuellen Hilfsleitungen behelfen oder den Fehler durch Öffnen von Spleißkasten suchen.

Die Fehlerstelle läßt sich also auf jeden Fall bestimmen.

Das Wasser wird dann entfernt durch Einpumpen von trockener Luft in das Kabel. Ist dasselbe durchgehends pneumatisch, so wird man die Luftpumpe in der Zentrale aufstellen und den Fehler im Blei erweitern oder einige Meter hinter demselben ein größeres Loch in das Blei schneiden, um die dahin gelangende nasse Luft austreten zu lassen. Ist der frühere Isolationswiderstand hergestellt, so verlötet man das Loch oder die Löcher im Bleimantel wieder, und die Reparatur ist beendet.

Ist das Kabel nicht durchgehends pneumatisch, was immer der Fall ist, wenn die Spleißungen durch bloßes Ausgießen mit Masse abgedichtet werden, so muß die Pumpen- und Trockenanlage auf die Straße gebracht werden. Erforderlich wird dann, daß man zwei Löcher in den Bleimantel der fehlerhaften Länge schneidet, nämlich eines genügend weit vom Fehler entfernt zum Ansetzen der Pumpe und ein zweites hinter dem Fehler für den Austritt der Luft, je nach dessen Ausdehnung, in einer Entfernung von 2 bis 5 Meter.

Es sind Fälle bekannt geworden, daß fehlerhafte Telephonkabel durch diese Trocknungsmethode innerhalb weniger Stunden und ohne wesentliche Betriebsstörung wieder auf die für Fernsprechzwecke genügende Isolation gebracht worden sind.

Wenn nur wenig Wasser in ein Kabel eingedrungen ist, so genügt es, ohne vorherige Trocknung das Loch zu verlöten.

Wir schließen dies aus einer Beobachtung, die wir einmal zufällig machten. Ein Kabel wurde unter Wasser gesetzt. Zwei Stunden nachher zeigten einige Adern schlechte Isolation, worauf das Kabel herausgezogen wurde. Am nächsten Tage sollte eine Fehlerbestimmung gemacht werden. Die schlechten Adern waren aber nicht mehr zu finden; sämtliche Adern des Kabels hatten eine gleichmäßige und gute Isolation.

Der Fall war so überraschend, daß wir an einen Irrtum glaubten. Das Kabel wurde dann wieder ins Wasser gestellt und überwacht. Nach wenigen Stunden war die schlechte Isolation wieder vorhanden.

Es ist also kein Zweifel, daß die in dem Kabel vorhandene Feuchtigkeit während des Intervalles der beiden Messungen verdunstete und sich auf eine größere Papiermasse verteilte, auf deren Isolation sie keinen Einfluß ausübte.

Der zum Trocknen mit Luft erforderliche Apparat ist der folgende: Eine starke Druckpumpe samt Motor, eine Batterie von Gefäßen aus Eisen oder Blei, in welchen sich das Trockenmittel befindet, eine zweite Batterie zur Reinigung der Luft (man läßt sie durch Watte filtrieren); Rohrleitungen und Manometer.

Hat ein Telephonkabel sehr wenig Wasser, so bringt man dies leicht durch Anwärmen mit der Lötlampe weg.

Einen Fehler eigentümlicher Art hatten wir einmal bei einem verlegten Kabel zu beheben. Dasselbe war ohne Erfolg mit trockener Luft behandelt worden, und schließlich entdeckte man, daß diese unterwegs verloren ging. Um den Defekt zu finden, wurden, wie bei gewöhnlichem Suchen von Fehlern, Gruben gemacht, so daß das Kabel an verschiedenen Stellen zugänglich war. Darauf schnitt man kleine Löcher in den Mantel und beobachtete den austretenden Luftstrom. Aus der Stärke des Blasens konstatierte man, in welcher Richtung das Leck liege. Es war dies eine unsichere und mühsame Aufgabe; aber der Fehler wurde im Laufe eines Tages doch aufgefunden.

IV. Das Kabel im Betrieb.

A. Verschiedene Notizen.

Einleiter- oder Mehrleiterkabel. Im allgemeinen gibt man immer dem Mehrleiterkabel den Vorzug, doch ist die Frage erlaubt, ob dies gerechtfertigt ist. Eine Untersuchung wird dieselbe lösen.

Neben dem Umstand, ob genügend Platz zur Unterbringung der einfachen Leiter vorhanden ist, kommt nur noch der Kostenpunkt in Betracht. Technische Bedenken liegen nicht vor, denn die kleine Vergrößerung der Selbstinduktion hat nichts zu sagen. Andere Punkte wie Verlegungskosten, Abzweigungen usw. wird man als Vorteile oder Nachteile abwägen müssen.

Untersuchen wir also den maßgebenden Punkt, die Kosten der Kabel, wenn als Mehr- oder Einleiter ausgeführt. Wir setzen runde Querschnitte des Kupfers voraus, und daß für die Einleiterkabel die Isolationsdicke dieselbe sei wie zwischen Cu/Cu bzw. Cu/Pb der Mehrleiter. Dementsprechend ist die Isolationsdicke zwischen den Leitern von Einfachkabeln doppelt so stark als bei entsprechenden Mehrleitern, was einen wesentlichen Vorteil für die ersteren bedeutet, besonders vom Standpunkte der Überspannungen aus, deren Bestreben dahin geht, sich zwischen den Leitern zu entladen.

Weiter setzen wir normale Preise für die Metalle voraus und eine Bauart der Kabel, die nicht wesentlich von den deutschen Normalien abweicht. Es ist selbstverständlich, daß sich die Preisvergleichung nur auf asphaltierte Kabel erstrecken kann, da wir es immer mit Kabeln für Wechselstrom zu tun haben, und diese als Einfachleiter nicht gepanzert werden dürfen.

Eine Vergleichung der Gestehungskosten ergibt nun, daß bei kleinen Querschnitten das Einleiterkabel immer teurer ist als das entsprechende Mehrleiterkabel. Mit wachsendem Querschnitt wird aber die Preisdifferenz stetig kleiner. Schließlich wird Preisgleichheit erreicht, und bei noch höherem Querschnitt wird das Einleiterkabel das billigere.

Es tritt Preisgleichheit ein für: Dreileiterkabel von 700 Volt bei ungefähr 80 qmm; konzentrische und Vierleiterkabel von 700 Volt bei ungefähr 120 qmm. Mit steigender Isolationsdicke rückt der Querschnitt für Preisgleichheit immer höher, aber nicht in sehr starkem Maße. Für Dreileiterkabel von 10 mm Isolationsdicke liegt er z. B. bei ca. 150 qmm.

Die Frage, die uns vorliegt, stellt sich also nur für größere Querschnitte, also gerade dort, wo der Bau von Mehrleitern schwierig wird und zur Unterteilung gegriffen werden muß. Diese ist für Mehrleiter schwierig, für Einleiter aber auf sehr einfache Art zu erzielen.

Es möge noch erwähnt werden, daß für die Einfachkabel die Abkühlungsverhältnisse günstiger liegen, so daß man sie höher belasten darf. Der Querschnitt für Preisgleichheit sinkt etwas mit steigenden Kupferpreisen.

Zieht man Kupferquerschnitte von Sektoralform in Betracht, so liegt der Querschnitt für Preisgleichheit höher, als oben angegeben.

Aus dem Obigen folgt, daß das Einfachkabel in der Zukunft mehr als bis jetzt gewürdigt werden muß. Apt (ETZ. 1908, 160) kommt aus anderen Gründen zu demselben Resultat.

Verbinden der Bleimäntel. In den letzten Jahren hat man angefangen, die Bleimäntel sämtlicher Kabellängen eines Netzes miteinander gut leitend zu verbinden, gewöhnlich mittels eines Kupferdrahtes von ca. 3 mm Durchmesser.

Dieses Verfahren wird aber nicht allgemein als gut anerkannt. Der Hauptpunkt der Opposition ist der folgende.

Hat irgendeine Kabelstrecke ein Loch im Bleimantel, und liegt sie in trockenem Erdreich, so geniert der Fehler den Betrieb gar nicht, auch wenn gleichzeitig noch an einem andern Punkt ein zweiter vorhanden ist. Nehmen wir ein Gleichstromnetz an. Wird bei Regenwetter z. B. eine Muffe feucht, so wird ein Strom vom Fehler das Blei entlang zum Muffenhals laufen, dort zum Metall der Muffe überströmen und dann zur Erde. Je nach der Stromrichtung wird das Blei dann weggeätzt oder nicht. Im ersteren Fall entsteht Kurzschluß. Dasselbe kann passieren, wenn irgendeine andere Stelle der betreffenden Kabellänge naß wird; aber der Kurzschluß bleibt immer auf diese Strecke beschränkt. Verbindet man sämtliche Bleimäntel miteinander, so wird die Gelegenheit, daß eine Muffe oder eine Kabelstelle naß wird, vielmal öfter eintreten, also ein Kurzschluß sich viel früher einstellen und an einem Orte, der viele Kilometer vom ursprünglichen Fehler entfernt sein kann. Ist dieser inzwischen trocken geblieben, so wird er nicht gefunden, und er kann seine Spiel jahrelang fortsetzen.

Dasselbe wird mit vagabundierenden Strömen der Fall sein. Diese treten auf einer nassen Stelle in den Bleimantel hinein und auf einer zweiten heraus. Eine der beiden wird angefressen, und schließlich bildet sich der Kurzschluß. Sind die Mäntel nicht verbunden, so müssen beide Stellen, Eintritt und Austritt, auf derselben Kabellänge liegen, und man kann das Nötige veranlassen, daß die Sache ein Ende nimmt. Sind aber alle Bleimäntel miteinander in Verbindung, so steht man hilflos da und kann jahrelang im Netz herum reparieren.

Diese Ansichten sind vollständig richtig, aber verlieren an Bedeutung, wenn man das Netz der in sich geschlossenen Bleimäntel an mehreren Stellen gut erdet. Hat man einige gute Erdplatten, so fließen vagabundierende Ströme durch dieselben ab und zu ihrer Quelle zurück. Eventuell erfolgt auch deren Aufnahme durch Erdplatten, so daß sie absolut unschädlich sind, gleichgültig ob sie vom $\pm$ Pol herstammen.

Handelt es sich nicht um diese Ströme, sondern um Fehler im Bleimantel, so werden diese nach Anbringung der Erdplatten ausgebrannt, und man bringt alle schleichenden Fehler aus dem Netz heraus, was ein großer Vorteil ist. Sind keine vagabundierenden Ströme vorhanden, so braucht man keine Erdplatten. Es wird genügen, an einigen Stellen die Mäntel der $\pm$ Kabel zu verbinden.

Feldmann und Herzog (ETZ. 1906, 897) berichten über eine Angelegenheit, da in einem Netz mit unverbundenen Bleimänteln an den Muffenhälsen in der Isolation zahlreiche Ausbrennungen, wie von glühenden Nadeln herrührend, gefunden worden sind. Sie schreiben dieselben der Entladung von Überspannungen zu und empfehlen zur Abhilfe Verbinden der Mäntel. Es ist freilich nicht ersichtlich, warum dann die Entladungen aufhören müssen.

Die Erdung des Neutralpunktes. Die Ansichten, ob es empfehlenswert ist, den Neutralpunkt einer Dreileiteranlage an Erde zu legen, sind zurzeit noch geteilt. Ebenso, ob man nur Generatoren oder auch Transformatoren, überhaupt mehrere Punkte des Netzes erden soll.

Im allgemeinen wird zugegeben, daß die Erdung nur über einen Widerstand erfolgen soll, dessen Größe von der Betriebsspannung abhängt und so bemessen wird, daß die Intensität des Erdstromes bei Kurzschlüssen innerhalb gewisser Grenzen bleibt. Es sind auch Widerstände mit Vorschaltung von Funkenstrecken empfohlen worden.

Vom Standpunkt der Betriebssicherheit aus gesehen, hat die Erdung des Neutralpunktes einen großen Wert. Fehler im Netz werden sofort gründlich ausgebrannt, und Halbfehler, die periodisch auftreten und dann wieder verschwinden, sind nicht mehr möglich. Rhodes (ETZ. 1908, 463) bespricht ein Drehstromnetz von 550 km Kabellänge und 11 000 Volt Betriebsspannung, das von zwei Zentralen mit Unterstationen betrieben wird. Ehe der Neutralpunkt geerdet wurde, erfolgten immer zwei gleichzeitige Kabeldurchschläge, oft einer davon an gesundem Kabel, in Begleitung von Überspannungserscheinungen, die kräftige Störungen des Betriebes zur Folge hatten und Veranlassung zu ganzer oder teilweiser Einstellung desselben gaben.

Nachdem dann einer der Generatoren über 6 Ohm an Erde gelegt worden war, traten nur reine Erdschlüsse auf, ohne wichtiges Anbrennen der Nachbaradern. Dieselben schalteten ohne besondere Heftigkeit aus und waren leicht zu lokalisieren. Einstellungen des Betriebes hörten dann nahezu vollständig auf.

Wenn man den Neutralpunkt von Transformatoren des Verteilungsnetzes erdet, wird die Gefahr beseitigt, daß die Hochspannung in das Sekundärnetz überschlägt.

Gegen freie Schwingungen bzw. Überspannungen im Netz hilft die Erdung des Neutralpunktes voraussichtlich nicht viel, da Wickelungen von Maschinen oder von Transformatoren für hohe Schwingungszahlen undurchlässig sind. Die Überspannungen werden also nicht zur Erde abgeleitet.

Die Spannungsdifferenz der drei Leiter eines Kabels gegen Blei, also die Durchschlagsgefahr, ist dieselbe, ob der Neutralpunkt geerdet ist oder nicht, nämlich gleich der Hälfte der Klemmenspannung.

Die Höhe der Betriebsspannung. Bei der Projektierung eines neuen Netzes spielt die Auswahl der Betriebsspannung eine wesentliche Rolle. Sie ist bestimmt durch die Zahl der Kilowatt, die zu transportieren sind, durch die Distanz der Übertragung und die Betriebssicherheit der Apparate, hauptsächlich des Kabels, das zurzeit der schwächste Teil einer solchen Anlage ist.

Vor der Einführung des Kabels mit Papierisolierung und Öltränkung hat man die Betriebsspannungen nicht wesentlich erhöhen können. War man vor nahezu 10 Jahren auf 4000—5000 Volt beschränkt, so verwendet man jetzt 10 000 Volt und mehr. Mit Sicherheit darf man Kabel für 20 000 Volt Betriebsspannung anbieten und wenn nötig auch solche für 30 000 Volt. Kurzen Strecken darf man noch weitaus mehr zutrauen.

Zur Legung von großen Netzen mit 40 000—50 000 Volt kann man sich gegenwärtig noch nicht entschließen, da man mit den Überspannungen, die eventuell auftreten, noch nicht ganz im klaren ist.

Kabel für 10 000 Volt, in kurzen Stücken geprüft, halten 100 000 Volt aus, so daß Aussicht vorhanden ist, bei verbesserter Konstruktion noch weit über die gegenwärtigen Grenzen hinauszugehen.

Elektrische Osmose. Von der Schule her ist ein Versuch bekannt, der unter diesem Namen umgeht. Wird durch eine elektrolytische Zelle mit poröser Scheidewand zwischen den beiden Elektroden ein Gleichstrom geschickt, so drückt dieser die Flüssigkeit in der Richtung des Stromes durch die Scheidewand hindurch, so daß das Niveau am — Pol höher steht als am + Pol.

Fernie (ETZ. 1907, 133) berichtet über Beobachtungen, die er an Gleichstromnetzen, gemacht hat und die auf dieser Erscheinung beruhen. Zunächst beschreibt er ein Experiment, das die kräftige Wirkung der Osmose veranschaulicht. Es wird eine Röhre aus sehr gut glasiertem Ton genommen und deren eines Ende mittels eines Bitumenpfropfens gut abgeschlossen. Darauf wird sie auf der Außenseite mit einem Draht spiralförmig umwickelt und eine ähnliche Spirale in den Hohlraum gestoßen, und zwar so, daß sie gute Berührung mit der Wand hat. Der Apparat bildet dann Scheidewand und Elektroden der Zelle. Um diese fertig zu machen, wird er in die Erde eingegraben, so daß er vertikal steht, das obere Ende 5 cm über dem Boden, und mit einem Brett abgeschlossen. Während 14 Tagen wurde dann die Erde um die Röhre herum reichlich mit Wasser begossen. Keine Spur von Flüssigkeit zeigte sich im Innern der Röhre. Legte Fernie aber 230 Volt Gleichstrom an die zwei Spiralen mit dem negativen Pol innen, so erschienen schon nach einer Stunde Wassertropfen im Innern der Röhre, und nach $2\frac{1}{2}$ Tagen war sie ganz angefüllt. Kehrte er die Pole um, so verschwand das Wasser ebenso schnell wieder.

Ein anderer Versuch war dieser. Es wurden zwei Eisenstangen in die Erde geschlagen in einer gewissen Entfernung und eine Gleichstromspannung an dieselben gelegt. Nach kurzer Zeit konnte man Ansammlung von Wasser an der negativen Elektrode beobachten.

Nach Fernie findet man in Gleichstromnetzen 90 % der Fehler am negativen Kabel, und die Erklärung ist durch die elektrische Endosmose gegeben. Fehler auf der + Seite werden durch dieselbe ausgetrocknet, während sie der — Seite die Flüssigkeit des Bodens zuführt und sie so weiter entwickelt.

Wechselt man also in einem Gleichstromnetz von Jahr zu Jahr die Pole um, so hat man die Möglichkeit, mit der Zeit alle schleichenden Fehler zu entfernen.

Fernie sagt weiter aus, daß auf einen Fehler in einem Wechselstromnetz deren hundert in einem Gleichstromnetz auftreten und gibt die Endosmose als Grund an.

Eigentümlich wirkt diese auf Gummikabel. Sie treibt das Wasser in die Gummischicht hinein, so daß es herausspritzt, wenn man sie ausschneidet. Wechselt man den Pol, so wird das Wasser wieder entfernt. Diese Experimente weisen nach, daß es eine Menge Körper gibt, die porös sind, von denen man es gar nicht glauben würde.

In allen negativen Fehlern werden Kalisalze, oft in faustgroßen Klumpen gefunden, gelegentlich auch metallisches Kalium. Liegt um einen + Fehler herum wenig Wasser, so wird es weggeführt, ist aber viel vorhanden, so entwickelt sich am Kupfer Sauerstoff, der es auflöst und unter Umständen ganz zerstört.

Die elektrische Endosmose kann Wasser durch gut abgedichtete Kabelkanäle und sogar durch Mauern hindurch treiben.

Betreffend Anwendung der Endosmose zum Prüfen von Kabeln siehe S. 85.

B. Überspannungen.

Die elektrische Anlage. Welches auch die Größe einer Kraftanlage sei, immer enthält sie Geber, Übertrager und Empfänger mit Nebenapparaten. Zum Geber gehören: Generatoren, Sammelschienen, Schalter, Regulierapparate und eventuell Transformatoren, wenn wir, wie hier der Fall, von Gleichstromübertragungen absehen. Als Übertrager kommen Kabel oder Freileitungen in Betracht, und als Empfänger dienen Transformatoren, Motoren, Umwandler, Lampen usw. Die Ausführung der kompletten Anlage kann in mannigfaltiger Weise angeordnet sein. In der Ausdehnung ist sie beinahe unbeschränkt, und eine Anlage von 100000 Kilowatt ist heute wohl schon irgendwo erstellt worden.

Betriebsverhältnisse. Durch Anlegen des Generators an das Netz zwingen wir demselben eine e. m. Kraft und einen Strom von bestimmter Stärke und Schwingungsperiode auf. Der Gleichgewichtszustand wird sich erst nach einigen Momenten einstellen, wenn die aufgezwungene Schwingung die Oberhand bekommen hat.

In dem Übergangszustand entwickeln sich Vorgänge, die dem Auge nicht sichtbar sind. In den angeschlossenen Apparaten wird das Eisen magnetisiert, und um die Leitungsdrähte herum entwickelt sich das elektrische Feld. Diese beiden Energien bestimmen den Koeffizienten der Selbstinduktion des Netzes, und sie entstehen auf Kosten des Anfangstromes. Dieser wird weiter verändert durch die Elektrisierung des Dielektrikums der Leitung, deren Kapazität gleich C sei.

Sobald der stationäre Betriebszustand erreicht ist, sendet der Generator gleichmäßig eine bestimmte Energiemenge ab, die ebenso gleichmäßig am andern Ende verzehrt wird. Es ist anzunehmen, daß die Übertragung eine gewisse kleine Zeit beansprucht, also eine elektrische Energiemenge nicht im selben Augenblick produziert und absorbiert wird.

Im Laufe eines Tages verändert sich der Betriebsstrom teils stetig, wenn Lampen, teils sprungweise, wenn große Transformatoren und Motoren eingeschaltet werden. Jede Änderung des Stromes bringt ein Schwanken der Energie mit die von L abhängt, und jede Unregelmäßigkeit in der Betriebsspannung verändert die in C aufgespeicherte Energie.

Störungen. Unter Störungen sind alle Vorgänge zu bezeichnen, welche starkes Schwanken der Spannung oder des Stromes veranlassen, und deren Ursachen sind mannigfaltig: Defekte irgendwelcher Art an Maschinen oder Leitungsmaterial, zufällige Kurz- oder Erdschlüsse, starke Änderungen von L oder C durch Schalten von Maschinen oder Kabeln, atmosphärische Entladungen usw.

Jede plötzliche Änderung des Betriebszustandes erzeugt im Leiternetze freie Schwingungen, siehe S. 25. Deren Wichtigkeit ist abhängig von den in C und L aufgespeicherten labilen Energien, die durch die Störung ausgelöst werden, und diese suchen auf die ihnen bequemste Art wieder in Gleichgewicht zu kommen.

Freie Schwingungen. Um mit klaren und einfachen Begriffen operieren zu können, setzen wir ein Kabelnetz voraus, das aus einem einzigen Strang von großer Länge besteht, und an dessen Ende Transformatoren als Verbrauchsobjekte angehängt sind. R, C und L seien die Konstanten des Stromkreises.

Weiter denken wir uns, daß der Generator plötzlich aus dem lebendigen Netze verschwinde, ohne dasselbe auf das leiseste zu stören. Dann haben wir schematisch einen Kondensator von großer Länge und an dessen Enden eine Selbstinduktion. Um genau zu sein, muß man auch noch die Selbstinduktion im Kabel oder Kondensator erwähnen. Die beiden Größen C und L sind in Serie geschaltet. Von dem Vorgang, der nach Verschwinden des Generators eintritt, kann man sich keine andere Vorstellung machen, als daß er freie Schwingungen repräsentiert, durch welche die im Kreise vorhandenen Energien in Wärme umgesetzt werden.

Denken wir uns noch, daß im Augenblicke des Verschwindens des Generators der Kabelanfang kurzgeschlossen werde, so ist der Fall, wenigstens während der ersten halben Periode der freien Schwingung, wieder genau derselbe wie der vorige. Die Energie L fließt rückwärts gegen den Kabelanfang zu und setzt sich, Meter für Meter, als elektrostatische Energie im Kabel fest. Bis der Kabelanfang oder der Kurzschluß erreicht wird, ist wohl die Umsetzung zu Ende. Wenn nicht, so wird der Rest der Energie als Stromwärme im Kurzschluß erscheinen. Dasselbe wird sich während der nächsten halben Perioden wiederholen, und wir dürfen annehmen, daß der Kurzschluß die Heftigkeit des Ausgleiches vermindert.

Wir gehen weiter und denken uns den Kurzschluß durch den in Betrieb befindlichen Generator, aber unerregt ersetzt. Der einzige Unterschied liegt jetzt darin, daß der ohmische Widerstand des Kurzschlusses etwas größer wird, was die Entladung nicht wesentlich beeinflußt.

Als letzten Gedanken nehmen wir nun noch an, daß der Generator in vollem Betriebszustande ebenso mysteriös, wie früher abgeschaltet, jetzt wieder zugeschaltet werde, eben im Moment wo die freien Schwingungen in Funktion treten, und daß durch dieses Schalten sonst keine weitere Störung auftrete.

Wie bei andern physikalischen Erscheinungen in der Akustik und Optik werden die zwei Schwingungen, die erzwungenen und die freien; nebeneinander verlaufen, sich momentan addieren oder subtrahieren, aber sich sonst weiter nicht stören.

Freie Schwingungen können also auch in einem betriebsmäßigen Netze sich einstellen, wenn durch irgendeine Veranlassung die Energien von C und L plötzlich unstabil werden. Der Ausgleich wird schematisch der gleiche sein wie bei einem Kondensator C mit einem R und L in Reihenschaltung.

Wir wissen, daß die freien Schwingungen meistenteils von Überspannungen begleitet sind, daß sie aber infolge Dämpfung rasch in Wärme umgesetzt werden, die sich über den ganzen Stromkreis verteilt, so daß derselbe einigermaßen erwärmt wird. Es kann aber auch der Fall auftreten, daß die schwingende Energie sich auf irgendeine Weise örtlich anhäuft und bei der Umsetzung in Wärme Leiter oder Isolation bis zum Verbrennungspunkt bringt, also zerstörend wirkt. Ist gleichzeitig noch Betriebsstrom im Netze vorhanden, so hilft er bei der Zerstörung kräftig mit.

Über freie Schwingungen und Überspannungen ist außerordentlich viel geschrieben worden, aber praktisch Verwertbares liegt wenig vor. Die meisten Abhandlungen benutzen einen mathematischen Apparat, der nur wenigen Ingenieuren verständlich ist, und sehr viele beruhen auf Grundlagen, die in der Praxis nicht realisierbar sind. Immerhin haben diese Studien das Gute gehabt, daß sie dem Praktiker den Weg angegeben haben, auf dem er suchen mußte.

Überspannungen durch Abschalten. Das Netz bestehe wieder aus einem sehr langen Kabelstrang, wie oben, und habe die Konstanten R, C und L. Es stehe unter der Betriebsspannung V, und wir stellen uns vor, daß der Generator im Momente ausgeschaltet werde, da der Betriebsstrom die Stärke J habe. Nun fragen wir uns, ob es rechnerische Mittel gibt, die Überspannungen im Netze vorauszusagen.

Dieser Fall ist von vielen hervorragenden Männern der Wissenschaft und der Praxis untersucht worden, und alle haben die Formel der Entladung eines Kondensators angewendet, die lautet $\frac{1}{2} V^2 C = \frac{1}{2} J^2 L$. Dieselbe ist gültig für die Entladung eines Kondensators in Reihenschaltung mit der Selbstinduktion L. Die linke Seite der Gleichung stellt dessen anfängliche elektrostatische Energie dar und die rechte die nach der Umsetzung erzielte elektromagnetische Energie.

Bei der Abschaltung des Generators vom Netz im Momente, wo der Strom $= J$ ist, wird die elektromagnetische Energie $= \frac{1}{2} J^2 L$

sein, und es wird angenommen, daß diese in der andern Form $\frac{1}{2} V^2 C$ erscheine, wo V die Spannung der freien Schwingungen darstelle. Also wäre

$$V = J \sqrt{L : C}.$$

Diese Formel sagt, die Überspannung $\mathfrak{V}$ wäre vom Unterbrechungsstrom allein abhängig. Sie hat viele erschreckend hohe Zahlen gegeben. Daß sie unrichtig ist, folgt schon daraus, daß $V = 0$ wird, wenn $J = 0$, was mit den Tatsachen nicht übereinstimmt. In Wirklichkeit ist diese Formel nur gültig, wenn die in der Kapazität des Kabels aufgespeicherte Energie gegen die in den Verbrauchsapparaten vorhandene Energie verschwindend klein ist.

Auf Basis einer andern Logik führt die obige Formel aber doch zu interessanten Resultaten.

Im Momente des Abschaltens sind im Stromkreise zwei Energien wirksam, die eine $\frac{1}{2} V^2 C$ in der Leitung und die andere $\frac{1}{2} J^2 L$ in den Verbrauchsapparaten. Deren resp. Werte seien j_1 und j_2 Joules. Beide haben eine Phasendifferenz φ, und für $\cos \varphi = 0.90$ ist φ etwa 25^0, also nicht groß. Nun darf man annehmen, daß j_1 und j_2 eine Resultante j haben, infolge deren die Entladung wie bei einem Kondensator vor sich geht, so daß $\frac{1}{2} V^2 C = j = \frac{1}{2} J^2 L$.

Nach Einführung von Amperes, Volts, Mikrofarads und Henrys erhält man dann für die Spannung V der freien Entladungen und die Stärke J des ungedämpften Stromes die Formeln

$$V = 10^3 \sqrt{\frac{2}{C} j} \qquad J = \sqrt{\frac{2}{L} j}$$

C und L bezeichnen die effektiven Werte von Kapazität und Selbstinduktion, nicht die kilometrischen. Da j sowohl von C als von L abhängt, sind sowohl V als J auch von diesen beiden Größen abhängig.

Würde man bei der Unterbrechung eines Kreises j kennen, so wäre das Problem ohne weiteres gelöst. Da wir für dessen Größe aber absolut keine Anhaltspunkte haben, so machen wir einige Annahmen, um uns zu orientieren, von welcher Größe Überstrom J und Überspannung V sein können.

Geben wir C und L noch die Werte von S. 24, so bekommen wir eine Übersicht des Verlaufes von Überspannungserscheinungen für kleine, mittlere und große Kabelnetze und Freileitungen.

Die nachfolgende Tabelle gibt eine Zusammenstellung der berechneten Zahlen, unter der Annahme, daß $j = 100$, 1000, 10000 und 100000 Joules ist. Es ist selbstverständlich, daß diese nicht als bestimmte numerische Werte anzuschauen sind. Man darf nur Schlüsse betreffend den Charakter der Erscheinung ziehen. Dieser ist der folgende:

Art des Netzes		Labile Energie j in Joules			
		100	1000	10 000	100 000
		Überspannungen in Volt.			
Kabelnetz	klein	14 000	44 000	—	—
,,	mittel	4 500	14 000	45 000	—
,,	groß	450	1 400	4 400	14 000
Freileitung	klein	140 000	440 000	—	—
,,	mittel	14 000	44 000	140 000	—
,,	groß	4 000	14 000	44 000	140 000
		Überströme in Amperes.			
Kabelnetz	klein	1 400	4 500	—	—
,,	mittel	45	140	450	—
,,	groß	4.5	14	45	140
Freileitung	klein	140	440	—	—
,,	mittel	14	44	140	—
,,	groß	0.45	1.40	4.5	14

Die Überspannungen betreffend:

1. Sie verlieren für beide Arten der Netze an Bedeutung, je größer dasselbe ist.

2. Sie sind in Freileitungen bedeutend höher als in Kabelnetzen.

3. Schon bei kleinen Energiemengen sind sie für kleine Kabelnetze ganz bedeutend, und enorm bei Freileitungen.

4. Bei großen Kabelnetzen sind sie bedeutungslos, denn für 14 000 Volt Überspannung muß schon eine Energie von 100 000 Joules im Kabelnetze vorhanden sein, eine Zahl, die wohl nie erreicht wird.

Die Überströme betreffend:

1. Sie verlieren mit wachsendem Netz an Bedeutung.

2. Sie sind in Kabeln höher als in Freileitungen.

3. Sie sind in kleinen Kabelnetzen schon für kleine Energien enorm groß.

Auf S. 291 ff. ist das gleiche Problem mathematisch behandelt.

Diese Untersuchungen werfen ein Licht auf einen Vorfall, der uns bis dahin unerklärlich gewesen ist. Im Jahre 1891 prüften wir für die Frankfurter Ausstellung ein konzentrisches Gummikabel von ca. 2 × 10 qmm. Die beiden Wandstärken waren gegen 13 mm dick, und der Außenleiter war zusammengesetzt aus 7 Drähten, die durch ein spiralförmiges Stanniolband (für Spannungsausgleich bei eventuellem Drahtriß) in Kontakt gehalten waren. Vier Längen von je 300 m waren einzeln mit 50 000 Volt geprüft worden und hielten die Spannung aus. Darauf wurden die Spleißungen gemacht und die ganze Länge von 1200 m auf einmal geprüft, mit einer ca. 100 pferdigen Maschine und einem Transformator entsprechender Größe. Die Enden waren auf ca. 1 m zurückgeschnitten.

Die Spannung wurde schrittweise auf 40000 Volt erhöht und dann konstant gehalten. Nach etwa 5 Minuten fing der Transformator an zu heulen und das freie Ende, ca. $1\frac{1}{2}$ m über dem Boden, an zu blitzen. Die ganze Erscheinung war übermächtig und verlief so momentan, daß sie von dem Auge nicht in den einzelnen Phasen verfolgt werden konnte.

Das Kabel war ganz gründlich ruiniert. Sozusagen kein meterlanges Stiick war zu finden, das nicht zwischen den Leitern ein nadelfeines Loch aufwies. Die Drähte des Außenleiters waren an vielen Stellen durchgeschmolzen, und das Stanniolband zum größten Teil verschwunden, Anzeichen eines starken Stromes.

Es ist uns erinnerlich, daß während dieser Experimente als primärer Stromschalter ein recht armseliges Ding verwendet wurde, und die Möglichkeit ist da, daß er während des Prüfens plötzlich versagte. Dann haben wir den sekundären Kreis für sich allein mit der Energie des Transformatoreisens, die plötzlich frei wird und sich in den Sekundärkreis entladet, sowie derjenigen der Kapazität. Für den Fall dürfen wir wohl $C = 5 \times 10^{-2}$, $L = 10^{-2}$ und $j = 500$ annehmen. Dies ergäbe eine Überspannung von 140000 Volt und einen Überstrom von 300 Amperes, und die Angelegenheit wäre erklärt.

Andere Fälle von Überspannungen. Das Abschalten des Generators vom lebendigen Netz ist typisch für alle andern Formen von Störungen.

Betrachten wir als nächstes Beispiel ein langes Netz z. B. von Zweileiterkabel oder Freileitung, der ganzen Länge nach mit Kapazität und stellenweise mit Selbstinduktion belastet. Denken wir uns jetzt am Ende die Leitung entzweigerissen. Das Leiterschema wird dann ganz das gleiche sein wie im vorigen Kapitel, nur mit dem Unterschied, daß der Generator noch im Stromkreise ist. Außer der Energie der freien Schwingungen wird also noch diejenige des Generators auftreten, so daß also die Störungen noch schwererer Art sind als beim Abschalten. Ebenso verhält sich die Sache, wenn der Leitungsbruch an irgendeiner andern Stelle auftritt.

Machen wir einen Kurzschluß am Kabelanfange, so haben wir wieder nichts Neues. Kabel und Abnehmerseite bilden wieder einen Stromkreis mit R, C und L, in der ein gewisser Energiewert sein Gleichgewicht sucht.

Schließen wir das Kabel am Ende kurz, und zwar vor den Verbrauchsapparaten, so müssen wir zwei Stromkreise untersuchen, die Abnehmerseite und die Generatorenseite. Die erste wird wenig C und viel L enthalten und die zweite wenig L (hauptsächlich den Generator) und viel C.

Auch hier kommen wir wieder auf den ursprünglichen Fall zurück. Stellen sich die Kurzschlüsse durch Durchschläge von selber ein, so haben wir wieder dasselbe. Ein Erdschluß für sich allein bringt keine Störung hervor, wohl aber zwei, wenn eine bedeutende Spannungsdifferenz (vergleichbar mit der Betriebsspannung) zwischen denselben vorhanden ist. Die beiden repräsentieren dann einen Kurzschluß.

Sobald eine atmosphärische Entladung Kurzschluß oder Erdschlüsse hervorbringt, gehört die Störung auch in diese Klasse.

Belastete Netze. Bis dahin haben wir stillschweigend nur den Primärkreis betrachtet und angenommen, der Ausgleich der Energien finde in ihm allein statt. Dies ist aber nicht der Fall. Wenn Transformatoren vorhanden sind, die eine sekundäre Belastung haben, so induziert der im Eisen verschwindende Magnetismus sowohl den primären als den sekundären Kreis, vielleicht halb und halb. Die nachher auftretenden Stromwellen magnetisieren das Eisen wieder, was weitere Transporte von Energie in den sekundären Kreis zur Folge hat.

Ist also das Sekundärnetz belastet, so wird der Ausgleich der Energien rascher vor sich gehen, und das Primärnetz wird wesentlich von Überspannungen entlastet.

Diese theoretische Folgerung wird von Benischke (ETZ. 1905, 156) unterstützt, der berichtet, daß selten Durchschläge eintreten, wenn die Transformatoren belastet sind, und daß solche permanent, einzig zum Kabelschutze, in die Netze eingeschaltet werden.

Der Schließungsfunken. Bis hierher haben wir die Fälle untersucht, bei denen im lebendigen Netz plötzlich eine kräftige Störung eintritt. Wenden wir uns nun den Erscheinungen zu, die auftreten, wenn wir an das ruhende Netz plötzlich den voll erregten Generator anschalten.

Theoretisch ergibt sich das folgende. Der Generator wird an das Netz geworfen, ohne eine nennenswerte Energie in sich zu haben. Es werden also keine labilen Energien aus dem Gleichgewicht gebracht und keine freien Schwingungen eintreten. Hingegen wird sofort nach dem Anschluß der Generator seine volle Kraft entwickeln und eine kräftige Energiewelle in das Netz hineinsenden, die wahrscheinlich mit einem Berg voran fortschreitet. Sobald der Strom dann bei den Transformatoren anlangt, muß er zu deren Magnetisierung eine größere Energie aufwenden, wird also plötzlich sinken, und im Netz wird die L-Energie einen Stoß ausführen. Der Vorgang wird fortdauern, bis nach einigen Perioden der Strom seinen Normalwert annimmt.

Das Charakteristische beim Stromschluß sind also die kräftigen Stöße auf das Netz und offenbar auch auf das Isoliermaterial, das ja bei der Transportierung der Energie auch mithilft. In der Mechanik ist allgemein bekannt, daß ein Material bei stoßweiser Belastung weit weniger aushält, als wenn es nach und nach immer mehr angestrengt wird. Es wird sich also nicht empfehlen, den voll erregten Generator an das ruhende Netz zu werfen, wenn man nicht die Absicht hat, die Kabel usw. zu ruinieren.

Im Jahre 1889 machten wir einige Experimente, die auf diesen Punkt Bezug haben. Es wurde parallel zu einem Kabel ein Funkenmikrometer geschaltet und so eingestellt, daß dessen Schlagweite größer war als die Prüfspannung des Kabels, die einem Transformator entnommen war. Dieser selber wurde durch einen Wechselstromgenerator von niedriger Spannung gespeist. Jedesmal beim Einschalten des Stromes wurde ein Funken beobachtet.

Die Distanz der Elektroden des Mikrometers wurde dann sukzessive vergrößert, bis der Funken bei 100maligem Schalten nicht mehr auftrat. Die zugehörige Spannung kann als die maximale Überspannung des Einschaltens angesehen werden. Ihr Wert wurde gleich dem zweifachen der Prüfspannung bestimmt. Es ist einerlei, ob man die Schaltung auf der primären oder auf der sekundären Seite vornimmt, die Spannung des Schließungsfunkens ist in beiden Fällen dieselbe.

Läßt man das Kabel aus dem Experiment weg, so ist der Funke auch noch vorhanden, aber dessen Spannung ist bloß 10—25 % höher als die Prüfspannung.

Diese Eigenschaft des Schließungsfunkens machte es uns leicht, jedes der damals gebauten Kabel durchzuschlagen. Da man über den Schließungsfunken ganz im klaren sein wollte, wurden diese Durchschläge etwa 10mal ausgeführt. Sie erfolgten immer wenige Meter vom Ende, das an den Transformator angeschlossen war. Aus dieser Erscheinung leitete man schon damals den Schluß ab, daß Strom oder Spannung sich nicht gleichzeitig im ganzen Netz entwickeln, sondern in Form einer fortschreitenden Welle.

Es versteht sich von selbst, daß die Spannungserhöhung von 100 % nicht als allgemeine Zahl zu nehmen ist, sondern bloß für den Versuchsapparat Gültigkeit hat.

Apt (ETZ. 1903, 655) bestätigt die Existenz des Schließungsfunkens.

Überspannungen durch Resonanz. Auf S. 26 haben wir nachgewiesen, daß freie Schwingungen in einem Stromkreise auch entstehen können, wenn die aufgezwungene Schwingung mit ihnen gleiche Periodenzahl hat. Ebenso, daß dann Überspannungen stattfinden, deren Faktor für kleine, mittlere und große Netze bestimmt worden ist.

Der Übergang vom gewöhnlichen Zustand zur Resonanz macht sich natürlich allmählich, wie aus der Resonanzkurve S. 29 ersichtlich ist. Die Überspannungen wachsen sukzessive an, bis die Resonanz komplett ist, und fallen dann wieder zurück. Der Vorgang ist immer derselbe, welche der drei Größen L, C oder n man veränderlich mache. Die Gleichung für Resonanz ist, reine Sinuswellen vorausgesetzt,

$$4\,\pi^2\,n^2\,L\,C = 1.$$

Repetieren wir noch, daß die freien Schwingungen in unseren angenommen kleinern, mittleren und großen Netzen die Periodenzahlen von der Ordnung 16 000, 160 und 1.60 aufweisen.

Nun kommen wir zur Untersuchung der Resonanz für den Fall eines Wechselstromes, wie er in der Starkstromtechnik tatsächlich vorhanden ist. Hier haben wir nicht mehr mit reinen Sinuswellen zu tun. Sowohl Spannung wie Strom ergeben, wenn mit dem Oszillographen aufgenommen, abgeflachte oder sogar zackige Formen. Von Welle zu Welle ist aber die Form dieselbe, d. h. sie ist periodisch.

Fourier hat gezeigt, daß man irgendeine periodische Kurve in eine Summe von Sinuswellen zerlegen kann, von den Periodenzahlen n, $2\,n$, $3\,n$ ...., den Amplitüden A_1, A_2, A_3 ...., und den Phasendifferenzen φ_1, φ_2, φ_3 .... Die Kurve kann also dargestellt werden durch eine Grundschwingung und eine Anzahl von Oberschwingungen.

Analysiert man in dieser Weise von Wechselstromgeneratoren abgenommene Kurven, so findet man, daß nur ungerade Oberschwingungen auftreten. Bei neueren, gut entworfenen Maschinen sind die Amplitüden dieser Oberschwingungen weniger als ca. 1 % der Amplitüde der Grundschwingung, mit Ausnahme zweier, nämlich der $m - 1$ und der $m + 1$ ten, wenn m die Nutenzahl per Pol bezeichnet. Für diese kann die Amplitüde auf ca. 5 % bei guten und 10 % und mehr bei weniger guten Maschinen ansteigen.

Es gibt wenig Literaturangaben, welche Ordnungszahl diese wichtigsten Oberschwingungen haben; aber es scheint, daß 9 und 11 das gewöhnliche ist, und 19, 21 Ausnahmen. Die Oberschwingungen kommen davon her, daß die Armaturspulen nicht so gebaut werden können, daß die Induktion beim Vorbeipassieren des Polstückes stetig ansteigt und abfällt. Die Spulendrähte liegen in Nuten, und jede derselben erzeugt beim Eintritt in das magnetische Feld einen kleinen Ruck. Die Ungleichheit wird noch vermehrt, wenn die Armatur nicht genau zentrisch mit den Magneten liegt.

Resonanz kann nun nicht bloß durch die Grundschwingung, sondern auch durch die Oberschwingungen erzeugt werden. Die gewöhnliche aufgezwungene Periodenzahl ist 50, aber auch 25 und 100 sind vertreten. Untersuchen wir nun die Möglichkeit des Eintretens der Resonanz.

a) Kleine Netze. Die freie Schwingungszahl ist von der Ordnung 16 000. Die höchste auftretende Oberschwingung ist rund $20 \times 100 = 2000$. Es ist also überhaupt keine Resonanz möglich.

b) Mittlere Netze. Freie Schwingungszahl 160. Keine der Grundschwingungen erreicht sie. Dagegen ist reichlich Spielraum für Resonanz der Oberschwingungen für Netze, die zwischen a) und b) liegen. Ist die freie Schwingungszahl z. B. $v = 300, 500, 700 \ldots$, so können für $n = 100$ dritter, fünfter, siebenter . . . Oberton in Resonanz treten; oder für $n = 50$ der fünfte und siebente nahezu usw.; oder für $n = 25$ der elfte und dreizehnte nahezu usw.

c) Große Netze. Freie Schwingungszahl = 1.60. Resonanz ist auf keinen Fall möglich. Dagegen kann für Netze, die zwischen b) und c) liegen, $v = 25$, 50 oder 100 sein, d. h. die Grundschwingungen können in Resonanz treten. Die Gelegenheit für Resonanz der Oberschwingungen ist hingegen sehr reduziert. Ist $n = 25$, so sind bloß für $v = 75$ und 125 die Resonanzbedingungen vorhanden. Für $n = 50$ resoniert bloß $v = 150$, und für $n = 100$ ist jede Resonanz ausgeschlossen.

Nun haben wir uns noch mit den Überspannungen zu befassen, die von der Resonanz herrühren. Über deren Wichtigkeit geben uns die Überspannungsfaktoren S. 27 Aufschluß. Dieselben geben die Zahl an, mit welcher man die aufgezwungene Spannung multiplizieren muß, um die Überspannungen zu erhalten. Für Netze, die zwischen b) und c) liegen, kann die Grundschwingung in Resonanz treten, also dürfte die Überspannung auf das zehnfache in Kabelnetzen und auf das 100-fache in Freileitungen anwachsen.

Wenn Oberschwingungen in Betracht kommen, wird deren Amplitüde höchstens ein Zehntel der Grundschwingung. Die Überspannungsfaktoren werden also durch 10 dividiert werden müssen. Für Kabelnetze hat man also $k = 10$, 1 und 0.1 und für Freileitungsnetze $k = 1000$, 10 und 10.

Die Oberschwingungen können also auch noch Anlaß zu Spannungserhöhungen geben, ganz besonders bei Freileitungen. Man muß nicht vergessen, daß neben der Überspannung immer noch die aufgezwungene Spannung an der Leitung liegt, also wird es nicht zu wundern sein, wenn die beiden zusammenwirkend die Isolation zerstören.

Auch diese Rechnung ist nur genau gültig unter der Annahme, daß C und L punktförmig verteilt sind, und daß L konstant sei, was nicht immer zutrifft. Ebenso ist bei Schwingungen von der Periode 16 000 der Widerstand R höher als ohmisch gemessen.

Will sich der Betriebsleiter einer elektrischen Anlage darüber orientieren, in welcher der drei Zonen dieselbe liegt, und wann er an die Gefahrsgrenze kommen wird, so sind ihm im vorigen alle Wege angegeben, die er zu gehen hat.

Zunächst sind die Spannungskurven der Generatoren aufzunehmen, so wie sie im Betriebe verwendet werden, wobei drei Belastungen genügen sollten. Diese sind dann auf Oberschwingungen und deren Amplitüden zu analysieren.

Die Konstante R ist für die ganze Anlage ohne weiteres meßbar. Die betriebsmäßige Kapazität C wird man mittels des Ladestromes bestimmen unter Abschaltung aller Apparate und um einige Prozent vermehren wegen der Kapazität der Transformatoren, wenn man diese nicht direkt messen kann.

Bleibt noch ausstehend die Kenntnis von L. Bis dahin hat man sich gescheut, L direkt zu messen, aber, wie es uns scheint, mit Unrecht, wie aus dem Folgenden ersichtlich wird.

Bestimmung der Selbstinduktion eines Netzes. Wir setzen einen Stromkreis voraus, bestehend aus R, C und L, an den wir eine sinusförmige elektrom. Kraft e anlegen. Ebenso, daß die Formeln für punktförmige Verteilung von C und L auf ein elektrisches Verteilungsnetz angewendet werden dürfen. Dann ist (für den Fall, daß keine Motoren angeschlossen sind) nach Landry der Betriebsstrom

$$i = e : \sqrt{\frac{R^2 + \omega^2 L^2}{\omega^2 C^2 \left[R^2 + \left(\omega L - \frac{1}{\omega C}\right)^2\right]}}$$

und die Phasenverschiebung φ ist gegeben durch

$$\operatorname{tg} \varphi = \frac{\omega}{R} [L - C (R^2 + \omega^2 L^2)].$$

Aus der einen oder anderen Formel läßt sich das betriebsmäßige L bestimmen. Benutzen wir die erste und setzen $e^2 : i^2 = m$, so wird

$$L = \frac{m C}{m \omega^2 C^2 - 1} \pm \frac{1}{\omega} \sqrt{\frac{m}{(m \omega^2 C^2 - 1)^2} - R^2}$$

oder nach Einführung der praktischen Einheiten Ampere, Volt, Ohm, Mikrofarad und Henry

$$L = \frac{m C}{m \omega^2 C^2 . 10^{-6} - 10^{+6}} \pm \frac{1}{\omega} \sqrt{\frac{m}{(m \omega^2 C^2 . 10^{-12} - 1)^2} - R^2}.$$

Voraussichtlich wird für L der eine Wert positiv und der andere negativ. Da nur der erstere gültig, wird die Lösung eindeutig sein.

Experimentell müssen also für verschiedene Belastungen die Stromstärke i und die e. m. Kraft e der Maschine bestimmt werden, um Aufschluß betreffend die Größe von L zu verschiedenen Tageszeiten zu bekommen. Es wird den größten Wert bei Leerlauf aufweisen und den kleinsten bei Vollbelastung.

Bestimmt man bei jedem der Versuche gleichzeitig noch die Phasendifferenz φ zwischen Strom und Spannung, so hat man die Daten für die Bestimmung von L aus tang φ.

Es wird

$$L = \frac{1 \pm \sqrt{1 - 4\,\omega\,C\,R\,.\,10^{-6}\,(\omega\,C\,R\,.\,10^{-6} + \operatorname{tg}\varphi)}}{2\,C\,\omega^2} \times 10^{+6} \text{ Henry}$$

Die Berechnung nach dieser Formel gibt eine Kontrolle der aus der ersten erhaltenen Werte, so daß sich beurteilen läßt, welchen Grad von Genauigkeit man dem L zuschreiben darf. Da es sich nur um eine Orientierung handelt, sollten die Werte von L, nach Formeln für punktförmige Anordnung von C und L berechnet, genügend genau sein.

Feldmann (ETZ. 1908, 607) hat in einer verdienstvollen Arbeit, die jeder studieren sollte, der sich für diese Sache interessiert, versucht, das Problem der Bestimmung von L auf rechnerische Weise zu lösen.

Vermeidung der Resonanz. Zufällige Störungen in einem Netze, wie Kurzschlüsse usw., sind mit in den Kauf zu nehmen. Dagegen kann man die Resonanz beseitigen, und die Mittel dazu sind gegeben durch die Erkenntnis ihrer Ursachen. Entsprechend der Rezonanzgleichung $4\,\pi^2\,n^2\,L\,C = 1$ haben wir eine der drei Größen n, L oder C so weit abzuändern, daß die linke Seite der Gleichung einen wesentlich anderen Wert als 1 ergibt.

Das wirksamste Mittel, wo zulässig, ist wohl die Abänderung von n, da diese Zahl im Quadrat eintritt. Je nach den Umständen wird man die Tourenzahl kleiner oder größer wählen. Entschließt man sich zur Änderung von L, so muß man zubauen, eine genügend starke Drosselspule oder einen Transformator in das Netz einschalten. Ist eine Abänderung von C empfehlenswert, so wird man einige Kilometer Kabel in das Netz neu verlegen oder einige Trommeln vorrätiges Kabel, als Kondensator wirkend, provisorisch parallel zum verlegten Netz zuschalten. Zu diesem Zwecke, um mit möglichst wenig Mitteln aus der gefährlichen Zone herauszukommen, sollten sich konzentrische Kabel sehr gut eignen, da sie eine große Kapazität (und eine geringe Selbstinduktion) haben.

Was Resonanz der Grundschwingungen anbetrifft, so scheint uns der Fall nicht diskutierbar, da so große Netze, wie in unsern Untersuchungen vorausgesetzt, wohl noch lange nicht existieren werden. Erst die Elektrisierung der Bahnen wird solche Netze erfordern, und da man die Periodenzahl auf 25 erniedrigen wird, so ist die Gelegenheit für Resonanz größer als mit 50 Perioden.

Betreffend Oberschwingungen haben die Maschinenbauer schon das Mögliche getan, um durch Abänderung der Polform und bessere Anordnung der Spulen eine reine Sinuswelle zu bekommen, also diese lästigen Beigaben zu unterdrücken.

Aus diesen Untersuchungen kann ein Betriebsleiter leicht die Regel ableiten, daß er seine Maschinen nie in erregtem Zustande anlassen oder abstellen soll, weil immer die Gelegenheit eintreten kann, daß bei einer bestimmten Tourenzahl ein Oberton in Resonanz fällt. Schon im Jahre 1889 beobachteten wir diese Erscheinungen beim Prüfen von Kabeln und hielten uns später strenge an diese Regel. Doch scheint sie nicht allgemein bekannt zu sein. So berichtet z. B. Blakesley noch 1903 (J. J. E. E. Vol. 32, 1903, 699) von einem Falle, da sie nicht beachtet wurde. Bei einer gewissen Tourenzahl, sowohl beim Anfahren als beim Abstellen, zeigten sich am Schalter und anderen blanken Verbindungsteilen gewaltige Funkenentladungen.

Andere Ursachen von Überspannungen. Durch Erfahrung beim Kabelprüfen belehrt, haben wir von jeher alles vermieden, was Funkenentladungen herbeiführen konnte, indessen ohne Einsicht in das Wesen der Sache zu haben. Die Erklärung kommt nun von selber. Jeder überspringende Funke repräsentiert eine gewisse Wärmemenge, also eine dem System plötzlich entnommene Energie. Der Rest muß also in freie Schwingungen treten, die offenbar stark sind, da die Entladungen explosionsartig auftreten.

Ein Lichtbogen verhält sich in weit stärkerem Maße ähnlich, sowohl beim Entstehen und noch mehr beim plötzlichen Auslöschen. Woodehouse (El. LI, 1903, 925) schreibt, man soll grundsätzlich alles vermeiden, was einen Lichtbogen veranlassen könnte.

Schmelzsicherungen in Hochspannungsnetzen können auch Anlaß zu Überspannungen geben, und sie sollten nach der Ansicht mehrerer Autoren ganz verboten werden, namentlich für Drehstromanlagen. Humann (ETZ. 1904, 883) und andere haben nachgewiesen, daß ganz bedeutende Änderungen in der Kapazität des Netzes entstehen, wenn von den drei Sicherungen eine derselben abschmilzt. Also ist Gelegenheit zu unvermuteter Entstehung von Resonanz vorhanden.

Ölschalter unterbrechen erfahrungsgemäß in der Nähe von $J = 0$, und es wird empfohlen, dieselben statt der Schmelzsicherungen zu verwenden.

Atmosphärische Entladungen kommen nur bei langen Freileitungen vor, und sie können ganze Reihen von Masten zertrümmern. Sie entstehen auf verschiedene Art.

Wir können die Freileitung als einen isolierten Körper von sehr großer Länge betrachten. Streichen nun Winde mit geladener Luft oder Staubteilchen an der Leitung vorüber, so nimmt sie eine Ladung auf, die eine hohe Spannung erzeugt. Dann kann die Leitung wieder von einer Wolke durch Influenz geladen werden. Entladet sich dieselbe durch einen Blitz, so sucht die Elektrizitätsmenge auf der Leitung in die Erde abzufließen, wobei Maschinen und ev. Kabel beschädigt werden können. Der stoßweise erfolgende Ausgleich wird dann auch noch Anlaß zu freien Schwingungen geben.

Einige Beispiele von atmosphärischen Einwirkungen auf große Überlandnetze mögen hier Erwähnung finden, siehe Bull. Schweiz. ETV. 1910, 29.

„Von größeren Zentralen werden Überspannungen hauptsächlich wahrgenommen beim plötzlichen Ein- und Abschalten größerer Leitungen, Transformationen und Generatoren.

„Häufig werden Leitungen von Überspannungen heimgesucht, welche quer zu Gewitterzügen oder längs großen Wasserläufen oder überhaupt auf nassem Boden liegen, ebenso Leitungen in der Nähe von Wald und auch solche mit beträchtlichen Höhendifferenzen.

„Ein interessanter Fall ist folgender; ein Werk hat Leitungen in ziemlicher Höhenlage, welche die Talsohle durchqueren und täglich abends Überspannungen zeigen. Die Beobachtung hat ergeben, daß die Überspannungen immer dann auftreten, wenn der abendliche Talwind durch die Gegend zieht. Die Überspannungserscheinungen wurden durch Wassererdung beseitigt.

„Ein anderes Werk hat beobachtet, daß nur so lange Überspannungen an der Leitung vorkamen, als keine Abzweigungen auf der Hochspannungsleitung sich befanden. Sobald solche vorgenommen wurden, verschwanden die Überspannungen bei gleichgebliebenen Schutzvorkehren.

„Ferner: Ein Werk besitzt eine Leitung, die vom Tal auf einen Berg hinauf sich erstreckt (ca. 1800 m über Meer.). Es wurden in 38 Tagen, wovon 15 Gewittertage waren, 651 mal Überspannungserscheinungen beobachtet. — Ein anderes Werk, welches eine ähnliche Bergleitung besitzt, hat während eines Sommers fast täglich 10 Entladungen wahrgenommen.

„Ein interessanter Fall mag zum Schlusse noch folgender sein: Ein Werk beobachtete an den Blitzhörnern einer freistehenden Transformatorenstation jeden Morgen bei klarem Wetter Überschläge an den Blitzhörnern. Man vermutete, daß Insekten zwischen die Hörner gelangen, und hat Wachen aufgestellt; diese haben jedoch nichts wahrnehmen können, als daß die Blitzhörner funktionierten, meistens zwischen $5\frac{3}{4}$ Uhr bis $6\frac{1}{2}$ Uhr im August. Merkwürdig war, daß bei Regenwetter die Erscheinung ausblieb. Nähere Überlegungen haben auf den Gedanken geführt, daß die Funkenstrecken der Blitzhörner durch die ultravioletten Strahlen der aufgehenden Sonne erregt werden und zum Überschlagen Anlaß gaben. Die Blitzhörner wurden daraufhin auf die Westseite der Station versetzt, wo sie von der aufgehenden Sonne nicht mehr bestrahlt wurden, und von diesem Moment an blieb die Erscheinung aus."

Die Schwingungszahlen von atmosphärischen Entladungen werden von Moscicki auf minimal 500 000 und von Feldmann auf 10 bis 100 Millionen geschätzt. Die Entladung schreitet mit der Geschwindigkeit des Lichtes, d. h. 300 000 km per Sekunde, vorwärts.

Möglichkeit von Durchschlägen. Es sei hier daran erinnert, daß außerordentlich hohe Spannungen in einem Kabel nicht unbedingt einen Durchschlag zur Folge haben müssen. Ein solcher wird nur eintreten, wenn die dazu nötige Energie vorhanden ist. Deren Größenordnung kann man durch eine einfache Rechnung bestimmen.

Wir nehmen als Beispiel ein Kabel von 12 000 Volt mit 10 mm Isolationsdicke zwischen den Leitern und imprägniertem Papier als Dielektrikum, in welchem ein zylindrisches Loch von 1 mm ⌀ ausgebrannt worden wäre. Das Volumen der verkohlten Isolation ist rund 0.08 ccm, und das Gewicht bei spez. Gewicht 1.25, rund 0.010 g.

Nun sind die Verbrennungswärmen, auf die Masse von einem Gramm bezogen, für Öle ca. 10 000 und für trockenes Papier ca. 6000 g/Kal., also für imprägniertes Kabelpapier rund 8000 g/Kal. Um also 0.01 g verbrennen zu können, müssen wir 80 g/Kal. aufwenden, was 330 Joules entspricht.

Damit also ein Durchschlag der betrachteten Größe entstehe, müssen ca. 300 Joules auf die Kabellänge von 1 mm konzentriert werden, wie wir uns der Kürze wegen ausdrücken wollen.

Wenn nun bei der Umsetzung der latenten Energien von C und L eine Welle auch 10 000 Joules repräsentiert oder 150 000 Volt, so ist noch gar nicht gesagt, daß sie unbedingt das Kabel durchschlagen müsse. Die 10 000 Joules sind auf das ganze Kabel, vielleicht auf 100 km Länge verteilt, so daß auf den einen Millimeter Länge noch lange keine 300 Joules entfallen.

Wie die Welle der einen oder der anderen Energie sich bildet, wissen wir nicht, ebenso nicht ob die C- oder L-Welle den Durchschlag fertig bringt. Es ist aber anzunehmen, daß sich die Welle an einem Kabelende zu bilden anfängt und sich zum andern Ende fortpflanzt, mit einem starken Berge voran, der vielleicht $^1/_{10}$ bis $^1/_2$ der ganzen Energie enthält. In dieser Art kann die nötige Energie auf eine Kabellänge von 1 mm konzentriert und der schwächste Punkt herausgefunden werden. Eine stehende Welle mit Knoten und Bäuchen müßte schon eine sehr große Energie besitzen, um einen Durchschlag zu erzielen. Eine wandernde Welle ist auch sonst anzunehmen, da die Energie ja von den Verbrauchsapparaten zurück in das Kabel und dann wieder vorwärts transportiert wird.

Weiter ist noch zu erkennen, daß, wenn zwei Wellen gleiche Energie haben, diejenige mit höherer Periodenzahl über die stärkere Durchschlagskraft verfügt.

Aus alledem folgt, daß man sich wegen der Überspannungen nicht zuviel aufregen muß. In unserer 25 jährigen Praxis haben wir wohl 10 000 km Kabel angefertigt und Kenntnis von allen betreffenden Durchschlägen bekommen. Jeder konnte aber auf Fabrikationsfehler oder

Beschädigungen bei oder nach der Verlegung zurückgeführt werden, wenn es auch oft ein Jahr und länger ging, bis die Aufklärung erhältlich war. Aus der Praxis ist uns das ganze Gebiet der Überspannungen absolut unbekannt.

Schutzapparate gegen Überspannungen. Schutzmittel gegen Überspannungen ist ein Gebiet, für welches z. Z. weder genügend Erfahrung noch genügend Erkenntnis vorliegen, um etwas ganz Positives sagen zu können. Man tastet immer noch herum, und was der eine lobt, sucht der andere zu vermeiden. Auch kommt es gelegentlich vor, daß Schutzapparate gerade den Schaden anrichten, den sie vermeiden sollen. Der beste Schutz scheinen genügend stark isolierte Kabel zu sein, z. B. für Betriebsspannungen von 5—10 000 Volt mit Isolationsdicken von nicht weniger als 1 mm per 1000 Volt.

Gegenwärtig werden Schutzapparate immer an den Enden von Leitungen angebracht, und immer unter Dach, in Zentralen, Unterstationen, wichtigen Abnahmepunkten und bei Übergang von Freileitung in Kabel. Längs der Freileitung bringt man sie selten an. Ein Schutzapparat soll immer im Netz sein, auch wenn dieses nicht im Betrieb ist, und für Inspektion leicht zugänglich sein. So wichtig als deren Einbau ist auch die Kontrolle, denn die meisten der Apparate leiden, wenn sie funktionieren, und verändern ihre Empfindlichkeit durch den Einfluß der Witterung, durch Staub u. dergl.

Im allgemeinen wird empfohlen, bei Mehrleiteranlagen den Neutralpunkt dauernd an Erde zu legen, wenn man für nötig findet, Schutzapparate in das Netz einzubauen. Erdleitungen müssen möglichst gerade, kräftig und selbstinduktionslos sein.

Wenden wir uns nun zu den einzelnen Apparaten, die als Schutz gegen Überspannungen verwendet werden. Die meisten davon dienen zur Ableitung der atmosphärischen Ladungen.

Die Funkenstrecke ist wohl der älteste dieser Schutzapparate und wurde von 1890 bis etwa 1895 in großen Netzen mit konzentrischen Kabeln vielfach verwendet; aber wir glauben, man hat sie dann systematisch entfernt. Sie wurden ungefähr bei jedem dritten Endverschluß angebracht, zwischen den zwei Leitern montiert. Der Apparat war sehr einfach. In einem Kästchen aus Porzellan waren zwei Messingblättchen von ca. 30 × 15 × 2 mm angebracht, deren gezahnte Kanten auf Schlagweiten von etwa 4000 Volt für 3000 voltige Kabel eingestellt waren.

Die Funkenstrecke ist besonders in Amerika beliebt und in allen möglichen Formen, Walzen, Platten, Säulen usw., in Parallel- und Reihenschaltung, mit größeren oder kleineren Widerständen usw. kombiniert. Eine Zusammenstellung derselben gibt die ETZ. 1908, 16.

Der Nachteil der Funkenstrecken liegt darin, daß sie auch den Betriebsstrom erden und durch stoßweise Entladung freie Schwingungen hervorrufen. Es gibt viele Praktiker, die ablehnen, sie in Kabelnetze einzubauen.

Die Drosselspule ist der zweitälteste Schutzapparat. Lodge hat etwa 1892 Experimente vorgeführt, die den Nachweis leisteten, daß Leiter mit Selbstinduktion für Wellen von hoher Periodenzahl undurchdringlich sind. Unter Umständen ist für dieselben schon das L von geraden Leitern zu viel, so daß sie lieber außerordentlich große Luftdistanzen überspringen, da ohmische Widerstände für sie kaum Hindernisse sind. Sorgt man also dafür, daß eine Entladung nicht vom Anfang zum Ende einer Drosselspule überschlagen kann, so hat man in ihr einen absoluten Schutz gegen hochgespannte Wellen von hohem n. Aus diesem Grunde ist sie auch mit allen modernen Schutzapparaten kombiniert worden. Sie wird eingeschaltet zwischen den Apparat, den man schützen will, und die Linie aus der Wellen von hoher Frequenz zufließen. Hinter ihr liegt dann der Ableiter. Für den Betriebsstrom von 50 oder 100 Perioden ist die Spule durchlässig und verursacht einen Spannungsverlust von nur wenigen Volt.

Für atmosphärische Entladungen wird n gleich einer Million und mehr geschätzt, und für diese genügt eine Spule von einer einzigen Windung. Es kann jedoch auch Wellen von 16 000 und weniger Perioden geben, und für diese muß man die Windungszahl erhöhen, um sie undurchdringlich zu machen. Ein solcher Apparat muß also immer den Umständen angepaßt werden.

Eine Drosselspule zwischen Kabel und Empfangsapparate einzuschalten, wäre wohl nicht ratsam, da sie die freien Schwingungen nicht aus ihm herauslassen würde. Immerhin wäre der Fall zu untersuchen, ob bei einer der betrachteten Störungen nicht die im Kabel vorhandene Energie weitaus geringer ist als die L-Energie der Empfangsapparate. Wäre dies der Fall, so würde die Spule zu einem wirksamen Kabelschutz.

Die Hörnerableiter sind von Siemens und Halske eingeführt worden. Sie haben für Freileitungen den Ruf guter Apparate und werden überall verwendet, sogar in Amerika, trotz der Vorliebe für Funkenstrecken. Eines der Hörner wird mit der Leitung verbunden, das andere über einen Widerstand an Erde gelegt. Zwischen dem Ableiter und dem zu schützenden Apparat ist eine Drosselspule eingebaut.

Das Wesen des Hornes liegt darin, während einer kurzen Zeit eine größere Energie zur Erde abzuführen. Diese Zeit liegt zwischen dem Entstehen und dem Verlöschen des Lichtbogens.

Was die Einstellung der Funkendistanz anbetrifft, gehen die Meinungen auseinander. Der eine verlangt 30, der andere 50 % Überspannung usw., einer stellt die Funkenstrecke in Öl, ein zweiter ionisiert sie, und ein dritter versieht sie mit einem magnetischen Gebläse.

Ebenso verschieden sind die Ansichten, welcher Widerstand zwischen Funkenstrecke und Erde einzuschalten ist, und in welcher Art derselbe zu bauen ist. Es sind 50 und 10 000 Ohm vorgeschlagen worden, Kohle, Karborund, Wasser, Salzlösungen, Wasser und Glyzerin gemischt usw.

Die Hörner sind meistens aus starkem Kupferdraht gebaut oder aus Kupferblech, auch aus verzinktem Gasrohr (ETZ. 1905, 973).

Neesen (ETZ. 1905, 301) empfiehlt, eines der Hörner als Stück der Leitung anzubringen.

Hörnerableiter verlangen eine stetige Kontrolle, da jede Entladung die Oberfläche des Metalls und somit die Empfindlichkeit der Funkenstrecke verändert. Entsprechend dem, was auf S. 284 betreffend Funken und Lichtbogen gesagt worden ist, sind Hörner nicht als Kabelschutz verwendbar, ausgenommen um den Eintritt von atmosphärischen Entladungen zu verhindern.

Im allgemeinen wirken Hörnerableiter langsam und lassen der Entladung ev. Zeit, Schaden anzurichten, bevor sie zur Erde gelangt. Auch kann der Betriebsstrom Erdschluß bekommen.

Technisch brauchbare Kondensatoren für hohe Spannung werden seit 1905 durch Moscicki (ETZ. 1905, 91) gebaut und sind mit großem Erfolg für Freileitungen verwendet worden. Der Kondensator hat die Form einer Glasröhre mit innerer und äußerer Belegung, von denen die eine an die Leitung, die andere an Erde gelegt wird. Eine Drosselspule liegt zwischen Kondensator und zu schützendem Apparat.

Der Kondensator hat vor allen Apparaten den enormen Vorteil, daß er stetig und ohne Funken oder Lichtbogen Energie zur Erde ableitet, einerlei, was die Überspannung auch sei. Er beginnt nicht erst, wenn eine gewisse Überspannung erreicht wird, und er arbeitet nicht stoßweise. Ebenso ist kein Kurzschluß des Betriebsstromes möglich. Um dessen Wesen zu verstehen, müssen wir einige Rechnungen machen, wobei wir uns der Formel des Ladungsstromes $J = 2\pi n\, C\, V \,.\, 10^{-6}$ erinnern.

Ein solcher Kondensator von 0.05 MF sei an eine Leitung mit 10 000 Volt und $n = 50$ gelegt. Der Ladestrom wird $J = 0{,}16$ Amp. Hat eine atmosphärische Entladung $n = 500\,000$, so wird $J = 1600$ Amp., und dieser Strom wird um so ausgiebiger, je größer n.

Hätte die Leitung eine atmosphärische Überspannung von 50 000 V, so würde per Periode an Energie abgeführt $W = \frac{1}{2}\, C V^2$ oder per Sekunde $W = \frac{1}{2}\, n C V^2$. Setzt man $n = 5 \,.\, 10^5$, $C = 5 \,.\, 10^{-2}$ und $V = 5 \,.\, 10^8$ so wird $W = 31\,250$ Kilowatt, was eine ganz gewaltige Energie repräsentiert.

Für Kabel, zum Schutz gegen Überspannungen von freien Schwingungen, ist der Kondensator auch das Ideal eines Schutzapparates, nur muß man die zwei Belegungen mit den zwei Leitern des Stromkreises verbinden, die man gegen Durchschlag schützen will.

Moscickis Apparate werden von der Kondensatorenfabrik in Freiburg (Schweiz) geliefert. Für letzte Publikation siehe ETZ. 1910, H. 18, S. 461 und deren Kritik durch Schrottke auf S. 443.

Ein beliebter Ableiter ist der Wasserstrahl, der überall verwendet werden kann, wo Wasser zur Verfügung steht. Er wird in verschiedenen Formen gebaut. Entweder läßt man den Strahl von unten gegen die Leitung spritzen, oder diese ist am Ende einer Glasröhre festgemacht, und das Wasser fließt innerhalb der Röhre hinauf und außerhalb hinunter. Da der Apparat Aufsicht verlangt, ist er nur im Innern der Gebäude anwendbar, wo stets Personal anwesend ist.

Elektrolytische Ableiter sind ETZ. 1907, 657 und 1155, sowie 1908, 672 und 1909, 235 beschrieben worden. Ein Element mit Aluminium- oder Chromelektroden, in passendem Elektrolyten geladen, überzieht sich mit einer dünnen isolierenden Schicht, die mit Gleichstrom bei 400 und mit Wechselstrom bei 260 Volt, der sog. kritischen Spannung, durchbrochen wird. Nur Spannungen, die größer sind als die kritische, bringen Strom zuwege, und beim Nachlassen stellt sich der stromlose Zustand wieder automatisch her. Durch Hintereinanderschaltung solcher Elemente kann man also ein elektrisches Ventil für irgendwelche Überspannung aufbauen. Wenn dieser Apparat sich bewährt, so wäre dessen Einbau in Kabelnetze empfehlenswert.

Auch Halbleiter werden als Schutzapparate verwendet. So baut z. B. die Co. de l'Industrie Electrique in Genf eine Porzellanröhre mit einer Amalgamfüllung, die bei einer bestimmten Spannung leitend wird. Das Beleuchtungskabel im Simplontunnel ist mit solchen Patronen gegen Überspannung geschützt.

Die Land- und Seekabelwerke (ETZ. 1905, 194) proponieren als Kabelschutz einen Apparat ähnlich einem galvanischen Element, der an passenden Stellen in das Netz eingebaut ist. Die Elektroden des Elementes werden an zwei Leiter eines Kabels angelegt, statt des Elektrolyts ist eine Ölfüllung und statt des porösen Separators eine isolierende Platte. Bei einer gewissen Überspannung wird die Platte durchgeschlagen, aber beim Nachlassen schafft das Öl den Kurzschluß wieder weg. Die Kurzschlüsse werden durch Vermittelung eines Spezialkabels in den Zentralen gemeldet, worauf man die beschädigte Platte auswechselt.

Weitere Auskunft über Schutzapparate findet man in den Spezialkatalogen der größeren Elektrizitäts-Gesellschaften, Beschreibungen und Kritiken ETZ. 1905, 973; 1908, 16. Feldmann, ETZ. 1908, 671. Kuhlmann, ETZ. 1908, 1095.

Das Differentialschutzsystem von Merz und Price möge auch in dieses Kapitel plaziert werden, obgleich es nicht recht zu dem behandelten Stoff paßt. Dasselbe ist von Kuhlmann (ETZ. 1908, 316) ausführlich beschrieben worden. Es kommt zur Verwendung für recht wichtige Kabel und bezweckt, dieselben bei einem Durchschlag sofort auszuschalten, bevor die Schalter von Nachbarkabeln fallen.

Im Prinzip ist das System sehr einfach. An jedem Ende des betreffenden Kabels wird in jede Phase ein kleiner Transformator eingebaut und die sekundären Wicklungen derselben Phasen mittels eines Hilfskabels in Reihe verbunden, beiderseits unter Einschaltung eines Differentialrelais. Im normalen Betrieb ist der durch den Hilfskreis gehende Strom gleich Null. Im Falle von Kurz- oder Erdschluß tritt aber von einem Ende aus mehr Strom in das Kabel ein. Alsdann haben die beiden Enden verschiedene Stromstärken, die Relais arbeiten und bringen selbsttätige Schalter zur Auslösung. Diese Wirkung erfolgt momentan, ehe Nachbarn in Mitleidenschaft gezogen werden.

C. Theorie der Überspannungen[1].

Die Fig. 61 stellt schematisch einen Stromkreis vor, der elektrische Energie überträgt, die von dem Generator G als sinusförmiger Wechselstrom erzeugt wird. Gleich hinter der Maschine befindet sich ein Ausschalter, an welchen ein Kabel oder eine Freileitung angeschlossen ist. An den Enden befinden sich die Verbrauchsapparate.

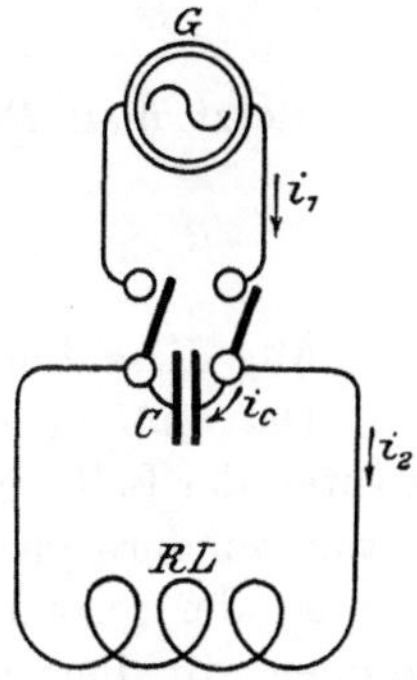

Fig. 61.

Man darf, ohne einen wichtigen praktischen Fehler zu begehen, unter der Voraussetzung, daß die Energieübertragung in der üblichen Art vor sich gehe, die Kapazität der Leitung in deren Anfangspunkt konzentrieren, so wie in der Figur angenommen.

Es sollen bedeuten:

i_1 die effektive Stromstärke im Generator,
i_c den effektiven Ladungsstrom für die Kapazität C.
i_2 den effektiven Strom im Verbrauchskreise,
$\mathfrak{v}_1$ die effektive Klemmenspannung am Generator.
$\omega = 2\pi n$ den Puls, wo n die Periodenzahl per Sekunde.
w die übertragene Energie.

[1]) Von A. de Montmollin, Betriebsleiter des Elektr.-Werkes der Stadt Lausanne, verfaßt. Ist ausführlicher in der Aprilnummer des Bull. Schw. E. V., 1910, S. 121, erschienen.

In der Fig. 62 sind die Beziehungen der elektrischen Größen dargestellt, wie sie sich in einem bestimmten Moment ergeben. Läßt man die Figur mit konstanter Geschwindigkeit um O von 0 bis 360° drehen, so erhält man ein Bild des Vorganges während einer Periode. Diese Darstellung ist allgemein bekannt.

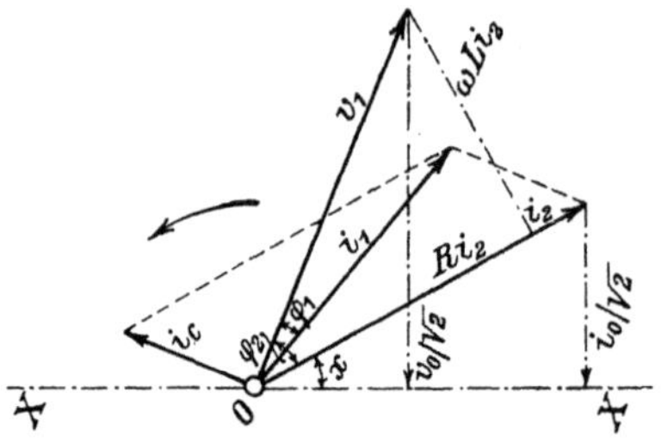

Fig. 62.

Man messe ein für alle Male, den Stromkreis in der Mitte offen, den Kapazitätsstrom i_c. Ebenso, aber in vollem Betriebszustande, mit entsprechenden Instrumenten, i_1, $\mathfrak{v}_1$ und W. Der Puls ω der Maschine ist von vornherein bekannt. Es ergeben sich dann die Werte:

Die Kapazität

$$C = i_c : \omega\,\mathfrak{v}_1 \quad . \quad . \quad . \quad . \quad . \quad . \quad . \quad . \quad (1)$$

Die Phasenverschiebungen φ_1 und φ_2 von i_1 und i_2 gegen die Spannung v_1 (siehe Fig. 62).

$$\cos\varphi_1 = W : \mathfrak{v}_1 i_1 \quad . \quad . \quad . \quad . \quad . \quad . \quad . \quad . \quad (2)$$

$$\operatorname{tg}\varphi_2 = (i_1 \sin\varphi_1 + i_c) : i_1 \cos\varphi_1 = \operatorname{tg}\varphi_1 + i_c : i_1 \cos\varphi_1 \quad . \quad . \quad (3)$$

nnd der Verbrauchsstrom selber durch

$$i_2 = i_1 \cos\varphi_1 : \cos\varphi_2 \quad . \quad . \quad . \quad . \quad . \quad . \quad . \quad . \quad (4)$$

Setzt man $R\,i_2 = \mathfrak{v}_1 \cos\varphi_2$ und $\omega\,L\,i_2 = \mathfrak{v}_1 \sin\varphi_2$, so wird

$$R = \mathfrak{v}_1 \cos\varphi_2 : i_2 \quad . \quad . \quad . \quad . \quad . \quad . \quad . \quad . \quad (5)$$

$$L = \mathfrak{v}_1 \sin\varphi_2 : \omega\,i_2 \quad . \quad . \quad . \quad . \quad . \quad . \quad . \quad . \quad (6)$$

Alle diese Formeln sind gültig für Betriebsverhältnisse.

Die Größen R und L sind einem Widerstand bzw. einem Koeffizienten der Selbstinduktion homolog. R ist nicht der ohmische Widerstand, sondern gleich diesem plus der Komponente (in Phase mit dem Strom) der gegenelektromotorischen Kräfte, die im Kreise auftreten können, dividiert durch den Strom.

Nun setzen wir voraus, daß der Stromkreis im Momente unterbrochen werde, wo Spannung und Verbrauchsstrom die Werte haben

$$\mathfrak{v}_0 = \sqrt{2} \,.\, \mathfrak{v}_1 \sin(x + \varphi_2)$$
$$i_0 = \sqrt{2} \,.\, i_2 \sin x.$$

Dann bleibt uns übrig ein Stromkreis mit $R\,L$ und der Kapazität C, der eine bestimmte Energie enthält. Von dieser weiß man, daß sie sich in den meisten praktischen Fällen oszillatorisch entladet, bis die anfängliche Energie nach und nach in Wärme oder äußere Arbeit umgesetzt worden ist. Ebenso weiß man, daß Spannungen auftreten, welchen die Isolation des Kondensators nicht immer widerstehen kann.

Wenden wir uns zum Studium dieser Entladung und der dabei auftretenden Spannungen.

Die Theorie der Entladung eines Kondensators durch einen Leiter mit Widerstand und Selbstinduktion ist durch Lord Kelvin (Sir W. Thomson, Phil. Mag. (4) T. V, 1853. 393) gegeben worden und in vielen Lehrbüchern zu finden. Unser Problem ist etwas verschieden da nicht nur der Kondensator, sondern auch der induktive Widerstand eine anfängliche Energie besitzt. Die Rechnung hingegen ist dieselbe, nur gelten für die Integrationskonstanten andere Bedingungen.

Unter dem Einflusse der beiden Energien enthalte der Kondensator in einem gegebenen Momente die Elektrizitätsmenge Q unter einer Spannung $\mathfrak{v}$. Es ist $\mathfrak{v} = Q : C$, und der Entladungsstrom $i = -d\,Q : d\,t$. Die Spannung der Selbstinduktion ist $\mathfrak{v}_s = -L\,.\,d\,i : d\,t = L\,d^2\,Q : d\,t^2$. Die Summe $\mathfrak{v} + \mathfrak{v}_s$ ist in jedem Augenblicke $= R\,i = -R\,d\,Q : d\,t$.

Dies ergibt die Differentialgleichung

$$\frac{d^2 Q}{d t^2} + \frac{R}{L}\frac{d Q}{d t} + \frac{Q}{C L} = 0.$$

Im Falle der oszillatorischen Entladung ist $4\,L > C R^2$, und setzt man

$$\beta = R : 2L \quad \ldots\ldots\ldots\ldots \quad (7)$$

$$\omega_1 = \sqrt{\frac{1}{C L} - \frac{R^2}{4 L^2}} \quad \ldots\ldots\ldots \quad (8)$$

so ist die Lösung der Gleichung von der Form

$$Q = e^{-\beta t}\,(A \sin \omega_1\, t + B \cos \omega_1\, t),$$

wobei bedeuten: β die Dämpfungskonstante und ω_1 den Puls des Entladungsstromes. A und B sind die Integrationskonstanten, die von den Anfangsbedingungen der Entladung abhängen.

Aus dieser Gleichung ergeben sich die drei Größen $\mathfrak{v}$, Ri und $\mathfrak{v}_s$, welche die Entladung charakterisieren:

$$\mathfrak{v} = e^{-\beta t}(A \sin \omega_1 t + B \cos \omega_1 t) : C \quad \ldots\ldots \quad (9)$$

$$R\,i = R\,e^{-\beta t}\left\{(\beta A + \omega_1 B) \sin \omega_1 t + (\beta B - \omega_1 A) \cos \omega_1 t\right\}. \quad (10)$$

$$\mathfrak{v}_s = L\,e^{-\beta t}\left\{[(\beta^2 - \omega_1^2)\,A + 2\,\beta\,\omega_1\,B] \sin \omega_1 t + [(\beta^2 - \omega_1^2)\,B - 2\,\beta\,\omega_1\,A] \cos \omega_1 t\right\} \quad (11)$$

Durch Einführung der Phasendifferenzen α_1, α_2 und α_3 lassen sich die Summen in diesen Gleichungen auf ein einziges Glied reduzieren. Man bekommt dann

$$\mathfrak{v} = \frac{\sqrt{A^2 + B^2}}{C} e^{-\beta t} \sin(\omega_1 t - \alpha_1) \quad . \quad . \quad . \quad . \quad . \quad (12)$$

$$R i = R \sqrt{\frac{C}{L}} \cdot \frac{\sqrt{A^2 + B^2}}{C} \cdot e^{-\beta t} \sin(\omega_1 t - \alpha_2) \quad . \quad . \quad (13)$$

$$\mathfrak{v}_s = \frac{\sqrt{A^2 + B^2}}{C} \cdot e^{-\beta t} \cdot \sin(\omega_1 t - \alpha_3) \quad . \quad . \quad . \quad . \quad (14)$$

wobei die neuen Winkel gegeben sind durch die Formeln

$$\operatorname{tg} \alpha_1 = -B : A \quad . \quad . \quad . \quad . \quad . \quad . \quad . \quad . \quad . \quad . \quad (15)$$

$$\operatorname{tg} \alpha_2 = \frac{\omega_1 A - \beta B}{\beta A + \omega_1 B} \quad . \quad . \quad . \quad . \quad . \quad . \quad . \quad . \quad (16)$$

$$\operatorname{tg} \alpha_3 = \frac{2 \beta \omega_1 A - (\beta^2 - \omega_1^2) B}{2 \beta \omega_1 B - (\beta^2 - \omega_1^2) A} \quad . \quad . \quad . \quad . \quad (17)$$

Zu beachten ist noch, daß $\mathfrak{v}$ und $\mathfrak{v}_s$, abgesehen von der Phase, gleich groß sind, und Ri das $R \sqrt{C : L}$ fache desselben Wertes beträgt.

Die drei Phasenwinkel α_1, α_2 und α_3 hängen von A und B, also von den Anfangsbedingungen ab.

Nun kommen wir zur Bestimmung dieser Konstanten A und B. Zur Zeit $t = 0$, also beim Unterbrechen, habe der Verbrauchsstrom die Spannung $\mathfrak{v}_0$ und die Stärke i_0. Setzt man in (9) und (10) diese Werte ein, so findet man

$$A = (\beta C \mathfrak{v}_0 - i_0) : \omega_1 \quad . \quad . \quad . \quad . \quad . \quad . \quad . \quad . \quad . \quad (18)$$

$$B = C \mathfrak{v}_0 \quad . \quad . \quad . \quad . \quad . \quad . \quad . \quad . \quad . \quad . \quad . \quad . \quad . \quad (19)$$

Sind also die Größen i_0 und $\mathfrak{v}_0$ bekannt, so kann man aus (18) und (19) die Integrationskonstanten berechnen.

Nun fragen wir nach der Maximalspannung V, die im abgeschalteten Stromkreise auftreten kann. Formel (12) gibt die zwischen beiden Leitern herrschende Spannung und sie hat ihren größten Wert V, wenn $d\mathfrak{v} : dt = 0$, oder $i = 0$. Damit letzteres der Fall ist, muß in (13) $\omega_1 t = \alpha_2$ sein. Die Größe $t = \alpha_2 : \omega_1$, gibt den Moment, wo dieses Maximum V eintritt.

In (12) eingesetzt, wird

$$V = \frac{\sqrt{A^2 + B^2}}{C} \sin(\alpha_2 - \alpha_1) \cdot e^{-\beta t}$$

Setzen wir

$$\alpha_2 - \alpha_1 = \alpha \quad . \quad . \quad . \quad . \quad . \quad . \quad . \quad . \quad . \quad . \quad (20)$$

und berechnen wir aus (15) und (16) diesen Winkel, so wird

$$\operatorname{tg} \alpha = \frac{\omega_1}{\beta} \quad . \quad . \quad . \quad . \quad . \quad . \quad . \quad . \quad . \quad . \quad (21)$$

Dieser Winkel α ist unabhängig von den Anfangsbedingungen der Entladung und allein durch die Größen C, R und L des Stromkreises, oder durch die Betriebsbedingungen vor der Unterbrechung bestimmt.

Aus (21) findet man unter Berücksichtigung von (7) und (8)

$$\cos\alpha = \sqrt{\frac{C R^2}{4 L}} \quad \ldots\ldots\ldots \quad (22)$$

$$\sin\alpha = \omega_1 \sqrt{C L} \quad \ldots\ldots\ldots \quad (23)$$

Aus (21) wird $\beta t = \omega_1 \operatorname{cotg} \alpha \,.\, t = \omega_1 \operatorname{cotg} \alpha \; \alpha_2 : \omega_1$ oder $\beta t = \alpha_2 \operatorname{cotg} \alpha$, so daß wir schließlich

$$V = \frac{\sqrt{A^2 + B^2}}{C} \sin\alpha \, e^{-\alpha_2 \operatorname{cotg} \alpha} \quad \ldots\ldots \quad (24)$$

erhalten.

Diese Formel dient zur Berechnung der maximalen Spannung, die während der Unterbrechung bei den willkürlichen Größen i_0, $\mathfrak{v}_0$ eintreten kann. Ein numerisches Beispiel ist auf S. 301 zu finden.

Unter den vielen Werten von i_0 und v_0 während einer Periode gibt es einen, für welchen V ein Maximum wird, der mit V_{max} bezeichnet werden möge. Wir gehen nun zur Bestimmung dieser Größe über. Setzen wir

$$\mathfrak{v}_0 = \sqrt{2}\, \mathfrak{v}_1 \sin(x + \varphi_2) \quad \ldots\ldots\ldots \quad (25)$$

ebenso $i_0 = \sqrt{2} \,.\, i_2 \sin x$, oder mit Benutzung von (5)

$$i_0 = \sqrt{2} \,.\, \frac{\mathfrak{v}_1 \cos\varphi_2}{R} \,.\, \sin x \quad \ldots\ldots\ldots \quad (26)$$

Die Aufgabe reduziert sich dann darauf, den Winkel x zu bestimmen, für welchen V nach (24) ein Maximum wird. Schreiben wir (24) in der Form

$$U = \frac{C V}{\sin\alpha} = \sqrt{A^2 + B^2}\, e^{-\alpha_2 \operatorname{cotg} \alpha} \quad \ldots\ldots \quad (27)$$

Von x sind nur abhängig A, B und α_2. Die Bedingungen für Maximum sind dann

$$\frac{d U}{d x} = 0 \qquad \text{und} \qquad \frac{d^2 U}{d x^2} < 0.$$

Setzt man zur Vereinfachung

$$\frac{d A}{d x} = A' \qquad \frac{d B}{d x} = B' \qquad \frac{d \mathfrak{v}_0}{d x} = V_0' \qquad \frac{d i_0}{d x} = i_0'$$

so wird unter Berücksichtigung von (16)

$$\frac{d U}{d x} = \frac{e^{-\alpha_2 \operatorname{cotg} \alpha}}{\sqrt{A^2 + B^2}} [(A B' - A' B) \operatorname{cotg} \alpha + A A' + B B'] = 0 \quad (28)$$

Da für endliche Werte von x der erste Faktor nicht Null werden kann, muß es der zweite tun, also ist

$$(AB' - A'B) \operatorname{cotg} \alpha + A A' + B B' = 0.$$

Unter Berücksichtigung der Gleichungen (18), (19), (21), (25) und (26) und nach einigen Vereinfachungen erhält man

$$\left[\frac{C R^2}{L} (\cos x \sin \varphi_2 \cos \varphi_2 - \sin x \sin^2 \varphi_2) + \cos^2 \varphi_2 \sin x\right] \cos x = 0 \quad . \quad . \quad (29)$$

welche zunächst befriedigt wird durch

$$\cos x = 0 \qquad \text{oder } x = \frac{\pi}{2} \quad . \quad . \quad . \quad . \quad . \quad . \quad (30)$$

Der zweite Wert von x, aus der Klammergröße abgeleitet,

$$\operatorname{tg} x = \frac{\omega C R}{\omega^2 C L - 1} \quad . \quad . \quad . \quad . \quad . \quad . \quad . \quad . \quad (31)$$

kommt für unsern Fall nicht in Betracht. Der Wert (30) entspricht dem Maximum, wenn die Dämpfung β klein ist, und Überspannungen zu befürchten sind. Setzen wir in (25) und (26) den Wert $x = \pi/2$ ein, so wird

$$\mathfrak{v}_0 = \sqrt{2} \,.\, \mathfrak{v}_1 \cos \varphi_2 \qquad \text{und } i_0 = \sqrt{2}\, \mathfrak{v}_1 \cos \varphi_2 : \mathrm{R} \qquad \text{oder } \mathfrak{v}_0 = R\, i_0.$$

In (18) und (19) eingesetzt und dann in (15), (16), wird $\operatorname{tg} \alpha_2 = - \operatorname{tg} \alpha$, woraus man schließlich erhält

$$\alpha_2 = \pi - \alpha$$

und nach Eintragung in (24)

$$V_{\max} = \sqrt{2} \,.\, \frac{\mathfrak{v}_1 \cos \varphi_2}{2 \cos \alpha}\, e^{(\alpha - \pi) \operatorname{cotg} \alpha} \quad . \quad . \quad . \quad . \quad . \quad (32)$$

Der endgültige Wert der maximalen Überspannung hängt also ab von der Betriebsspannung $\mathfrak{v}_1$, der Phasenverschiebung φ_2 zwischen Spannung und Strom und dem Winkel α, der seinerseits durch die Größen R, C und L des Stromkreises gegeben ist.

Zur Bestimmung der maximalen Überspannung ist die gefundene Formel ziemlich mühsam. Eine graphische Methode führt rascher zum Ziel und ist nebenbei noch recht instruktiv.

Nach Mascart (Leçons El. u. Magn. 2me Éd., T. I, S. 608) können die drei Größen (12), (13), (14) als Seiten eines gleichschenkligen Dreiecks dargestellt werden, deren Längen sind:

$$\text{für } \mathfrak{v} \text{ und } \mathfrak{v}_s \qquad \sqrt{A^2 + B^2} : C$$

$$\text{und für } R\,i \qquad R \sqrt{\frac{C}{L}} \cdot \sqrt{A^2 + B^2} : C\,.$$

Irgend zwei der ungleichen Seiten stehen unter dem Winkel $\alpha = \alpha_2 - \alpha_1$, vergleiche (15), (16) und (20), dessen Größe durch (21), (22) oder (23) gegeben ist.

Wir stellen uns vor, dieses Dreieck drehe sich mit der Winkelgeschwindigkeit ω_1, (8), um einen Eckpunkt, gebildet durch zwei ungleiche Seiten, während die beiden anderen Eckpunkte sich auf logarithmischen Spiralen bewegen, deren Vektoren gleich Seitenlänge mal $e^{-\beta t}$ sind. Das Dreieck wird dann immer kleiner, aber alle diese Dreiecke bleiben unter sich ähnlich, weil die Winkel immer dieselben sind.

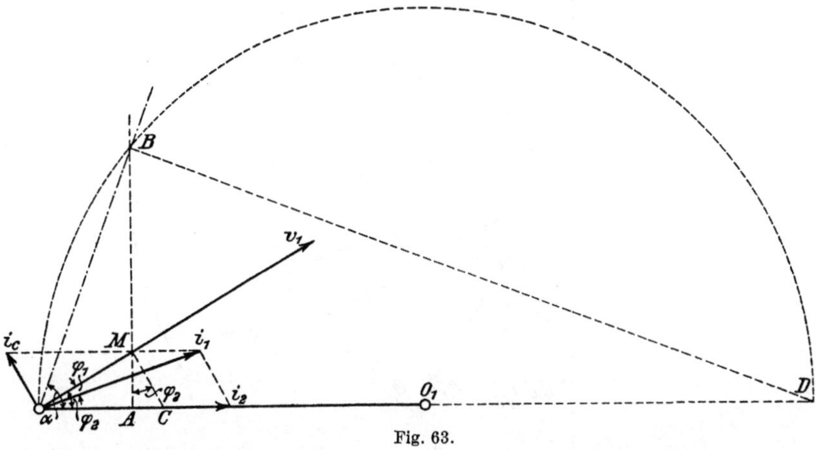

Fig. 63.

Nehmen wir noch eine durch den Drehpunkt gehende Achse an, von der aus die Zeit gezählt wird, so sind die Abstände der drehenden Ecken von dieser Achse: die eine gleich $\mathfrak{v}$ und die andere gleich $R\,i$.

Wir nennen α den charakteristischen Winkel der Entladung. Er bestimmt eine unendliche Zahl von gleichschenkligen und ähnlichen Dreiecken, die wir auch als charakteristische Dreiecke der Entladung bezeichnen können.

Aus den Formeln (1), (6), (5) und (22) folgt

$$4\, i_2 \cos^2 \alpha = i_c \cos \varphi_2 \operatorname{cotg} \varphi_2 \quad \ldots\ldots \quad (33)$$

welcher Wert die Mittel gibt, den Winkel α zu konstruieren. Fig. 63 gibt diese Konstruktion. Man zeichne wie in Fig. 62 das Diagramm der Betriebsgrößen, mit $\mathfrak{v}_1$, i_c, i_1, i_2, φ_1 und φ_2, trage $O\,O_1 = 2\,i_2$ ab, ziehe mit $O\,O_1$ den Kreis und fälle von M, dem Schnittpunkt von $O\,v_1$ mit $i_1\,i_c$ das Perpendikel $A\,M$. Verbindet man $O\,B$, so ist $O_1\,O\,B$ der gesuchte Winkel α.

Denn es ist einerseits $O\,A = M\,A \operatorname{cotg} \varphi_2 = i_c \cos \varphi_2 \operatorname{cotg} \varphi_2$
andererseits $O\,A = O\,B \cos \alpha = 4\,i_2 \cos^2 \alpha$.
also die Gleichung (33) befriedigt und die Konstruktion richtig.

Im Falle die Entladung nicht oszillatorisch ist, gibt es keinen Schnittpunkt B oder Winkel α.

Sobald der charakteristische Winkel gefunden ist, kann man das charakteristische Dreieck für den Beginn der Entladung konstruieren. Man zeichne Fig. 64, bezogen auf die Achse $O\,X$, gerade wie in Fig. 62, das Dreieck $O\ v_1\ R\,i_2$, dessen Eckenabstände $\mathfrak{v}_0/\sqrt{2}$ und $R\,i_0/\sqrt{2}$ sind.

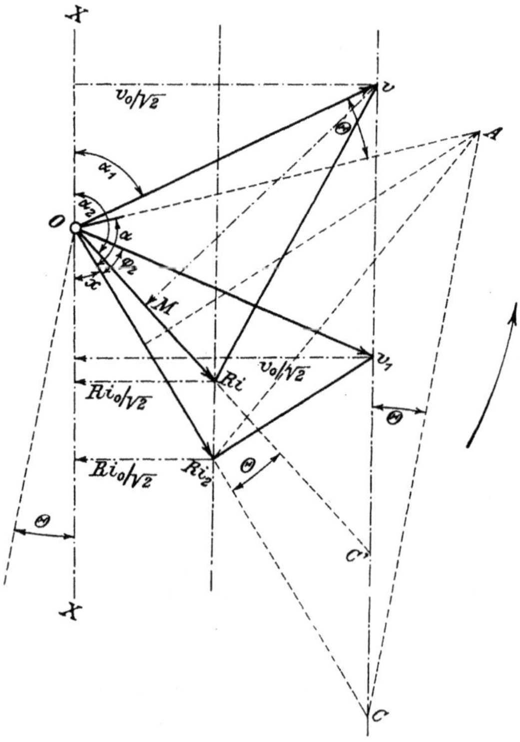

Fig. 64.

Die Zeichnung stelle die Lage des Dreieckes im Momente der Unterbrechung dar. Dann sind $\mathfrak{v}_0$ und $R\,i_0$ zugleich auch die Momentanwerte im Anfang der Entladung. Das charakteristische Dreieck derselben muß dieselben Abstände seiner Ecken von $O\,X$ haben. Dessen eine Ecke liegt also auf einer Parallelen zu $O\,X$ durch $R\,i_2$ und die andere auf einer Parallelen durch $\mathfrak{v}_1$. Es gibt viele gleichschenklige Dreiecke wie z. B. $O\,A\,R\,i_2$, die den $\measuredangle\ \alpha$ enthalten, und deren einer Eckpunkt auf der Parallelen $R\,i_2$, $R\,i$ liegt. Der andere liegt aber im allgemeinen nicht auf $v_1\ C$. Das richtige Dreieck $O\,v\ Ri$, das beiden Bedingungen entspricht, findet man wie folgt.

Man verbinde CA, ziehe durch O eine Parallele dazu, die mit OX den $\sphericalangle\ \theta$ einschließt. Nun drehe man den $\sphericalangle\ COA = \alpha$ um θ in der Richtung des Pfeiles, so sind dessen Schnittpunkte mit den beiden Parallelen die gesuchten Punkte $\mathfrak{v}$ und Ri, und $O\ \mathfrak{v}\ Ri$ ist das gesuchte Dreieck, denn es enthält die beiden Winkel α und dessen Abstände der Ecken von OX sind $\mathfrak{v}_0/\sqrt{2}$ und $Ri_0\sqrt{2}$.

Der Vektor $O\mathfrak{v}$ entspricht der Größe $\sqrt{A^2 + B^2} : C$ in der Formel (24) und das Perpendikel $\mathfrak{v}\,M$ dem Ausdruck $\sin\alpha\ \sqrt{A^2 + B^2} : C$. Multipliziert man noch mit $e^{-\alpha_2 \operatorname{cotg} \alpha}$, so erhält man die ganze Überspannung. Nach (14) ist α_2 der Winkel, den $O\,Ri$ (siehe Fig. 64) mit OX im angenommenen Drehsinn macht. Nachdem α_2 und α in der Figur abgemessen worden sind, sucht man in einer Logarithmentabelle α als Kreisbogen für den Radius Eins, ebenso $\operatorname{cotg}\alpha$ und multipliziert die beiden Zahlen miteinander. Ihr Produkt sei $= m$, so ist noch e^{-m} zu berechnen. Auf S. 300 ist eine Tabelle gegeben, welche diesen Wert sofort ablesen läßt. Zwischenwerte können durch Interpolation genügend genau bestimmt werden.

Es ist noch in Erinnerung zu bringen, daß, wenn man die Konstruktion mit den Effektivwerten von Spannung und Strom ausführt, das erhaltene Resultat mit $\sqrt{2}$ multipliziert werden muß, um die Momentanwerte zu erhalten.

Um die mögliche maximale Überspannung $V_{\max}$ zu finden, erinnern wir uns, daß der Winkel x, den XOX mit $O\,Ri_2$ machen muß, ein Rechter ist. Wiederholen wir für diesen Spezialfall die Konstruktion der Fig. 64, so erhalten wir die Fig. 65, in welcher das charakteristische Dreieck für den Beginn der Entladung auch $Ov\,Ri$ ist. Aber in diesem Falle sind die Dreiecke $OA\,\mathfrak{v}$ und $O\,Ri_2\,Ri$ ähnlich, weil der $\sphericalangle\ \theta$ derselbe und ihre Seiten proportional sind. $OA : O\mathfrak{v} = O\,Ri_2 : O\,Ri$. Da nach Konstruktion $O\,Ri_2\,Ri$ in Ri_2 rechtwinklig ist, so wird es auch $O\,A\,\mathfrak{v}$ bei A sein müssen.

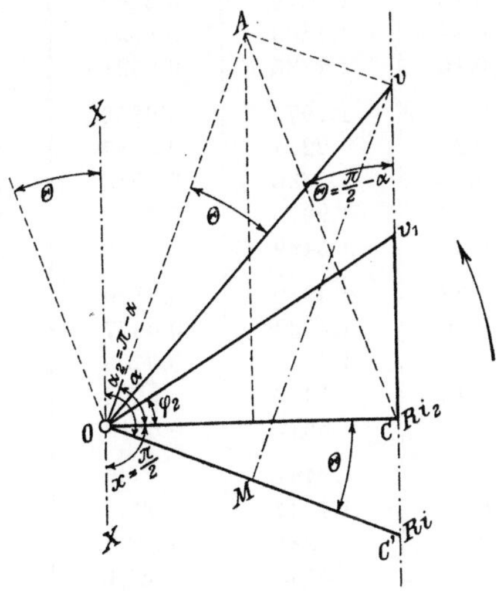

Fig. 65.

Andererseits ist $\sphericalangle\ O\,\mathfrak{v}\,M = \frac{1}{2}\ \sphericalangle\ O\,\mathfrak{v}\,Ri = \pi - 2\,\alpha$, also ist $\sphericalangle\ O\,\mathfrak{v}\,M = \pi/2 - \alpha$ und $= \theta$. OA und $M\,\mathfrak{v}$ sind also parallel, und da

OM auf $M\ v$ rechtwinklig steht, ist es ebenso rechtwinklig auf OA. Also sind OM und $A\ v$ parallel oder $M\ v = OA$, und $OA \times e^{(\pi - \alpha) \operatorname{cotg} \alpha}$ stellt den Wert von V_{max} dar. Die Potenz wird wie früher mit Hilfe einer Logarithmentafel und der nachfolgenden Tabelle berechnet.

Der Wert von $\mathfrak{v}_1 \cos \varphi_2 : 2 \cos \alpha$ in der Formel (32) ist also in den Fig. 64 und 65 gegeben durch die Seite OA des gleichseitigen Dreieckes, des über der Basis $O\,Ri_2$ mit dem Winkel α errichtet wird.

Die Formel (32) erlaubt, dieses Resultat vorauszusehen, was eine Probe der Genauigkeit der geometrischen Konstruktionen ergibt, die von anderen Formeln abgeleitet worden sind.

Tabelle der Werte von e^{+m} und e^{-m}.

m	e^{+m}	e^{-m}	m	e^{+m}	e^{-m}
0.00	1.0000	1.0000	1.00	2.7183	0.3679
0.01	1.0100	0.9900	1.10	3.0042	0.3329
0.02	1.0202	0.9802	1.20	3.3201	0.3012
0.04	1.0408	0.9608	1.30	3.6693	0.2725
0.06	1.0618	0.9418	1.40	4.0552	0.2426
0.08	1.0833	0.9231	1.50	4.4817	0.2231
0.10	1.1052	0.9048	1.60	4.9530	0.2019
0.12	1.1275	0.8869	1.70	5.4739	0.1827
0.14	1.1503	0.8694	1.80	6.0496	0.1653
0.16	1.1735	0.8521	1.90	6.6859	0.1496
0.18	1.1972	0.8353	2.00	7.3892	0.1353
0.20	1.2214	0.8187	2.10	8.1662	0.1225
0.23	1.2586	0.7945	2.20	9.0250	0.1108
0.26	1.2970	0.7711	2.30	9.9742	0.1003
0.30	1.3499	0.7408	2.40	11.0232	0.0907
0.33	1.3910	0.7189	2.50	12.182	0.0821
0.36	1.4333	0.6977	2.60	13.463	0.0743
0.40	1.4918	0.6703	2.70	14.880	0.0672
0.43	1.5373	0.6505	2.80	16.445	0.0608
0.46	1.5841	0.6313	2.90	18.174	0.0550
0.50	1.6487	0.6065	3.00	20.086	0.04979
0.55	1.7332	0.5769	3.10	22.198	0.04505
0.60	1.8221	0.5488	3.20	24.533	0.04076
0.65	1.9155	0.5221	3.30	27.113	0.03688
0.70	2.0138	0.4926	3.40	29.964	0.03337
0.75	2.1170	0.4724	3.50	33.115	0.03020
0.80	2.2255	0.4493	3.60	36.598	0.02732
0.85	2.3396	0.4274	3.70	40.447	0.02472
0.90	2.4596	0.4066	3.80	44.701	0.02237
0.95	2.5857	0.3867	3.90	49.402	0.02024

Als praktisches Zahlenbeispiel zur Übung der Konstruktion und Berechnung diene folgende Voraussetzung.

Eine Kraftübertragungsanlage arbeite mit 10 000 Volt Spannung und 50 Perioden. Der Ladungsstrom der Leitung sei für diese Größen gleich 4 Amp. Die übertragene Energie sei 550 Kilowatt bei einem Generatorstrome von 60 Amp. Unter diesen Umständen öffne man den Stromkreis. Der Unterbrecher (z. B. ein Ölschalter) habe die Eigenschaft, den Strom bei einem Momentanwerte von $\sqrt{2} . 60 . \sin(-6^0\,35')$ zu unterbrechen.

Man wünscht zu wissen, welches die Maximalspannung der auftretenden Entladung sei; ebenso, wie groß dieselbe würde, wenn der Strom im allerungünstigsten Momente unterbrochen würde.

Analystische Lösung.

Es ist

$$\omega = 2\pi \times 50 = 314 \qquad \mathfrak{v}_1 = 10000 \times 10^8 \qquad i_1 = 60 \times 10^{-1}$$

$$i_c = 4 \times 10^{-1} \qquad \text{und } W = 550000 \times 10^7.$$

Daraus berechnen sich

$$C = i_c : \omega\, \mathfrak{v}_1 = 1.273 \times 10^{-15} = 1.273 \text{ MF}$$

$$\cos \varphi_1 = W : \mathfrak{v}_1 i_1 = 0.917 \qquad \text{oder} \quad \varphi_1 = 23^0\,33'$$

$$\operatorname{tg} \varphi_2 = \operatorname{tg} \varphi_1 + i_c : i_1 \cos \varphi_1 = 0.509 \qquad \text{oder} \quad \varphi_2 = 26^0\,58'$$

$$i_2 = i_1 \cos \varphi_1 : \cos \varphi_2 = 61.7 \times 10^{-1} = 61.7 \text{ Amp.}$$

$$R = \mathfrak{v}_1 \cos \varphi_2 : i_2 = 144 \times 10^9 = 144 \text{ Ohm.}$$

$$L_1 = \mathfrak{v}_1 \sin \varphi_2 : \omega\, i_2 = 0.234 \times 10^9 = 0.234 \text{ Henry.}$$

$$\beta = R : 2L = 309$$

$$\cos \alpha = \sqrt{C R^2 : 4L} = 0.1685 \qquad \text{oder} \quad \alpha = 80^0\,18'$$

$$\omega_1 = \beta \operatorname{tg} \alpha = 1805 = 2\pi \times 287.$$

Die Schwingungszahl der Entladung ist also gleich 287.

Die Phase x des Generatorstromes i ist im Momente des Unterbrechens $= -6^0\,35' - \varphi_1 + \varphi_2 = -10^0$, also ist

$$\mathfrak{v}_0 = \sqrt{2} . \mathfrak{v}_1 \sin(-10^0 + \varphi_2) = \sqrt{2} \times 2920 \times 10^8 = \sqrt{2} \times 2920 \text{ Volt}$$

$$i_0 = \sqrt{2} . i_2 \sin -10^0 = -\sqrt{2} \times 10 . 42 \times 10^{-1} = -\sqrt{2} \times 10.72 \text{ Amp.}$$

Weiter ist:

$$B = C v_0 = \sqrt{2} \times 0.372 \times 10^{-3}$$

$$A = (\beta C \mathfrak{v}_0 - i_0) : \omega_1 = \sqrt{2} \times 0.66 \times 10^{-3}$$

$$\sqrt{A^2 + B^2} \sin \alpha : C = \sqrt{2} \times 5870 \times 10^8 = \sqrt{2} \times 5870 \text{ Volts}$$

$$\operatorname{tg} \alpha_1 = -B : A = -0.565 \qquad \alpha_1 = -29^0\,29'$$

$$\operatorname{tg} \alpha_2 = (\omega_1 A - \beta B) : (\beta A + \omega_1 B) = 1.234 \qquad \alpha_2 = 50^0\,49'$$

Zur Kontrolle $\alpha = \alpha_2 - \alpha_1 = 80^0\,18'$, wie oben gefunden

Dann ist

Bogen $\alpha_2 = 0.878$, $\operatorname{cotg} \alpha = 0.170$ und $m = 0.887 \times 0.171 = 0.151$

$$e^{-m} = 0.860.$$

Also schließlich die Formel (24) für die Überspannung

$$V \doteq \frac{\sqrt{A^2 + B^2}}{C} \sin \alpha \,.\, e^{-\alpha_2 \operatorname{cotg} \alpha} = \sqrt{2} \,.\, 5870 \times 0.86 =$$

$$\sqrt{2} \times 5040 \text{ Volts} = \text{der halben Betriebsspannung.}$$

Für die maximale Überspannung, die in diesem Netz eintreten kann, haben wir noch zu berechnen:

$$\mathfrak{v}_1 \cos \varphi_2 : 2 \cos \alpha = 26\,450 \times 10^8 = 26\,450 \text{ Volts}$$

$$\pi - \alpha = 180^0 - 80^0\,18' = -99^0\,42' = -1.740$$

$$\operatorname{cotg} \alpha = 0.171 \qquad m = -1.74 \times 0.171 = -0.30 \qquad e^{-m} = 0.74.$$

Also wird nach (32)

$$V_{\max} = \sqrt{2} \,.\, \frac{\mathfrak{v}_1 \cos \varphi_2}{2 \cos \alpha} e^{-(\pi - \alpha) \operatorname{cotg} \alpha} = \sqrt{2} \,.\, 26\,450 \times 0.74$$

$$= \sqrt{2} \,.\, 19\,600 \text{ Volt} = \text{nahezu die doppelte Betriebsspannung.}$$

G r a p h i s c h e   L ö s u n g.

Man wähle in Fig. 66 den Maßstab 1 mm = 200 Volts und 1 mm = 1 Amp. Dann wird

$$\mathfrak{v}_1 = O v_1 = 10\,000 \text{ Volts} = 50 \text{ mm} \qquad \cos \varphi_1 = \frac{\omega}{\mathfrak{v}_1 i_1} = 23^0\ 33'$$

$$i_1 = O i_1 = 60 \text{ Amp.} = 60 \text{ mm}$$

$$i_c = O i_c = 4 \text{ Amp.} = 4 \text{ mm, senkrecht auf } O \mathfrak{v}_1.$$

Man bilde das Parallelogramm $O i_c i_1 i_2$ und ziehe die Senkrechte auf $O i_2$ im Schnitte von $O \mathfrak{v}_1$ und $i_c i_1$. Dann mache man $O O_1 = 2 \times O i_2$ und ziehe mit O_1 als Mittelpunkt den Kreisbogen $O B$. Winkel $O_1 O B$ ist dann der charakteristische $\measuredangle \alpha$, der $= 80^0\ 30'$ abgemessen wird.

Von v_1 fälle man die Senkrechte $v_1 R i_2$ auf $O O_1$, halbiere $O R i_2$ und ziehe in der Mitte die Senkrechte $v A$. Deren Schnitt mit $O B$ gibt $O A$. Zu erinnern ist, daß $V_{\max} = \sqrt{2} \times O A \,.\, e^{-(\pi - \alpha) \operatorname{cotg} \alpha}$. Man mißt in der Figur ab $O A = 132$ mm $= 26\,400$ Volts und berechnet

$$\pi - \alpha = -99^0\,30' = -1.737 \qquad \operatorname{cotg} \alpha = 0.1673$$

$$m = 1.737 \times 0.167 = 0.290.$$

Aus der Tabelle S. 300 entnimmt man $e^{-m} = 0.748$, so daß

$$V_{\max} = \sqrt{2} \,.\, 26\,400 \times 0.748 = \sqrt{2} \,.\, 19\,750 \text{ Volts.}$$

Man zieht $X O X$ unter 10^0 mit $O i_2$, so daß $\sin X O i_2$ negativ ist, und zieht zu $X O X$ die Parallelen durch v_1 und $R i_2$. $O O_1$ verlängert gibt den Schnittpunkt C, und $v_1 C A$ den Winkel θ. Man dreht $O A$ und $O i_2$ um den $\measuredangle \theta$, so daß dieselben die Lagen $O \mathfrak{v}$ und $O R i$ annehmen.

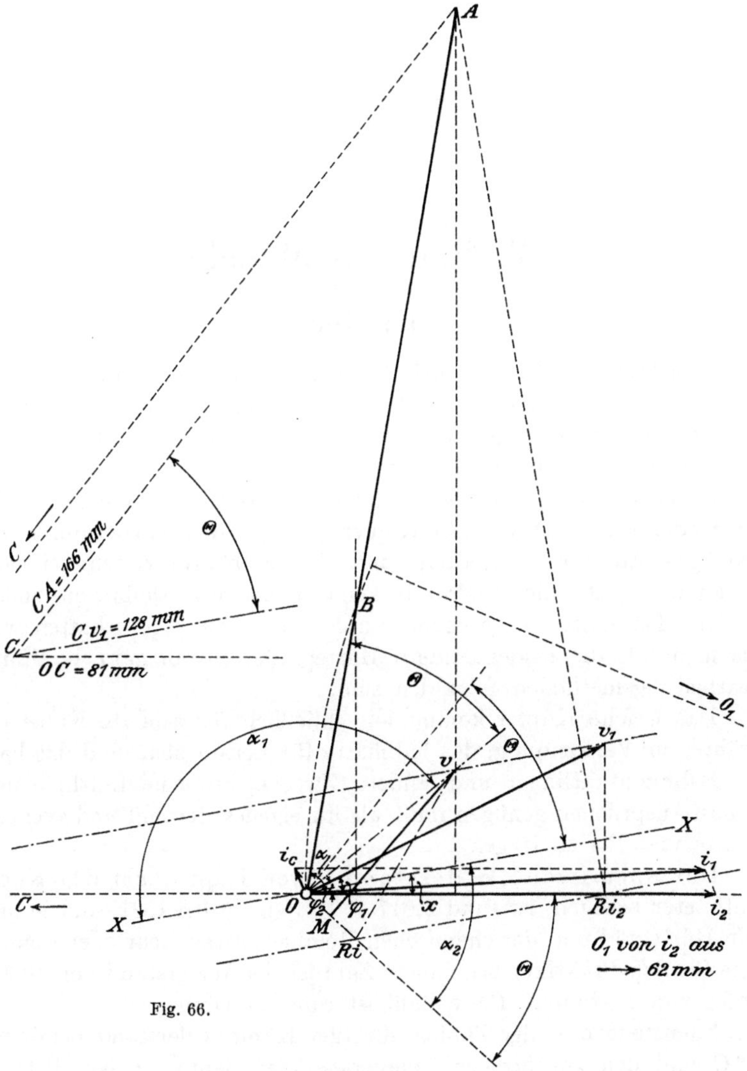

Fig. 66.

Von $\mathfrak{v}$ fällt man die Senkrechte $\mathfrak{v}\mathfrak{M}$ auf $O\,Ri$. Auf S. 299 fanden wir den graphischen Ausdruck der Formel (24) $V = vM \times e^{-\alpha_2 \operatorname{cotg} \alpha}$. Abgemessen ist $v\,M = 28.5\,\text{mm} = 5700$ Volt und $\alpha_2 = \measuredangle\, Ri\, O\, X = 51^0\, 40' = 0.902$; $m = 0.902 \times 0.167 = 0.150$; $e^{-m} = 0.86$. Also $V = \sqrt{2} \times 5700 \times 0.86 = \sqrt{2} \times 4900$ Volts.

Die graphische Lösung stimmt genau genug mit der analytischen überein.

V. Materialienkunde.

Kupfer.

Konstanten. Das wichtigste Rohmaterial der ganzen Elektrotechnik ist das Kupfer. In Betracht kommt nur Elektrolytkupfer, das den höchsten Grad von chemischer Reinheit und den kleinsten spezifischen Widerstand aufweist.

Je nach der Fabrikationsmethode ist das Kupfer weich, halbhart oder hart. Das weiche Kupfer wird aus dem harten durch vollständiges Ausglühen erhalten, und das halbharte durch teilweises Ausglühen. Da dieser Prozeß keine bestimmte Definition zuläßt, variiert das halbhart gezogene Kupfer in seinen Eigenschaften weitaus mehr als die beiden andern Härtegrade, die an ganz bestimmte Bearbeitungsmethoden gebunden sind.

Das weiche Kupfer kommt ausschließlich für isolierte Kabel und Drähte zur Verwendung, das halbharte für Leitungsbau und das harte für Bahnkontaktlinien und andere Zwecke, wo eine Luftlinie noch andern Ansprüchen genügen muß, als ihr eigenes Gewicht und eventuell Schnee und Eis zu tragen.

Der spezifische Widerstand w von Kupfer, auf den Kubikzentimeter bezogen, ist rund 0.017×10^{-4} Ohm bei 15^0 C und je nach dem Härtegrad und der chemischen Reinheit etwas mehr oder weniger. Eine für den Praktiker bequemere Zahl ist der Widerstand von 1000 m Draht von 1.0 qmm. Diese Zahl ist rund 17 Ohm.

Nachstehend einige Zahlen für den Kupferwiderstand bei 0^0 und 15^0 C und den zugehörigen Temperaturkoeffizienten α per 1^0 C für Normalkupfer nach

Matthiessen	S = 8.90	w_0 = 15.93	w_{15} = 16.86	α = 0.003 88
Swan	= 8.91	= 15.61	= 16.61	= 0.004 28
Grammont	= 9.05	= 15.38	= 16.41	= 0.004 45

wobei $w_t = w_0 \, (1 + \alpha \, t)$ und S = dem spezifischen Gewicht.

Die Leitungsfähigkeit von Kupfer wird definiert als das Reziproke des Widerstandes w.

Deutsche Normalien. Kupfernormalien nach den Vorschriften des Verbandes deutscher Elektrotechniker.

§ 1. Leitungskupfer darf für 1 km Länge und 1 qmm Querschnitt bei 15° C keinen höhern Widerstand als 17.5 Ohm aufweisen. Der bei t° gemessene Widerstand R_t ist nach dieser Formel umzurechnen.

$$R_{15} = R_t : [1 + 0.004\ (t - 15)]$$

§ 2. Kupferleitungen müssen aus Leitungskupfer hergestellt sein. Die wirksamen Querschnitte von Kupferleitungen sind grundsätzlich durch Widerstandsmessungen zu ermitteln, wobei ein kilometrischer Widerstand von 17.5 Ohm für 1 qmm einzusetzen ist. Für Litzen und Mehrfachleiter ist die Länge des fertigen Kabels zu nehmen, ohne Zuschlag für den Drall.

§ 3. Bei der Untersuchung, ob eine Kupferleitung aus Leitungskupfer hergestellt ist, bzw. ob dieses den Bedingungen des § 1 entspricht, ist der Querschnitt durch Gewichts- und Längenbestimmung eines einfachen, gerade gerichteten Leiterstückes zu ermitteln. Das spezifische Gewicht wird dabei als 8.91 angenommen, falls nicht etwas besonderes bestimmt wird.

Englische Normalien. Kupfernormalien nach den Vorschriften vom August 1904 des Engineering Standards Commitee.

§ 1. Als Normalmaß für hartgezogenes Kupfer von hoher Leitungsfähigkeit wird ein Draht von 1 m Länge, einem Gewicht von 1 g und einem Widerstand von 0.1539 Ohm bei 60° F festgesetzt.

§ 2. Als hartgezogenes Kupfer wird dasjenige definiert, das sich nicht mehr als 1 % ausdehnt, ohne zu reißen.

§ 3. Als Normalmaß für technisches weiches Kupfer von hoher Leitungsfähigkeit wird ein Draht von 1 m Länge, einem Gewicht von 1 g und einem Widerstand von 0.1508 Ohm bei 60° F festgesetzt.

§ 4. Als Gewicht von technischem Kupfer wird 555 Pfund per Kubikfuß angenommen, bei 15.6° C, was einem spezifischen Gewicht von 8.90 entspricht.

§ 5. Als mittlerer Temperaturkoeffizient wird 0.002 38 per Grad F (0.004 28 per Grad C) angenommen.

§ 6. Für alle Leiter wird eine Abweichung von 2 % vom definierten Normalmaß des Widerstandes erlaubt.

§ 7. Für alle Leiter wird eine Abweichung von 2 % vom angenommenen Normalmaß des Gewichts erlaubt.

§ 8. Für alle verzinnten Drähte, zwischen 0.104 und 0.028 Zoll (Nr. 12 und 22 S.W.G.) im Durchmesser, wird 1 % Widerstandserhöhung gestattet.

§ 9. Für Berechnung von Tabellen wird ein Drall angenommen, der die Drahtlänge um 2 % vermehrt.

§ 10. Als gesetzliche Drahtlehre wird diejenige vom 23. August 1883 als Normalmaß für alle Drähte erklärt.

Schweizerische Kupferdaten. Moderne Angaben über die mechanischen Eigenschaften von Kupfer entnehmen wir den

Kupferwerke	Harte Drähte Drahtstärke d = cm					Halbharte Drähte Drahtstärke d = cm					Weiche Drähte Drahtstärke d = cm				
	0.80	0.60	0.40	0.20	0.10	0.80	0.60	0.40	0.20	0.10	0.80	0.60	0.40	0.20	0.10
	Mittlere Zugfestigkeiten β = t/cm².														
A	3.38	3.79	4.12	4.22	3.94	2.56	2.63	2.90	3.50	3.56	2.36	2.25	2.49	2.57	2.50
B	3.63	3.96	4.28	4.78	3.56	3.80	3.81	4.18	4.11	3.75	2.36	2.46	2.45	2.50	2.53
C	3.90	3.61	4.03	4.50	4.16	3.19	3.33	3.60	3.84	3.94	2.18	2.29	2.48	2.49	2.38
D	3.93	4.00	4.30	4.61	4.02	2.88	3.01	3.24	3.59	3.06	2.40	2.37	2.48	2.61	2.56
E	3.70	3.73	4.00	4.29	4.12	2.68	2.82	3.05	3.54	2.90	2.32	2.37	2.42	2.52	2.50
F	4.14	4.38	4.30	4.47	4.50	3.14	3.27	3.52	4.04	3.72	2.24	2.43	2.51	2.55	2.53
Mittel	3.78	3.91	4.26	4.48	4.05	3.08	3.15	3.42	3.77	3.42	2.31	2.36	2.47	2.54	2.50
	Mittlere Dehnungen λ in $^0/_0$.														
A	2.4	2.2	2.7	1.2	1.0	21.1	9.5	13.0	2.9	0.9	40.0	39.2	36.8	39.7	34.6
B	3.0	2.2	1.7	1.0	0.7	2.6	2.1	2.0	1.4	1.1	39.3	38.6	38.0	35.4	29.8
C	3.0	3.3	2.1	1.4	1.0	4.9	4.2	3.2	1.4	0.8	45.2	39.6	38.1	36.3	36.0
D	4.0	2.6	1.8	1.2	1.1	15.6	9.2	3.9	1.6	1.8	39.2	38.2	34.6	36.9	35.4
E	3.2	3.0	2.5	1.5	0.9	20.0	14.9	4.8	2.7	3.1	34.4	37.1	31.8	35.6	34.7
F	2.2	1.8	1.5	1.0	1.1	3.3	3.0	1.6	1.1	1.0	40.1	36.8	36.2	30.2	32.2
Mittel	3.0	2.5	2.1	1.2	1.0	7.9	7.2	4.8	1.9	1.5	39.7	38.3	35.9	37.4	33.8
	Mittlere Deformationsarbeit pro cm³.														
A	0.07	0.07	0.10	0.04	0.03	0.51	0.24	0.37	0.09	0.03	0.69	0.68	0.69	0.78	0.60
B	0.10	0.08	0.06	0.04	0.02	0.09	0.08	0.07	0.05	0.04	0.64	0.67	0.70	0.65	0.58
C	0,11	0.11	0.07	0.05	0.03	0.15	0.12	0.11	0.04	0.03	0.70	0.65	0.67	0.64	0.63
D	0.15	0.09	0.07	0.05	0.03	0.44	0.27	0.11	0.05	0.05	0.67	0.66	0.62	0.71	0.67
E	0.11	0.10	0.09	0.06	0.03	0.52	0.40	0.13	0.09	0.09	0.62	0.66	0.56	0.67	0.65
F	0.08	0.07	0.06	0.04	0.04	0.10	0.09	0.05	0.04	0.03	0.67	0.64	0.68	0.65	0.60
Mittel	0.10	0.09	0.07	0.05	0.03	0.30	0.20	0.14	0.06	0.05	0.66	0.66	0.65	0.68	0.62
	Mittlere Qualitätskoeffizienten $c = \frac{\beta\,\lambda}{100}$														
A	0.08	0.08	0.11	0.05	0.04	0.54	0.25	0.38	0.10	0.03	0.95	0.90	0.92	1.02	0.86
B	0.11	0.09	0.07	0.05	0.03	0.10	0.08	0.08	0.06	0.04	0.93	0.95	0.93	0.89	0.76
C	0.12	0.12	0.08	0.06	0.04	0.16	0.14	0.12	0.05	0.03	0.97	0.92	0.95	0.90	0.85
D	0.16	0.10	0.08	0.06	0.04	0.45	0.28	0.12	0.06	0.05	0.94	0.91	0.86	0.96	0.91
E	0,12	0.11	0.10	0.07	0.04	0.54	0.42	0.14	0.09	0.09	0.80	0.88	0.78	0.90	0.87
F	0.09	0.08	0.07	0.05	0.05	0.11	0.10	0.06	0.05	0.04	0.90	0.89	0.91	0.77	0.81
Mittel	0.11	0.10	0.09	0.06	0.04	0.32	0.21	0.15	0.07	0.05	0.92	0.91	0.89	0.91	0.84

Mitteilungen des Schweiz. ETV., Heft 10, April 1907. Desgleichen über die elektrischen Konstanten. Das Nachfolgende ist ein Auszug dieser Veröffentlichung.

Zur Untersuchung kamen Drähte von nominell 1, 2, 4, 6 und 8 mm Durchmesser in hartem, halbhartem und weichem Kupfer. Das nötige Drahtmaterial wurde von sechs verschiedenen Kupferwerken bezogen und jedes lieferte den Draht in den fünf Durchmessern und den drei Härtegraden. In der Tabelle auf Seite 306 ist eine Zusammenstellung der Mittelwerte für Zugfestigkeit, Dehnung, Deformationsarbeit und der Qualifikationskoeffizienten gegeben. Jede Zahl einer Horizontalreihe ist ein Mittel aus zwei Beobachtungen, von denen schließlich wieder das Mittel für jeden Durchmesser genommen worden ist.

Angaben über die chemische Zusammensetzung der Materialien fehlen in dem Bericht.

Betreffend Zugfestigkeit zeigt die Tabelle, daß sie für alle Härtegrade vom Durchmesser abhängt, bei 2 mm ein Maximum und bei 8 mm ein Minimum aufweist. Für Drähte von 1—8 mm ⌀ ist von jedem Werk hartes Kupfer von 38 kg und weiches von 22—25 kg Zugfestigkeit herstellbar. Halbharte Drähte müssen also zwischen 26 und 38 kg liegen.

Die Zugfertigkeit bildet ein charakteristisches Maß für den Härtegrad des Kupfers und ist, abgesehen vom Torsionskoeffizient, ausschlaggebend für die Verwendung desselben.

Die Dehnung wächst für harte und halbharte Drähte mit dem Durchmesser, nämlich von 1.0—3.0 % resp. 1.9—7.9 %, während sie für weiche Drähte unregelmäßig innerhalb der Grenzen von 33.8 bis 39.7 % schwankt.

Deformationsarbeit und Qualitätskoeffizient wachsen für harte und halbharte Drähte mit dem Durchmesser und sind ungefähr gleich groß. Für weichen Draht ist weder das eine noch das andere der Fall.

Torsionsproben haben den Zweck, das Material in der Längsrichtung auf seine Struktur zu untersuchen. Der Draht wird zwischen zwei Köpfen eingespannt, so daß seine freie Länge 20 cm beträgt. Dann wird einer der beiden Köpfe um die Drahtachse so lange gedreht, bis der Draht bricht. Gemessen wird die Zahl der Torsionen von 360^0 bis zum Bruch. Berechnet wird der Torsionskoeffizient nach der Definition: Drahtumfang mal der Zahl der Torsionen dividiert durch die Einspannlänge.

Die nachfolgende Tabelle gibt eine Zusammenstellung der Mittelwerte dieser Experimente, und man sieht daraus, daß die Zahl der Torsionen für Bruch bei allen drei Härtegraden mit dem Durchmesser abnimmt. Ebenso, daß es möglich ist, für jeden Durchmesser jedes Härtegrades eine Minimalzahl von Torsionen festzusetzen, die er aushalten muß, wenn der Draht von fehlerfreier Fabrikation ist.

Kupfer-werke	Harte Drähte Drahtstärke d = cm					Halbharte Drähte Drahtstärke d = cm					Weiche Drähte Drahtstärke d = cm				
	0.80	0.60	0.40	0.20	0.10	0.80	0.60	0.40	0.20	0.10	0.80	0.60	0.40	0.20	0.10
	Mittelwerte der Anzahl der Torsionen.														
A	9.2	16.2	39.2	71.8	85.8	27.8	31.2	53.3	89.9	130.2	21.1	33.9	47.0	82.2	167.8
B	15.1	10.9	31.3	44.0	42.8	7.2	16.7	41.4	94.8	150.9	20.7	27.3	46.2	89.2	163.7
C	11.0	23.1	18.7	60.7	170.8	21.1	36.4	53.3	84.4	145.1	28.1	33.4	44.5	67.4	172.9
D	7.5	19.9	43.0	53.7	51.5	25.9	19.1	54.3	116.3	240.4	24.3	34.5	48.2	93.8	182.2
E	13.4	31.0	31.0	77.1	66.4	19.7	37.0	49.2	106.4	210.2	23.8	33.2	62.9	115.5	193.4
F	18.0	17.8	30.6	64.7	79.2	24.1	29.9	66.1	96.0	59.8	30.3	39.3	63.4	93.7	176.6
Mittel	12.4	19.8	32.3	62.0	82.7	21.0	28.4	52.9	98.0	156.1	24.7	33.6	52.0	90.3	176.1
	Mittlere Torsionskoeffizienten *S*.														
A	1.17	1.54	2.46	2.27	1.70	3.51	3.20	3.39	3.22	2.06	4.12	4.34	4.16	3.93	3.26
B	1.91	1.01	1.91	1.41	0.66	0.91	1.58	2.62	3.03	2.35	3.98	3.80	3.94	3.96	2.98
C	1.42	2.17	1.19	1.92	2.73	2.65	3.44	3.36	2.62	2.25	4.93	4,03	2.91	3.30	3.39
D	0.94	1.88	2.68	1.69	0.82	3.25	0.84	3.42	3.80	3.87	3.46	3.87	3.37	3.73	4.51
E	1.68	2.92	1.94	2.39	1.06	3.06	3.62	3.10	3.30	4.00	3.27	3.84	3.99	3.64	4.37
F	2.27	1.69	1.94	2.01	1.27	3.04	2.85	4.16	3,03	0.93	4.42	4.28	3.99	2.96	3.10
Mittel	1.57	1.87	2.02	1.95	1.37	2.73	2.59	3.34	3.17	2.58	4.03	4.03	3.73	3.59	3.60

Was den Torsionskoeffizienten anbetrifft, so ist von hart über halbhart gegen weich eine entschiedene Steigerung desselben zu konstatieren. Eine Abhängigkeit vom Durchmesser hingegen ist nicht deutlich nachweisbar.

Die Umschlagproben wurden ausgeführt durch Hin- und Herbiegen um 180 über einen Kern von 5 mal dem in Untersuchung befindlichen Drahtdurchmesser, so lange bis der Draht bricht. Als Resultat ergab sich, daß die Zahl der Umschläge nicht ausgesprochen vom Drahtdurchmesser abhängig ist, während sie doch im allgemeinen für dünnere Drähte größer ist als für dicke, und zwar für alle Härtegrade. Dann nimmt noch die Umschlagszahl zu, je weicher der Draht ist, aber nicht in großem Maße, wie diese Tabelle zeigt.

Härtegrad	Umschlagszahl im		
	Minimum	Maximum	Mittel
Hart . . .	2	9	5
Halbhart . .	3	15	7
Weich . . .	5	16	9

Aus diesen Zahlen ist ersichtlich, wie wenig empfindlich die Umschlagprobe ist. Infolgedessen hat sie auch keinen großen Wert.

Das spezifische Gewicht der verschiedenen Kupfersorten konnte nur für die dickern Drähte von 8, 6 und 4 mm bestimmt werden. Die nachfolgende Tabelle gibt die Mittelwerte (jede Zahl ist das Mittel aus 12 Messungen), die Maxima und die Minima. Es ist weder ein ausgeprägter Unterschied der Mittelwerte in bezug auf die Drahtdurchmesser noch auf die Härtegrade merkbar.

Dagegen sind die Maxima bei den Materialien aufgetreten, welche die größte Zugfestigkeit aufgewiesen, und die Minima bei denjenigen, die den kleinsten Torsionskoeffizienten ergeben haben. Damit wird der Wert der Torsionsprobe als Kontrollmittel über die gleichmäßige Beschaffenheit des Materials bestätigt.

Spezifisches Gewicht.

Drahtdurchmesser mm	Mittelwerte			Maxima			Minima		
	hart	halbhart	weich	hart	halbhart	weich	hart	halbhart	weich
8	8.89	8.89	8.90	8.93	8.90	8.91	8.87	8.87	8.89
6	8.89	8.88	8.89	8.94	8.90	8.90	8.85	8.84	8.87
4	8.90	8.88	8.88	8.93	8.88	8.91	8.87	8.87	8.85

Die spezifischen Widerstände bei 15° C sind durch eine Tabelle von ähnlicher Anordnung wie oben dargestellt. Sie sind innerhalb praktischer Grenzen vom Drahtdurchmesser unabhängig, und die Mittelwerte, nämlich

17.25 Ohm per 1000 m und 1 qmm für harte Drähte
17.11 „ „ 1000 „ „ 1 „ „ halbharte „
16.82 „ „ 1000 „ „ 1 „ „ weiche „

weichen nur wenige Prozente voneinander ab.

Spezifischer Widerstand in Mikrohm-cm.

Drahtdurchmesser mm	Mittelwerte			Maxima			Minima		
	hart	halbhart	weich	hart	halbhart	weich	hart	halbhart	weich
8	1.717	1.710	1.679	1.728	1.741	1.689	1.708	1.691	1.675
6	1.723	1.707	1.683	1.749	1.716	1.692	1.699	1.694	1.674
4	1.719	1.709	1.678	1.727	1.727	1.689	1.710	1.692	1.667
2	1.730	1.717	1.685	1.771	1.748	1.703	1.715	1.696	1.678
1	1.737	1.715	1.683	1.765	1,723	1.698	1.721	1.696	1.668

Folgerungen. Als Resultat dieser Untersuchungen über Kupferdrähte empfiehlt die Kommission des SEV., die drei Härtegrade wie folgt zu definieren:

Weiches Kupfer nach Tabelle:

Durchmesser	Max. Zugfestigkeit	Min. Tors.-Koeffizient
1.0—3.0 mm	26 kg/qmm	3.0
3.1—6.0 „	25 „	3.0
6.1—8.0 „	25 „	3.0

Halbhartes Kupfer nach Tabelle

Durchmesser	Zugfertigkeit von	Min. Tors.-Koeffizient
1.0—4.0 mm	30—38 kg/qmm	2.5
4.1—6.0 „	28—36 „	2.5
6.1—8.0 „	27—35 „	2.0

Hartes Kupfer wie folgt:

Durchmesser	Min. Zugfestigkeit	Min. Tors.-Koeffizient
1.0—4.0 mm	38 kg/qmm	1.5
4.1—6.0 „	36 „	1.5
6.1—8.0 „	35 „	1.0

Ferner empfiehlt sie, als Garantiezahlen der Zugfestigkeit für halbharten und harten Draht die Minimalzahlen der zwei letzten Tabellen zu adoptieren.

Andere Proben. Für hartgezogenen Kupferdraht liegen noch die folgenden englischen Proben vor.

Der Draht wird in 6 Windungen um seinen eigenen Durchmesser gewickelt, abgewickelt und nochmals aufgewickelt. Während dieser Operationen darf er nicht brechen.

Der Draht muß sich eine Anzahl mal tordieren lassen, ohne zu brechen, und zwar für eine Länge von 75 mm und

1.2	1.6	2.0	2.5 mm	Durchmesser
25	20	16	10	mal

Die französische Postverwaltung schreibt folgende Proben vor. Der Draht wird in einen Schraubstock eingespannt, dessen Backen den Radius R haben, dann erst um 90^0 und sukzessive um 180^0 abgebogen. Er muß eine Anzahl solcher Biegungen aushalten, ohne zu brechen. Details nach Tabelle.

Drahtdurchmesser	1.0	1.2	2.0	2.5	3.0	4.0	5.0 mm
Biegeradius R	3.0	3.0	3.0	3.0	6.0	10.0	10 mm
Zahl der Biegungen	16	14	8	6	5	6	5

Blei.

Blei ist ein weiches, unter hohem Druck plastisches Metall. Schmelzpunkt bei 335° C. Spezifisches Gewicht: 11.25 gegossen, 11.38 gewalzt, 11.40 gezogen oder gepreßt. Für Kabelzwecke eignen sich nur die reinsten und weichesten Sorten, die doppelt raffiniert sind, und von diesen wird man denen den Vorzug geben, die am wenigsten Asche bilden.

Unreine Sorten ergeben ein sprödes Rohr, das schon mit Rissen aus der Presse heraustreten kann oder nach ein bis zwei Biegungen bricht. Auch sonst hat man mit diesen Sorten Schwierigkeiten, um reines Rohr zu bekommen.

Hier folgen die Analysen von drei sehr guten Sorten.

Gehalt an	Tarnowitzer Weichblei	K. Friedrichshütte Reinblei	Hohenlohe Blei
Blei	99.9666	99.9964	99.9731
Kupfer	0.0043	0.0007	Spur
Wismut	0.0015	—	—
Zinn	0.0242	0.0060	0.0080
Zink	0.0009	—	—
Eisen	0.0025	0.0010	0.0011
Arsen	—	0.0013	—
Kadmium	—	—	0.0250

Die Bedienung der Bleipresse kann an der sog. Bleikolik erkranken, die davon herrührt, daß das Blei von den Händen in den Mund oder in die Speisen kommt. Es sind demnach bei der Presse strenge Vorschriften betreffs Reinigung der Hände vor den Mahlzeiten usw. aufzuhängen und deren Befolgung zu kontrollieren.

Bleiasche enthält gewöhnlich viel metallisches Blei. Durch bloßes Schmelzen kann man aus derselben 50 % und mehr Blei herausbringen. Die eigentliche Asche bringt man in einen Ofen mit Rost, lagenweise mit Holz, Harzabfällen, den Lappen von der Tränkerei usw. aufgeschichtet, und setzt diese in Brand. Das reduzierte Blei läuft dann durch den Rost weg.

Legiertes Blei. In neuerer Zeit hat man angefangen, dem Blei etwas Zinn zuzusetzen, gewöhnlich 3 %. Der Schmelzpunkt dieser Legierung ist zu 332° C bestimmt worden. Zum Pressen verlangt diese Legierung einen beträchtlich höheren Druck oder eine höhere Temperatur.

Blei und Zinn mischen sich nicht leicht miteinander, und es ist praktisch eine Unmöglichkeit, eine gleichmäßige Legierung zu erzielen.

Die großen amerikanischen Telephongesellschaften geben deshalb einen Spielraum von 1 % und schreiben einen Zinngehalt von 2½—3½ % vor.

Aus Obigem ergibt sich, daß es nicht empfehlenswert ist, die Legierung im Schmelzkessel der Presse selbst herzustellen. Man kann sich nicht auf die Bedienung verlassen, daß diese das Zinn wirklich zusetzt und ordentlich umrührt.

Von dem Zinnzusatz hat man erwartet, daß er das Blei gegen chemische Einflüsse und Elektrolyse etwas mehr schützt, da Zinn weniger oxydierbar ist als Blei. Die Erfahrung hat diese Erwartungen nicht bestätigt, eher das Gegenteil.

Die Legierung hingegen hat einen großen Wert für Einziehkabel, da sie eine bedeutend größere Bruchfestigkeit aufweist als reines Blei. Sie ist etwas spröder als dieses, genügt indessen für alle in der Praxis vorkommenden Biegungen.

Zur Beurteilung der mechanischen Eigenschaften von reinem Blei und 3 proz. Legierung geben die nachfolgenden Zahlen Aufschluß. Sie wurden bestimmt aus Streifen von ca. 3 mm Dicke, die von warm gepreßten Rohren herstammten. Ganze Rohre wurden ebenfalls geprüft und ergaben nahezu die gleichen Resultate.

	Reines Blei	Legiertes Blei
Streckgrenze	1.05	1.58 kg p. qmm
Bruchgrenze	1.68	2.34 „ „ „
Bruchdehnung . . .	45—50	50—54 Prozent

Die Zahlen sind Mittelwerte aus zehn Versuchen. Durch Zusatz von 3 % Zinn wird also die Bruchfestigkeit um ca. 50 % erhöht.

Verzinntes Bleirohr. Um das Blei gegen chemische Einflüsse widerstandsfähiger zu machen, hat man in Amerika Methoden ausgebildet und Einrichtungen gebaut, um das gepreßte Bleirohr mit einer Schicht Zinn zu überziehen.

Zerstörung von Bleirohr. Bleirohr, unter die Erde gelegt und keinen schädlichen Einflüssen ausgesetzt, hält sozusagen ewig, wie die Überreste römischer Wasserleitungen uns nachweisen. Zerstörung des Bleimantels von Kabeln ist beobachtet worden in Erdschichten, die faulende organische Substanzen oder Schwefelwasserstoff enthalten.

Solche Bestandteile findet man in der Umgebung von schlecht gemauerten Abzugskanälen, Senk- und Düngergruben, Kloaken, Ställen usw. oder Schwefelquellen.

Oft sind auch in Gips oder Kalk eingelassene Rohre in kurzer Zeit zerstört worden.

Die dem Blei schädlichen, im Erdboden enthaltenen Stoffe sind: kohlensaures Ammoniak, organische Säuren und Salpeter. Unter

Zutritt von Luft und Feuchtigkeit, die im Boden immer vorhanden sind, bilden diese Substanzen kohlensaures Blei, dessen Farbe weiß ist.

Langsamer zerstörend wirkt schwefelwasserstoffhaltiger Boden, unter Bildung einer schwarzen Verbindung, des Schwefelbleis. Auch kochsalzhaltiger Boden ist dem Blei mit der Zeit schädlich, sowie salpetersaures Natrium, Kalium und stark kohlensäurehaltiges Wasser.

Aluminium.

Das Aluminium ist ein silberfarbiges, sehr geschmeidiges Metall, härter als Zinn und Zink, aber weicher als Kupfer. Die Fabrik in Neuhausen macht darüber folgende Angaben: Reingehalt: 98—99.7%. Schmelzpunkt: 625° C. Spezifisches Gewicht: 2.64 gegossen und 2.70 gezogen und gewalzt. Festigkeit: 10—12 kg gegossen bei 3 % Dehnung, gewalzt 20—27 kg (Blech von 3—0.5 mm), gezogen 20—23 kg. Alles auf 1 qmm bezogen.

Der elektrische Widerstand per 1 qmm und 1000 m Länge ist 24.50 für 99.66 % Al und 28.46 Ohm für 98.8 % Al, bei 0 C. Als gebräuchlicher Wert bei 15° C gilt 28.74 Ohm. Die Leitungsfähigkeit, Kupfer als 100 angenommen, ist 60—61.

Der Temperaturkoeffizient per 1° C für elektrischen Widerstand ist 0.003 92 zwischen 0° und 27° C.

Der lineare Ausdehnungskoeffizient beträgt 0.000 023 13 für 1° und 0.002 336 für 100° C.

Spezifische Wärme: 0.2220 bei 0°, 0.2320 bei 100° C und 0.2845 bei 625° C.

Wärmeleitungsfähigkeit: 0.343 bei 0°, 0.362 bei 100°.

Als Leiter für elektrischen Strom betrachtet und mit Kupfer verglichen, muß dessen Querschnitt 1.67 mal und dessen Durchmesser 1.29 mal größer gemacht werden, während das Gewicht nur 0.505 von dem des Kupfers ausmacht.

Einem Vortrage von Prof. E. Wilson entnehmen wir noch folgende Angaben:

Aluminium vom Gehalt Al 99.25, Fe 0.31 und Si 0.14 ergab folgende Konstanten:

Spezifisches Gewicht = 2.715.

Spezifischer Widerstand = 2.762×10^{-6} bei 15° C.

Leitungsfähigkeit bei 15° C = 61.5, bezogen auf Matthiessens Normalkupfer vom Widerstande 1.696×10^{-6} und dieses = 100 gesetzt.

Temperaturkoeffizient zwischen 0° und 100° = 0.004 05.

Koeffizient der linearen Ausdehnung per 1° C zwischen 18° und 100° C = 0.000 023.

In der letzten Zeit sind einige Versuche veröffentlicht worden, die darauf hinweisen, daß Al der Luft an Seeküsten und Fabriksdistrikten usw. nicht genügend Widerstand leistet und oft sehr rasch zerstört wird.

Zur Zeit der hohen Kupferpreise hat Al infolge seiner elektrischen Eigenschaften erfolgreich mit Kupfer konkurriert, hauptsächlich in Form von Drahtseilen für Freileitungen. In Amerika sind eine ganze Reihe sehr großer Kraftübertragungen mit Aluminiumseilen ausgerüstet worden.

Bei den heutigen Aluminiumpreisen, die eine Kleinigkeit über den Kupferpreisen liegen, kann es für isolierte Kabel, selbst für Hochspannungskabel, für größere Querschnitte erfolgreich konkurrieren.

Betreffend Lötung von Aluminium sind keine neuen Erfolge zu melden. Das Richardsche Lot wird immer noch als das beste betrachtet. Dagegen hofft man mit der autogenen Schweißung das Ziel zu erreichen.

Eisen.

Bandeisen wird zum Panzern von Kabeln in den Dicken 0.5, 0.8, 1.0, 1.2 und 1.5 mm verwendet. Dasselbe muß eine gewisse Weichheit haben. Zu hartes Band gibt keinen runden und gleichmäßig aufgelegten Panzer. In England verwendet man für den gleichen Zweck Stahlband. Dieses wird auch ausnahmsweise von der deutschen Postverwaltung in den Dicken von 1.0 und 1.3 mm vorgeschrieben.

Bandeisen ist kalt und warm gewalzt zu bekommen. Infolge des großen Bedarfes für die Kabelfabrikation sind die Produktionsmethoden in den letzten Jahren außerordentlich verbessert worden, und Ringe bis zu 500 m Länge, in Dicken von 0.5—1.5 mm und Breiten von 15 bis 60 mm, sind gegenwärtig bei den meisten Walzwerken erhältlich.

Auch werden jetzt Garantien für die Dicken gegeben, die nur um weniges von denen für Kupferdraht abweichen.

Bandeisen rostet leicht. Der sicherste Schutz dagegen ist ein reicher Überzug, innen und außen, bestehend aus einer plastischen Asphaltmasse.

Eisendraht zum Zwecke des Panzerns von Kabeln kommt nur verzinkt zur Verwendung. Die Deutsche Reichspost sieht in ihren Spezifikationen Drähte vor von 2.6—8.6 mm Durchmesser und verlangt eine Zugfestigkeit von 40 kg per Quadratmillimeter. Es ist aber Eisendraht erhältlich mit einer Festigkeit bis 60 kg.

Das spez. Gewicht von Flußeisendraht ist 7.65.

Flachdraht wird von der Deutschen Reichspost in den Dicken von 1.4—1.7 mm und den Breiten von 3.2—6.2 mm verwendet. Die Bruchfestigkeit dieser Drähte liegt zwischen 30 und 40 kg per Quadratmillimeter.

Das Verzinken bezweckt, den Eisendraht vor dem Rosten zu schützen. Die Luft greift Zink wohl auch an, aber das sich bildende Oxyd ist im Wasser nicht löslich und bildet so eine schützende Kruste gegen weiteres Anfressen. Enthält die Luft Schwefeldämpfe, Säuren oder Salzteilchen, so wird das Zink vollständig zersetzt, und das Rosten beginnt. In Distrikten mit solchen Verhältnissen versieht man den verzinkten Draht mit einer gut asphaltierten Umflechtung. In weniger schlechten Gegenden genügt zum Schutze des Drahtes ein Überzug von oxydiertem Leinöl.

Die Verzinkungsprobe wird auf chemischem oder mechanischem Wege gemacht.

Zur ersteren bereitet man ein Bad aus 5 Liter Wasser und 1 kg Kupfervitriol. Das Bad hat Zimmertemperatur. Der verzinkte Draht wird mit Benzin gewaschen, um Fette zu entfernen, darauf für eine Minute in das Bad getaucht, in Wasser gewaschen und getrocknet. Die Verzinkung wird als gut angesehen, wenn nach viermaliger Wiederholung dieses Vorganges der Draht nicht rot wird.

Die Deutsche Reichspost schreibt diese Probe nicht durchgehends vor und erachtet die Verzinkung als genügend, wenn von der Ablieferung bis zur Verlegung keine Spur von Rost auftritt.

Auf mechanischem Wege prüft man die Verzinkung, indem man den Draht um einen Dorn wickelt. Die Verzinkung darf dann weder brechen noch sich abschälen. Für den Durchmesser des Dornes, der mit dem Drahtdurchmesser wechselt, gilt folgende englische Vorschrift:

Drahtdurchmesser.	1.6	2.0	3.0	4.0	mm
Dorndurchmesser	6	18	37	50	„

Als mechanische Proben von Eisendraht gelten in erster Linie die gewöhnlich vorgeschriebenen Bruchfestigkeiten und Dehnungen. Diese werden immer auf Festigkeitsmaschinen ausgeführt. Eine Ausnahme macht die Regierung von Indien, die vorschreibt, der vertikale Draht müsse durch Tragen von Gewichten geprüft werden. Er muß auf einmal $^9/_{10}$ des gesamten Gewichtes der vorgeschriebenen Bruchfestigkeit heben. Das fehlende Zehntel wird dann nach und nach in etwa fünf gleich großen Teilen zugelegt.

Neben Probe auf Bruchfestigkeit und Dehnung wird oft noch eine Torsionsprobe vorgeschrieben. Eine bestimmte gerade Drahtlänge wird an einem Ende eingespannt und am anderen Ende verdreht. Der Draht muß eine bestimmte Zahl Torsionen aushalten, ohne in Fasern zu zerfallen. Die Deutsche Reichspost hat die Zahl der Torsionen (auf 150 mm Drahtlänge) wie folgt festgestellt:

Drahtdurchmesser.	3.8	5.6	7.0 mm
Zahl der Torsionen in 150 mm . .	18	12	10 „

In Frankreich ist eine Biegungsprobe beliebt, die so ausgeführt wird, daß man den Draht einspannt und mehrere Male im rechten Winkel, erst nach der einen Seite und dann nach der entgegengesetzten abbiegt. Ein Draht von z. B. 4 mm ⌀ muß diese Operation viermal aushalten, wenn er gut ist.

Stahldraht ist mit verschiedenen Bruchfestigkeiten erhältlich, z. B. 120—150, 150—160, 160—180 und 180—200 kg per Quadratmillimeter.

Das spez. Gewicht von Flußeisenstahldraht ist 7.96.

Die Deutsche Reichspost hat Stahldraht bisher nur für das Deutsch-Amerikanische Kabel verwendet, und es waren dafür Festigkeiten von 82 und von 142 kg per Quadratmillimeter festgesetzt. Ferner war Vorschrift, daß die Ausdehnung des Drahtes auf eine Länge von 250 mm nur 2 resp. 4 % betragen dürfe, und daß er drei Torsionen hin und zurück aushalten müsse.

Andere Proben werden wie bei Eisendraht gemacht. Eine englische Vorschrift, die statt der Torsionsprobe gefordert wird, ist noch erwähnenswert. Nach derselben muß sich der Stahldraht um seinen eigenen ⌀ wickeln und wieder abwickeln lassen, ohne zu brechen.

Jute.

Jute ist die Bastfaser mehrerer, der Familie der Tiliaceen angehöriger Pflanzen, die im südlichen Asien heimisch sind. Dieselben sind ähnlich unserem Hanf, erreichen aber eine mittlere Höhe von 3½ m und 13 mm Stengeldicke.

Nach der Ernte wird die Jutepflanze einem Röstprozeß unterworfen, nach dessen Beendigung die Bastfaser von Hand abgezogen werden kann, worauf sie gereinigt und getrocknet wird. Dies ist die sog. Rohjute, die nach den Distrikten ihrer Herkunft sortiert wird und in ca. sechs verschiedenen Qualitäten zum Export gelangt. Im Heimatlande selber wird die Rohjute nicht zu Garn versponnen.

Die guten Sorten sind immer von heller Farbe, die minderen Sorten dunkel. Die allerbeste Jute hat eine weißlichgelbe und manchmal silbergraue Farbe. Sie zeichnet sich durch Weichheit und Glätte aus. Mittelsorten haben eine bräunliche Farbe, und die ordinären sind gelb bis rotbraun. Je geringer die Qualität ist, desto härter wird das Garn.

Für Kabelzwecke verwendet man meistens eine gute Mittelsorte. Das Garn soll nicht zu stark gedreht und gleichmäßig dick sein, sowie keine Teile des Stengelholzes enthalten. Es muß so kräftig sein, daß es den Zug auf den Maschinen aushält, ohne zu reißen.

Die bei schlecht gesponnenen Garnen auftretenden, konisch nach beiden Seiten verlaufenden dicken Stellen nennt man Fische; die holzigen Stengelteile heißen Schäbe, Acheln oder Ageln. Die rotbraunen, halbholzigen Fasern, die zuweilen gefunden werden, kommen von der Wurzel der Jutepflanze. In bester Qualität soll diese nicht vorhanden sein.

Der Wassergehalt von gelagerter Jute kann bis 15 % ansteigen.

Unter der Nummer eines Jutegarnes versteht man die Zahl, die angibt, wievielmal 300 Yards = 275 m desselben auf ein englisches Pfund = 453 g gehen. Jute Nr. 1 wird also per 300 Yards Fadenlänge, Jute Nr. 2 per 600 Yards usw. gerade 1 Pfd. wiegen. Das Gewicht per Meter ist also für Nr. ½ = 3.26 g, Nr. ¾ = 2.18 g, Nr. 1 = 1.63 g, Nr. 1½ = 1.09 g, Nr. 2 = 0.81 g. Die Jutefabriken in England, Deutschland und Österreich haben einheitliche Numerierung und Aufmachung für Verkauf.

Die Garne werden fabriziert in den Nummern ¼, ½, ¾, 1, 1¼, 1½, 1¾, 2, 2½, 3, 4, 4½, 5, 5½, 6, 7, 8, 9, 10, 11, 12. Die höheren Nummern bis 24 werden als Feinjute bezeichnet.

Der fertige Jutefaden wird auf einem einheitlichen Haspel von 2½ Yards = 2.3 m Umfang aufgespult. Ein Umfang heißt ein Faden. Eine Anzahl Fäden zusammen ist ein Gebinde, und auf ein solches gehen 15—120 Fäden (nämlich 15 für Nr. ¼ und 120 für Nr. 12). Fünf Gebinde sind ein Strähn, 20 Strähne eine Weife und 2 bis 16 solche ein Bündel (zwei für Nr. 12 und 16 für Nr. ¼) = 24 000 Fäden a 2½ Yards = 60 000 Yards = 54 863 m.

Für Feinjute hat man: 1 Faden = 2½ Yards; 120 Fäden = 300 Yards = 1 Gebinde; 10 Gebinde = 3000 Yards = 1 Strähn; 20 Strähne = 60 000 Yards = 1 Bündel.

Erwähnenswert für Jute ist noch, daß mehrere Fälle von Selbstentzündung von gelagerter Jute bekannt sind. Zwei derselben kamen in Kabelfabriken vor und gaben Anlaß zu beträchtlichem Feuerschaden.

Gegenwärtig ist das Jutegarn für Kabelfabrikation allgemein auf Kreuzspulen gewickelt erhältlich.

Das Gerben von Jute. Für submarine und Flußkabel ist gewöhnlich vorgeschrieben, daß gegerbte Jute zum Schutze der Guttaperchaadern verwendet werden soll.

Der Gerbeprozeß wird in der nachfolgenden Weise ausgeführt. Man löst Katechu, auch Cachou genannt oder terra japonica, in heißem Wasser auf. Das Gerbgut, wie Jute, Baumwolle usw., wird etwa ½—1 Stunde in der heißen Lösung gelassen, ausgewunden, gewaschen und in eine warme Lösung von Kaliumbichromat von etwa

50^0 C gebracht. Darin wird es gelassen, bis die gewünschte Farbe erreicht wird, worauf es ausgewunden, geschwemmt und getrocknet wird.

Je nach der Zusammensetzung der Bäder kann man verschiedene Farben herausbringen. Dem ersten Bad kann man 10—20 % Cachou zusetzen. Dem zweiten, das die Farbe gibt, setzt man auf 10 Liter Wasser etwa 20 g Bichromat zu für ein Cachoubraun und 50 g für ein Dunkelbraun. Wird die gewünschte Färbung nicht erreicht, so wiederholt man den Prozeß.

Für eine zimtbraune Färbung hat das zweite Bad ungefähr die folgende Zusammensetzung: Wasser 92, Kupfersulfat 5, Bichromat 2½, Schwefelsäure ½ %.

Baumwolle.

Die Baumwolle ist das Samenhaar verschiedener Arten der Baumwollpflanze, die in Amerika, Asien, Afrika usw. heimisch ist. Die Pflanze trägt walnußgroße Samenkapseln, die, wenn reif geworden, aufspringen, wobei das Samenhaar herausquillt. Je nach der Herkunft wird die Baumwolle in Sorten eingeteilt, wie Sea-Island, Louisiana, ägyptische usw.

Die Verarbeitung der Rohbaumwolle zu Garn ist eine der größten Industrien. Die Spinnereien liefern das Garn in Form von Kops, Kreuzspulen und Strähnen. Kops und Kreuzspulen werden direkt auf die Umspinnmaschinen der Kabelfabriken aufgesetzt und verarbeitet. In Strähnen bezieht man das Garn, das man für farbige Artikel braucht. Nachdem dasselbe gefärbt ist, wird es erst auf Hilfsspulen und von diesen auf die Maschinenspulen gewickelt.

Die Nummer eines Baumwollgarnes ist die Zahl, die angibt, wievielmal 840 Yards = 768 m des Garnes auf ein englisches Pfund = 453 g gehen. Es ist also

Garnnummer × Gewicht von 840 Yards = 1 Pfd. englisch.

oder von Garn Nr. 1 wiegen 840 Yards 1 Pfd. engl.
„ „ „ „ 10 „ 8400 „ „ „
„ „ „ „ 100 „ 84000 „ „ „

Wir haben demnach für die einzelnen Garnnummern die folgenden Gewichte per Meter Länge:

Garnnummer	1	10	20	30	40	100
Gramm per Meter . .	0.59	0.059	0.030	0.020	0.015	0.0059

In dem Maße, als die Nummer zunimmt, wächst die Fadenlänge per Pfund, oder wird der Faden dünner.

Man kann also durch Abmessen der Länge eines Garnes, z. B. von 100 m, und Bestimmung des Gewichtes ohne weiteres die Nummer desselben berechnen.

Die französische Numerierung hat die Basis: 1000 m Nr. 1 wiegen 500 g. Die englische Nummer muß mit 0.847 multipliziert werden, um die französische zu bekommen. Die französische Nr. $\times$ 1.18 gibt die englische Nummer.

Die heutigen Bestrebungen der Spinner gehen nach einem internationalen System mit der Basis

1000 m Nr. 1 wiegen 1 kg.

Werden zwei oder mehrere Garne zu einem einzigen Faden zusammengedreht, so erhält man Zwirn. Dieser ist stärker und gleichmäßiger als ein Garn von gleicher Dicke. Es gibt zwei-, drei- usw. fachen Zwirn.

Werden zwei oder mehr Zwirne zusammengedreht, so erhält man einen noch besseren Faden, dessen Name Fil d'Ecosse ist.

Für Baumwollgarne und -Zwirne existiert ein besonderes Verfahren, ihnen durch kräftiges Bürsten einen besonderen Glanz zu geben. So präpariertes Garn kommt unter dem Namen Eisengarn oder Glanzgarn in den Handel, und es wird dasselbe meistens für die Umflechtung von Glühlichtschnüren verwendet.

Leinengarn.

Das Leinengarn kommt vom Flachs, der auch in Europa heimisch ist.

Für die Nummer gilt die Regel

Nummer $\times$ Gewicht von 300 Yards = 1 Pfund engl.

Es wird auf Haspeln von $2\frac{1}{2}$ Yards Umfang gespult.

Für die Aufmachung gilt das Folgende:

1 Pack =	6 Bdl. =	120 Hanks =	1200 Leas =	360000 Y. =	329718 m
	1 ,, =	20 ,, =	200 ,, =	60000 ,, =	54863 ,,
		1 ,, =	10 ,, =	3000 ,, =	2743 ,,

Leinengarn und -Zwirn wird nur für Umflechtung von Drähten verwendet, die viel Strapazen auszustehen haben, wie z. B. Militärkabel.

Seide.

Seide kommt vom Kokon der Seidenraupe, und die Gewinnung ist allgemein bekannt. Rohseide ist der einfache, aufgehaspelte Faden. Ein brauchbarer Seidenfaden wird erst durch Zwirnen mehrerer Einzelfäden erhalten.

Organsin ist ein Zwirn von 400 bis 500 Drehungen per Meter. Er wird aus bester Rohseide hergestellt und als Kette bei Geweben verwendet.

Trame ist ein Zwirn von 150 bis 200 Drehungen und findet Verwendung als Schuß bei Geweben und zur Anfertigung von Schnüren.

Nach den Ursprungsländern unterscheidet man italienische, chinesiche und japanische Seide.

Nach Qualität geordnet, wird Seide verkauft als

sublime ordinär,
sublime sublimissima,
sublimissima,
classique
und noch feinere Sorten.

Unter Titre versteht man die Garnnummer der Seide. Der Faden wird um so schwerer, je höher die Nummer ist. Der Titre wird immer durch zwei Zahlen angegeben, z. B. 36/38, was heißt, die Nummer ist nicht genau angebbar, liegt aber innerhalb der Grenzen 36 und 38 und ist im Mittel gleich 37.

Der Titre wird in Deniers angegeben, und es ist 1 Denier = 0.05 g. Es ist

$$\text{Titre} \times 0.05 = \text{Gewicht in g von 450 m des Fadens.}$$

Will man also den Titre eines Seidenfadens bestimmen, so sucht man das Gewicht von 450 m desselben (in Grammen) und multipliziert dasselbe mit 20 (= 1 : 0.05).

Die gewöhnlichen Titres sind:

Organsin: grob 30/34 bis 36/40; fein 16/18 bis 22/26; extrafein 10/12 Deniers.

Trame: grob 70/80 bis 100/120; mittel 40/50 bis 60 65; fein 12/18 bis 24/28 Deniers.

Papier.

Papier hat ungefähr im Jahre 1890 seinen Einzug in die Kabelfabrikation gemacht und zunächst als Isolationsmittel für Telephonkabel mit Lufträumen Verwendung gefunden. Nahezu ein Jahrzehnt ist es nur sporadisch für Starkstromkabel angewendet worden und immer gemischt mit Jute. Erst nach dem Jahre 1900 wurde es möglich, Kabel von größerem Leiterdurchmesser vollständig mit Papier zu isolieren. Der Erfolg war ein ganz durchschlagender, besonders für Hochspannungskabel, und gegenwärtig ist Papier sozusagen das einzige Isoliermittel für Kabel unter Blei. Es ersetzt sogar Gummi und Guttapercha, da diese Dielektrika nur noch für einige Spezialfälle Verwendung finden.

Der Kabelfabrikant stellt an das Papier zunächst die Anforderungen, daß es frei sei von allen chemischen Bestandteilen, die mit der Zeit das Papier selbst, wie auch Kupfer und Blei zerstören können. Auch verlangt er, daß es keine Metallpartikel enthalte. Von größter Wichtigkeit für den Fabrikanten ist es, daß das Papier auf den Maschinen sich verarbeiten lasse, ohne zu oft zu reißen. Es erfordert also eine gewisse Festigkeit gegen Zug, die bei vielen Papieren beeinträchtigt wird durch harte Teilchen (nicht ganz verarbeitete Bestandteile des Rohstoffes), Ungleichheiten in der Dicke, Löcher, Falten, Risse usw. Solche unreinen Papiere reißen meistens beim Durchgang eines Fehlers durch die Kaliber der Maschine und sind infolgedessen für die Fabrikation nicht verwendbar, da die Bedeckungsmaschinen $^3/_4$ der Zeit und mehr in Stillstand kommen.

Da das Papier meistens in Spiralform auf dünne Drähte gelegt wird, erfordert es eine gewisse Weichheit und Schmiegsamkeit sowohl für das Durchgehen durch die Kaliber der Bedeckungsmaschine, als auch später beim Verseilen der isolierten Drähte. Ein hartes Papier gibt bei diesen Operationen Anlaß zu Fehlern und Aufenthalten.

Für Telephonkabel wird das Papier verwendet in Dicken von ca. 0.05 bis 0.25 mm und in Breiten von ca. 7 bis 15 mm. Für Starkstromkabel wird die Papierbreite durch den Durchmesser des Drahtseiles bestimmt.

Papier wird sortiert nach dem Gewichte per Quadratmeter, und es wiegt beiläufig Papier von

	0.07	0.09	0.12	0.16	0.20 mm Dicke
ca	45	60	80	160	140 g per qm.

Es wird gewöhnlich garantiert rein von freiem Chlor, freien Säuren, Schwefel und Schwefelverbindungen.

Was mechanische Proben anbetrifft, haben wir die nachfolgenden auffinden können:

1. Englische Postverwaltung. Ein Streifen von 10 mm Breite muß ein Gewicht von mindestens 2,81 kg für jedes Zehntel Millimeter seiner Dicke tragen können, ohne zu reißen.

2. Französische Postverwaltung. Ein Streifen von 330 mm Länge wird aufgehängt und belastet. Er muß per Gramm seines Eigengewichtes (auf 1000 mm Länge bezogen) mindestens 4 kg Belastung aushalten, ohne zu reißen.

Derselbe Versuch wird mit einem Streifen gemacht, der 24 Stunden im Wasser gelegen hat und darauf wieder getrocknet worden ist. Die Belastung wird aber auf 3,50 kg erniedrigt.

Ein weiterer Versuch wird mit einem Streifen ausgeführt, der von einer bedeckten Telephonader heruntergenommen worden ist. Für die beiden Experimente sind die Belastungen dann 3.75 bzw. 3.25 kg.

3. Unbekannten Ursprunges. Ein Streifen von 330 mm Länge wird aufgehängt und muß dann mindestens das Gewicht tragen, das 6000 m seiner Länge entspricht.

Ein Streifen von 10 mm Breite und 500 mm Länge wird aufgehängt und mit 2.5 kg belastet. Darauf wird er verdreht, immer in der gleichen Richtung, bis er irgendwo reißt. Dies darf nicht eintreten, bevor der Streifen nicht 5 mal um 360° verdreht worden ist.

Diese letztere Methode scheint uns die vorzüglichste zu sein, da ein Torsionsversuch ebenso wertvoll ist als einer auf Reißen.

Für die Maschinen zur Ausführung dieser Proben sowie für andere wertvolle Sachen über die Kenntnis von Papier konsultiere man das Buch: Papierprüfungen von W. Herzberg, 1907 bei Jul. Springer.

Reines Manilapapier hat lange Zeit als das einzig empfehlenswerte Papier für Kabelzwecke gegolten; aber die Erfahrungen der letzten Jahre haben gezeigt, daß Zellulosepapier ihm nahezu gleichwertig auf mechanische Eigenschaften ist. Infolgedessen ist es massenhaft für Isolation von Kabeln bis 700 Volt und auch für Hochspannungskabel verwendet worden. Ob es indessen so haltbar ist wie Manila, wird sich nicht so leicht entscheiden lassen.

Einige Meßresultate können von Interesse sein. Die nachfolgenden Zahlen stammen von einer deutschen Fabrik und beziehen sich auf drei Muster, die vom K. Material-Prüfungsamt in Charlottenburg untersucht worden sind.

Muster von	35	75	100	g/qm
Festigkeit i. d. Längsrichtung	7550	7650	6300	m
Festigkeit i. d. Querrichtung .	5450	5800	5500	m
Mittlere Dehnung	3.0	3.9	3.5	%

Nach eigenen Versuchen an einem Manilapapier von 0.15 mm Stärke oder 140 g per qm. Es soll nach Probe 3) bei 8.4 kg reißen, entsprechend 6000 m Länge. Diesbezügliche Versuche sind an vier und für Torsion an 14 Streifen gemacht worden. Die Zahlen sind die folgenden

Reißgewicht 10.1, 10.2, 10.5, 9.6, kg.

Torsionen 13, 14, 16, 18, 19, 19, 23, 27, 26, 34, 34, 34, 54, 42.

Ebenso wichtig als alle mechanischen Proben sind solche auf dauernde Erwärmung und auf Saugfähigkeit. Man vergleiche S. 51.

Leinöl

wird aus dem Samen des Flachses gepreßt. Es ist hellgelb bzw. braungelb, je nachdem es kalt oder warm gepreßt wird. Das spezifische Gewicht ist 0.935. Das Leinöl wird oft mit anderen Pflanzen- sowie Mineralölen verfälscht und verliert dann seine Fähigkeit, rasch zu trocknen.

Wenn es stark erhitzt und der Luft ausgesetzt ist, so wird es dickflüssig und heißt dann oxydiertes Leinöl. Im Anfange der Elektrotechnik wurden beide Sorten, besonders mit Mennige gemischt, viel für Isolationszwecke verwendet, heute aber weniger. Oxydiertes Leinöl wird auch für Herstellung von Gummisurrogaten verwendet und Factices aus anderen Ölen vorgezogen.

Harze usw.

Aus den meisten Nadelhölzern fließen Harze aus, besonders wenn man die Rinde anschneidet. Aus denselben werden mancherlei Produkte gewonnen, die für Kabel- und Drahtfabrikation von Wichtigkeit sind.

Galipot ist gemeines Fichtenharz, das von selber aus der Rinde fließt. Die Farbe ist gelblichweiß, gelbrot oder braun. Der Geruch erinnert an Terpentin. Es findet Verwendung als Zusatz zu Tränkmassen, die man etwas klebrig machen will, und löst sich leicht in Spiritus.

Kolophonium wird aus Fichtenharz durch Abdestillieren der Öle gewonnen und ist ein klebriges, sprödes, durchscheinendes Harz von gelblicher oder bräunlicher Färbung. Es findet in vielen Fabriken große Verwendung als Bestandteil der Tränkmasse für Kabel und Drähte und wird als Beizmittel beim Löten verwendet.

Harzöl wird durch Destillation von Kolophonium gewonnen ist eine ölige Flüssigkeit von gelber bis rotgelber Färbung und blauschimmernd. Es fühlt sich fettig an und verharzt nicht an der Luft. Das spezifische Gewicht ist 0.955. Es wird oft und bis zu einem großen Prozentsatz mit dem viel billigeren **Blauöl** (aus Petroleumrückständen erzeugt) gefälscht. Harzöl wird mit Vorliebe verwendet, um harte Harze so flüssig zu machen, daß sie als Tränkmasse für Kabel brauchbar werden.

Schneidet man die Rinde von Nadelhölzern an, so fließt der sogenannte **Terpentin** aus, der aus einem Gemisch von Harz und ätherischen Ölen besteht. Destilliert man diesen zusammen mit Wasser, so erhält man **Terpentinöl,** das für Zusammensetzung von Massen und für Reinigungsarbeiten verwendet wird. Es löst die meisten Harze und Wachse.

Ozokerit ist schwarzes Erdwachs und wird gefunden in Galizien, Rumänien, am Kaspischen Meer usw. Das spezifische Gewicht geht von 0.94 bis 0.97. Der Schmelzpunkt liegt von 62 bis 85^0 C, und je höher derselbe ist, desto wertvoller wird das Material. Es gibt weichen und harten Ozokerit. Billige Qualitäten sind schmierig und kaum verwendbar. Die Farbe wechselt ebensoviel als die Härte, von gelb- und dunkelbraun bis tiefschwarz. Ozokerit löst sich leicht in Terpentinöl und fetten Ölen, aber nur schwer in Alkohol und Äther. Er wird verwendet als Tränk- und Poliermasse für schwarze Drähte, insbesondere für Militärdrähte, welche der Sonne ausgesetzt werden. Besonders Gummiader wird mit Vorliebe mit Ozokerit getränkt. Auch als Füllmasse von Kabelkasten und Endverschlüssen ist er gut brauchbar.

Bitumen ist der Sammelname einer Anzahl fossiler Harze und stammt von einer untergegangenen Pflanzenwelt her. Diese Harze haben verschiedene Härte, Schmelzpunkte und Zähigkeit und sind meistens von schwarzer Farbe.

Bitumen wird verwendet als Tränkmasse für Kabel und Drähte sowie als Füllmasse von Kabelkästen, unter Beisetzung anderer Produkte, um die nötige Härte zu erzielen.

Asphalt ist ein Gestein, hauptsächlich Kalkstein, Kalksand, Tonschiefer usw., mit Bitumen getränkt. Harze, die als Asphalt bezeichnet werden, sind aus diesem Gesteine durch Erwärmen ausgezogen worden. Auf der Insel Trinidad und im Toten Meer wird Asphalt als Harz, ohne Gestein, gefunden.

Teer. Durch trockene Destillation von organischen harzreichen Substanzen erhält man eine schwärzliche oder braune Flüssigkeit, die man Teer nennt. Der Holzkohlenteer wird aus den Wurzeln von Nadelhölzern gewonnen. Die beste Sorte davon führt den Namen Stockholmteer.

Bei der Destillation von Steinkohlenteer gewinnt man den Gasteer, der meistens stark wasserhaltig und sonst nicht sauber ist. Gereinigt ist er beinahe ebenso gut brauchbar als Holzkohlenteer.

Beide Arten werden verwendet für schwarze Tränkung oder zur Erniedrigung des Schmelzpunktes von Ozokerit und anderen schwarzen Harzen.

Teere sind wegen ihres widrigen Geruches in der Fabrikation nicht besonders beliebt.

Paraffin ist ein weißer, wachsähnlicher, geruch- und geschmackloser Körper, der sich fettig anfühlt. Es wird gewonnen aus mehreren Harzen, Torf, Braunkohle, Blätterschiefer, Rohpetroleum usw. Das spezifische Gewicht wechselt von 0.83 bis 0.97. Der Schmelzpunkt, der meistens zwischen 50 bis 52 liegt, wechselt mit dem Rohprodukt, aus dem das Paraffin gewonnen wird. Er ist z. B. 45.5^0 (aus Bogheadkohle), 46.7^0 (Torf), 61^0 (indisches Petroleum), 65.5^0 (Ozokerit). Der Preis richtet sich zum größten Teil nach der Höhe des Schmelzpunktes. Paraffin ist löslich in Äther, Schwefelkohlenstoff, Benzin, Petroleum, Terpentinöl.

Es findet in der Elektrotechnik große Verwendung für Isolierzwecke, besonders in sehr feuchten Räumen, zum Tränken von Klingel-

und Seidendrähten, zum Tränken der Enden von Telephonkabeln, als Bestandteil von Kabeltränkmassen usw.

Japanwachs ist kein Wachs, sondern ein Pflanzenfett von fester Konsistenz und blaßgelber Farbe. Es stammt aus Japan und China. Ganz weißes Japanwachs ist künstlich gebleicht worden. Es ist härter als Bienenwachs und hat einen harzigen, talgartigen Geruch. Der Schmelzpunkt liegt zwischen 48 bis 55^0, das spezifische Gewicht zwischen 0.978 und 0.993, gebleicht zwischen 1.00 und 1.06. Es wird oft mit Talg verfälscht oder mit 15—30% Wasser beschwert. Löslich ist das Wachs in Benzin, Äther und kochendem Alkohol.

Es findet Verwendung zum Tränken von Drähten.

Carnaubawachs kommt aus Brasilien und ist ebenfalls ein Pflanzenfett. Es wird aus den Blättern einer Fächerpalme gewonnen und ist von einer schmutzigen, grüngelben Farbe. In Äther und kochendem Alkohol ist es vollständig löslich. Verwendung findet es als Zusatz zu Poliermischungen, um den Glanz der Drähte zu erhöhen.

Porzellan.

Das Porzellan ist in den letzten Jahren zu einem außerordentlich wertvollen Material der Elektrotechnik geworden. Es findet Verwendung als Isolator für Luftleitungen, Installationsdrähten, zur Montierung von Hochspannungsapparaten auf Schaltbrettern und in Kabelkasten, als Handgriff für Schalthebel und Sicherungen usw. Es ist absolut undurchlässig gegen Wasser und vollständig feuersicher und hat eine sehr hohe elektrische Bruchfestigkeit. Als weiteren Vorteil kann man seine Formbarkeit anführen und als Nachteil seine Zerbrechlichkeit.

Für die Elektrotechnik kommt nur das Hartporzellan in Betracht, dessen Hauptbestandteile Feldspat, Quarz und Kaolin (Porzellanerde) sind. Aus diesen Substanzen wird das Formstück hergestellt und dann bei 700 bis 800^0 C gebrannt. Darauf wird es mit Glasurbrei überzogen und ein zweites Mal bei ca. 1400^0 C geglüht. Die Güte des Materials hängt wesentlich von der Glasur ab, die ohne Luftblasen und spiegelblank sein soll.

Guttapercha.

Die Guttapercha ist der eingetrocknete Milchsaft des Guttaperchabaumes — Isonandra Gutta — und anderer verwandter Pflanzen.

Die Qualität ist nicht nur verschieden nach der Pflanze, von der die Guttapercha gewonnen wird, sondern auch nach dem Orte, wo diese wächst. Die besten Sorten kommen von einem geographisch ganz genau begrenzten Gebiete, das die Inseln Sumatra, Borneo und einen Teil der Halbinsel Malakka einschließt.

Der Milchsaft des Guttabaumes ist bis vor kurzem ausschließlich durch Anschneiden der Rinde gewonnen worden. Seitdem die Guttapercha eine größere Verwendung für elektrische Kabel gefunden hat, ist der Bedarf von Jahr zu Jahr gestiegen, und die ursprünglichen Wälder sind nahezu zerstört worden. Um den Bedarf für die Zukunft zu decken, ist man zur Anpflanzung neuer Waldungen geschritten und hat Anstrengungen gemacht, durch bessere Methoden des Anzapfens die Bäume zu erhalten. Gegenwärtig gewinnt man den Saft auch aus den Blättern, aus dem Holz und den Wurzeln gefällter Bäume.

Die Guttapercha ist eine Mischung von zwei Substanzen, der Gutta und den Guttaperchaharzen. Die zwei Bestandteile sind nicht als bestimmte chemische Stoffe aufzufassen; beide haben je nach Herkunft verschiedene Zusammensetzung und sind auch verschieden in ihren physikalischen Eigenschaften.

Die importierte Rohgutta enthält einen größeren Prozentsatz von Unreinigkeiten, die sie während der Gewinnung aufgenommen hat, oder die in betrügerischer Weise zugesetzt wurden, um eine Gewichtsvermehrung zu erzielen. Bevor die Guttapercha für technische Zwecke brauchbar wird, hat sie erst einen großen Reinigungsprozeß durchzumachen. Derselbe besteht im wesentlichen in einer gründlichen Waschung in warmem Wasser, um lösliche Bestandteile, sowie Erde, Steine, Holz usw. zu entfernen. Nachher wird sie durch feine Siebe gepreßt, um die letzten Spuren von Unreinigkeiten zu entfernen, und schließlich wird sie aufgehängt, um das Wasser wegzubringen. Zum Zwecke der Aufbewahrung wird die Guttapercha in Platten von etwa 6 mm Dicke ausgewalzt.

Es sind auch chemische Methoden angewendet worden, um Guttapercha zu reinigen, aber man hat dieselben schon seit Jahren aufgegeben.

Hat man gereinigte Guttapercha einer bestimmten Sorte, so ist deren Wert bzw. deren elektrische und mechanische Eigenschaften, im großen und ganzen durch die Verhältniszahlen der Bestandteile, Gutta und Harze, bestimmt.

Das spezifische Gewicht kann als 1.0 angenommen werden mit Abweichungen von ca. 2% nach oben und nach unten.

Die Wasseraufnahme verschiedener Sorten, in Platten von 2.2 mm ausgewalzt, während eines Zeitraumes von 18 Monaten ist nach Dr. Obach ½ bis 1 %.

Von großer Wichtigkeit ist bei gereinigter Guttapercha die Temperatur, bei der sie plastisch wird, d. h. für Kabelzwecke verarbeitbar. Gute Qualitäten erreichen diesen Punkt bei ca. 50° C, und je größer der Harzgehalt wird, desto niedriger sinkt diese Temperatur.

Der Schmelzpunkt liegt bei 100° C. Der Luft ausgesetzt, besonders bei Temperaturen zwischen 20 und 30° C, verharzt die Guttapercha leicht, d. h. sie wird oxydiert. Dadurch wird sie brüchig, zieht sich zusammen und bekommt Risse. Unter Einwirkung von Licht und abwechselnder Feuchtigkeit und Trockenheit wird dieser Prozeß beschleunigt. Die Oxydation wird durch Fernhalten von Luft verhindert. So halten sich Adern, die mit geteertem Band umwickelt sind, für viele Jahre, und mit Blei umpreßte Adern noch länger.

Sehr eigentümlich verhält sich Guttapercha gegen Strecken, und dieses Verhalten ist ein Kennzeichen für gute Qualität. Nimmt man einen Span zwischen die Finger und zieht ihn aus, so folgt er dem Zuge, sozusagen ohne Widerstand zu leisten und ohne Elastizität zu zeigen. Plötzlich aber tritt Stillstand ein, da ein Punkt erreicht worden ist, wo die Guttapercha der Verlängerung einen kräftigen Widerstand entgegensetzt. Die Zugkraft muß beträchtlich erhöht werden, ehe man weitere Verlängerungen erzielen kann. Diese sind auch nur ganz gering. Wird die Kraft groß genug, so reißt der Span plötzlich, ohne sich vorher noch besonders gedehnt zu haben.

Je mehr Harze eine Guttapercha enthält, desto mehr verliert sie diese charakteristische Eigenschaft, und bei ganz geringen, d. h. Harz im Überfluß enthaltenden Qualitäten, ist sie gar nicht mehr vorhanden.

Zuverlässige Zahlen über Bruchfestigkeit von Guttapercha sind schwer zu finden. Wir greifen zwei solche heraus: Guttapercha, wie für Tiefseekabel gebraucht, widersteht einem Zug von 0.7 kg per qmm, bevor permanente Verlängerung eintritt, und sie reißt mit etwa 2.5 kg. — Reine Guttapercha reißt mit 1.0 kg per qmm und verlängert sich um ca. 500 %, während ein Gemisch von 55 Gutta und 45 Harz mit 0.5 kg reißt und sich um 460 % verlängert.

Guttapercha, auf Drähten aufgelegt, hat eine gewisse Härte. Schüttelt man einen lose gewickelten Ring von Guttaperchaader, so verursacht das Zusammenschlagen der einzelnen Windungen ein halbmetallisches Klingen. Ein Druck mit dem Fingernagel läßt nur schwache Spuren zurück. Ein Span, von der Ader abgeschnitten, zu einer Kugel gerollt und lange mit den Fingern geknetet, kann schließlich wieder als ursprünglicher Span herausgeschält werden.

Es kommt gegenwärtig viel Guttaperchaader auf den Markt, welche die beschriebenen Eigenschaften nicht besitzt, also kaum mehr Guttapercha genannt werden darf. Diese bleibt nach dem Umpressen einige Wochen lang ziemlich weich; ein Druck mit dem Fingernagel hinterläßt eine kräftige Marke, und ein abgeschnittener Span läßt sich wie Kitt zu einer homogenen Kugel kneten. Etwa einen Monat nach der Fabrikation fängt die Masse an härter zu werden und wird in drei bis sechs Monaten so hart, daß sie beim Biegen bricht.

Telegraphendrähte, mit dieser Masse isoliert, zeigen einen Isolationswiderstand von 5000 bis 10 000 Megohm, und diese Zahlen imponieren dem wenig informierten Besteller gewöhnlich so, daß er glaubt, er hätte die allerbeste Qualität von Guttapercha bekommen.

Es gibt auch andere minderwertige Guttaperchasorten als die oben beschriebenen, die sich durch eine bestimmte Härte und Brüchigkeit charakterisieren und ebenfalls einen sehr hohen Isolationswiderstand haben.

Das elektrische Kennzeichen einer guten Guttapercha ist ein mäßig hoher Isolationswiderstand.

Der Isolationswiderstand von guter Guttapercha, wie für submarine Kabel verwendet, bei 15^0 C und per Kilometer ist nach den Formeln Seite 6

$$W = 5800 \log (D : d) \quad \text{(Munro)},$$
$$W = 4500 \log (D : d) \quad \text{(Siemens Bros.)}.$$

Als Reduktionskoeffizient von 24^0 auf 15^0 C ist die Zahl 3.45 angenommen worden.

Aus diesen berechnet sich z. B. der Isolationswiderstand einer Guttaperchaader 7×0.7 mm auf 5.0 mm als

$$W = 2200 \text{ Megohm} \quad \text{(Munro)},$$
$$W = 1700 \quad ,, \quad \text{(Siemens Bros.)}.$$

Die nachfolgende Tabelle, dem Taschenbuch von Munro & Jamieson entnommen und auf Kilometer und 15^0 C umgerechnet, gibt eine Übersicht der Isolationswiderstände einiger submariner Kabel.

Kabel	Verlegungsjahr	Isol.-Widerstand per km 15^0 C
Placentia—St. Pierre	1872	2400 Megohm
England—Spanien	1873	2040 ,,
Irland-Neufundland	1873	1620 ,,
Jamaika—Portoriko	1874	1750 ,,
Italien—Sardinien	1875	2400 ,,
Australien—Neu-Seeland	1876	1700 ,,
Penang—Malakka	1879	2850 ,,
Singapore—Batavia	1881	4500 ,,
Triest—Korfu	1881	4200 ,,
Valencia—Greitseil	1882	3700 ,,
Atlantisches Kabel	1881	3200 ,,
,, ,,	1882	3200 ,,

Die zwei letzten Kabel sind von Siemens Bros., alle anderen von der Telegraph Construction and Maintenance Co. gebaut und verlegt worden.

Die Reihe ist geordnet nach den Jahren der Fabrikation. Für die meisten der angeführten Kabel hat log (D : d) ungefähr denselben Wert, so daß man die Isolationswiderstände als Vergleichszahlen auffassen kann. Es geht aus der Tabelle unzweifelhaft hervor, daß der Isolationswiderstand von Guttapercha während der zehnjährigen Periode gestiegen ist. Die zwei letzten niedrigen Zahlen erklären sich daraus, daß Siemens Bros. einen großen Vorrat von alter Guttapercha zur Verfügung hatten.

In den letzten Jahren haben die submarinen Gesellschaften nicht nur eine untere, sondern auch eine obere Grenze des Isolationswiderstandes vorgeschrieben. Die betreffenden Zahlen sind 300 und 1000 Mg. per Knoten und 75° F oder 1800 und 6300 Megohm per Kilometer und 15° C.

Der Zweck dieser Vorschrift liegt darin, Guttapercha von schlechter Qualität oder hohem Isolationswiderstand von der Verwendung für Tiefseekabel auszuschließen.

Es herrscht bei vielen Telegraphenbehörden die Ansicht, daß die Guttapercha um so besser sei, je höher deren Isolationswiderstand. Die oben mitgeteilten Zahlen sollten genügen, diesen Glauben zu erschüttern.

Zum Schlusse führen wir noch eine Notiz aus unseren Aufzeichnungen an, betreffend eine Guttaperchaader, die von einer angesehenen kontinentalen Firma bezogen und zu einem Telegraphenkabel verarbeitet wurde. Der Besteller desselben hatte einen Isolationswiderstand von mindestens 3000 Megohm per km bei 15° vorgeschrieben.

Unsere Notizen lauten: ,,Guttaperchaader von X. Von 21 Ringen kommen 12 Stück beschädigt an und müssen repariert werden, bevor sie einen Isolationswiderstand bekommen. Sieben Ringe haben so viel Fehler, daß sie überhaupt nicht verwendet werden können. Die Ader ist voller Risse, Löcher, Buckel, Drucke usw., und die einfachste Operation, wie z. B. das Umwickeln von einer Trommel auf die andere, ändert den Isolationswiderstand ganz bedeutend. Bei der Fabriktemperatur von 24° C läßt ein Druck mit dem Fingernagel ein tiefes Zeichen zurück; ein nasses Messer schneidet die Guttapercha, ein trockenes schlüpft ab und zerreißt sie; ein geschnittener Span reißt beim Strecken sofort, ohne sich nur einen Millimeter zu dehnen. Die Adern haben Isolationswiderstände von 2000—3000 Megohm bei 24° C oder 6000—9000 bei 15° C.

Aus den 14 brauchbaren Adern wurden zwei Längen siebenaderiger Kabel fabriziert. Nach dem Verseilen mußten viele Reparaturen unternommen werden. Nach Fertigstellung des Panzers war eine Kabellänge unbrauchbar, weil zwei Adern Isolationen von unter 100 Megohm hatten.

Die andere Kabellänge war auch nicht ganz in Ordnung, ist aber doch von dem Besteller übernommen worden."

Eine Tabelle zur Reduktion der Isolationswiderstände von Guttapercha auf eine Temperatur von 24° C ist auf S. 11 zu finden.

Gummi.

Gummi oder Kautschuk ist der eingetrocknete Milchsaft einer großen Gruppe von Pflanzen, die meistens in den Tropen vorkommen. Die Gewinnung des Saftes ist ähnlich wie bei der Guttapercha. Gummi liefern die folgenden Länder: Süd- und Zentralamerika, Ostindien und Afrika. Die Verarbeitung des Gummis ist eine bedeutende Industrie, deren Produkte Verwendung in allen Zweigen der menschlichen Tätigkeit finden und für die neue Kultur unentbehrlich sind.

Für Fabrikation von Kabeln und Drähten kommen einzig und allein diejenigen Sorten von Rohgummi in Betracht, die eine gute Isolation ergeben und fortwährend in gleicher Qualität im Markte zu finden sind. Was die Isolation und Haltbarkeit anbetrifft, wird der Paragummi, fine und entrefine, von keiner anderen Sorte übertroffen, und so war bis vor wenigen Jahren nur dieser in Kabelfabriken zu finden. Ein enormes Ansteigen der Preise von Rohgummi und ein gleichzeitiges Sinken der Verkaufspreise verschaffte nach und nach auch anderen Sorten Eingang, wie z. B. Negroheads, Borneo und Mosambik.

Das Waschen. Alle Rohgummisorten sind mit Unreinigkeiten behaftet wie Steine, Sand, Holz, Ruß usw., und diese müssen vor allem daraus entfernt werden.

Der Rohgummi wird, wenn in großen Ballen erhalten, in kleinere Stücke zerschnitten und in einem Wasserbade von 60—80° C aufgeweicht. Dann kommt er in die Waschmaschine, die ihn knetet und zerreißt. Diese Maschine besteht im wesentlichen aus zwei nebeneinander liegenden horizontalen, kräftigen Walzen, deren Abstand nach Bedürfnis reguliert werden kann. Sie laufen mit gleicher Geschwindigkeit gegeneinander und zerquetschen und zerreißen den Gummi. Auf die Walzen fließt von oben Wasser herunter, das alle Unreinigkeiten wegschwemmt.

Der Waschprozeß wird fortgesetzt, bis der Gummi absolut sauber ist. Ein weißes Tuch oder Papier, auf den Walzen gerieben, gibt über die Reinheit Aufschluß. Der gewaschene Gummi kommt schließlich in der Form eines dünnen und langen Felles aus der Waschwalze heraus.

Das Trocknen. Für das Trocknen gilt der Grundsatz: Hohe Temperaturen und Licht verderben den Gummi.

Das Trocknen wurde bis vor wenigen Jahren in schwach beleuchteten Kammern vorgenommen, in denen die Felle auf Stangen aufgehängt wurden. Eine Temperatur der Kammer von ca. 30° C genügt vollständig, wenn reichliche Ventilation vorhanden ist, und die Wasserdämpfe entfernt werden. Für das Trocknen eines Felles sind ca. 3 Wochen erforderlich.

Seit einigen Jahren hat man versucht, den Gummi auf rationelle Weise, d. h. im Vakuum bei niedriger Temperatur zu trocknen. Über den Erfolg dieser Versuche hört man sowohl günstige als ungünstige Urteile. Die letzteren überwiegen.

Materialien für Beschwerung von Gummi werden in heizbaren Schränken getrocknet.

Proben auf Feuchtigkeit werden mit einem Probierröhrchen gemacht. Eine Kleinigkeit der zu untersuchenden Substanz wird in das Röhrchen hineingebracht und dieses am Boden schwach angewärmt. Eventuelle Wasserdämpfe schlagen sich dann am oberen, kalten Teil des Röhrchens nieder.

Nasses Material zeigt nach dem Vulkanisieren stets Blasen, doch können diese auch davon kommen, daß nachträglich während der Verarbeitung des Materials Feuchtigkeit aufgenommen wird, wie z. B. in der Schlauchmaschine, wenn diese nicht ganz dampfdicht ist.

Das Mischen. Weitaus der größte Teil des gewaschenen Gummis kommt nicht rein zur Verwendung, sondern mit einer Anzahl von anderen Substanzen gemischt. Diese bezeichnet man als Zusatzmittel oder Beschwerungen.

Der Mischungsprozeß wird auf einer ähnlichen Maschine ausgeführt, wie für das Waschen gebraucht, nur mit dem Unterschiede, daß die zwei Walzen mit ungleicher Geschwindigkeit rotieren, was eine raschere Verschiebung der einzelnen Teilchen der Gummimasse bewirkt. Auch sind die Walzen von innen mit Dampf wärmbar und mit Wasser kühlbar.

Die Beschwerungen werden nach Rezept abgewogen und mit einander gemischt. Vorher sind sie gut zu trocknen.

Die Mischwalzen werden angewärmt und die trockenen Gummifelle einige Minuten durchgewalzt, bis die Masse ordentlich weich ist. Dann kann man die Beschwerungen nach und nach oder auf einmal zusetzen.

Die Dauer des Prozesses muß für jede Gummisorte, jede einzelne Mischmasse und jedes Mischungsverhältnis erfahrungsgemäß festgestellt werden. Wird zu wenig gemischt, so ist die Platte unrein, und wenn zu viel, wird die vulkanisierte Platte weich.

Das gemischte Material kann gleich zum Auswalzen von Platten verwendet werden; aber man zieht es meistens vor, es einige Tage lagern zu lassen. Zu diesem Zwecke wird es in ein Brot gewalzt, numeriert und mit Talkum eingestaubt.

Das Auswalzen. Die zum Ziehen von Platten bestimmte Mischung wird erst auf den Mischwalzen vorgewärmt und geknetet, bis sie plastisch geworden ist. Dann kommt sie auf den Kalander. Dies ist eine äußerst kräftige Maschine mit drei übereinander gelagerten, horizontalen Walzen, deren Achsen einander parallel sind. Jede Walze kann von innen aus angewärmt oder gekühlt werden. Die mittlere Walze ist fest, die beiden anderen können in beliebigen Abstand von ihr gebracht werden. Alle drei Walzen rotieren gleich schnell.

Die warme Mischung wird in größeren Mengen zwischen obere und mittlere Walze gebracht. Was zwischen den beiden durchgeht, bildet die Platte. Diese zieht man zwischen mittlerer und unterer Walze zurück und gibt ihr dabei die richtige Dicke. Die oberen Walzen müssen immer etwas mehr Gummi liefern, als für die endgültige Platte erforderlich ist.

Diese wird von der dritten Walze aus nach vorn genommen und auf einen Holzkern gewickelt. Da die Platte warm und klebrig ist, läßt man ein Stück Kaliko mitlaufen, das die einzelnen Schichten voneinander trennt.

Die so gewickelte Platte wird für einige Tage in einem kühlen, aber trockenen Raume abgelagert und dann auf einen anderen Holzkern umgewickelt. Diesmal ohne Kaliko. Wenn immer noch zu klebrig, wird sie mit Talkum schwach eingestäubt oder mit einer Schellacklösung bestrichen. Die Platte ist dann fertig für Transport oder zum Schneiden in Streifen zum Gebrauch für die Bedeckungsmaschine.

Die Temperaturen der Walzen müssen erfahrungsgemäß für jede Mischung festgestellt werden.

Die Naturgummiplatte. Naturgummi, d. h. ungemischter Gummi, wenn nicht direkt in Wasser gelegt, hat eine höhere Isolationsfähigkeit als gemischter Gummi. Wenn für Gummiader ein Isolationswiderstand von mehr als 500 Megohm verlangt wird, muß man eine Schicht Naturgummi auftragen. Diese legt man immer direkt auf den Draht, weil dort mit einem Minimum von Material ein Maximum von Isolationswiderstand erreicht wird.

Dann wird auch viel Naturgummiband für Glühlichtschnüre und isolierte Drähte verwendet

Für Erzeugung von Naturgummiplatte wird ausschließlich Paragummi verwendet Eine zeitlang gab es auch Bänder, die nur wenig oder gar keinen Paragummi enthielten und 20 und mehr Prozent Zusatz von Wachsen und ähnlichen Materialien. Die Folge davon war, daß die Bänder nach relativ kurzer Zeit in eine Art Verwesung übergingen oder auf andere Art zerstört wurden.

Wir haben Band in die Hände bekommen, das einen sehr widrigen Geruch von sich gab und nach sechs Monaten keine Eigenschaften von

Gummi mehr hatte. Ein anderes Band gab beim Ausziehen eine ganze Schicht von Paraffin ab und hatte ein ähnliches Schicksal. Ein drittes Band nahm beim Ausziehen eine getrübte Färbung an und hat offenbar auch Wachse enthalten. Dann haben wir Glühlichtschnüre und isolierte Drähte von keinem sehr hohen Alter gesehen, deren ehemalige Schicht von Paraband einem dünnen und brüchigen Überzug von Schellack ähnlich war.

Die Naturgummiplatte wird auf drei Arten erzeugt:

1. Auf dem Kalander gezogen, ganz gleich wie gemischte Platte. Sie wird entweder in der richtigen Dicke, gewöhnlich $1/4$ mm, gewalzt, oder dicker, dann auf Haspeln auf $1/4$ mm gestreckt und durch warmes Wasser, immer noch gestreckt, gezogen. Durch diesen Prozeß nimmt sie permanent eine Dicke von 0.25 mm an.

2. Aus gefrorenen Blöcken mittels Maschinen geschnitten. Diese Platte ist gekennzeichnet durch helle und dunkle Querlinien.

3. Der Gummi wird gelöst und die Lösung auf ein Tuch gestrichen. Das Lösungsmittel verdunstet. Durch mehrfaches Streichen kann man beliebige Plattendicken erzeugen. Gestrichene Platten erkennt man daran, daß sie nicht ganz rein sind. Der Prozeß des Streichens ist ohne Staubniederschlag undenkbar.

Die kalte Vulkanisierung. Naturgummi kann geradeso wie gemischter Gummi, durch Zusatz von Schwefel unter Dampfdruck vulkanisiert werden. Der gewöhnliche Weg ist aber die sogenannte kalte Vulkanisation mittels Schwefelchlorür, S_2Cl_2. Dieses wird nur verdünnt verwendet, gemischt mit Lösungsmitteln von Gummi, wie Benzin, Chloroform, Schwefelkohlenstoff usw. Die Mischung wird mit Pinseln aus Watte auf die ausgebreitete Gummiplatte gestrichen, erst auf die eine und dann auf die andere Seite. Dieser Prozeß wird von Hand ausgeführt, kann aber auch maschinell vorgenommen werden. Die Schwierigkeiten bei Maschinenbetrieb sind aber ganz bedeutend.

Das Vulkanisierbad wird verschieden zusammengesetzt, und der Prozentsatz von Schwefelchlorür wechselt je nach der Dicke der Platte und dem Grade der Vulkanisierung, den man beabsichtigt. Die nachfolgenden drei Bäder sind uns bekannt.

1.	Benzin	40 Teile,
	Schwefelchlorür	1 Teil;
2.	Schwefelkohlenstoff	50 Teile,
	Schwefelchlorür	1 Teil;
3.	Schwefelkohlenstoff	100 Teile,
	Benzin	100 Teile,
	Schwefelchlorür	3—6 Teile.

Es ist noch zu bemerken, daß für Kabelband, nach den Vorschriften des V. D. E. vom 1. Januar 1908 ab gültig, nur unvulkanisierter reiner Paragummi verwendet werden darf.

Beschwerungsmittel. Für Kabelzwecke kommen, soweit unsere Erfahrung reicht, nur folgende Beschwerungsmittel in Betracht:

Talkum (Speckstein),	Gips,
Zinkweiß ZnO,	Minium Pb_3O_4,
Gelöschter Kalk CaO,	Kienruß,
Magnesia MgO,	Ceresin,
Schlemmkreide,	Schwefel.

Sämtliche Materialien werden fein gemahlen und gesiebt. Durch ein Sieb von 120 Maschen sollen 70 % und durch eines von 90 Maschen 100 % der Materialien durchgehen.

Nachfolgend einige Notizen über die Eigenschaften, welche die Zusatzmittel haben sollen.

Talkum. Man verwende nur die beste Sorte, die nicht weniger als 92 % in Wasser unlösliche Silikate enthält.

Die billigen Sorten verwendet man zum Einstäuben von Gummi oder von Ader sowie zum Einbetten von Drähten, die im Trog vulkanisiert werden.

Zinkweiß ist eine der Substanzen, die leicht unrein geliefert werden. Dasselbe sollte in Essigsäure vollständig löslich sein, dagegen nicht mehr als zu $1/3$ % in Wasser. Hauptsächlich darf es wenig Chlorzink und wenig lösliche Choride enthalten. Als gute Marken werden „Red Seal" und „Green Seal" empfohlen.

Kalk wird nur in ganz geringen Mengen, etwa 1 %, in die Mischung gebracht, zum Zwecke, eventuelle Feuchtigkeit zu binden.

Magnesia wird ebenso nur in geringen Quantitäten zugesetzt und reduziert die Dauer der Vulkanisierung.

Minium ist ein Färbemittel.

Kienruß ist ebenfalls ein Färbemittel und wirkt oft schädlich, wenn nicht mit genügender Sorgfalt ausgewählt. Man setze nicht über $1/4$ % zu. Oft wird Kienruß durch gepulverten Torf gefälscht.

Sämtliche Färbemittel sind auf Gehalt an Fetten, Wasser und mineralischen oder vegetabilischen Verunreinigungen zu prüfen. Kienruß z. B. kann bis 20 % Wasser enthalten. Proben auf Ölgehalt macht man mit Naphtha oder Benzin. Mineralische Bestandteile bestimmt man, indem man eine Schaufel voll in die Feuerung der Dampfkessel bringt. Aller Ruß verbrennt, und die Mineralien bleiben zurück.

Ceresin wird weiß, d. h. gebleicht, verwendet. Bei Zusatz von einigen Prozenten erhöht es den Isolationswiderstand der Mischung.

Schwefel ist das zum Vulkanisieren bestimmte Material. Man verwende nur gemahlenen und gesiebten Schwefel. Schwefelblumen enthalten oft Wasser, Gase und organische Substanzen, und sind aus diesem Grunde nicht brauchbar. Zur Vulkanisierung genügen $3\frac{1}{2}$ Prozent. Mit einer größeren Dotierung an Schwefel erhält man wohl eine bessere Vulkanisierung, aber eine geringere Haltbarkeit des Gummis. Welches auch der Prozentsatz sei, freier Schwefel bleibt auf alle Fälle in dem vulkanisierten Produkt.

Die Gummisubstitute. Anstrengungen, Ersatzmittel für Gummi zu finden, sind schon seit Jahren gemacht worden und dauern immer noch fort. Ein wirklicher Ersatz ist aber noch nicht gefunden worden, doch gibt es einige Stoffe, die sich ganz gut zur Mischung mit Gummi eignen. Deren Herstellung wird in verschiedenen Ländern als Spezialität betrieben. Es gibt gegenwärtig viele Kabelfabriken, die dem Gummi Ersatzmittel zusetzen, wenn dessen Verwendung vom Besteller nicht ausdrücklich abgelehnt wird.

Diese werden meistens durch Vulkanisierung von Ölen gewonnen. Substitute, aus oxydiertem Leinöl hergestellt, erfreuen sich großer Beliebtheit.

Substitute sollen sehr wenig freies Öl und freien Schwefel enthalten und gar keine Säuren noch Chlor. Das spezifische Gewicht soll nahezu $= 1$ sein.

Öle werden in flachen Pfannen, mit Feuer oder Dampf auf 120 bis 150^0 C erhitzt und dann ca. 15 % Schwefel zugesetzt. Diese Temperatur wird beibehalten und die Masse fortwährend gut umgerührt. Nach 3 bis 5 Stunden, je nach der Temperatur, fängt die Vulkanisation an. Die Wärmezufuhr ist dann zu unterbrechen. Die Masse wird erst gelatineartig und hierauf dick. Sobald die Temperatur anfängt zu fallen, erwärmt man wieder für weitere 2 bis 3 Stunden und kann dann den Prozeß als beendigt ansehen.

Die kuchenartige Masse wird dann zerkleinert und überschüssiges Öl entfernt.

Was Ersatzmittel für Gummi im allgemeinen anbetrifft, so ist die Zahl der patentierten Erfindungen sehr groß und wird von Jahr zu Jahr vermehrt. Es sind schon ausgezeichnete Ersatzmittel hergestellt und z. B. zur Isolation von Kabeln verwendet worden. Allen steht aber ein gemeinsames Schicksal bevor. Nach einiger Zeit, sei es Monate oder Jahre, wird die Masse kristallinisch und zerbricht beim Biegen oder zerfällt von selber in Staub.

Für ein permanentes Produkt scheint die Faser ein wesentlicher Faktor zu sein, und so weit die heutige Erfahrung geht, kann diese künstlich nicht hergestellt werden. Faser kommt nur vor in Artikeln, die gewachsen sind.

Lösungsmittel für Gummi. Abweichend von Salzen, gibt es für Gummi keinen Sättigungspunkt für Lösungen. Die stärkste Lösung von Gummi in Chloroform, die noch dünnflüssig ist, enthält 2½ %.

Lösungsmittel sind: wasserfreie Äther, ätherische Öle, Chloroform, Schwefelkohlenstoff, Petroleum, Steinkohlenteer, Benzin und flüssige Destillationsprodukte von Gummi.

Wasseraufnahme. Für die Gewichtszunahme von Gummistreifen, eine längere Zeit in Wasser von Zimmertemperatur eingetaucht, haben wir die nachfolgenden Zahlen bestimmt. Das Experiment wurde mit 4 Streifen ausgeführt.

Streifen	I	Vulkanisierte	Para	0.10 mm dick
,,	II	Unvulkanisierte	,,	0.90 ,, ,,
,,	III	Vulkanisierte	schwarze Mischung	0.30 ,, ,,
,,	IV	,,	weiße ,,	0,30 ,, ,,

Versuchsdauer in Tagen	Gewichte der Streifen			
	I	II	III	IV
0	3,01	16.26	1.97	2.13
2	3.45	16.54	2.00	2.14
7	3.98	16.59	2.01	2.17
30	4.04	16.68	2,01	2.18
72	4.05	16.80	2.01	2.18

Ganz dünne Naturgummistreifen nehmen also bis zu ⅓ ihres Gewichtes Wasser auf und sind nach einem Monat gesättigt. Vulkanisierte Streifen aus Gummimischung nehmen 1½ bis 2½ % Wasser auf, und die Sättigung erfolgt schon nach einer Woche.

Spezifische Gewichte von Gummi. Die nachfolgenden Zahlen stammen von eigenen Bestimmungen:

Reine Para	0.930
Vulk. Mischung mit 60 % Para . .	1.280
,, ,, ,, 50 ,, ,, . .	1.420
,, ,, ,, 40 ,, ,, . .	1.650
,, ,, ,, 33 ,, ,, . .	1.690
,, ,, ,, 28 ,, ,, . .	1.780
Okonit	1.736

Analysen von Mischungen. Nach Aussagen eines guten alten Praktikers sind Analysen von Mischungen kaum ausführbar, und die synthetische Methode allein richtig. Ein erfahrener Gummitechniker kann von jedem Muster gleich sagen, was ungefähr darin enthalten ist, und nach Ausführung weniger Versuche eine identische Mischung herstellen.

Gummiproben. Über diesen Punkt zuverlässige Angaben zu bekommen, ist eine schwere Sache.

Die englische Admiralität stellt die auf S. 223 angeführten Anforderungen.

Über die richtige Vulkanisierung von Prima-Sorten von Mischung hat uns eine Autorität in Gummisachen folgende Angaben gemacht. Der Streifen wird bis an den Reißpunkt gestreckt und dann zurückgelassen. Ist er richtig vulkanisiert, so geht er gleich ganz zurück; ist er untervulkanisiert, so geht er sofort auf 10 bis 20 % und dann langsam ganz zurück; wenn übervulkanisiert, geht er sofort auf 10 bis 20 % zurück und bleibt dann dort.

Im allgemeinen soll eine gute Mischung, wenn richtig vulkanisiert, einen Gummi- und nicht einen Ledercharakter zeigen, und sie soll sich nur mit nassem Messer schneiden lassen.

Zerstörung von Gummi. Ganz wie Guttapercha wird auch Gummi durch Oxydation in Luft mit der Zeit zerstört. Licht und abwechselnder Feuchtigkeitsgrad befördern die Zersetzung. In Wasser oder unter Blei hält sich Gummi sehr lange. Die Zerstörung wird besonders befördert durch Einwirkung von Ozon, von Fetten und Ölen jeder Art sowie von Schwefel- und Salzsäure.

Die nachfolgenden Experimente, von uns selber ausgeführt, zeigen das Verhalten einiger Substanzen auf Gummi. Dieser kam in Form von Streifen zur Verwendung.

1. Gummi in Harzöl und Indianutöl, einen Monat. Verschiedene Muster unvulkanisierter Mischung werden vollständig aufgelöst und als Brei am Boden gefunden. Ebenso unvulkanisierte Parastreifen. Eine vulkanisierte Mischung ist stark aufgequollen und reißt nach kurzer Streckung.

2. Gummi in Paraffin eingegossen, 13 Monate lang. Unvulkanisierte Mischung kommt nach dem Herausschmelzen als pappige Masse, weicher als Kitt, zum Vorschein. Zwei Muster von vulkanisierter Mischung sind vorzüglich erhalten, während der Teil der Bänder, der nicht unter Paraffin war, hart geworden ist.

3. Gummi in Harzöl, 14 Monate lang. Ein vulkanisierter Streifen gemischter Gummi ist von 0.9 auf 1.3 mm aufgequollen, ist beim Drücken weich und elastisch, reißt aber beim Ziehen sofort.

Ein Draht mit 2 Lagen vulkanisiertem Gummi ist von 5.2 auf 5.7 mm aufgequollen. Ist weich und etwas elastisch beim Drücken. Die schwarze Schicht schält sich leicht von der weißen ab und bricht beim kleinsten Zug. Die weiße Schicht ist sehr gut erhalten, besser als der nicht eingetauchte Teil.

4. Gummi in Kabelwachs. Gummistreifen wurden im Jahre 1897 in zwei verschiedenen Kabelwachsen, mit Kolophonium das eine, mit Bitumen das andere als Basis, eingebettet und können heute noch als guter Gummi betrachtet werden.

Erhitzen von Gummi. Nachfolgendes Experiment sollte von allgemeinem Interesse sein.

Ein Ring von vulkanisierter Ader, Kupfer 1 mm, mit 2 Lagen Mischung (30 % Para) auf 3 mm isoliert, wurde während 22 Stunden im Vakuum (Kruppsche Trockenkessel) auf ca. 120° C erwärmt. Der Gummi hat kaum gelitten. Nach weiteren 22 Stunden (d. h. zwei Tage mit Dampf in den Kesselschlangen und zwei Nächte ohne Dampf) wurde der Gummi etwas hart und weniger elastisch, ohne daß man ihn als schlecht oder stark übervulkanisiert bezeichnen konnte.

VI. Kalkulationen.

A. Bestimmung der Gewichte der Materialien.

Es beliebt den Fabrikanten von Kabeln, Preise immer auf eine Länge von 1000 m zu beziehen.

Nun ist es aber eine technische Unmöglichkeit, bei der Fabrikation die Materialien genauer als 1 % gemäß der Vorschrift herzustellen, und die Kosten der Verarbeitung derselben können 5—10 % vom Mittelwert abweichen. Deswegen ist es angezeigt, Kalkulationen nur auf 1 % genau durchzuführen, also per 100 m Länge zu berechnen und dann das endgültige Resultat mit 10 zu multiplizieren, um auf den Kilometer zu kommen.

Bei der Berechnung der Materialien von Kabeln haben wir immer mit einem Körper von gleichförmigem Querschnitt Q, ausgedrückt in qmm, und einer Länge von 100 m zu tun. Der Querschnitt ist meistens ein Kreis oder ein konzentrischer Ring. Bezeichnen wir das spezifische Gewicht eines solchen Körpers mit S, so findet man leicht die Grundformel für G, das Gewicht in kg per 100 m Länge:

$$G = {}^1/_{10}\, S Q.$$

Für einzelne Materialien ist sowohl S als Q eine bekannte Zahl, während für andere die beiden erst zu bestimmen sind.

Für Kupfer ist der Querschnitt Q immer von vornherein gegeben, für die anderen Materialien aber aus den Dimensionen des Kabels zu bestimmen.

Für Blei und Isolation bei Einleiterkabeln findet man den Querschnitt als Differenz der zwei Kreisflächen, die innerem und äußerem Durchmesser entsprechen. Die Flächeninhalte der Kreise entnimmt man Tabellen, die in jedem technischen Kalender zu finden sind.

Der Querschnitt der Isolation in Mehrleiterkabeln ist etwas komplizierter in seiner Bestimmung. Man summiere erst, mit Hilfe der Kreistabellen, die Querschnitte der (runden) Kupferleiter und ziehe die gefundene Zahl von der Kreisfläche ab, welche dem äußeren Durchmesser der Isolation entspricht. Hat man mit sektoralen Leitern zu tun, so betrachte man deren Querschnitt als gleichwertig mit einem runden Seil vom gleichen Querschnitt.

Zur Bestimmung der Gewichte von asphaltierter Jute, von Bandeisen und Flachdraht sowie anderer ringförmiger Schichten von kleiner Dicke, wie Umspinnung, Gummiband, Baumwollband usw., eignet sich die obige Formel gar nicht.

Die Gewichte dieser Materialien stellt man am einfachsten dar als eine Funktion des Durchmessers D, auf den sie aufgewickelt sind. Die Formel hat die Form

$$G = a\,D + b$$

wo a und b Konstanten sind, die man an Hand einer Anzahl von fabrizierten Kabeln bestimmen muß.

Das Kupferseil. Das spezifische Gewicht von Kupfer ist 8.9. Es ist zu konsultieren, was im Kapitel „Drall" auf S. 103 über das Gewicht gesagt worden ist. Vereinigt auf denselben bezüglichen Zuschläge mit dem spezifischen Gewicht, so bekommt man für 100 m Kupferseil die nachfolgenden Formeln

$G = 0.89\ Q$	Massiver Draht,
$G = 0.91\ Q$	Isoliertes Seil,
$G = 0.92\ Q$	Mehrleiter u. komb. Seile,
$G = 0.94\ Q$	Blankes Seil.

Diese Zahlen sind Annäherungen, aber innerhalb eines Prozentes richtig.

Aluminium. Das spezifische Gewicht von Aluminium beträgt 2.70, also ist das Gewicht per 100 m für einen massiven Draht

$$G = 0.27\ Q.$$

Für verseilte Leiter gebe man dieselben Zuschläge wie für Kupferseile, wenn nicht etwas mehr. Da es gegen Deformationen empfindlicher ist als Kupfer, muß man Seile aus Aluminium mit etwas kürzern Drall herstellen als solche aus Kupfer.

Jute. Die Querschnitte werden bestimmt, wie in der Einleitung dieses Kapitels angegeben.

Sowohl für getränkte wie für ungetränkte Jute, auf Kupferseile aufgelegt, haben wir im Laufe mehrerer Jahre eine Reihe von Bestimmungen des spezifischen Gewichtes durchgeführt. Wie zu erwarten, fielen dieselben ziemlich verschieden aus. Für ungetränkte Jute lagen die Werte zwischen 0.6 und 0.8, und man kann 0.7 als Mittelwert annehmen. Als Tränkkoeffizienten fanden wir 0.6, d. h. das Gewicht der Tränkmasse ist $= 0.6 \times$ dem Jutegewicht. Die Tränkmasse hatte den Charakter von Kolophonium.

Somit erhalten wir per 100 m die Gewichte

$G = 0.07\ Q$	Ungetränkte Jute,
$G = 0.11\ Q$	Getränkte Jute,

Die Formeln gelten auch für Mehrleiterkabel, wenn die Einlagen nicht zu schwach sind.

Papier. Das spezifische Gewicht ist verschieden je nach der Festigkeit, mit der das Papier gewickelt ist, und ob mit oder ohne Überlapp. Für fest gewickeltes Papier kann man 0.65 als spez. Gewicht annehmen und für getränktes 1.3 bis 1.4. Für Mehrleiterkabel, bis auf die Einlagen in Papier konstruiert, kann man für die gesamte getränkte Isolation das spezifische Gewicht gleich 1.0 bis 1.2 annehmen, unter der Voraussetzung, daß man die Querschnitte wie oben angegeben berechnet. Wir haben also für 100 m die Gewichte

$$G = 0.065\ Q \qquad \text{ungetränktes Papier,}$$
$$G = 0.10 \text{ bis } 0.12 \times Q \qquad \text{getränktes Papier.}$$

Blei. Vom Blei wird immer vorausgesetzt, daß dessen Querschnitt von zwei konzentrischen Kreisen begrenzt ist. Aus der Differenz der Querschnitte dieser zwei Kreise findet man den Querschnitt Q in qmm des Bleies. Da S = 11.4, so ist das Gewicht in kg per 100 m Rohr

$$G = 1.14 \times Q.$$

Asphaltierte Jute (Compound). Für die Umspinnung des Bleirohres mit Jute als Unterlage für den Panzer und als letzte Schicht um diesen herum werden meistens starke Garne von ungleicher Dicke verwendet. Auch wird auf diese Plattierungen nicht die Sorgfalt verwendet wie für die inneren. Das Asphaltieren der Jute ist auch nicht immer gleich, und es kann beim besten Willen nicht vermieden werden, daß einmal viel Asphalt und einmal wenig absorbiert wird oder hängen bleibt.

Es ist demnach nicht zu verwundern, daß die Gewichte der asphaltierten Jute auf Kabeln von gleichem Durchmesser, die zu verschiedenen Zeiten fabriziert werden, ziemlich voneinander abweichen, so daß es schwer ist, einigermaßen zuverlässige Zahlen darüber zu bekommen.

Wir haben im Laufe der Jahre gegen 100 Bestimmungen an fabrizierten Kabeln gemacht, diese in ein Koordinatensystem eingetragen und eine mittlere Kurve gezogen. Als Gleichung derselben haben wir gefunden

$$G = 1.3\ D + 20.$$

G bedeutet das Gewicht beider Juteschichten in kg für 100 m Kabel mit D (in mm gemessen) als Durchmesser über Blei.

Die Formel bezieht sich auf Jute Nr. $\frac{1}{2}$, die gut durchgetränkt ist, mit reicher, aber nicht übermäßiger, harter äußerer Kruste.

Für ganz dünne Kabel oder eine andere Jutenummer paßt die Formel nicht.

Für eine einzige Lage asphaltierter Jute gilt ungefähr, wenn D der Durchmesser des Kernes ist, auf den sie gewickelt wird:

$G = \frac{1}{2} D + 6$ bis 8 für D bis gegen 30 mm,
$G = 0.8\ D$ von $D = 30$ mm an aufwärts.

Was die Zusammensetzung anbetrifft, so kann man Jute und Asphalt als ungefähr von gleichem Gewicht annehmen.

Bandeisen. Auch für dieses lassen sich nur angenäherte Gewichtszahlen festsetzen. Bänder von der gleichen Spezifikation differieren immer in den Dimensionen bzw. im Gewicht per Meter. Weiter ist es nicht möglich, die Maschinen immer so einzustellen, daß man 75 oder 80 % Deckung der Bänder bekommt, oder die anfangs hergestellte Deckung bis an das Ende gleichmäßig zu erhalten.

Angenäherte Gewichtsformeln, theoretisch mit 80 % Füllung berechnet und auf den Durchmesser D über das Blei bezogen, sind die folgenden:

Banddicke = 0.5 mm	$G = 2.0\ D + 10$
= 0.8 „	$= 3.3\ D + 18$
= 1.0 „	$= 4.0\ D + 24$
= 1.2 „	$= 5.0\ D + 33$
= 1.5 „	$= 6.0\ D + 45$

Eisendraht. Es ist immer der Durchmesser des Eisendrahtes vorgeschrieben, der zur Panzerung verwendet werden soll. Daraus berechnet man die erforderliche Drahtzahl z. Sei Q der Querschnitt eines Drahtes, in qmm, einerlei, ob rund oder flach, so haben wir

$$G = 0.82 \times Q \times z.$$

Da Eisen das spezifische Gewicht 7.8 hat, so umfaßt die Formel sowohl die Eindrehung als durch Abfall entwerteten Draht.

Die Drahtzahl bestimmt man wie folgt: Zum Durchmesser über die asphaltierte Jute addiere man den Draht ⌀ und suche den Umfang des Kreises von diesem ⌀. DenUmfang dividiere man durch den Draht ⌀. Dies gibt die Drahtzahl, von der man aber 10 % für Eindrehung und Zwischenräume abrechnen muß.

Für Flachdraht von 6 × 1.70 mm kann man folgende auf den Durchmesser bezogene Formel aufstellen:

$$G = 4.2\ D + 24,$$

wo D wieder den Durchmesser über Blei bezeichnet.

Tabellen. Es empfiehlt sich, für Kalkulationen von Materialien so viel als möglich Tabellen anzulegen, die einem die ewig gleich auftretenden Rechnereien ersparen.

Für Kupfer, runde Leiter vorausgesetzt, sind solche Tabellen auf S. 107 enthalten, aus denen man für jeden Querschnitt den Seildurchmesser und das Kupfergewicht entnehmen kann.

Mittels der Formeln auf S. 113 kann man sowohl für runde als auch sektorale Mehrleiter Tabellen berechnen, für Isolationsdicken von 3, 4, 5, usw. mm, die den äußeren Durchmesser des isolierten Seiles ergeben.

Die Bleigewichte sind immer dieselbe Funktion des Durchmessers über die Isolation, also wird man sich ein für allemal eine Tabelle der Bleigewichte herstellen, von mm zu mm fortschreitend.

Die Gewichte von asphaltierter Jute und Bandeisen lassen sich nach den oben gegebenen Formeln ebenfalls tabellarisch verarbeiten.

B. Kalkulation der Gewichte von Kabeln.

Kabeltabellen. Die in den letzten Abschnitten gegebenen Formeln setzen uns in den Stand, ein beliebiges Kabel irgendeiner Type und irgend eines Querschnittes rechnerisch zu bestimmen, d. h. die Gewichte aller seiner Komponenten voraus zu berechnen.

Es empfiehlt sich, für jede Kabeltype eine Tabelle aufzustellen für Querschnitte von 10 zu 10 qmm ansteigend oder ähnlich, bis zum größten Durchmesser des Kabels, der noch fabriziert werden kann. Diese Tabelle enthält einerseits die Durchmesser über Leiter, Isolation Blei und Panzer, andererseits die Gewichte aller Materialien.

Zur Entwerfung dieser Tabellen sind oben alle Hilfsmittel besprochen worden.

Wir haben solche Tabellen für alle Kabeltypen entworfen und sie für Aufstellung von Kostenanschlägen und Materialanschaffungen immer sehr nützlich gefunden.

C. Selbstkosten der Materialien.

Allgemeines. Der Erzeugungspreis eines jeden Artikels setzt sich zusammen aus: 1. den Materialpreisen, 2. den Löhnen und Betriebsspesen und 3. aus den allgemeinen Unkosten.

Die Materialkosten per 100 kg sind immer gegebene Größen. Zu denselben schlage man noch die Kosten, die durch Entwertung des Abfalles entstehen.

Die Feststellung der Löhne und Betriebskosten macht mehr Umstände und erfordert meistens viel Mühe und einen großen Zeitraum. Die Löhne werden nach der Arbeiter- und Stundenzahl ermittelt, die zur vollständigen Herstellung des Artikels erforderlich ist, und es ist unerläßlich, jede einzelne Operation auf ihre Zeitdauer zu kontrollieren, da man sich bei Schätzungen sehr stark irren kann. Auch müssen die Zeiten, die für die einzelnen Operationen erforderlich sind, so oft wie möglich bestimmt werden, um eine Mittelzahl zu erhalten.

Noch mehr Schwierigkeiten macht die Bestimmung der Betriebsspesen. In erster Linie ist festzustellen, was die Einheit der Kraft, 1 HP. per Stunde kostet; in zweiter Linie die Betriebszeit einer jeden Maschine, die für den Artikel arbeitet; in dritter Linie die Größe der Betriebskraft.

Bei elektrischem Betriebe ist die Bestimmung dieser letzteren für jede Maschine eine Kleinigkeit. Fehlt dieser, so ist die Feststellung der Kraft kaum möglich.

Die allgemeinen Unkosten setzen sich zusammen aus den Kosten für technisches und kaufmännisches Bureau, Beleuchtung, Beheizung, Wasser, Steuern, Verlusten, Verzinsung, Amortisation, Reparaturen usw., und es ist nicht immer leicht, dieselben im richtigen Verhältnis auf die vielen verschiedenen Artikel zu verteilen, die eine Kabelfabrik produziert.

Da diese Unkosten für jede Fabrik verschieden sind und sich nicht allgemein behandeln lassen, können wir sie hier nicht berücksichtigen.

Sämtliche Unkosten, die auf 100 kg eines Materials verwendet werden müssen, bis der Artikel verkaufsfertig ist, wollen wir als „Spesen" bezeichnen.

Wir gehen nun über auf die Spesenberechnung der einzelnen Materialien.

Das Kupferseil. Kupfer in Kabeln kommt beinahe immer in Form von Seilen vor. Es sind die Verseilungskosten von 100 kg Kupfer zu bestimmen.

Es sind also zu ermitteln die Spesen für Transporte, Abmessen, Spulen und Verseilen des Drahtes.

Je nach dem Durchmesser des Drahtes und der Zahl der Drähte des Seiles, dessen Länge und der Maschine, die zur Verfügung steht, sind diese Spesen außerordentlich verschieden. Es lassen sich aber doch einzelne Mittelwerte feststellen, die als Grundlage von Kalkulationen maßgebend sind.

Es läßt sich durch eine eingehende Untersuchung nachweisen, daß die Spesen per 100 kg von der Drahtzahl unabhängig sind und sich im wesentlichen nach dem Drahtdurchmesser richten.

Man kann sich eine Skala für die Spesen per 100 kg Drahtseil aufstellen, z. B. so:

Ein Seil aus Draht	bis 0.5 mm ϕ	kostet M.	. . . .
do.	von 0.5 bis 1.0 mm ϕ	„	. . . .
do.	über 1.0 mm ϕ	„	. . . .

Müssen die Spesen noch genauer sein, so wird man sie für noch mehr Stufen berechnen.

Addiert man zu den so bestimmten Spesen die Kosten des Kupferdrahtes (einschließlich des Verlustes durch Entwertung des Abfalles) für jeden einzelnen Durchmesser, so erhält man die Selbstkosten von 100 kg Seil des betreffenden Drahtes.

Bequemer für Kalkulationen ist es, wenn man die Verseilungskosten als Funktion des Querschnittes darstellt. Dieselben sind bei 10 qmm ziemlich hoch und werden gegen 200 qmm konstant, auf 100 kg Kupfer bezogen.

Als normalen Preis des Kupfers nehme man 60 Lstrl. an.

Das Isoliermittel. Bekannt ist das Gewicht desselben per 100 m Kabellänge sowie der Tränkkoeffizient. Zu bestimmen sind für eine Reihe von Querschnitten die Kosten für Auflegen, Trocknen und Prüfen des Isolationsmaterials. Daraus leitet man die Selbstkosten per 100 kg des fertigen imprägnierten Materials ab.

Dünne Einleiterkabel sowie Mehrleiterkabel mit schwachen Drähten, z. B. Prüfdraht- oder Telegraphenkabel usw., verlangen spezielle Kalkulationen.

Für stärkere Kabel kann man für die imprägnierte Isolation stufenförmige Preise aufstellen, gültig für 10, 20, 50 . . . kg per 100 m Kabellänge. Auch diese Preise erreichen bald einen konstanten Wert.

Der Preis des Rohmateriales ist aus den Preisen des festen und des flüssigen Isoliermittels abzuleiten.

Das Blei. Um sich über die Spesen von 100 kg nicht stark zu täuschen, mache man ein Jahresbudget.

Ein solches sieht z. B. so aus:

300 Preßtage im Jahr zu je 1000 kg macht eine Produktion von 300 000 kg.

Die Preßbedienung, 5 Mann, kostet	p. Jahr M	. . . .
Heizung der Presse 300 Tage	,,	. . . .
Dampf für Pumpe usw. 300 Tage	,,	. . . .
Verlust an Blei 2 % von 300 000 kg	,,	. . . .
Reparaturen per Jahr	,,	. . . .
Summe	p. Jahr	M . . .

Die Summe durch 3000 dividiert, gibt die Spesen per 100 kg.

Wenn man näher in die Sache eingeht, kann man eine Spesenaufstellung machen für Kabel von 10—50, 51—100, 101—150 usw. kg Bleigewicht per 100 m Länge. Durch Addition des Materialpreises erhält man die Selbstkosten von 100 kg Blei. Als Normalpreis des Rohmaterials nehme man 15 Lstrl. an.

Hat dasselbe einen Zusatz von 3 % Zinn, so muß man die dadurch entstandenen Mehrkosten im Materialpreise eben auch noch berücksichtigen.

Die asphaltierte Jute. Die Spesen umfassen das Plattieren sowie die Betriebskraft der Maschine. Eine angenäherte Bestimmung derselben ist in einem Tag möglich.

Man kann sie abstufen für dünne, mittlere und starke Kabel.

Der Materialpreis setzt sich zusammen aus den Preisen von 50 kg Jute und 50 kg Asphalt.

Die Summe von Materialpreis und Spesen gibt die Selbstkosten per 100 kg asphaltierter Jute.

Das Bandeisen. Die Spesen umfassen das Nieten des Bandes sowie das Auflegen auf das Kabel und die Betriebskraft der Maschine. Deren Bestimmung kann in zwei Tagen annähernd durchgeführt werden.

Materialpreis plus Spesen gibt die Selbstkosten per 100 kg Panzereisen.

Man stelle diese auf für schwache und für starke Kabel.

D. Selbstkosten von Starkstromkabeln.

Die Berechnung der Selbstkosten eines Bleikabels ist nun eine leichte Sache. Es sind bloß die Materialgewichte mit den Selbstkostenpreisen zu multiplizieren und eine Addition zu machen. Nicht zu vergessen ist, daß alle Gewichte sich auf 100 m Kabellänge beziehen, also auch die Preise.

Die auf diese Art berechnete Preisliste kann für mehrere Jahre als gültig angesehen werden.

Dagegen erfordert sie Korrekturen je nach dem Stand der Preise von Kupfer und Blei. Die Tabellen sind berechnet auf den Grundpreisen von 60 Lstrl. und 15 Lstrl.

Für jedes Lstrl. ändert sich der Preis dieser beiden Metalle um 0.02 M per Kilo. Der betreffende Zuschlag oder Abschlag ist aus den Gewichten der beiden Metalle zu berechnen. Ändert sich der Preis des Eisens bedeutend, so ist die Tabelle auch für dieses Material zu korrigieren. Der Preis des Isoliermaterials schwankt sehr wenig.

Näher auf die Feststellung der Preise einzugehen, ist ohne Interesse. Derjenige, der sich damit zu beschäftigen hat, findet, wenn er die Grundbegriffe kennt, von selber heraus, wie er zu den nötigen Feinheiten kommt, wenn sie von ihm verlangt werden.

E. Selbstkosten von Telephonkabeln.

Die Berechnung des Materials, sowie der Spesen bietet keine besonderen Schwierigkeiten. Es empfiehlt sich aber, dieselbe anders durchzuführen, als für Beleuchtungskabel.

Für diese haben wir für alle Materialien einen Zuschlag zum Einheitspreis gemacht und daraus die Selbstkosten berechnet. Für Telephonkabel nehmen wir für Kupfer und Isolationsmaterial den Einheitspreis und berechnen einen besonderen Posten für sämtliche Spesen bis zu dem Punkte, wo das verseilte Kabel für die Bleipresse fertig ist. Blei und Panzer werden wie früher berechnet.

Kupfer. Das Gewicht per 100 m ist durch den Drahtdurchmesser und die Drahtzahl bestimmt. Man berechne das Gewicht von 100 m Doppelader, aus dem dann leicht das Gewicht für Kabel von 10, 20 bis 200 Paaren gefunden werden. Für Eindrehung der Drähte mache man einen Zuschlag von 4 bis 5 %. Abwägungen an fabrizierten Kabeln zeigen solche Überschüsse über den aus 100 m Draht berechneten Wert.

Der Preis von verzinntem und unverzinntem Kupfer ist bekannt, und das Mittel beider ist die Einheitsbasis. Als Abfall nehme man 2 bis 3 % und schlage dessen Entwertung zum Einheitspreis zu.

Isolationen. Diese bestehen aus grauem und farbigem Papier, Baumwollfäden, Band usw. Man macheWägungen der Bestandteile an möglichst vielen Kabelstücken und bestimme deren Gewicht für 100 m Doppelader. Dann bestimmt man den Prozentsatz der Bestandteile. multipliziert mit den Einheitspreisen und addiert. Dies gibt den Einheitspreis der Isolation.

Spesen. Für die Aufstellung derselben ist ein Tagebuch nötig, das sich über einen Zeitraum von einigen Monaten erstreckt, und in dem die Arbeitsstunden für alle Operationen an verschiedenen Kabeln gebucht sind.

Das Umwickeln des Drahtes mit Papier und das paarweise Verseilen wird gewöhnlich in einer Operation gemacht. Es sind z. B. für einen Monat die Stunden zu bestimmen für das Zutragen von Material, das Spulen des Drahtes, das Umwickeln mit Papier, das Umspulen und Durchsehen der fertigen Paare, das verarbeitete Kupfergewicht und die Betriebskosten der Maschinen. Aus dem Kupfergewicht leitet man die Länge der angefertigten Doppelader ab und aus dieser sowie der Summe aller Löhne und Betriebskosten die Spesen per 100 m Doppelader.

Ähnlich bestimmt man die Verseilungskosten. Zur Verfügung stehen die zur Anfertigung nötigen Stundenzahlen für Seile von 10, 20 bis 200 Paaren und von verschiedenen Längen. Man addiere Längen, sowie Stundenzahlen bzw. Löhne. Bekannt sind die Betriebskosten der Seilmaschine per Stunde.

Die Betriebsstunden sind nicht identisch mit den Anfertigungsstunden des Seiles. Man kann sie berechnen aus der Tourenzahl der Maschine, dem Drall und der gesamten Länge der Kabeltypen und der Lagenzahl.

Die so berechneten Betriebskosten addiere man zu den Löhnen für jede der Typen von 10, 20 bis 200 Paaren. Ist man so weit, so reduziere man die Kostèn erst auf 100 m Kabellänge und dann auf 100 m Doppelader.

Die Löhne für die Proben nach jeder Operation sind ebenfalls zu bestimmen und auf 100 m Doppelader zu reduzieren. Wenn nicht beobachtet, so lassen sie sich durch Ausführung eines Versuches annähernd berechnen, und man kann als Durchschnittslänge des Kabels 200 bis 300 m annehmen.

In letzter Linie sind die Löhne für das Einlegen in die Trockenkessel, der Dampfverbrauch und die Betriebskraft der Luftpumpe zu berechnen. Wenn nicht besonders beobachtet, so bestimme man den Dampfverbrauch eines Kessels per Tag, nehme als Trockenzeit 2 bis 3 Tage an und als normale Länge 200 bis 500 m. Die Kosten reduziere man wieder auf 100 m Doppelader.

Durch Zusammenzählung der einzelnen Posten für Bedecken, Verseilen, Messen und Trocknen erhält man die gesamten Spesen per 100 m Doppelader fertiggestellten Seiles. Die Durchführung der Berechnung ergibt, daß dieselben für Kabel von etwa 30 Paaren aufwärts konstant sind.

Blei. Der Durchmesser unter Blei ist gleich dem Seildurchmesser, und dieser wird aus der Fläche des Paares bestimmt, siehe S. 189. Wenn das Blei einen Zusatz von 3 % Zinn hat, so muß dieser im Einheitspreise berücksichtigt werden.

Die Spesen sind dieselben wie früher, siehe S. 345.

Asphaltierte Jute und Panzer werden wie bei Lichtkabeln bestimmt.

Die Preise. Zur Berechnung derselben ist im vorhergehenden alles vorbereitet worden.

Man schreibt sich erst eine Materialliste von 6 Kolonnen auf, nämlich

1. Zahl der Paare,
2. Kupfergewicht,
3. Isolationsgewicht,
4. Bleigewicht,
5. Panzergewicht,
6. Totalgewicht.

Dann schreibe man eine neue Liste, die 7 Kolonnen enthält, nämlich

1. Zahl der Paare,
2. Preis von Kupfer,
3. Preis von Isolation.

Die Kolonnen 2 und 3 erhält man aus der ersten Liste durch Multiplikation der Gewichte mit den Materialpreisen.

4. Preis von Blei plus Spesen mal Gewicht,
5. Preis des Panzers aus dem Einheitspreis per 100 kg, wie bei Lichtkabeln berechnet,

6. Betrag der Spesen für jede Aderzahl, berechnet aus den Spesen per 100 m Doppelader,
7. Gesamtpreis für jede Aderzahl, gleich der Summe der Kolonnen 2 bis 6.

Für ein Kabel mit blankem Blei oder mit asphaltierter Jute ist die Berechnung ähnlich.

Als letzte Kolonnen füge man dann noch die Preisveränderung des Kabels für eine Variation von $\pm$ 1 Lstrl. der Metallpreise auf. Diese sind immer gleich 0.02 M. mal Metallgewicht in kg.

F. Graphische Darstellung.

Sobald man eine Reihe von Zahlen berechnet hat, die eine Funktion einer Größe sind, stelle man sie graphisch dar, die Größe auf der X-Achse abgetragen und die berechneten Zahlen senkrecht dazu.

Hat man z. B. für irgendeine Kabeltype für die Querschnitte 10, 20, 30 usw. qmm die Kupfergewichte oder andere Gewichte oder Preise berechnet, so nehme man einen Bogen Millimeterpapier und schreibe horizontal die Querschnitte auf, wobei jeder mm einen qmm repräsentiere. Vertikal schreibe man Gewichte bzw. Preise auf, wobei 1 mm ein Kilo oder eine Münzeinheit repräsentiere. Gewöhnlich muß man den Maßstab so wählen, daß 1 mm 2 oder 5 Einheiten des Gewichtes oder der Münze darstellt.

Die so eingezeichneten Punkte liegen, wenn richtig berechnet, auf einer Kurve, die bei Kalkulationen meistens von einer gewissen Abscisse an eine gerade Linie oder nahezu eine gerade Linie ist. Ein Punkt, der abseits liegt, ist falsch berechnet, und dessen richtiger Wert kann ohne weiteres der Kurve entnommen werden.

Vorausgesetzt ist dabei, daß Blei oder Panzer sich nicht sprungweise ändern, sondern stetige Funktionen des Durchmessers sind.

Diese graphische Methode sollte auch immer zur Anwendung kommen, wenn man mit einer Reihe von unsicheren Beobachtungen zu tun hat, wie z. B. bei der Spesenberechnung von blanken Kupferseilen, von 100 m Doppelader bei Telephonkabeln usw.

VII. Kabelmaschinen.

Allgemeines. Eine Entwickelungsgeschichte der einzelnen Maschinen, die für Fabrikation von isolierten Drähten und Kabeln Verwendung finden, zu schreiben, wäre eine sehr interessante Aufgabe. Es würde sich im allgemeinen ergeben, daß die Maschinen sich nach und nach durch eine Reihe von Zwischenformen entwickelt und nur langsam die Stufe der Gegenwart erreicht haben.

In den ersten Stadien waren die Kabelmaschinen sehr mangelhaft gebaut, teils nicht entsprechend der Arbeit, die sie tun sollten, und teils nicht stark genug. Es wurden Verbesserungen eingeführt; aber die Ansprüche, die an die Maschinen gestellt wurden, gingen in einem rascheren Tempo als die Verbesserungen, so daß das Betriebspersonal nie aus der Aufregung herauskam.

Es ist nur wenige Jahre her, daß man Kabelmaschinen kaufen kann, die richtig und solid gebaut sind, und dies auch nur bei wenigen Firmen.

Bei der Anschaffung von Kabelmaschinen lasse man sich von dem Grundsatze leiten, daß man in der Fabrikation durch gelegentliches Brechen von Maschinenteilen und sonstigen nicht erwarteten Vorkommnissen genügend Unannehmlichkeiten hat, auch wenn man über die besten Maschinen verfügt.

Billige und infolgedessen mangelhafte Maschinen führen zu unberechenbarem Schaden. Die kleinen Ersparnisse der Anschaffungskosten werden jedes Jahr durch Umänderungen und Reparaturen aufgewogen, und trotz aller Verbesserungen läßt sich aus den Maschinen nie etwas Rechtes machen. Die ursprünglichen Gebrechen haften ihnen immer an. Zieht man noch die Summen in Betracht, die durch verdorbene Kabel und verspätete Lieferung verloren gehen, so stellt sich die Rechnung noch ungünstiger.

Es ist bedauerlich, konstatieren zu müssen, daß heute, im Jahre 1910, die Kabelmaschinen noch genau dieselben sind wie vor sieben Jahren. Nichts Nennenswertes ist geschaffen worden, trotzdem so vieles zu vervollkommnen oder umzugestalten wäre.

Der elektrische Betrieb. Die Vorteile, welche der elektrische Betrieb mit sich bringt, sind nun allgemein anerkannt, und es gibt jetzt kaum mehr eine Kabelfabrik, die denselben nicht eingeführt hat.

Im Jahre 1899 bauten wir das Kabelwerk der Gesellschaft Koltschugin in Kelerowo bei Moskau. Die ganze Anlage wurde mit Drehstrom von 350 Volt betrieben.

In der Bleikabelabteilung erhielt jede einzelne Maschine einen Motor, auch die kleinen sechsspuligen Seilmaschinen. Nur die Spulapparate liefen an einer Transmission, die aber durch einen Motor angetrieben war. Die Pumpe der Bleipresse war die einzige Maschine, die keinen elektrischen Betrieb bekam. Auch der Krahn von 22 m Spannweite und 4000 Kilo Tragkraft, arbeitete elektrisch.

Der Saal für Spinnerei und Flechterei, 62 m lang und 15 m breit, erhielt drei Transmissionswellen, wovon zwei durch je einen Motor angetrieben waren.

Die Abteilungen für Gummidrähte und für die Tränkerei erhielten je eine durch einen Motor betriebene Transmission.

Der Betrieb der Anlage ließ in keiner Beziehung etwas zu wünschen übrig.

Eine eingehende Beschreibung aller Maschinen, die zur Kabelfabrikation gehören, und deren Kritik würde an und für sich schon ein größeres Buch anfüllen, und deswegen müssen wir darauf verzichten. Unser Ziel ist, die wichtigsten Maschinen in ihren wesentlichen Bestandteilen kurz zu beschreiben.

A. Die Seilmaschinen.

Die Hauptbestandteile der Seilmaschine sind: Stern, Abzug und Wickelvorrichtung.

Der Stern lagert sich um eine hohle Stahlachse, die vorn und hinten in Lagern läuft. Hinten befindet sich der Antrieb, vorn die Verteilungsscheibe und das Kaliber. Auf den Kern sind zwei, drei, vier usw. Ringe aufgezogen, welche die Flügel oder Gabeln tragen, in welche die Spulen eingesetzt werden. Die Gabel ist in zwei Zapfen um ihre Achse drehbar. Der hintere Zapfen ist massiv und mit einer Kurbel versehen. Der vordere Zapfen ist longitudinal durchbohrt zur Aufnahme des ablaufenden Drahtes. An der Gabel ist noch eine Bremsvorrichtung angebracht. Die Achsenrichtung sämtlicher Gabeln ist parallel der Hauptachse des Sternes.

Am hinteren Ende des Sternes befindet sich der Exzenter, der während der Rotation der Maschine die Gabeln immer in paralleler Stellung hält, d. h. den Spulen eine der Drehung des Sternes entgegengesetzte Drehung gibt. Der Exzenter soll leicht auszuschalten sein.

Bei schweren Maschinen wird der Achsendruck durch Gleitrollen entlastet, die sich unterhalb der Maschine befinden. Die Ringe des Sternes ruhen auf diesen Gleitrollen.

Das vordere Ende des Stahlrohres ist mit einem durchbrochenen Stahlkranz versehen. Der glatte Teil desselben läuft auf Gleitrollen, der mit Zähnen versehene hintere Teil trägt die Bewegung des Sternes durch ein oder mehrere Zwischenräder auf die Transmissionswelle über, die den vorderen Teil der Maschine entlang läuft und deren Apparate antreibt.

Der Antrieb des Sternes bzw. der ganzen Maschine soll nach rechts oder links bewerkstelligt werden können, auch soll man das Seil nach vorwärts oder rückwärts bewegen können. Das letztere ist notwendig, wenn Fehler in dasselbe hineinkommen.

Die Spulenzahl des Sternes richtet sich meistens nach den Zahlen 6, 12, 18, 24 usw. Dieselbe bestimmt die Größe der Seilmaschine. Maßgebend für die Größe sind auch noch die Abmessungen der Spulen.

In Fig. 67 (s. Tafel) ist eine Abbildung einer Seilmaschine der Firma Brüder Demuth dargestellt.

Der Abzug der Seilmaschine besteht aus einem recht kräftigen Rade, dessen Durchmesser je nach der Größe der Maschine 1.00, 1.50 bis 2.00 m beträgt. Die Breite des Rades sollte so groß sein, daß man mindestens drei Ringe des stärksten Kabels auf dasselbe wickeln kann. Dies macht für schwere Maschinen eine Breite von wenigstens 500 mm.

Die Abzugsscheibe ist nach der Seite des sich aufwickelnden Kabels zu schwach konisch. Der auflaufende Kabelring wird durch das Abstreichmesser auf die Seite geschoben, um Platz für das nachlaufende Kabel zu machen.

Die Abzugsscheibe wird von der Transmission der Maschine aus angetrieben. Zwischen beiden befinden sich die Wechselräder, vermittels deren man die Geschwindigkeit des Abzuges in bestimmten Grenzen regulieren kann.

Die Wechselräder sollten derart dimensioniert sein, daß man den Drall wie folgt ändern kann: bis 100 mm um je 10 mm; von 100 bis 300 mm um je 20 mm und über 300 mm um je 30 mm.

Zu jeder Maschine gehört eine Tabelle, die angibt, welche Wechselräder man einzusetzen hat, um einen bestimmten Drall zu erhalten.

Abzugsrad, Abstreichmesser, Wechselräder, Gabel und sämtliche Zwischenteile sollten so kräftig wie immer möglich gehalten werden. Der Wert der Maschine wird wesentlich durch die Stärke dieser Teile bestimmt.

Stern und Abzug verlangen einen kräftigen Fundamentrahmen aus Gußeisen, ebenso eventuell weitere Apparate, die zwischen den beiden liegen.

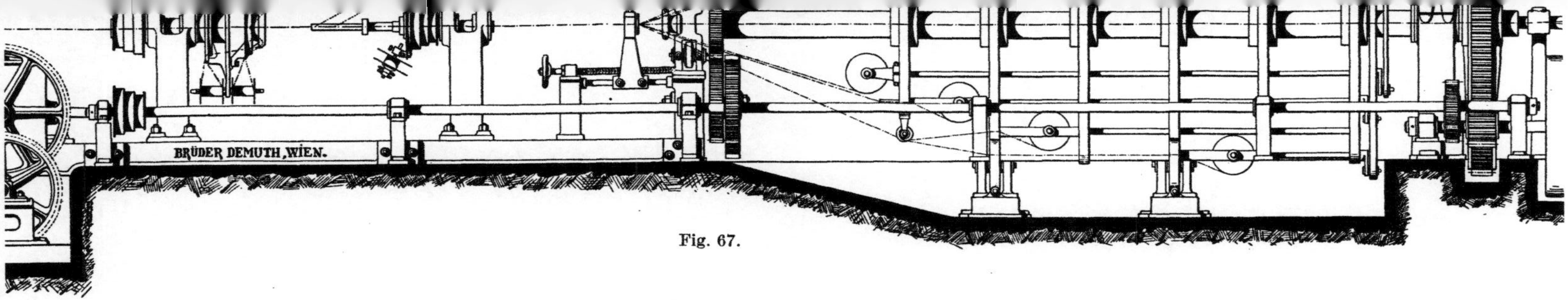

Fig. 67.

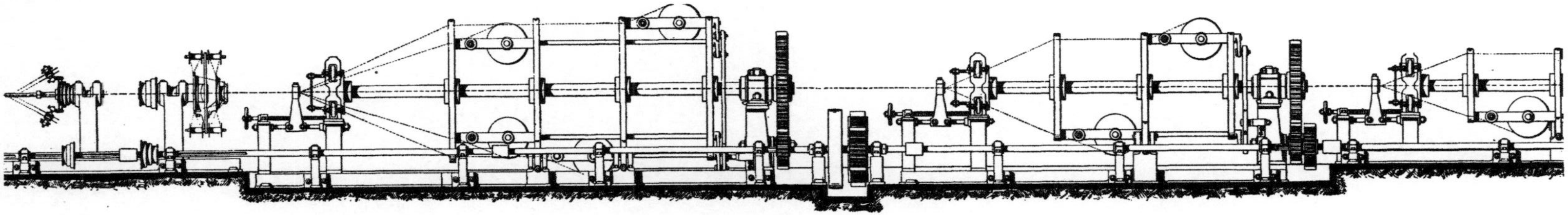

Fig. 69.

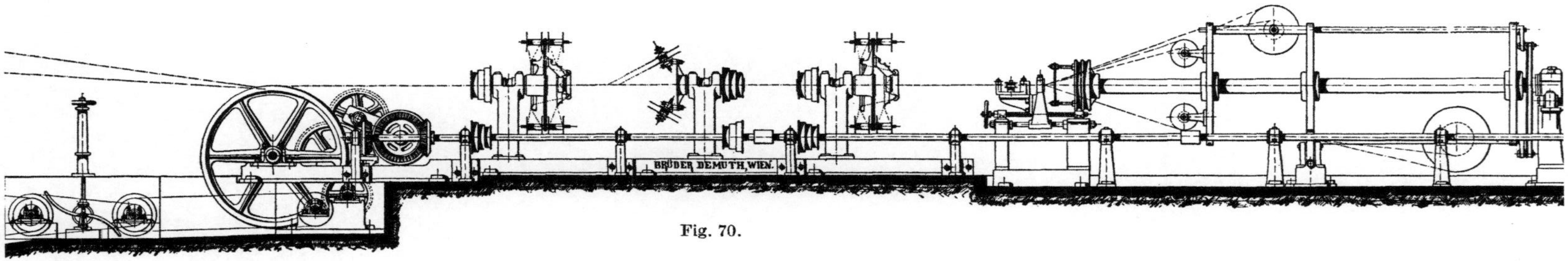

Fig. 70.

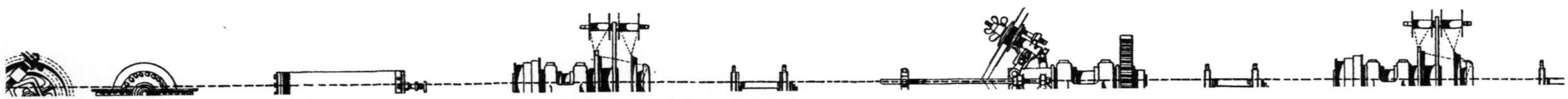

Die Höhe der Achse der Maschine über dem Fußboden soll 900 mm nicht übersteigen.

Der Wickelapparat. Ältere Maschinen waren gewöhnlich mit einem Haspel mit Riemenantrieb versehen. Nach Fertigstellung des Seiles hatte dieses abgerollt zu werden.

Der moderne Wickelapparat erlaubt, irgendeine Trommel zu verwenden, auf die das Kabel direkt gewickelt wird. Nach Fertigstellung wird die Trommel weggerollt, und die Maschine ist wieder frei.

Der erste dieser Apparate ist im Jahre 1895 von uns entworfen und von der Maschinenfabrik Tanner & Laetsch in Wien gebaut worden. Im Jahre 1897 hat die Firma Brüder Demuth die Konstruktion adoptiert und seitdem jede größere Seil- und Panzermaschine damit ausgerüstet.

Das Prinzip des Abzuges ist das folgende: Die Trommel wird auf zwei horizontale und zueinander parallele Walzen von je etwa 200 bis 300 mm ⌀ und ca. 200 mm Abstand plaziert.

Dreht man die eine der Walzen (oder besser beide), so nimmt sie die Trommel mit, d. h. diese fängt an zu rotieren und wickelt Kabel auf oder ab. Um die Trommel stabiler zu machen, wird die dem Abzugsrade nähere Walze etwas höher gestellt, durch die Trommel eine Achse gesteckt und diese rechts und links je durch einen Hebel gehalten, der an einem Ende festgemacht und am anderen durch ein Gewicht bebelastet wird.

Sind die zwei Walzen nicht parallel und nicht horizontal, so läuft die Trommel auf die Seite. Ebenso, wenn die zwei Trommelflanschen trächtlich im ⌀ verschieden sind.

Die Tourenzahl der Walzen bzw. der Trommel wird in den weitesten Grenzen durch ein Vorgelege reguliert, bestehend aus zwei konischen Wellen mit dazwischen laufenden Riemen. Das Vorgelege wird vom Abzugsrade aus angetrieben und treibt seinerseits die Unterwalzen an. Der Wickelapparat, wie von der Firma Brüder Demuth gebaut, ist durch Fig. 68 veranschaulicht.

Erwähnenswert ist noch, daß die hintere Walze mit dem Fußboden der Fabrik eben liegt, so daß die Kabeltrommeln ohne weiteres daraufgerollt werden können. Ebenso kann man auch die schwerste Trommel ohne besondere Mühe wieder vom Wickelapparat herunterrollen.

Wenn die Walzen rotieren, laufen größere Trommeln ohne weiteres infolge der Friktion mit. Je mehr Kabel aufgewickelt wird, desto schwerer wird die Trommel und desto größer die Friktion. Der Wickelapparat wirkt also um so sicherer, je mehr Kabel auf die Trommel kommt, während dies beim Haspel umgekehrt war.

Kleinere Trommeln von einem Meter Durchmesser und weniger muß man anfangs etwas belasten, damit sie sicher laufen.

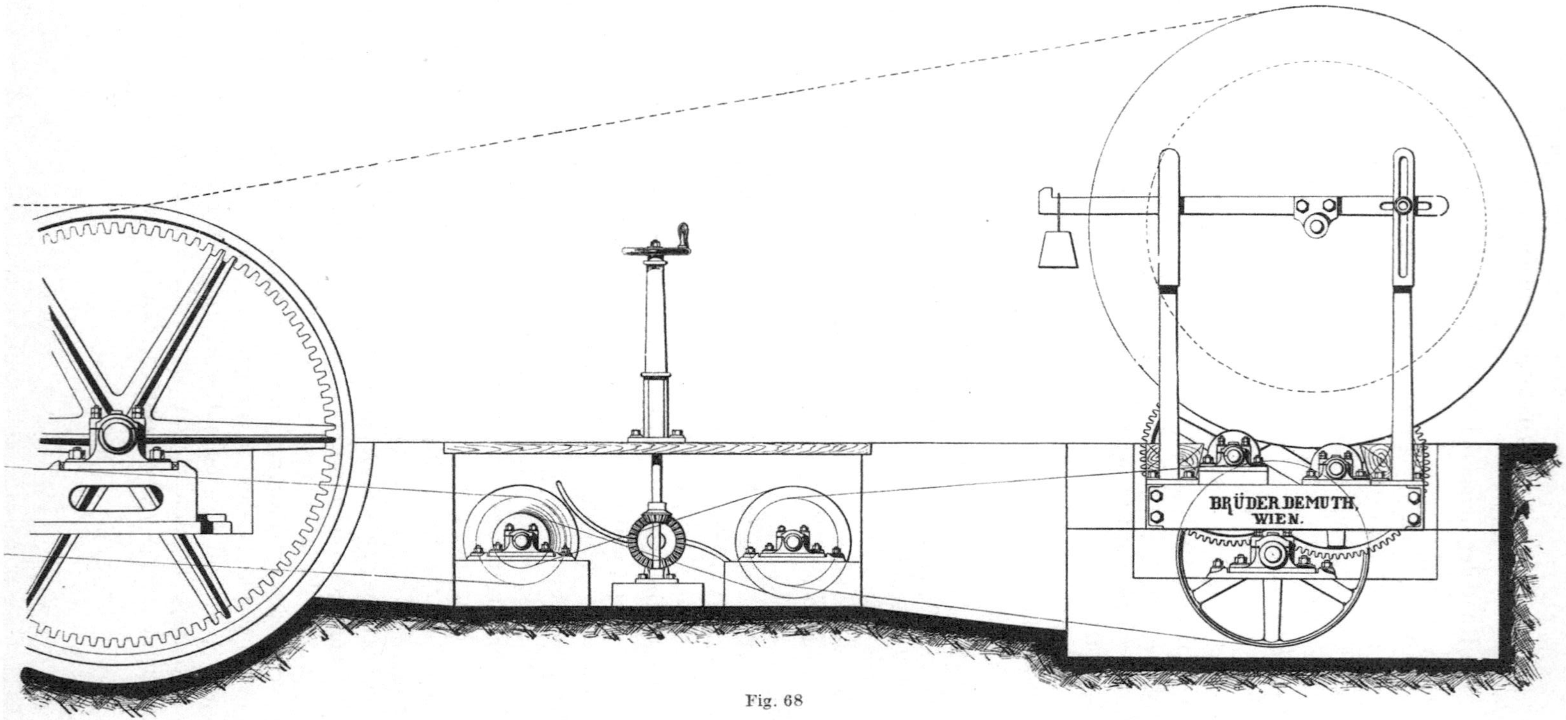

Fig. 68

Wir haben mit einem solchen Apparat Kabel aufgewickelt, die samt Trommel nahezu 10 000 kg gewogen haben, und dabei nicht die geringste Schwierigkeit gefunden.

Die Länge der Walzen schwankt zwischen 1200 und 1500 mm, je nach der Größe der Maschine. Sie sind aus Gußeisen und drehen um eine Stahlachse von 50 bis 60 mm ϕ. Die Lager müssen horizontal und vertikal verschiebbar sein, damit man die Walzen parallel stellen kann.

Der Wickelapparat, wie beschrieben, ist brauchbar für alle Trommeln von 800 bis 2800 mm Flanschendurchmesser. Die nötige Wickelgeschwindigkeit läßt sich immer herstellen.

Die Geschwindigkeit der Trommel wird durch ein Handrad reguliert, das so plaziert ist, daß der Mann, der das Kabel aufwickelt, immer mit der einen Hand regulieren kann, während er mit der anderen das Kabel aufführt.

In neuerer Ausführung fällt dieses Handrad weg. Durch Stellen eines Hebels schiebt die Maschine die Gabel automatisch nach rechts oder links.

Für blanke Seile kann man sich auch eine Einrichtung machen, welche die Ringe automatisch verlegt.

Die Hilfsapparate. Eine Maschine, die nicht ausdrücklich zur Erzeugung blanker Seile benutzt wird, hat gewöhnlich noch Nebenapparate zwischen Kaliber und Abzugsscheibe, meistens zum Zwecke, Isolation auf das Seil aufzulegen.

Ist eine Seilmaschine noch mit Spinnläufen versehen, so kann man ev. das Seil noch gleichzeitig mit Jute oder Baumwolle plattieren.

Die Läufe sollten ziemlich massiv sein und Raum bieten zur Aufnahme von 24 bis 36 Kreuzspulen von Jute oder Baumwolle. Die hohle Achse der Läufe enthält ein Lager zur Aufnahme der Kaliber, und diese sollten leicht auswechselbar sein. Von den Spulen bis zum Kaliber laufen die Fäden über einen Führungskreis und schließlich zu einem Verteiler, der sie in gleichen Abständen zum Kaliber bringt.

Für Erzielung einer schönen Umspinnung, besonders mit Baumwolle, ist dieser Verteiler eine ganz wesentliche Sache. Ebenso wichtig ist, daß die Umspinnung in das Kaliber hineinläuft. Ältere Maschinen machen die Umspinnung ohne Kaliber. Wir möchten noch darauf aufmerksam machen, daß mit den modernen Spinnläufen sich eine Baumwollumspinnung auf leichtere sowohl wie schwerere Kabel auflegen läßt, wie sie von keiner anderen Maschine so schön gemacht werden kann. Auch wenn man zehn und mehr Fäden auf jede Spule bringt, legen sie sich doch alle parallel auf das Kabel, und Kreuzungen kommen keine vor.

Die Tourenzahl der Läufe wird durch zwei dreifache Stufenscheiben veränderlich gemacht.

Als weiteren Hilfsapparat nehme man zwei **Bandwickler** in Aussicht. Man braucht diese bei der Herstellung von Telephonkabeln.

Soll eine Seilmaschine für alle möglichen Zwecke dienen, so verlangt sie noch ein bis zwei **Tränkapparate** und eine Vorrichtung, um von fehlerhaften Bleikabeln das Rohr aufschneiden zu lassen. Dies kann mit Hilfe von zwei Messern geschehen, die man dicht bei einem Kaliber, davor oder dahinter, einspannt.

Auf alle Fälle sollte eine Seilmaschine einen **Längenmeßapparat** enthalten.

Einige Worte sind auch noch über die **Kaliber** hinzuzufügen. Es ist in erster Linie notwendig, daß man Drähte oder Fäden den Kalibern so zuführe, daß sie gleichmäßig um das Kabel herum verteilt sind und unter möglichst gleicher Spannung stehen. Dies ist besonders wichtig beim Auflegen von Flachdraht.

Das Kaliber, welches die Drähte zusammenlegt, kann nicht kräftig genug gewählt werden. Schwache Kaliber oder Kaliberträger werden weggerissen, wenn irgendwelche Hemmungen entstehen. Das Kaliber muß in der Längsrichtung bei großen Maschinen um etwa 500 mm verschiebbar sein.

Weiter gehören zur kompletten Ausrüstung einer Seilmaschine: ein Längenmesser für blanken Draht, **Wickelböcke** oder **Wickelmaschinen** und ein elektrischer **Lötapparat**.

Die Tandemmaschine. Zwei oder mehr Seilmaschinen hintereinander gestellt nennt man eine Tandemmaschine. Diese erlaubt zwei oder mehr Drahtlagen gleichzeitig aufzulegen.

Die Fig. 69 (siehe Tafel) zeigt eine Abbildung der Tandemmaschine der Firma Brüder Demuth. Diese enthält drei Sterne von 6, 12 und 18 Spulen, zwei Spinnläufe, einen Bandwickler und die Abzugsvorrichtung. Der Aufwickelapparat ist weggelassen. Dieses Modell wird in fünf verschiedenen Größen gebaut und meistens für elektrischen Betrieb eingerichtet.

Der Antrieb befindet sich zwischen dem zweiten und dritten Stern. Der ganzen Länge der Maschine nach geht die Haupttransmission, von der die Sterne, Spinnläufe und der Abzug angetrieben werden. Durch Wechselräder kann man den Sternen je drei verschiedene Tourenzahlen geben. Normal rotieren die Sterne 1 und 3 nach der gleichen Richtung und der Stern 2 entgegengesetzt. Man kann hingegen auch je zwei oder alle drei Sterne in gleicher Richtung laufen lassen und mit gleicher Geschwindigkeit.

Man kann also mit dieser Maschine ein 7-, 19- oder 37 faches Seil in einer Operation fertig machen und dann noch separat auflegen $6 + 12 = 18$, $6 + 18 = 24$, $12 + 18 = 30$ und $6 + 12 + 18 = 36$ Drähte.

Die Maschine erlaubt nicht, den Drall der einzelnen Lagen genau so einzustellen, wie durch die Regeln bestimmt; doch ist die Variation in der Tourenzahl und in der Abzugsgeschwindigkeit genügend groß, um damit gute Drahtseile zu bekommen. Wir haben diese Maschine immer jeder anderen vorgezogen und nie Klagen über die Seile vernommen.

Jeder einzelne Stern hat einen gußeisernen Fundamentrahmen, Stahlmittelrohr, Spulenflügel aus Stahl, Kurbel und Kurbelring zur Rückdrehung, Bremse, Legescheibe und Kaliber. Der Abzug ist sehr kräftig gebaut, und sämtliche Wechselräder sind aus Stahlguß.

Zur Bedienung der Maschine, auch wenn man gleichzeitig plattiert, genügen zwei Mann.

Die Länge einer Tandemmaschine samt Wickelapparat ist ca. 30 m und die erforderliche Betriebskraft ca. 10 HP.

Die Dreileiterseilmaschine. Diese dient zur Anfertigung von Drehstromkabeln und kommt nur als großes Modell zur Verwendung.

Erforderlich sind drei Spulen für die Kabeladern, drei für die Prüfdrähte und sechs Spulen für die Einlagen.

Zur Fertigstellung eines Kabels von ca. 200 m Länge und mittlerem Querschnitt sind für die Adern Spulen von mindestens 750 × 400 × 400 mm erforderlich.

Stern und Spulenrahmen müssen außerordentlich kräftig und lang gebaut werden. Ebenso Kaliber, Abzugsscheibe und Wechselräder. Weiter gehören zu dieser Maschine zwei Spinnläufe für Jute, ein Bandwickler und ein Längenmesser. Es sollte immer Raum für drei solche Jutespinnläufe vorhanden sein, die man nach Bedürfnis aufstellt.

Da man bei dicken Dreileiterkabeln auf außerordentlich große Dralle kommt, müssen die Spinnläufe so eingerichtet werden, daß man beim Plattieren noch genügend Fäden bekommt. Sie müssen also mit größerer Tourenzahl und mit mehr Spulen laufen als für gewöhnliche Seilmaschinen.

In Fig. 70 (s. Tafel) ist eine solche Seilmaschine der Firma Brüder Demuth abgebildet.

Die Länge der Maschine beträgt ca. 20 m und die erforderliche Betriebskraft ca. 12 HP.

Vertikale Seilmaschinen. Zur Verseilung sehr dünner Drähte bedient man sich leichter Maschinen, deren Achse vertikal steht. Wenn die Maschine 18 Spulen hat, so befinden sich deren sechs auf der ersten Etage und 12 darüber. Das Abzugsrad und die Wechselräder sitzen am höchsten Punkt der Maschine. Die Wickeltrommel befindet sich weiter unten und wickelt das dünne Seil automatisch auf.

Die Fig. 71 (Brüder Demuth) zeigt eine solche Maschine.

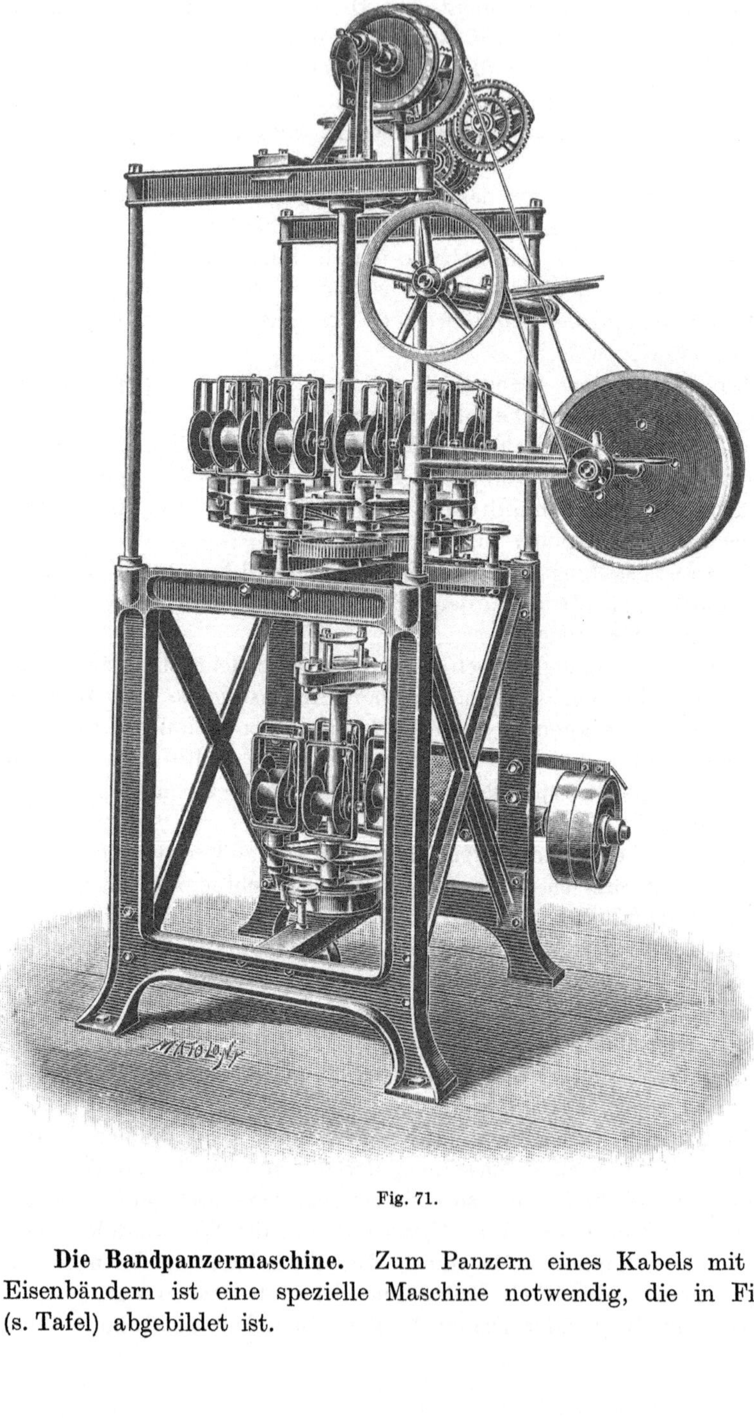

Fig. 71.

Die Bandpanzermaschine. Zum Panzern eines Kabels mit zwei Eisenbändern ist eine spezielle Maschine notwendig, die in Fig. 72 (s. Tafel) abgebildet ist.

Wir sehen hinten den Elektromotor und ein Vorgelege, das die Geschwindigkeit reduziert. Der ganze Länge der Maschine entlang läuft die Transmission, welche sämtliche Apparate antreibt. Es sind der Reihe nach erforderlich:

ein Tränkapparat,	ein Tränkapparat,
ein Jutespinner,	ein Jutespinner,
ein Tränkapparat,	ein Tränkapparat,
der Bandwickler,	ein Kalkrad.

Fig. 73.

Gegenwärtig ist es Usus, über das mit einer biegsamen Bitumenmasse imprägniertc Blei ein Papierband zu legen. Diese Operation erfordert einen Bandwickler und einen weiteren Tränkapparat.

Der wichtigste Teil der Maschine ist der Wickler für das Eisenband. Derselbe muß außerordentlich kräftig sein. Wir haben die besten Resultate erreicht mit Spulen, die sich nach drei Seiten verstellen lassen. Von Bedeutung ist auch die Bremse der Spule.

Verwendet man für die Umspinnungen des Kabels ungetränkte Jute, so müssen die Tränkapparate mindestens einen Meter lang sein, und die Masse muß auf wenigstens 100^0 erwärmt werden können. Im letzten Tränkkessel wird eine harte Kruste aufgetragen. Das Kalkrad spritzt Wasser, mit Kreide gemischt, auf das Kabel, kühlt es ab und versieht es mit einer Schicht Kreide, welche das Zusammenkleben der einzelnen Ringe auf der Wickeltrommel verhindert.

Abzug und Aufwickelvorrichtung sind dieselben wie bei den Seilmaschinen.

Die Panzermaschine ist etwa 20 m lang, erfordert ca. 8 HP als Betriebskraft und zwei Mann als Bedienung.

Fig. 74.

Telephonader-Bedeckungsmaschine. Fig. 73 zeigt eine Maschine des Grusonwerkes, von Otto Weiß konstruiert, welche dazu dient, den für Telephonkabel zur Verwendung kommenden Kupferdraht mit einer Lage Papier zu umwickeln und gleichzeitig je zwei solche Adern zu einem Paar zusammen zu drehen.

Die Maschine ist für sechs Gänge eingerichtet, und deren Leistung ist ca. 5000 m Doppelader per Tag.

Diese Maschine hat eine sehr weite Verbreitung gefunden.

Die Spiralwickelmaschine für Eisendraht. Zur Anfertigung von Telephonader mit gleichmäßig verteilter Selbstinduktion hat die Firma „Maschinenbauanstalt für Kabelfabrikation Konrad Felsing jun.“ eine Maschine nach Abbildung 74 in den Handel gebracht. Das Charakteristikum derselben besteht darin, daß der Kupferdraht nicht durch die Maschine gezogen, sondern durchgeschoben wird, was ein Strecken des Drahtes verhindert. Die Vorrichtung für den Schub und die Umdrehung des Spinntellers mit dem Eisendraht sind zwangsläufig miteinander verbunden, so daß eine unregelmäßige Bewickelung unmöglich ist.

Die Figur zeigt eine fünfgängige Maschine, jeder Gang von Hand abstellbar. Auf dem untersten Balken sieht man die Läufer für den Eisendraht und oberhalb derselben einen Halter für zwei Reservespulen. Auf dem mittleren Balken findet zur Erzielung von Lufträumen eine Umspinnung mit Bindfaden in offener Spirale statt. Auf dem obersten wird die Ader in der gewöhnlichen Weise mit Papier umwickelt.

B. Die Bleikabelpresse.

Historische Notizen. Das Verfahren, isolierte Drähte und Kabel in ein Bleirohr zu legen, um die Isolation vor Feuchtigkeit zu schützen, ist viel älter, als im allgemeinen angenommen wird.

Die älteste Methode, den Bleiüberzug herzustellen, bestand darin, den Draht in ein Bleirohr einzuziehen, dessen lichter Durchmesser größer war als der Durchmesser des Drahtes. Nachdem wurde das Bleirohr mehrere Male durch ein Kaliber gezogen und dessen Durchmesser nach und nach so weit verringert, bis es die Isolation fest umhüllte.

Der Mechaniker Krafft in Wien hat uns erzählt, daß er zwischen 1850 und 1860 auf diese Art Kabel armiert hat, und daß dieses Verfahren schon lange vorher bekannt war.

Wir erinnern uns, Guttaperchakabel, in Bleirohr gelagert, gesehen zu haben, die noch 1895 von einer französischen Fabrik nach dem gleichen Verfahren hergestellt waren.

Die heute allgemein angewendete Methode der Herstellung des Bleimantels, d. h. direktes Umpressen des Kabels mit einem Bleirohr, ist zuerst von der Firma Berthoud Borel & Co. in Cortaillod bei Neuchâtel (Schweiz) eingeführt worden.

Wir haben darüber von dieser Firma die folgenden Notizen erhalten:

„Nach verschiedenen Versuchen, einen Bleimantel durch Walzen herzustellen, faßte unser Ingenieur François Borel im Jahre 1878 die Idee, den Mantel mittels einer Bleirohrpresse aufzulegen.

„Im Jahre 1879 lieferte uns die Usine de la Coulouvrenière in Genf die erste Bleipresse für Kabelzwecke. Diese wurde in den meisten Ländern patentiert und ist das Vorbild aller anderen ähnlichen Pressen geworden. Das deutsche Reichspatent hat die Nummer 9980 und ist datiert 7. Okt. 1879.

„Im Betrieb dieser Presse wurden verschiedene Erfahrungen gesammelt, welche zu einem wesentlichen Umbau der ersten Konstruktion geführt haben.

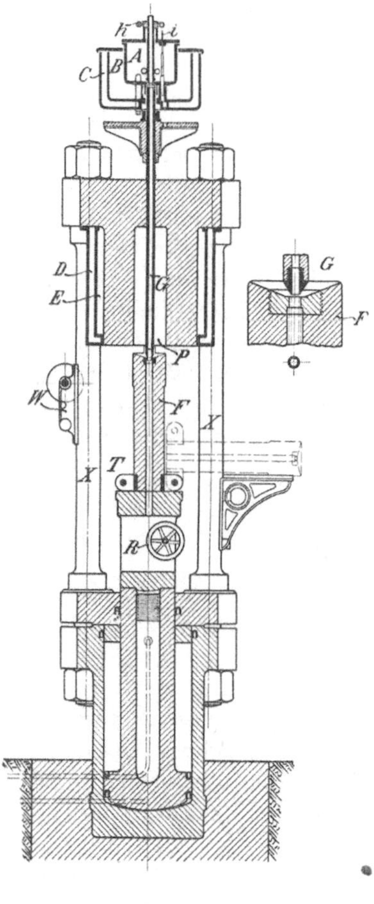

Fig. 75.

Fig. 76.

„Die Verdienste, die sich Herr Borel durch seine Erfindung für die elektrische Industrie erworben hat, veranlaßten im Jahre 1883 die Universität Zürich, ihm den Doktortitel zu verleihen."

Wir erinnern uns noch deutlich, mit welcher Freude der selige Prof. Schneebeli im Polytechnikum zu Zürich das erste von Berthoud

Borel erzeugte Bleikabel zeigte, das ihm im Sommer 1879 zur Prüfung übersandt wurde.

Die Borelsche Presse ist vertikal. Der hydraulische Teil befindet sich unten, der Bleirezipient oben. Der Bleipiston bewegt sich nach oben, ist der Länge nach hohl und trägt am oberen Ende die Matrize. Durch den Bleirezipienten geht ein Rohr, das an seinem unteren Ende den Dorn trägt. Die Füllung des Rezipienten bildet ein kalter Block Blei.

Das Kabel tritt oben ein und verläßt die Presse durch eine seitliche Öffnung des Bleipistons.

Als historische Erinnerung geben wir in Fig. 75 eine Abbildung der ersten Bleipresse nach der Patentschrift von Dr. Borel sowie in Fig. 76 das Bildnis des Erfinders.

Über die Siemenssche Kabelpresse hat uns die Firma Siemens & Halske die nachfolgende Notiz zukommen lassen:

Fig. 77.

„Der Gedanke, Kabel zum Schutze gegen Eindringen von Feuchtigkeit mit Blei zu umpressen, ist vom Geheimrat Werner von Siemens ausgegangen und zwar hat derselbe im Jahre 1877 die ersten Versuche angestellt, indem er eine Kabelseele in ein Bleirohr einziehen ließ. Hierbei war der innere Durchmesser des Bleirohres etwas größer als der Seelendurchmesser; das Bleirohr wurde daher durch ein Zieheisen gezogen, an dessen Stelle bei späteren Versuchen ein System von vier Walzen verwendet wurde. Da die Versuche den gewünschten Erfolg hatten, konstruierte Bror Hemming Wesslau (Fig. 77), der spätere langjährige Leiter des Kabelwerkes von S. & H., auf Veranlassung von Werner von Siemens im Jahre 1879 die erste Versuchspresse für Bleikabel, die nur für einige Kilogramm berechnet war. Auf Grund der Erfahrung, die man mit diesem kleinen Versuchsapparat gemacht hatte, konstruierte Wesslau die erste Bleikabelpresse, welche die Firma C. Hoppe, Berlin, ausführte, und welche im Jahre 1881 in Betrieb genommen wurde. Die Presse bewährte sich vorzüglich, so daß in den nächsten Jahren noch zwei weitere Pressen dieser Konstruktion beschafft wurden, welche sämtlich bis heute ununterbrochen im Betrieb gewesen sind. Die Kon-

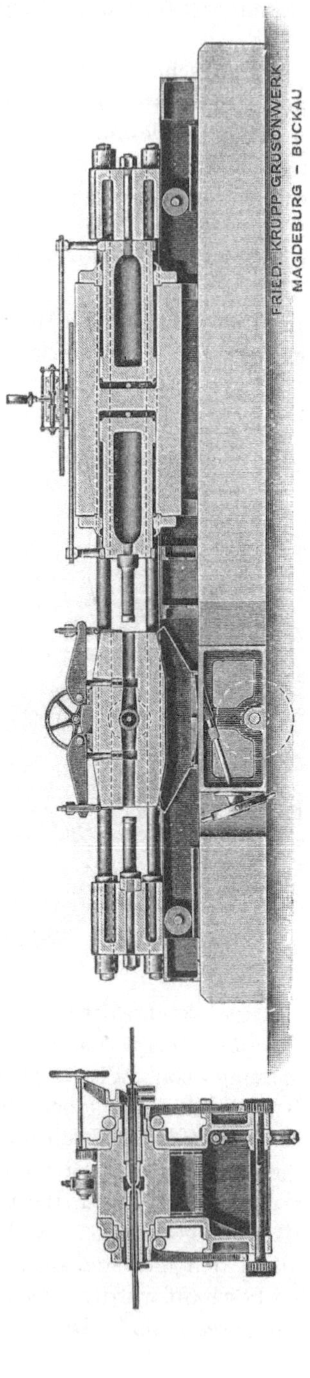

Fig. 78.

struktion der Bleikabelpressen wurde der Firma S. & H. im Jahre 1882 mit Patent Nr. 23 176, Klasse 49, geschützt."

Die Füllung der Siemensschen Presse bildet ebenfalls ein kalter Block Blei. Sie ist vertikal, und das umpreßte Kabel tritt oben aus.

Die Kabelpresse von Carl Huber hat vor allen anderen den größten Erfolg aufzuweisen.

Fig. 79.

Sie ist im Jahre 1881 in Wien entstanden. Das Prinzip, das Blei von zwei Seiten auf das Kabel zu pressen, ist in dieser ältesten Form schon enthalten, obenso die Regulierung für gleichmäßigen Vorschub der zwei Pistons. Die Bauart hingegen weicht von der gegenwärtigen Ausführung ab. Der hydraulische Teil besteht aus einem Zylinder mit einer Scheidewand in der Mitte. Rechts und links davon befinden sich die zwei Pistons, die beim Arbeiten der Pumpe beim Pressen auseinander und beim Zurückfahren gegeneinander sich bewegen. Der Bleirezipient befindet sich seitlich vom hydraulischen Teil.

Fig. 78 gibt ein Bild dieser ersten Huberpresse, und Fig. 79 ein solches des Erfinders.

Im Jahre 1886 wurde eine Presse, dieser Konstruktion ähnlich, an die Firma Pirelli & Co. in Mailand abgeliefert, nachdem sie zwei Jahre zur Anfertigung und Ausprobierung gebraucht hatte. Die zweite Presse wurde 1889 in Andritz gebaut; die dritte, in Brünn hergestellte, zeigt bereits die heutige Form der Ausführung.

Das der Presse zugrunde liegende deutsche Patent trägt die Nr. 42 179, Kl. 49, vom 2. April 1887.

Dazu tritt für die bei der Presse angewandte Form der Dorne und Matrizen Patent Nr. 122 452, Klasse 76, vom 6. Juni 1900.

Das Grusonwerk übernahm das Ausführungsrecht der Pressen im Jahre 1892 und hat bis Dezember 1908 über 70 Stück derselben abgesetzt.

In England hat die Presse von Weems für lange Zeit den Markt beherrscht, ist aber seit dem Jahre 1900 von der Huberschen Presse verdrängt worden.

Amerika scheint mehrere Typen von Kabelpressen zu haben, und darunter, den erzeugten Rohren nach zu urteilen, einige hochinteressante. Wir haben uns an eine Reihe von Fabrikanten gewendet, um Auskunft über diese Pressen zu bekommen. Leider blieben die Anfragen unbeantwortet.

C. Die Kabelpresse von Huber.

Allgemeines. Die Presse besteht im wesentlichen aus zwei hydraulischen Zylindern, zwischen welchen der Bleirezipient gelagert ist. Fig. 80 zeigt ein Gesamtbild, neueste Konstruktion, von der Seite aus gesehen, auf welcher das Kabel austritt.

Die drei Körper sind auf den Fundamentrahmen so gelagert, daß sie eine und dieselbe Achse haben und symmetrisch gegen die Mittelebene, senkrecht auf dieser Achse, liegen. Vier kräftige Zugstangen mit Muttern an den Enden halten die drei Körper zusammen. Acht eiserne Röhren verhindern die hydraulischen Zylinder, sich dem Rezipienten zu nähern. Sie sind zwischen den drei Körpern auf die Eisenstangen geschoben.

Während des Pressens wird der Gegendruck von den acht Muttern an den Enden der Zugstangen ausgeübt und während des Zurückfahrens von den acht Eisenrohren. Sind die Drucke rechts und links gleich, so ist das System in Ruhe, sind sie aber ungleich, d. h. arbeitet einer der

Zylinder weniger als der andere, so wird der Rezipient verschoben, sobald der Überdruck groß genug ist.

Fig. 80.

Die Pistons, die Bleibüchse und die Zentriervorrichtung sind in der Figur deutlich sichtbar. Links bemerkt man eine Kurbel, an einer horizontalen Achse, und Zahnräderübersetzungen. Es ist dies die Vorrichtung zum Ein- und Ausschrauben des Matrizenhalters. Weiter sind zu sehen die Rohrleitungen für das Speisewasser und am rechten Zylinder oben zwei Sicherheitsventile, das Regulierventil und ein Manometer, unten aber das Steuerventil zur Inbetriebsetzung der Presse.

Unter dem Rezipienten befindet sich die Feuerung, mittels der man ihn anheizen kann, und über demselben der Schmelzkessel für das Blei. Die Feuerung ist für Petroleum eingerichtet. Nach Wunsch wird die Presse auch mit Heizung für Kohle oder Gas geliefert. Das gabelförmige Rohr über dem Schmelzkessel bildet den Abzug und endet in einem Schornstein.

Die Hebel zum Öffnen der Ablaufventile, einer der Ablaufstutzen (rechts) sowie ein Fülltrichter sind in der Figur auch ersichtlich.

Die Presse wird in zwei Modellgrößen gebaut, deren Dimensionen und Fassungen die folgenden sind:

Größe		I	II
Durchmesser der Preßzylinder . . .	mm	495	380
Größter Kolbenhub	-	600	500
Nutzbarer Kolbenhub	-	500	400
Bohrung des Rezipienten	-	150	117,5
Maximal-Durchmesser über Blei, normal .	-	95	95
Idem auf besondere Bestellung . . .	-	120	—
Nutzbare Füllung	etwa kg	200	100
Inhalt des Schmelzkessels	-	1 800	1 300
Maximaldruck	-	575 000	350 000

Die Leistung der Presse ist sehr verschieden, je nach Durchmesser und Bleidicke des zu pressenden Kabels, d. h. dem Bleigewicht per Meter Länge des Rohres.

Mit Hilfe einer gut geschulten Preßmannschaft kann man bei Kabeln von mittlerer Stärke durchschnittlich fünf Füllungen in zwei Stunden auspressen. Rechnet man für das Anheizen drei Stunden und für das Pressen acht Stunden, so ist die Tagesleistung gleich 20 Füllungen, d. h. etwa 4000 kg für die große Type der Presse. Sind ganz dünne Kabel zu pressen, so muß man für eine Füllung nahezu eine Stunde rechnen, also für achtstündige Pressung etwa 1600 kg. Für ganz starke Kabel kann man sieben Füllungen in drei Stunden, also eine Tagesproduktion von zirka 4500 kg veranschlagen.

Es ist selbstverständlich, daß sich obige Zahlen nur auf kontinuierliche Arbeit beziehen. Aufenthalte irgendwelcher Art bringen die tägliche Leistung ganz bedeutend herunter.

Die kleine Type der Kabelpresse ist nur in wenigen Exemplaren ausgeführt worden. Wegen ihrer geringen Leistungsfähigkeit ist sie nie sehr beliebt geworden.

Die Bedienung der Presse erfordert im Minimum vier und im Maximum sechs Mann, vorausgesetzt, daß sie mit Petroleumfeuerung ausgerüstet ist. Bei Kohlenfeuerung wird ein Mann mehr verlangt.

Alle auf die Presse bezüglichen Illustrationen verdanken wir dem Entgegenkommen des Grusonwerkes von Friedrich Krupp, A.-G.

Wir gehen nun auf die Beschreibung der Details der Huberschen Kabelpresse über.

Der hydraulische Zylinder. In der Fig. 81 ist ein Schnitt durch denselben dargestellt, nach den neuesten Konstruktionen des Gruson werkes.

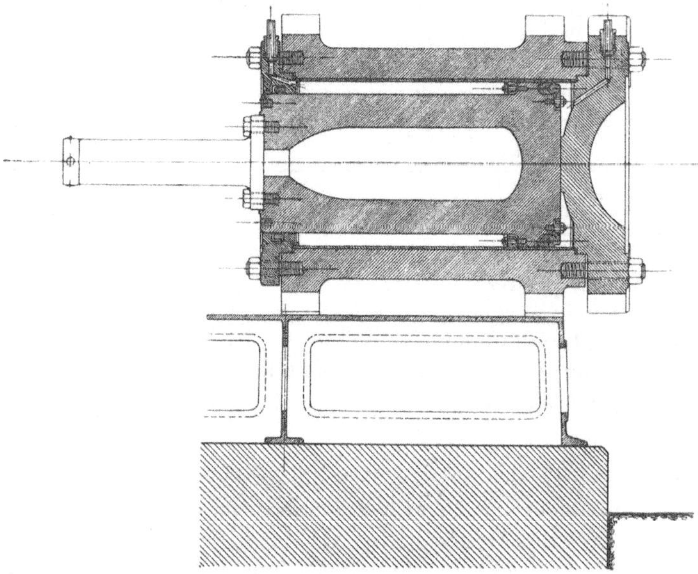

Fig. 81.

Der Zylinder ist aus Stahlguß und hat auf seiner Innenseite eine Ausbüchsung aus Kupfer. Der von der Presse abgekehrte Teil des Zylinders ist mit einem kräftigen Deckel abgeschlossen. Er wird durch eine Anzahl kräftiger Schraubenbolzen mit dem Zylinder verschraubt. Zwischen beide kommt als Abdichtung ein eingelassener Ledërrring.

Die innere Seite des Zylinders ist ähnlich abgeschlossen, aber nur mit einem Ring, dessen Bohrung gleich dem Durchmesser des hydraulischen Kolbens ist.

Die Zufuhr des Speisewassers geschieht durch die auf den Oberkanten der Deckel einmündenden Kanäle.

Der hydraulische Kolben ist aus Hartguß und als Differentialkolben für Vor- und Rückgang ausgebildet. Am inneren Ende trägt er den Preßstempel aus geschmiedetem Kruppschen Spezialstahl. Derselbe ist in den neuesten Konstruktionen mittels sechs Schrauben am Kolben festgehalten, was die Zentrierung gegenüber der alten Konstruktion (der Stempel gerade und mit seinem Ende eingeschraubt) wesentlich erleichtert.

Der Kopf des Stempels ist aufgeschraubt, also auswechselbar wenn er beschädigt wird, und besteht aus einer Bronze, die sich auch mit sehr heißem Blei nicht legiert. Vier Zentrierbolzen vermitteln die Führung des Stempels in der Blechbüchse.

Die Abdichtungen des Kolbens gegen Wasserverlust werden durch drei Systeme von Liderungen bewirkt. Die Hochdruckliderung, auf der rechten Seite der Figur, besteht aus einer Anzahl von Lederringen von winkelförmigem Querschnitt, die durch einen Ring festgehalten und mäßig zusammengepreßt werden. Die Niederdruckseite ist mit zwei Liderungen, bestehend aus Lederringen von U-förmigem Querschnitt, versehen. Die eine davon ist auf der linken Seite der Figur in den Abschlußring eingelassen und die andere der Winkelmanschette gegenüber mittels eines Ringes festgeschraubt.

Die Wasserdrucke betragen 100 bis 250 Atm. beim Pressen und 20 bis 50 Atm. beim Zurückfahren.

Der hydraulische Zylinder kann auf dem Fundamentrahmen seitlich verschoben und dann mit Keilen festgestellt werden.

Der hydraulische Teil der Huberschen Kabelpresse hat für eine Reihe von Jahren Anlaß zu Betriebsstörungen gegeben. Nachdem diese nun endgültig überwunden sind, wird ein Rückblick auf die historische Entwicklung für die ganze Kabelwelt von Interesse sein.

Die ersten Pressen des Grusonwerkes hatten keine Kupferbüchse, und statt der Winkelmanschetten dienten kräftige Liderungen aus Guttapercha von U-förmigem Querschnitt. Nachdem die Pressen ein oder zwei Jahre im Betrieb standen, zeigten sich wesentliche Beschädigungen auf der Innenseite des hydraulischen Zylinders. Die Oberfläche wurde nach und nach rauh, in der Weise, daß kleine Sandteilchen, durch das Druckwasser hergeführt und von den Liderungen auf den Reisen nach vorwärts und rückwärts mitgenommen, kleine Kanäle einritzten. Waren diese groß genug, so erlaubten sie dem Druckwasser den Durchgang an der Manschette vorbei. Dieses vergrößerte die Kanäle auf 1 bis 2 mm Tiefe, so daß schließlich keine Abdichtung mehr zu erreichen war.

Für die kupferne Ausbüchsung des Zylinders, der diesen Überständen abhelfen sollte, sind verantwortlich Herr W. Dieselhorst, Chef des Kabelwerkes von Siemens Bros. in London, und wir selbst. Das Grusonwerk baute 1896 die erste Presse mit Kupfermantel für Siemens Bros., und dieselbe ist seitdem nie außer Betrieb gekommen.

Die zweite Presse nach diesem System wurde für die Kabelfabrik-A.-G. in Wien gebaut und ging schon nach 30 Betriebstagen fehl, dadurch, daß das Speisewasser zwischen Zylinder und Kupferbüchse trat und diese nach innen drückte, was zur Folge hatte, daß der Kolben nicht mehr vorwärts kam.

Ähnliche Unfälle kamen später auch bei anderen Pressen vor. Der Grund lag darin, daß das Speisewasser, wie in der ältesten Konstruktion ohne Kupferbüchse, durch einen in den Zylinder eingebohrten Kanal zugeführt wurde. Um dem Fehler abzuhelfen, wurde der Kanal für die Wasserzufuhr in den Deckel gelegt, wie in den heutigen Konstruktionen üblich.

Gleichzeitig mit der Kupferausbüchsung führte das Grusonwerk eine vereinfachte Manschette ein. Dieselbe erlaubte, die beiden Liderungssysteme an der Bodenseite des Kolbens auf einmal zu regulieren, so daß man nicht nötig hatte, den Kolben ganz herauszunehmen, um die Niederdruckdichtung in Ordnung zu bringen oder auszuwechseln.

Beide Systeme bestanden aus ledernen Winkelmanschetten, am Kolbenende auf eine Verjüngung desselben aufgesetzt und mit den Spitzen gegeneinander schauend. Der doppelt dreieckige Raum zwischen beiden war durch einen Metallring ausgefüllt. Durch einen zweiten Ring konnten beide Systeme festgeschraubt und gleichzeitig reguliert werden.

Leider mußte diese Konstruktion aufgegeben werden, da es vorkam, daß der Metallring zwischen den beiden Manschetten beim Pressen zerdrückt wurde und Anlaß zur Zerstörung des Kupfermantels gab.

Alle diese Schwierigkeiten sind gegenwärtig überwunden, und die jetzige Form der Zylinder hat sich nun jahrelang bewährt.

Wir möchten noch erwähnen, daß das Grusonwerk in den heutigen Konstruktionen dem Kupfermantel eine Form gibt, die es nicht veröffentlichen will, also in Fig. 81 nicht ersichtlich ist.

Der Rezipient. Der Rezipient besteht aus den beiden Bleibüchsen aus geschmiedetem Kruppschen Spezialstahl, die in einen Mantel aus Stahl eingeschraubt sind. Über beide wird ein zweiter Mantel aus Stahlguß gezogen. In dem freien Raum, der zwischen beiden vorgesehen ist, zirkulieren die Verbrennungsgase der Heizung. Der Rezipient wird beim Pressen auf Temperaturen von 100 bis 150° C erwärmt.

Die Heizung befindet sich unter dem Rezipienten und ist halb in die Erde eingelassen. Die Verbrennungsgase zirkulieren im Rezipienten und verlassen ihn oben in der Mitte, wo sich auch ein Schieber befindet, mittels dessen man den Zug regulieren kann.

Die Bleibüchsen liegen in der Verlängerung der Achsen der hydraulischen Zylinder und schauen 65 mm aus dem Körper des Rezipienten hervor. An diesem Vorsprung befinden sich nebeneinander zwei konische Bohrungen mit vertikaler Achse. Die größere ist das Fülloch, die kleinere das Luftloch.

Der Mantel aus Stahl hat die Form eines Kreuzes. In den langen Schenkeln befinden sich die Bleibüchsen. Die kurzen Schenkel sind ausgebohrt und haben ein Gewinde zur Aufnahme der Halter für Dorn und Matrize.

Der Schmelzkessel. Der Schmelzkessel ist aus Stahlguß und hat eine ovale Form. Er ist in einem viereckigen gußeisernen Kasten gelagert, der sich über dem Rezipienten befindet.

Rechts und links, in Traversen festgehalten, sind die Ventilstangen, jede mit einem Hebel versehen. Eine Drehung nach außen hebt die Ventilstange, eine Drehung nach innen senkt sie. Die Ventilsitze befinden sich ganz an dem unteren Ende des Kessels und sind von oben eingeschraubt. Der Kanal für den Ablauf des Bleies wird verlängert durch die Ablaufstutzen, die von unten eingeschraubt sind.

Die Füllhebel sind immer auf derjenigen Seite der Presse angebracht, auf welcher der Maschinist sich befindet bzw. die Pumpe und die Ventile.

Der Kasten, in welchen der Schmelzkessel eingesetzt ist, hat eine Anzahl Rippen, welche genau der Form des Kessels angepaßt sind. Diese Rippen bilden Kanäle für die Feuerung, und sind feuerfest eingemauert.

Die Heizung befindet sich bei den neueren Pressen auf der Seite des Kabelaustritts.

Die Heizung. Es sind deren zwei erforderlich, eine zum Anheizen des Rezipienten und eine zum Schmelzen des Bleies. Das Brennmaterial bildet Steinkohle oder Blauöl.

Die Petrolheizung ist sehr einfach in der Bedienung, da sie der Maschinist neben seinen anderen Pflichten noch besorgen kann. Erforderlich sind für die untere Heizung zwei und für die obere drei Brenner. Die Heizung erfordert zwei Rohrsysteme, eines für den Dampf und eines für das Petroleum. Im Brenner vereinigen sich die beiden und es wird durch eine feine Öffnung ein Strahl von Petroleum herausgeblasen. Das Reservoir für das Petroleum (Blauöl) muß eine bestimmte Höhe über den Brennern haben, damit diese gut funktionieren. Das zum Brenner fließende Petroleum wird unterwegs in einem Vorwärmer etwas angewärmt.

Die Flamme der Petrolfeuerung wird von ihrem natürlichen geraden Wege durch umgebogene Schuhe aus feuerbeständigem Guß abgelenkt und zerstört diese oft rasch. Wenn die Flamme direkt den Kessel anbläst und nicht den Zügen folgt, kann sie zu vorzeitigem Bruche desselben führen.

Vorrichtungen zur Bildung des Bleirohres. Ein Bleirohr wird immer durch Dorn und Matrize gebildet. Die Bohrung der Matrize bestimmt den äußeren Durchmesser desselben, und die Größe des ringförmigen Raumes zwischen Dorn und Matrize bestimmt die Wandstärke.

Zu konsultieren ist Fig. 82, die einen vertikalen und einen horizontalen Schnitt durch die Mitte der Presse darstellt.

Es ist *c* der Dornhalter, der sich auf der Eintrittsseite des Kabels befindet. Der Dorn selber ist mit *e* bezeichnet. Die Figur zeigt einen Dorn, wie sie von 40 mm Durchmesser aufwärts verwendet werden. Unter 40 mm kommt noch ein Zwischenstück dazu, in welches man kleinere Dorne von bloß 40 mm Länge einsetzt. Der Halter ist aus bestem Stahl konstruiert und wird in den Rezipienten eingeschraubt.

Der Matrizenhalter *d* ist ähnlich gebaut und hat am inneren Ende ein Lager zur Aufnahme der Matrize. Das Lager ist mittels vier Zentrierbolzen verschiebbar. Die Figur zeigt die neue, von uns angegebene Konstruktion der Zentriervorrichtung. Die Verschiebung der Matrize erfolgt durch Zurückziehen des Zentrierkeiles *g* mittels einer Mutter, die außerhalb des Halters liegt.

Die frühere Zentriervorrichtung enthielt bloß drei Zentrierkeile, jeden mit Kuppelung und Schraubenbolzen. Die Verschiebung des Matrizenlagers erfolgte durch Hineinschrauben der Keile. Ein Versagen derselben führte zu zeitraubenden Reparaturen.

Die Matrize ist in der Figur mit *f* bezeichnet. Aus derselben ist auch zu ersehen, wie zwischen Matrize und Dorn das Rohr sich bildet.

Erforderlich für eine vollständige Ausrüstung der Presse sind: je ein Dorn- und ein Matrizenhalter für schwache und für starke Kabel; ein Satz Dorne von 5 bis 40 mm mit je 1 mm größerer Bohrung und über 40 mm mit je 2 mm Differenz; ein Satz Matrizen von 4 bis 15 mm Bohrung mit Differenzen von 0.3 mm, und von 15 bis 50 mm Bohrung mit Differenzen von 0.5 mm und über 50 mm hinaus mit Differenzen von 1.0 mm.

Die größte verwendbare Matrize hat etwa 90 mm ϕ und liefert ein Rohr von ungefähr 85 mm ϕ.

Eine Neuerung ist der ovale Grundring, in der Figur mit *h* bezeichnet. Dieser hatte früher eine runde Öffnung, und sein Zweck war bloß der, das Innere der Presse gegen die Seite der Matrize abzuschließen. Die Erscheinung der Faltenbildung beim Pressen von Rohren mit großem Durchmesser führte zur ovalen Form der Ringöffnung.

Beim eingesetzten ovalen Ring liegt der kürzere ϕ horizontal, der größere vertikal und seine Funktion besteht darin, den Bleidruck der ganzen Peripherie des Rohres entlang gleichmäßig zu verteilen,

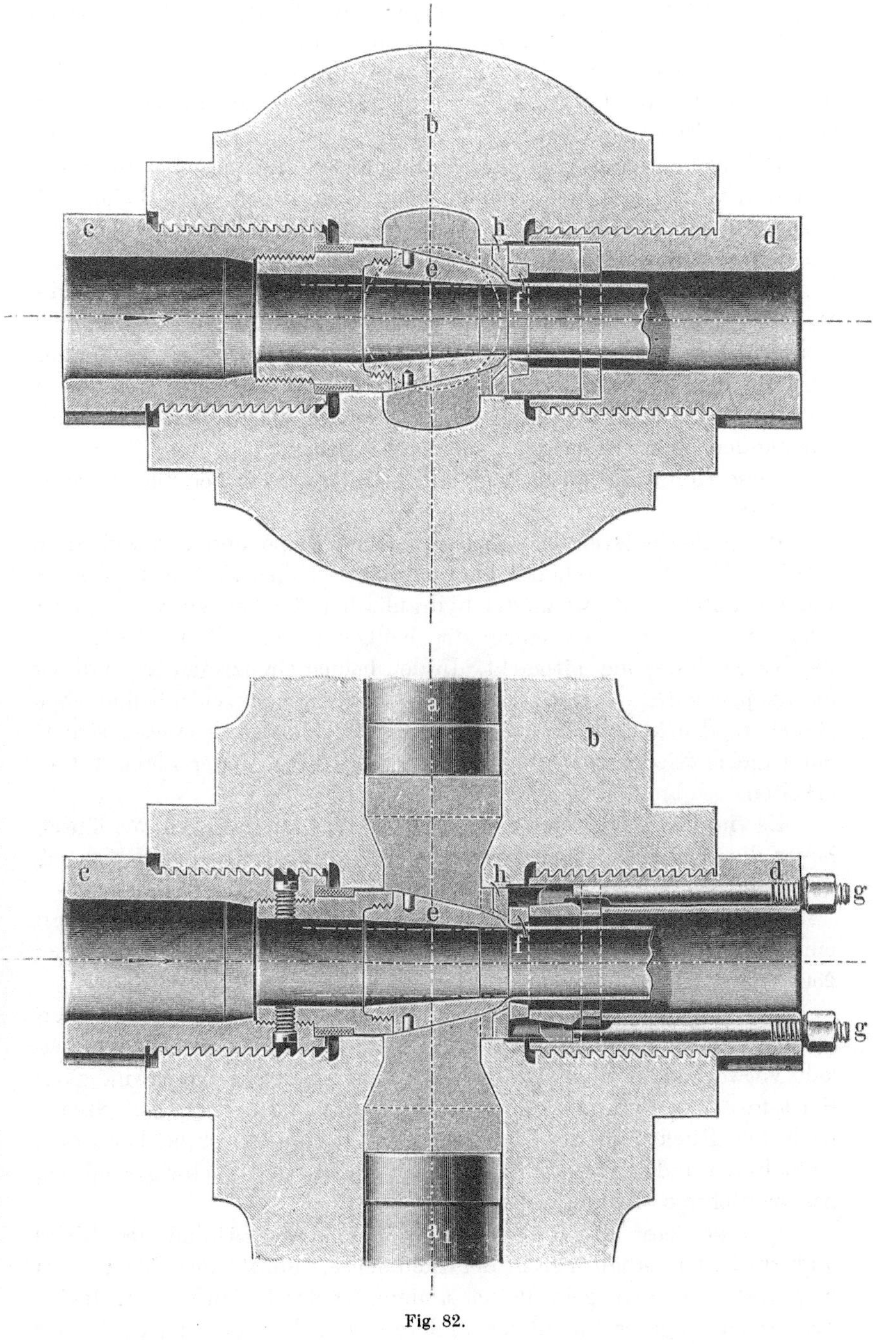

Fig. 82.

oder mit anderen Worten, die Abflußgeschwindigkeit des Bleies rechts und links, oben und unten gleich zu machen.

Bei richtiger Wahl der Dimensionen des Grundringes lassen sich die Bleimäntel in allen Größen und Wandstärken vollständig rund und frei von Falten herstellen.

Bei Kabeln von größerem Durchmesser ist auch die Form des Hohldornes zu beachten, namentlich dann, wenn der Bleimantel, wie z. B. bei Telephonkabeln, sich genau dem äußern Durchmesser des Kabels anpassen soll.

Hohldorne mit steilem Konus an der Spitze beeinträchtigen die Rohrbildung. Solche mit flachem Konus werden infolge zu schwacher Wandstärke oval und ergeben einseitige Bleimäntel. Diesen Übelständen wird bei den Huberschen Pressen durch Anwendung eines Hohldornes mit Hohlkehle an der Spitze begegnet, so daß die Pressen unter allen Umständen einen fehlerfreien Bleimantel liefern.

Diese Hohlkehle an der Spitze des Dornes ist in der Fig. 82 wahrnehmbar.

Die Sicherheitsventile. Zwischen der Pumpe und den Zylindern wird ein Ventil eingeschaltet, das automatisch den Zufluß des Speisewassers unterbricht, wenn die hydraulischen Kolben zu weit hinein- oder herausfahren. An einem der Kolben ist eine Stange befestigt, die dessen Bewegung mitmacht. In den beiden Grenzlagen ist an dieser Stange je eine Nase befestigt, die einen am Sicherheitsventil befindlichen Hebel wegdrückt und so das Ventil öffnet. Das Speisewasser strömt dann gleich wieder zur Pumpe zurück und die Zylinder hören auf zu arbeiten.

Es empfiehlt sich, eine elektrische Klingel anzubringen, die läutet, bevor die zwei Grenzlagen erreicht werden, da es oft umständlich ist, das geöffnete Ventil wieder zu schließen.

Gleich hinter diesem befindet sich noch ein weiteres Ventil mit einer Feder, das sich automatisch öffnet, wenn der Wasserdruck über 250 Atmosphären ansteigt.

Das Regulierventil. Bei der Huberschen Kabelpresse ist es unerläßlich, daß die beiden hydraulischen Kolben mit gleicher Geschwindigkeit vorwärts und rückwärts gehen. Eine ungleiche Geschwindigkeit führt in erster Linie zu Aufenthalten während des Pressens. Stehen nach dem Rückgange die Preßkolben nicht symmetrisch, so kann man nicht füllen und muß erst einige Male vorwärts und rückwärts fahren, bis die richtige Stellung erreicht ist.

Von größerer Wichtigkeit hingegen sind der Abfluß des Bleies und die Druckverhältnisse in der Bleibüchse. Sobald der eine Kolben langsamer vorwärts geht als der andere, ist der Bleizufluß auf dessen Seite ein geringerer als auf der anderen, und dies führt zu ungleicher

Rohrdicke, wenn die Differenz der Geschwindigkeiten groß genug wird. Der Fall kann vorkommen, daß beim Anfahren nur einer der Kolben wirkt, und als Folge davon erscheint ein Loch an der Haltestelle.

Bei wesentlich ungleichen Geschwindigkeiten wird der Druck auf der Seite des voreilenden Kolbens größer als auf der entgegengesetzten Seite, und es kann vorkommen, daß infolgedessen der Kopf des Dornhalters verbogen oder gar abgebrochen wird.

Unterschiede in den Geschwindigkeiten der beiden Kolben rühren her von undichten Liderungen oder Hemmungen irgendwelcher Art des Blei- oder des hydraulischen Kolbens. Bei den ältesten Pressen des Grusonwerkes, mit Guttaperchadichtungen, traten diese Übelstände gelegentlich auf.

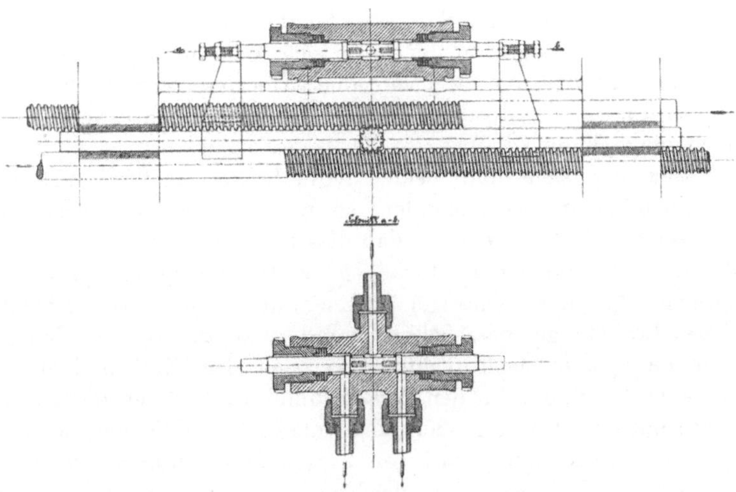

Fig. 83.

Die Erzielung einer gleichförmigen Geschwindigkeit der Kolben wird durch das Regulierventil erreicht. Fig. 83 zeigt dieses in einem horizontalen und einem vertikalen Schnitt. Das Druckwasser tritt durch das hintere Rohr in das Ventil ein und verteilt sich dort auf zwei Rohre, deren jedes nach einem der zwei hydraulischen Zylinder führt. Auf dem Wege vom Eintritt zum Austritt in die zwei Rohre hat das Druckwasser rechts und links zwei ringförmige Öffnungen zu passieren, die gebildet sind durch die Zylinderwand und den Schieberkolben des Ventils. Steht dieser Kolben symmetrisch zur Mitte, so sind die zwei Öffnungen gleich groß, und der Wasserabfluß nach rechts und nach links ist derselbe. Schiebt man den Kolben eine Kleinigkeit nach rechts, so wird die ringförmige Spalte rechts erweitert und gleichzeitig links verengert. Der rechte hydraulische Zylinder erhält also mehr Wasser als der linke.

Je nachdem man den Schieber stellt, kann man also der einen Seite mehr Wasser zuführen als der anderen, somit den einen Kolben zum Voreilen bringen oder, was meistens verlangt wird, ihn in gleichem Schritt mit dem anderen halten, wenn er Wasserverlust durch undichte Liderungen oder stärkeren Druck zu überwinden hat.

Die Verschiebung des Kolbens wird automatisch bewirkt durch die weiteren Teile des Ventiles, nämlich die Lenkstangen und das Lenkrad. Mit einem jeden der hydraulischen Kolben ist eine runde Stange, mit Gewinde am Ende, starr verbunden. Beide Stangen bewegen sich also genau so gegeneinander wie die Kolben. Sie sind in der obern Figur ersichtlich.

Zwischen ihnen liegt ein Schneckenrad, das in das Gewinde der Stangen eingreift. Es ist drehbar um eine horizontale Achse, die ihrerseits fest mit einer kurzen Stange verbunden ist. Diese letztere hat rechts und links zwei Lager, in denen sie sich ohne Mühe verschieben läßt. Mit dieser Stange sind zwei vertikale Arme fest verschraubt, an deren oberen Enden der Kolbenschieber des Ventils starr verbunden ist, siehe obere Figur.

Bewegen sich nun beide hydraulischen Kolben mit gleicher Geschwindigkeit gegeneinander, so wird das Schneckenrad einfach um seine Achse gedreht, so daß dieselbe keine Verschiebung erleidet. Bleibt aber eine der Lenkstangen, z. B. die untere (zum rechtsseitigen Zylinder gehörige) momentan stehen, so schiebt die obere Lenkstange das Schneckenrad und das ganze damit verbundene System nach rechts, also auch den Kolbenschieber. Die Folge wird sein, daß für den Wasserabfluß des Ventiles die rechtsseitige ringförmige Spalte vergrößert, die linksseitige verkleinert wird. Der rechtsseitige Zylinder wird somit mehr Speisewasser erhalten oder gestärkt werden, während gleichzeitig der linksseitige Zylinder geschwächt wird. In ähnlicher Weise wird bei jeder Differenz in der Geschwindigkeit der Kolbenschieber nach rechts bzw. links verschoben, also der Vorschub der zwei hydraulischen Kolben automatisch gleich gemacht.

Sämtliche Details der Konstruktion sind aus der Zeichnung ersichtlich.

An der unteren Lenkstange befindet sich noch ein Handrad, mittels welchem man dem Kolbenschieber noch nachhelfen kann, wenn die automatische Einstellung nicht genügt. Für die neueren Konstruktionen der Kabelpresse mit Lederliderungen und Kupferbüchse hat dieses Rad keinen großen Zweck mehr, da die automatische Reguliervorrichtung vollständig genügt.

Doch kann man es bei Reinigungsarbeiten und dergleichen benutzen, wenn man mit einem Zylinder allein fahren will.

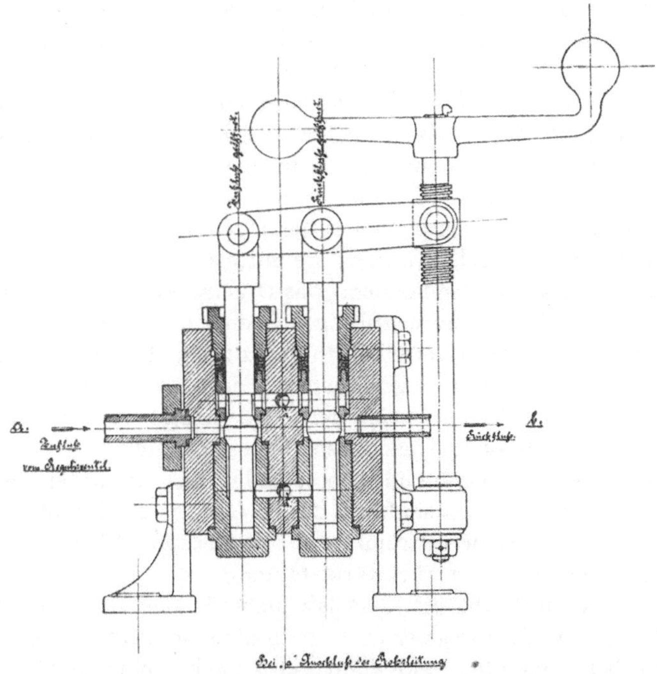
a.
Zufluss
vom Regulirventil
b.
Rückfluss.
Bei „a" Anschluss der Rohrleitung
nach den Cylindern!

Schnitt a-b.

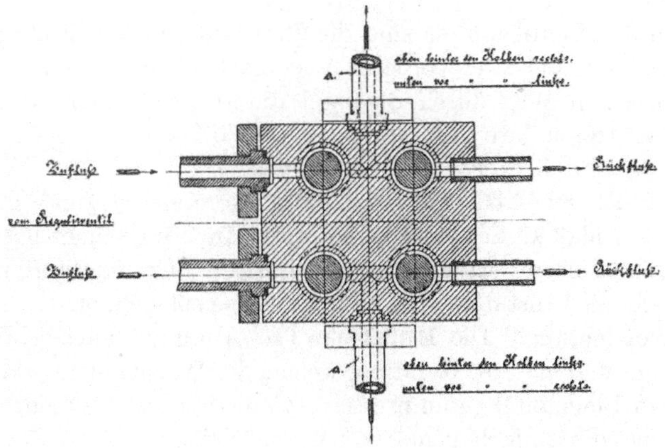
a.
oben hinter den Kolben rechts.
unten vor " " links.
Zufluss
vom Regulirventil
Zufluss
Rückfluss
Rückfluss.
a.
oben hinter den Kolben links.
unten vor " " rechts.

Das Grusonwerk hat vor einigen Jahren herausgefunden, daß das Regulierventil mit der Faltenbildung des Bleirohres viel zu tun hat. Seitdem ist demselben große Sorgfalt gewidmet worden. In den neuesten Pressen ist der Kolbenschieber außerordentlich verbessert worden.

Das Steuerventil. Dasselbe befindet sich zwischen dem Regulierventil und den Zylindern und setzt die hydraulischen Zylinder nach vorwärts oder rückwärts in Gang.

Es besteht aus einem prismatischen Gußstück, in welches, Fig. 84, vier Doppelventile eingelassen sind, die mittels eines Hebels alle gleichzeitig umgeschaltet werden können. Das Druckwasser mündet durch die beiden hinteren Rohre im Ventil ein. Rechts und links sind je zwei Rohre. Die oberen zwei derselben führen zu den Hochdruckseiten der Zylinder, und zwar das rechtsseitige nach dem rechten Zylinder. Die unteren zwei aber führen nach der Niederdruckseite der Zylinder, und zwar das rechtsseitige nach dem linken Zylinder.

Auf der Vorderseite münden zwei Rohre aus, die an ein gemeinsames Rohr angeschlossen sind, das zum Reservoir der Pumpe zurückführt. Durch diese zwei strömt das rückfließende Wasser, einerlei, ob die Kolben vor- oder rückwärts fahren.

Die Zeichnung gibt die Ventilstellung für das Zusammenfahren der Kolben. Das Druckwasser tritt von hinten ein, geht an den Ventilsitzen vorbei nach oben und dann bei *a* nach rechts und links zur Hochdruckseite. Gleichzeitig strömt das Rückflußwasser unten bei *d* ein, geht dann nach vorn, das vordere Ventil entlang in die Höhe, am Ventilsitz vorbei und schließlich nach vorn und zurück in das Reservoir.

Stellt man das Ventil um, so sind die zwei hinteren Ventilstangen nach unten geöffnet, die zwei vorderen aber nach oben. Das Druckwasser nimmt seinen Weg durch die zwei unteren seitlichen Rohre, und die Kolben treten ihre Rückreise an.

Alle Details sind in der Figur ersichtlich.

Das Ventil ist scheinbar außerordentlich kompliziert, und man erwartet, daß es Anlaß zu Schwierigkeiten gibt. In Wirklichkeit haben wir aber während unserer nahezu zwanzigjährigen Bekanntschaft mit der Huberpresse nie Anstände mit dem Steuerventil gehabt.

Die Kühlvorrichtung. Die Hubersche Presse erlaubt auch, Kabel mit Guttapercha- und anderer Isolation, welche der Wärme nicht widersteht, mit einem Bleimantel zu umpressen. Zu diesem Zwecke dient die Kühlvorrichtung, die einfach genug konstruiert ist.

Auf der Seite der Matrize, wo das Kabel, mit dem Bleimantel versehen, austritt, wird in den Halter ein doppelwandiges Rohr eingesetzt und der Matrize bis auf einige Millimeter genähert. Der Raum zwischen den zwei Zylindern ist hier offen, während er am äußeren Ende geschlossen ist. Durch ein seitliches Rohr läßt man unter Druck Wasser einfließen, das dann innen die Matrize bespritzt und kühl hält.

Auf der Seite des Dornes setzt man ein ähnliches Rohr ein, das aber aus drei konzentrischen Zylindern besteht. Das Kühlwasser strömt zwischen erstem und zweitem Zylinder gegen die Spitze des Dornes und kehrt zwischen zweitem und drittem nach außen zurück.

Wir haben versuchsweise eine Guttaperchaader über eine halbe Stunde in der heißen, still stehenden, Presse gelassen und mit der Vorrichtung gekühlt, ohne daß die Isolation beschädigt worden ist.

Fig. 85.

Das Pumpwerk. Für richtige Funktion der Kabelpresse ist eine Pumpe erforderlich, die zwei wesentliche Eigenschaften haben muß, nämlich:

1. die Tourenzahl muß in sehr weiten Grenzen veränderlich sein;
2. das Druckwasser muß möglichst gleichmäßig zugeführt werden.

Fig. 85 zeigt die Pumpe des Grusonwerkes. Sie hat doppelseitigen Dampfantrieb, drei hydraulische Kolben und zwei Schwungräder. Die Tourenzahl kann zwischen 20 und 125 per Minute beliebig verändert werden. Die Pumpe läuft bei jedem Druck an.

Der Untersatz des Pumpwerkes dient zugleich als Wasserkasten. Die Pumpenkörper sind aus geschmiedetem Stahl angefertigt.

Seit neuester Zeit baut das Grusonwerk auch Pumpwerke mit Antrieb durch Elektromotor, die ebenfalls allen Anforderungen genügen.

D. Trockenapparate.

Die Trockenapparate von Huber. Diese werden wie die Bleipresse ebenfalls vom Grusonwerk gebaut.

Der Trockenkessel ist in den Fig. 86 und 87 dargestellt. Der eigentliche Kessel ist aus 7 mm Blech gebaut. Der Teller zur Aufnahme des Kabels hat einen Durchmesser von 2000 mm und eine Höhe von 300 mm. Er ist um seine vertikale Achse drehbar und läuft auf Kugeln. Die Heizung erfolgt durch zwei Schlangen (in der Figur nicht enthalten), eine zwischen Boden und Teller und eine parallel der Seitenwand gelagert.

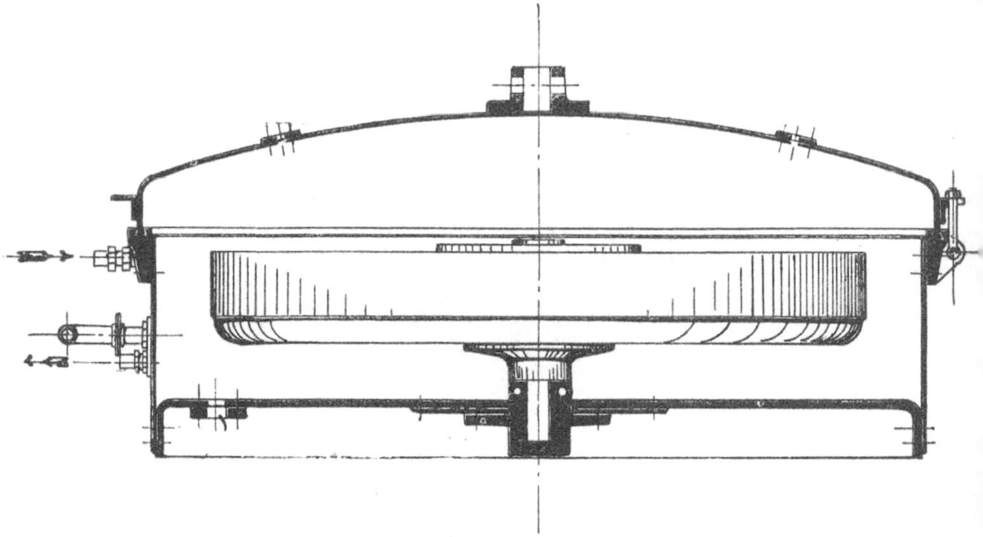

Fig. 86.

Der Deckel liegt auf dem gußeisernen Kranz des Kessels. Als Dichtung dient ein Ring aus Hartblei. Durch eine Anzahl umlegbare Schraubenbolzen wird der Deckel an den Kessel festgeschraubt. Oben in der Mitte befindet sich ein Stutzen. In diesen wird durch einen Schlüssel ein Augenbolzen festgemacht, mittels dessen man den Deckel heben kann. Auf demselben befinden sich: der Anschluß der Leitung zur Luftpumpe, ein Manometer und ein Hahn zum Einlassen der Luft.

Gewöhnlich wird eine Anzahl solcher Kessel nebeneinander bei der Bleipresse aufgestellt und ein Spezialkessel für die Tränkmasse. Will man ein Kabel imprägnieren, so zieht man mittels Luftdruckes die Masse in den betreffenden Kessel hinein. Der Anschluß für die Leitung der Tränkmasse befindet sich am Boden des Trockenkessels.

Mittels dieser Kessel wird ein Vakuum von ca. 700 mm erreicht.

Ein weitaus besserer Apparat ist der Hubersche Trockenschrank, der aus dem Jahre 1897 stammt. Der erste Trockenschrank ist von Emil Paßburg in Berlin auf Veranlassung von Hemming Weßlau konstruiert worden. Die Hubersche Form hingegen hat sich in den Kabelwerken mehr eingebürgert.

Fig. 87.

Derselbe ist vollständig in Gußeisen ausgeführt und wiegt über 20 000 Kilogramm.

Der Schrank, siehe Fig. 88, ist für gleichzeitige Beschickung mit fünf Tellern gebaut. Diese werden auf Brillen gelegt, welche um eine gemeinsame vertikale Stahlachse, links in der Figur, drehbar sind. Die Brillen haben eine Tragkraft von 2000 kg und können, da sie auf

Kugellagern gehen, mit einer Hand bewegt werden. Beim Beschicken und Herausnehmen wird die Brille nach außen gezogen.

Die Kabelteller haben die Dimensionen von 2000 × 300 mm. Jede Brille liegt zwischen zwei horizontalen Heizschlangen, deren also sechs im Schranke enthalten sind. Das eingelegte Kabel wird auf seinen Breitseiten von unten und von oben bestrahlt, so daß die Wärmewirkung weitaus stärker ist als bei gewöhnlichen Kesseln, auch wenn diese zwei Schlangen haben.

Fig. 88.

Jede Schlange besteht aus einem einzigen Rohrstück. Die Enden durchbrechen die Kesselwand auf der Hinterseite und sind dort an das Speise- bzw. Abflußrohr angeschlossen. Der Dampf kann in jeder Schlange für sich an- oder abgedreht werden.

Ist der Schrank mit Kabel beschickt, so wird die mächtige Tür geschlossen. Diese kann durch einen einzigen Mann bewegt werden. Luftdichter Abschluß erfolgt durch eine in der Tür eingelassene Dichtung aus Gummi oder Hartblei und durch Anziehen von zehn Stück Bolzen.

Der Anschluß der Luftpumpe geschieht durch das oben links sichtbare Rohr. Der Druck im Innern des Schrankes wird durch ein Barometer gemessen. Ein Vakuum von nur einigen Millimetern Druck kann in weniger als einer halben Stunde hergestellt werden. Ist der Schrank gut geschlossen, so fällt das Vakuum in einem Tag nicht mehr als 100 bis 150 mm, natürlich vorausgesetzt, daß er leer ist bzw. nichts darin, das Dämpfe abgibt.

Zu dem Schrank gehört ein Kondensator, und dieser ist das Kennzeichen der neuesten Trockenapparate. Derselbe ist links in Fig. 88 sichtbar. Die vom Schrank durch die Luftpumpe weggezogenen Dämpfe treten oben in den Kondensator ein und nehmen dann den Weg abwärts durch ein System von Kupferröhren mit insgesamt 3 qm Oberfläche. Auf der Außenseite sind diese Röhrchen von Kühlwasser umspült, das beständig erneuert wird.

Der größte Teil der Dämpfe wird in dem Kondensator flüssig gemacht und fällt in den als Reservoir ausgebildeten Sockel desselben. Hat man ein Kabel für einige Stunden angewärmt und läßt dann die Luftpumpe ziehen, so kann man im Kondensator einen förmlichen Regen beobachten. Zu diesem Zwecke sind am Reservoir zwei Glasfenster angebracht.

Der Kondensator ist so wirksam, daß man das Trockengut nur mäßig anzuwärmen braucht. Erforderlich ist aber, daß man die Pumpe fortwährend ziehen lasse, wenigstens während der ersten Hälfte des Trockenprozesses. Die Trockenzeit muß erfahrungsgemäß festgestellt werden, da das Fallen der Tropfen im Kondensator nie ganz aufhört. Der Schrank ist nämlich so groß, daß die Schlangen dessen ganze Masse nicht gleichmäßig erwärmen können. Die kälteren Teile, besonders der Boden, kondensieren dann auch einen Teil der aus dem Trockengut gezogenen Dämpfe, und diese destillieren oft noch über und sind als Tropfen im Kondensator sichtbar, wenn die Kabel schon lange vollständig trocken sind.

Der Trockenschrank hat drei große Vorteile:

1. Er reduziert die für gewöhnliche Kessel erforderliche Grundfläche auf mindestens ein Fünftel. Die Schwierigkeit der Plazierung weggenommener Deckel fällt weg.

2. Die Trocknungstemperatur kann von 140 auf ca. 80^0 C erniedrigt werden, was zur Erhaltung der Faser ganz wesentlich beiträgt.

3. Die Trockenzeiten werden auf die Hälfte bis ein Drittel reduziert.

Trockenapparate des Grusonwerkes. Das Grusonwerk hat auch die Fabrikation von Trockenapparaten eigenen Systemes übernommen, die sich hauptsächlich für Telephonkabel eignen.

Das Kabel wird nicht mehr auf einen Teller gelegt, sondern auf eine eiserne Trommel gewickelt, die direkt in den Trockenapparat kommt. Das Kabel wird auf der Seilmaschine auf diese Trommel gewickelt, also entfällt die Operation des Einlegens in den Teller und der Teller selber.

Der Trockenapparat, Fig. 89, besteht aus einem wagrechten Zylinder, der am Umfange mit einer spiralförmigen Heizschlange versehen ist. Die eine oder auch beide Stirnwände dienen als Zugangstüre. Diese ist nicht durch Scharniere mit dem Apparat verbunden, sondern öffnet sich parallel der Stirnfläche. Sie stützt sich außerhalb des Zylinders vermittels Räder auf Laufschienen, während auf der anderen Seite

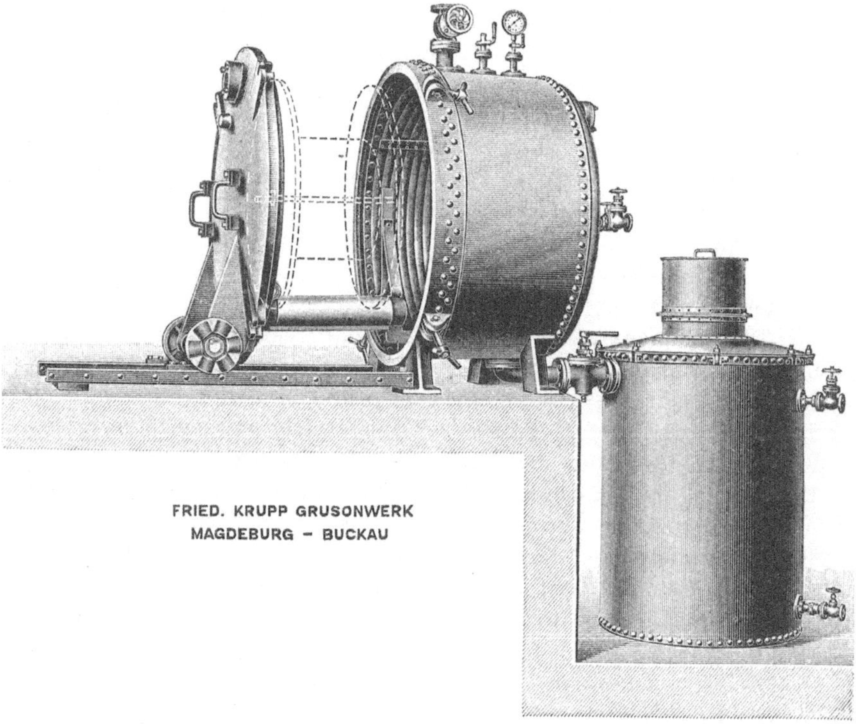

Fig. 89.

sich die Plattform eines Wagens an die Tür anschließt, deren Räder im Innern des Zylinders auf Schienen rollen. Die Plattform ist scharnierartig mit der Tür verbunden, damit sie beim Verschluß nicht hinderlich ist.

Die Trommeln werden auf die Plattform gesetzt und samt Deckel vorgeschoben. Die Entleerung geschieht in umgekehrter Weise.

Die Figur zeigt einen Apparat für eine oder zwei Trommeln. Zur Aufnahme von vier Trommeln wird auch die zweite Stirnfläche als Tür eingerichtet. Der zweite Kessel in der Fig. 89 enthält die Tränkmasse.

Dieser Trockenapparat kommt in Verbindung mit einem Kondensator und einer Luftpumpe zur Verwendung.

Apparate zur Spannungsprüfung.

Die Fortschritte in der Kabelfabrikation haben stetig wachsende Anforderungen an die Prüfapparate gestellt. Wenn man im Jahre 1890 froh war, einen Prüftransformator für 20 000 Volt zu bekommen, verlangte man 1900 schon solche mit 50 000 Volt. Heute muß man 200 000 Volt haben, wenn man auf der Höhe der Zeit sein will. Mit der Erhöhung der Spannung mußte auch die Größe der Apparate Schritt halten. Anfänglich waren sie für eine Leistung von 5—10, dann von 20 bis 30 Kilowatt dimensioniert, während die heutigen Anforderungen 100 Kilowatt und mehr betragen.

Im Prinzip sind alle Prüfapparate dieselben. Sie bestehen aus einem Transformator, der einerseits an eine vorhandene niedrige e. m. Kraft angeschlossen wird und andererseits eine hohe Spannung hergibt. Da für letztere die Anforderungen sehr mannigfaltig sind, muß sie in den weitesten Grenzen variabel sein. Dies ist am einfachsten zu erzielen, wenn man die primäre e. m. Kraft veränderlich macht; ein anderer Weg wäre freilich der, primäre und sekundäre Wicklung zu unterteilen und das Umsetzungsverhältnis des Transformators zu ändern. In den Anfängen der Kabelindustrie hat man zu diesem Hilfsmittel gegriffen, aber seitdem das Prüfen zu einem geschäftlichen Zweig der Fabrikation herausgewachsen ist, bietet dieses Verfahren zu große Umstände.

Es gibt zwei Mittel, um die primäre Spannung zu verändern. Die ältesten Anlagen bedienten sich zur Erzeugung der e. m. Kraft einer Wechselstrommaschine, an welche der Transformator angeschlossen wurde. Mittels des Erregerstromes und ev. noch mittels eines in den Primärstromkreis eingeschalteten Widerstandes oder durch Veränderung der Tourenzahl der Maschine läßt sich die primäre Spannung ganz stetig von 0 an bis zu einem Maximum ändern. Diese Anordnung ist unbedingt ein Ideal, denn abgesehen von der stetigen Änderung der Spannung ist man absolut unabhängig und weiß immer, was man zu erwarten hat.

Bei neueren Anlagen mußte man dieses Prinzip hingegen aufgeben. Die Apparate wurden außerordentlich groß, und die Aufstellung einer speziellen Wechselstrommaschine hätte sie noch um ein bedeutendes verteuert. Man war gezwungen, sich den Verhältnissen anzupassen, und diese führten zur Verwendung einer konstanten Spannung, als primäre e. m. Kraft der Anlage. Entweder besitzt eine Fabrik ein eigenes Licht- und Kraftnetz oder ist an ein fremdes Unternehmen angeschlossen, dessen Spannung zum Betrieb der Prüfanlage verwendet werden soll.

Um eine solche Spannung für den Prüftransformator brauchbar zu machen, muß man sie unterteilen, was gewöhnlich durch Spulen mit

Eisenkern gemacht wird, an welche man die Spannung schalten kann, ohne daß der Strom zu groß wird. Ist z. B. die gegebene Spannung gleich 400 Volt, so teile man die Spule in 10 gleiche Teile, so daß auf jeden Teil 40 Volt fallen. Eine dieser Abteilungen bilde man dann nochmals in 10 Unterabteilungen aus, jede mit 4 Volt Spannung. Führt man die Enden der Abteilungen zu Kontaktstücken, die in einer Reihe liegen und mit einem Schlitten befahren werden können, so ist es leicht, 4, 8, 12 usw. Volt, jedesmal 4 mehr, bis zu 400 Volt herzustellen und diese an die primäre Wickelung des Transformators anzulegen. Ist dessen Umsetzungsverhältnis z. B. gleich 250, so sind Hochspannungen von 1000, 2000 usw., immer 1000 mehr, bis 100 000 Volt zu erzielen.

Diese Art der Beschaffung der Spannung hat einige Bedenken. Man weiß nicht, was im Netz vorgeht, während Kabel geprüft werden. Es ist klar, daß irgend eine momentane oder länger andauernde Überspannung auch mit 400 multipliziert wird und auf der Sekundärseite eine zerstörende Wirkung haben kann. Hingegen ist zu bemerken, daß zwei solche Anlagen, die wir 3—4 Jahre im Betriebe hatten, keinen Anlaß zu Klagen gegeben haben. Immerhin ist es empfehlenswert, eine Aufnahme der Kurve der e. m. Kraft zu machen, ehe man sich zu einem Anschluß entscheidet. Moderne Netze zeigen die früher vielfach vorkommenden Spitzen in der Spannungskurve nicht mehr.

Erfahrungsgemäß ist es nicht angezeigt, mit einer Anlage dieser Art die Spannung stufenweise zu schalten, wenn an den Primärkontakten größere Funken auftreten, besonders nicht, wenn man wichtige Kabel zu prüfen hat, oder wenn man in der Nähe des Durchschlagspunktes arbeitet. Treten diese Funken auf, so bringe man in den Primärstrom einen Widerstand mit 10 bis 15 Segmenten. Das Experiment wird dann bei offenem Stromkreise begonnen, indem man erst die Primärspannung herstellt, die man haben will, dann den Strom schließt und stufenweise den Widerstand ausschaltet, so daß der Transformator die volle Spannung bekommt. Ist der Versuch zu Ende, so schalte man in analoger Weise wieder rückwärts.

Zur Erzeugung der heute verlangten hohen Spannungen werden nur noch Transformatoren in Öl verwendet.

Tritt die Aufgabe heran, einen Prüftransformator in Bestellung zu geben, so ist mancherlei zu überlegen.

Handelt es sich z. B. darum, einen Transformator anzuschaffen, der für Prüfung von Drehstromkabeln und ähnlich, bis 10 000 Volt, bestimmt ist, und findet er ausschließlich für diese Zwecke Verwendung, so wird man sich für eine Spannung von ca. 30 000 Volt entschließen und ev. zu einem Drehstromtransformator, so daß Dreileiterkabel in einer Operation oder drei Einfachkabel auf einmal geprüft werden können. Für stark beschäftigte Fabriken bieten solche Apparate große Vorteile.

Liegt die Absicht vor, Kabel bis zu 50 000 Volt zu bauen und Experimente zu machen, so muß man mit der Spannung bis 150 000, ev. 200 000 Volt gehen. Solche Apparate werden außerordentlich groß und teuer und deshalb nur als einfache Transformatoren angefertigt. Für Kabelprüfung wird ein Pol an Erde gelegt, während für experimentelle Zwecke wie Durchschläge von Materialien, von kurzen Kabelstücken u. dgl. beide Pole isoliert sind.

Ist man über die Spannung einig, die man der Anlage geben will, so muß man dem Erbauer derselben noch einige andere Angaben machen, damit er die Apparate dimensionieren kann.

Maßgebend für die Größe ist der Strom im Hochspannungskreise. Dieser ist $= 2 \pi n C V \,.\, 10^{-6}$ Ampere. Die Periodenzahl n ist sozusagen gegeben, da man sie innerhalb der Grenzen der Praxis, d. h. von 25 bis 50, halten muß. Die Spannung V in Volt ist ebenfalls bekannt, so daß nur noch die Kapazität (in MF) nötig ist, um den Ladungsstrom berechnen zu können.

Nun weiß man immer, welche Kapazität per km die Kabel haben, die man prüfen will. Ebenso kennt man die Fabrikationslänge derselben. Das C der Formel ist also bekannt, und somit kann man den größten Ladungsstrom bestimmen, der für Kabelprüfung in Betracht kommt. Gibt man noch an, wie viele Stunden per Tag und mit welchen Unterbrechungen der Apparat zu arbeiten hat, so sind alle Daten für dessen Konstruktion gegeben.

Als Objekt zur Beschreibung einer Prüfstation möge ein Apparat der Firma Brown, Boveri & Co. dienen, wie er schon in manchen Ausführungen geliefert worden ist.

Fig. 90 zeigt die schematische Darstellung einer solchen Anlage nebst den nötigen Hilfsapparaten. Oben ist das Anschlußnetz mit konstanter Spannung und der Hauptschalter ersichtlich. Unter demselben befindet sich der sog. Reguliertransformator. Die Unterabteilungen, rechts die groben und links die feinen, sind ohne weiteres erkenntlich, ebenso die beiden Kontaktschalter. Von den Klemmen führen rechts und links die Leitungen nach der primären Spule des Transformators, und ganz unten sieht man dessen sekundäre Wicklung, deren Enden zu einer Funkenstrecke ausgebildet sind.

Als Hilfsapparate sieht man in erster Linie an den Klemmen der Primärwicklung ein Voltmeter für mehrere Meßbereiche, weil Spannungen im Verhältnis von ca. 1 : 100 zur Messung kommen.

Da die Fabrikation von Voltmetern mit den anderen Hochspannungsapparaten nicht Schritt gehalten hat, kann man Spannungen von über 50 000 Volt nicht direkt messen. Die Elektrotechnik greift deshalb zu dem Hilfsmittel, die primäre Spannung zu messen und mit dem Umsetzungsverhältnis des Transformators zu multiplizieren. Ganz ein-

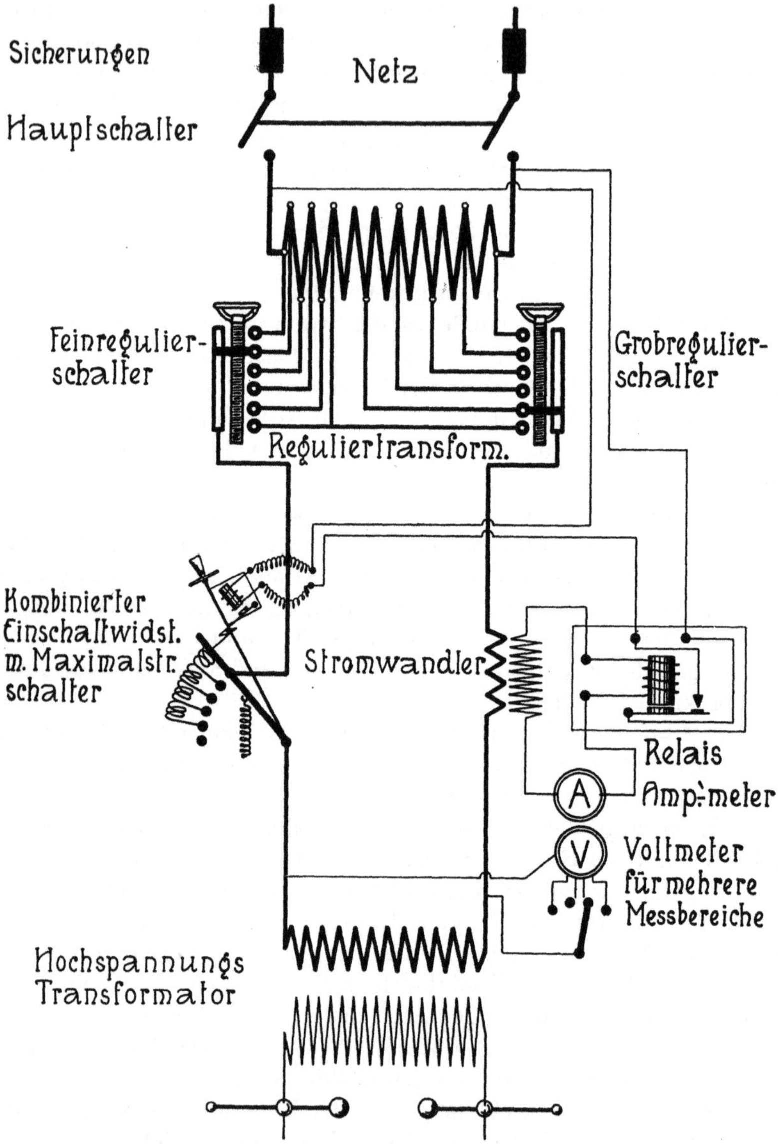

Fig. 90.

wandsfrei ist dieses Verfahren nicht, da dieses Verhältnis sich mit der Belastung ändert, oder da Resonanz störend auftreten kann. Aus diesem Grunde werden die Enden der sekundären Spule als Funkenstrecke ausgebildet. Wird diese auf die Maximalspannung des Apparates eingestellt, so bildet sie einen automatischen Schutz gegen mögliche Überspannungen.

Zu jedem Transformator wird noch eine Kurve mit Schlagweiten in der Luft beigegeben, so daß man die Funkenstrecke für jeden Versuch einstellen oder das primäre Voltmeter mit derselben kontrollieren kann.

Über dem Voltmeter ist das Amperemeter des primären Kreises ersichtlich, wie gegenwärtig üblich durch einen Stromwandler und nicht direkt gespeist.

Der Stromkreis des Amperemeters enthält noch ein Relais. Im Falle der Strom zu groß wird, was z. B. nach einem Durchschlag der Fall ist, schließt das Relais einen Stromkreis, welcher den Primärstrom automatisch ausschaltet. Der Stromkreis des Automaten ist an die Klemmen des Reguliertransformators angeschlossen, so daß er immer unter der konstanten Netzspannung steht. Der Automat selber ist auf der linken Seite ersichtlich.

Um die Beschreibung zu schließen, ist noch der Schalter zu erwähnen, der sich neben dem Automaten befindet, sowie der Widerstand, der bei dessen Bewegung geschaltet wird, und über dessen Zweck weiter oben alles Nötige erwähnt worden ist.

Der automatische Schalter hat sich in der neueren Zeit überall eingebürgert, da er nahezu im Momente ausschaltet, wo der Strom gleich Null ist, und somit das Auftreten von Überspannungen verhindert. Ebenso erspart er das lästige Auswechseln von Schmelzsicherungen.

Man kann das Meßfeld auch noch mit Meldeapparaten ausstatten, die ersichtlich machen, wann es unter Strom ist. Eine Lampenreihe z. B., um das Feld herum in passenden Abständen verteilt und vor dem Anschalten des Stromes an die Apparate in Betrieb gesetzt, bildet eine Schutzmaßregel gegen Unfälle. Freilich darf man solchen Sachen nicht den ganzen Sicherheitsdienst überlassen.

Weiter ist noch zu erwähnen, daß, wie in allen Hochspannungsapparaten, die Niederspannungsseite über eine Sicherung geerdet ist, so daß bei ev. Überschlagen der Hochspannung dieselbe sofort Erdschluß bekommt. Auch ist das Gehäuse des Transformators und der Eisenkern des Reguliertransformators durch einen dicken Kupferdraht an Erde gelegt.

Der beschriebene Apparat ist für 100 KVA dimensioniert und gibt 250 000 Volt Maximalspannung, wenn beide Pole isoliert sind, oder 125 000 Volt mit einem Pol geerdet.

Die allerneueste Ausführung von Prüfanlagen, wie von der Firma Brown, Boveri & Co. geliefert, ist in Fig. 91 schematisch dargestellt. Der Reguliertransformator ist hier durch einen Induktionsregulator ersetzt. Bezüglich dessen Bau und Wirkungsweise sei auf Kapps Buch

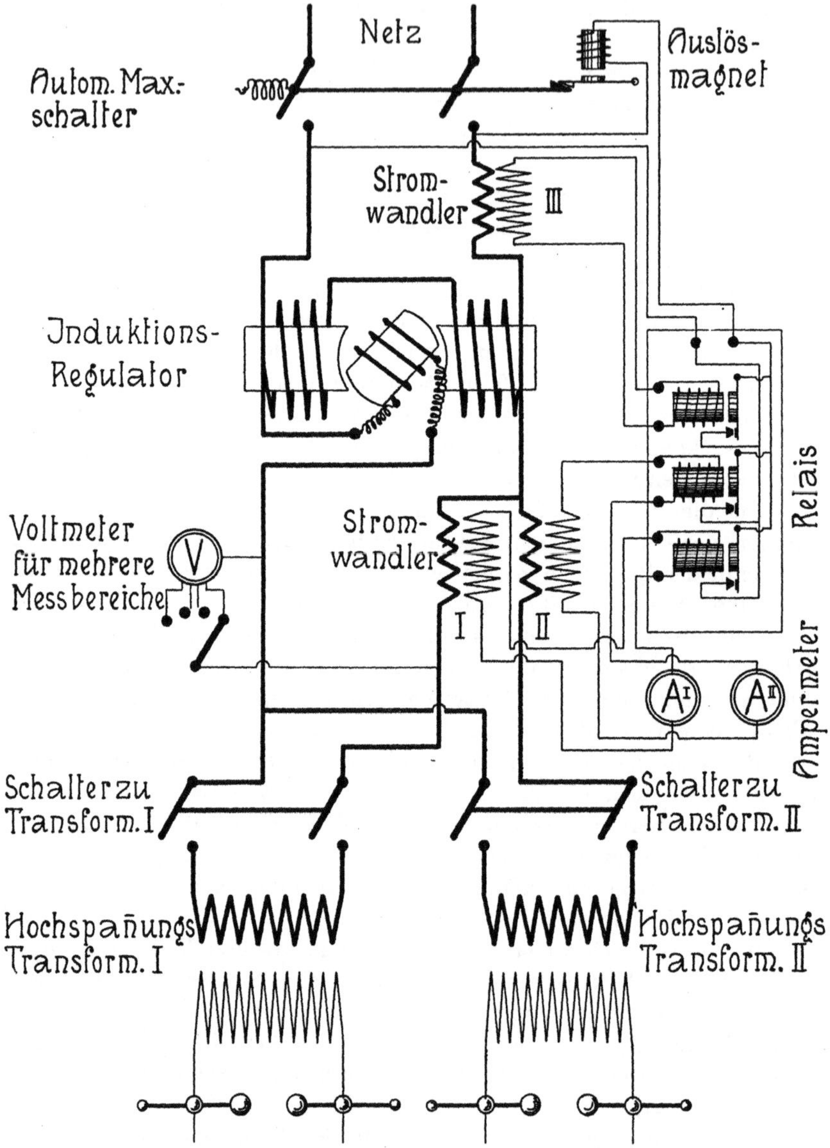

Fig. 91.

über Transformatoren, 2. Aufl., S. 205ff. verwiesen, mit der Bemerkung, daß er dort „Spannungs-Erhöher" genannt wird. Übrigens ist dessen Prinzip aus der schematischen Figur ersichtlich. Wie ein Einphasen-Induktionsmotor besteht er aus festen Polen und einer drehbaren

Armatur, beide mit Wicklungen versehen. Der drehbare Teil indessen rotiert nicht, kann aber mittels eines Handrades und einer Schnecke um seine Achse gedreht werden, so daß man dessen Windungen unter einem beliebigen Winkel gegen die Feldmagnete stellen kann. Es gibt eine Stellung, bei welcher die im Anker induzierte e. m. Kraft dessen Klemmenspannung vollständig aufhebt, und eine zweite, bei welcher dieselbe verdoppelt wird. Dreht man den Anker stetig von der ersten zur zweiten Stellung, so wächst die Spannung in der Leitung unterhalb des Induktionsregulators stetig von 0 bis zur doppelten Netzspannung. Ein solcher Apparat spielt also dieselbe Rolle wie die Wechselstrommaschine der alten Anlagen und bietet dieselben Vorteile.

Gehen wir wieder zur Fig. 91 zurück, so finden wir oben das Netz mit der konstanten Spannung und dem Hauptschalter. Daran schließt sich die Leitung zum Induktionsregulator. Dessen Feldmagnete sind im Nebenschluß und die Armatur in Reihe geschaltet. Weiter unten verzweigt sich dann die Hauptleitung zur Speisung von zwei Transformatoren, Nr. I links und Nr. II rechts. Ganz unten sind die sekundären Wicklungen derselben samt den Funkenstrecken ersichtlich. Diese Anordnung hat den Vorteil, daß man einen Transformator allein brauchen kann, was bei Defekten von Vorteil ist, oder beide in Parallel- oder Reihenschaltung.

Die Leistung ist dieselbe wie die der zuerst beschriebenen Anlage.

Die Hilfsapparate sind in der vorliegenden Ausführung etwas anders als oben. Das Voltmeter ist links in den Kreis I verlegt. Die beiden Kreise haben jeder sein eigenes Amperemeter A I und A II, jedes mit Stromwandler I und II sowie Relais. In der Hauptleitung, vor dem Induktionsregulator, steht der Stromwandler III, ohne Meßinstrument, aber mit Relais. Irgend eines der drei Relais betätigt den Auslösungsmagnet des automatischen Schalters, wenn die Stromstärke zu groß wird. Der Automat befindet sich zwischen Netz und Anlage.

Über Handhabung solcher Apparate und Sicherheitsmaßregeln wende man sich immer an den Fabrikanten und ergänze die erhaltenen Vorschriften durch eigene Erfahrungen.

Mordeys Drosselspule. Wir setzen eine Leitung voraus, an welche eine e. m. Kraft $e = E \sin 2\pi n t$ gelegt sei. An die Enden derselben schalten wir in parallel eine Selbstinduktion L und eine Kapazität C. Dann entstehen in der Leitung, in der Selbstinduktionsspule und in der Kapazität die Ströme i, i_1 und i_2. Nehmen wir noch an, daß die ohmischen Widerstände von L und C verschwindend klein seien, so ist zunächst angenähert

$$e = E \sin 2\pi n t = L \frac{d i_1}{d t}$$

oder nach Integration und einer einfachen Transformation

$$i_1 = \frac{E}{2\pi n L} \sin(2\pi n t - 90^0)$$

und dann

$$i_2' = C\frac{de}{dt} = 2\pi n C \,.\, E \cos 2\pi n t$$

oder

$$i_2 = 2\pi n C \,.\, E \sin(2\pi n t + 90^0)$$

also der Leitungsstrom

$$i = i_1 + i_2 = \frac{1}{2\pi n L} E \sin(2\pi n t - 90^0) \\ + 2\pi n C \,.\, E \sin(2\pi n t + 90^0).$$

Wir setzen weiter voraus, daß C einen gegebenen Wert habe, und daß man L sukzessive abändere, bis Resonanz eintritt. Dann gilt, siehe S. 26, die Gleichung

$$4\pi^2 n^2 C L = 1 \qquad \text{oder } 2\pi n C = \frac{1}{2\pi n L}.$$

Demnach sind die Koeffizienten der beiden Sinus einander gleich, und da auch die Sinus einander gleich sind, aber entgegengesetztes Zeichen haben, wird

$$i = i_1 + i_2 = 0$$

d. h. der das (in Parallelschaltung befindliche) System C und L speisende Strom wird gleich Null.

In Wirklichkeit ist er bloß klein, er führt gerade so viel Energie zu, als die Ströme i_1 und i_2 im Kupferwiderstand von L und C in Wärme umsetzen.

Einen solchen Fall können wir beim Kabelprüfen realisieren. In den Transformatoren, wie im vorhergehenden Abschnitt beschrieben, legen wir auf der Hochspannungsseite erst eine Zuleitung an, zwischen welcher die Spannung $e = E \sin 2\pi n t$ wirkt. An deren Enden hängen wir dann ein Kabel von der Kapazität C an. Legen wir jetzt an die zwei Kabelenden noch eine Induktionsspule, die mit C in Resonanz ist, so haben wir genau den oben betrachteten Fall.

Der sekundäre Strom des Transformators wird also nahezu gleich Null sein und dem entsprechend alle rückwärts liegenden Ströme. Die Apparate werden also weitaus kleiner dimensioniert werden können, als wenn die Induktionsspule nicht vorhanden ist.

Leider kann man in der Praxis die Sache nicht so ausführen, wie theo retisch erklärt worden ist. Die Induktionsspule muß während des Versuches regulierbar sein, da man ausprobieren muß, welche Anzahl von Windungen den kleinsten Strom ergibt. Auf der Hochspannungsseite ist dies nicht möglich.

Man schaltet die Spule deshalb auf der Niederspannungsseite ein, an die Primärklemmen des Transformators, die Klemmen des Reguliertransformators oder irgendwo zwischen beide.

Der Idealfall ist dann nicht mehr so schön gewahrt wie früher, da im Transformator größere Verluste im Kupfer auftreten. Immerhin wird aber der rückwärts liegende Speisestrom vielmal kleiner, als wenn die Spule nicht vorhanden wäre. Daher kann man auch den Regulierwiderstand und die hinter ihm liegende Speiseleitung und schließlich die stromgebende Maschine in kleineren Dimensionen halten.

Vor etwa 20 Jahren hat Mordey zuerst auf dieses Prinzip aufmerksam gemacht. Erwähnt wird es ETZ. 1901, 147 und von Apt (ETZ. 1908, 188).

Betreffs Bauart besteht die Drosselspule aus einem laminierten Eisenkern, der mit einer Anzahl von Windungen aus Kupferdraht umwickelt ist, die man nach Belieben zu- oder abschalten kann, zum Zwecke des Anpassens an die Kapazität des Kabels, das zur Prüfung vorliegt. Der magnetische Kreis ist durch eine oder mehrere Luftspalten unterbrochen. Die Anpassung durch Veränderung dieser Spalten zu bewirken, hat sich nicht bewährt, da sie mit störendem Geräusch verbunden ist.

Namenregister.

Sachregister.

GPSR Compliance

The European Union's (EU) General Product Safety Regulation (GPSR) is a set of rules that requires consumer products to be safe and our obligations to ensure this.

If you have any concerns about our products, you can contact us on ProductSafety@springernature.com

In case Publisher is established outside the EU, the EU authorized representative is:

Springer Nature Customer Service Center GmbH
Europaplatz 3
69115 Heidelberg, Germany

Batch number: 10682323

Printed by Printforce, the Netherlands